DS SOLIDWORKS

SOLIDWORKS® 公司官方指定培训教程
CSWP 全球专业认证考试培训教程

SOLIDWORKS® Simulation基础教程

(2020版)

[法] DS SOLIDWORKS®公司 著
胡其登 戴瑞华 主编
杭州新迪数字工程系统有限公司 编译

机械工业出版社
CHINA MACHINE PRESS

《SOLIDWORKS® Simulation 基础教程（2020 版）》是根据 DS SOLIDWORKS®公司发布的《SOLIDWORKS® 2020：SOLIDWORKS® Simulation》编译而成的，是使用 Simulation 软件对 SOLIDWORKS 模型进行有限元分析的入门培训教程。本书提供了基本的有限元求解方法，是机械工程师快速有效地掌握 Simulation 应用技术的必备资料。本书在介绍软件使用方法的同时，还对有限元的相关理论知识进行了讲解。本书提供练习文件下载，详见“本书使用说明”。此外，本书还提供 350 分钟高清语音教学视频，扫描书中二维码即可免费观看。

本书在保留了英文原版教程精华和风格的基础上，按照中国读者的阅读习惯进行编译，配套教学资料齐全，适合企业工程设计人员和大专院校、职业技术院校相关专业师生使用。

北京市版权局著作权合同登记 图字：01-2020-4141 号。

图书在版编目（CIP）数据

SOLIDWORKS® Simulation 基础教程：2020 版/法国 DS SOLIDWORKS®公司著；胡其登，戴瑞华主编．—北京：机械工业出版社，2020.9（2024.6 重印）

SOLIDWORKS®公司官方指定培训教程　CSWP 全球专业认证考试培训教程

ISBN 978-7-111-66471-0

Ⅰ.①S…　Ⅱ.①法…　②胡…　③戴…　Ⅲ.①机械设计-计算机辅助设计-应用软件-技术培训-教材　Ⅳ.①TH122

中国版本图书馆 CIP 数据核字（2020）第 167111 号

机械工业出版社（北京市百万庄大街 22 号　邮政编码 100037）

策划编辑：张雁茹　　　责任编辑：张雁茹

责任校对：郑　婕　梁　静　封面设计：陈　沛

责任印制：常天培

北京机工印刷厂有限公司印刷

2024 年 6 月第 1 版第 7 次印刷

184mm×260mm · 19.75 印张 · 541 千字

标准书号：ISBN 978-7-111-66471-0

定价：69.80 元

电话服务　　　网络服务

客服电话：010-88361066　机　工　官　网：www.cmpbook.com

010-88379833　机　工　官　博：weibo.com/cmp1952

010-68326294　金　书　网：www.golden-book.com

封底无防伪标均为盗版　机工教育服务网：www.cmpedu.com

序

尊敬的中国 SOLIDWORKS 用户：

DS SOLIDWORKS®公司很高兴为您提供这套最新的 SOLIDWORKS®中文官方指定培训教程。我们对中国市场有着长期的承诺，自从 1996 年以来，我们就一直保持与北美地区同步发布 SOLIDWORKS 3D 设计软件的每一个中文版本。

我们感觉到 DS SOLIDWORKS®公司与中国用户之间有着一种特殊的关系，因此也有着一份特殊的责任。这种关系是基于我们共同的价值观——创造性、创新性、卓越的技术，以及世界级的竞争能力。这些价值观一部分是由公司的共同创始人之一李向荣(Tommy Li)所建立的。李向荣是一位华裔工程师，他在定义并实施我们公司的关键性突破技术以及在指导我们的组织开发方面起到了很大的作用。

作为一家软件公司，DS SOLIDWORKS®致力于带给用户世界一流水平的 3D 解决方案(包括设计、分析、产品数据管理、文档出版与发布)，以帮助设计师和工程师开发出更好的产品。我们很荣幸地看到中国用户的数量在不断增长，大量杰出的工程师每天使用我们的软件来开发高质量、有竞争力的产品。

目前，中国正在经历一个迅猛发展的时期，从制造服务型经济转向创新驱动型经济。为了继续取得成功，中国需要相配套的软件工具。

SOLIDWORKS® 2020 是我们最新版本的软件，它在产品设计过程自动化及改进产品质量方面又提高了一步。该版本提供了许多新的功能和更多提高生产率的工具，可帮助机械设计师和工程师开发出更好的产品。

现在，我们提供了这套中文官方指定培训教程，体现出我们对中国用户长期持续的承诺。这些教程可以有效地帮助您把 SOLIDWORKS® 2020 软件在驱动设计创新和工程技术应用方面的强大威力全部释放出来。

我们为 SOLIDWORKS 能够帮助提升中国的产品设计和开发水平而感到自豪。现在您拥有了功能丰富的软件工具以及配套教程，我们期待看到您用这些工具开发出创新的产品。

Gian Paolo Bassi

DS SOLIDWORKS®公司首席执行官

2020 年 3 月

胡其登　现任 DS SOLIDWORKS®公司大中国区技术总监

胡其登先生毕业于北京航空航天大学，先后获得“计算机辅助设计与制造（CAD/CAM）”专业工学学士、工学硕士学位。毕业后一直从事 3D CAD/CAM/PDM/PLM 技术的研究与实践、软件开发、企业技术培训与支持、制造业企业信息化的深化应用与推广等工作，经验丰富，先后发表技术文章 20 余篇。在引进并消化吸收新技术的同时，注重理论与企业实际相结合。在给数以百计的企业进行技术交流、方案推介和顾问咨询等工作的过程中，对如何将 3D 技术成功应用到中国制造业企业的问题上，形成了自己的独到见解，总结出了推广企业信息化与数字化的最佳实践方法，帮助众多企业从 2D 平滑地过渡到了 3D，并为企业推荐和引进了 PDM/PLM 管理平台。作为系统实施的专家与顾问，以自身的理论与实践的知识体系，帮助企业成为 3D 数字化企业。

胡其登先生作为中国较早使用 SOLIDWORKS 软件的工程师，酷爱 3D 技术，先后为 SOLIDWORKS 社群培训培养了数以百计的工程师。目前负责 SOLIDWORKS 解决方案在大中国区全渠道的技术培训、支持、实施、服务及推广等全面技术工作。

前言

DS SOLIDWORKS®公司是一家专业从事三维机械设计、工程分析、产品数据管理软件研发和销售的国际性公司。SOLIDWORKS 软件以其优异的性能、易用性和创新性，极大地提高了机械设计工程师的设计效率和设计质量，目前已成为主流 3D CAD 软件市场的标准，在全球拥有超过 600 万的用户。DS SOLIDWORKS®公司的宗旨是：to help customers design better products and be more successful——让您的设计更精彩。

“SOLIDWORKS®公司官方指定培训教程”是根据 DS SOLIDWORKS®公司最新发布的 SOLIDWORKS® 2020 软件的配套英文版培训教程编译而成的，也是 CSWP 全球专业认证考试培训教程。本套教程是 DS SOLIDWORKS®公司唯一正式授权在中国大陆出版的官方指定培训教程，也是迄今为止出版的最为完整的 SOLIDWORKS®公司官方指定培训教程。

本套教程详细介绍了 SOLIDWORKS® 2020 软件和 Simulation 软件的功能，以及使用该软件进行三维产品设计、工程分析的方法、思路、技巧和步骤。值得一提的是，SOLIDWORKS® 2020 不仅在功能上进行了 400 多项改进，更加突出的是它在技术上的巨大进步与创新，从而可以更好地满足工程师的设计需求，带给新老用户更大的实惠！

戴瑞华 现任DS SOLIDWORKS®公司大中国区CAD事业部高级技术经理

戴瑞华先生拥有25年以上机械行业从业经验，曾服务于多家企业，主要负责设备、产品、模具以及工装夹具的开发和设计。其本人酷爱3D CAD技术，从2001年开始接触三维设计软件，并成为主流3D CAD SOLIDWORKS的软件应用工程师，先后为企业和SOLIDWORKS社群培训了成百上千的工程师。同时，他利用自己多年的企业研发设计经验，总结出了在中国的制造业企业应用3D CAD技术的最佳实践方法，为企业的信息化与数字化建设奠定了扎实的基础。

戴瑞华先生于2005年3月加入DS SOLIDWORKS®公司，现负责SOLIDWORKS解决方案在大中国区的技术培训、支持、实施、服务及推广等，实践经验丰富。其本人一直倡导企业构建以三维模型为中心的面向创新的研发设计管理平台，实现并普及数字化设计与数字化制造，为中国企业最终走向智能设计与智能制造进行着不懈的努力与奋斗。

《SOLIDWORKS® Simulation 基础教程（2020版）》是根据DS SOLIDWORKS®公司发布的《SOLIDWORKS® 2020：SOLIDWORKS Simulation》编译而成的，是使用Simulation软件对SOLIDWORKS模型进行有限元分析的入门教程。本书提供了基本的有限元求解方法，并对有限元的相关理论知识进行了讲解。

本套教程在保留了英文原版教程精华和风格的基础上，按照中国读者的阅读习惯进行编译，使其变得直观、通俗，让初学者易上手，让高手的设计效率和质量更上一层楼！

本套教程由DS SOLIDWORKS®公司大中国区技术总监胡其登先生和CAD事业部高级技术经理戴瑞华先生共同担任主编，由杭州新迪数字工程系统有限公司副总经理陈志杨负责审校。承担编译、校对和录入工作的有钟序人、唐伟、李鹏、叶伟等杭州新迪数字工程系统有限公司的技术人员。杭州新迪数字工程系统有限公司是DS SOLIDWORKS®公司的密切合作伙伴，拥有一支完整的软件研发队伍和技术支持队伍，长期承担着SOLIDWORKS核心软件研发、客户技术支持、培训教程编译等方面的工作。本教程的操作视频由SOLIDWORKS高级咨询顾问赵罘制作。在此，对参与本书编译和视频制作的工作人员表示诚挚的感谢。

由于时间仓促，书中难免存在疏漏和不足之处，恳请广大读者批评指正。

胡其登　戴瑞华

2020年3月

本书使用说明

关于本书

本书的目的是让读者学习如何使用 SOLIDWORKS 软件的多种高级功能，着重介绍了使用 SOLIDWORKS 软件进行高级设计的技巧和相关技术。

SOLIDWORKS® 2020 是一个功能强大的机械设计软件，而本书章节有限，不可能覆盖软件的每一个细节和各个方面。所以，本书将重点给读者讲解应用 SOLIDWORKS® 2020 进行工作所必需的基本技能和主要概念。本书作为在线帮助系统的有益补充，不可能完全替代软件自带的在线帮助系统。读者在对 SOLIDWORKS® 2020 软件的基本使用技能有了较好的了解之后，就能够参考在线帮助系统获得其他常用命令的信息，进而提高应用水平。

前提条件

读者在学习本书之前，应该具备如下经验：

- 机械设计经验。
- 使用 Windows 操作系统的经验。
- 已经学习了《SOLIDWORKS®零件与装配体教程(2020 版)》。
- 已经学习了 Simulation 在线指导教程,可以通过单击菜单【帮助】/【SOLIDWORKS Simulation 在线指导教程】/【教程】在线学习。

编写原则

本书是基于过程或任务的方法而设计的培训教程，并不专注于介绍单项特征和软件功能。本书强调的是完成一项特定任务所应遵循的过程和步骤。通过对每一个应用实例的学习来演示这些过程和步骤，读者将学会为了完成一项特定的设计任务应采取的方法，以及所需要的命令、选项和菜单。

知识卡片

除了每章的研究实例和练习外，书中还提供了可供读者参考的“知识卡片”。这些“知识卡片”提供了软件使用工具的简单介绍和操作方法，可供读者随时查阅。

使用方法

本书的目的是希望读者在有 SOLIDWORKS 使用经验的教师指导下，在培训课中进行学习；希望读者通过“教师现场演示本书所提供的实例，学生跟着练习”的交互式学习方法掌握软件的功能。

读者可以使用练习题来应用和练习书中讲解的或教师演示的内容。本书设计的练习题代表了典型的设计和建模情况，读者完全能够在课堂上完成。应该注意到，学生的学习效率是不同的，因此，书中所列出的练习题比一般读者能在课堂上完成的要多，这确保了学习能力强的读者也有练习可做。

标准、名词术语及单位

SOLIDWORKS 软件支持多种标准，如中国国家标准（GB）、美国国家标准（ANSI）、国际标准（ISO）、德国国家标准（DIN）和日本国家标准（JIS）。本书中的例子和练习基本上采用了中国国家标准（除个别为体现软件多样性的选项外）。为与软件保持一致，本书中一些名词术语、物理量符号和计量单位未与中国国家标准保持一致，请读者使用时注意。

练习文件下载方式

读者可以从网络平台下载本教程的练习文件，具体方法是：微信扫描右侧或封底的“机械工人之家”微信公众号，关注后输入“2020SJ”即可获取下载地址。

机械工人之家

视频观看方式

扫描书中二维码在线观看视频，二维码位于章节之中的“操作步骤”处。可使用手机或平板计算机扫码观看，也可复制手机或平板计算机扫码后的链接到计算机的浏览器中，用浏览器观看。

Windows 操作系统

本书所用的屏幕图片是 SOLIDWORKS® 2020 运行在 Windows® 7 时制作的。

本书的格式约定

本书使用下表所列的格式约定：

约　定	含　义
【插入】/【凸台】	表示 SOLIDWORKS 软件命令和选项。例如，【插入】/【凸台】表示从菜单【插入】中选择【凸台】命令
提示	要点提示
技巧	软件使用技巧
注意	软件使用时应注意的问题
操作步骤 步骤 1 步骤 2 步骤 3	表示课程中实例设计过程的各个步骤

关于色彩的问题

SOLIDWORKS® 2020 英文原版教程是采用彩色印刷的，而我们出版的中文版教程则采用黑白印刷，所以本书对英文原版教程中出现的颜色信息做了一定的调整，以便尽可能地方便读者理解书中的内容。

更多 SOLIDWORKS 培训资源

my. solidworks. com 提供更多的 SOLIDWORKS 内容和服务，用户可以在任何时间、任何地点，使用任何设备查看。用户也可以访问 my. solidworks. com/training，按照自己的计划和节奏来学习，以提高 SOLIDWORKS 技能。

用户组网络

SOLIDWORKS 用户组网络（SWUGN）有很多功能。通过访问 swugn. org，用户可以参加当地的会议，了解 SOLIDWORKS 相关工程技术主题的演讲以及更多的 SOLIDWORKS 产品，或者与其他用户通过网络进行交流。

目　录

序
前言
本书使用说明
绪论　有限元简介 …… 1
0.1　SOLIDWORKS Simulation 概述 …… 1
0.2　有限元分析概述 …… 1
0.3　建立数学模型 …… 2
0.4　建立有限元模型 …… 3
0.5　求解有限元模型 …… 3
0.6　结果分析 …… 4
0.7　FEA 中的误差 …… 4
0.8　有限单元 …… 4
0.8.1　SOLIDWORKS Simulation 中的单元类型 …… 4
0.8.2　在实体和壳单元中选择 …… 7
0.8.3　实体及壳单元中的草稿品质与高品质 …… 7
0.9　自由度 …… 7
0.10　FEA 计算 …… 7
0.11　FEA 结果解释 …… 8
0.12　测量单位 …… 9
0.13　SOLIDWORKS Simulation 的使用限制 …… 9
第1章　分析流程 …… 11
1.1　模型分析的关键步骤 …… 11
1.2　实例分析：平板的应力分析 …… 11
1.3　项目描述 …… 11
1.4　SOLIDWORKS Simulation 的界面 …… 12
1.5　SOLIDWORKS Simulation 选项 …… 14
1.6　预处理 …… 16
1.6.1　新建算例 …… 16
1.6.2　约束 …… 18
1.6.3　外部载荷 …… 19
1.6.4　符号的大小及颜色 …… 21
1.6.5　预处理总结 …… 21
1.7　划分网格 …… 22
1.7.1　标准网格 …… 22
1.7.2　基于曲率的网格 …… 23
1.7.3　基于混合曲率的网格 …… 23
1.7.4　网格密度 …… 23
1.7.5　网格大小 …… 23
1.7.6　圆中最小单元数 …… 23
1.7.7　单元大小增长比率 …… 23
1.7.8　网格质量 …… 25
1.8　后处理 …… 26
1.8.1　结果图解 …… 26
1.8.2　编辑图解 …… 26
1.8.3　波节应力与单元应力 …… 27
1.8.4　显示为张量图解选项 …… 27
1.8.5　修改结果图解 …… 28
1.8.6　其他图解 …… 29
1.9　多个算例 …… 35
1.9.1　创建新的算例 …… 35
1.9.2　复制参数 …… 35
1.9.3　检查收敛与精度 …… 37
1.9.4　结果总结 …… 38
1.9.5　与解析解比较 …… 38
1.10　报告 …… 39
1.11　总结 …… 40
1.12　提问 …… 40
练习 1-1　支架 …… 41
练习 1-2　压缩弹簧刚度 …… 47
练习 1-3　容器把手 …… 49
第2章　网格控制、应力集中与边界条件 …… 51
2.1　网格控制 …… 51
2.2　实例分析：L形支架 …… 51
2.3　不带圆角的支架分析 …… 52
2.3.1　运行所有算例 …… 53
2.3.2　局部网格精细化分析 …… 54
2.3.3　网格控制 …… 54
2.3.4　结果比较 …… 57
2.3.5　应力奇异性 …… 58
2.3.6　应力峰值点 …… 58
2.4　带圆角的支架分析 …… 59
2.4.1　压缩配置 …… 59

2.4.2　自动过渡 …… 60
2.5　实例分析：焊接支架 …… 64
2.6　理解边界条件的影响 …… 64
2.7　总结 …… 65
2.8　提问 …… 65
练习 2-1　C 形支架 …… 66
练习 2-2　骨形扳手 …… 71
第 3 章　带接触的装配体分析 …… 75
3.1　接触缝隙分析 …… 75
3.2　实例分析：虎钳 …… 75
3.3　使用全局接触的虎钳分析 …… 76
3.3.1　零部件接触 …… 77
3.3.2　观察装配体结果 …… 80
3.3.3　手柄接触 …… 81
3.4　无穿透接触或接合接触 …… 82
3.5　使用局部接触的虎钳分析 …… 83
3.5.1　局部接触 …… 83
3.5.2　局部接触类型 …… 84
3.5.3　无穿透局部接触条件 …… 85
3.5.4　接触应力 …… 88
3.6　总结 …… 89
3.7　提问 …… 89
练习 3-1　双环装配体 …… 90
练习 3-2　骨形扳手装配体分析 …… 93
第 4 章　对称和自平衡装配体 …… 95
4.1　冷缩配合零件 …… 95
4.2　实例分析：冷缩配合 …… 95
4.2.1　项目描述 …… 95
4.2.2　对称 …… 95
4.2.3　关键步骤 …… 95
4.2.4　特征消隐 …… 96
4.2.5　刚体模式 …… 97
4.2.6　冷缩配合接触条件 …… 98
4.2.7　在局部坐标系中图解显示结果 …… 99
4.2.8　定义圆柱坐标系 …… 99
4.2.9　保存所有图解 …… 102
4.2.10　【什么错】命令 …… 103
4.3　带软弹簧的分析 …… 103
4.3.1　软弹簧 …… 103
4.3.2　惯性释放 …… 103
4.4　总结 …… 104
第 5 章　带接头的装配体分析及网格细化 …… 105
5.1　连接零部件 …… 105
5.2　接头 …… 105
5.3　实例分析：万向节 …… 106
5.4　项目描述 …… 107
5.5　第一部分：使用草稿品质的粗糙网格进行分析 …… 107
5.5.1　远程载荷/质量 …… 108
5.5.2　螺栓的强度数据 …… 111
5.5.3　分布式耦合 …… 111
5.5.4　螺栓预载 …… 111
5.5.5　局部相触面组 …… 114
5.5.6　旋转和轴向刚度 …… 117
5.6　第二部分：使用高品质网格进行分析 …… 121
5.6.1　在薄壁特征上需要的实体单元数量 …… 122
5.6.2　高宽比例图解 …… 122
5.6.3　雅可比 …… 123
5.7　总结 …… 126
练习 5-1　链扣（第一部分） …… 127
练习 5-2　链扣（第二部分） …… 135
练习 5-3　升降架装配体 …… 138
练习 5-4　带有基座的分析（选做） …… 143
练习 5-5　点焊——实体网格 …… 143
练习 5-6　螺栓接头 …… 149
第 6 章　兼容/不兼容网格 …… 152
6.1　兼容/不兼容网格划分：接合接触 …… 152
6.2　实例分析：转子 …… 152
6.2.1　项目描述 …… 152
6.2.2　离心力 …… 152
6.2.3　循环对称 …… 154
6.2.4　兼容网格 …… 155
6.2.5　不兼容网格 …… 157
6.2.6　讨论 …… 160
6.3　总结 …… 160
练习　手钳 …… 160
第 7 章　薄件分析 …… 170
7.1　薄件 …… 170
7.2　实例分析：带轮 …… 170
7.3　第一部分：采用实体单元划分网格 …… 171
7.4　第二部分：细化实体网格 …… 173
7.5　实体与壳单元的比较 …… 174
7.6　第三部分：壳单元——中面曲面 …… 175
7.6.1　薄壳与粗厚壳的比较 …… 176
7.6.2　壳网格颜色 …… 177
7.6.3　更改网格方向 …… 178
7.6.4　壳单元对齐 …… 178
7.6.5　自动重新对齐壳曲面 …… 179
7.6.6　应用对称约束 …… 181
7.7　结果比较 …… 184
7.8　实例分析：搁栅吊件 …… 185
7.9　总结 …… 190

7.10　提问 …… 190
练习 7-1　支架 …… 191
练习 7-2　使用外侧/内侧表面的壳网格 …… 194
练习 7-3　边焊缝接头 …… 197
练习 7-4　容器把手焊缝 …… 203
第 8 章　混合网格——壳体和实体 …… 204
8.1　混合网格 …… 204
8.1.1　接合壳体和实体网格 …… 205
8.1.2　混合网格支持的分析类型 …… 205
8.2　实例分析：压力容器 …… 205
8.2.1　项目描述 …… 205
8.2.2　分析装配体 …… 205
8.2.3　模型准备 …… 206
8.2.4　材料 …… 208
8.2.5　体积模量和切变模量 …… 209
8.2.6　连接有间隙实体 …… 210
8.2.7　失败诊断 …… 213
8.2.8　小特征网格划分 …… 213
8.3　总结 …… 216
8.4　提问 …… 216
练习　混合网格分析 …… 216
第 9 章　梁单元——传送架分析 …… 222
9.1　项目描述 …… 222
9.1.1　单元选择 …… 222
9.1.2　梁单元 …… 222
9.1.3　连接及断开的接点 …… 224
9.1.4　横梁接点位置 …… 225
9.1.5　横梁接点类型 …… 225
9.1.6　渲染横梁轮廓 …… 227
9.1.7　横截面的第一方向及第二方向 …… 228
9.1.8　弯矩和剪力图表 …… 230
9.2　总结 …… 232
9.3　提问 …… 232
第 10 章　混合网格——实体、梁和壳单元 …… 233
10.1　混合划分网格 …… 233
10.2　实例分析：颗粒分离器 …… 233
10.2.1　项目描述 …… 233
10.2.2　关键步骤 …… 233
练习 10-1　柜子 …… 241
练习 10-2　框架结构刚度 …… 247
第 11 章　设计情形 …… 248
11.1　设计算例 …… 248
11.2　实例分析：悬架设计 …… 248
11.2.1　项目描述 …… 248
11.2.2　关键步骤 …… 248
11.3　第一部分：多载荷情形 …… 249
11.3.1　多个设计算例 …… 249
11.3.2　设计情形结果 …… 253
11.4　第二部分：几何修改 …… 256
11.5　总结 …… 260
练习　矩形平台 …… 260
第 12 章　热应力分析 …… 265
12.1　热应力分析简述 …… 265
12.2　实例分析：双层金属带 …… 265
12.2.1　项目描述 …… 265
12.2.2　材料属性 …… 266
12.2.3　输入温度 …… 270
12.3　保存变形后的模型 …… 274
12.4　总结 …… 275
第 13 章　自适应网格 …… 276
13.1　自适应网格概述 …… 276
13.2　实例分析：悬臂支架 …… 276
13.2.1　项目描述 …… 276
13.2.2　几何体准备 …… 277
13.3　h-自适应算例 …… 279
13.3.1　h-自适应选项 …… 280
13.3.2　h-自适应图解 …… 282
13.3.3　收敛图表 …… 282
13.3.4　回顾 h-自适应求解 …… 282
13.3.5　应变能误差 …… 283
13.4　p-自适应算例 …… 284
13.4.1　p-自适应求解方法 …… 284
13.4.2　h-单元与 p-单元的概念 …… 285
13.4.3　方法比较 …… 286
13.5　h-单元与 p-单元总结 …… 287
13.6　总结 …… 287
第 14 章　大位移分析 …… 288
14.1　小位移与大位移分析的比较 …… 288
14.2　实例分析：夹钳 …… 288
14.3　第一部分：小位移线性分析 …… 289
14.3.1　结果讨论 …… 290
14.3.2　小位移及大位移分析中的接触结果 …… 290
14.4　第二部分：大位移非线性分析 …… 290
14.4.1　永久变形 …… 292
14.4.2　SOLIDWORKS Simulation Premium …… 292
14.5　总结 …… 292
14.6　提问 …… 293
附录 …… 294
附录 A　网格划分与解算器 …… 294
附录 B　用户帮助 …… 304

绪论　有限元简介

0.1　SOLIDWORKS Simulation 概述

SOLIDWORKS Simulation 是一款基于有限元（即 FEA 数值）技术的设计分析软件，是 SRAC 公司开发的工程分析软件产品之一。SRAC 公司是 DS SOLIDWORKS®公司的子公司，成立于 1982 年，是将有限元分析带入微型计算机的先驱。1995 年，SRAC 公司开始与 DS SOLIDWORKS®公司合作开发 COSMOSWorks 软件，从而进入了工程界主流有限元分析软件的市场，成了 DS SOLIDWORKS®公司的金牌产品之一。同时，它作为嵌入式分析软件可以与 SOLIDWORKS 无缝集成，迅速成为顶级销售产品。整合了 SOLIDWORKS CAD 软件的 COSMOSWorks 软件在商业上取得了成功，并于 2001 年获得了 Dassault Systemes（DS SOLIDWORKS®母公司）的认可。2003 年，SRAC 公司与 DS SOLIDWORKS®公司合并。从 2009 版开始，COSMOSWorks 被重命名为 SOLIDWORKS Simulation。

SOLIDWORKS 是一款基于特征的参数化 CAD 系统软件。和许多最初在 UNIX 环境中开发，后来才向 Windows 系统开放的 CAD 系统不同，SOLIDWORKS 与 SOLIDWORKS Simulation 在一开始就是专为 Windows 操作系统开发的，所以相互整合是完全可行的。

SOLIDWORKS Simulation 有不同的程序包以适应不同用户的需要。除了 SOLIDWORKS SimulationXpress 程序包是 SOLIDWORKS 的集成部分之外，其余的 SOLIDWORKS Simulation 程序包都是插件式的。不同程序包的主要功能如下：

- SOLIDWORKS SimulationXpress：能对带有简单载荷和支撑的零件进行静应力分析。
- SOLIDWORKS Simulation：能对零件和装配体进行静应力分析。
- SOLIDWORKS Simulation Professional：能进行零件和装配体的静应力、热传导、屈曲、频率、跌落测试、优化和疲劳分析。
- SOLIDWORKS Simulation Premium：具有 SOLIDWORKS Simulation Professional 的所有功能，另外还有非线性功能和动力学分析功能。

在本书中，将通过一系列综合了有限元分析基础的课程来介绍 SOLIDWORKS Simulation Professional。读者在学习这些内容之前必须具备一定的有限单元法基础，并了解 SOLIDWORKS Simulation 课程的内容。建议读者按照课程的顺序学习，同时要注意前面课程提到的解释和步骤在后面章节不会再重复。学习每一个后续的章节必须熟悉前面章节讨论过的软件功能和有限元知识。后面章节的内容都会使用到前面章节的技巧和经验。

在开始本课程之前，让我们再深入了解一下有限元分析以及它的工作原理，这样便可以建立起关于 SOLIDWORKS Simulation 的基本技能。

0.2　有限元分析概述

在数学术语中，FEA 也称为有限单元法，是一种求解关于场问题的一系列偏微分方程的数值方法。有限元分析被广泛应用于很多学科，如机械设计、声学、电磁学、岩土力学、流体动力学等。在机械工程中，有限元分析被广泛地应用在结构、振动和传热问题上。

FEA 不是唯一的数值分析工具，在工程领域还有其他的数值分析方法，如有限差分法、边界元法和有限体积法。然而由于 FEA 的多功能性和高数值性能，它占据了绝大多数工程分析的软件市场，而其他方法则被归入小规模应用。使用 FEA，通过不同方法理想化几何体，能够分析任何形状的模型，并得到预期的精度。当使用现代的商业软件时，例如 SOLIDWORKS Simulation，FEA 理论、数值问题公式和求解方法对用户是完全透明的。

作为一个强有力的工程分析工具，FEA 可以解决从简单到复杂的各种问题。一方面，设计工程师在产品研发过程中使用 FEA 工具分析设计方案，由于时间和可用的产品数据的限制，需要对所分析的模型作许多简化。另一方面，专家们使用 FEA 来解决一些非常深奥的问题，如车辆碰撞动力学、金属成形和生物结构分析。

不管项目多复杂或应用领域多广，无论是结构分析、热传导分析或是声学分析，所有 FEA 的第一步总是相同的，都是从几何模型开始。在本课程中，这些几何模型即为 SOLIDWORKS 的零件和装配体。首先给这些模型分配材料属性，定义载荷和约束，再使用数值近似方法，将模型离散化以便分析。

离散化过程也就是网格划分过程，即将几何体剖分成相对小且形状简单的实体，这些实体称为有限单元。单元称为“有限”是为了强调这样一个事实：它们不是无限地小，而是与整个模型的尺寸相比适度地小。

当使用有限单元工作时，FEA 求解器将把单个单元的简单解综合成对整个模型的近似解来得到期望的结果（如变形或应力）。

因此，使用 FEA 软件分析问题时，有以下三个基本步骤：

1）预处理：定义分析类型（例如静应力、热传导、频率等），添加材料属性，施加载荷和约束，划分网格。

2）求解：计算所需结果。

3）后处理：分析结果。

在应用 SOLIDWORKS Simulation 时，也应遵循以上三个步骤。

通过对 FEA 方法的了解，得出下列求解步骤：

1）建立数学模型。

2）建立有限元模型。

3）求解有限元模型。

4）结果分析。

0.3 建立数学模型

使用 SOLIDWORKS Simulation 进行分析是从 SOLIDWORKS 中代表零件或装配体的几何模型开始的。该几何模型必须可划分为正确且尺寸较小的有限元网格。对网格的这种要求有着极其重要的意义。必须确保 CAD 几何模型确实是可以划分网格的，并且所生成的网格可为我们感兴趣的数据（例如位移、应力、温度分布等）提供正确的解答。

通常情况下，需要对 CAD 几何模型进行修改以满足网格划分的要求。这种修改可以采取特征清除、理想化或几何清理的方法，详述如下：

1. 特征清除 特征清除指合并或消除在分析中不重要的几何特征，如外圆角、圆边、标志等。

2. 理想化 理想化是更具有积极意义的方法，它可能会偏离 CAD 几何模型原型，如将一个薄壁模型用一个平面来代替。

3. 几何清理 几何清理有时是必需的，因为可划分网格的几何模型必须满足比实体建模更高的要求。可以使用 CAD 质量控制工具来检查问题所在。例如，在 CAD 模型中，细长面或多重实体会造成网格划分的困难甚至导致无法划分网格。

修改几何模型并不只是为了达到网格划分这个单一目的。通常情况下，对能够进行正确网格划分的模型采取简化，是为了避免由于网格过多而导致分析过程太慢。修改几何模型是为了简化网格从而缩短计算时间。成功的网格划分不仅取决于几何模型的质量，还取决于 FEA 软件中网格划分工具的复杂程度。

准备好能够划分网格、但尚未划分网格的模型后，下一步需要确定材料属性、载荷、支撑和约束，并确定分析类型。

以上过程完成了数学模型的创建。注意创建数学模型不是 FEA 特有的，FEA 到目前为止还没真正开始。创建数学模型的流程如图 0-1 所示。

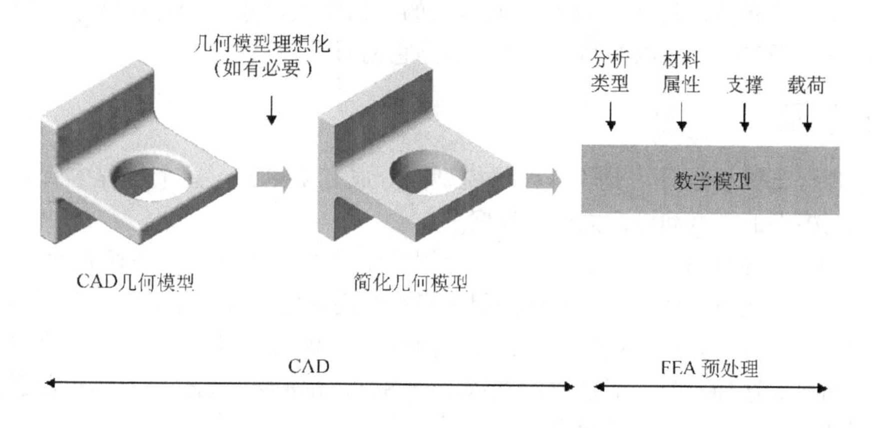

图 0-1　创建数学模型的流程

0.4　建立有限元模型

通过离散化过程，将数学模型剖分成有限单元，这一过程称为网格划分。离散化在视觉上即是将几何模型划分成网格。另外，载荷和支撑在网格完成后也需要离散化，离散化的载荷和支撑将施加到有限单元网格的节点上。建立有限元模型的流程如图 0-2 所示。

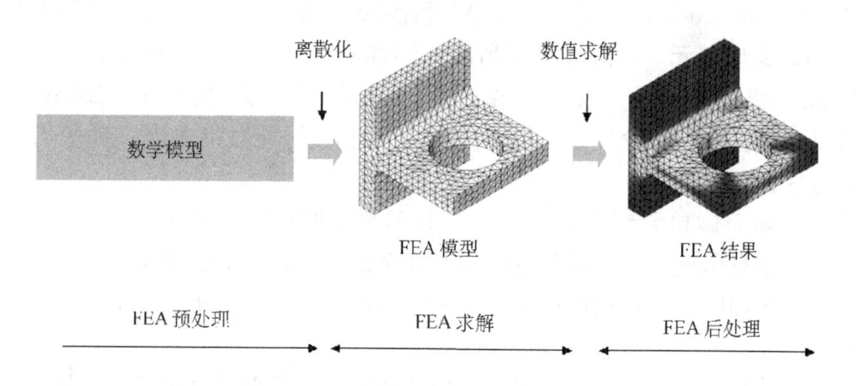

图 0-2　建立有限元模型的流程

0.5　求解有限元模型

创建了有限元模型后，使用 SOLIDWORKS Simulation 的求解器计算出一些感兴趣的数据。

0.6　结果分析

总的来说，结果分析是最困难的一步。有限元分析提供了非常详细的数据，这些数据可以用各种格式表达。对结果的正确分析需要熟悉理解各种假设、简化约定以及前面三步（建立数学模型、建立有限元模型、求解有限元模型）产生的误差。

0.7　FEA 中的误差

创建数学模型和离散化成有限元模型会产生不可避免的误差。创建数学模型会导致建模误差，也称为理想化误差。离散数学模型会带来离散误差，并且在求解过程中会产生数值误差。

这三种误差中，只有离散误差是 FEA 特有的，也只有这个误差能够在使用 FEA 方法时被控制。影响数学模型的建模误差是在 FEA 之前引入的，只能通过正确的建模技术来控制。数值误差是在计算过程中积累的，难以控制，但幸运的是它们通常都很小。

0.8　有限单元

离散化过程（即网格划分）是将连续的模型剖分成有限单元。这个过程中所创建的单元的类型取决于几何模型的类型和设定的分析类型。

SOLIDWORKS Simulation 用四面体实体单元划分实体几何体，而用三角形壳单元划分几何面。为什么要局限于四面体和三角形？这是因为只有使用这些形状，才能对几乎任何几何实体或面进行可靠的网格划分。其他形状的单元，如六面体（块状），在目前的网格划分技术水平下不能创建可靠的网格。这种局限性不是 SOLIDWORKS Simulation 网格划分特有的，可靠的六面体单元自动网格划分技术目前还没有发明出来。

在进行下一步之前，需要澄清一个重要的术语。在 CAD 术语中所称的实体几何体，在 FEA 中称为实体体积。实体单元是用来划分这些实体体积的。

0.8.1　SOLIDWORKS Simulation 中的单元类型

SOLIDWORKS Simulation 中有五种单元类型：一阶实体四面体单元、二阶实体四面体单元、一阶三角形壳单元、二阶三角形壳单元和横梁单元。下文将依次描述这些单元。

SOLIDWORKS Simulation 称一阶单元为“草稿品质”单元，二阶单元为“高品质”单元。

1. 一阶实体四面体单元　一阶（草稿品质）实体四面体单元在体内沿着面和边缘模拟一阶（线性）位移场。一阶（线性）位移场命名了该单元的名称，即一阶单元。如果读者能够从材料力学中回忆起应变是位移的一阶导数，那么应变（从位移的导数中求出）和应力在一阶实体四面体单元中均为常数。

每个一阶实体四面体单元都有四个节点，分别对应四面体的四个角点。每个节点有三个自由度，意味着节点位移可完全由三个位移分量来表示。关于自由度的详细阐述将在稍后讲解。变形前后的一阶实体四面体单元如图 0-3 所示。

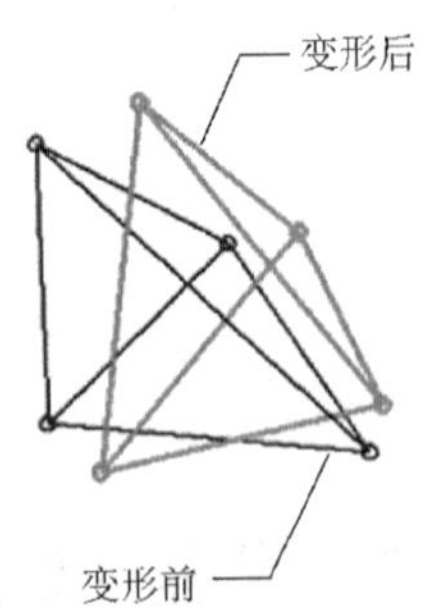

图 0-3　变形前后的一阶实体四面体单元

一阶单元的边是直线，面是平面。在单元加载变形后，这些边和面必须仍保持直线和平面。

由一阶单元组成的网格，其模拟出的复杂的位移和应力场是不够真实的；并且，直线和平面不能正确地模拟曲面形几何模型。

图 0-4 显示了一个使用一阶实体四面体单元构成的肘形几何体，显然用直线和平面模拟曲面形的几何模型是失败的。

为了示范，我们使用了很大的（与模型尺寸相比较而言）单元来划分网格，这样的网格对任何分析来说都是不够精细的。

2. 二阶实体四面体单元　二阶（高品质）实体四面体单元模拟了二阶（抛物线形）位移场以及相应的一阶应力场（注意抛物线形函数的导数是线性函数）。二阶位移场命名了该单元的名称，即二阶单元。

每个二阶实体四面体单元有十个节点（四个角点和六个中间节点），并且每个节点有三个自由度。

如果单元需要映射到曲线形几何模型或者当单元在载荷下变形时，二阶单元的边和面可以是曲线或曲面形状。变形前后的二阶实体四面体单元如图 0-5 所示。

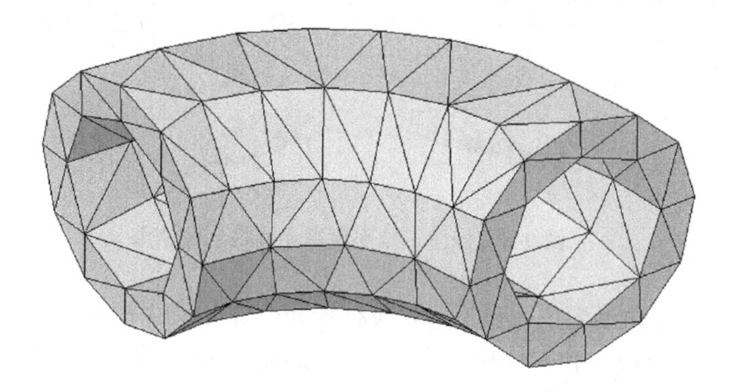

图 0-4　一阶实体四面体单元网格划分结果

变形后

变形前

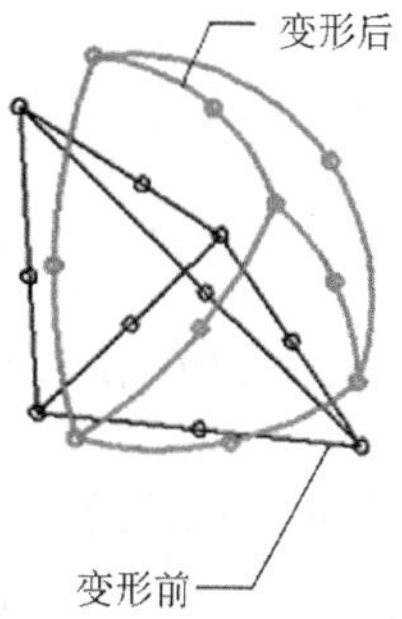

图 0-5　变形前后的二阶实体四面体单元

图 0-6 显示了同样的肘形几何体，这些单元能够很好地模拟其曲线形状。

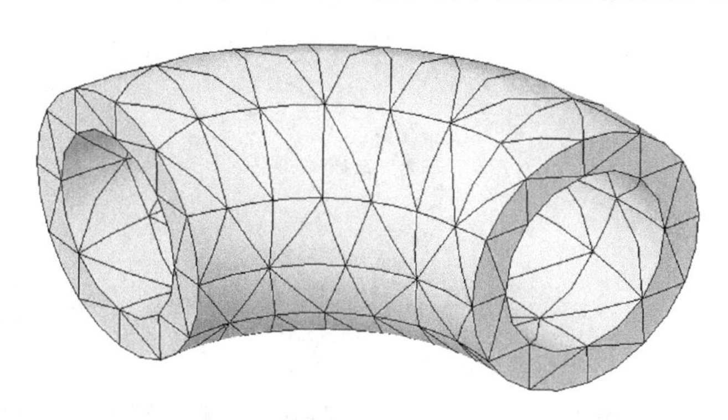

图 0-6　二阶实体四面体单元网格划分结果

为了示范，我们使用了很大的（与模型尺寸相比较而言）单元来划分网格。对于分析来说，即使是二阶单元，这些网格也是不够精细的，尽管与一阶单元相比，它对网格的精细程度要求较低。

为了获得精确的应力结果，建议读者在沿壁厚方向使用两层的二阶单元。

由于二阶实体四面体单元具有更好的曲面适应能力和模拟二阶位移场的能力，在大多数情况下 SOLIDWORKS Simulation 会采用它进行分析，即使它比一阶单元需要更多的计算量。

3. 一阶三角形壳单元　类似于一阶实体单元，一阶三角形壳单元沿其面和边模拟线性位移场，具有常数应变和应力。当单元变形时，一阶壳单元的边仍保持直线。

每个一阶壳单元有三个节点（分布在角点上），并且每个节点有三个自由度，这意味着它的位移可完全由三个平移分量和三个转动分量描述。变形前后的一阶三角形壳单元如图 0-7 所示。

如果用中面代表肘形几何体，并将该面用一阶壳单元进行网格划分，会发现曲面形几何体仍然不够精确。这个结果类似于之前用一阶实体单元模拟曲面形几何体的不精确的结果，如图 0-8 所示。

与一阶实体单元相似，这些壳单元对于真实的分析来说太大了。在图 0-8 中，不同的颜色用来表示单元的顶面（棕色）和底面（绿色）。方向和颜色是任意的，可以通过“反向”加以改变。在任何情况下，它们都不代表模型的方向或几何体。

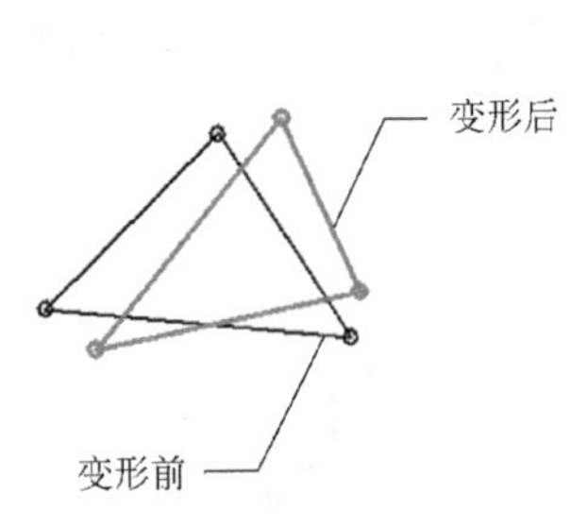

图 0-7　变形前后的一阶三角形壳单元

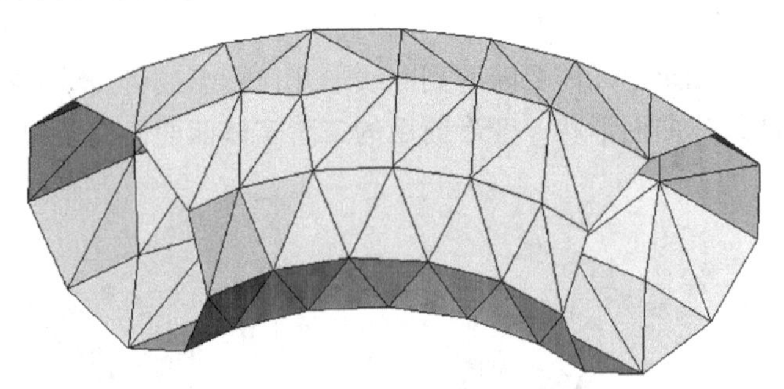

图 0-8　一阶三角形壳单元网格划分结果

4. 二阶三角形壳单元　二阶（高品质）三角形壳单元模拟二阶位移场和一阶（线性）应力场。

每个二阶三角形壳单元有六个节点（三个角点和三个中间节点）。在划分网格过程中，如果单元需要映射到曲线形几何模型或者当单元在载荷下变形时，二阶壳单元的边和面可以模拟曲线形状。变形前后的二阶三角形壳单元如图 0-9 所示。

再次应用肘形几何体，可见这个使用二阶三角形壳单元划分的网格精确地重现了曲线形的几何体，如图 0-10 所示。

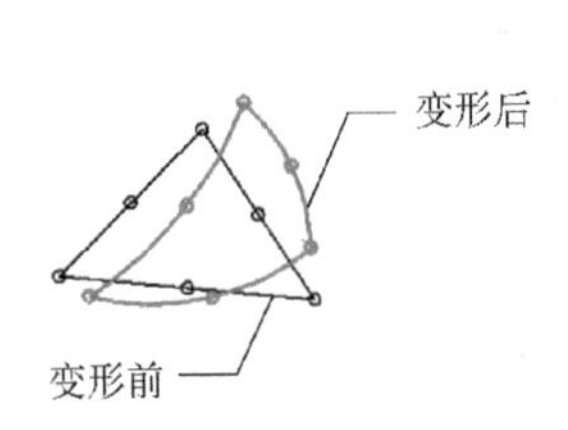

图 0-9　变形前后的二阶三角形壳单元

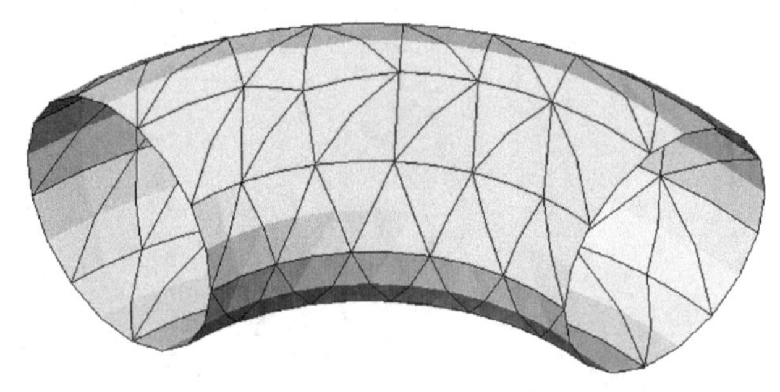

图 0-10　二阶三角形壳单元网格划分结果

为了示范，我们使用了很大的（与模型尺寸相比较而言）单元来划分网格。对于分析来说，即使是二阶单元，这些网格也是不够精细的，尽管与一阶单元相比，它对网格的精细程度要求较低。

5. 横梁单元　相对于一阶实体和壳单元，两个节点的梁单元（即横梁单元）把两个面外挠度模拟为三次函数，并把轴向平移和扭转模拟为线性。两节点梁单元的形状在初始时为平直的，但可以假定形状在变形发生后为三次方的一个函数。

两节点的梁单元在每端节点处都有六个自由度（三个平移自由度和三个旋转自由度）。横梁单元变形前后如图 0-11 所示。

两节点梁单元的网格映射机制与一阶实体和壳单元中的方法是相同的。

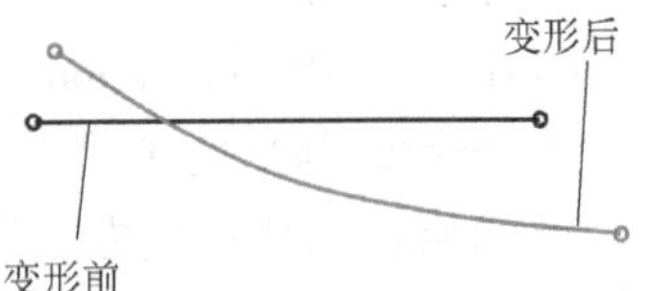

图 0-11　横梁单元变形前后

0.8.2　在实体和壳单元中选择

某些类型的形状既可以使用实体单元也可以使用壳单元，如前文所讨论的肘形几何体。选择四面体实体或三角形壳，取决于分析的目的。但是，通常情况下，几何体的天然形状决定了所使用的单元类型。例如，一些铸件只能用实体网格划分，而一张金属板材最好使用壳单元，如图 0-12 所示。

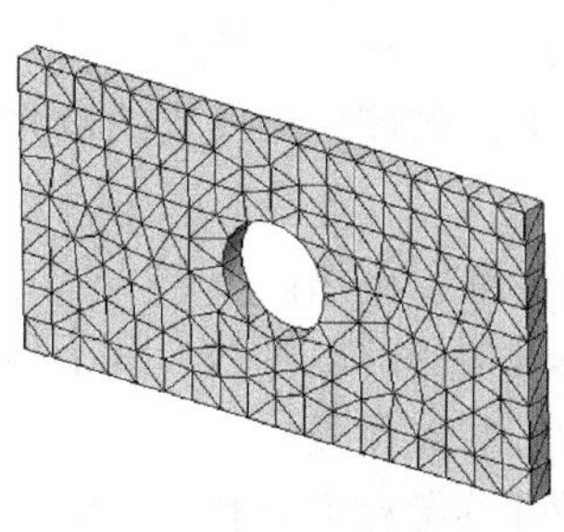
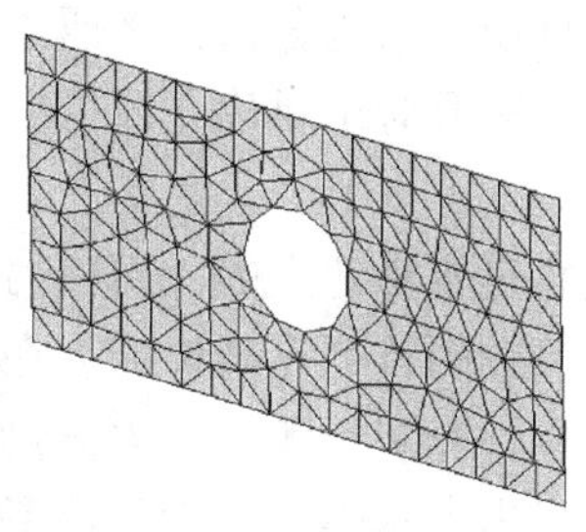

图 0-12　实体和壳单元划分后的结果

一个带孔板（在第 1 章会有详细说明）既可以使用实体单元（它在对实体几何体划分网格时创建），也可以使用壳单元（它在对中面划分网格时创建）。

0.8.3　实体及壳单元中的草稿品质与高品质

对于一阶单元，无论实体或壳，仅在对特定目标作初步分析时使用，如证实载荷或约束的方向，或计算反作用力。

对于准备用来作最后计算的算例（例如已经用草稿品质的单元验证了设置的正确性），以及在应力分布非常重要的地方（特别是在全厚度方向）应该采用高品质的单元。

0.9　自由度

有限单元网格中的自由度定义了节点平移或转动的能力。节点拥有的自由度数取决于节点所属的单元类型。实体单元的节点有三个自由度，而壳单元的节点有六个自由度。

要描述实体单元从初始到变形的形状变化，仅需要知道每个节点位移的三个平移分量。而在壳单元情况下，不仅需要了解节点位移的平移分量，而且需要了解转动分量。

同样，当埋入（或固定）约束施加给实体单元时，仅要求限制单元的三个自由度。相同的约束施加给壳单元时，需要限制所有的六个自由度。如果没有限制转动自由度，则会导致不期望的铰链支撑取代本来的刚性支撑。

0.10　FEA 计算

有限单元网格中每个节点的自由度构成了未知量。在结构分析中，分配给每个节点的自由度可被看作节点位移。位移是基本的未知量，并总是最先计算的。

如果使用实体单元，必须计算每个节点的三个位移分量，即三个自由度（三个未知量）。如果使用壳单元，必须计算每个节点的六个位移分量，即六个自由度（六个未知量）。有限元分析的其他方面（如应变和应力）是在节点位移的基础上计算的。实际上，有些 FEA 程序提供了应力作为未知量求解的选项，但这不是必需的。

在热分析中（需要确定温度、温度梯度和热流），基本的未知量是节点温度。由于温度是一个标量，不像位移是一个矢量，那么在热分析模型中，不管所用单元的类型如何，对每个节点只有一个未知量（温度）需要求解。热分析中所有其他的结果都可以通过节点温度来计算。

事实上，热分析仅有一个未知量需要求解，而不像结构分析中的三个或六个未知量，因此，热分析的计算量与结构分析相比要少。

0.11 FEA 结果解释

FEA 在结构分析中提供位移、应变和应力的解，在热分析中提供温度、温度梯度和热流的解。那么如何通过更为直观的结构分析，来通过或否决一项设计？

为了回答这个问题，需要对结果建立评价标准。例如，可接受的最大变形、最大应力或最低自然频率。

位移或频率标准显然是容易建立的，而应力标准则不然。

假设一个应力分析问题的目的是确保应力在可接受的范围内。为了得到应力结果，需要掌握潜在的失效机理。如果零件断裂，哪个应力分量应对此负责？

讨论各种失效标准超出了本书的范围，读者可参考有关材料力学的图书。这里，仅限于讨论 von Mises 应力（等效应力）和主应力的区别，二者均是评价结构安全所常用的度量值。

1. von Mises 应力 von Mises 应力是一个集中了三维应力状态的六个应力分量的应力度量值。其示意图如图 0-13 所示。

对于一个立方体单元，每个面上作用着一个正应力和两个切应力。由于平衡要求，三维状态的应力只有六个应力分量，即

$$\tau_{xy}=\tau_{yx},\tau_{yz}=\tau_{zy},\tau_{xz}=\tau_{zx}$$

von Mises 应力表达式可由以下在整体坐标系下定义的应力分量表示，即

$$\sigma_{eq}=\sqrt{0.5\left[(\sigma_x-\sigma_y)^2+(\sigma_y-\sigma_z)^2+(\sigma_z-\sigma_x)^2\right]+3(\tau_{xy}^2+\tau_{yz}^2+\tau_{zx}^2)}$$

2. 主应力：P1、P2 和 P3 应力状态也可由三个主应力分量描述，即 σ_1、σ_2、σ_3。它们的方向垂直于立方体单元的表面，如图 0-14 所示。

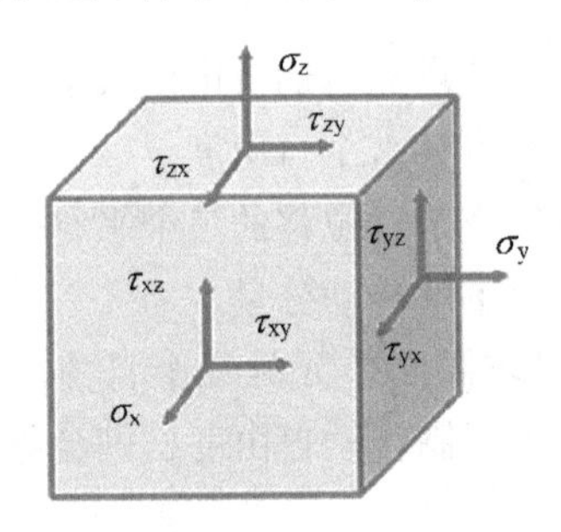

图 0-13 von Mises 应力示意图

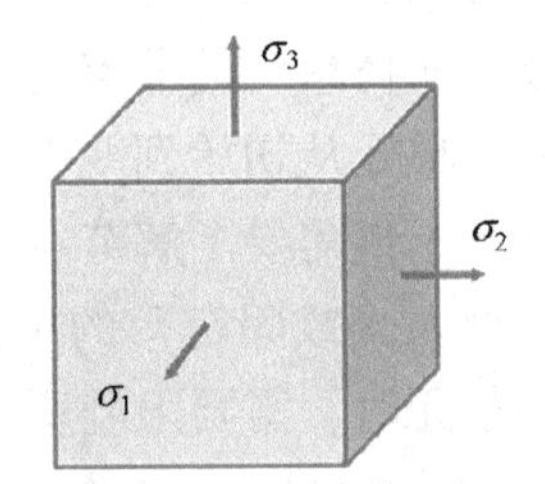

图 0-14 主应力示意图

von Mises 应力随之可以表示为

$$\sigma_{eq}=\sqrt{0.5\left[(\sigma_1-\sigma_2)^2+(\sigma_2-\sigma_3)^2+(\sigma_3-\sigma_1)^2\right]}$$

注意，von Mises 应力是非负的数值。在大多数情况下，会使用 von Mises 应力作为应力度量。因为 von Mises 应力可以很好地描述许多工程材料结构安全的弹性和塑性性质。

材料的屈服安全系数或最终破坏安全系数可以通过 von Mises 应力除以材料的屈服应力（屈服强度）或最终破坏应力（最终破坏强度）得到。

在 SOLIDWORKS Simulation 中，主应力被记为 P1、P2 和 P3。

P1 应力通常是拉应力，用来评估脆性材料零件的应力结果。对于脆性材料，P1 应力比 von Mises 应力更能恰当地评估其安全性。P3 应力通常用来评估压应力或接触压力。

0.12　测量单位

SOLIDWORKS Simulation 使用国际单位制（SI）。数据可以用三种不同的单位制输入：国际单位制、米制和英制。同样，结果也可以用三种不同的单位制输出。表 0-1 总结了常用的单位制。

表 0-1　常用的单位制

项　目	国际单位制（SI）	米制（MKS）	英制（IPS）
质量	kg	kg	lb
长度	m	cm	in
时间	s	s	s
力	N	kgf	lbf
应力	N/m^2	kgf/cm^2	lbf/in^2
质量密度	kg/m^3	kg/cm^3	lb/in^3
温度	°K	℃	°F

0.13　SOLIDWORKS Simulation 的使用限制

任何 FEA 软件都有其优缺点，SOLIDWORKS Simulation 分析是在下列假设下进行的：

- 线性材料。
- 小变形。
- 静态载荷。

这些假设是在设计环境下的 FEA 软件的基本假设，大多数的 FEA 项目在这些前提条件下能很好完成。

对于一些非线性材料、非线性几何体或动态分析，可以通过 SOLIDWORKS Simulation 的一些高级专业工具完成。SOLIDWORKS Simulation Professional 可以进行动态分析，如频率分析和跌落测试等。

提示 

SOLIDWORKS Simulation 也能使用几何非线性求解器来计算大位移问题。但是，由于只有一套默认的参数是针对非线性求解器的，SOLIDWORKS Simulation 这一功能的适用性就大打折扣了。对于全尺寸的非线性问题（同时包含几何和材料非线性），必须使用 SOLIDWORKS Simulation Premium。

1. 线性材料　在所有 SOLIDWORKS Simulation 所使用的材料中，应力与应变成线性比例关系，如图0-15所示。

在实际使用中，最大应力值是被限制的，而在使用线性材料模型时，其最大应力并不仅限于屈服应力或最终破坏应力。例如，在线性模型中，如果在 1000N 的载荷作用下，应力值达到了 100MPa，那么当载荷为10000N时，应力值将达到 1000MPa。

材料的屈服没有在模型中考虑，实际上，材料是否发生屈服需要对结果应力进行后处理后才能判断。

大多数结构的应力值低于屈服应力，而安全系数通常与屈服应力有关。

因此，对于 SOLIDWORKS Simulation 用户来说，线性材料很少对分析产生限制。

2. 小变形　任何结构在加载下均会变形。在 SOLIDWORKS Simulation 中，我们假设变形很小。什么是小变形的确切含义？通常的解释是变形相对于结构的整体尺寸来说很小。

图 0-16 显示了一根悬臂梁在小变形和大变形作用下的弯曲。

如果变形很大，那么 SOLIDWORKS Simulation 的一般性假设就不能应用了，即使 SOLIDWORKS Simulation 具有分析大位移的能力（这一点将在本书的第 14 章讨论）。

对于这种结构，必须使用其他分析工具，如 SOLIDWORKS Simulation Premium。

注意，变形大小并不是判断“小”变形或“大”变形的依据，真正的决定因素是变形是否显著地改变了结构的刚度。

小变形分析假设在变形过程中结构的刚度仍保持不变，大变形分析则需考虑变形引起的刚度的改变。

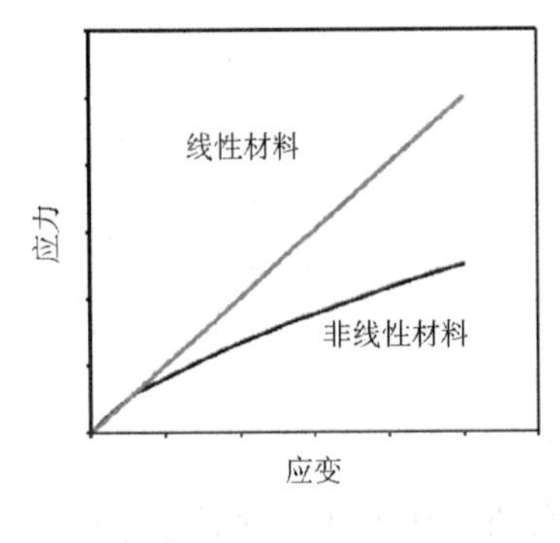

图 0-15　材料属性曲线

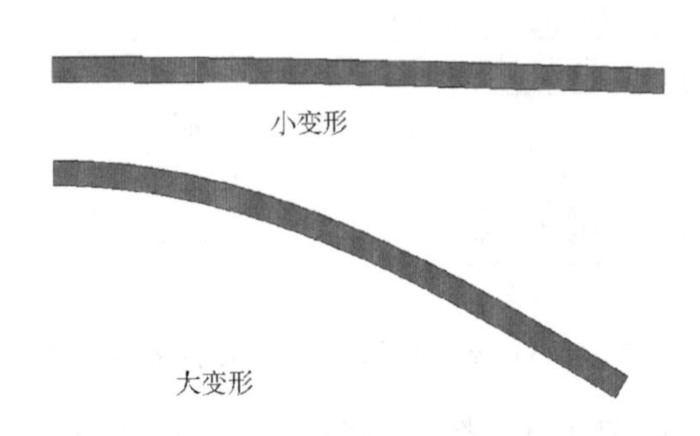

图 0-16　小变形与大变形示意图

尽管梁的大变形和小变形之间的区别十分明显，但并不是所有结构都这样，如受压的扁平薄膜。

扁平薄膜最初抵抗压力的唯一机理就是弯曲应力，如图 0-17 所示。在变形过程中，薄膜除了初始的弯曲刚度外，还获得了薄膜刚度。

在变形过程中，薄膜刚度发生了很大变化。刚度的变化需使用 SOLIDWORKS Simulation Premium 等工具进行大位移分析。

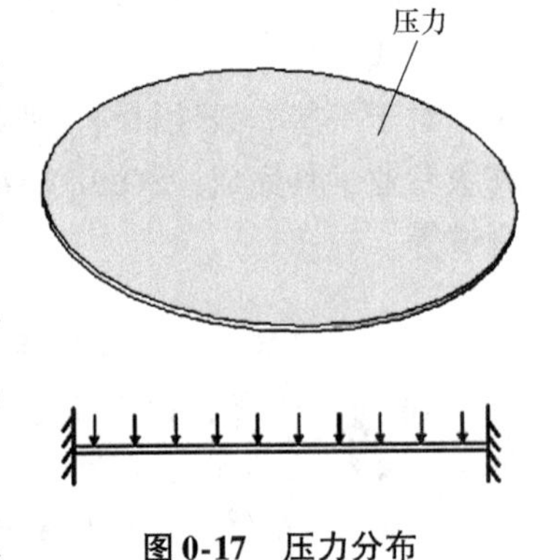

图 0-17　压力分布

3. 静态载荷　假设所有的载荷和约束不随时间而改变。这个限制条件意味着加载过程十分缓慢，以至于可以忽略惯性效应。SOLIDWORKS Simulation 不能进行动态载荷的分析。

尽管所有的载荷实际上是随时间变化的，但对设计分析而言，大多数情况下将它们看成静态载荷是可以接受的。重力载荷、离心力载荷、螺栓预应力以及其他作用力都可以看成静态载荷。

只有快速变化的载荷才需要进行动力学分析，跌落测试或振动分析必须要建立动态载荷模型。

第1章　分析流程

学习目标
- 了解 SOLIDWORKS Simulation 的界面
- 使用实体单元完成线性静态分析
- 了解网格密度对位移和应力结果的影响
- 采用不同方法显示有限元计算结果
- 管理 SOLIDWORKS Simulation 结果文件
- 获取有用的帮助

1.1　模型分析的关键步骤

无论分析的类型或模型如何改变，分析的基本步骤是相同的。读者必须完全理解这些步骤，以完成有意义的分析。

下面列出了模型分析中的一些关键步骤：

1）创建算例。对模型的每次分析都是一个算例。一个模型可以包含多个算例。

2）应用材料。向模型添加材料属性，如屈服强度。

3）添加约束。模拟真实的模型装夹方式，对模型施加约束。

4）施加载荷。载荷反映了作用在模型上的力。

5）划分网格。模型被细分为有限个单元。

6）运行分析。求解计算模型中的位移、应变和应力。

7）分析结果。解释分析的结果。

1.2　实例分析：平板的应力分析

在此实例分析中，我们将确定在拉伸载荷下矩形板中的应力。本章将使用这个简单的模型来讲解所有的分析步骤以及大多数经常用于实体模型静态分析的功能。

尽管模型非常简单，但它可能是本书中最重要的一章，这一章经历了所有必要的步骤。掌握本章内容后，读者可以继续探索软件的其他功能和其他建模假设，例如不同的材料属性、载荷、约束等。

1.3　项目描述

在带孔矩形板的短边一侧施加固定约束，另一侧施加 110000N 的均匀分布的张力载荷，如图 1-1 所示。

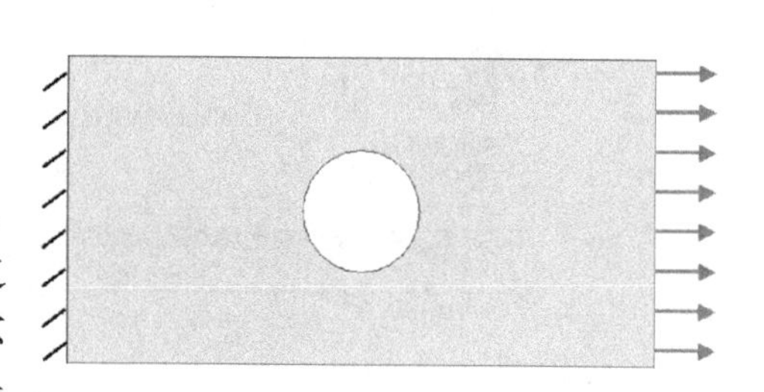

图 1-1　带孔矩形板的约束及载荷

除了学习 SOLIDWORKS Simulation 的各种功能之外，还要了解不同网格密度对结果的影响，并掌握不同离散化参数的选择对变形和压力的影响。因此，本章将使用不同单元尺寸的网格进行分析，以更好地了解 FEA 如何工作。

操作步骤

扫码看视频

步骤 1　打开零件　从“Lesson01\Case Studies”文件夹中打开名为“rectangular hollow plate”的文件。检查该模型的尺寸，并记录下以毫米（mm）为单位的长度、宽度和厚度。

步骤 2　启动 SOLIDWORKS Simulation　单击【工具】/【插件】，勾选【SOLIDWORKS Simulation】复选框，然后单击【确定】，如图 1-2 所示。

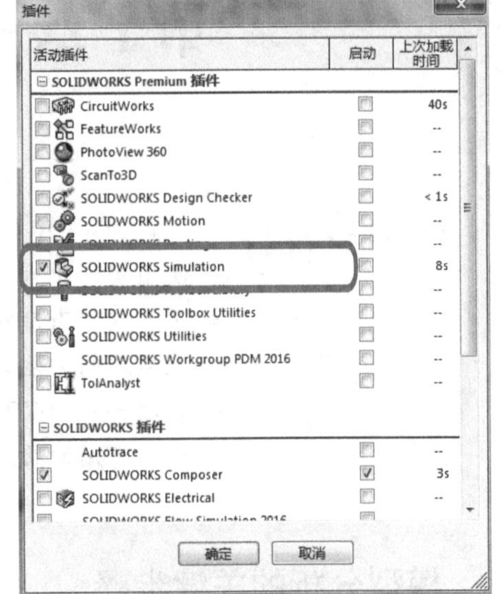

图 1-2　插件位置

1.4　SOLIDWORKS Simulation 的界面

Simulation 软件界面如图 1-3 所示。

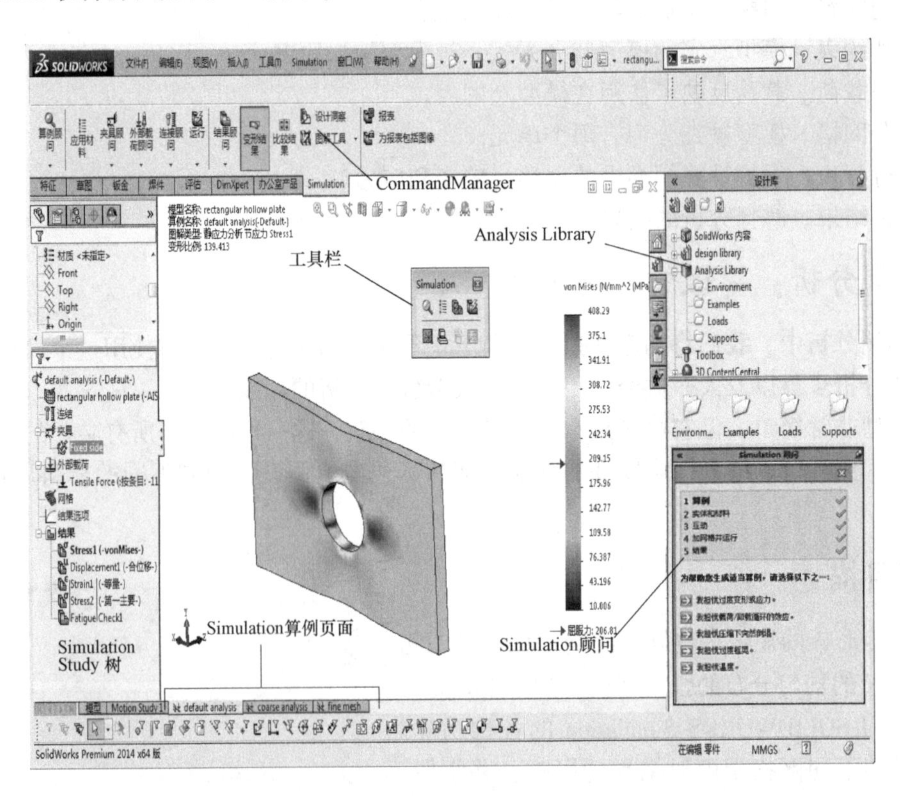

图 1-3　Simulation 界面

1. Simulation Study 树 在创建一个仿真算例后，会在零件的 FeatureManager 设计树下出现一个 Simulation Study 树。图形显示区下方会出现一个页面来控制该树的显示，如图 1-4 所示。

2. Simulation 下拉菜单 Simulation 下拉菜单提供了很多仿真命令，如图 1-5 所示。

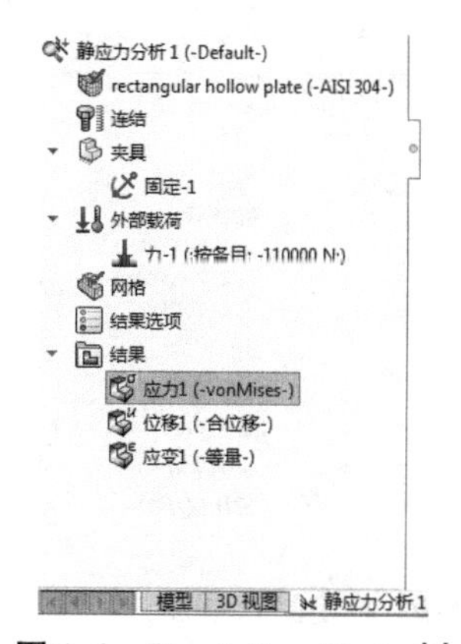

图 1-4 Simulation Study 树

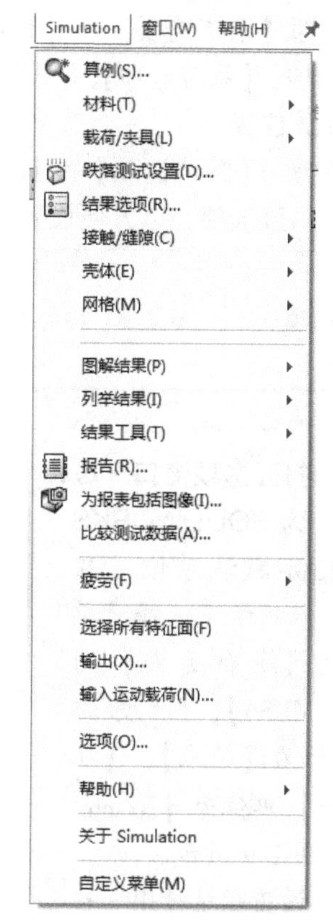

图 1-5 Simulation 下拉菜单

3. Simulation 工具栏 Simulation 工具栏包含全部含有图标的命令，如图 1-6 所示。用户可以根据需要自行定义，只显示经常使用的那些命令。可以使用键盘上的〈S〉键激活该工具栏。

4. CommandManager CommandManager 为 Simulation 提供了一个通用的工具栏。Simulation 页面包含了创建算例和分析结果的工具，如图 1-7 所示。

5. 右键菜单 在 Simulation Study 树中右键单击几何体或选项，可以选择所需的功能，如图 1-8 所示。

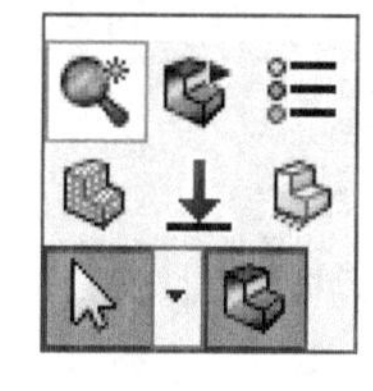

图 1-6 Simulation 工具栏

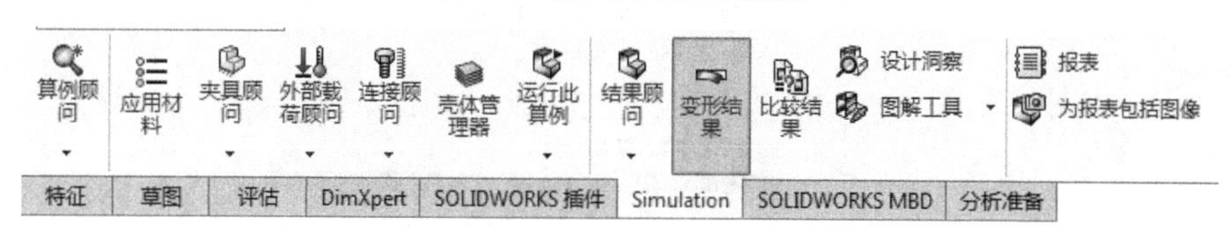

图 1-7 Simulation 页面

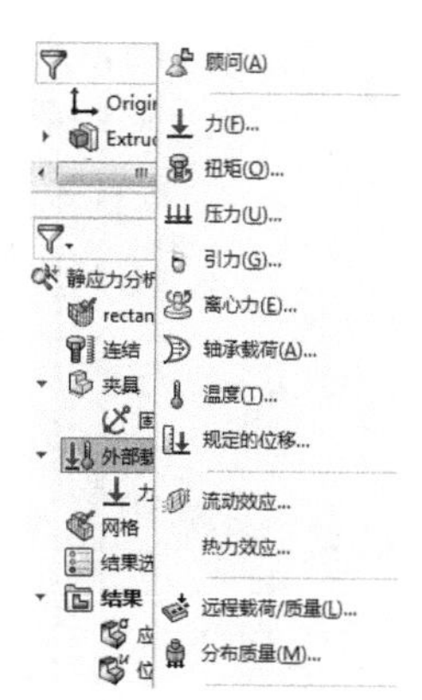

图 1-8 右键菜单

1.5 SOLIDWORKS Simulation 选项

打开【Simulation】菜单下的【选项】，用户可以在其中定义在分析中使用的标准。该对话框有两个选项卡，即【系统选项】和【默认选项】。

（1）系统选项 【系统选项】是面向所有算例的。里面包含的设置主要是错误显示的方法和默认数据库的存放位置。

（2）默认选项 【默认选项】只针对新建立的算例。因为在仿真算例中并不采用模板的形式，所以在此提供该选项，以方便设置单位、默认图解等。

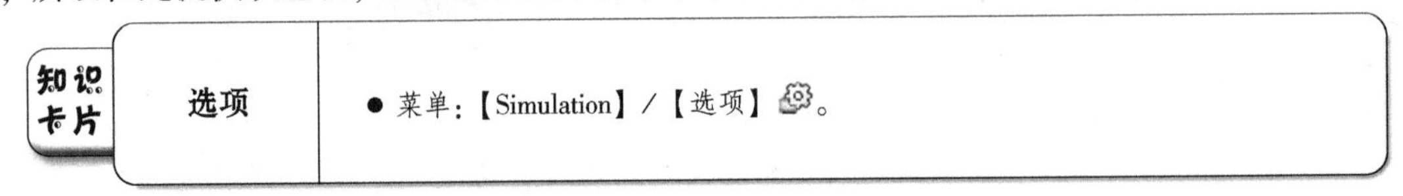

步骤 3 打开选项窗口 选择【Simulation】菜单下的【选项】。

步骤 4 为 SOLIDWORKS Simulation 指定默认单位 在【默认选项】选项卡下选择【单位】。设定【单位系统】为【公制（I）（MKS）】，【长度/位移（L）】单位为【毫米】，【压力/应力（P）】单位为【N/mm^2（MPa）】，如图 1-9 所示。

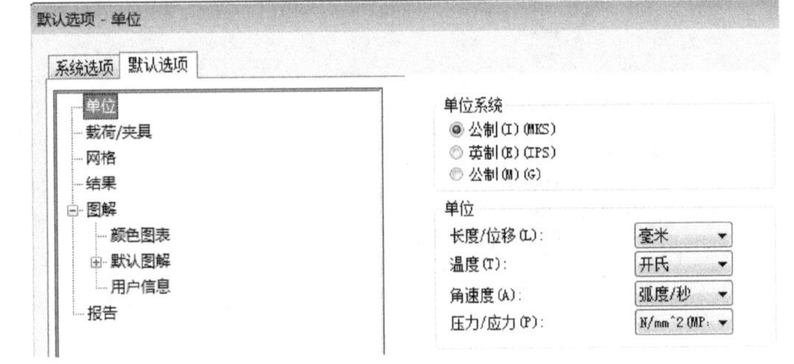

图 1-9 指定默认单位

步骤 5 设置默认结果 在【结果文件夹】选项组中，选择【SOLIDWORKS 文档文件夹】。SOLIDWORKS 文档文件夹即文件“rectangular hollow plate. SLDPRT”在计算机中存放的位置。

勾选【在子文件夹下】复选框。在【在子文件夹下】文本框中输入“results”。这将会自动创建一个子文件夹“results”来存储 SOLIDWORKS Simulation 的结果。

在【默认解算器】选项组中选择【自动】，如图 1-10 所示。

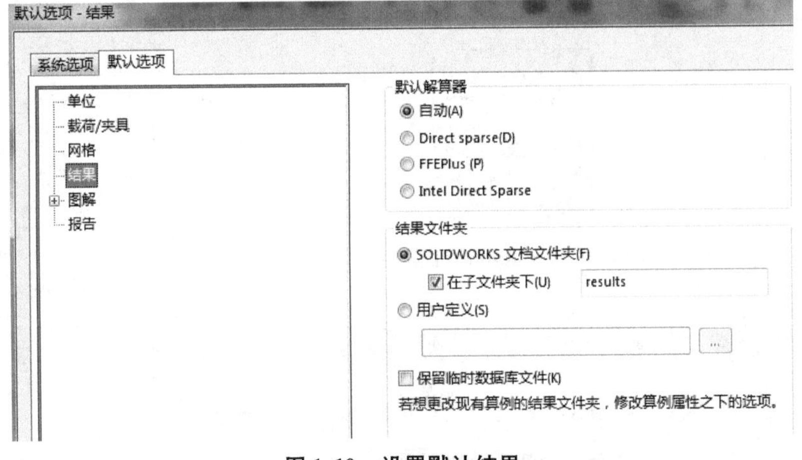

图 1-10 设置默认结果

求解器将在后面的章节进行讨论。

在任何静态分析结束之后，SOLIDWORKS Simulation 会自动生成下列结果图解：

- 应力 1。
- 位移 1。
- 应变 1。

图解设置可以让用户指定分析求解完毕后要自动生成哪些默认的结果图解和单位。要添加一个默认的结果图解，可右键单击【结果】并选择相应的图解命令。如有必要，每种图解都可存储在用户自定义的文件夹中。【结果】的右键菜单如图 1-11 所示。

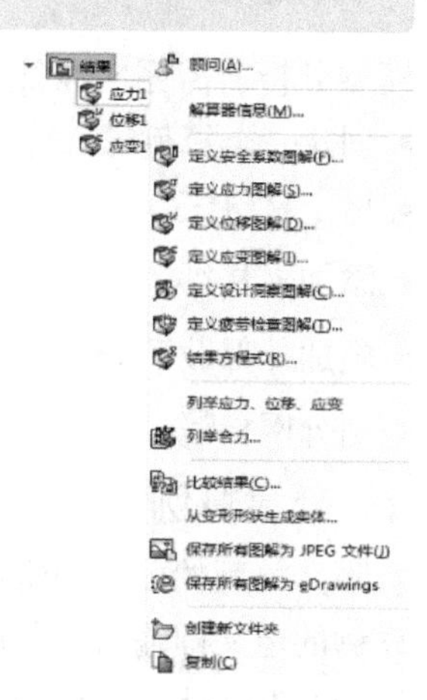

图 1-11　【结果】的右键菜单

步骤 6　设置默认图解　展开【图解】下的【默认图解】。这一部分可以让用户指定分析求解完毕后要生成哪些默认的结果图解。本章中的【默认图解】将使用默认的设置，如图1-12 所示。

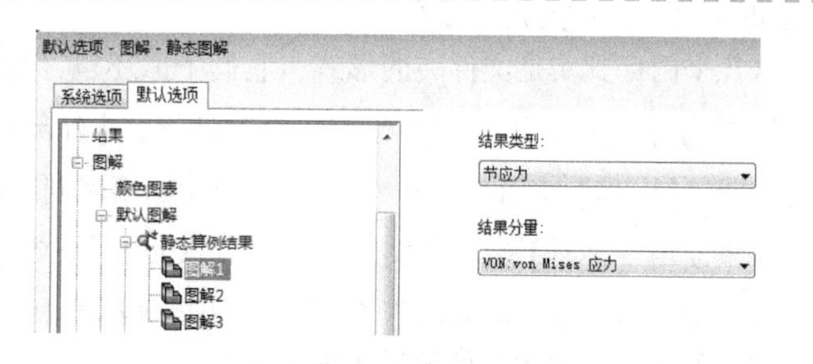

图 1-12　设置默认图解

步骤 7　指定颜色图表选项　在【图解】下选择【颜色图表】，设置【数字格式】为【科学（S）】，【小数位数】为“6”，如图 1-13 所示。建议详细了解该对话框中的所有图表选项。单击【确定】退出。

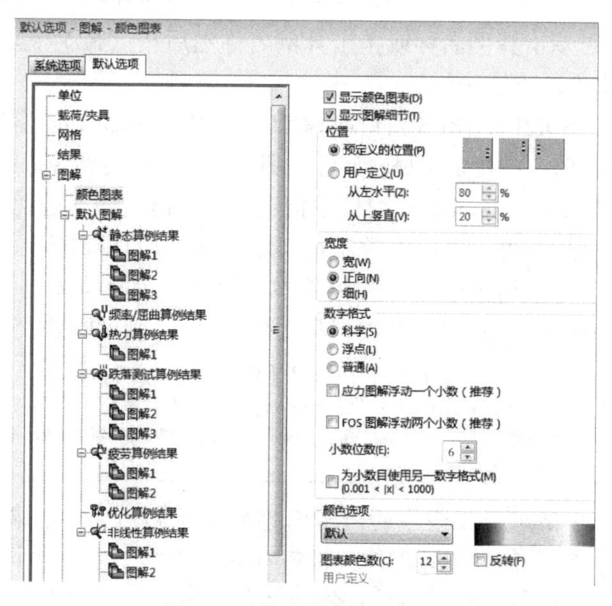

图 1-13　指定颜色图表选项

1.6 预处理

模型分析前需完成准备工作，预处理步骤包含以下几点：

- 创建一个算例。
- 指定材料。
- 添加夹具。
- 施加外部载荷。
- 划分网格。

1.6.1 新建算例

有限元模型的创建通常始于算例的定义。

算例的定义即输入所需的分析类型和相应的网格类型。新建算例如图1-14所示。

每个分析都是一个单独的算例。在定义完一个算例后，SOLIDWORKS Simulation 会自动创建一个算例文件夹（本例中的名称为“default analysis”）及几个图标。

这几个图标其实是文件夹的形式，它们下面还包含其他图标。

【实体】文件夹用来定义和指定材料属性，【外部载荷】用来定义载荷，【夹具】用来定义约束，【网格】用来创建有限元网格。本章并未使用【连结】文件夹。注意在【实体】文件夹中只有一个名为“rectangular hollow plate” 的零件。如果分析的对象是装配体而非零件，则【实体】文件夹中会包含与装配体零件数量相同的零件。

default analysis (-Default-)
rectangular hollow plate
连结
夹具
外部载荷
网格
结果选项

图 1-14 新建算例

知识卡片	新建算例	CommandManager：【Simulation】/【算例顾问】/【新建算例】。 菜单：【Simulation】/【算例】。

1. 重命名算例 通过双击算例名称或单击算例名称然后按〈F2〉键，可以更改算例的名称（与 Windows 中重命名文件的方法一样）。

2. 指定材料属性 在 SOLIDWORKS 窗口或 SOLIDWORKS Simulation 窗口中均能给模型指定材料属性。如果在 SOLIDWORKS 中指定了材料属性，那么它会自动转到 SOLIDWORKS Simulation 中。

本章虽然在 SOLIDWORKS Simulation 窗口中指定材料，但这并不是说它是首选的办法，而只是为了对该选项作一个示范说明。可以将常用材料添加到“应用收藏夹材料”文件夹中，材料可以方便地从这个文件夹应用到多个零件和组件中，而不显示材料窗口。要管理常用的材料列表，可右键单击 FeatureManager 设计树中的材料，然后选择【管理收藏夹】。

知识卡片	操作方法	• 菜单：【Simulation】/【材料】/【应用材料到所有】。 • CommandManager：【Simulation】/【应用材料】。 • 快捷菜单：在 Simulation Study 树中，右键单击实体/零件/装配体图标并选择【应用/编辑材料】。

提示

第一种方法可为模型中的所有零部件赋予相同的材料属性。第二种方法可为某一特定零部件和与多实体相关的零部件赋予材料属性。第三种方法只对某一特定零件指定材料属性，在本章中即是指“rectangular hollow plate”零件。因为不讨论装配体，只讨论包含一个实体的单个零件（即不是一个多实体零件），所以上述三种材料分配方法都可以使用。

步骤8 新建一个算例 在【Simulation】菜单中选取【算例】。

步骤9 给算例命名 选择【静应力分析】作为分析类型，在【名称】中输入“default analysis”，单击【确定】，如图1-15所示。

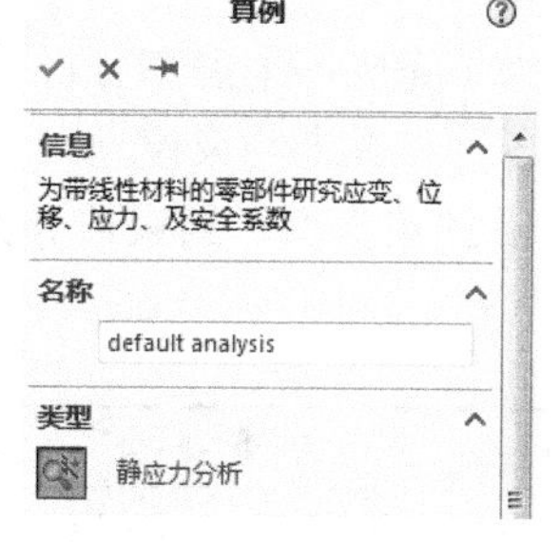

图1-15 新建算例

步骤10 指定材料属性 单击【应用/编辑材料】，展开“solidworks materials”，然后在“钢”中选择“AISI 304”，如图1-16所示[⊖]。

注意 必需的材料常数以红色字体表示。蓝色字体表示的常数只在特定载荷类型下才可能会被使用（例如，【温度】载荷就需要【热膨胀系数】）。

注意 用户可以在【材料】对话框中右键单击任何文件夹或已有材料，来添加一个新的材料库。也可以通过复制已有材料到新的位置并编辑其属性，来达到添加新材料的目的。

单击【应用】并选择【关闭】。Simulation Study 树下的“rectangular hollow plate”图标现在显示了一个绿色选中标记，并显示出了所选材料的名称，表明材料加载成功。

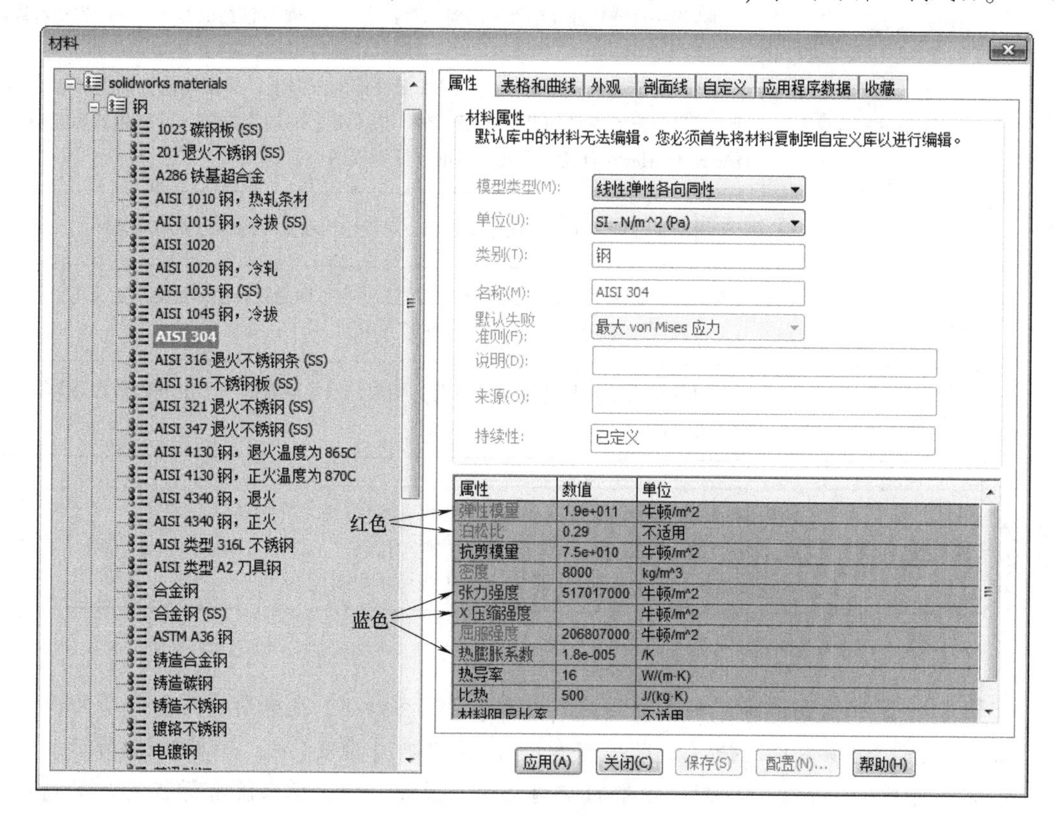

图1-16 【材料】对话框

⊖ 图1-16所示的“抗剪模量”“压缩强度”“比热”对应的专业术语分别为“切变模量”“抗压强度”“比热容”，牛顿/m^2即为N/m^2。

1.6.2 约束

为了完成一个静态分析，模型必须被正确约束，使之无法移动。SOLIDWORKS Simulation 提供了各种工具来约束模型。一般而言，约束可以应用到模型的面、边、顶点。

1. 约束类型 约束被分为【标准】和【高级】两类，它们的属性见表 1-1。

表 1-1 约束类型及属性

	约束类型	属性
标准约束	固定几何体	也称为刚性支撑，即所有的平移和转动自由度均被限制 【固定几何体】边界条件不需要给出沿某个具体方向的约束条件
	非固定	约束平移自由度，放开转动自由度。这个选项仅仅对壳单元及梁单元起作用，对实体单元不起作用（实体单元没有转动自由度）
	滚柱/滑杆	使用【滚柱/滑杆】约束可使模型能更自由地在平面的水平方向移动，但不能在平面上进行垂直方向移动。平面在施加载荷的情况下可能收缩或扩张
	固定铰链	使用铰链约束来指定只能绕轴运动的圆柱面。圆柱面的半径和长度在载荷下保持常数
高级约束	对称	该选项只针对平面问题，它允许面内位移和绕平面法线的转动
	圆周对称	物体绕一根特性轴周期性旋转时，对其中一部分加载该约束类型可形成旋转对称体
	使用参考几何体	该选项保证约束只作用在点、线或面设计的方向上，而在其他方向上可以自由运动。可以指定所选择的基准平面、轴、边、面上的约束方向。可使用 SOLIDWORKS FeatureManager 设计树选择几何基准（平面或轴）
	在平面上	通过对平面的三个主方向进行约束，可设定沿所选方向的边界约束条件
	在圆柱面上	与【在平面上】相似，但是圆柱面的三个主方向是在柱坐标系统下定义的。该选项在允许圆柱面绕轴线旋转的情况下非常有用
	在球面上	与【在平面上】和【在圆柱面上】相似，但是球面的三个主方向是在球形坐标系统下定义的

知识卡片	固定几何体	• CommandManager:【Simulation】/【夹具顾问】/【固定几何体】。 • 菜单:【Simulation】/【载荷/夹具】/【夹具】。 • 快捷菜单：右键单击【夹具】，单击【固定几何体】。

步骤 11 定义固定约束 单击【固定几何体】，转动模型，选择所要施加载荷的面。在【类型】选项卡中选择【固定几何体】，然后单击【确定】，如图 1-17 所示。

定义完夹具后，就完全限制了模型的空间运动。因此，该模型在没有弹性变形的情况下是无法移动的。在有限元术语中，可以说该模型不存在任何刚体运动形式。

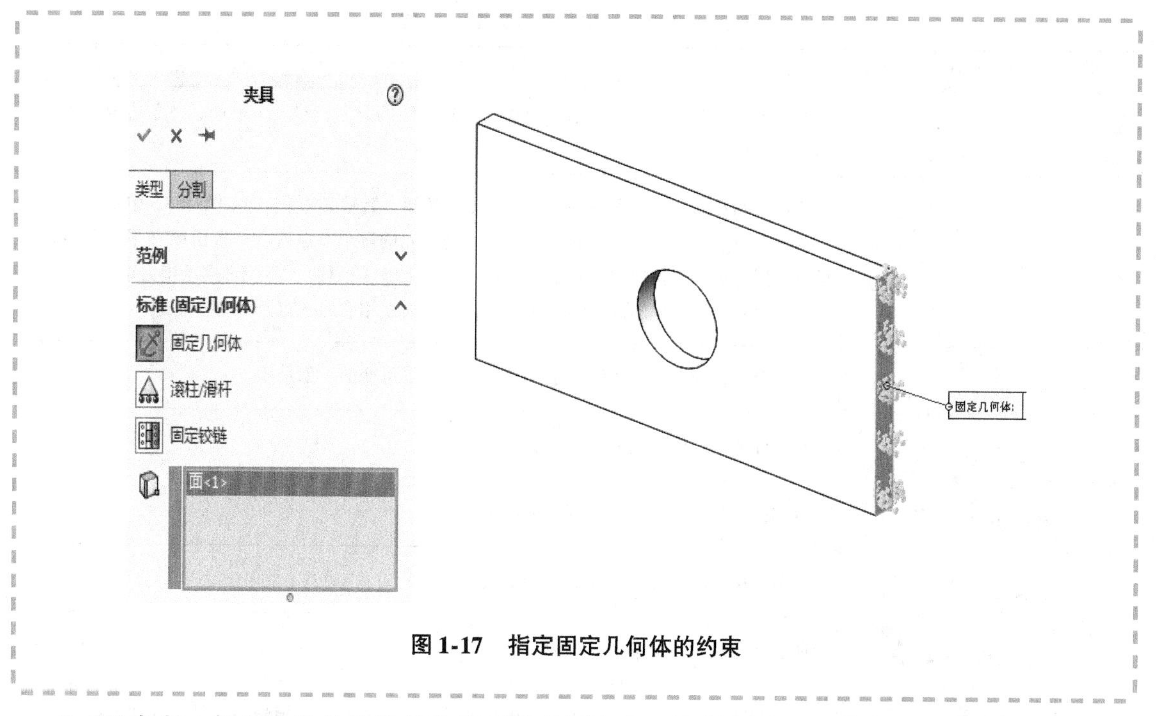

图 1-17　指定固定几何体的约束

2. 重命名　每个边界条件的名称都可以重新命名，以便以后理解其中的含义。

通过双击名称可以重命名约束、载荷以及连结。单击约束、载荷或者连结的名称，按〈F2〉键或者单击右键都可以重命名。

3. 约束符号　在某个面上施加了约束之后，就可以看到约束符号出现在该面上。

本例选择【固定几何体】作为约束类型，意味着所有的六个自由度（包括三个平移自由度和三个转动自由度）都被限制住了。

约束符号中的箭头和圆盘分别表示各个方向平移和转动的限制，如图 1-18 所示。在本章中，约束的坐标方向和位于模型窗口左下角的全局坐标系方向一致。

如果不使用【固定几何体】而使用【滚柱/滑杆】作为约束类型，那么转动自由度将不会受到限制，而相应的约束符号只有箭头符号而没有圆盘符号，如图 1-19 所示。

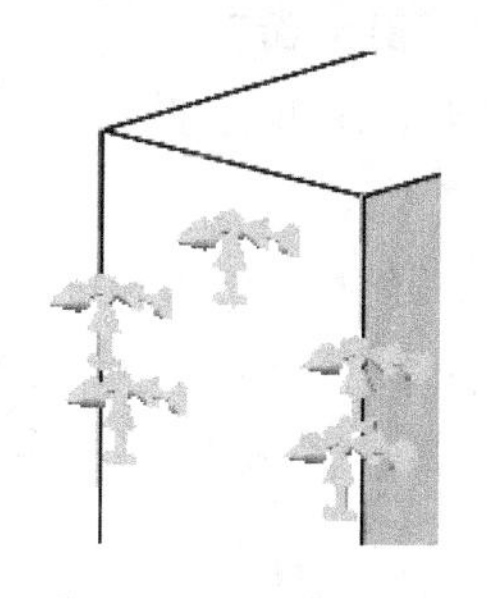

图 1-18　约束符号

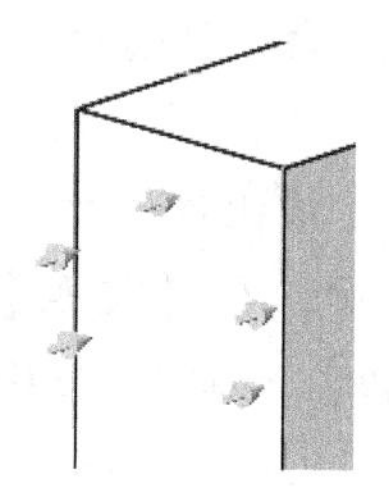

图 1-19　改变约束类型后的约束符号

1.6.3　外部载荷

模型约束好以后，需要向模型施加外部载荷（或力）。SOLIDWORKS Simulation 提供了多种外部载荷形式。一般来说，力可以通过各种方法加载到面、边和顶点上。这些标准外部载荷的类型及属性见表 1-2。

表 1-2 标准外部载荷的类型及属性

	外部载荷的类型	属 性
标准外部载荷	力	沿所选的参考面（平面、边、面和轴线）确定的方向，对一个平面、一条边或一个点施加力或力矩
	力矩	适合于圆柱面，按右手规则绕参考轴施加扭矩。转轴必须在 SOLIDWORKS 中定义 注意，只有在壳单元中才能施加力矩。壳单元的每个节点有六个自由度（平移和转动），可以承担力矩，而实体单元每节点只有三个自由度（平移），不能直接承担力矩 如果要对实体单元施加力矩，必须先将其转换成相应的分布力或远程载荷
高级外部载荷	压力	对一个面作用压力。可以是定向的，也可以是可变的，如水压
	引力	对零件或装配体指定线性加速度
	离心力	对零件或装配体指定角速度和加速度
	轴承载荷	在两个接触的圆柱面之间定义轴承载荷
	远程载荷/质量	通过连接的结果传递法向载荷
	分布质量	分布载荷就是施加到所选项，以模拟被压缩（或不包含在模型中）的零部件质量
	温度	温度加载应用于热膨胀影响的系统

知识卡片 **载荷**

- CommandManager：【Simulation】/【外部载荷顾问】，单击任意一个可用载荷类型。
- 菜单：【Simulation】/【载荷/夹具】，单击任意一个可用载荷类型。
- 快捷菜单：右键单击【外部载荷】，选择任意一个可用载荷类型。

提示 外部载荷情况由象征载荷的箭头符号和相应的图标表示。

步骤 12 重命名夹具 重命名夹具，将“fixed-1”改为“固定面”。

步骤 13 定义力 转动模型，以显示将要加载 110 000N（24 729lbf）拉力的面，并选中该面。

单击【力】，该操作会打开【力/扭矩】PropertyManager 窗口。

如图 1-20 所示，在【类型】中选择【法向】，在【单位】一栏中确定单位制为【SI】，并在【力值】中输入“110 000”，勾选【反向】复选框，因为此处需要定义的是拉力。

提示 取消勾选【反向】复选框将产生压力。

定义法向力时，无须使用参考几何体。因为在使用【法向】选项时，载荷方向由受力平面的法向完全确定了。单击【确定】。

步骤 14 重命名力 重命名该力的名称为“拉力”。

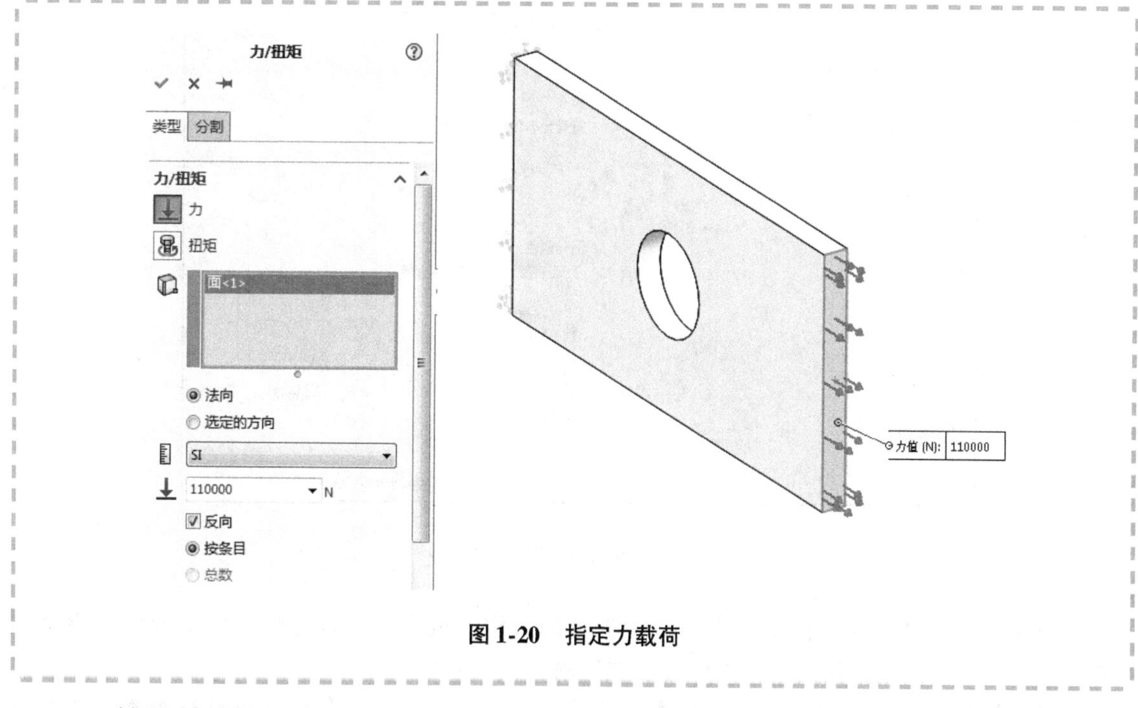

图 1-20 指定力载荷

1.6.4 符号的大小及颜色

用户可以局部地或全局地控制约束符号的大小及颜色。

符号的局部设置可以通过【夹具】和【力/扭矩】PropertyManager 窗口的【符号设定】栏进行控制，如图 1-21 所示。

在 SOLIDWORKS Simulation【默认选项】选项卡的【载荷/夹具】中，可以进行符号的全局定义，如图 1-22 所示。

模型现在显示了载荷和约束的符号。要想隐藏或显示这些符号，可以采用以下方法：

- 右键单击特定的约束或外部载荷的图标，在弹出的快捷菜单中选择【显示】或【隐藏】。
- 右键单击【夹具】或【外部载荷】的图标，在弹出的快捷菜单中选择【全部显示】或【全部隐藏】，以全局地显示或隐藏约束和载荷。

1.6.5 预处理总结

到目前为止，已经给模型分配了材料属性，施加了载荷和边界条件，建立了完整的数学模型，这一模型将使用有限元分析法来求解。

数学模型必须离散化成有限元模型。在创建有限元模型之前，需要熟悉下列术语：

- 几何模型准备。
- 材料属性。
- 定义外部载荷。
- 定义约束。

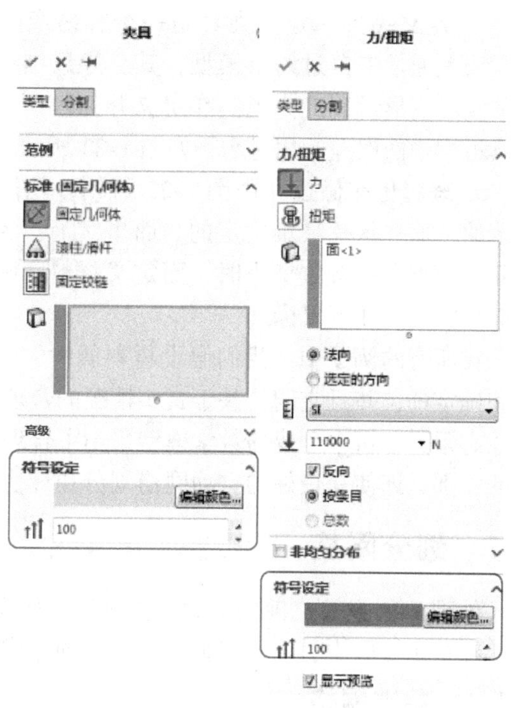

图 1-21 符号设定

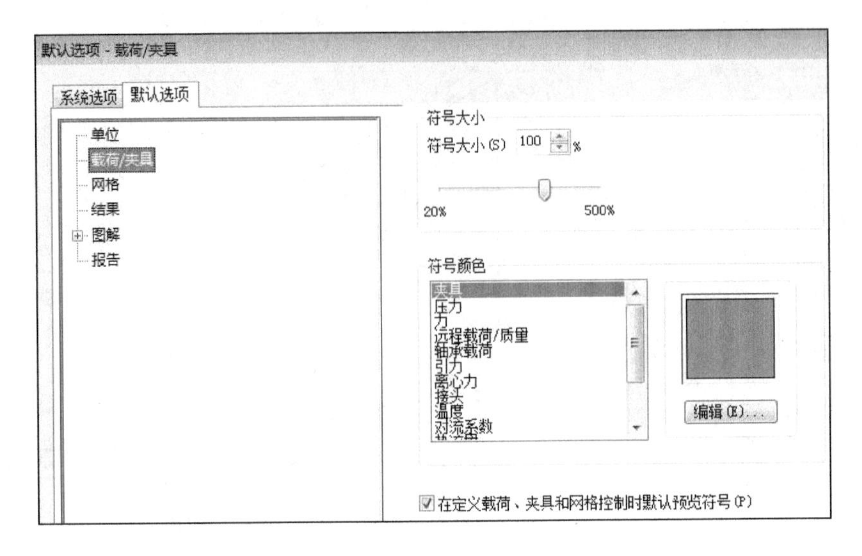

图 1-22　设定符号的全局定义

1. 几何模型准备　几何模型准备是一个规范的过程，极少有不确定性。用于分析的模型通常会进行简化，简化后的几何模型可以真实地反映原始的 CAD 模型。

2. 材料属性　材料属性通常从材料库中选择，它并不考虑缺陷和表面条件等因素。比起几何模型的创建，它有更多的不确定性。

3. 定义外部载荷　尽管只需少量的菜单选择就能完成外部载荷的定义，但它包含了丰富的背景知识和假设。因为在现实中，载荷的大小、分布和时间依赖关系是不确定的，必须在有限元分析中通过简化的假设作出近似的估计。因此，定义载荷时会产生较大的理想化误差。但是，我们仍将载荷用数值表达出来，以便于进行相关的有限元分析。

4. 定义夹具　定义夹具是一个容易产生较大误差的地方。误差通常来自过约束模型，其会导致结构过于刚硬，并低估实际变形量和应力值。在定义几何模型、材料、载荷和夹具过程中的误差的相对水平如图 1-23 所示。

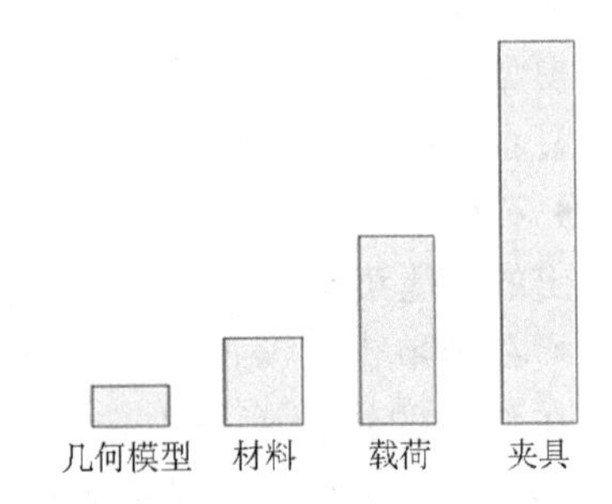

图 1-23　误差的相对水平

5. 理想化和假设　由图 1-23 可知，几何模型是最易于确定的，而夹具是最难确定的。而事实上，为有限元分析创建几何模型会花费数个小时，而定义材料、施加载荷和边界条件只需轻点几下鼠标。

在所有的例子中，我们假设材料属性、载荷和支撑是已知和确定的，并且它们是基于真实情况的合理的理想化模型。必须着重指出的是，用户必须确保其在有限元分析中创建的数学模型采用了合理的理想化假设。如果模型是基于错误的假设建立起来的，那么即使是最好的自动网格划分和最快速的求解器也于事无补。

1.7　划分网格

处理 FEA 模型之前的最后一步是对几何模型进行网格划分。

在这个步骤中，几何模型将被自动划分成有限个单元。

1.7.1　标准网格

这是 SOLIDWORKS Simulation 首先开发的并且基于 Voronoi-Delaunay 的网格划分方法。然而，

当用这种方法划分有细小特征或者曲率的几何模型时，会生成长宽比大的或者失效的网格。当需要划分对称网格时，可使用这种方法，如图1-24所示。

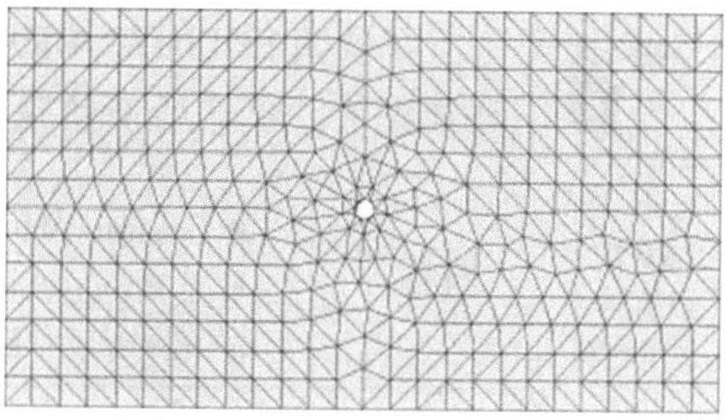

1.7.2 基于曲率的网格

SOLIDWORKS Simulation 使用高级技术将模型的网格划分为有限单元。基于曲率的网格算法使用可变化大小的单元来生成网格，有利于在几何模型的细小特征处获得精确的结果，如图1-25所示。

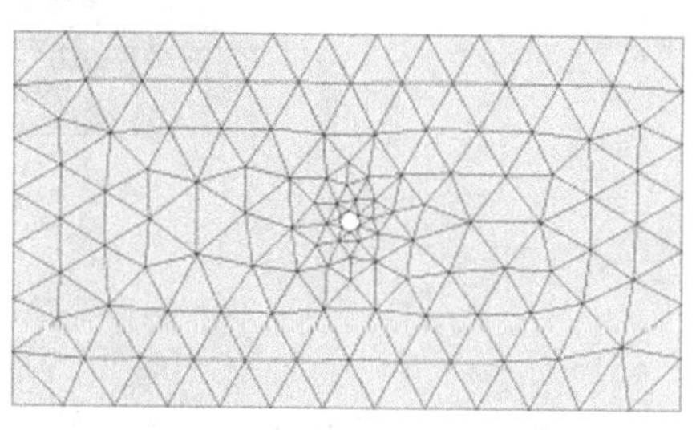

图1-24 标准网格

1.7.3 基于混合曲率的网格

这种方法划分网格的速度是最慢的。但是，当模型用基于曲率的网格划分得到长宽比较大或者失效的网格时，用这种方法往往可以解决，如图1-26所示。这种方法不支持多线程或者自适应技术。

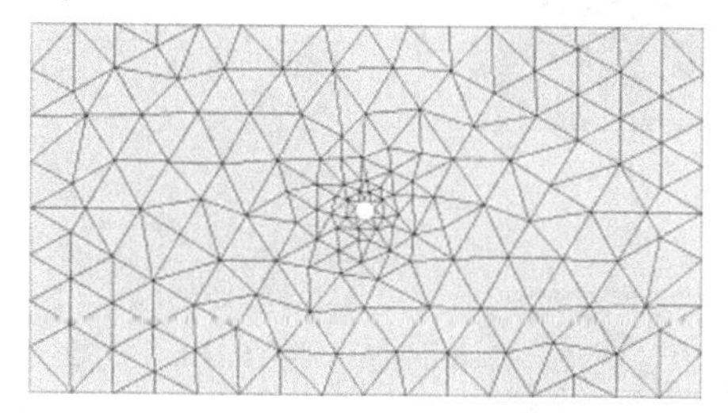

图1-25 基于曲率的网格

图1-26 基于混合曲率的网格

1.7.4 网格密度

SOLIDWORKS Simulation 建议采用默认的中等密度划分模型网格。网格密度直接影响结果的精度。单元越小，离散误差越小，但是网格划分和求解的时间就越长。

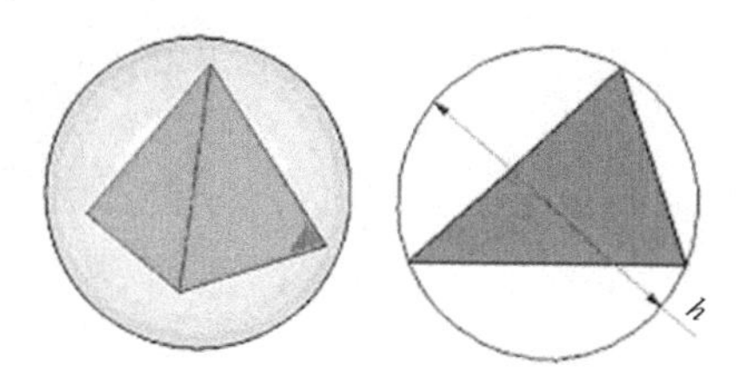

图1-27 网格大小的定义

1.7.5 网格大小

网格大小体现了网格的特征单元尺寸，是按一个单元的外接圆球直径定义的（见图1-27）。这种表示方法能够较为容易地推广到二维情况，即一个三角形的外接圆。

基于曲率的网格算法生成的网格具有可变的单元大小，【最大单元大小】和【最小单元大小】定义了单元的最大、最小值。这些参数是根据SOLIDWORKS模型的几何特征自动确定的。SOLIDWORKS Simulation 使用SOLIDWORKS模型中定义的长度单位，可以按照下面三个单位制中的任意一个输入分析数据并分析结果，即国际单位制、米制和英制。

1.7.6 圆中最小单元数

【圆中最小单元数】定义了几何模型中小的特征是如何处理的。例如，如果模型中包含一个孔，则【圆中最小单元数】将定义圆的周边有几个单元。在图1-28中，定义了在孔的周围最小包含十个单元。

1.7.7 单元大小增长比率

【单元大小增长比率】用来定义网格如何从【最小单元大小】过渡到【最大单元大小】。

【单元大小增长比率】参数是在连续的过渡单元层用于指定比

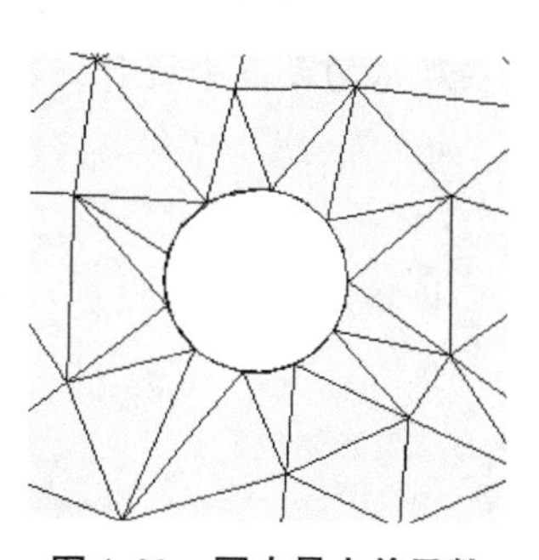

图1-28 圆中最小单元数

率的。图 1-29 所示为不同比率下的网格分布。

提示　在使用 SOLIDWORKS Simulation 的大多数分析中，在保证相对短的求解时间前提下，默认的网格设置生成的网格带来的离散误差是可以接受的。

知识卡片	网格	● CommandManager：【Simulation】/【运行算例】/【生成网格】。 ● 菜单：【Simulation】/【网格】/【创建】。 ● 快捷菜单：右键单击【网格】，在弹出的快捷菜单中选择【生成网格】。

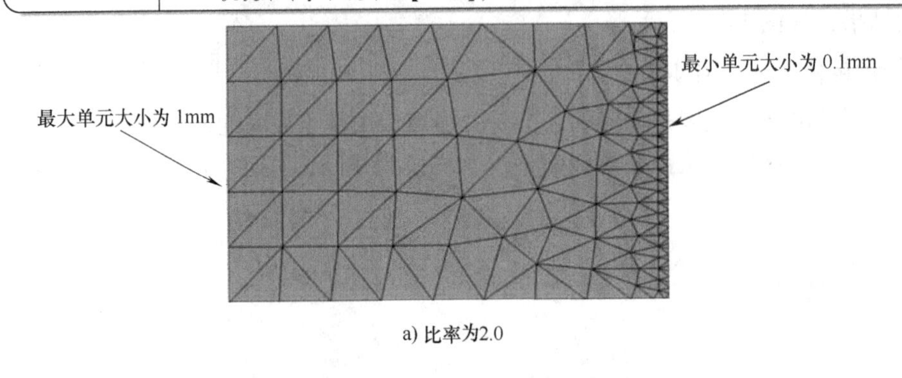

a) 比率为2.0

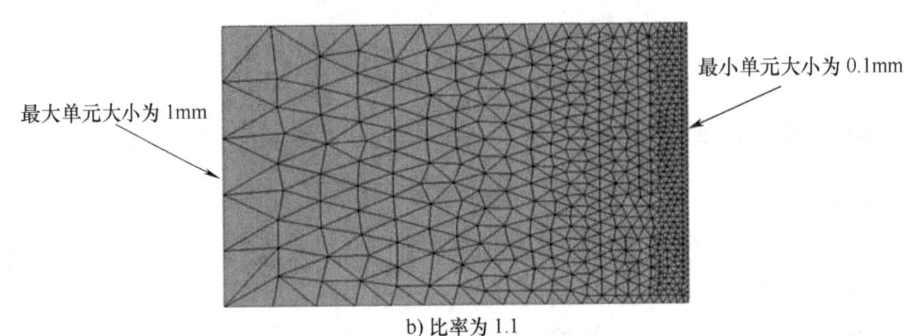

b) 比率为 1.1

图 1-29　不同比率下的网格分布

步骤 15　生成网格点　右键单击【网格】并选择【生成网格】，展开【网格参数】并选择【基于曲率的网格】，采用高品质的单元划分模型网格。

展开 PropertyManager 窗口的所有部分，查看所有可选的选项。

步骤 16　设置网格密度　默认的网格密度指示滑块会处于整个滑条的中间位置。在【网格参数】下，【最大单元大小】和【最小单元大小】显示为“5.724 533 18mm”，将【圆中最小单元数】设置为“8”，【单元大小增长比率】设置为“1.5”，如图 1-30 所示。采用这些默认的设置来进行初次分析。

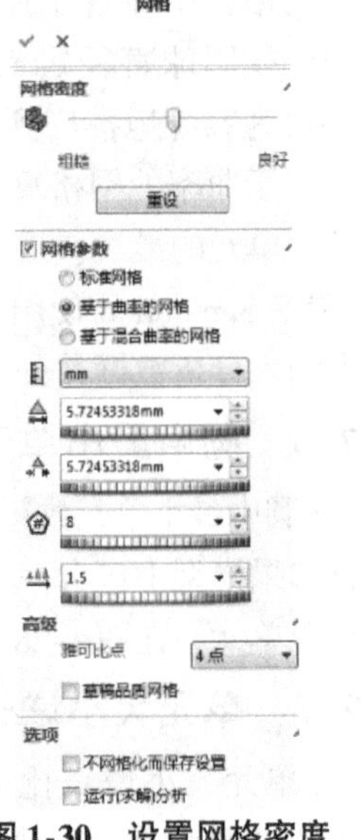

图 1-30　设置网格密度

1.7.8 网格质量

有一阶（草稿品质）和二阶（高品质）两种可用的单元类型。分析中的每个实体都分配有一种单元类型，默认为高品质单元。将单元类型分配给实体的方法有两种，一是通过 Simulation Study 树，二是通过【网格】PropertyManager 窗口。

Simulation Study 树中提供了实体单元类型的预览，表示高品质，表示草稿品质。

知识卡片	网格质量	• 快捷菜单：右键单击实体，然后选择【应用草图品质网格】或【应用高品质网格】。 • 在【网格】PropertyManage 中：单击【网格质量】选项卡。

注意：一阶和二阶单元之间的差异在“0.8.1 SOLIDWORKS Simulation 中的单元类型”中已有讨论。

步骤 17 设定网格质量 切换至【网格质量】选项卡。将带孔矩形板指定为高品质，如图 1-31 所示。单击【确定】✓以生成网格。

Simulation Study 树中的【网格】图标上添加了一个绿色的对号标记，表明网格划分完毕。网格划分后的结果如图 1-32 所示。

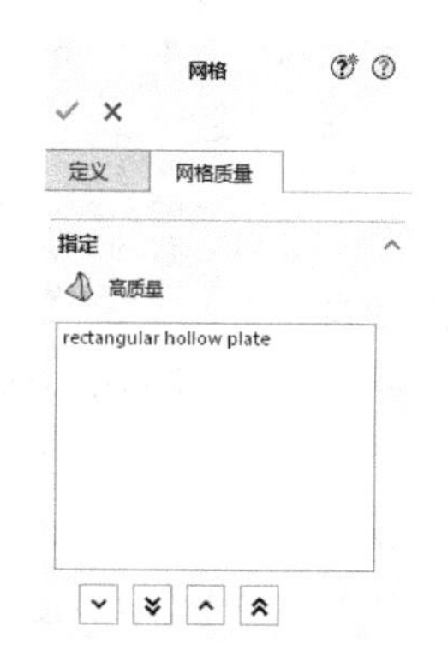

图 1-31 设定网格质量

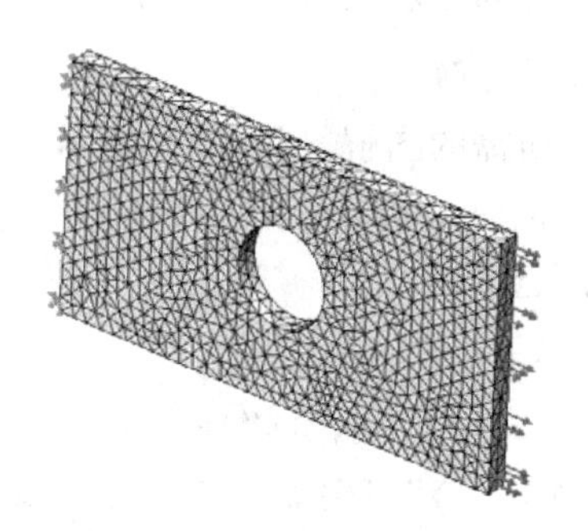

图 1-32 网格划分后的结果

提示：算例“default analysis”的目的是使用默认的网格大小求解问题。本章随后将分别用粗糙和精细网格来求解问题。

1. 显示/隐藏网格 网格的可见性是可控制的，方法如下：

• 右键单击网格，选择【隐藏网格】。

• 右键单击网格，选择【显示网格】。

2. 过程 当预处理完成后，算例就可以运行了。在运行过程中，从预处理模型中可得到结构刚度及载荷矩阵，这些矩阵合成总体矩阵。结构的响应就是在分析的后处理阶段中展示的结果。

3. 操作方法

知识卡片	运行	• CommandManager：【Simulation】/【运行算例】/【运行】。 • 菜单：【Simulation】/【运行】/【运行】。 • 快捷菜单：右键单击算例名称，选择【运行】。

步骤 18　运行分析　右键单击算例“default analysis”，选择【运行】，如图 1-33 所示。当分析在进行时，可以通过解算器窗口监视运算过程，如图 1-34 所示。

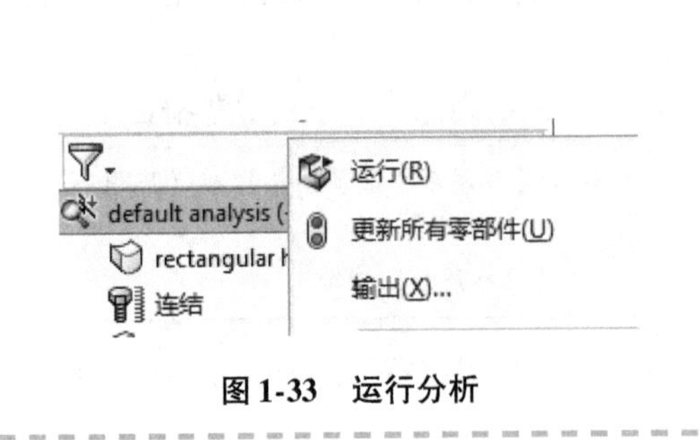

图 1-33　运行分析

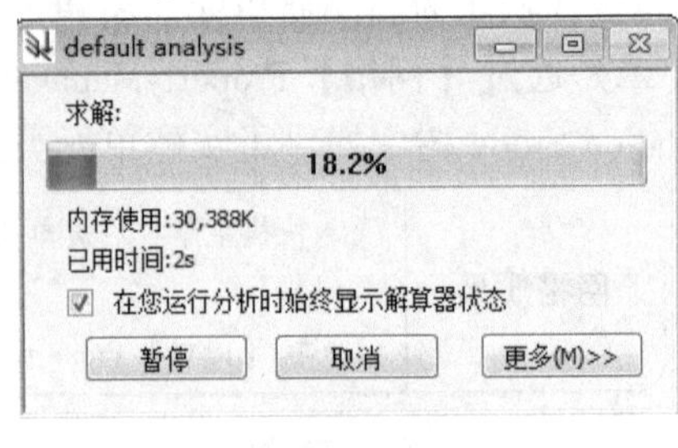

图 1-34　监视窗口

1.8　后处理

分析完成后，SOLIDWORKS Simulation 会自动生成【结果】文件夹，以及在本章开始定义的默认结果图解“应力 1（-von Mises-）”“位移 1（-合位移-）”和“应变 1（-等量-）”，如图 1-35 所示。

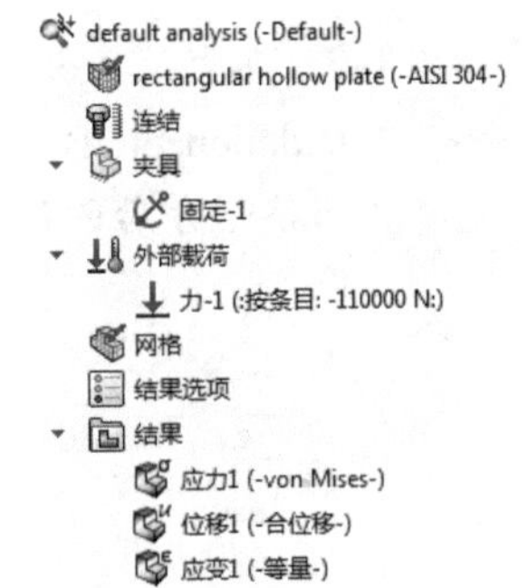

图 1-35　结果图解

1.8.1　结果图解

可用以下方法显示每个结果的图解：

- 双击所需的图解。
- 右键单击所需的图解，并选择【显示】。

当图解被激活时（出现在模型窗口中），可以再次右键单击图解以观察图解控制选项。

步骤 19　显示并编辑“应力 1（-von Mises-）”图解　双击【结果】文件夹下的“应力 1（-von Mises-）”显示该图解。注意到应力图解的单位为 MPa（N/mm²），而且为 6 位科学计数，正如本章开始在【选项】中定义的一样，如图 1-36 所示。

可以观察到最大 von Mises 应力为 408MPa，明显超出了材料的屈服强度 206MPa。

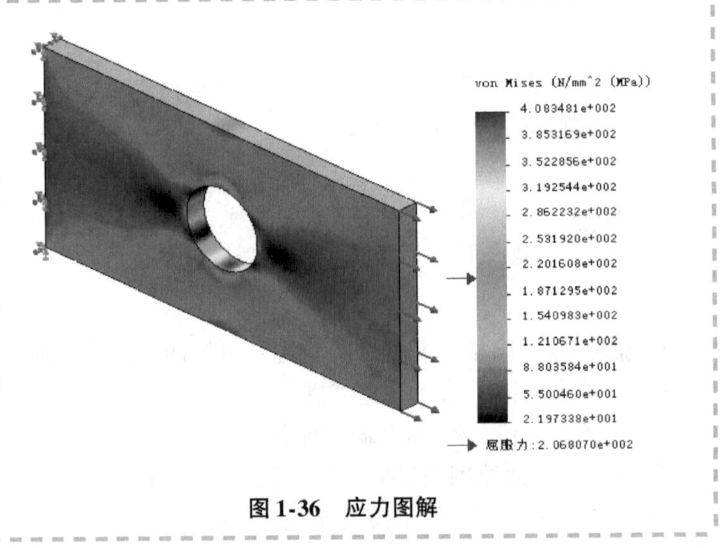

图 1-36　应力图解

1.8.2　编辑图解

要编辑一个图解，可右键单击该图解并选择【编辑定义】。

在随后弹出的 PropertyManager 窗口中可以指定应力分量、单位及图解类型，如图 1-37 所示。在【高级选项】中，可以选择图解是以【波节值】显示还是以【单元值】显示。

【显示为张量图解】选项允许用户图解显示主应力的方向和大小（下面将详细讨论）。

【变形形状】选项组可以定义图解的变形比例，有【自动】（默认）、【真实比例】和【用户定义】三种选项可供选择。建议读者对这些选项多作尝试。

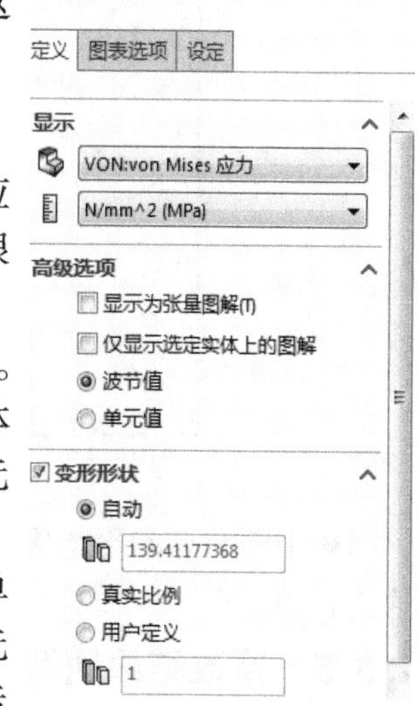

图 1-37　编辑图解

1.8.3　波节应力与单元应力

图 1-38 和图 1-39 分别显示了模型的波节（节点）应力及单元应力。【波节值】的应力图解看上去很光滑，而【单元值】则显得很粗糙。

在求解过程中，每个单元的应力是在确定的高斯点上计算得出的。一阶的四面体单元（草稿品质）在体内只有一个高斯点，二阶的四面体单元有四个高斯点。一阶的壳单元也只有一个高斯点，而二阶的壳单元有三个高斯点。

1. 波节值　高斯点上的应力在不进行均分的情况下也可外推到单元节点上。大多数情况下，一个节点被几个单元共享，并且每个单元在该共享节点上产生不同的应力值。将各相邻单元得到的数值平均后就得到唯一的值。这种应力平均方法产生了平均（或节点）应力值结果。网格节点及高斯点分布如图 1-40 所示。

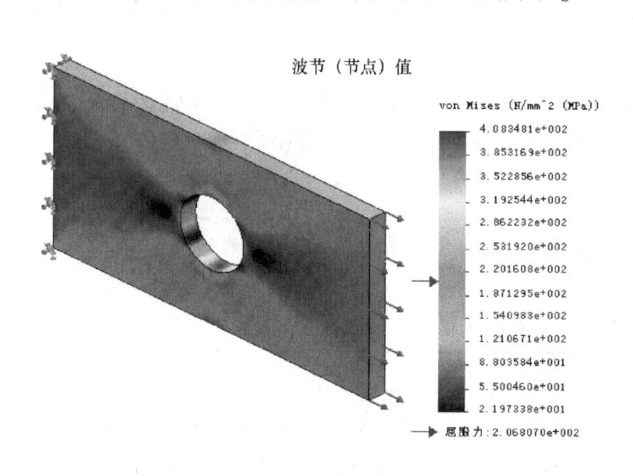

图 1-38　波节（节点）应力

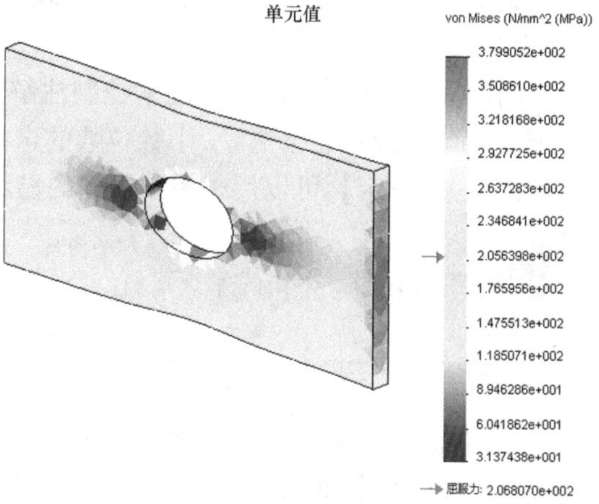

图 1-39　单元应力

2. 单元值　相反，每个单元的高斯点所对应的应力数值平均后得到一个唯一的单元应力。尽管应力数值由高斯点平均而来，但它们仍被称为非平均应力（后文会或单元应力），因为平均是在内部针对同一单元进行的。

单元应力和节点应力一般是不同的，但是二者间过大的差异说明网格划分得不够精细（后文会通过练习 1-1 来实践这些数值选项）。

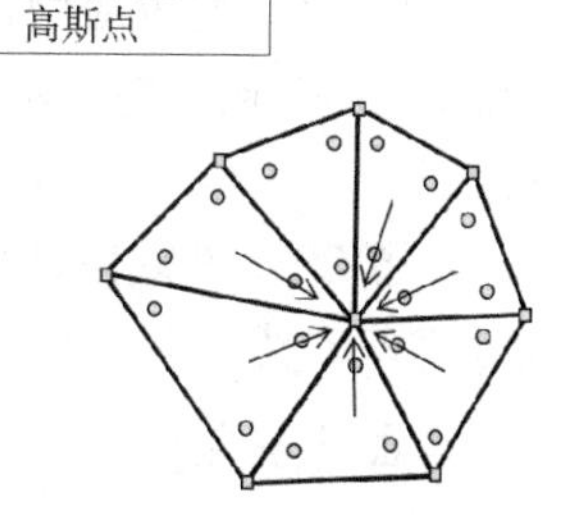

图 1-40　网格节点及高斯点分布

1.8.4　显示为张量图解选项

该图解类型可帮助读者直观地查看主应力 P1、P2、P3 的方向和大小。由于这些应力值之间的大小有相当大的差异，每个都必须充分地放大才能看见全部三个箭头，如图 1-41 所示。

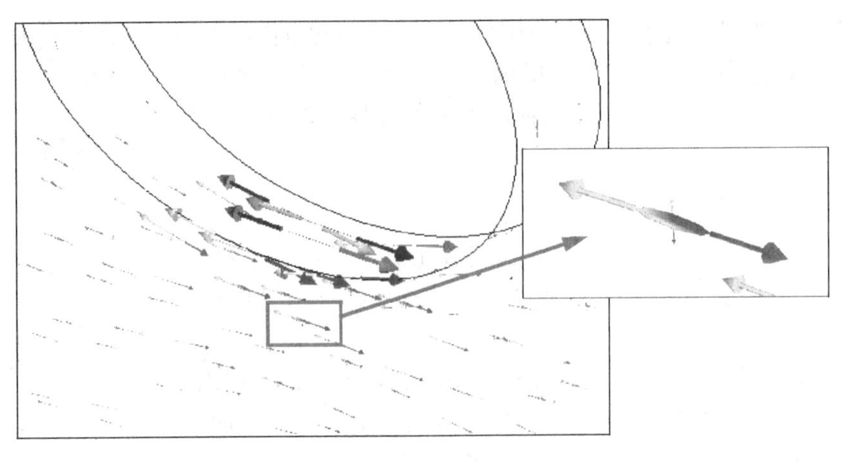

图 1-41　张量图解

● 中间节点的平均应力　这种应力平均方法改善了高纵横比的高品质四面体单元中侧节点的应力计算。

1.8.5　修改结果图解

结果图解可以通过几种方法进行修改。下面列出了控制图解中的内容、单位、显示以及注解的三种方法。

● 编辑定义：【编辑定义】用于控制输出结果及单位的显示。例如，输出应力可以从 von Mises 应力改为主应力。

● 图表选项：【图表选项】用来控制注解。【显示选项】决定了注解的显示，以及颜色、单位类型（科学、浮点、普通）、小数位数的选择。图表的位置和标题也可以进行调整。

● 设定：【设定】可以用来控制模型的显示。

知识卡片	设定	● 右键单击一个图解，选择【编辑定义】，选择【定义】、【图表选项】或【设定】选项卡。 ● 右键单击一个图解，选择【编辑定义】、【图表选项】或【设定】。

步骤 20　修改图解　右键单击“应力 1（-von Mises-）”并选择【图表选项】。勾选【显示最小注解】和【显示最大注解】复选框以在图解中显示这些标记。取消勾选【自动定义最大值】复选框，并设置 AISI 304 的屈服强度为 206.8MPa，单击【探测】定义 206.8MPa 值为黑色（注意，此处可以改变颜色）。

单击【确定】✔以保存新的设置，如图 1-42 所示。

> 提示　黑色部位表示应力超过屈服强度。

步骤 21　修改应力图解的设定　右键单击“应力 1（-von Mises-）”并选择【设定】，如图 1-43 所示。建议对该窗口中的【边缘选项】、【边界选项】和【变形图解选项】进行仔细研究。

步骤 22　设置自动最大应力　双击“应力 1（-von Mises-）”，激活【图表选项】。勾选【自动定义最大值】复选框，变回自动定义范围，如图 1-44 所示。

单击【确定】✔。

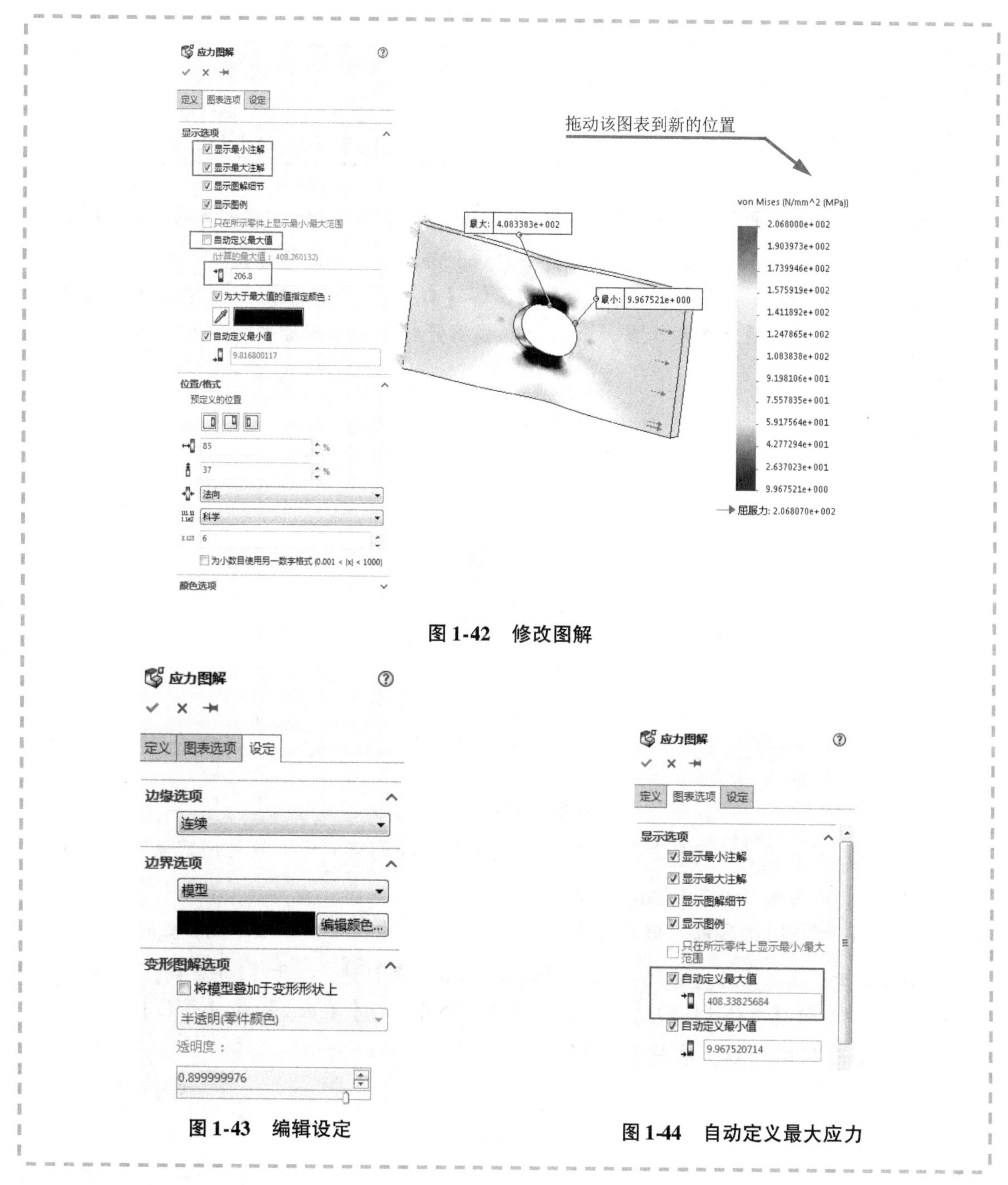

图1-42 修改图解

图1-43 编辑设定

图1-44 自动定义最大应力

1.8.6 其他图解

其他图解类型见表1-3。

表1-3 其他图解类型

类　型	定　义	操作方法
截面剪裁	截面剪裁图解允许一个剪裁基准面穿过模型的任何一个点，并在该基准面的位置显示图解结果	• 右键单击已有图解并选择【截面剪裁】 • 菜单：【Simulation】/【结果工具】/【截面剪裁】
Iso 剪裁	Iso 剪裁图解将显示图解参数为特定值或两个特定值之间的模型部分	• 右键单击已有图解并选择【Iso 剪裁】 • 菜单：【Simulation】/【结果工具】/【Iso 剪裁】

（续）

类　型	定　义	操作方法
探测	探测功能允许用户选择模型上的一个点或几个点，以表格和图解的方式显示图解参数	• 右键单击一个图解并选择【探测】 • 菜单：【Simulation】/【结果工具】/【探测】

步骤 23　创建截面剪裁　在很多情况下，剪裁模型并从贯穿整个厚度的方向来观察结果数值的分布是非常有用的。右键单击“应力 1（-von Mises-）”并选择【截面剪裁】。

选择 Right 基准面为【参考实体】。建议了解【截面】PropertyManager 中的所有选项和参数。注意，可以通过拖动三重轴来轻易地移动剪裁基准面以穿越该模型，如图 1-45 所示。

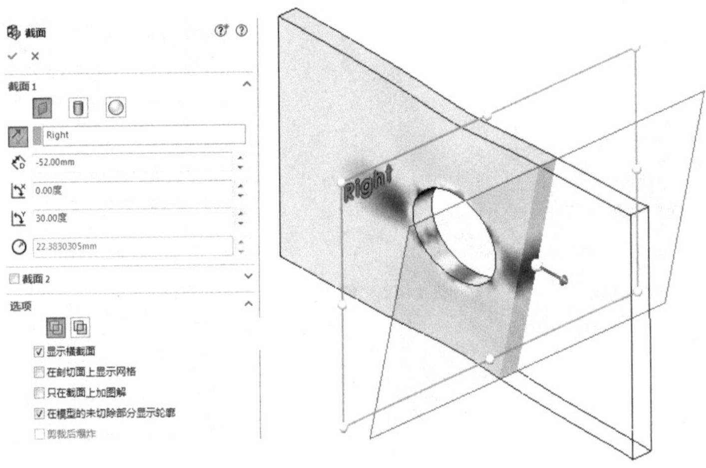

图 1-45　设定截面参数

可通过【反转剪裁方向】和【剪裁开/关】来控制剪裁方向及关闭剪裁图解。单击【确定】以关闭【截面】PropertyManager。

步骤 24　创建 Iso 图解　假定打算显示 von Mises 应力值在 170～275MPa 之间的部分。

右键单击“应力 1（-von Mises-）”并选择【Iso 剪裁】，打开【Iso 剪裁】PropertyManager 窗口。将【等值 1】的【等值】设置为 275MPa，【等值 2】的【等值】设置为 170MPa，如图 1-46 所示。单击【确定】，结果如图 1-47 所示。

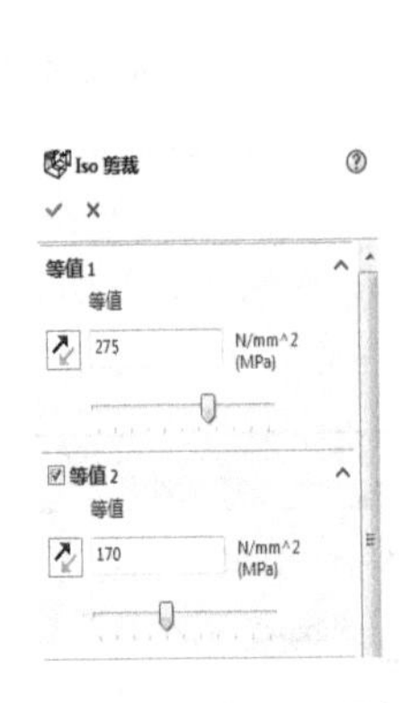

图 1-46　创建 Iso 图解

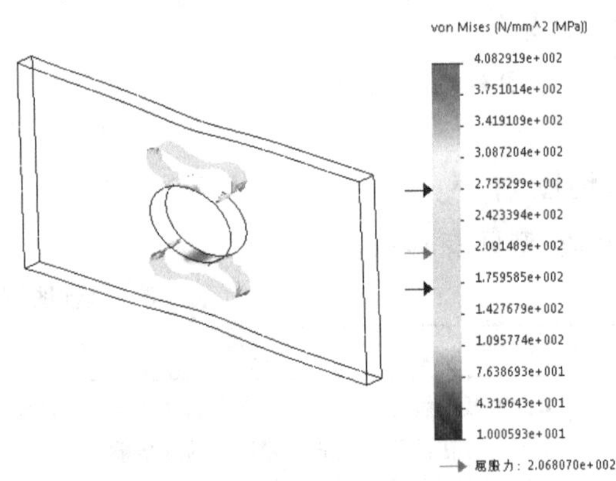

图 1-47　Iso 剪裁图解

注意

应力图解中的黑色箭头表示两个等值面定义的数值。

请使用不同的 Iso 面和不同的剪裁方向来尝试【Iso 剪裁】PropertyManager 窗口的各种选项。使用【反转剪裁方向】和【剪裁开/关】来控制剪裁方向及重新设置图解。

步骤 25　探测应力结果　单击【探测】，然后单击所关注的位置。使用缩放功能可以帮助我们找到所需的区域。

探测到的应力出现在图解中，并会显示在【结果】中，如图 1-48 所示。

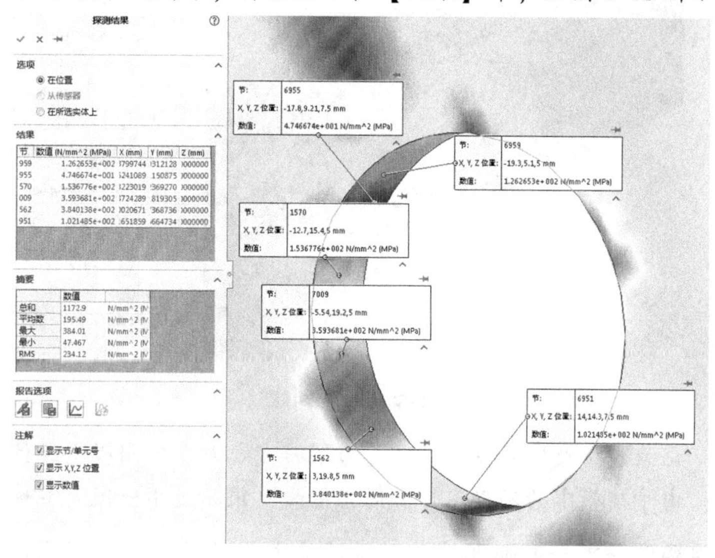

图 1-48　探测应力结果

在【报告选项】中，可以将结果保存为一个文件，创建路径图解，也可保存为传感器（传感器将在后续章节详细讨论）。单击【图解】，图 1-49 显示了 von Mises 应力在所选位置的路径图解。单击【确定】。

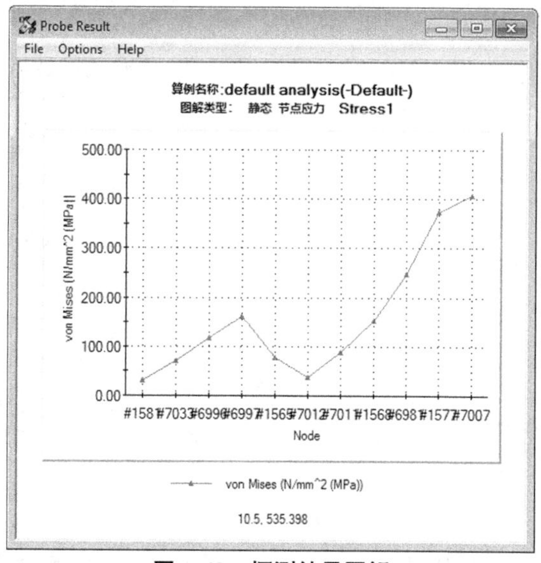

图 1-49　探测结果图解

步骤 26　定义位移图解　双击“位移 1（-合位移-）”图解，在“应力 1（-von Mises-）”中学习到的所有后处理特征同样适用于其他结果数值，例如位移。

图解显示最大结果位移为 0.143 5mm，如图 1-50 所示。

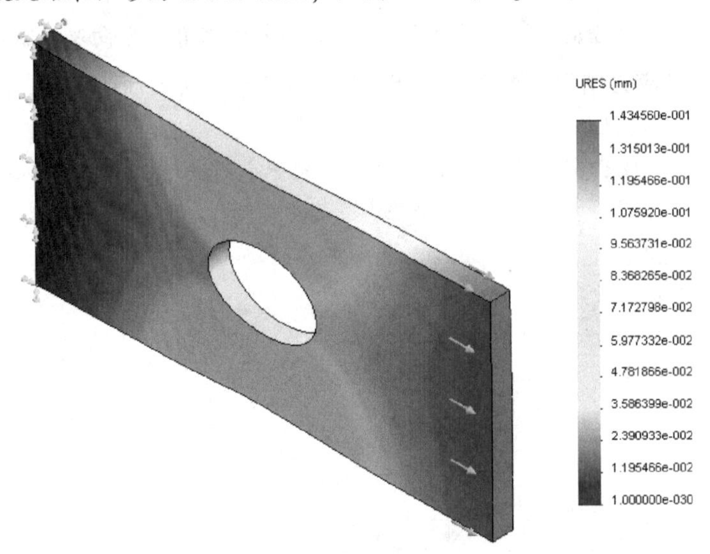

图 1-50　位移图解

> **提示**　记录 6 位数字的位移结果是为了研究本章中不同模型的位移值的细微差别。由于建模中的不确定性和简化假设，该精度不一定是准确的。

步骤 27　将模型叠加于变形形状上　右键单击“位移 1（-合位移-）”并选择【设定】。勾选【将模型叠加于变形形状上】复选框，可以拖动滑块来调节未变形图像的透明度，如图 1-51 所示。单击【确定】✔。

步骤 28　动画显示位移图解　为动画显示位移图解。右键单击“位移 1（-合位移-）”并选择【动画】，如图 1-52 所示。

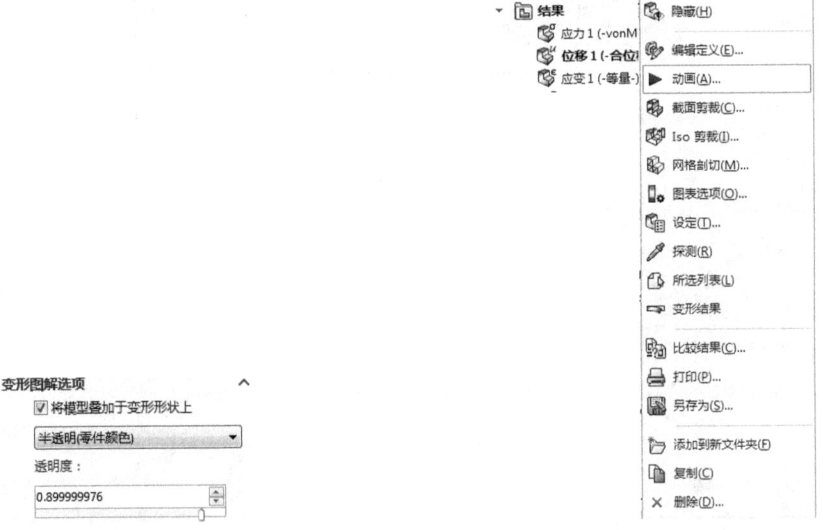

图 1-51　设定变形图解选项　　**图 1-52　动画显示位移图解**

在【动画】PropertyManager 窗口中，可以播放和停止动画，设置画面的数量、控制速度，以及保存动画为 AVI 文件，如图 1-53 所示。

步骤 29 图解应变结果 双击“应变 1（-等量-）”以显示该图解，如图 1-54 所示。

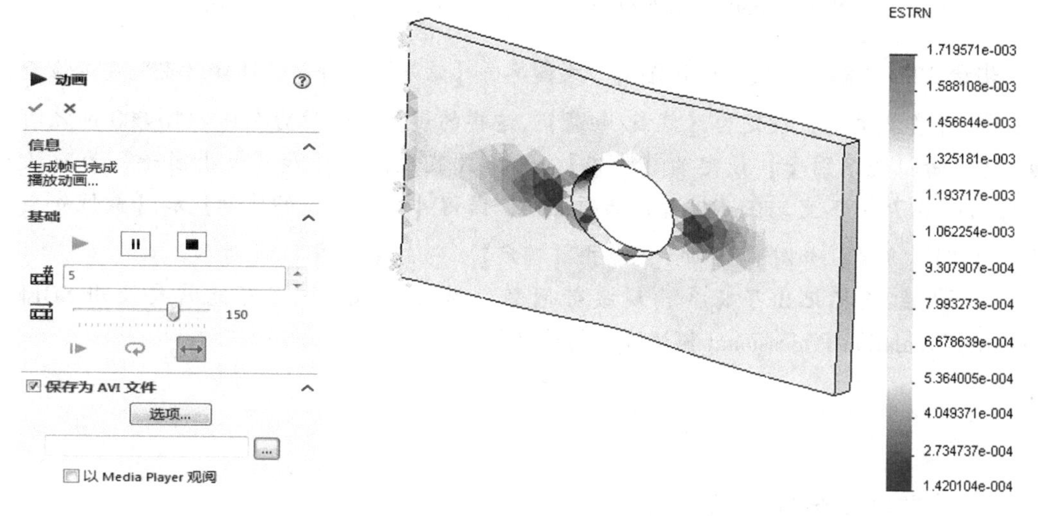

图 1-53 动画定义窗口

图 1-54 图解应变结果

注意

应变的结果都是无量纲的。

与应力结果不同，应力默认显示的是平均值（波节值），而应变显示的是非平均值（单元值）。检查按【单元值】显示的应变分布图。右键单击“应变 1（-等量-）”，并选择【编辑定义】，然后选择【波节值】，则可以观察平均应变图解。

完成分析后，还可以查看其他一些后处理的数据。

知识卡片

应力图解	【应力图解】用来显示应力变量，如主应力、应力分量。【von Mises】是默认的应力图解。
操作方法	● 快捷菜单：右键单击【结果】文件夹，选择【定义应力图解】。 ● CommandManager：【Simulation】/【结果顾问】/【新图解】/【应力】。

知识卡片

位移图解	【位移图解】用来输出各位移分量。
操作方法	● 快捷菜单：右键单击【结果】文件夹，选择【定义位移图解】。 ● CommandManager：【Simulation】/【结果顾问】/【新图解】/【位移】。

知识卡片

安全系数图解	【安全系数图解】可以用来显示设计的安全性，它是基于材料强度来计算的（如典型的屈服强度）。这将在第 7 章中进行重点介绍。
操作方法	● 快捷菜单：右键单击【结果】文件夹，选择【定义安全系数图解】。 ● CommandManager：【Simulation】/【结果顾问】/【新图解】/【安全系数】。

知识卡片		
	疲劳检查图解	如果在设计零部件时需要关注疲劳，【定义疲劳检查图解】可以作为一个快速的参考指标。
	操作方法	● 快捷菜单：右键单击【结果】文件夹，选择【定义疲劳检查图解】。 ● CommandManager：【Simulation】/【结果顾问】/【新图解】/【疲劳检查】。

只有在 SOLIDWORKS Simulation Professional 中，才能使用疲劳检查图解。

步骤 30　图解显示疲劳检查图解　右键单击【结果】文件夹，选择【定义疲劳检查图解】。【负载类型】设定为【装载/卸载】，这样的设置允许拉力在 0～110 000 N 之间波动。【表面粗糙度因子】设定为【加工】。保留【装载因子】和【大小因子】为默认的【轴】和“0.75”不变。在【材料】选项组中，保留【调整此值的比例】和【最低安全系数】为“1”不变，如图 1-55 所示。单击【确定】，结果如图 1-56 所示。

图解用红色标记出了将会出现疲劳问题的潜在区域，这里可能需要使用 SOLIDWORKS Simulation Professional 模块进行精确计算。

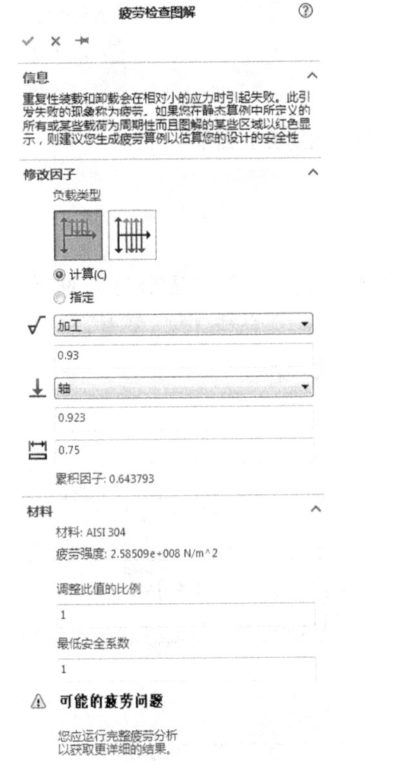

图 1-55　设定疲劳检查图解选项

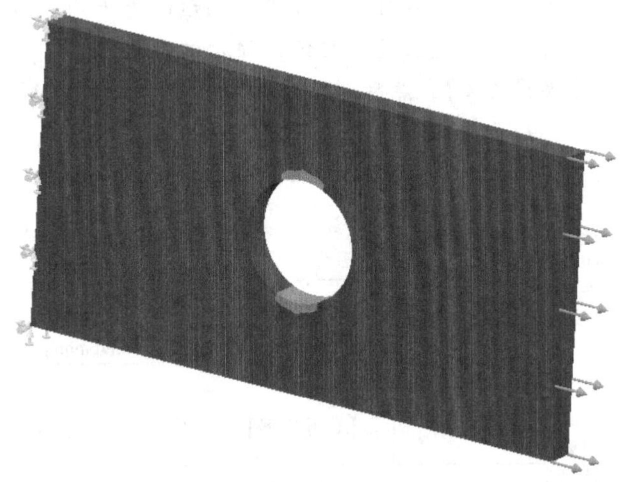

图 1-56　疲劳检查图解结果

步骤 31　定义第一主要应力图解　单击【定义应力图解】。如图 1-57 所示，选择【P1：第一主要应力】图解，其他选项保持默认值，单击【确定】。

如图 1-58 所示，观察到第一主要应力的最大值为 416MPa，非常接近 von Mises 应力的最大值 408MPa。这是因为指定的拉力载荷是唯一的支配载荷分量，导致在该板的纵向产生占主导地位的拉应力。

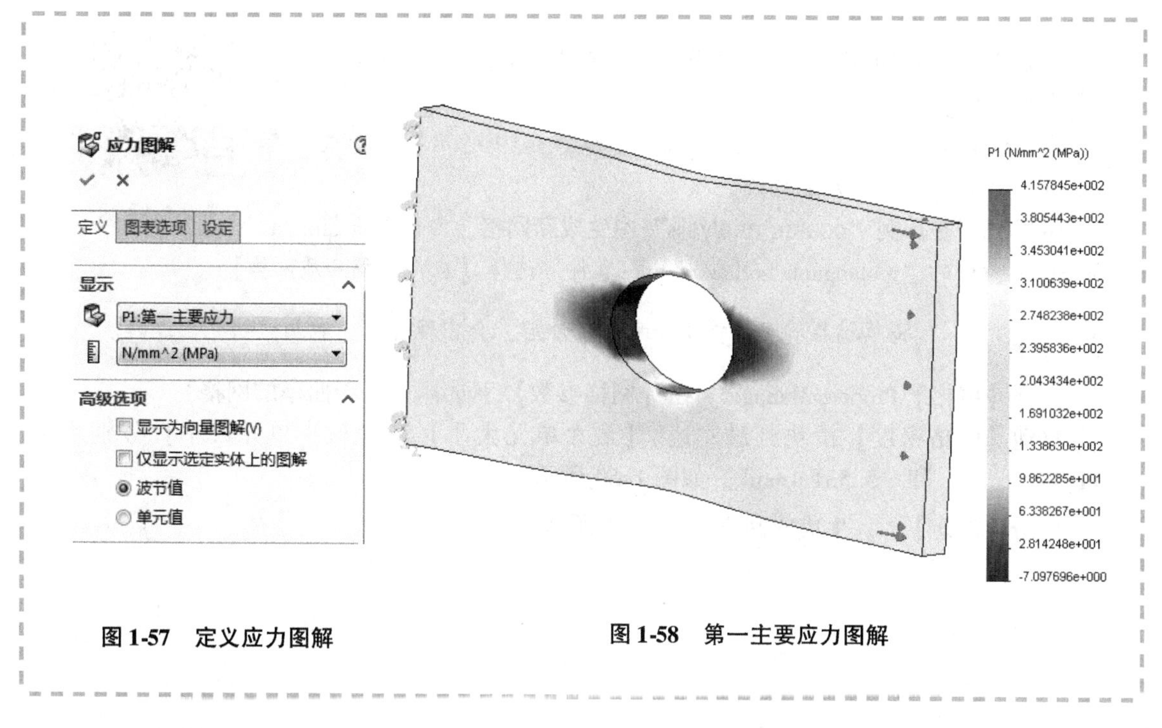

图 1-57 定义应力图解

图 1-58 第一主要应力图解

1.9 多个算例

前面已经用粗糙的网格完成了对“rectangular hollow plate”的分析。接下来看一下网格密度对分析结果的影响。为此，将使用精细网格再重新进行一次分析。可以在“default analysis”算例中创建新的网格，但是这个结果将会覆盖旧的结果。

为了保存分析的结果，创建一个新的“coarse analysis”算例。可以用多种方法创建一个新的算例。

1.9.1 创建新的算例

新算例可由以下两种方法创建：

- 创建一个全新的算例。
- 复制已有算例。右键单击想要复制的算例并选择【复制算例】。其本质上是复制一个完全相同的算例并粘贴到一个空白算例中。

当复制一个算例时，SOLIDWORKS Simulation 会显示【复制算例】PropertyManager。用户可以重命名复制得到的算例，并选择所需的配置，如图 1-59 所示。

图 1-59 定义复制的算例

1.9.2 复制参数

当创建一个新算例时，也可以从已有算例中复制材料、夹具、外部载荷，这比在新算例中重新定义要方便省力得多，只需在已有算例的 Simulation Study 树中选取所需的参数，然后用鼠标拖动到新算例的选项卡中。

提示 当复制一个新算例时，算例包含的设定、夹具、外部载荷、网格以及算例结果也被一并复制了。

步骤 32 复制算例 右键单击算例“default analysis”的选项卡，选择【复制算例】。

在算例名称中输入“coarse analysis”，如图 1-59 所示。该模型只有 Default 一个配置，因此无法更改。

扫码看视频

步骤 33 在算例“coarse analysis”中生成新网格 右键单击 Simulation Study 树中的“rectangular hollow plate”零件，选择【应用草稿品质网格】。

注意 将草稿品质网格重新分配给零件后，会出现警告，表明该研究已过时。

打开【网格】PropertyManager。在【网格参数】下选择【基于曲率的网格】。

移动【网格密度】滑块到最左边。【最大单元大小】和【最小单元大小】分别为“11.449 1mm”和“5.581 4mm”，如图 1-60 所示。

单击【确定】✓。生成的网格如图 1-61 所示。

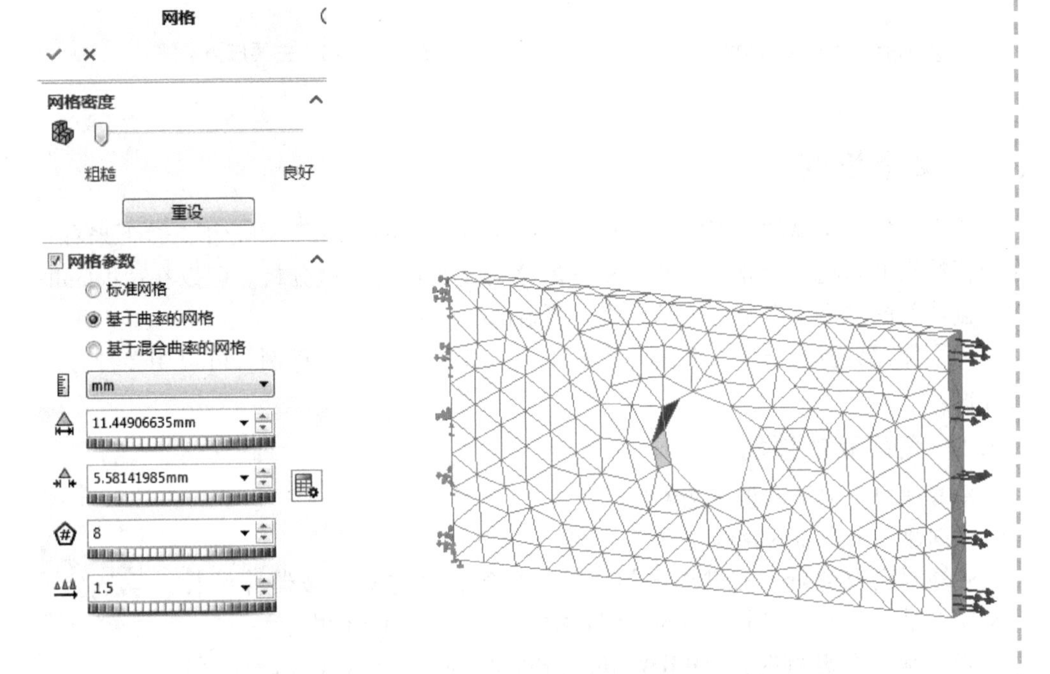

图 1-60 网格设置　　图 1-61 网格划分结果

注意 网格显示为橙色，表示草稿品质网格，并且没有中间节点产生的曲率，中间的孔看起来呈棋盘格状。另外，在整个零件的厚度方向只有一个单元，而在算例“default analysis”中有两个单元。

稍后，我们将讨论为什么这种网格对于分析结果是不可接受的。

步骤 34 显示网格细节 创建网格之后，通过右键单击【网格】并选择【细节】，可以了解有关网格的详细信息，如图 1-62 所示。当然，也可以显示“default analysis”算例的网格详细信息。

步骤 35 运行分析

步骤36 查看位移和应力结果 记录最大位移值（0.143mm/0.005 63in）和最大应力值（403MPa/58 393psi）。

> 提示 所有的图解设置与算例“default analysis”保持一致，因为图解定义也是从该算例复制过来的。

步骤37 用精细网格重新分析 重复步骤32～步骤35，创建一个新算例，命名为“fine analysis”。重新划分网格，移动【网格密度】滑块到最右边。【最大单元大小】和【最小单元大小】默认为“2.862 27mm”。细化后的网格效果如图1-63所示。

注意到现在在厚度方向有三层网格，这个网格对于求解准确的计算结果而言是可接受的。

步骤38 查看位移和应力结果 记录最大位移值（0.144mm）和最大应力值（415MPa）。

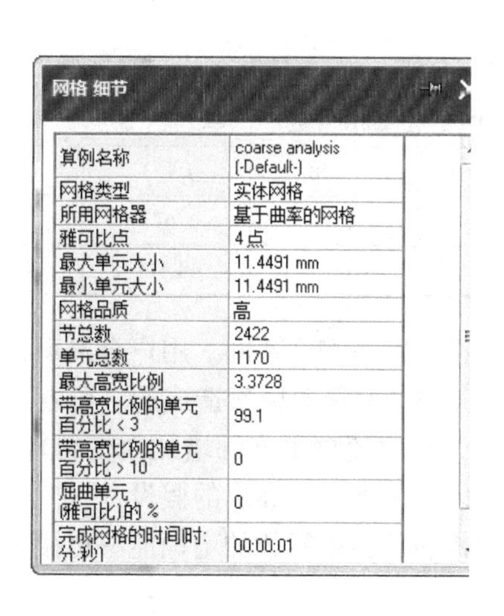

网格 细节

算例名称	coarse analysis (-Default-)
网格类型	实体网格
所用网格器	基于曲率的网格
雅可比点	4 点
最大单元大小	11.4491 mm
最小单元大小	11.4491 mm
网格品质	高
节总数	2422
单元总数	1170
最大高宽比例	3.3728
带高宽比例的单元百分比 < 3	99.1
带高宽比例的单元百分比 > 10	0
扭曲单元(雅可比)的 %	0
完成网格的时间(时:分:秒)	00:00:01

图1-62 网格细节

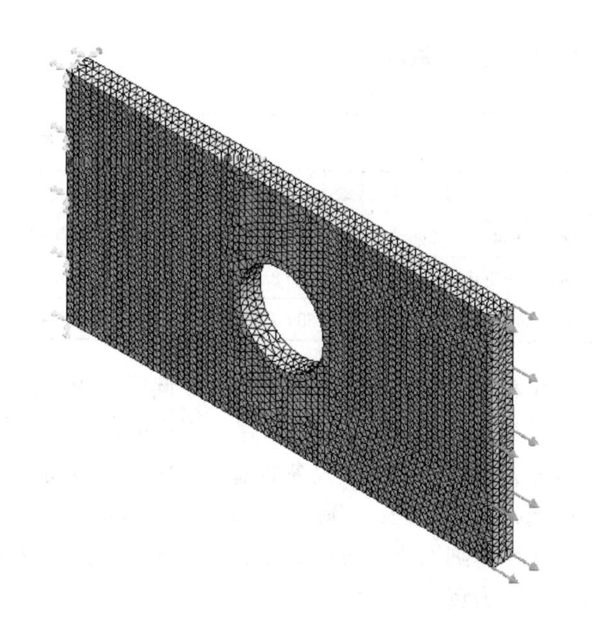

图1-63 细化后的网格效果

1.9.3 检查收敛与精度

现在，从三个算例（“default analysis”“coarse analysis”和“fine analysis”）中收集信息，比较在不同网格下的最大位移和最大von Mises应力值。

同时，了解每次网格划分中的单元和节点的个数，这些信息可以在【网格细节】中找到。

最后，了解每个模型的自由度数。计算这个数值的方法是，首先从网格细节中所列的节点数减去受约束面上的节点数，以得到不受约束的节点数，然后将它乘以3（因为在实体单元中每个节点有3个自由度）。另外还有一个得到自由度数的简单方法，只需右键单击每个算例的【结果】文件夹并选择【解算器信息】即可。

步骤 39　查看解算器信息　右键单击【结果】并选择【解算器信息】，如图1-64所示。注意查看“单元数”“节点数”及“自由度数”。

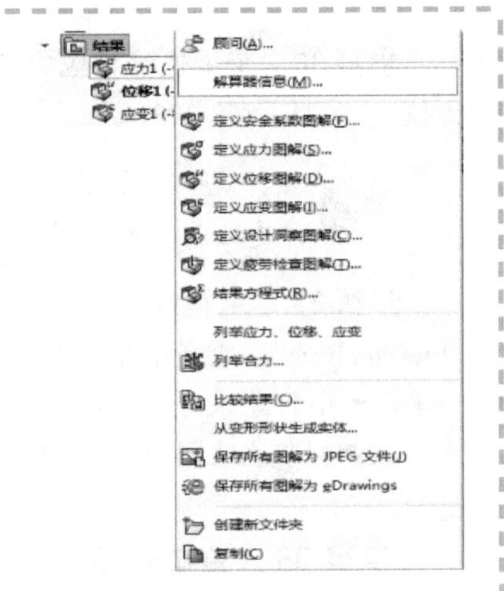

图 1-64　查看解算器信息

1.9.4　结果总结

三个算例的结果总结见表 1-4。

表 1-4　三个算例的结果总结

算　例	最大位移值/mm	最大 von Mises 应力值/MPa	自由度数	单　元　数	节　点　数
coarse analysis（粗糙）	43.2014×10^{-3}	402.608	7 128	1 173	2 427
default analysis（默认）	143.4608×10^{-3}	408.292	44 037	8 677	14 844
fine analysis（精细）	143.5097×10^{-3}	415.427	310 977	68 511	104 248

注意本章所有的结果从属于一个问题，仅有的区别在于网格密度不同。用户会发现自己计算的结果与表 1-4 中所给的结果存在很小的偏差，这是服务包的升级等因素造成的。可看到最大位移值随着网格的精细度提高而增加。所以可以得出结论，模型随自由度的增加而变得较为柔软。本例选择二阶单元，实际上是基于每个单元的位移场可以用多项式来表示的假设。

使用精细网格，每个单元的位移场仍可用二次多项式表示，单元数的增加能够更接近真实的位移和应力场。

因此可以认为，网格越精细化，单元定义造成的人为影响就越来越小。在有限元分析中，位移是基本未知量，应力是通过位移计算出来的。所以随着网格的精细化，应力的精度也提高了。如果持续提高网格的精细程度，将看到位移和应力都将趋向于一个有限值，这个有限值即为数学模型的解。有限元解和数学模型解的差异来自离散化误差，离散化误差会随着网格精细程度的提高而减少。

持续的网格精细化过程称为收敛过程，目的是确定离散化的参数选择（单元大小）对结果（最大位移、最大应力等）的影响。

1.9.5　与解析解比较

一个无限长的带孔矩形板的受拉问题具有解析解，可以用来与有限元解作比较。

W、D 和 T 分别表示板的宽度（100mm）、孔的直径（40mm）以及板的厚度（10mm）。P 是板所承受的拉力，大小为 110 000N。为了与解析解作比较，采用 SI 国际单位制更为方便，因为 SOLIDWORKS 中的模型是用 mm 定义的。

σ_n是孔所在横截面上的平均应力，K_n 是应力集中系数，σ_{max}是最大主应力，它们有如下关系

$$\sigma_n = \frac{P}{(W-D)T} = \frac{110\ 000}{(100-40)\times 10}\text{MPa} = 183.33\text{MPa}$$

$$K_n = 3 - 3.13\frac{D}{W} + 3.66\left(\frac{D}{W}\right)^2 - 1.53\left(\frac{D}{W}\right)^3 = 2.235\ 68$$

$$\sigma_{\max} = K_n\sigma_n = 183.33\text{MPa}\times 2.235\ 68 = 409.87\text{MPa}$$

回顾算例“default analysis”中的【P1：第一主要应力】图解，其最大值达到了 415.78MPa，这大致相当于 60.3ksi。因此误差为

$$\text{difference} = \left[\frac{\text{NumericalSolutions} - \text{THEORY}}{\text{NumericalSolutions}}\right] = \left[\frac{415.78 - 409.87}{415.78}\right] = 1.42\%$$

SOLIDWORKS Simulation 分析结果和解析解的误差为 1.42%，但这并不一定表示 SOLIDWORKS Simulation 的结果更差，或与真实值存在着 1.42% 的误差。

在进行结果比较时必须谨慎对待，注意解析解只有在平面应力假设下，板的厚度非常薄时才有效。SOLIDWORKS Simulation 在计算具有一定厚度（10mm）的三维模型时，给出了沿厚度方向分布的应力。SOLIDWORKS Simulation 同时也考虑到事实上板的长度（200mm）是有限的，而非解析解所认为的长度是无限的。

此外，对应力结果的进一步检查发现，用户可以得到通过板厚度的应力梯度，这并不是分析模型所要求的。SOLIDWORKS Simulation 可以提供比其他分析软件更多的应力细节信息。

1.10　报告

结果有时需要记录成报告的形式，以方便查阅、演示或存档。报告可以将任何预先定义的报表样式显示为 Word 格式。

可以从预先定义好的常用主题中选取不同的部分组成报告。用户可以在【Simulation】/【选项】菜单中查看【报告】的默认设置。

可预先定义的主题包括：

- 说明。
- 假设。
- 模型信息。
- 算例属性。
- 单位。
- 材料属性。
- 载荷和夹具。
- 接头定义。
- 接触信息。
- 网格信息。
- 设计情形结果。
- 传感器细节。
- 合力。
- 横梁。
- 算例结果。
- 结论。
- 附录。

要编辑这部分内容，需先选取要包含的报表分段，然后在【分段属性】中填写合适的内容。

知识卡片	报告	• CommandManager：【Simulation】/【报表】。 • Simulation 工具栏：选择【报表】。 • 菜单：【Simulation】/【报告】。

步骤 40　生成 Word 格式的报告　单击【Simulation】/【报告】，如图 1-65 所示。

步骤 41　设置报告选项　在图 1-66 所示的【报表分段】内挑选需要的报告部分。例如，取消勾选【接触信息】复选框，因为在本分析中并没有包含该内容。

输入【标题信息】并单击【出版】。

步骤 42　检查报告　在 Microsoft Word 中打开报告，检查里面的结果。

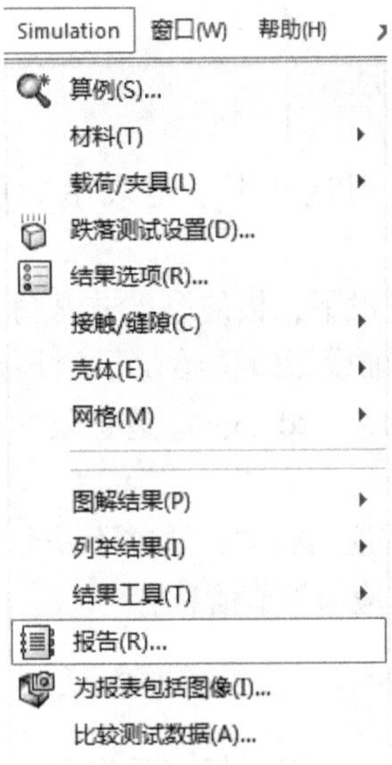

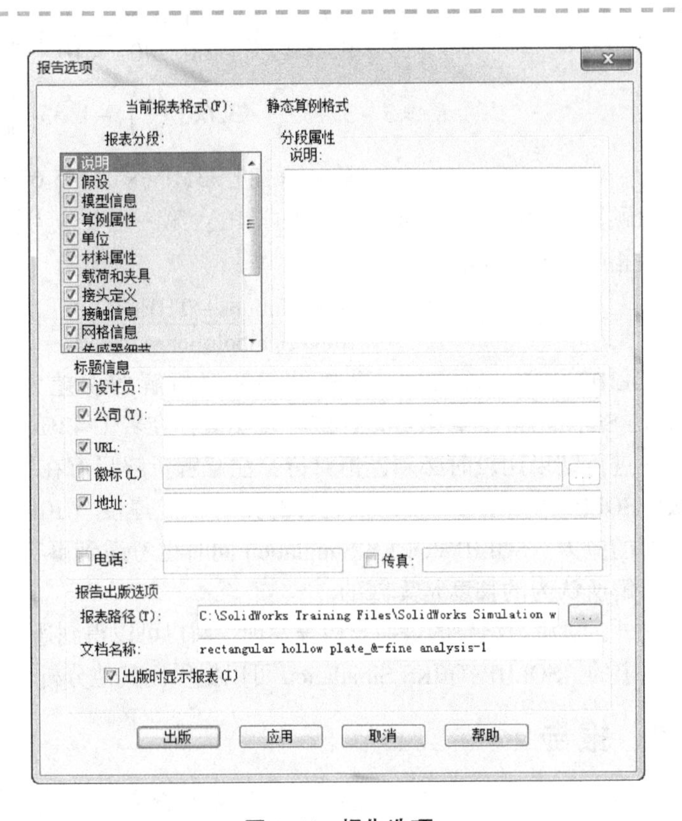

图 1-65 选择【报告】

图 1-66 报告选项

步骤 43 保存并关闭所有打开的零件

1.11 总结

本章通过一个简单的带孔矩形板模型介绍了 SOLIDWORKS Simulation 软件界面，同时还讲解了有限元分析的主要步骤。使用不同的网格创建了多个算例来进行三个线性的静态分析。并通过使用不同网格进行建模分析和考查结果，讲解了模型误差和离散化误差的概念。本章的目的在于向读者介绍有限元分析的基本思路，以使读者掌握完成后续章节所需的软件技术。

1.12 提问

- 有限元的预处理部分包含以下步骤：

1. ____________________
2. ____________________
3. ____________________
4. ____________________
5. ____________________

- 用或不用精细（良好）单元网格对分析结果是否有较大影响？
- 通常，必须使用更加良好或粗略的网格密度来获得精确的分析结果。因此，这将不可避免地增加或减少求解分析所需要的时间。请在合理的结果精度等级和可接受的求解时间的条件下，尝试设计出最佳的网格密度。

- 在有限元分析中主要求解的未知量是（位移、应变及应力）。其求解的结果应该是最精确的。
- 粗略网格的（位移/应变/应力）的精度水平和理论的（位移/应变/应力）大致相同，但明显比精细网格的（位移/应变/应力）更差。因此，要取得好的（位移/应变/应力）结果，网格必须要在一定程度上更精细一些。
- 以（良好/粗略）的网格可以引导出求解近似分析数字模型的方法。

练习 1-1 支架

在本练习中，将分析一个简单的零件，该零件加载了一个约束和一个外部作用力。

本练习将应用以下技术：

- 夹具。
- 外部载荷。
- 网格划分。
- 多个算例。

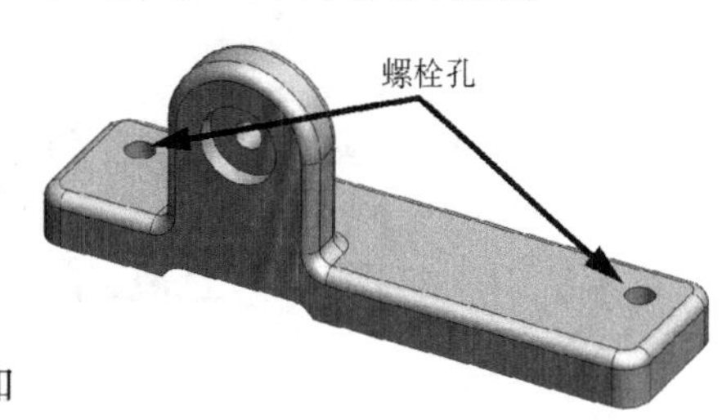

图 1-67 “Bracket”零件

1. 项目描述 分析装配体中一铝质零件的最大应力和位移。该零件通过两个螺栓孔固定在装配体上，如图 1-67 所示。零件还承受了 500N 的法向力，作用在沉头孔的表面。

操作步骤

步骤 1 打开零件 打开文件夹“Lesson01\Exercises\Bracket”中名为“Bracket”的零件。

步骤 2 设置 SOLIDWORKS Simulation 选项 在【Simulation】菜单中选择【选项】。单击【默认选项】选项卡，指定【公制（I）（MKS）】为分析的默认【单位系统】。在【单位】中设置【长度/位移（L）】单位为【毫米】，【压力/应力（P）】单位为【N/mm^2（MPa）】，如图 1-68 所示。

扫码看视频

默认的结果图解会在每个静态算例完成后自动生成，包括节点 von Mises 应力和合位移。

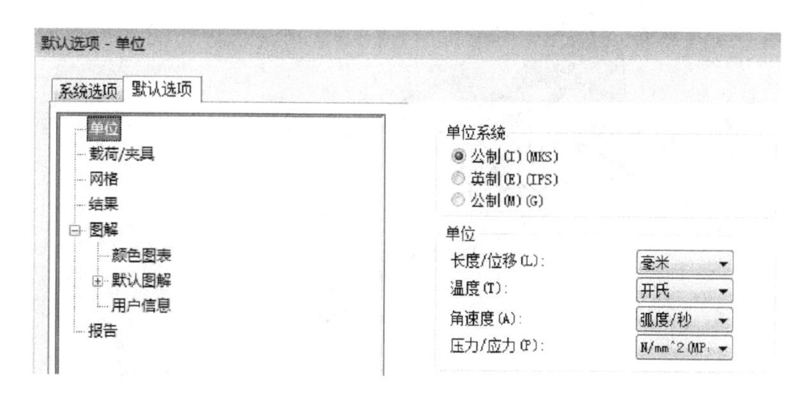

图 1-68 设置默认选项

右键单击【静态算例】文件夹并选择【添加新图解】，如图 1-69 所示。指定节应力的【P1：第一主应力】为默认结果图解的补充。

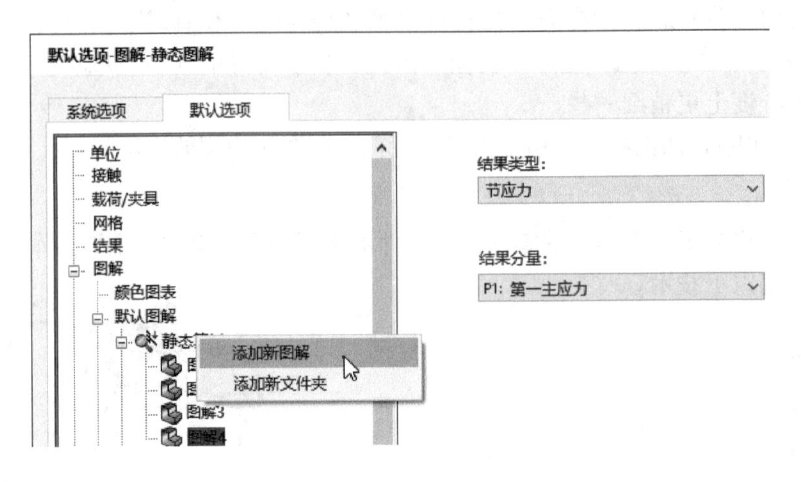

图 1-69　指定图解选项

步骤 3　设置数字格式　选择【颜色图表】。设置【数字格式】为【科学（S）】，【小数位数】设为“2”，如图 1-70 所示。

步骤 4　创建应力分析算例　创建一个名为“static analysis”的算例。

步骤 5　应用材料属性　单击【应用/编辑材料】。

从 SOLIDWORKS materials 库中指定材料为【1060 合金】。单击【应用】及【关闭】。

步骤 6　添加约束　如图 1-71 所示，对两个螺栓孔添加【固定几何体】的约束。添加约束到面上，单击【确定】✓。

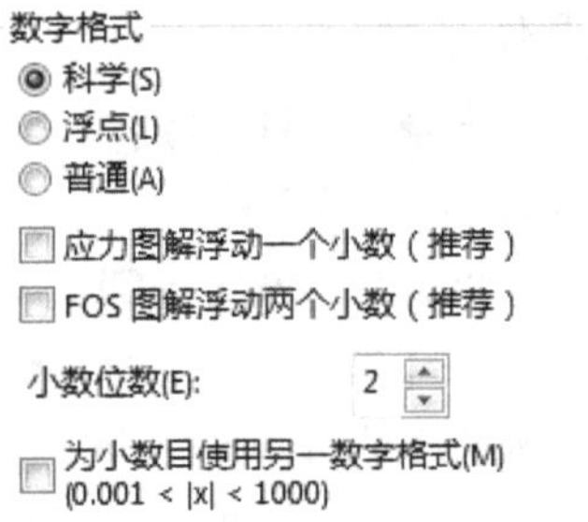

数字格式
科学(S)
浮点(L)
普通(A)
应力图解浮动一个小数（推荐）
FOS 图解浮动两个小数（推荐）
小数位数(E): 2
为小数目使用另一数字格式(M) (0.001 < |x| < 1000)

图 1-70　设置数字格式

图 1-71　添加固定约束

此约束用来模拟该零件与装配体其他部件之间的连接状态。同时，在本练习中并不存在与“Bracket”相连的其他零部件。

步骤7 添加外部载荷 单击【力】，在图1-72所示表面指定【法向】的力。设置力的大小为500N，单击【确定】。

步骤8 划分网格 单击【生成网格】，在【基于曲率的网格】上使用高品质单元划分网格，使用默认的单元大小，单击【确定】。划分后的网格如图1-73所示。

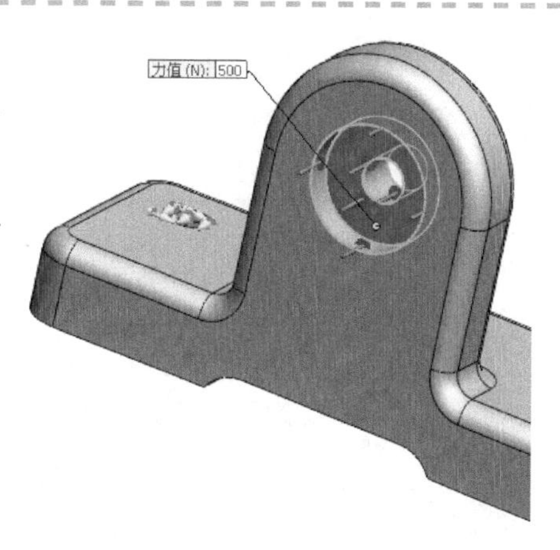

图1-72 添加外部载荷

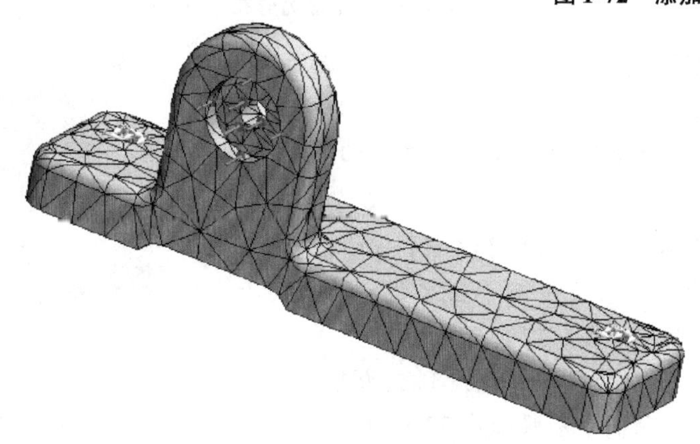

图1-73 网格划分结果

步骤9 运行算例

步骤10 图解显示应力结果 可以观察到模型的最大von Mises应力值为32.5MPa，明显超出了材料1060合金的屈服强度（27.6MPa），如图1-74所示。

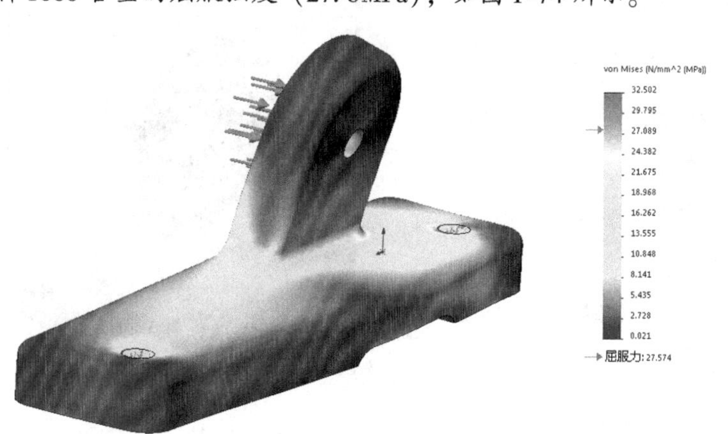

图1-74 von Mises应力分布

【P1：第一主要应力】的分布说明其最大值为32.3MPa。该数值与零件的最大拉应力（值为负数的为最大压应力）对应，如图1-75所示。

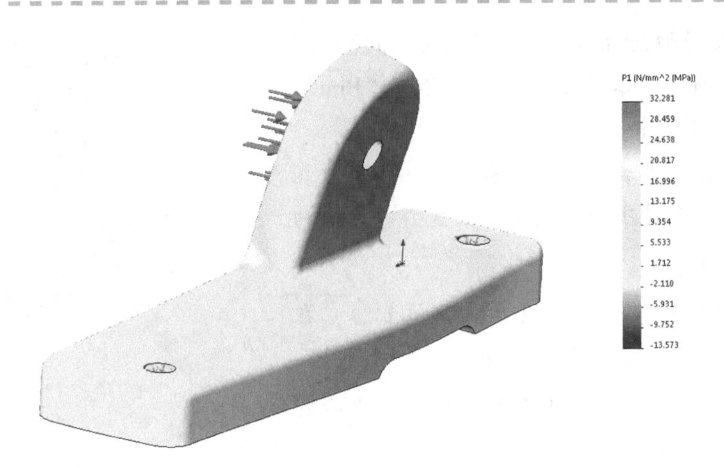

图 1-75　P1 主应力分布

步骤 11　探测圆角处的应力　在本练习的后面部分，将看到加载的夹具可能会产生并不真实的应力奇异。基于此，将重点关注水平和竖直两个凸台之间的圆角部分，如图 1-76 所示。

图 1-76　探测圆角处的应力

右键单击“应力 1”并选择【探测】。选择【在所选实体上】选项，然后选中两个凸台之间圆角的七个面，再单击【更新】，如图 1-77 所示。

分析所选面的探测结果，可以看到应力集中区域的最大应力为 31MPa，稍高于屈服强度 27.6MPa。

步骤 12　图解显示位移结果　可以看到最大位移为 0.0678mm，如图 1-78 所示。

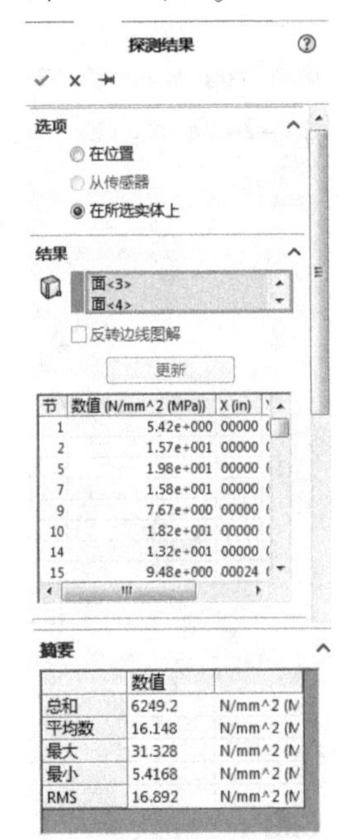

图 1-77　探测结果

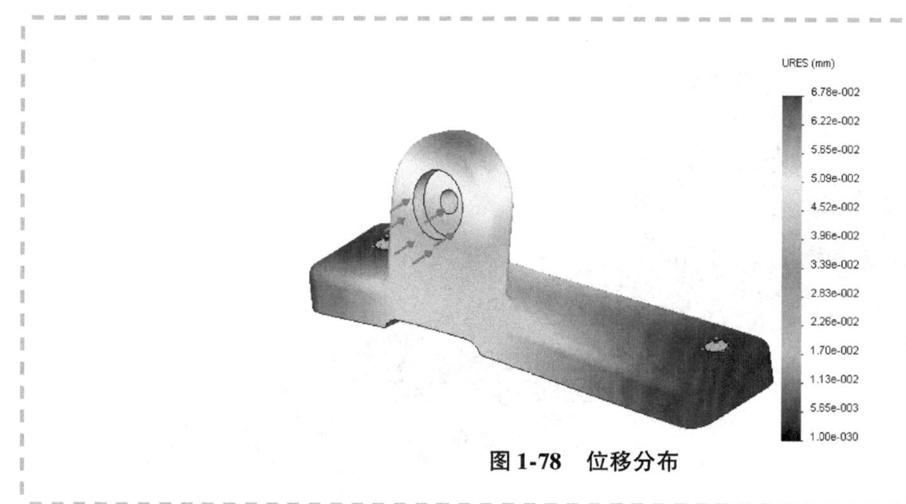

图 1-78　位移分布

目前得到的结果精度够了吗？有限元网格看上去非常粗糙，特别是在有圆角的地方。而且，通过观察 von Mises 应力的分布可以看出，在高应力集中的区域，单元之间的应力跳跃十分明显，如图 1-79 所示。

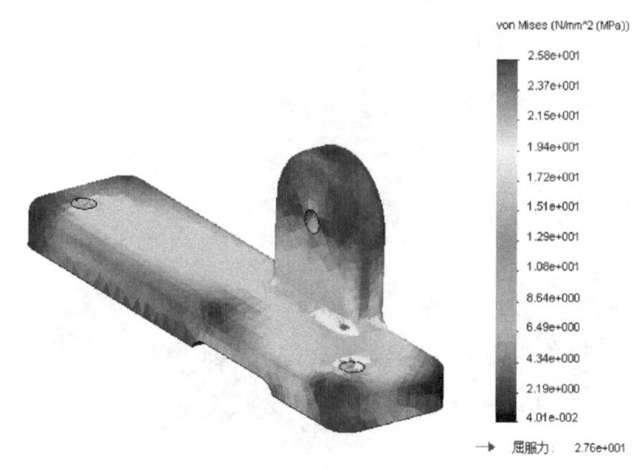

图 1-79　von Mises 应力分布

下面将用更精细的网格来重新运算该算例。

扫码看视频

步骤 13　创建新的静态算例　复制算例“static analysis”，命名新算例为“static analysis-refined”。算例中包含的文件夹也一并复制到新算例中，包括夹具、外部载荷、实体、网格和结果。

步骤 14　生成精细网格　创建高品质的网格，拖动网格密度滑块到最右边，【最大单元大小】设置为“2.198mm”，【最小单元大小】设置为“0.733mm”。

最终生成的网格如图 1-80 所示。可以发现网格对模型的匹配有显著的提升。

步骤 15　运行算例

步骤 16　图解显示应力结果　现在发现最大 von Mises 应力值从 32.5MPa 提高到 39.5MPa，这些都高于材料的屈服强度 27.6MPa，改变量大约为 22%，如图 1-81 所示。仔细观察图解结果，会发现最大应力出现在螺栓孔的边缘处。此问题将在下一章中讨论。

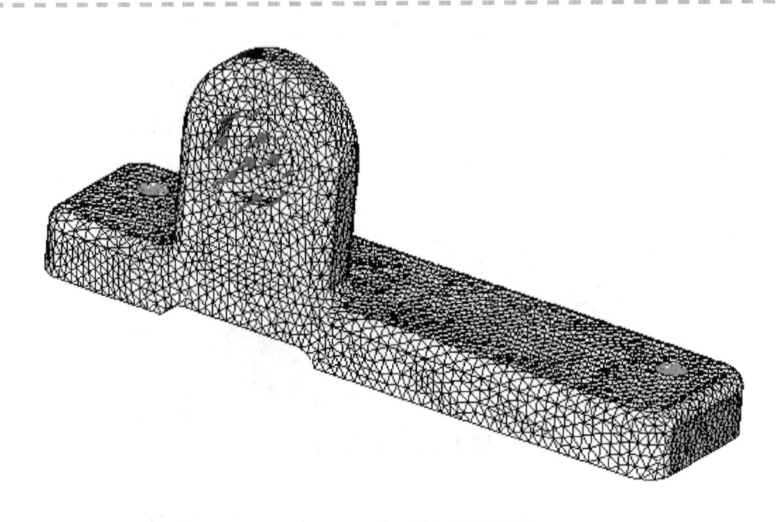

图 1-80　细化后的网格结果

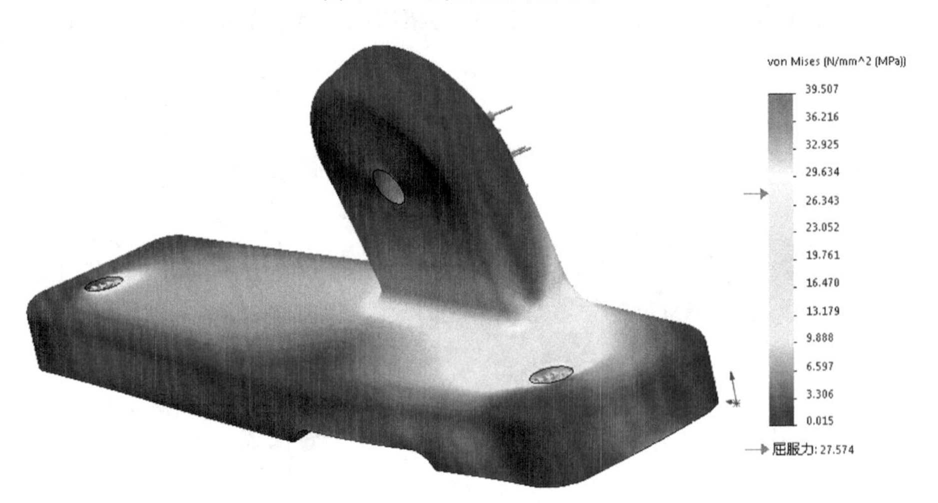

图 1-81　von Mises 应力分布

步骤 17　探测圆角处的应力　使用和步骤 11 相同的操作，探测模型圆角区域的应力。

可以观察到这些部位的最大 von Mises 应力值从 31MPa 降到 30.8MPa，稍高于屈服强度，但和之前的算例相比，这点差别可以忽略不计。因此可以断定，网格细化决定了这次仿真的有效性，而且证实了结果是收敛的。在其他情况下，应力结果的改变量可能是非常大的。一般而言，要想得到精确的应力结果，有必要创建更加精细的网格。对于这个实例而言，进一步地细化网格并不会改进应力结果，由此可以判断结果是收敛的。

步骤 18　图解显示位移结果　最大位移大致从 0.0678mm 提升到 0.0683mm，改变量小于 1%，如图 1-82 所示。

步骤 19　删除图解　如果不删除该图解，步骤 2 中创建的图解将会传递到以后所有的仿真中。

图1-82 图解显示位移结果

单击【Simulation】/【选项】。右键单击"图解4"，然后选择【删除】。单击【确定】。

步骤20 保存并关闭该文件

2. 结论 本练习介绍了线性静态算例的基本构成，同时讲解了SOLIDWORKS Simulation的后处理特征。网格品质对结果有一定的影响，特别是对应力结果。观察到的结果位移的改变量只有1%，而von Mises应力的改变量将近22%（通常应力改变量更大一些）。应力的改变量较大有以下两方面的原因：

- 位移是有限元分析中的主要未知量，而且总是比应变和应力更加准确。相对粗的网格也可以得到满意的位移结果，然而要得到满意的应力结果，就需要更加精细的网格。
- 应力的极值出现在夹具的附近，其值通常高得离谱（这将在下一章中讲解）。通过两个算例的计算对比，可以看出圆角区域的应力差别很小并可以忽略。要获得满意的结果，需对圆角区域的网格进行细化。

练习1-2 压缩弹簧刚度

在本练习中，将使用SOLIDWORKS Simulation分析得出弹簧的压缩刚度。

本练习将应用以下技术：

- 新建算例。
- 夹具。
- 外部载荷。
- 网格划分。
- 结果图解。

操作步骤

步骤1 打开零件 打开文件夹"Lesson01\Exercises\Spring-Compressive Spring Stiffness"中名为"spring"的零件。

扫码看视频

提示 为方便起见，夹具和外部载荷已经事先添加到弹簧两端的圆盘。圆盘之间的距离对应于未压缩弹簧的当前长度。

步骤 2　设定 SOLIDWORKS Simulation 的选项　设定【单位系统】为【公制（I）(MKS)】，【长度/位移（L）】单位为【毫米】，【压力/应力（P）】单位为【N/mm² (MPa)】。

步骤 3　创建算例　创建一个名为“spring stiffness”的【静应力分析】算例。

步骤 4　查看材料属性　材料属性【合金钢】将直接从 SOLIDWORKS 转移过来。

步骤 5　应用固定约束　在图 1-83 所示的 1 号圆盘端面添加【固定几何体】的约束。

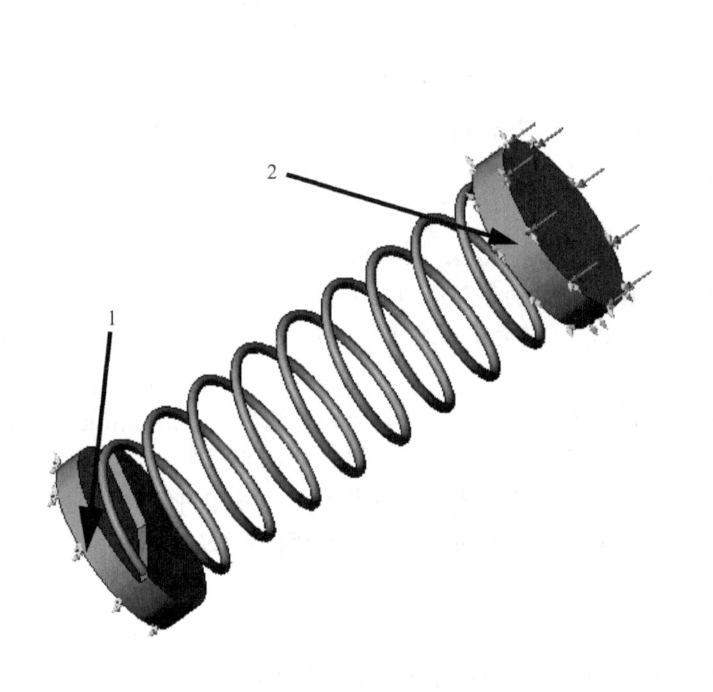

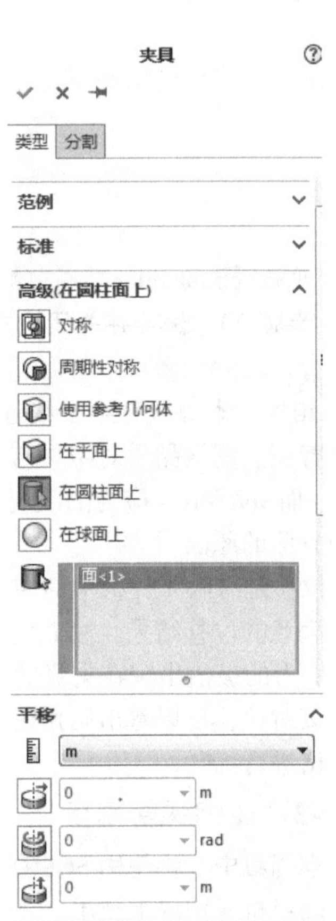

图 1-83　定义夹具

步骤 6　应用径向约束　在 2 号圆盘的圆柱面上添加一个高级夹具，约束圆盘的径向位移。该约束只允许弹簧沿轴向压缩或伸长，且只能绕纵向轴转动。

步骤 7　施加压力　对采用径向约束的圆盘端面添加 0.1N 的压力。

步骤 8　划分网格并运行分析　在【网格参数】下选择【基于曲率的网格】。使用高品质单元划分网格。保持默认的最大单元大小（2.787mm）和最小单元大小（0.557mm）。

步骤 9　运行算例

步骤 10　图解显示 *Z* 方向的位移　如图 1-84 所示，图解显示轴向位移结果为 0.426mm，轴线方向为 *Z* 方向。

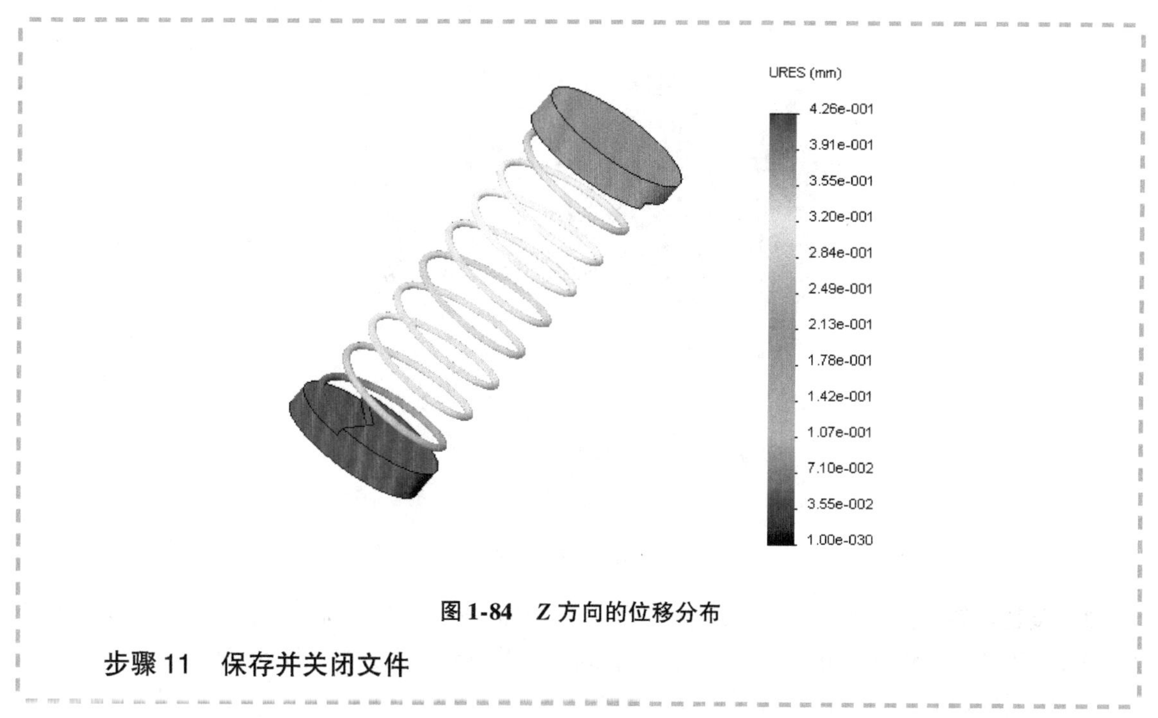

图 1-84 Z方向的位移分布

步骤11 保存并关闭文件

计算得到的弹簧的轴向刚度为234.7N/m，公式为$k=f/x$。

在本书的后面章节会使用这个定义弹簧接头的计算结果。计算公式为$f=kx$，其中$k=234.7$N/m。也可以采用一个近似的公式计算螺旋弹簧的刚度（Mechanical Vibrations，S. S. Rao，1995），即

$$k_{\mathrm{Axial}}=\frac{Gd^4}{8nD^3}$$

式中 G——材料的切变模量；

d——弹簧线圈的直径；

D——弹簧的平均直径；

n——当前弹簧的圈数。

将采用的数值（$n=8.75$，$d=1$mm，$D=17$mm，$G=7.9\times10^{10}$Pa）代入上面的公式中，得到近似的轴向刚度为230N/m，然而还是使用更加精确的结果234.7N/m。

练习1-3 容器把手

本练习将评估一个垃圾容器把手的安全性。

本练习将应用以下技术：

- 新建算例。
- 夹具。
- 外部载荷。
- 网格划分。
- 结果图解。

1. 项目描述 在货运卡车的导轨上装载垃圾容器，其需要通过把手与绞盘的吊钩相连，如图1-85所示。整个容器由AISI 304钢制作而成。把手对称焊接（两侧带圆角焊接）到两侧的方形基板上。把手的直径为30mm，钢板的厚度为5mm。添加一个最恰当的夹具，模拟把手与钢板之间的连接。

图 1-85　容器把手

2. 装载条件　在最为极端的装载条件下，即当容器拖到卡车导轨上时，把手加载力的大小为3000N，并带有 15°的倾角，这个力应该加载到圆形的分割面上，如图 1-86 所示。

把手与基板构建的几何形态如图 1-87 所示。

3. 目标　判断把手的设计是否安全。注意应用的夹具是否最为合适。该文件位于文件夹“Lesson01\Exercises\Container Handle”中。

操作步骤：略。

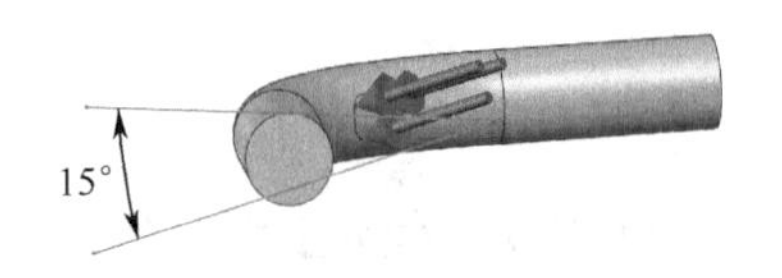

图 1-86　添加装载条件

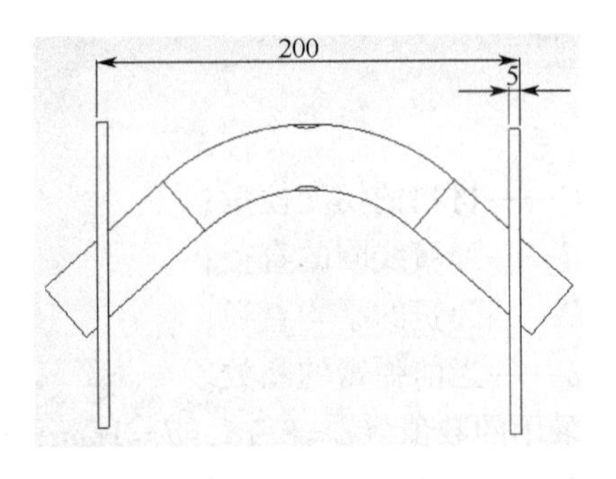

图 1-87　几何形态

第 2 章　网格控制、应力集中与边界条件

学习目标

- 了解建模和离散化误差的区别
- 使用网格划分的自动过渡选项
- 了解如何使用网格控制
- 了解何时可能出现不收敛情况
- 理解应力集中
- 在不同 SOLIDWORKS 配置中分析模型
- 以批处理的方式运行多个算例
- 列举反作用力

2.1　网格控制

在现实问题中，网格很少是完全均匀的。仅仅因为局部应力集中，而在一个大模型中均匀地减小网格大小是非常不明智的。在网格均匀的区域或应力变化平缓的区域创建大量单元，将会导致计算量的增加，而最终结果可能没有太大差别。

可采用不同的策略来控制网格，例如在应力快速变化的区域使用小网格，而在应力变化小的区域使用大网格。

2.2　实例分析：L 形支架

在这个实例中，将分析 L 形支架在载荷作用下的应力分布。该 L 形支架展示了尖锐拐角处的应力问题，以及圆角和局部网格细化的影响。

支架的拐角处有一个小圆角，与整个模型相比，圆角半径非常小，可将其忽略。我们将对带有圆角和不带圆角的模型进行分析求解，讨论它们的区别和每种方法的适用性。

通过本实例可了解不同的网格大小对最大位移和最大应力的影响。这里不是对整个模型的网格划分作精细处理（即所谓的整体网格精细化），而是对局部应力较大的区域进行网格精细化，称为局部网格精细化。

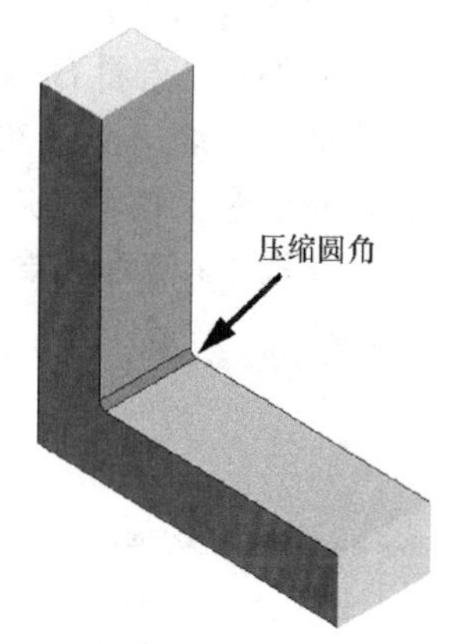

图 2-1　L 形支架

如图 2-1 所示，一个 L 形支架的上端面被固定，同时在下端面施加 900N 的载荷。本实例将分析模型的位移和应力分布情况，分析中的关键步骤如下：

1）忽略圆角。圆角将被忽略以简化模型，注意观察分析后尖锐拐角处的应力。

2）添加圆角。取消对圆角的忽略，以判断圆角对该零件最大应力的影响。

3）网格细化。圆角相对于模型的其他部位而言是非常小的，可采用不同的技术来减小圆角区域的网格大小。

2.3 不带圆角的支架分析

在本实例分析的第一部分，将查看在不带圆角的情况下该零件的应力分布。

操作步骤

扫码看视频

步骤 1　打开零件　打开文件夹“Lesson02\Case Studies\L Bracket”中的零件“L bracket”。在 SOLIDWORKS ConfigurationManager 中，查看“fillet”（带有圆角）及“no fillet”（不带圆角）两种配置。激活配置“no fillet ”以供分析，如图 2-2 所示。

步骤 2　设置 Simulation 选项　从【Simulation】菜单中单击【选项】，选择【默认选项】选项卡。在【单位系统】中选择【公制（I）（MKS）】。【长度/位移（L）】单位选择【毫米】，【压力/应力（P）】单位选择【N/m^2】，如图 2-3 所示。单击【确定】。

图 2-2　两种配置

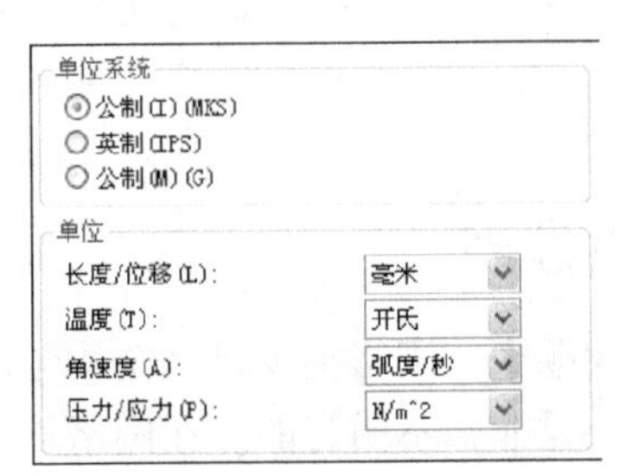

图 2-3　设置单位

选择【颜色图表】。在【数字格式】中选择【科学（S）】，【小数位数】设定为“6”，如图 2-4 所示。

步骤 3　定义静应力分析算例　单击【静应力分析】，创建名为“mesh1”的算例，然后单击【确定】✔。

步骤 4　查看 Simulation Study 树　“L bracket”的图标上已有一个钩形符号跟在所指定的材料名（AISI 304 钢）旁边，这是因为材料定义是从 SOLIDWORKS 中传送过来的。同时请注意，模型中用尖锐拐角取代了圆角。

步骤 5　添加约束　如图 2-5 所示，对支架上端面施加【固定几何体】的约束。单击【确定】✔。

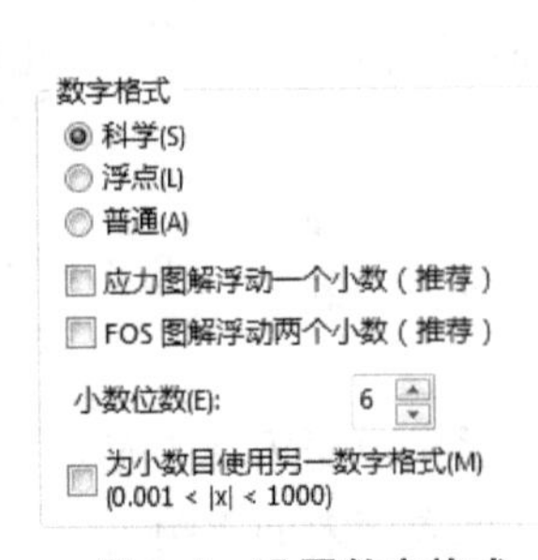

图 2-4　设置数字格式

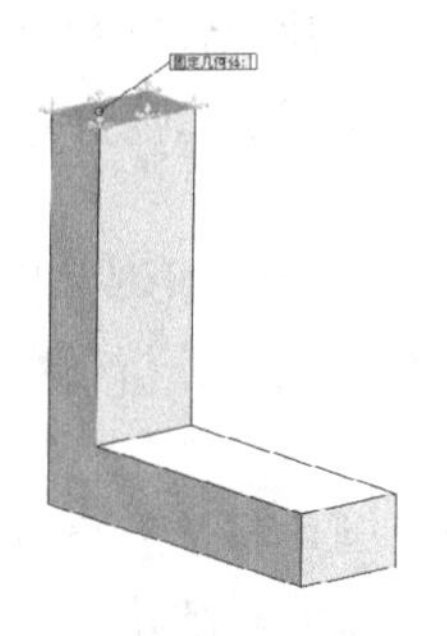

图 2-5　添加约束

步骤6　施加外部载荷　右键单击【外部载荷】。这里需添加一个剪切力而非法向力，因此必须定义力的方向，即选择【选定的方向】。

选择图2-6所示的面添加作用力，选择Top基准面来指定方向。输入“900”作为力的大小，勾选【反向】复选框以确保力的方向，然后单击【确定】。

步骤7　划分网格　单击【生成网格】，选择【基于曲率的网格】的高品质网格以及默认尺寸，即【最大单元大小】和【最小单元大小】均为“4.812mm”，单击【确定】。网格划分结果如图2-7所示。

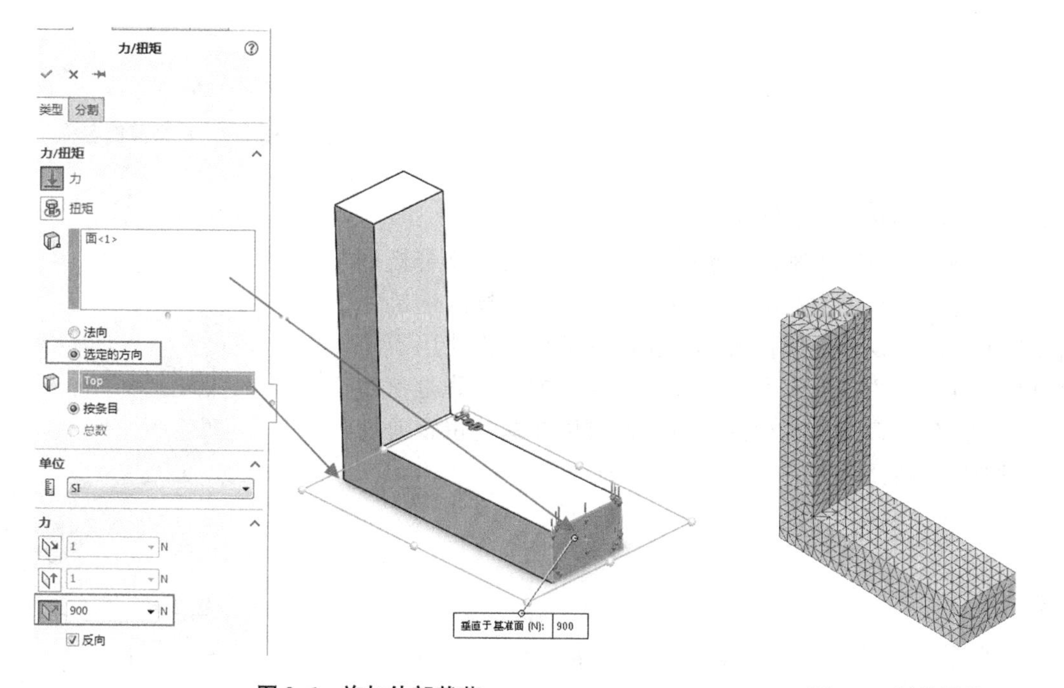

图2-6　施加外部载荷

图2-7　划分网格

2.3.1　运行所有算例

当有多个算例时，其他的一些运行选项可以激活使用。这些选项允许运行所有或者某些算例。

- 【运行此算例】：运行此激活的算例。
- 【运行所有算例】：运行所有激活的算例。
- 【运行指定算例】：运行对话框中指定的算例。

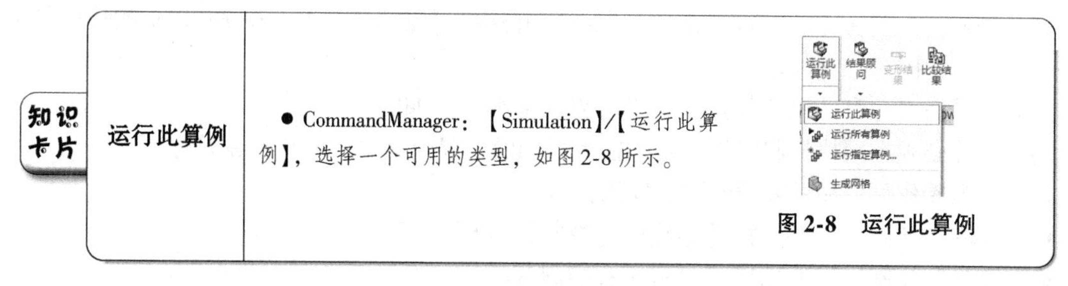

知识卡片　运行此算例

- CommandManager：【Simulation】/【运行此算例】，选择一个可用的类型，如图2-8所示。

图2-8　运行此算例

步骤 8　创建两个新算例　复制“mesh1”全部内容到新算例“mesh2”。

复制算例时，确保在【要使用的配置】列表中选择【no fillet】，然后单击【确定】，如图 2-9 所示。

> **提示**　算例“mesh1”已经准备好，可用于分析。但可另创建两个算例，并用【运行所有算例】命令来分析所有的三个算例。

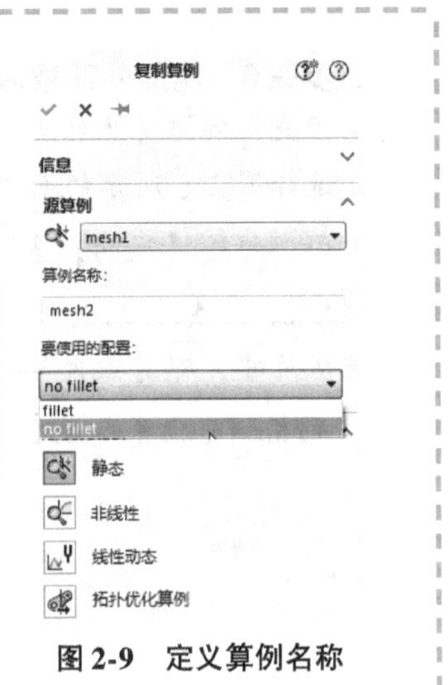

图 2-9　定义算例名称

2.3.2　局部网格精细化分析

在本实例分析的第二部分，将通过算例“mesh2”来分析更小的网格单元模型结果。在第 1 章中，通过控制全局网格尺寸将整个模型的网格划分成同样大小。在这一部分，将使用不同的网格划分技术。注意到应力集中发生在尖锐的拐角附近，如图 2-10所示。知道高应力发生的位置，便可以在这些位置通过网格控制来精细划分网格。

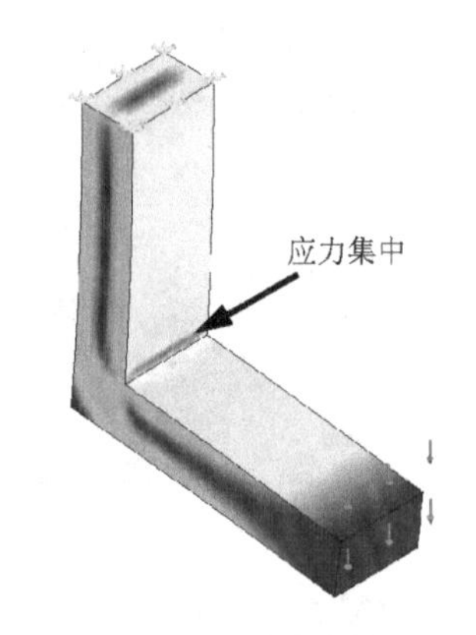

图 2-10　应力集中

知识卡片

网格控制	网格控制允许独立于整体的【最大单元大小】和【单元大小增长比率】，而只在所选的局部位置控制【最大单元大小】和【单元大小增长比率】。与整体网格细化相比，它是更有效的数值技术。可在需要的位置进行小单元划分，而在那些无应力集中的地方用较大的网格划分。
操作方法	● 快捷菜单：在 Simulation Study 树中右键单击【网格】，选择【应用网格控制】。 ● 菜单：【Simulation】/【网格】/【应用控制】。

2.3.3　网格控制

网格控制可以应用到装配体的顶点、面或整个零部件。一旦定义了网格控制，网格图标就会变成文件夹的形式。

在【网格】文件夹下，右键单击“控制-1”并选择【编辑定义】，通过所显示的快捷菜单编辑网格控制，如图 2-11 所示。

控制的网格（也称为网格偏置）将沿边界局部细化，如图 2-12 所示。

网格划分必须在网格控制定义之后，在受影响的边界上会出现网格控制符号。

通过下列操作可以显示或隐藏网格控制符号：

- 右键单击【网格】并选择【隐藏所有控制符号】。
- 右键单击【网格】并选择【显示所有控制符号】。

对于每个网格控制，其控制符号也可以单独显示或隐藏。

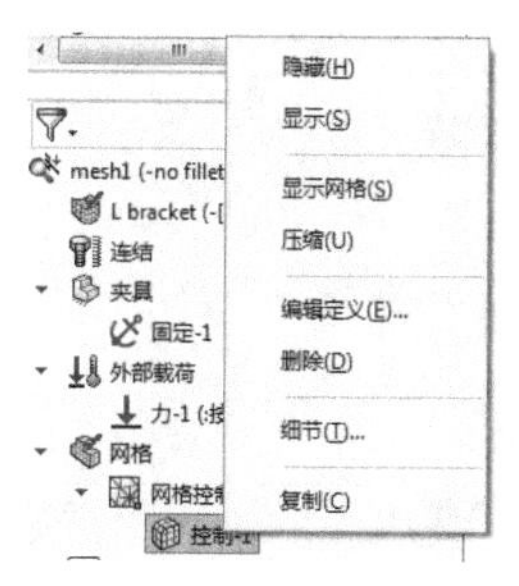

图 2-11　编辑网格控制

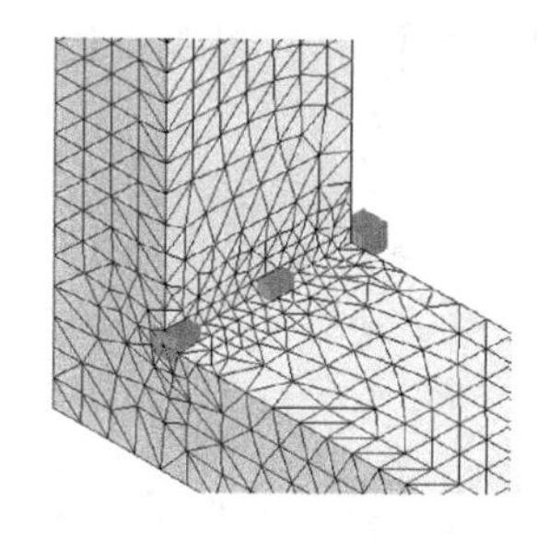

图 2-12　局部细化的网格

步骤 9　对算例“mesh2”应用局部网格控制　单击【应用网格控制】。选择图 2-13 所示的边线。使用建议的局部单元大小（2.40642273mm），【单元大小增长比率】设置为“1.5”。单击【确定】✓。

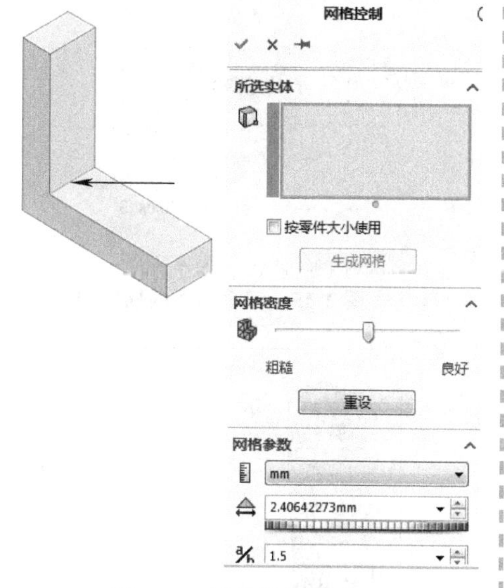

图 2-13　局部网格控制

步骤 10　生成网格　选择【基于曲率的网格】的高品质网格以及默认网格尺寸，即【最大单元大小】和【最小单元大小】均为“4.812mm”。单击【确定】✓。

步骤 11　检查网格　可以看到，在应用了网格控制的边线上生成了更小的单元，如图 2-14 所示。

步骤 12　复制算例“mesh2”　命名新复制得到的算例为“mesh3”。

步骤 13　对算例“mesh3”应用局部网格控制　对于算例“mesh3”，在【网格】文件夹中右键单击“控制-1”并选择【编辑定义】。

在【单元大小】中输入“0.508mm”，沿着尖锐拐角边缘进行局部细化，保持【单元大小增长比率】的默认值（1.5）。

由于网格控制的缘故，将沿着尖锐拐角边缘创建非常细小的网格单元。单击【确定】✓。

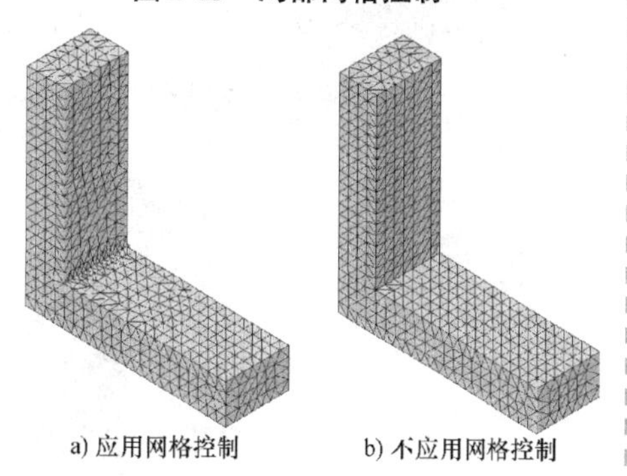

a) 应用网格控制　　b) 不应用网格控制

图 2-14　检查网格

步骤 14　对算例“mesh3”划分网格　单击【生成网格】，保持与之前相同的设置，单击【确定】✓。

现在已有“mesh1”“mesh2”和“mesh3”三个算例。它们唯一的不同在于尖锐拐角边缘网格划分的精细度，如图 2-15 所示。

步骤 15　运行所有算例　单击【运行所有算例】。

步骤 16　图解显示 von Mises 应力　要想在显示图解的同时显示网格，只需要右键单击相应的结果图解并选择【设定】，然后将【边界选项】设置为【网格】，如图 2-16 所示，再单击【确定】✔。结果如图 2-17 所示。

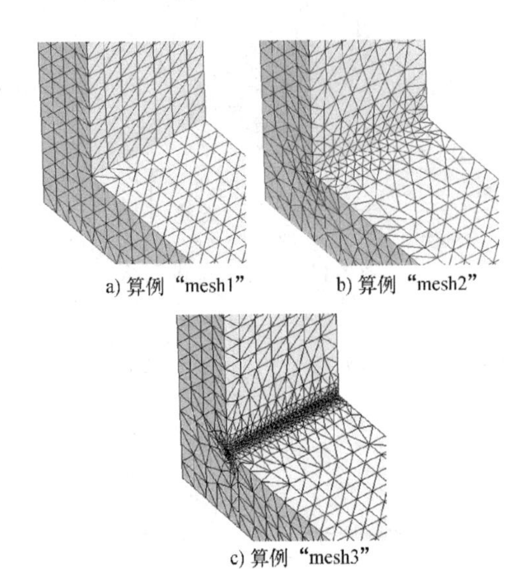

a) 算例“mesh1”　b) 算例“mesh2”

c) 算例“mesh3”

图 2-15　三个算例的拐角单元

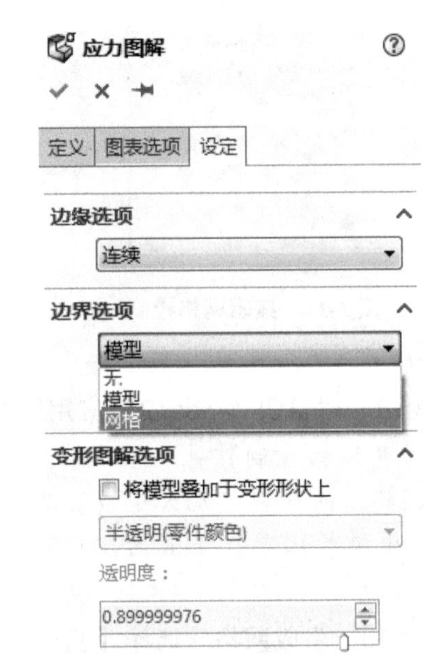

图 2-16　边界设定

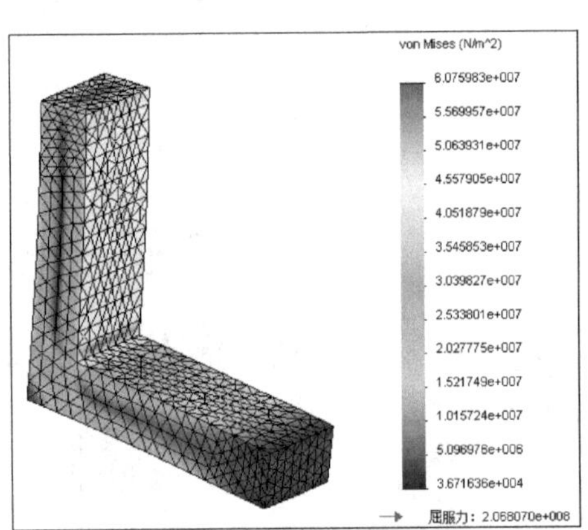

a) 算例“mesh1”

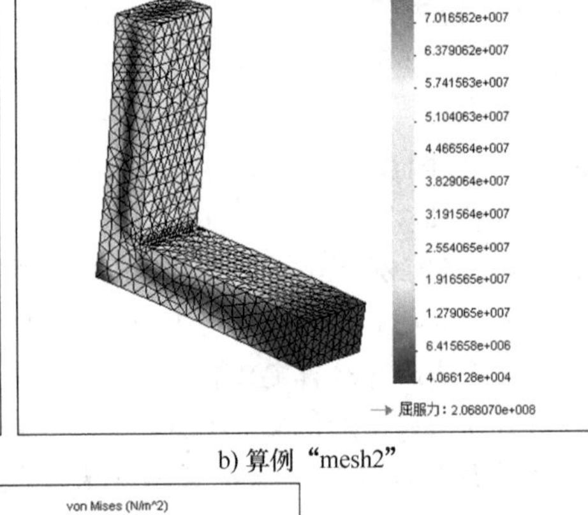

b) 算例“mesh2”

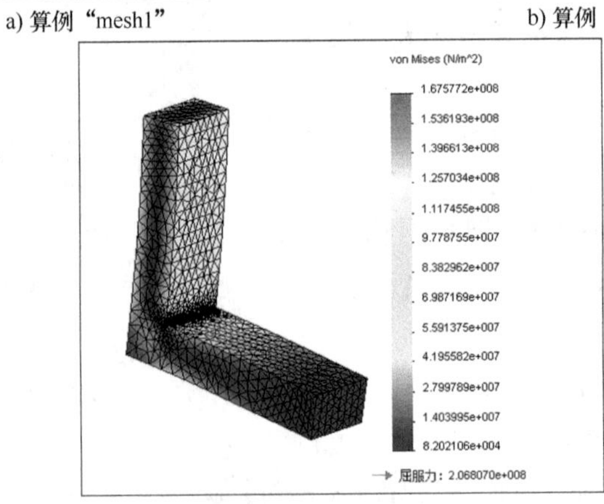

c) 算例“mesh3”

图 2-17　带网格的结果显示

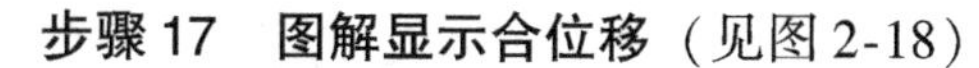

步骤 17　图解显示合位移（见图 2-18）

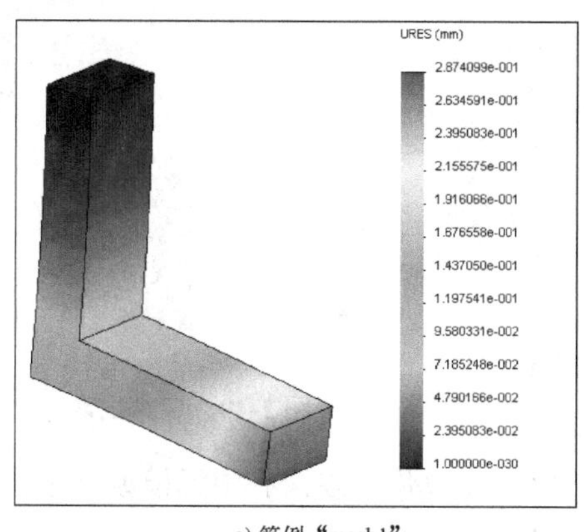

a) 算例“mesh1”

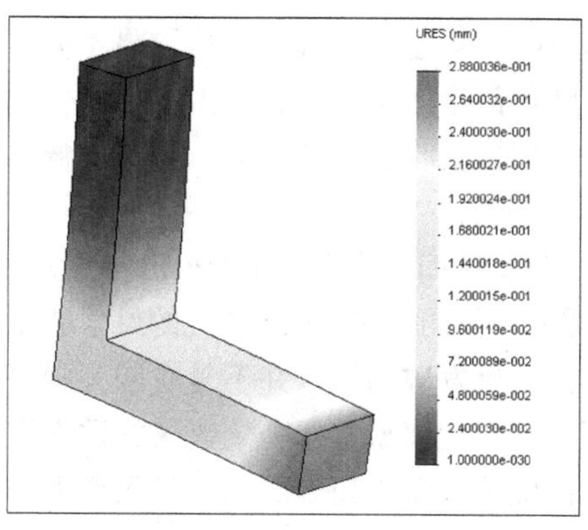

b) 算例“mesh2”

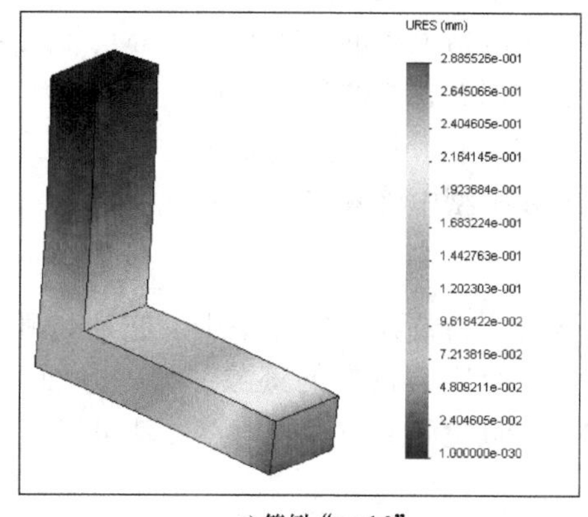

c) 算例“mesh3”

图 2-18　图解显示合位移

2.3.4　结果比较

位移结果用 6 位精度表示已足够高，而载荷、约束和材料属性定义等未知量不需要这么高的精度。用 6 位精度来比较创建的三个算例的位移结果的最小位移差。

表 2-1 总结了“mesh1”“mesh2”和“mesh3”三个算例的最大位移和最大 von Mises 应力。

表 2-1　3 个算例的结果比较

算　例	最大位移/mm	位移增加/mm（%）	最大 von Mises 应力/MPa	von Mises 应力增加/MPa（%）
mesh1	0.287 41	—	60.76	—
mesh2	0.288 00	0.000 59（0.2%）	76.54	15.78（26.0%）
mesh3	0.288 55	0.001 14（0.4%）	167.58	106.82（175.8%）

注意

网格的每次精细化都导致了最大位移和最大应力值的增加。位移的增加是极小的，且随着算例的增加，位移的增长量变得越来越小。因此，可以认为位移结果是收敛的。

如果持续对拐角部位进行局部网格精细化，同时对整体网格也进行精细化，如第 1 章所示，会发现位移结果最终趋向于一个有限值。如果仅考虑位移结果，那么第一次所划分的网格就已经足够精细了。

2.3.5　应力奇异性

应力结果的变化趋势通常与位移结果不同。后续的每次网格细化都会产生更高的应力结果。应力结果不像位移结果那样会收敛到有限值，其有时候是发散的，如图 2-19 所示。

如果有足够的时间和耐心，还能得出各种大小的应力结果。而唯一所需的工作就是使单元的尺寸足够小。

导致应力结果发散的原因并不是有限元模型本身的错误，而是有限元模型基于一个错误的数学模型。

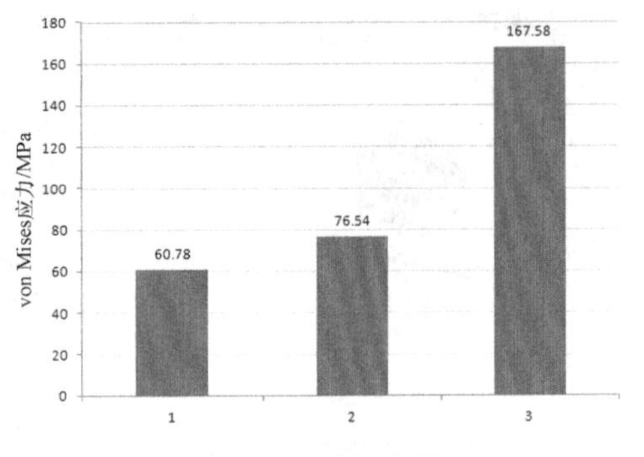

图 2-19　应力发散

根据弹性理论，在尖角处的应力是无穷大的。由于离散化误差，有限元模型并不会产生无穷大的应力结果，这一离散化误差掩盖了建模时的错误。

然而，应力结果是完全依赖于网格大小的，因此它们都是无意义的。

如果目的是确定最大应力值，那么忽略圆角的存在，以致模型含有一个尖锐的拐角则是一个严重的错误。尖角处的应力是非常大的，甚至是无穷大。如果想了解圆角附近的应力情况，那么不管圆角的尺寸有多小，都应该在模型中将其包含进来。

2.3.6　应力峰值点

应力峰值点工具可以用来区分应力奇异和应力集中。它通过确定位置来确定 von Mises 应力在相邻单元之间的剧烈变化，即一个应力奇异的迹象。另一方面，如果相邻单元之间的应力相关，则更可能是由于应力集中。一旦检测到应力峰值点，就可以通过应力奇异算法在感兴趣的位置进一步细化网格。

知识卡片	操作方法	快捷菜单：在 Simulation Study 树中的【结果】上单击鼠标右键，然后选择【应力热点诊断】。

步骤 18　创建应力热点图　单击【应力热点诊断】。单击【运行应力热点诊断】，如图 2-20 所示，会出现一条消息：“应力峰值点被检测到！在模型的某些区域观察到的最高应力可以指示应力奇点（局部应力值向无穷大发散）。如果应力热点接近尖锐的重入角，考虑用圆角四舍五入来避免奇点”，单击【确定】。应力热点图标识了 L 形支架尖角处的应力奇点，如图 2-21 所示。

步骤 19　检测应力奇异　现在已经检测到应力热点，下面将进一步细化网格，并查看网格密度增加时的应力分布。在【网格细化级别】下输入“3”，如图 2-22 所示，单击【运行应力奇异诊断】。

软件在增加网格细化的情况下进行了三个仿真运行。可能会出现一条消息：“检测到应力奇异点！一个或多个应力热点主导的最大应力随网格的细化而发散，几何边被认为是应力奇异性的原因。”

考虑使用带有圆角的圆形尖锐几何，以避免出现应力奇异点。

单击【帮助】可了解有关评估应力热点的更多信息。

模拟完成后，单击【绘制收敛图】。如图 2-23 所示，随着网格增加，应力发散。单击【OK】。

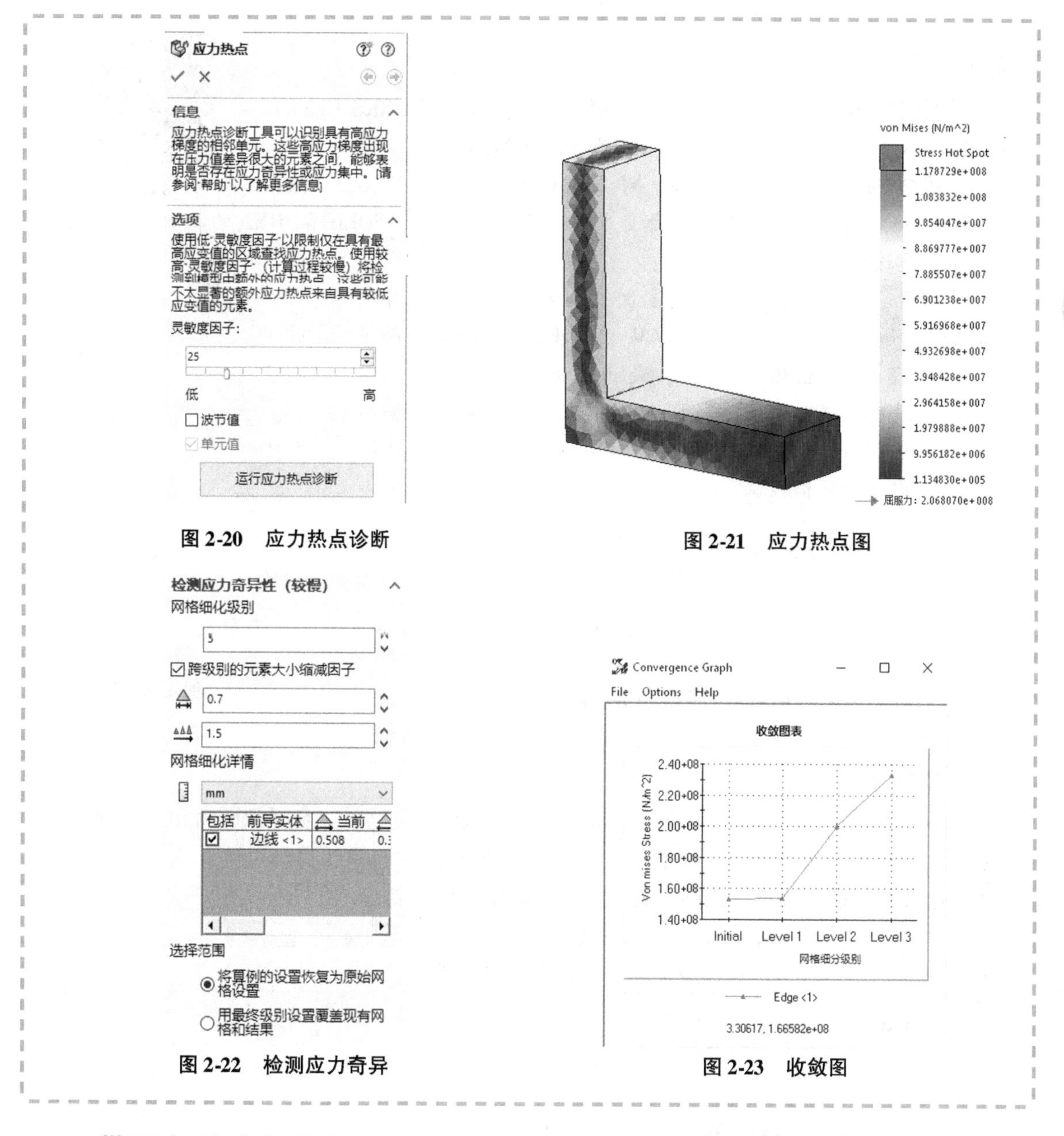

图 2-20　应力热点诊断

图 2-21　应力热点图

图 2-22　检测应力奇异

图 2-23　收敛图

2.4　带圆角的支架分析

现在可以得知问题来自尖锐拐角，所以必须使用带圆角的模型重新进行分析。要得到正确的模型，需要解压缩圆角特征。

2.4.1　压缩配置

当激活的配置与创建算例时采用的配置不同时，算例将被压缩起来，而且算例中的所有项目都呈现灰色状态。激活用于创建算例的配置将取消对该算例的压缩。

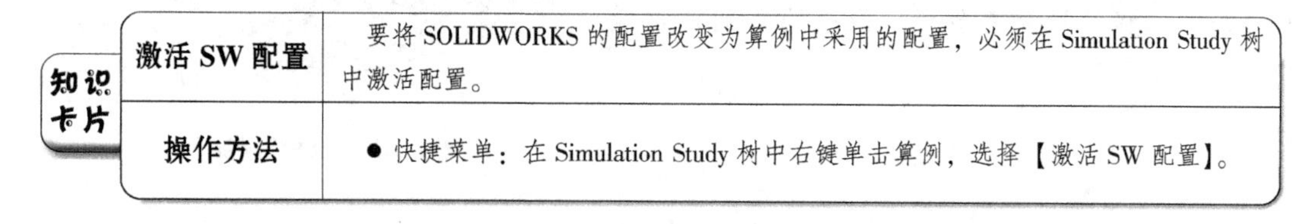
知识卡片

激活 SW 配置	要将 SOLIDWORKS 的配置改变为算例中采用的配置，必须在 Simulation Study 树中激活配置。
操作方法	● 快捷菜单：在 Simulation Study 树中右键单击算例，选择【激活 SW 配置】。

操作步骤

扫码看视频

步骤 1　改变 SOLIDWORKS 配置　进入 SOLIDWORKS ConfigurationManager，确认激活的配置为“fillet”，如图 2-24 所示。

步骤 2　检查 Simulation Study 树　当激活配置“fillet”后，“mesh1”“mesh2”和“mesh3”这三个算例都变成了灰色。只有激活 SOLIDWORKS 的相应配置，才能重新编辑这些算例。

步骤 3　创建新算例　通过复制“mesh1”，创建新算例“mesh4”，如图 2-25 所示。之所以从“mesh1”复制算例而不从“mesh2”或“mesh3”复制，是出于方便的考虑。因为“mesh1”没有定义网格控制，而“mesh4”也不需要网格控制。如果从“mesh2”或“mesh3”复制算例，还需要从“mesh4”中删除网格控制。

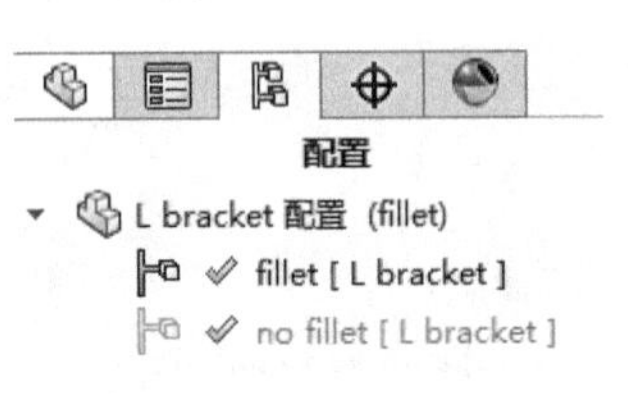

图 2-24　带圆角的配置

图 2-25　创建新算例

2.4.2　自动过渡

与整个模型相比，圆角是非常小的一部分，使用默认的网格设置会导致圆角和其附近区域单元大小的急剧变化。为了避免这种情况，在网格【选项】中选择【自动过渡】选项。【自动过渡】将对小尺寸特征、细节、孔洞、圆角自动地应用网格控制。

知识卡片		
	自动过渡	自动过渡是基于几何体的曲率对网格进行的细化操作。在曲率变化大的区域，网格细化对获取正确的应力结果是非常重要的。
	操作方法	● 快捷菜单：右键单击【网格】并选择【生成网格】，展开【网格参数】并选择【自动过渡】。

步骤 4　划分模型的网格　单击【生成网格】。选择【基于曲率的网格】的高品质网格以及默认网格尺寸，即【最大单元大小】和【最小单元大小】均为“4.812mm”。单击【确定】✔。

步骤 5　运行分析

步骤 6　图解显示位移结果　如图 2-26 所示，带圆角算例的最大位移结果（0.284 5mm）与早先的位移结果相差甚微。微小的差别源自模型形状发生了改变。

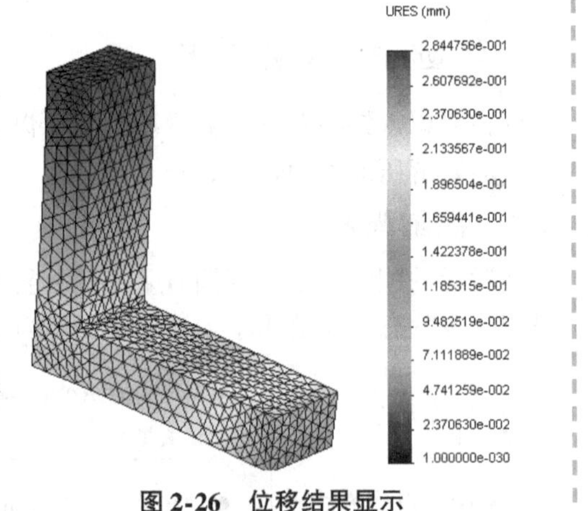

图 2-26　位移结果显示

步骤 7　图解显示 von Mises 应力值　带圆角的模型的应力结果显示最大 von Mises 应力值是 88.76MPa，发生在圆角过渡的区域，如图 2-27 所示。

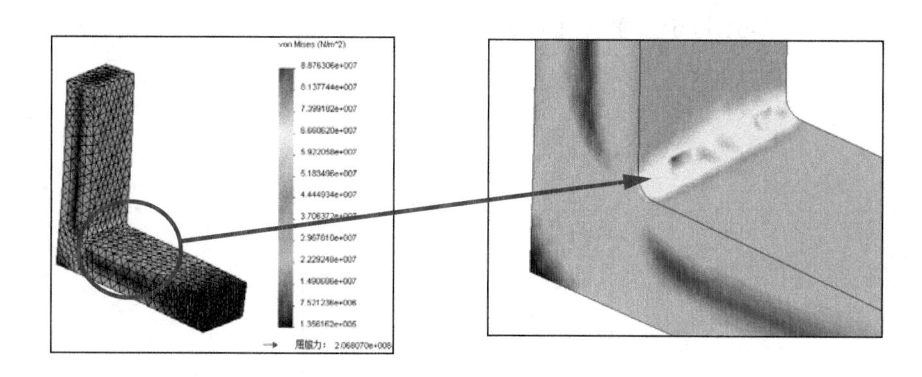

图 2-27　应力结果显示

步骤 8　分析图解结果　可以看到在圆角过渡区域的应力并不是均匀分布的，有局部斑点及左右不对称现象。

这是网格密度不足导致的现象。在本章中所有算例求解的位移结果都是精确的。

步骤 9　创建应力热点图　单击【应力热点诊断】。单击【运行应力热点诊断】，出现一条消息："未检测到应力热点！单击"帮助"了解关于应力热点和如何在模型中进行检测的更多信息。"单击【确定】两次。

步骤 10　在圆角区域应用网格控制　单击【应用网格控制】，在圆角处应用局部网格控制。选择圆角面，设置【单元大小】为"0.762mm"，【单元大小增长比率】为"1.2"。单击【确定】✓。

步骤 11　重新划分网格　单击【生成网格】。使用默认的参数划分模型网格，设定【最大单元大小】和【最小单元大小】为"4.813mm"。网格划分的效果图如图 2-28 所示。网格是很细小的，本算例是个小规模问题，这样的尺寸大小可以接受。

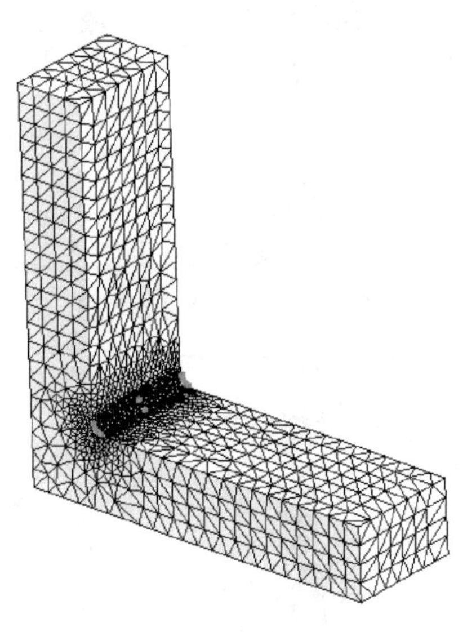

图 2-28　网格划分的效果

步骤 12　运行算例　单击【运行】。

步骤 13　图解显示 von Mises 应力　如图 2-29 所示，最大应力值增加到 102MPa，应力分布状态是均匀并且对称的。由此可以推断这个应力值是精确的。

知识卡片

比较结果	【比较结果】工具可以很方便地在分割窗口中同时显示四个结果的图解。图解可以来自不同模型配置的 Simulation 算例、同一配置的多个算例或同一算例的不同图解。
操作方法	● CommandManager：【Simulation】/【比较结果】。

步骤 14　对所有配置比较结果　单击【比较结果】，在【选项】下方选择【此配置中的全部算例】，以比较所有四个算例的 von Mises 应力，如图 2-30 所示。单击【确定】✔。比较结果如图 2-31 所示。单击【退出比较】。

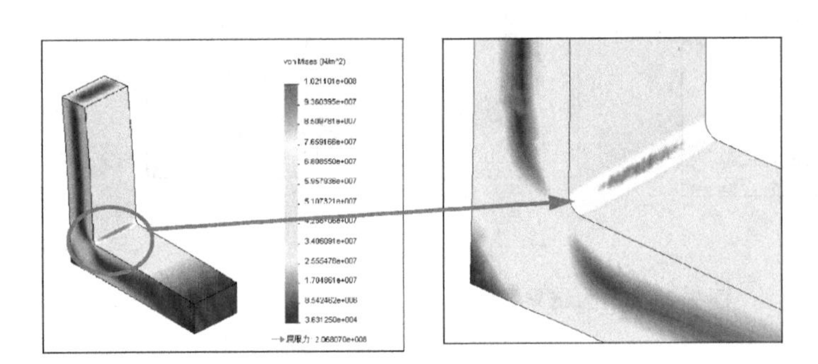

图 2-29　单元细化后的应力结果

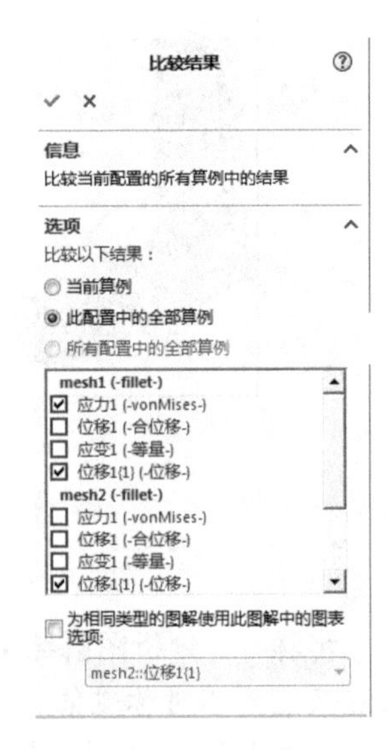

图 2-30　比较结果

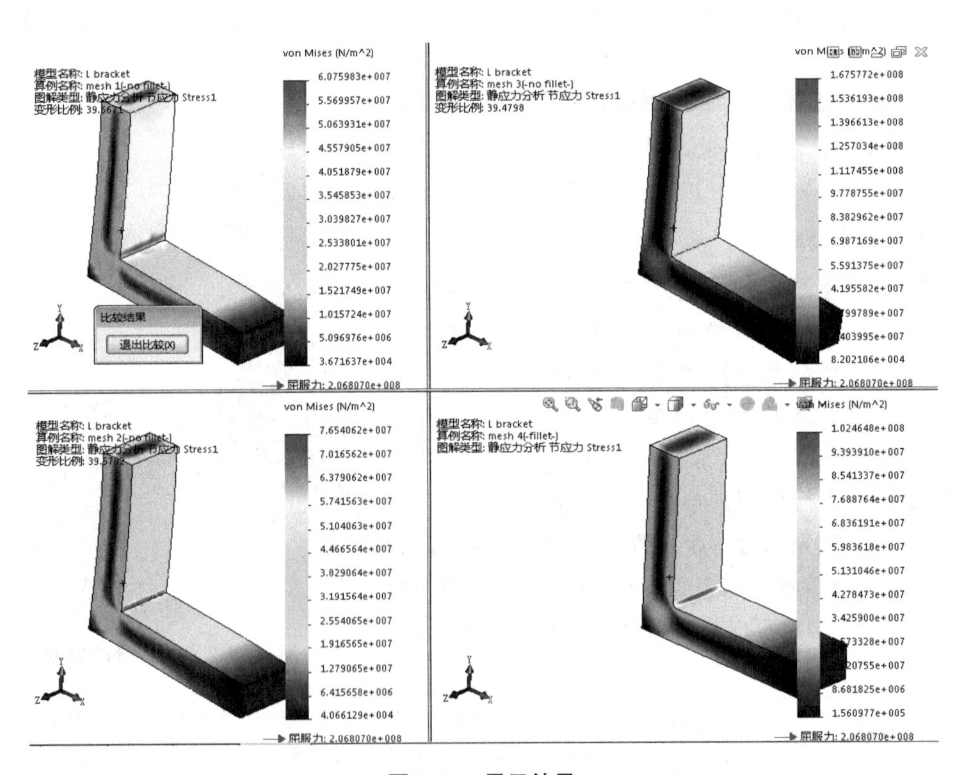

图 2-31　显示结果

知识卡片

合力	应力和位移是结构内部对外载荷的响应，并不能表示结构外部的响应。为了得到有关力和力矩在结构外部的信息，可以使用【合力】。【合力】有五个选项： 1）【反作用力】。夹具固定物体的地方同样给物体提供力和力矩。这些力和力矩是有必要的，因为它们要约束结构。【反作用力】选项用来得到力和力矩的值。 2）【远程载荷界面力】。该选项用来获取实体由远程力传递的力和力矩。 3）【自由实体力】。自由实体力是用来从接触、夹具、载荷和接头件提取的合力。平衡条件下，自由实体力的总和在一个实体上会一直为零。 4）【接触/摩擦力】。该选项用来提取没有干涉、镶嵌、虚拟墙接触实体之间的力。 5）【接头力】。接头是在模型中定义的弹簧、销、螺栓等。接头力是从这些地方提取的力。
操作方法	● 快捷菜单：在 Simulation Study 树中右键单击【结果】，选择【列举合力】。 ● 菜单：【Simulation】/【结果图解】/【反作用力】。 ● CommandManager：【Simulation】/【结果顾问】/【列举合力】。

步骤 15　列举反作用力　右键单击【结果】文件夹并选择【列举合力】。选择支架的支撑面并单击【更新】，确认所选单位为 SI。

【反作用力(N)】一栏中列出了所选面(当有多个支撑面存在时，需要选择多个面)及整个模型的结果。可以看到模型受力是平衡的。反作用力为 900N，验证了平衡条件及求解的正确性，如图 2-32 所示。

提示　没有列举反作用力矩的原因是纯实体单元只有三个平移自由度。实体单元的节点并不能传递任何力矩。

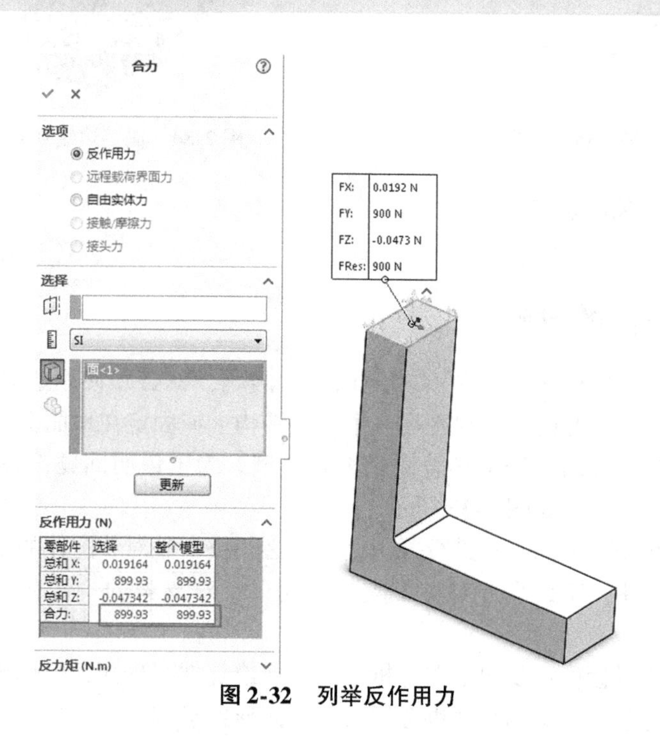

图 2-32　列举反作用力

2.5　实例分析：焊接支架

现在可以了解到圆角处的应力集中现象。下面将再分析一个算例，在这个算例中不是对整个面施加固定的约束，而是只固定面的边线，使模型更加符合真实情况。

扫码看视频

操作步骤

步骤 1　新建一个算例　通过复制“mesh4”，创建新算例“mesh5”。

步骤 2　编辑夹具　编辑“夹具-1”，移除顶面的选取，选择顶面的四条边线，如图 2-33 所示。这种约束可以模拟零件被焊接到一个面的情形，即只有边线与结构接触，而不是整个面都接触。

步骤 3　运行分析

步骤 4　图解显示应力结果　在固定边线的区域也出现了应力集中的现象，如图 2-34 所示。同理，应力奇异的原因在于固定的几何体位于尖锐的端部。尽管这个有限元模型更加接近真实的条件，但应力集中由算法模型的局限性所致。

必须完全理解这类影响，才能够正确分析模型的结果。

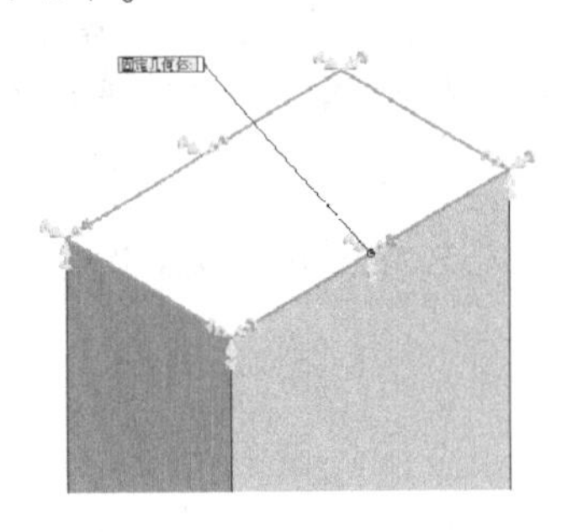

图 2-33　边线约束

图 2-34　固定边线处的应力集中

步骤 5　保存并关闭该文件

2.6　理解边界条件的影响

为了将模型固定在空间的某个位置并求解该数学问题，就必须使用边界条件。在现实生活中，零件都是相互连接在一起的，并附着在一个主要结构上或固定在地面上。

我们可以采用边界条件的方法来显著简化求解模型。为了说明问题，假定 L 形支架是装配体一个大型结构件的一部分，如图 2-35 所示。

在使用 SOLIDWORKS Simulation 进行分析之前，必须决定是对装配体的整个上半部分都采用图 2-36 所示的边界条件，还是只针对整个支架，或只针对支架的一部分（即第 2 章中使用的模型）。

用户要根据分析的目标确定要包括在分析中的零件或部件。选择的模型越大，则分析越接近真实情况。但同时，有限元模型的尺寸也会增大，从而导致求解时间更长。边界条件用于模拟一个特定的零件或子装配体如何固定到地面或如何与另一个主要结构件连接，并可帮助用户从实质上减小问题的大小。问题减小也是有一定风险的，例如，应用边界条件区域的应力结果可能是奇异的，用户必须忽略这样的结果。

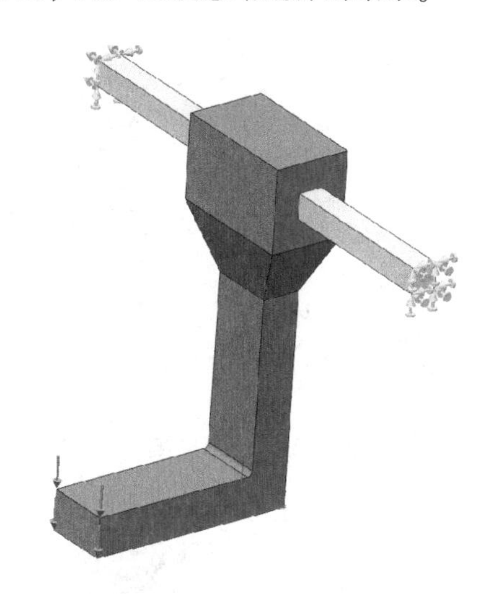

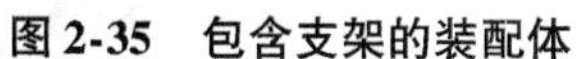

图2-35　包含支架的装配体

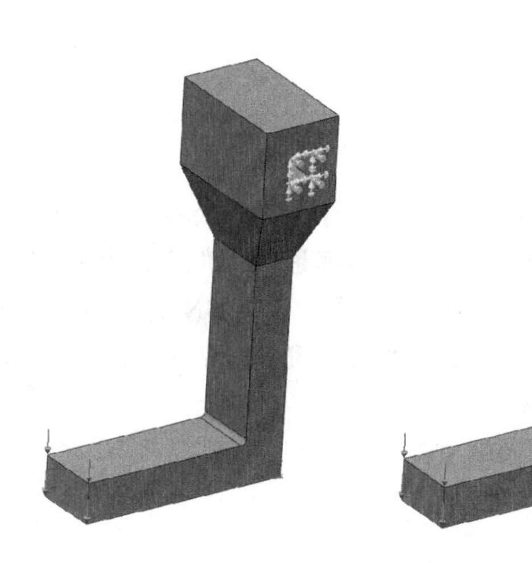

图2-36　支架模型

用户还需要理解边界条件对分析结果的影响。在上面列出的三个例子中，结果都是可比较的，但不完全相同。因此，边界条件的选择和位置必须合理，这样对模型其他部分和结果的影响才会最小。

用户可能会有这样的疑问：哪一个算例是正确的？

从第二个到最后一个算例，在模型中添加了圆角和固定面，并应用了网格控制，给出了最精确的结果，并且模型的大小也是可以接受的。那么存在应力集中的其他算例呢？

这些结果是基于错误的数学模型得到的。讨论前三个算例中的结果哪个最精确，或哪一个“更优”是毫无意义的。如果考察拐角边界或固定边界的应力情况，会发现所有带尖角的模型的应力情况都很糟糕。

因此，如果对尖锐的边角或临近区域(或壳单元模型的夹角)的应力感兴趣，必须设置圆角，哪怕圆角的尺寸很小。必须认识到应力奇异的现象是不真实的。如果用户对应力奇异的部位不感兴趣的话，整个模型的分析结果还是可行的。

2.7　总结

本章说明了模型的错误如何导致有限元解的错误。使用局部网格控制(而非第1章中的整体网格控制)，获得了不同网格划分下的解，并揭示了在尖角处的应力奇异性。

本章进一步讨论了建模和离散化误差，以及网格划分技术，同时也说明了SOLIDWORKS和Simulation Study树作为一个整体相互之间的关系。

2.8　提问

- 如果压缩小特征可以导致局部区域的错误的应力结果，为什么分析中常常还要去除圆角和小圆面？这样做是否意味着对整体模型而言应力结果是错误的？
- 位移会由于压缩小特征(圆角、圆边)而受到影响吗？如同应力一样？为什么？

练习 2-1　C 形支架

在本练习中，将采用两个不同的配置对一个支架进行分析，以判断内部圆角的影响。

本练习将应用以下技术：

- 网格控制。
- 结果对比。
- 应力奇异性。
- 压缩配置。

1. 项目描述　如图 2-37 所示，安装在天花板上的支架支撑着其底部边缘上的招牌。该招牌是用类似电缆线的平带安装在支架上的。根据招牌和平带的质量，有 900N 的力施加其上。本练习将根据这一载荷计算支架的位移和应力，并同时考虑支架模型有无圆角过渡对结果的影响。

图 2-37　C 形支架(练习 2-1)

2. 不带圆角的支架分析

操作步骤

扫码看视频

步骤 1　打开零件　打开文件夹“Lesson02\Exercises\C-bracket”中的零件“bracket”。

步骤 2　激活指定配置　在 SOLIDWORKS ConfigurationManager 中激活配置“No Fillet”，如图 2-38 所示。用户会发现圆的内边界变成了尖锐的凹角。激活该配置后，所有的内部圆角将被压缩而不参与分析，如图 2-39 所示。

步骤 3　定义静应力分析算例　创建名为“no fillet1”的【静应力分析】算例。

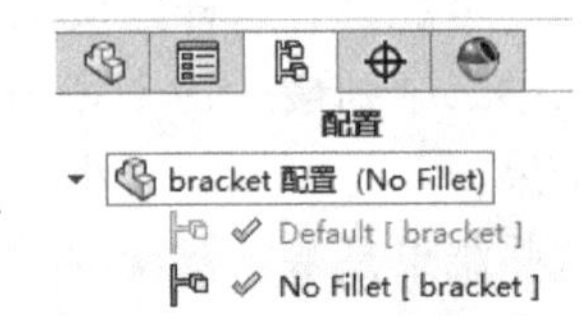

图 2-38　激活指定配置

步骤 4　施加材料属性　从 SOLIDWORKS material 库中选择材料【合金钢】施加于模型上。

步骤 5　添加约束　对支架外部顶面施加【固定几何体】的约束，如图 2-40 所示。这里假定螺钉上的压力足够大以保证不会发生滑动或转动。

步骤 6　施加载荷　在底部边缘的顶面施加 900N 的垂直作用力，如图 2-41 所示。力的大小根据招牌的重力而定。

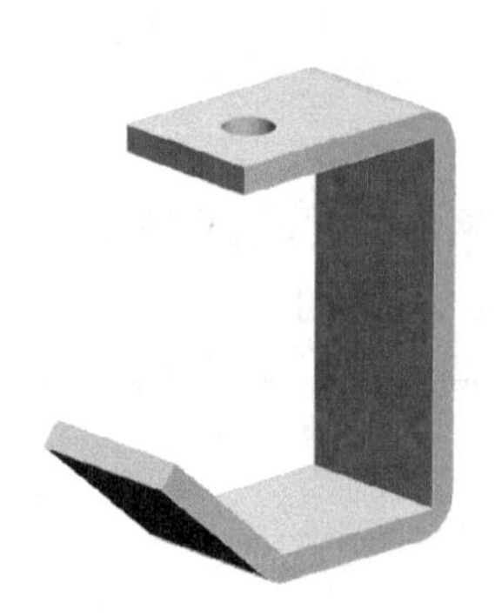

图 2-39　无圆角配置

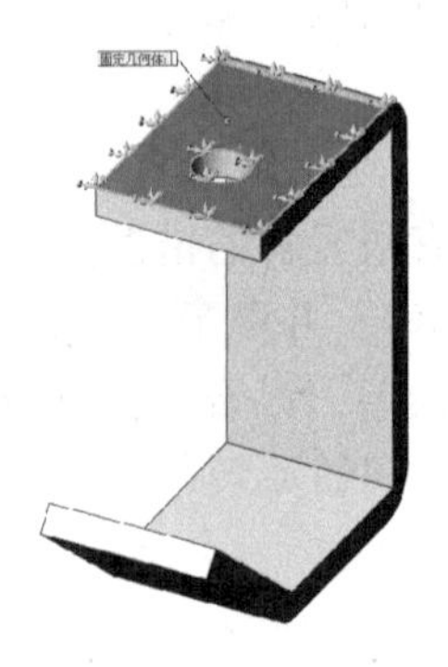

图 2-40　添加约束

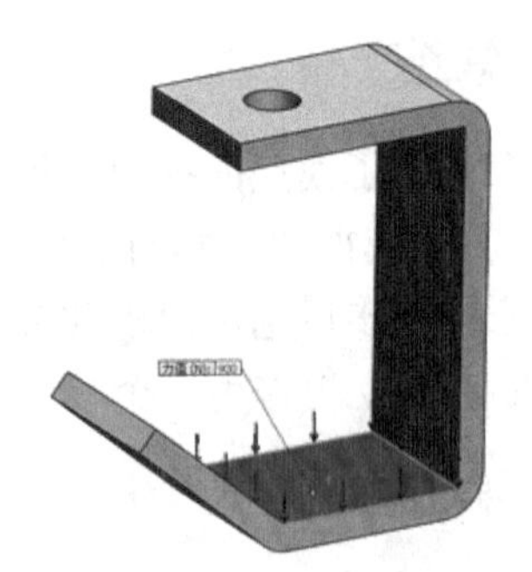

图 2-41　施加载荷

步骤 7　划分网格　在【网格参数】下选择【基于曲率的网格】。划分模型网格，网格单元大小为默认值。使用高品质单元。

步骤 8　运行分析

步骤 9　图解显示应力结果　支架最大 von Mises 应力为 132MPa，未到达屈服极限，但是在尖角处具有很高的应力集中，如图 2-42 所示。

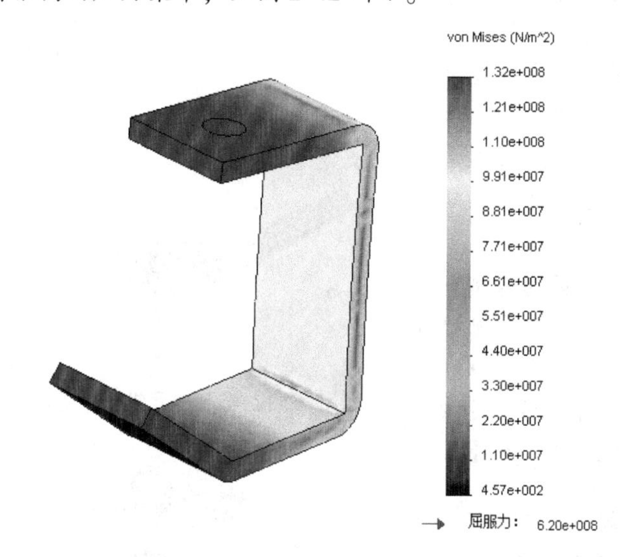

图 2-42　应力结果显示

步骤 10　图解显示位移结果　最大位移值为 1.25mm，如图 2-43 所示。

步骤 11　创建一个新的算例　复制当前算例，并将新算例命名为“no fillet2”。

步骤 12　应用网格控制　在支架内部面的三个边界上应用网格控制，使用默认的网格控制尺寸，如图 2-44 所示。

步骤 13　划分网格　用默认的网格单元大小划分网格模型。在支架内部边界处创建精细网格划分，支架的其他位置均为粗糙网格划分。

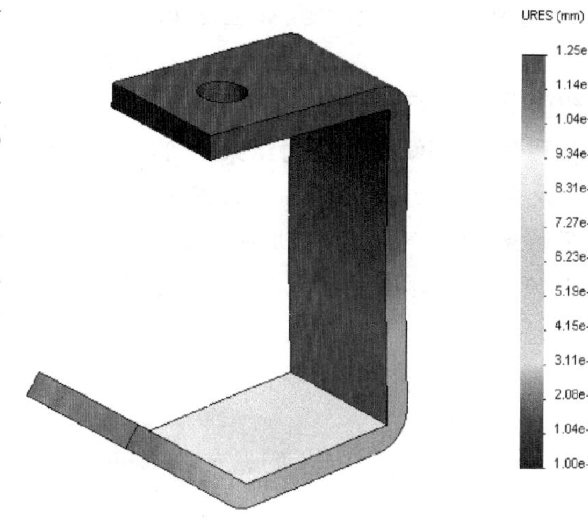

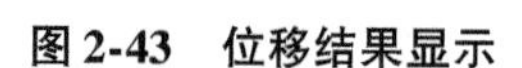

图 2-43　位移结果显示

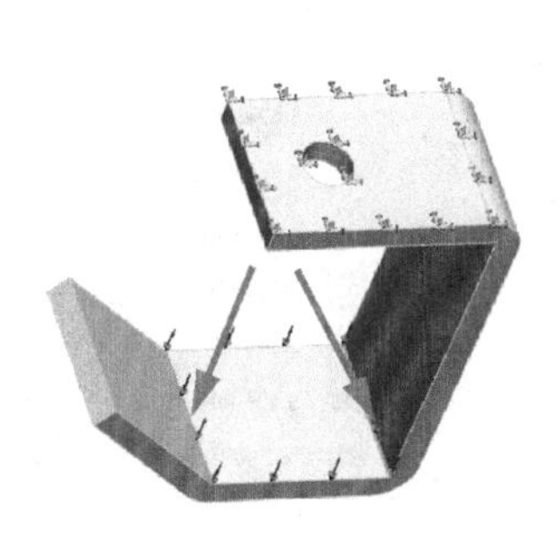

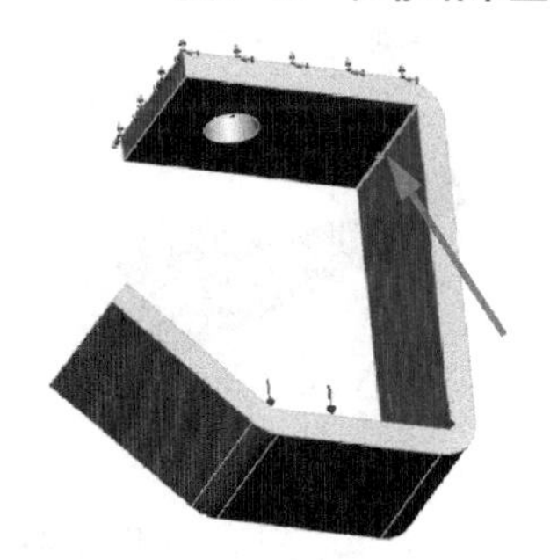

图 2-44　应用网格控制

步骤 14　运行分析

步骤 15　图解显示应力结果　现在可发现最大 von Mises 应力为 162MPa，比前面无网格控制算例得到的 von Mises 应力值要略微高一些，如图 2-45 所示。这显示了发散的应力效果，并证实了拐角处的应力的确需要重点关注。进一步细化网格则会延续这一趋势。

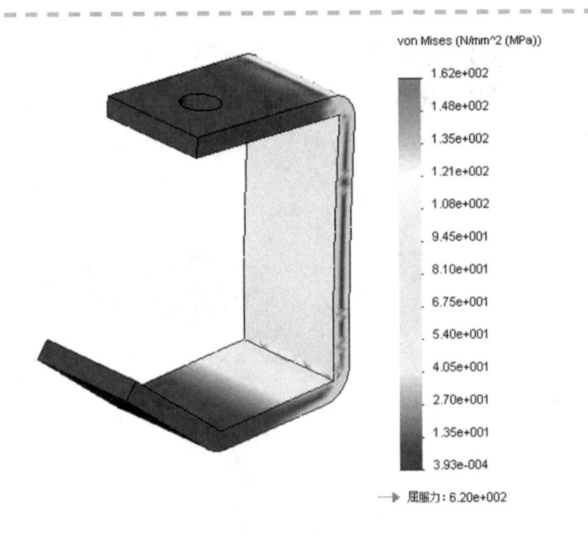

图 2-45　单元细化后的应力结果显示

步骤 16　创建一个新的算例　复制算例“no fillet1”，新建算例“no fillet3”。

步骤 17　应用网格控制　对相同的三条边线应用网格控制。将【单元尺寸】改为“0. 889mm”。

步骤 18　划分网格　用默认的网格单元大小划分网格模型。在支架内部边界处创建精细网格划分，支架的其他位置均为粗糙网格划分，如图 2-46 所示。

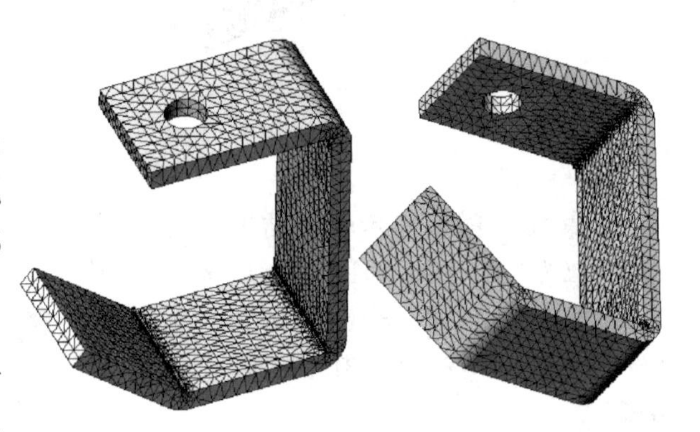

图 2-46　划分网格

步骤 19　运行分析

步骤 20　图解显示应力结果　可以再一次发现最大 von Mises 应力值比前面算例的粗糙网格控制明显要高，如图 2-47 所示。尽管精细划分了网格，但应力结果并不收敛。这是因为有尖角的缘故。

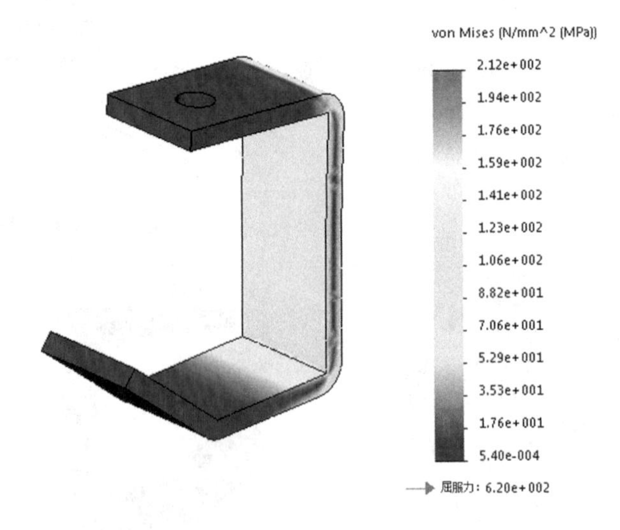

图 2-47　应力结果

3. 带圆角的支架分析　现在对带圆角的模型进行分析并查看其结果。

操作步骤

扫码看视频

步骤 1　切换配置　在 SOLIDWORKS ConfigurationManager 中激活带圆角的配置“Default”，如图 2-48 所示。

步骤 2　创建一个新的算例　复制算例“no fillet1”，新建算例“fillet”。

步骤 3　划分网格　用默认的网格单元大小划分网格模型，如图 2-49 所示。

图 2-48　带圆角的配置

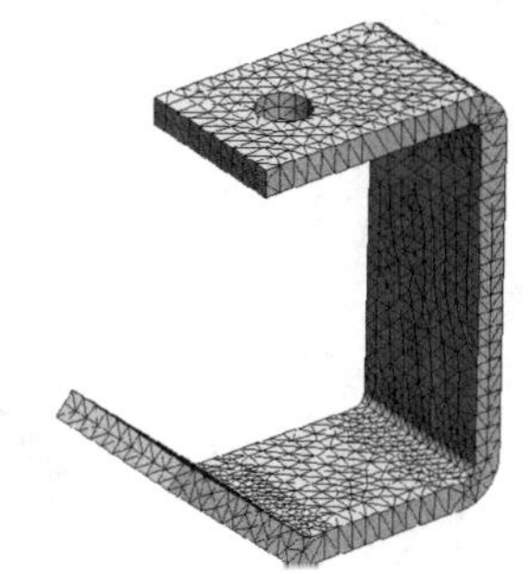

图 2-49　划分网格

步骤 4　运行分析

步骤 5　图解显示应力结果　带圆角模型的应力结果显示最大 von Mises 应力约为 127MPa，如图 2-50 所示。因为当前模型没有尖角存在，所以这个值接近于真实应力值。进一步细化网格将改善应力结果和消除点状应力分布。

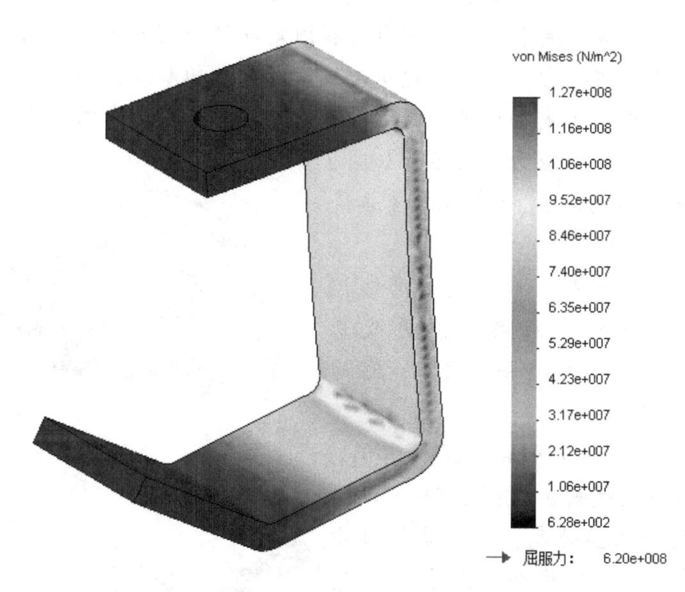

图 2-50　应力结果显示

4. 带圆角和固定孔的支架分析　在最后一个算例中，将更改零件约束的方式，即对孔的圆柱壁面加载固定约束，而不是约束整个模型的顶面。

操作步骤

扫码看视频

步骤 1　创建一个新算例　复制算例“fillet”,新建算例“fillet fixed hole”。

步骤 2　对孔施加固定几何体约束　编辑“fixture-1”并移除对顶面的选取，选择圆孔的内圆柱面，如图 2-51 所示。

步骤 3　对圆孔的内圆柱面应用网格控制　对圆孔的内圆柱面应用网格控制，【单元大小】设定为“0.508mm”，如图 2-52 所示。

步骤 4　对圆角应用网格控制　对模型中的三个圆角应用网格控制，【单元大小】设定为“1.9mm”，如图 2-53 所示。

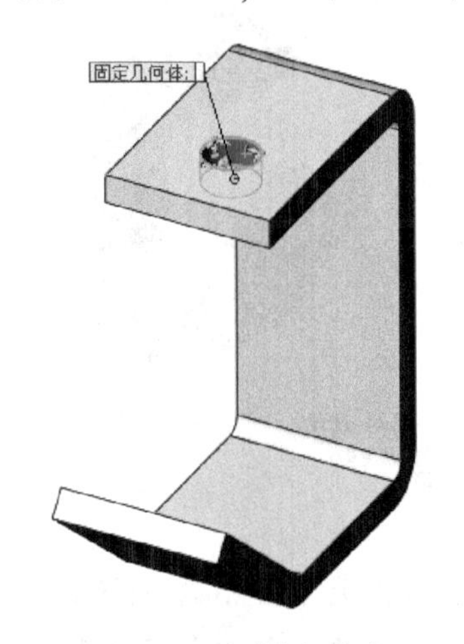

图 2-51　对孔施加约束

单元大小 (mm): 0.508
比率: 1.5

图 2-52　圆孔网格控制

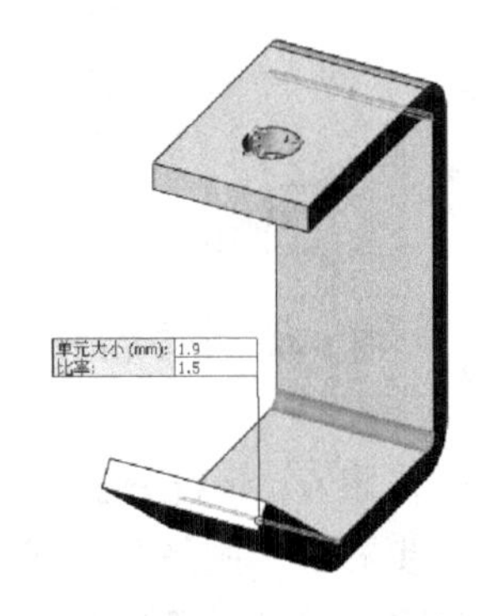

图 2-53　圆角网格控制

步骤 5　运行分析　划分网格并求解该算例。

步骤 6　图解显示应力结果　对于带圆角和固定孔的模型而言，应力结果表明在孔边界附近存在应力集中。这是由于孔边界的支撑被假定为理想刚度，而导致这些区域出现应力奇异。这与第 2 章中 L 形支架固定边附近的奇异性相似，可以忽略。更改图表的比例以获得更加理想的图解结果。应力结果显示如图 2-54 所示。

可看出圆角面的应力从前面算例中计算得到的 127MPa 上升到 148MPa。

步骤 7　修改网格控制　修改两个网格控制中的单元大小。将孔的网格控制更改为 0.1mm，将所有圆角面的网格控制更改为 1.1mm，如图 2-55 所示。

步骤 8　运行分析　划分网格并求解该算例。

步骤 9　查看应力图解　从图 2-56 可以看出，支撑附近的应力明显升高，而且是模型中的最大应力。从前文可知，这个应力并不真实，而且随着减小单元尺寸的大小，应力值还会增加。

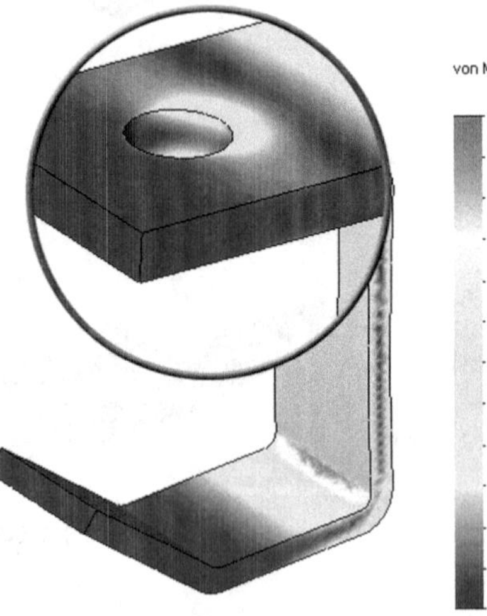

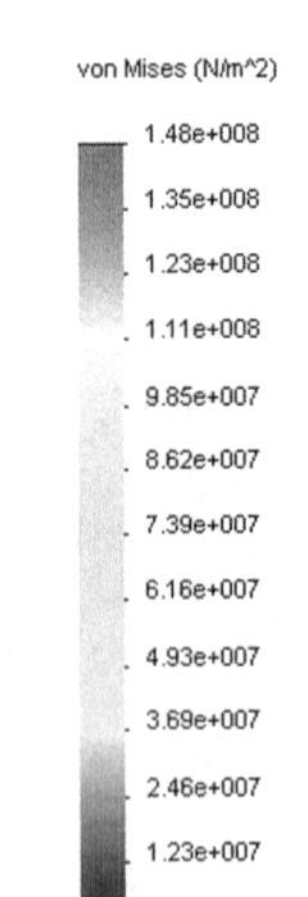

图 2-54　应力结果显示

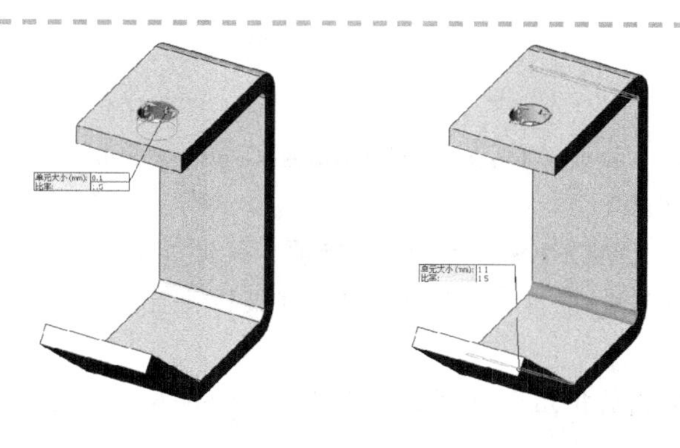

图 2-55　修改网格控制

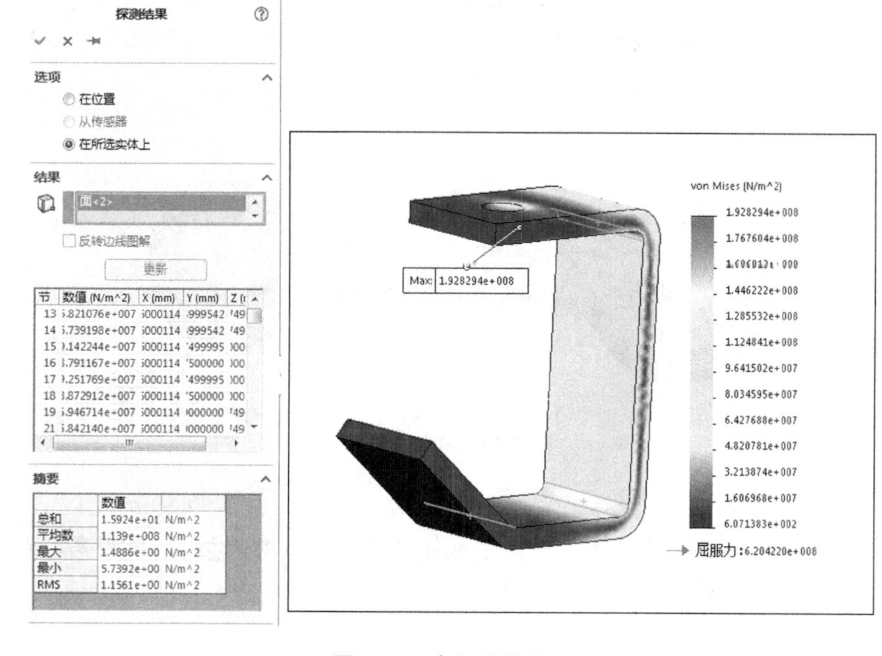

图 2-56　应力结果显示

查询所选部位的应力，可以看出圆角面上的最高应力为 148.9MPa，稍高于前面算例计算得到的 148MPa。这个应力结果比较真实且接近一个有限值（称为收敛）。

步骤 10　保存并关闭零件

练习 2-2　骨形扳手

分析在常规工作载荷下的骨形扳手（bone wrench）的应力及变形，并生成 HTML 格式的报告。

本练习将应用以下技术：

- 图解设定。
- 结果总结。
- 生成报告。

如图 2-57 所示，扳手的一侧固定，模拟与螺母的紧密接触。另一侧受到操作工水平方向 150N 的力，以拧紧（松开）螺母。

图 2-57　骨形扳手模型（练习 2-2）

操作步骤

步骤 1　打开零件　打开“Lesson02\Exercises\Bone Wrench”中的零件“BoneWrench. SLDPRT”。

步骤 2　设定 SOLIDWORKS Simulation 选项　设定【单位系统】为【公制（I）（MKS）】，【长度/位移（L）】单位为【毫米】，【压力/应力（P）】单位为【N/mm²（MPa）】。

步骤 3　定义静应力分析算例　创建一个名为“bone wrench analysis”的静应力分析算例。

步骤 4　应用材料属性　从 SOLIDWORKS materials 库中为零件指定材料【合金钢】。

步骤 5　添加约束　扳手和螺母之间的紧密接触可以通过施加【固定几何体】的约束来模拟（需要选取八个面），如图 2-58 所示。

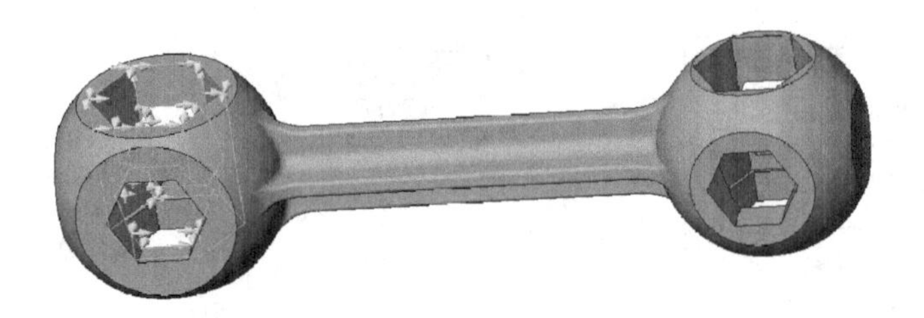

图 2-58　添加约束

步骤 6　施加载荷　添加操作工施加的 150N 法向力，如图 2-59 所示。

步骤 7　划分网格　在【网格参数】下选择【基于曲率的网格】。使用高品质单元划分模型网格。使用默认的设置，结果如图 2-60 所示。

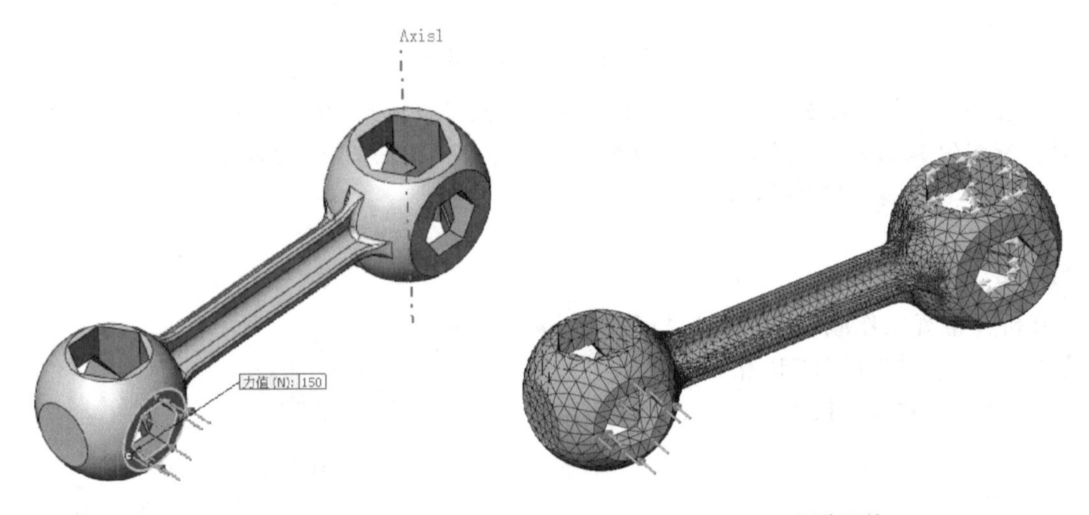

图 2-59　施加载荷　　　　图 2-60　划分网格

步骤 8　运行分析

步骤9 图解显示应力结果 观察到模型的 von Mises 应力为 244MPa，明显小于材料的屈服强度 620MPa。

步骤10 图解显示合位移 位移的绝对值非常小，最大值为 0.3mm，如图 2-61 所示。

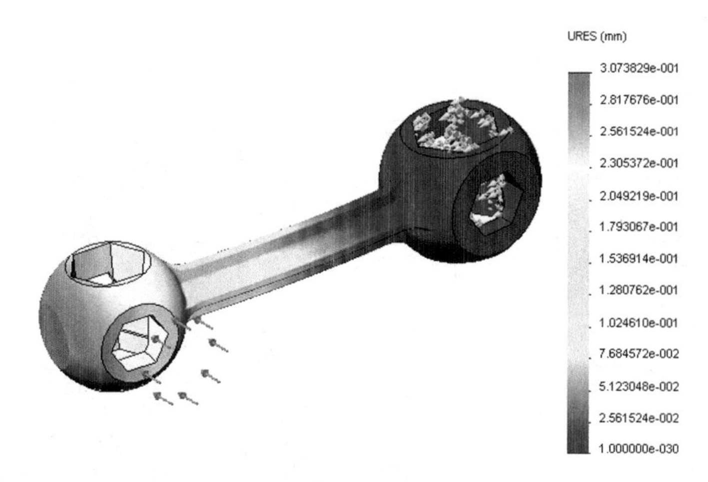

图 2-61 位移结果显示

> 提示 下一个任务是获取反作用力矩，这需要定义一个局部圆柱坐标系。这将在第 4 章中进行解释。

步骤11 列出合力 右键单击【结果】并选择【列出合力】，在【基准面、基准轴或坐标系】中选择“Axis1”。SOLIDWORKS Simulation 将切换到由“Axis1”定义的圆柱坐标系。选择模型中约束的所有面（总共八个面），单击【更新】。在【反作用力】中，可以看到【总和 Y】为 1 411.9N。

> 提示 这个力可能为正，也可能为负。这取决于扳手哪一侧加载了作用力。

图 2-62 所示为第二圆柱坐标（圆周）方向反作用力的数值。要得到反作用力矩的值，只需要以该数值乘以半径即可。

步骤12 计算力矩 由于开口不是圆形，将测量外部和内部的直径，并以平均值作为近似的开口直径，如图 2-63 所示。

$$平均直径 = \frac{17.321\text{mm} + 15\text{mm}}{2} = 16.16\text{mm}$$

因此，总的反力矩近似为

$$\frac{16.16\text{mm}}{2} \times 1\ 411.9\text{N} = 11\ 408.15\text{N} \cdot \text{mm}$$

要计算载荷力矩，可先测量一下载荷加载的中心与“Axis1”之间的距离，如图 2-64 所示。

测量的距离为 75mm，因此载荷的力矩等于 75mm × 150N = 11 250N · mm，大致满足平衡条件。

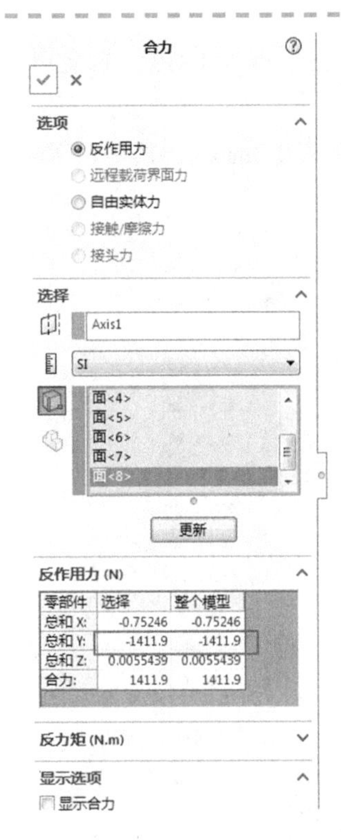

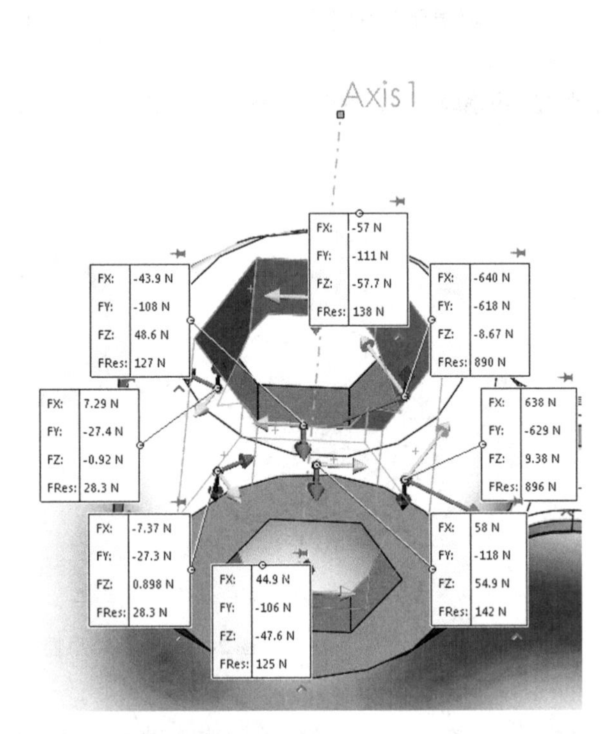

图 2-62　圆角方向的反作用力

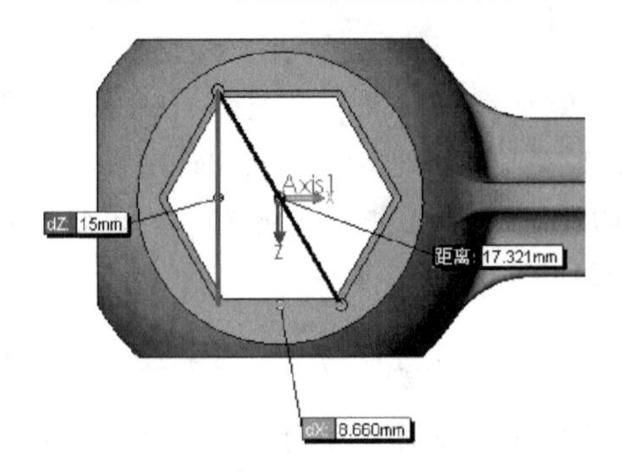

图 2-63　测量内部和外部直径

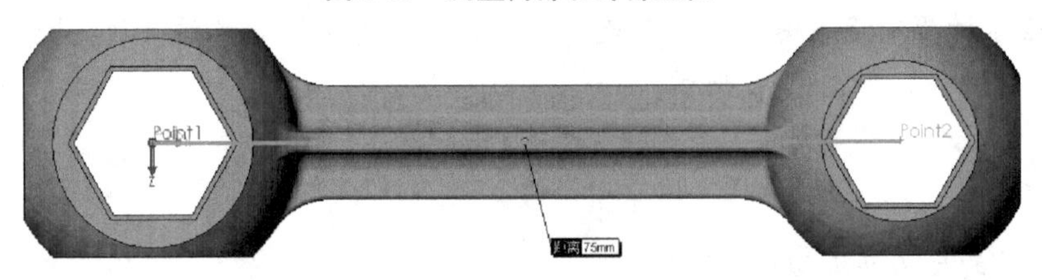

图 2-64　测量距离

提示　两个值的微小差别并不是由 SOLIDWORKS Simulation 的计算错误引起的。而是由近似计算的平均直径 16.16mm 导致的。

步骤 13　生成报告

步骤 14　保存并关闭零件

第 3 章　带接触的装配体分析

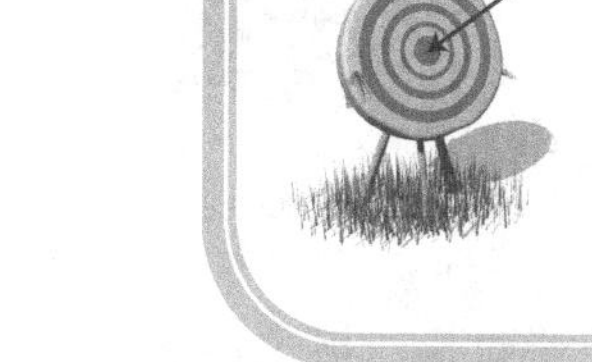

学习目标
- 了解全局接触条件如何影响模型
- 了解何时使用无穿透接触以及何时使用接合接触
- 应用局部接触条件以覆盖全局接触条件
- 探索测量接触力时如何获得准确的结果

3.1　接触缝隙分析

当分析一个装配体时，用户必须理解零部件之间是如何接触的，这样才能保证建立的数学模型能够正确计算接触时的应力和变形。

用户必须考虑到不同的设计情形。例如，零件是否能分开或相互发生穿透，相接触表面之间能否发生相互滑移等。

3.2　实例分析：虎钳

本章将分析一个简单的工具，它包括四个部分：两个相同的钳臂（arm）、一个销钉（pin）和一块被虎钳夹住的平板（flat），如图 3-1 所示。

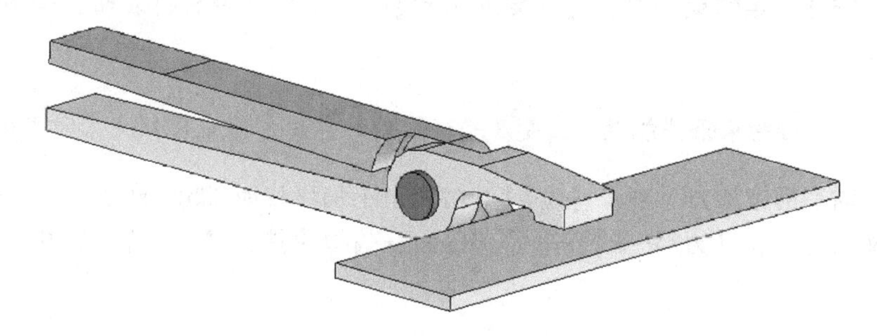

图 3-1　虎钳模型

我们既不对钳臂与销钉之间的接触应力感兴趣，也不对钳臂与平板之间的接触应力感兴趣。因此，可以通过合适的约束条件取代平板，以达到简化模型的目的，如图 3-2 所示。

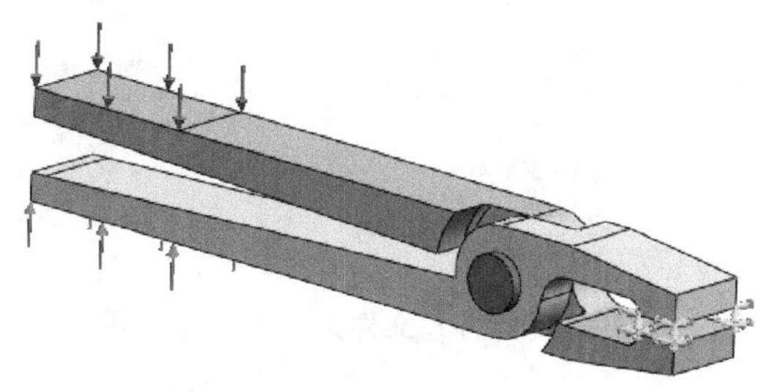

图 3-2　简化模型

本实例要计算当一个 225N 的“挤压”力作用在钳臂的末端时，钳臂上的应力分布。设计强度设定为 138MPa，大约为材料屈服强度的 63%。

本实例分析的关键步骤如下：

1）分析设置。为装配体中的多个零件赋予材料，并使用夹具来代替未明确建模的零件。

2）应用零部件接触条件。零部件的接触条件决定了在没有局部接触定义的情况下，接触或紧密接近的零件或子装配体如何相互作用。后文将在两个不同的算例中分析这两种接触条件。

3）应用局部接触条件。局部接触条件会取代零部件接触条件和全局接触条件。

4）接触应力。可以通过接触应力命令确定两个零部件之间的力。

3.3 使用全局接触的虎钳分析

操作步骤

扫码看视频

步骤 1 打开装配件 从文件夹“Lesson03\Case Studies\Pliers”中打开文件“pliers. SLDASM”。

步骤 2 压缩“flat”零件 在 FeatureManager 设计树中压缩零件“flat”。

> **注意** 如果在创建分析之前已经在设计树中压缩了零件或子装配体，则这些零部件将不会出现在算例中。

步骤 3 设置单位 单击【选项】。在【单位系统】中选择【公制（I）（MKS）】，【长度/位移（L）】单位选择【毫米】，【压力/应力（P）】单位选择【N / mm^2】。单击【确定】。

步骤 4 创建算例 创建名为“pliers”的静应力分析算例。

步骤 5 检查 Simulation Study 树 因为作为分析对象的装配体由三个零件组成，所以会自动生成一个包含三个零件的【零件】文件夹，如图 3-3 所示。

步骤 6 为零件指定材料 单击【应用材料】，选择【普通碳钢】，单击【应用】及【关闭】。

步骤 7 施加固定约束 单击【固定几何体】，选择虎钳的内表面，如图 3-4 所示。单击【确定】✔。

> **提示** 该约束条件能模拟出受压平板零件的作用。假定虎钳夹紧时平板无滑移。

步骤 8 对手柄施加力 单击【力】，对两个手柄均施加 225N 的力，注意外侧的分割面有助于定义载荷，在【力/扭矩】PropertyManager 窗口中选择【法向】，如图 3-5 所示。

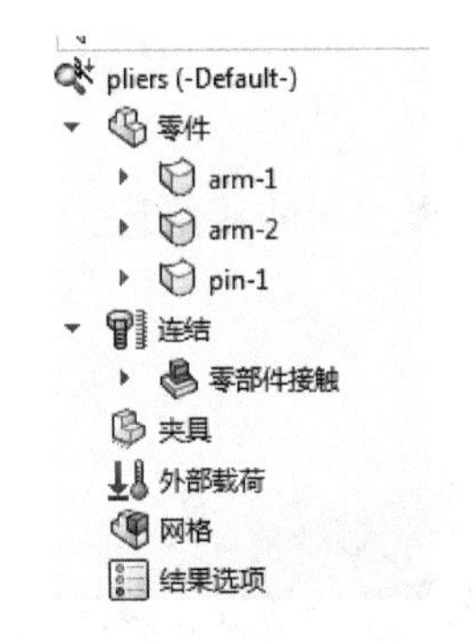

图 3-3 【零件】文件夹

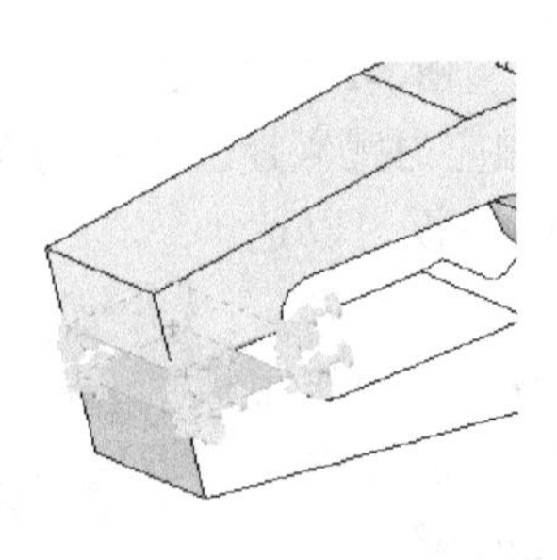

图 3-4 施加固定约束

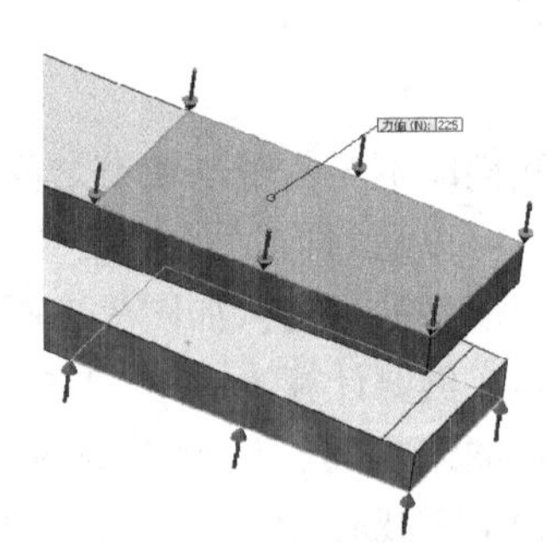

图 3-5 施加力

3.3.1　零部件接触

当创建一个装配体的算例时，在 Simulation Study 树中都会出现一个新的名为【连结】的文件夹，如图 3-6 所示。在这个文件夹下，将指定装配体中的零部件之间是如何连接在一起的。

这里已经定义好了夹具和外部载荷，但是暂时还不对装配体划分网格。首先必须考虑两个手柄之间的接触。这将通过【零部件接触】来完成。

【零部件接触】选项用于定义零部件之间相互连接的方式。也可以覆盖零部件接触条件，而为所选的一对接触面或一对零件定义不同的局部接触条件。局部接触选项将在本章后面讨论。

【零部件接触】可选的选项有【接合】、【允许贯通】和【无穿透】，它们在图 3-7 和表 3-1 中有所解释。

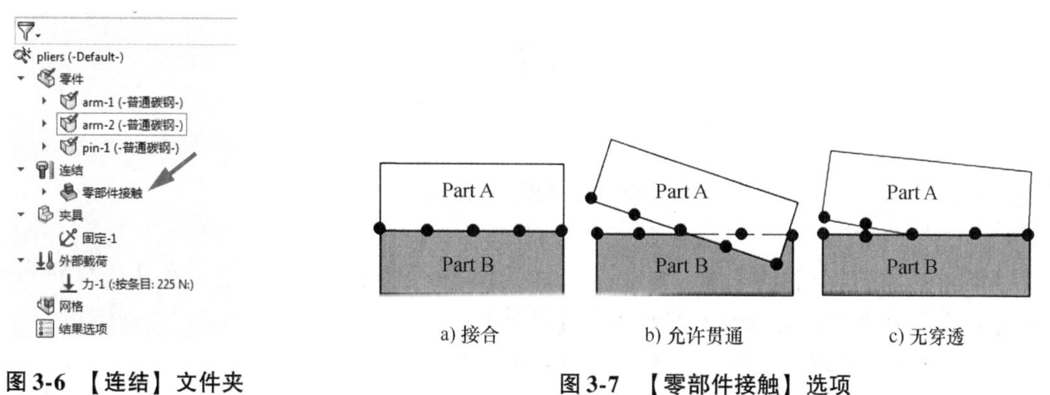

图 3-6　【连结】文件夹

图 3-7　【零部件接触】选项

表 3-1　零部件接触的类型

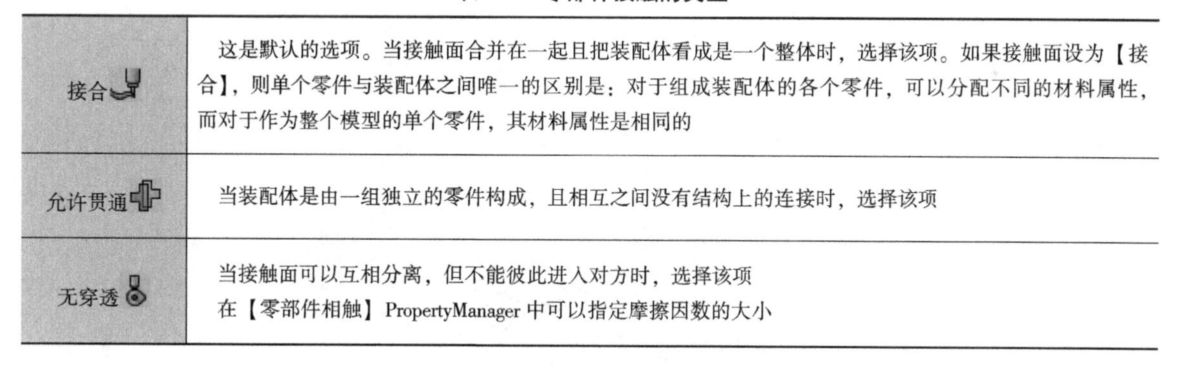

接合	这是默认的选项。当接触面合并在一起且把装配体看成是一个整体时，选择该项。如果接触面设为【接合】，则单个零件与装配体之间唯一的区别是：对于组成装配体的各个零件，可以分配不同的材料属性，而对于作为整个模型的单个零件，其材料属性是相同的
允许贯通	当装配体是由一组独立的零件构成，且相互之间没有结构上的连接时，选择该项
无穿透	当接触面可以互相分离，但不能彼此进入对方时，选择该项 在【零部件相触】PropertyManager 中可以指定摩擦因数的大小

知识卡片	零部件接触	● CommandManager：【Simulation】/【连接顾问】/【零部件接触】。 ● 菜单：【Simulation】/【接触/缝隙】/【为零部件定义相触】。 ● 快捷菜单：右键单击【连结】并选择【零部件接触】。

（1）零部件接触的默认设置　零部件接触的默认设置是顶层装配体所有接触面之间为接合接触。

编辑默认【零部件接触】下的【全局接触】，可以看到应用的对象是整个顶层的装配体，如图 3-8 所示。

（2）零部件接触的层级与冲突　可以删除并重新定义顶层装配体的接触条件，但是多个顶层零部件的接触条件可能会产生冲突，这是不允许的。

必须保证所有零件和子装配体之间新增零部件的接触没有冲突，它们将覆盖顶层装配体的零部件接触。如果检测到有冲突，将会显示一条警告消息。

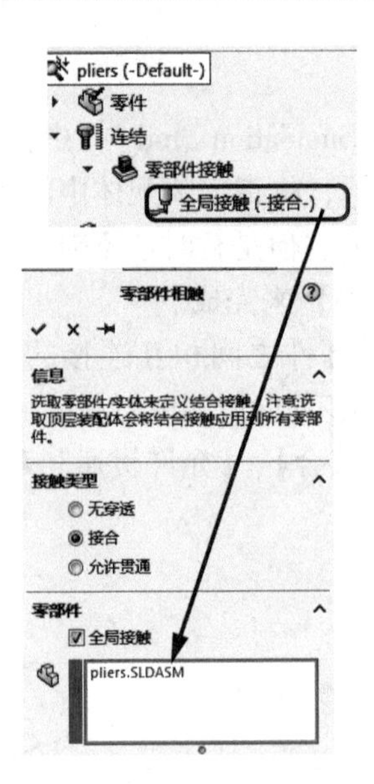

图 3-8　零部件接触的默认设置

步骤 9　检查存在的干涉　单击【工具】/【评估】/【干涉检查】。在【选项】中勾选【视重合为干涉】复选框，然后单击【计算】。

可以观察到装配体中的三对表面互相接触，如图 3-9 所示。

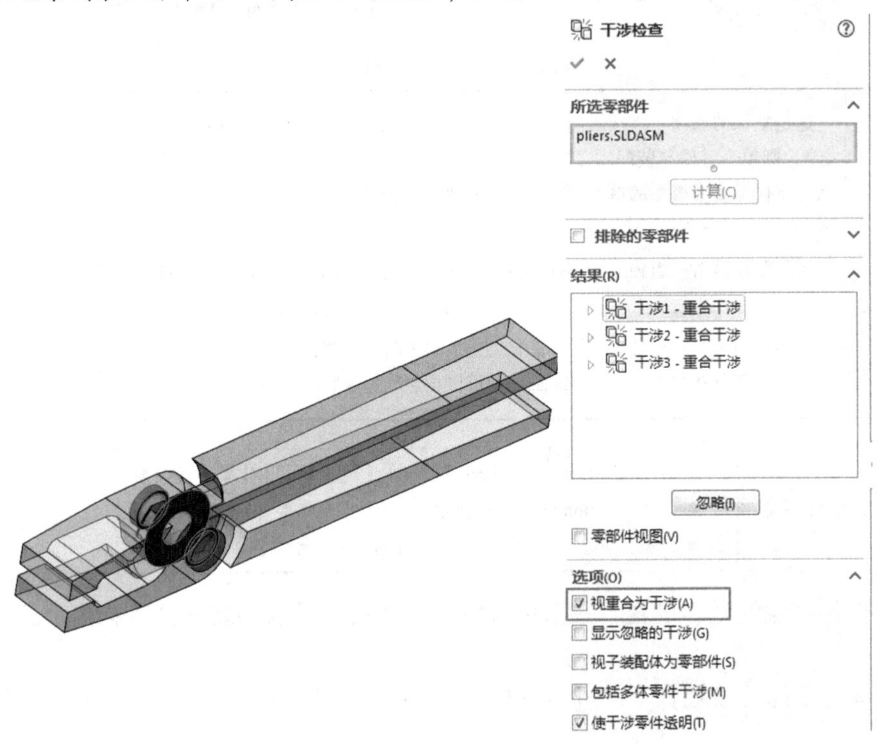

图 3-9　接触检查

提示 

在这个装配体的零件中，可以忽略销钉和钳臂之间的加工间隙。这也解释了为何能够检测到它们之间的柱面接触。

步骤10　设定零部件接触选项　为了允许模型因加载而产生变形时钳臂有相对的移动，应该设定默认的零部件接触的【接触类型】为【无穿透】。

展开【连结】文件夹，编辑【零部件接触】项目，然后选择【无穿透】，单击【确定】✓，如图3-10所示。

步骤11　应用草稿品质网格　右键单击【零件】，选择【将草图品质网格应用于全部】。这将迫使所有几何体都应用一阶单元。

步骤12　划分网格　单击【生成网格】。在【网格参数】下选择【基于曲率的网络】。这将生成【最大单元大小】为“4.912mm”，【最小单元大小】为“0.982mm”，【圆中最小单元数】为“8”，【单元大小增长比率】为“1.6”的网格，如图3-11所示。

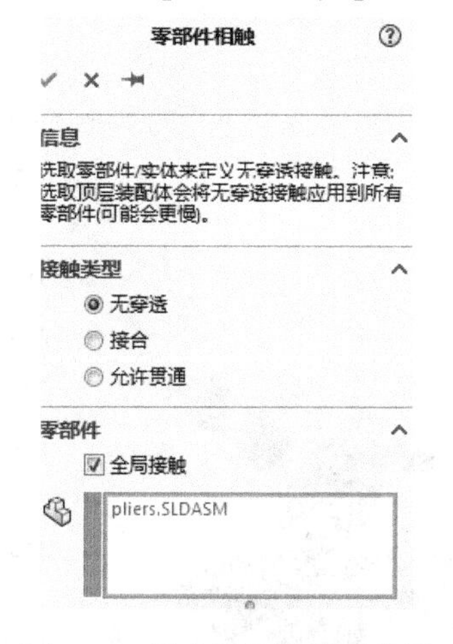

图3-10　设定零部件接触类型

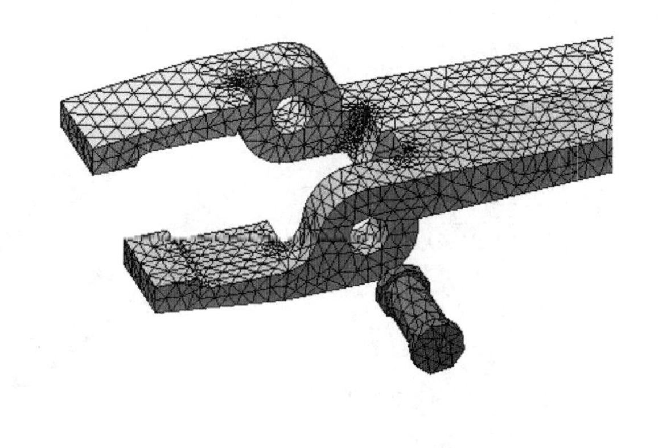

图3-11　划分网格

划分网格必须在完成接触条件的定义后进行。

步骤13　切换到爆炸视图

步骤14　运行分析　单击【运行】。

步骤15　图解显示von Mises应力　双击“应力1”，显示von Mises应力图解，如图3-12所示。

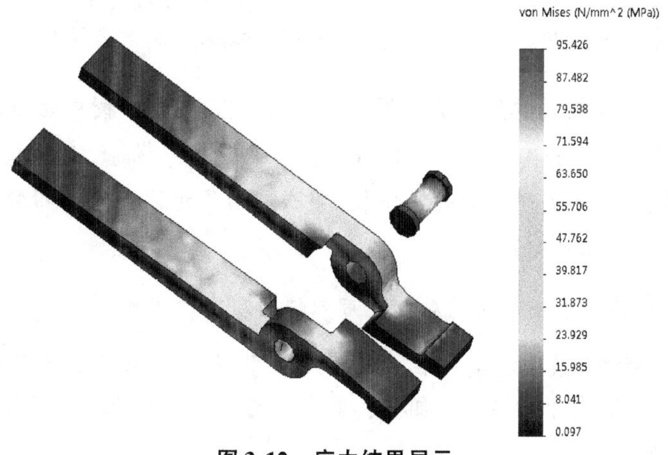

图3-12　应力结果显示

本算例希望了解模型是否有超过设计许用应力138MPa的von Mises应力存在。为了判断von Mises应力是否超过最大值，可以更改图解选项。

步骤16　更改图解　当图解显示出来后，右键单击“应力1”并选择【图表选项】。在【显示选项】下，取消勾选【自动定义最大值】和【自动定义最小值】复选框，输入最小应力为“0”，最大应力为“138”，然后单击【确定】✔，如图3-13所示。

切换到【设定】选项卡，然后选择【离散】作为【边缘选项】，再单击【确定】✔，结果如图3-14所示。

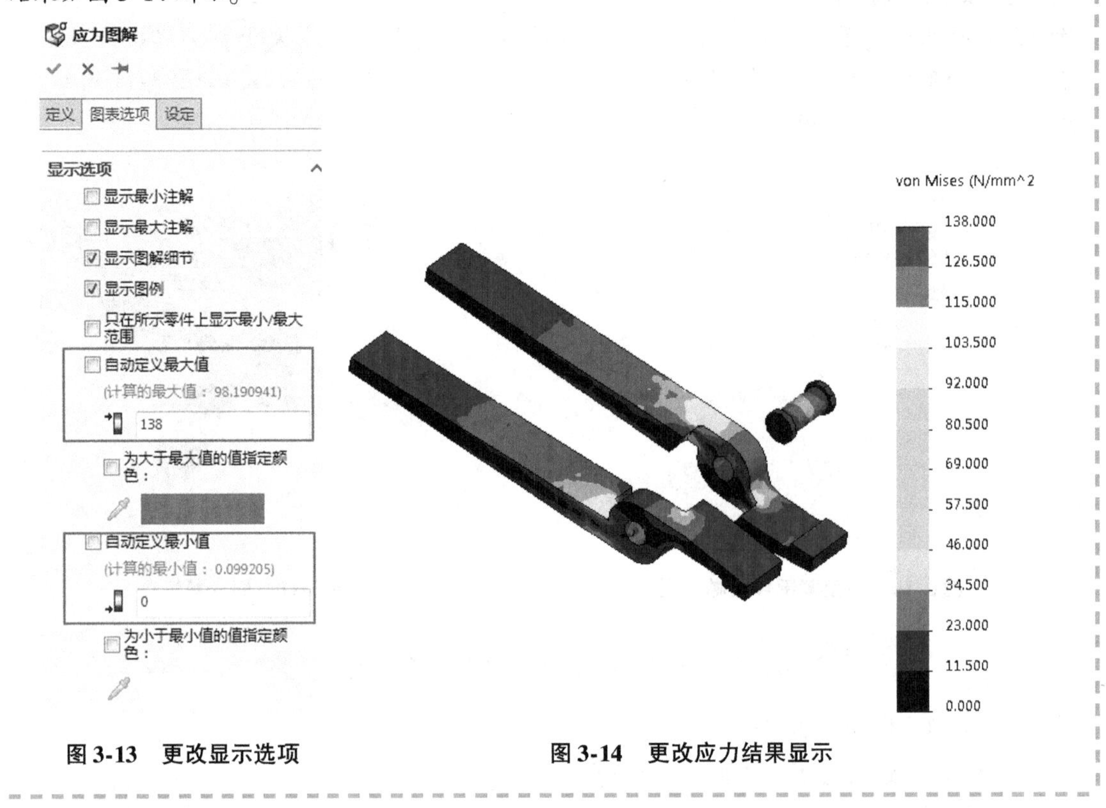

图3-13　更改显示选项　　　**图3-14　更改应力结果显示**

3.3.2　观察装配体结果

应力超过138MPa的区域用红色显示出来。注意爆炸图为浏览装配体的分析结果提供了方便，尤其当用常规视图显示被遮挡时。另外一种浏览装配体的结果图解的方法是隐藏某些零件。

步骤17　定义一个钳臂的应力分布图　在Simulation Study树中右键单击【结果】文件夹，然后选择【定义应力图解】。在【高级选项】中，勾选【仅显示选定实体上的图解】复选框。切换至【选择图解的实体】，单击图形显示区的一个钳臂。然后单击【确定】✔，如图3-15所示。

提示　在孤立了一条钳臂后，也可以使用现有的图解——“应力1”。

步骤18　设置最大/最小注解　在【图表选项】中，勾选【显示最大注解】及【显示最小注解】复选框。对于所显示的钳臂，最大应力和最小应力所在的位置和大小被标记出来，如图3-16所示。

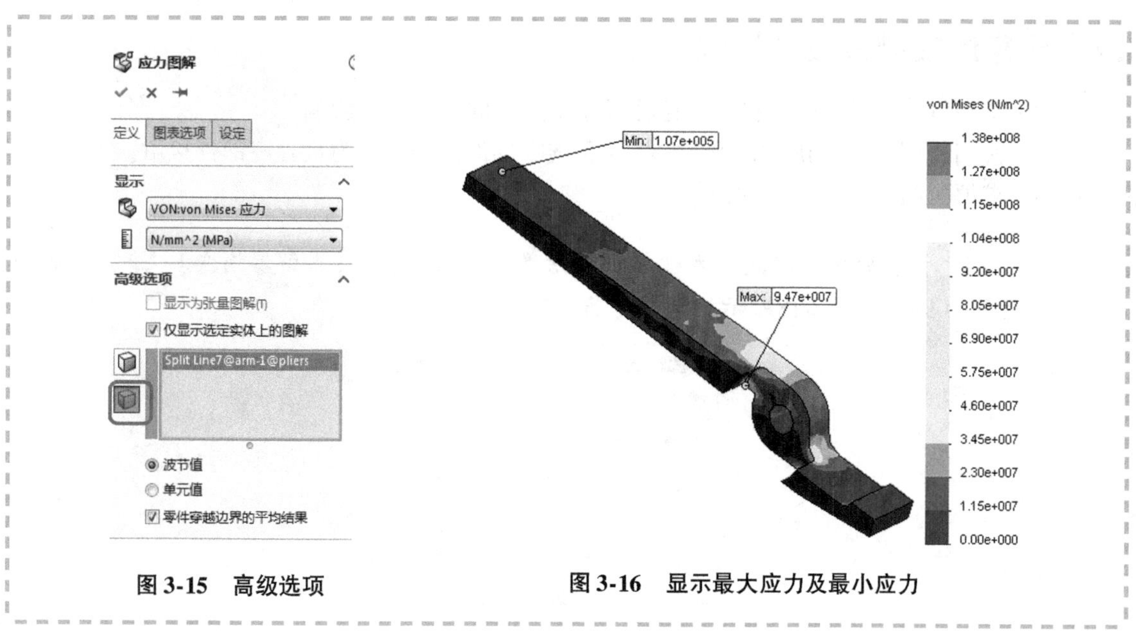

图 3-15　高级选项　　图 3-16　显示最大应力及最小应力

3.3.3　手柄接触

正常使用虎钳时，如在手柄上施加 225N 的力，产生的最大 von Mises 应力为 95MPa。仅凭双手施加这样大的载荷可能是困难的，但 95MPa 的应力对于虎钳所用的材料来说是可以接受的，该材料的屈服应力大约是 220MPa。

在评价设计为安全之前，需要对模型重新划分网格并查看是否存在应力集中。

当用虎钳挤压一块 5mm 厚的平板时，希望了解其最大应力，最大应力对应着当手柄末端接触时的情况。

步骤 19　爆炸显示装配体

步骤 20　创建 *UY*：*Y* 位移图解　为了了解使手柄末端合到一起所需要的力，需要创建一个关于 Y 方向位移分量的位移分布图。双击“位移 1”以激活该图解。右键单击“位移 1”并选择【编辑定义】。

选择显示【UY：Y 位移】图解，并选择【mm】为【单位】。在【变形形状】下选择【真实比例】。该选项设置的图解变形形状比例为 1:1。单击【确定】，结果如图 3-17 所示。

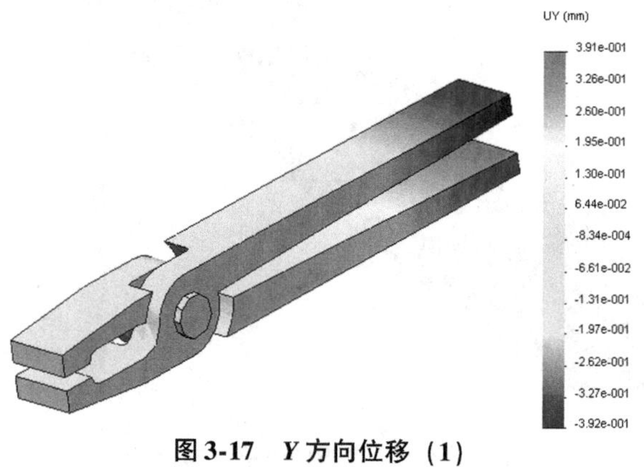

图 3-17　*Y* 方向位移（1）

3.4 无穿透接触或接合接触

可能很难理解无穿透零部件接触对位移或总求解时间等参数的影响。

因此，我们将创建一个新的算例，并将无穿透零部件接触替换为接合零部件接触。然后比较两个算例的求解时间和 Y 方向上的位移。

步骤 21 计算总求解时间 右键单击【结果】，然后选择【求解器消息】。注意总求解时间为 9s，如图 3-18 所示。单击【确定】。

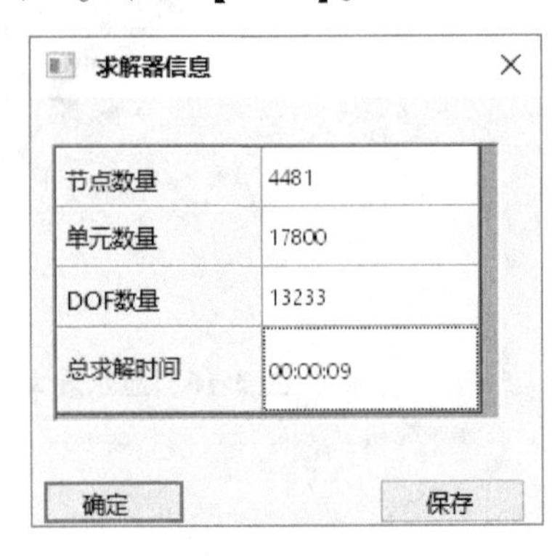

图 3-18 总求解时间

步骤 22 复制无穿透接触算例 复制无穿透接触算例，并将新算例命名为“pliers bonded”。

步骤 23 编辑全局接触 编辑全局零部件接触，从无穿透接触修改为接合接触。单击【确定】。

这时出现警告消息：“接触/间隙选项已更改，请重新划分网格以使适应这些更改”。单击【确定】。

步骤 24 运行分析 单击【运行】。

> 注意：在求解之前，模型将使用先前的网格设置重新划分网格。

步骤 25 图解显示 Y 方向位移（见图 3-19）。

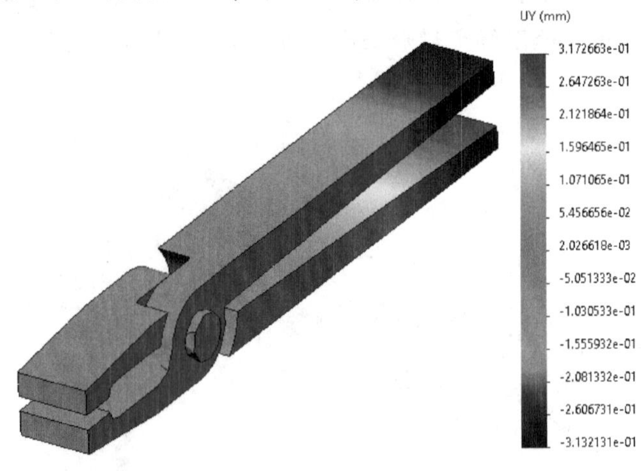

图 3-19 Y 方向位移（2）

注意　最大位移已减小到0.317mm，减少了26%。

步骤26　计算总求解时间　右键单击【结果】，然后选择【求解器消息】。注意总求解时间为1s。单击【确定】。

注意　总求解时间已从9s减少到1s。

该结果表明无穿透接触会导致求解时间增加。

3.5　使用局部接触的虎钳分析

现在，将加载一个足够大的力到虎钳上，以确保两个钳臂互相接触。这将通过局部接触来实现。

操作步骤

扫码看视频

步骤1　创建新的算例　复制算例“pliers”，命名新算例为“pliers contact”。

步骤2　编辑载荷力　编辑力的大小为4 500N。这个值是通过粗略的估算后得出的值，它能确保两个钳臂接触到一起。

3.5.1　局部接触

如同前面的算例，顶层零部件接触条件保持不变（无穿透）。因为外力远大于使两个钳臂接触到一起的力，所以需要指定一个局部接触条件来阻止它们之间产生相互穿透。无穿透的顶层零部件接触只应用到初始相互接触的面上。

该局部接触条件比零部件接触条件拥有更高的优先权。一般来说，接触条件的层级如图3-20所示。顶层零部件接触条件（只允许定义一次）受制于其他用户定义的零部件接触条件。所有零部件接触都受制于局部接触条件。

零部件接触条件可以通过右键单击【连结】并选择【相触面组】来进行定义，如图3-21所示。

知识卡片	相触面组	• CommandManager：【Simulation】/【连接顾问】/【相触面组】。 • 菜单：【Simulation】/【接触/缝隙】/【定义相触面组】。 • 快捷菜单：右键单击【连结】并选择【相触面组】。

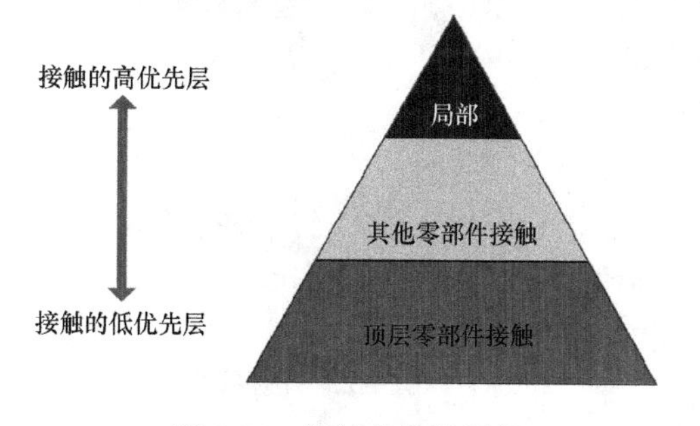

图3-20　接触条件的层级

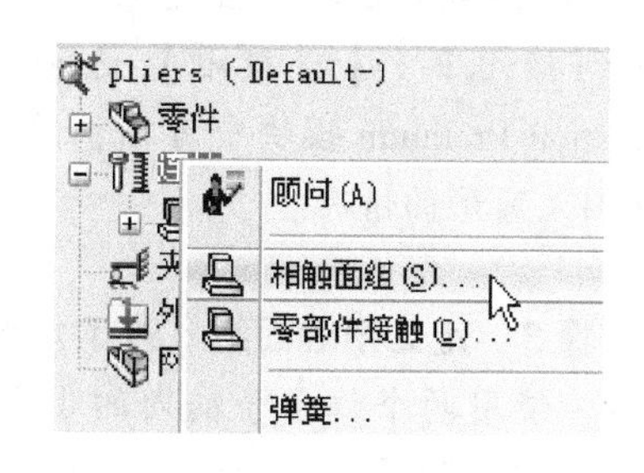

图3-21　相触面组

3.5.2 局部接触类型

除了【接合】、【无穿透】和【允许贯通】以外，局部接触特征还有【虚拟壁】和【冷缩配合】两个接触类型，如图 3-22所示。

局部接触类型见表 3-2。

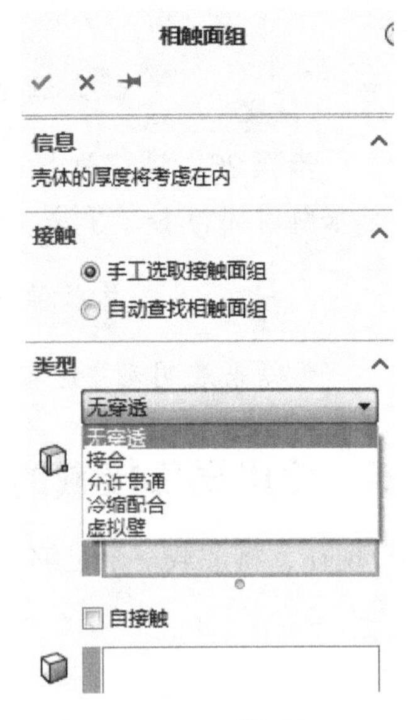

图 3-22 局部接触类型

表 3-2 局部接触类型

无穿透	是指表面（两个初始面接触或分开时有一定间隙）可以互相分离但保持不相互穿透的物理条件。在接触选项中可以指定摩擦因数及初始几何体的偏移量
接合	所选特征将接合在一起，类似于零部件层级的接触类型。零部件接合的接触只作用在相接触的表面，而局部接触可以连接有缝隙的特征
冷缩配合	程序在所选面之间创建冷缩配合条件，所选面可以是圆柱状的。该接触条件需要两个零件有一定体积的干涉
允许贯通	所选的两个面可沿任意方向自由移动。自由表面可以互相穿透（在物理上是不可能的）。在确定指定的载荷不会导致面与面之间的穿透时才可以使用该选项
虚拟壁	虚拟壁提供了一个类似于转子/滑移约束的滑移支撑，只可指定摩擦因数及壁面弹性

提示 在本教程中，将在不同的场合介绍每个局部接触类型特征的不同选项。

- 自接触 该选项能够探测在仿真过程中同一个部件的面接触的区域。当发生自接触时，无穿透将应用到接触面。【自接触】选项在 SOLIDWORKS Simulation Premium 模块中可用，应用于非线性和静态算例大变形的情况。

步骤 3 定义相触面组 为了定义两个手柄末端的接触区，使用两个位于手柄内的小分割面来定义相触面组，如图 3-23 所示。

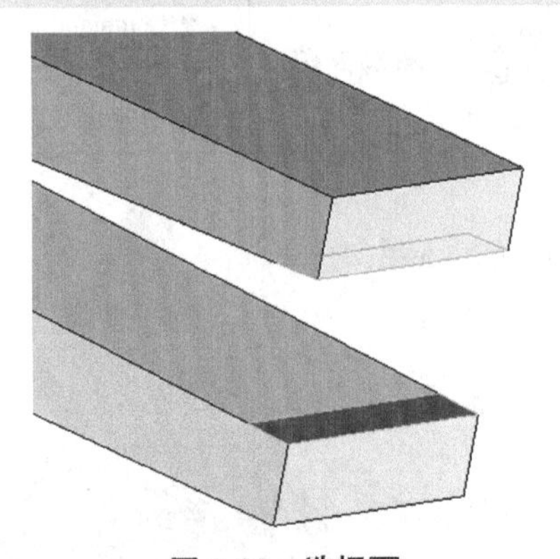

图 3-23 选择面

右键单击【连结】并选择【相触面组】。在【相触面组】PropertyManager窗口中选择【无穿透】作为所需的接触类型（【无穿透】是最常用的接触类型）。选择一个面作为“组1”，另一个面作为“组2”，如图3-24所示。

提示 选择“组1”和“组2”是随意的，没有先后顺序。

注意 这里并不严格需要两个钳臂之间的局部接触面组，因为顶层的【无穿透】零部件接触条件已经足以避免在力逐渐增加时两臂相互贯通的情况。

步骤4 节到曲面的接触 在【相触面组】中勾选【高级】复选框，选择【节到曲面】，单击【确定】✓。

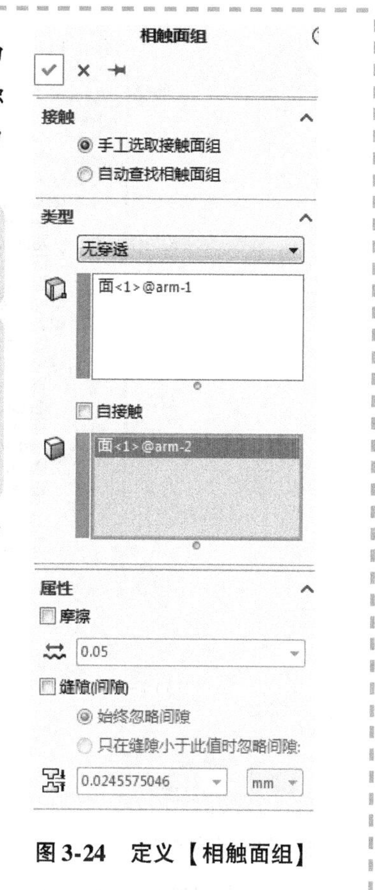

图3-24 定义【相触面组】

3.5.3 无穿透局部接触条件

图3-24显示了局部接触的两个属性，即【摩擦】和【缝隙（间隙）】。

- 摩擦：允许定义任意摩擦因数数值。
- 缝隙（间隙）：在许多应用中，两个实体无法完全接触是因为制造的局限性及使用的建模方法。该特征限制了这两个实体的距离，使得它们无法比初始距离更近。

在Simulation算例选项中，【无穿透】的接触也提供了一些高级选项。为了激活它们，必须在Simulation【默认选项】的【网格】中勾选【为接触面组定义显示高级选项（仅对于无穿透和冷缩配合）】复选框，如图3-25所示。

在定义【相触面组】时选择【无穿透】类型的【高级】部分，可以得到图3-26所示的选项。

- 节到节：可能发生在初始有接触且没有明显滑移或接触位置改变的实体上。在大位移选项（见第14章）激活的情况下，不能使用该选项。
- 节到曲面：对初始的结构没有强加任何约束，例如，参与接触的实体并不需要在分析的一开始就相互接触，而且还允许滑移。因为在分析的过程中，摩擦力和法向力的方向会不断更新。该选项在大位移计算下也是有效的。这类接触可以描述复杂的接触形状，但是也需要更多的计算时间。一般来说，如果接触应力不是重点考虑的对象，会在边线到面的接触情形下采用这个类型的接触，如图3-27所示。
- 曲面到曲面：该类型的无穿透接触是最通用和精确的。参与接触的实体实际上是有限元网格的小平面。一般来说，当处理面到面的结构或要求得到精确的接触应力时，会采用该接触类型，如图3-28所示。

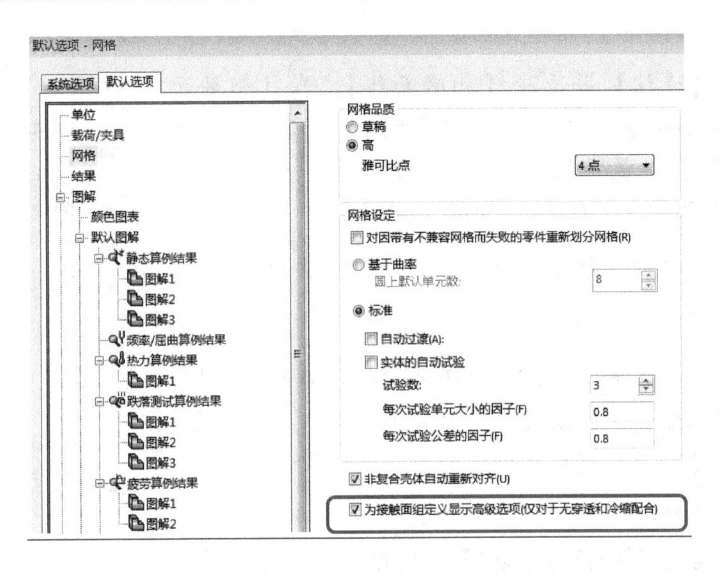

图 3-25 【无穿透】接触下的高级选项

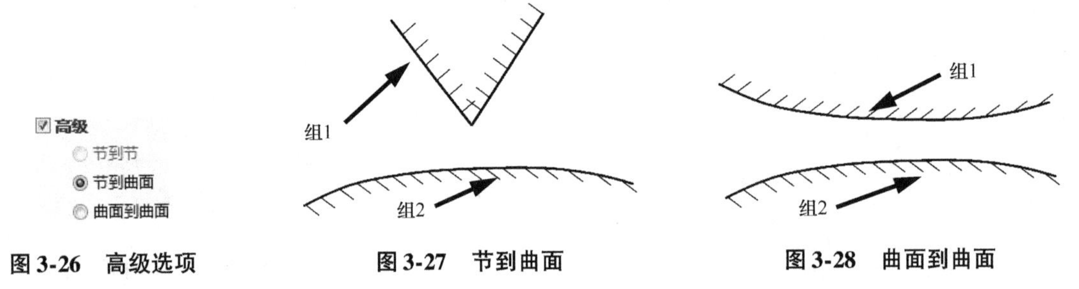

图 3-26 高级选项　　图 3-27 节到曲面　　图 3-28 曲面到曲面

如果不使用这些高级选项，则默认的无穿透接触类型将采用【曲面到曲面】。

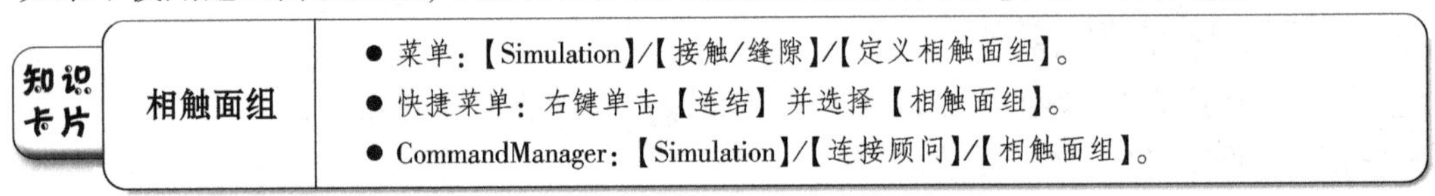

知识卡片	相触面组	● 菜单：【Simulation】/【接触/缝隙】/【定义相触面组】。 ● 快捷菜单：右键单击【连结】并选择【相触面组】。 ● CommandManager：【Simulation】/【连接顾问】/【相触面组】。

局部接触的默认算法对于多数接触求解而言都是快速可靠的。但是，当接触应力是最为重要的求解对象时，或接触面积很大时，以及默认得到的接触应力不均匀或不连续时，需要激活选项【提高无穿透接触表面的精度（更慢）】，如图 3-29 所示。

不兼容网格特征采用高级的求解算法可以提高接触面的精度，进而达到改进结果的目的。然而，这样的接触求解虽然得到的精度更高，但也需要消耗更多的时间。通过激活此选项，无穿透接触集的默认接触类型将变为【曲面到曲面】。如果没有激活此选项，则默认的接触类型是【节到曲面】。

知识卡片	提高无穿透接触表面的精度	● 右键单击算例名称，选择【属性】，切换至【选项】选项卡并勾选【提高无穿透接触表面的精度（更慢）】复选框。

在第一个区域（组 1）中才能选择局部无穿透接触条件的边线和顶点，而在第二个区域（组 2）中只能选择面。

提示

由于摩擦力很小，而且这个实例中并不存在几何偏移，所以不会用到【摩擦】和【缝隙（间隙）】属性。因为在这个分析中并不关心接触应力，所以也无须勾选【提高无穿透接触表面的精度（更慢）】复选框。

由于接触条件已经发生改变，系统会出现警告标记，表明需要重新划分网格和重新计算结果，如图3-30所示。

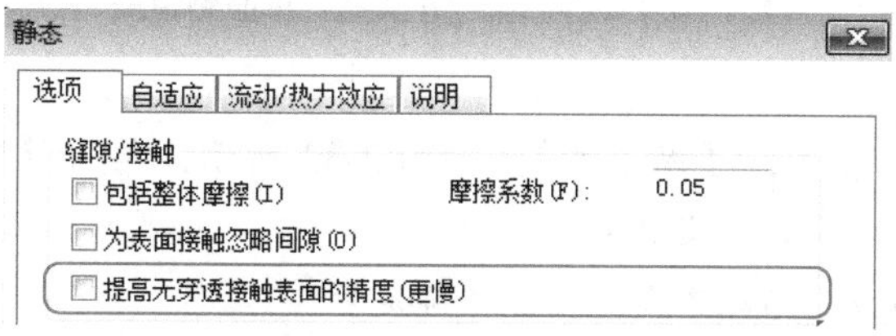

图3-29 【提高无穿透接触表面的精度（更慢）】选项

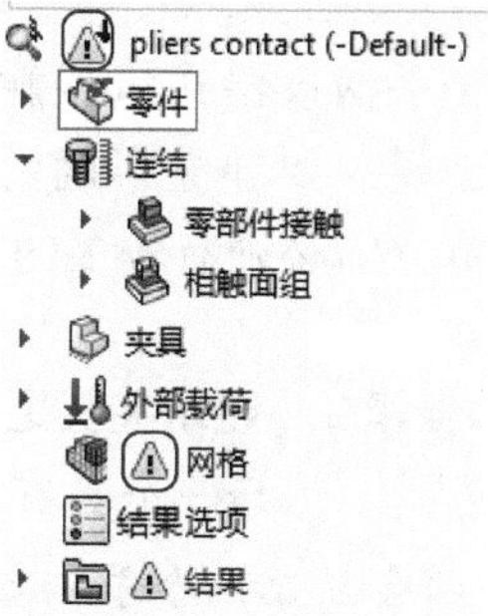

图3-30 警告标记

步骤5 划分网格 单击【生成网格】，使用与原先一样的参数划分网格，单击【确定】。

步骤6 运行分析 单击【运行】。

步骤7 选择大/小位移 分析过程中会弹出如下信息：“在该模型计算中出现了过度位移。如果您的系统已妥当约束，可考虑使用大型位移选项提高计算的精度。否则，继续使用当前设定并审阅这些位移的原因。”

单击【否】，以线性方式完成分析。

提示 大位移窗口会警告用户探测到了装配体中的某些零件的大位移。大位移计算是第14章的主题。本例先跳过这一点。

步骤8 图解显示 *Y* 方向位移 查看在 *Y* 方向上的位移，如图3-31所示。内部的面现在已经接触了。

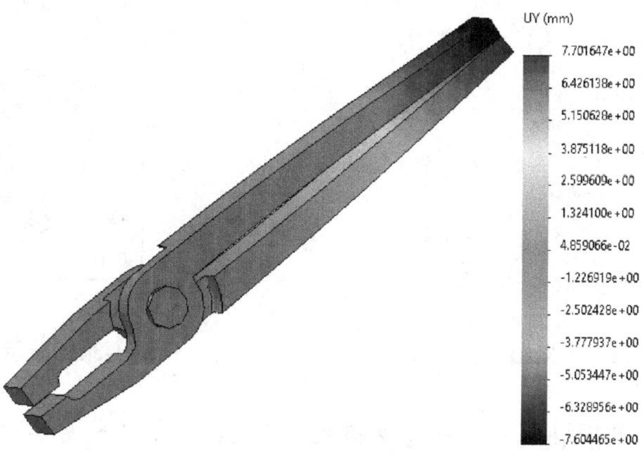

图3-31 *Y* 方向位移

在此仿真中经受的应力已经远远超过了材料的屈服强度，因此不用查看von Mises图解。

3.5.4 接触应力

在手柄接触后进一步增加作用力，除了提高手柄接触面上的接触应力之外，不会产生其他的效果。我们能分析这些接触应力吗？不能。因为接触区的单元尺寸与接触面的面积相比而言太大了，这一比较从侧视图中看得很明显，如图 3-32 所示。

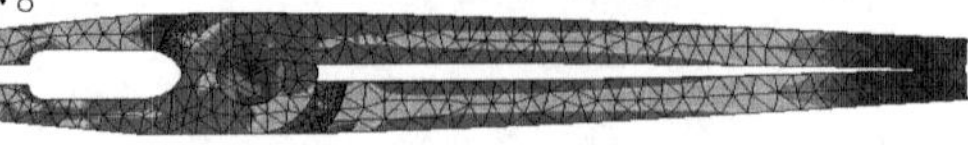

图 3-32 接触侧视图

两个手柄仅沿边缘接触，因此接触应力不能准确地建模。要建立精确的接触应力模型，接触区的长宽方向必须有较多的单元才行。

步骤 9 显示夹具之间的接触应力 单击【结果力】。如图 3-33 所示，单击【接触/摩擦力】，选择一个具有局部接触的面，单击【更新】。

将会显示两个手柄之间的合力，如图 3-34 所示。单击【确定】✓。

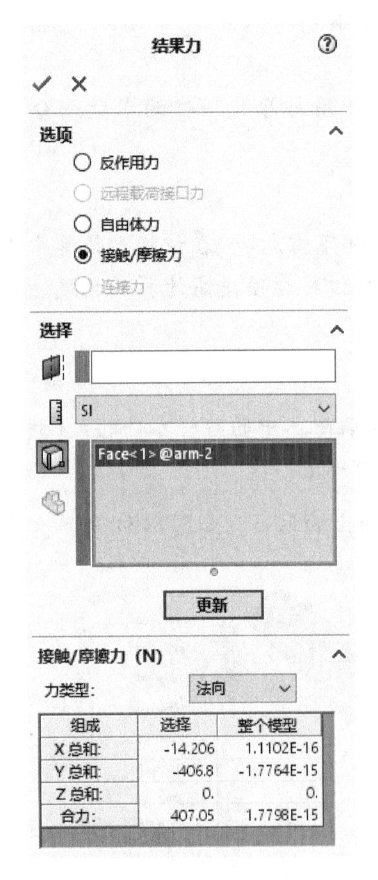

图 3-33 定义结果力

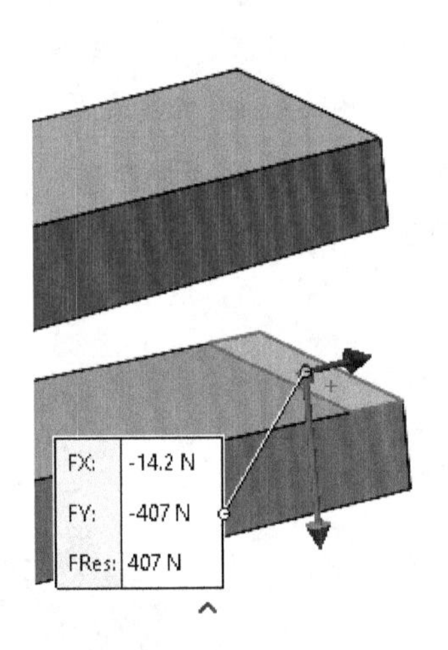

图 3-34 显示合力

步骤 10 优化局部接触面 单击【网格控制】。在【选定实体】下，选择两个面，如图 3-35 所示。使用建议的 1.25mm 的局部单元尺寸和 1.4 的比率。单击【确定】✓。

步骤 11 运行分析 单击【运行】。当弹出应用大位移消息时，单击【否】。

步骤 12 查看优化的接触力 单击【结果力】列表。单击【接触/摩擦力】，选择与步骤 9 中相同的面。单击【更新】，接触应力将会显示出来，如图 3-36 所示。

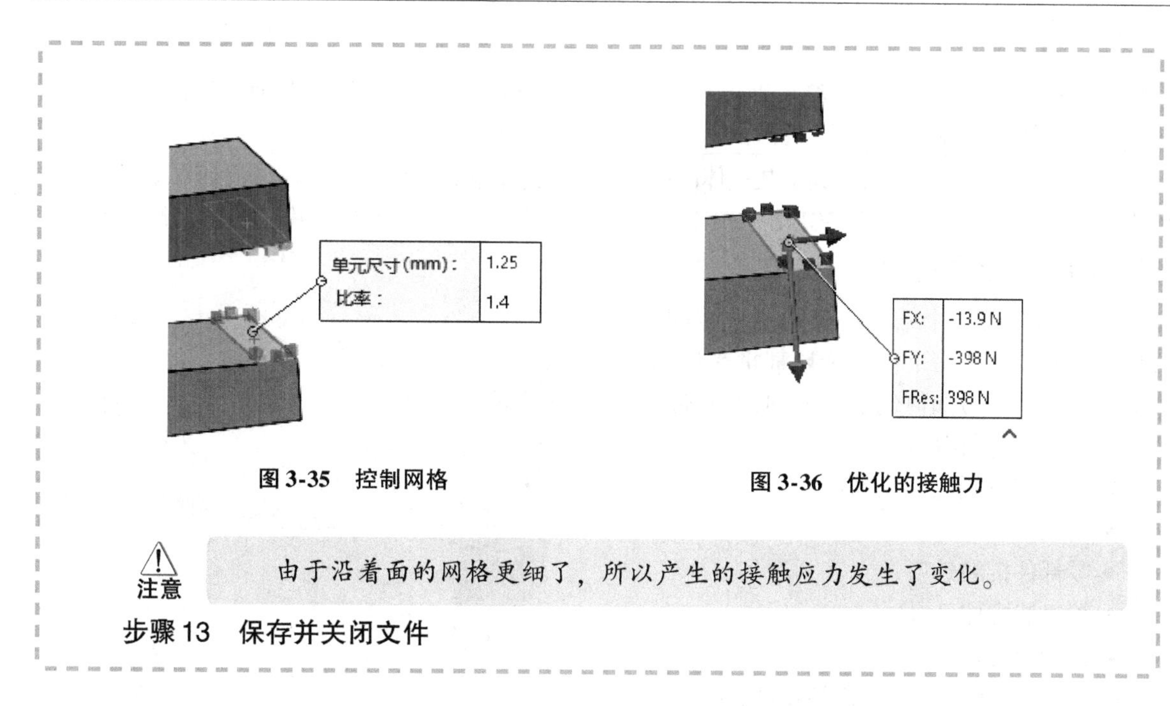

图 3-35　控制网格

图 3-36　优化的接触力

注意　由于沿着面的网格更细了，所以产生的接触应力发生了变化。

步骤 13　保存并关闭文件

3.6　总结

本章对带有多种接触条件的一个简单虎钳装配体进行了分析。为简化几何体，压缩了平板零件，它可以通过对虎钳口加载固定几何体的约束来替代。分析完成后，发现最大 von Mises 应力为 95MPa。这个应力低于指定的设计强度 138MPa。为了确保应力结果，应当细化网格来保证应力是收敛的。

此外，产生的最大位移为 0.391mm，使用这个结果来更改加载的载荷，以研究当载荷大到使手柄接触到一起时发生的状况。

接触条件可以分为零部件接触和局部接触两种不同的类别。本章对两种类型的接触都进行了介绍。

局部接触优先于所有零部件接触，而所有用户定义的零部件接触又优于顶层装配体层级的零部件接触（本质上表现为针对整个装配体的全局接触条件）。当零部件接触应用到零件或装配体的初始接触面时，局部条件可以允许存在间隙和初始的分离。本章还介绍了各种类型的接触属性和选项，即【接合】、【允许贯通】、【无穿透】、【冷缩配合】和【虚拟壁】。

本章采用线性准则（输入和输出线性相关）来放大载荷，以达到夹紧钳臂的目的。

最后考察了线性材料分析的局限性，并介绍了接触应力。

3.7　提问

- 回顾一下，可用的全局接触条件类型有：

____

____

可用的局部接触条件类型有：

____

____

- 零部件/局部的【无穿透】只应用于初始接触的面，而零部件/局部接触可以允许存在__

________和__________。

● 本章为了简化分析，压缩了平板零件并且在虎钳口上应用了【固定几何体】的边界条件，因此假设了平板的刚度是________________。

如果平板的刚度明显大于其余装配体的刚度，那么这个假设才能成立。你能找到更多精确的求解方法吗？（提示：可以浏览 SOLIDWORKS Simulation【连结】文件夹里可用的其他接触类型。）

练习 3-1　双环装配体

本例将分析一个结构简单的双环装配体，环的外侧在拉力作用下使每个环都承受接触压力。本练习将学习如何创建模型的曲面接触条件，以及如何进行分析。

本练习将应用以下技术：

- 约束。
- 零部件接触选项。
- 检查装配体结果。
- 接触应力。

如图 3-37 所示，在 U 形支架的平板上施加 3.5MPa 的压力载荷。卡住大圆环的平板被施加了固定约束。环外侧的作用力使每个环都承受接触压力。

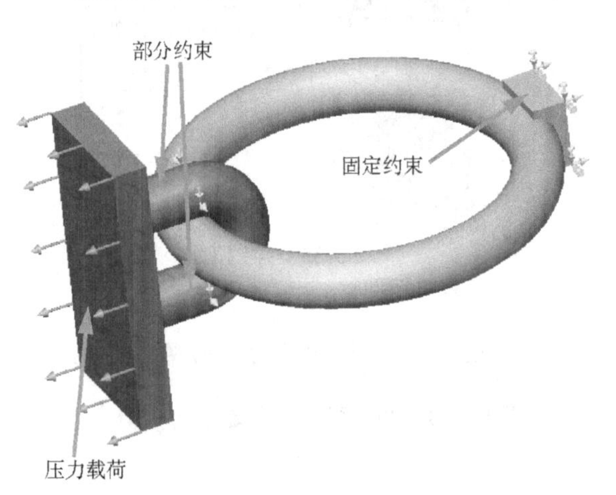

图 3-37　双环装配体模型

操作步骤

扫码看视频

步骤 1　打开装配体　打开文件夹"Lesson03\Exercises\Two Ring Assembly"下的文件"TwoRingsAssem. SLDASM"。

步骤 2　设定 SOLIDWORKS Simulation 选项　设置全局【单位系统】为【公制（I）（MKS）】，【长度/位移（L）】单位为【毫米】，【压力/应力（P）】单位为【N/mm²(MPa)】。

步骤 3　定义静应力分析算例　创建一个【静应力分析】算例，命名为"Pressure Loading"。

步骤 4　设置材料属性　在 SOLIDWORKS Simulation Study 树中，右键单击【零件】并选择【应用材料到所有】。从 SOLIDWORKS material 库中，选择【AISI 1020】。

步骤 5　施加固定约束　在"TwoRingsPart1"的背面添加【固定几何体】的约束，如图 3-38 所示。

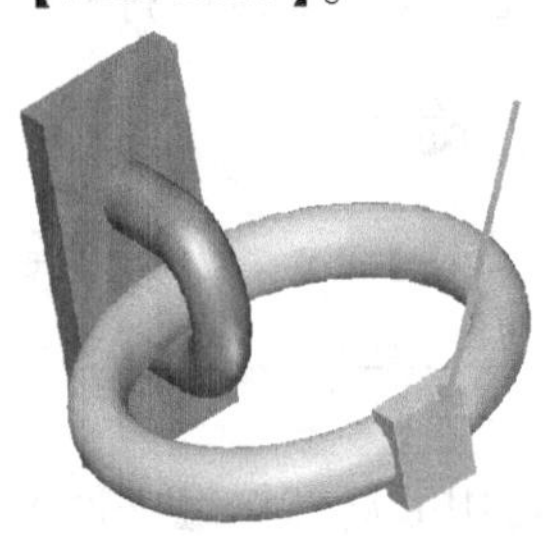

图 3-38　施加固定约束

步骤 6　约束零件"TwoRingsPart2"，使其仅能在载荷方向上移动　右键单击【夹具】，选择【固定几何体】。在【高级】中选择【使用参考几何体】，并选择"Plane2"为约束参考几何体。再选择三个圆柱表面应用边界条件。设置【沿基准面方向 2】和【垂直于基准面】的位移分量为 0mm。单击【确定】✓，结果如图 3-39 所示。

步骤7　施加压力　单击【压力】，沿“TwoRingsPart2”表面法向施加3.5MPa的压力，如图3-40所示。

步骤8　更改顶层零部件接触选项　右键单击【连结】并选择【相触面组】。为了在载荷作用下允许两个环之间的相对运动，修改默认的零部件接触（全局接触），条件为【无穿透】。

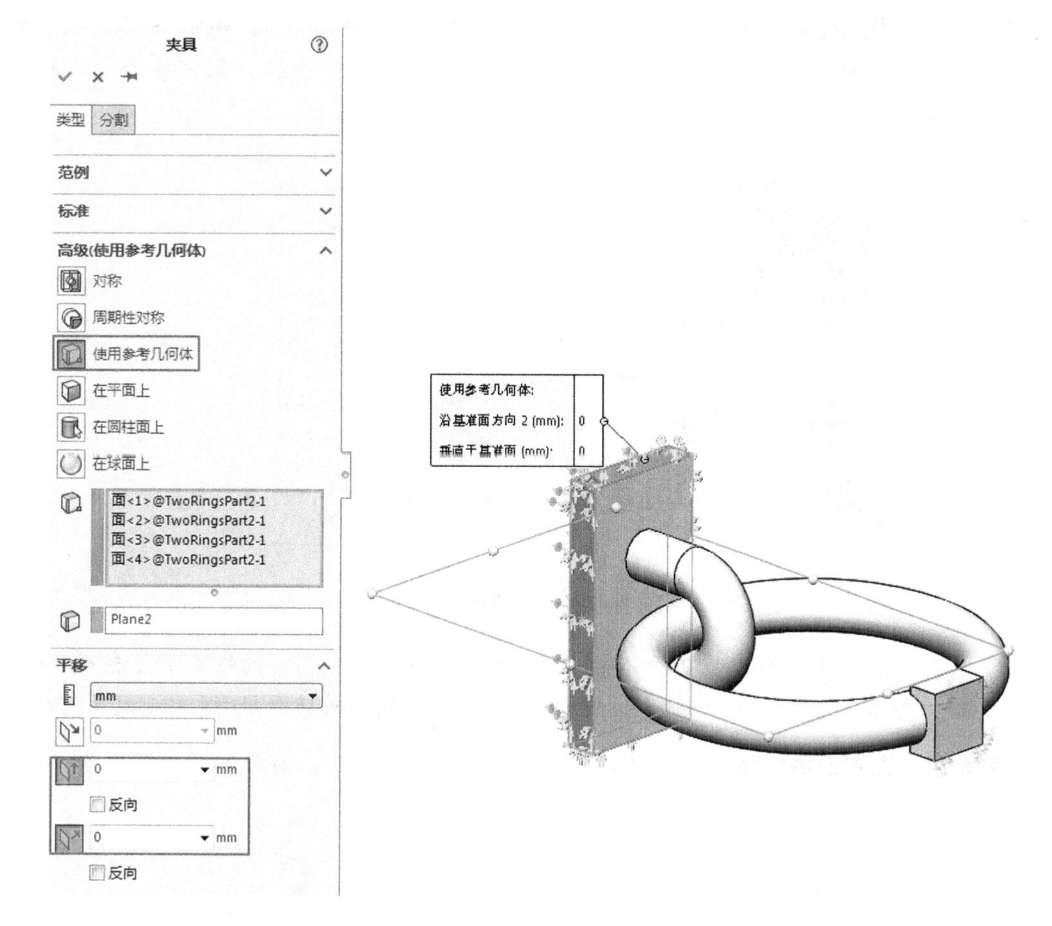

图3-39　使用参考几何体施加约束

步骤9　应用网格控制　在“TwoRingsPart1”的半环面应用网格控制，如图3-41所示。在单元大小栏中输入2mm，其他选项为默认值。

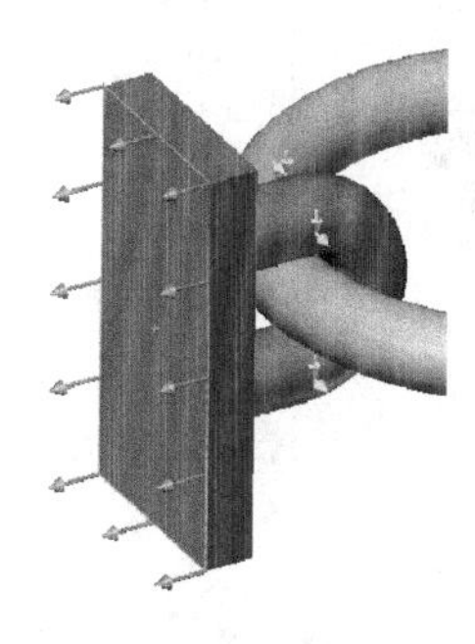

图3-40　施加压力

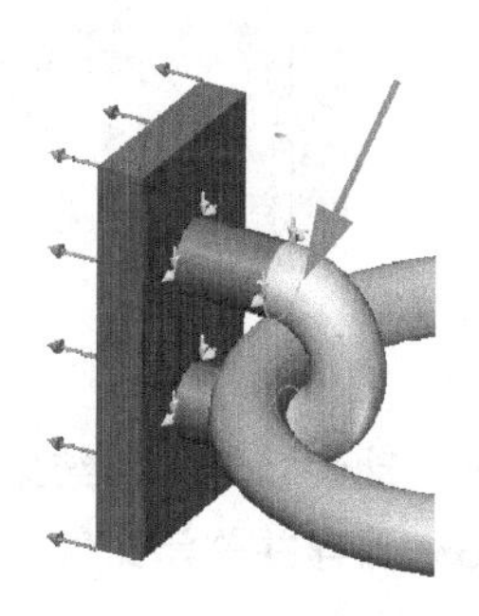

图3-41　应用网格控制

步骤 10　划分网格　在【网格参数】下选择【基于曲率的网格】。使用默认单元大小对模型划分网格。使用高品质单元。

步骤 11　设置求解选项　右键单击"Pressure Loading"算例，选择【属性】，在【选项】下勾选【提高无穿透接触表面的精度（更慢）】复选框。

步骤 12　运行分析

步骤 13　图解显示应力结果　可以看到模型的最大应力约为 547MPa，如图 3-42 所示，高于屈服力 351.57MPa。如果这些载荷条件是真实运行中的数值，则需要进行重新设计，选用新的材料或选择新的设计方案。

图 3-42　应力结果显示

> **提示**　最大应力出现在两环接触的位置，在使用粗糙网格的情况下可能不是很精确。这里有必要划分更精细的网格来预测精确的接触应力。

步骤 14　图解显示位移结果　模型的最大位移为 0.426mm，如图 3-43 所示。

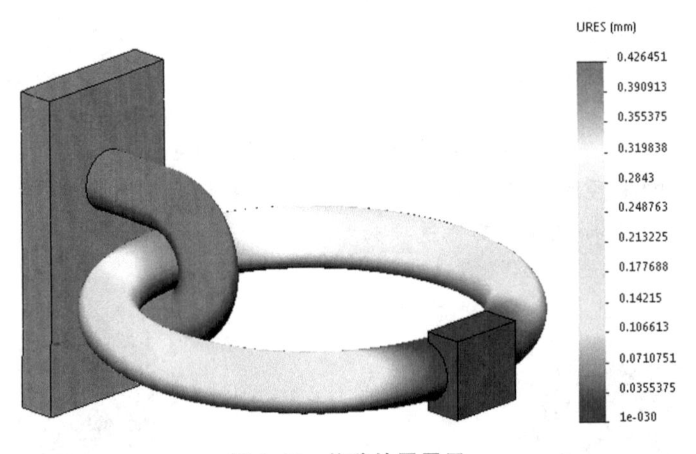

图 3-43　位移结果显示

步骤 15　动画模拟位移结果

步骤 16　保存并关闭文件

练习 3-2　骨形扳手装配体分析

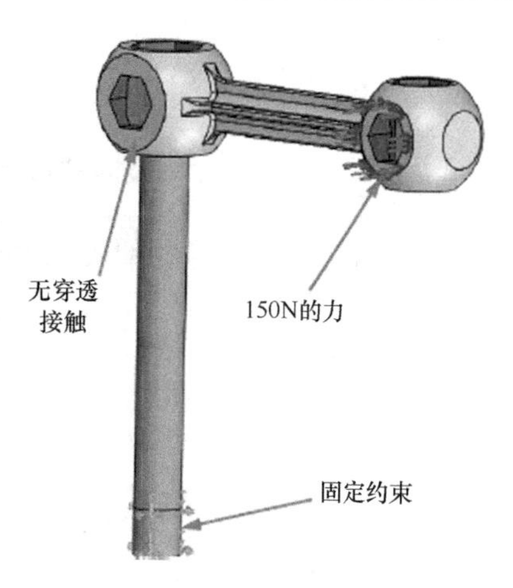

图 3-44　骨形扳手

在前面的章节中，用一个固定约束代表螺栓的接触来分析扳手。在本练习中，将使用明确建模为实体的螺栓分析相同的扳手。在螺栓和扳手之间施加没有贯穿的接触。使用【导入实例特征】命令从“BoneWrench”部件中导入载荷和材料。

本练习将应用以下技术：

- 零部件接触定义
- 接触应力

如图 3-44 所示，一个 150N 的负载被应用到扳手的末端，然后通过无穿透接触将载荷转移到螺栓。螺栓的末端是固定的。

操作步骤

扫码看视频

步骤 1　打开零件　从“Lesson03\Exercises\bone wrench”文件夹中打开“BoneWrench”文件。观察部件及其附属的名称为“bone wrench”的实例。

这是与练习 2-2 中所做的骨形扳手相同的实例。我们将从这个模型中导出许多研究特征到一个新的包含了这个部件的装配体仿真分析中。

步骤 2　打开装配体　从“Lesson03\Exercises\bone wrench”文件夹中打开“Twisting-Bolt”文件。这个装配体中包含了名为“BoneWrench”的部件。

步骤 3　设定 SOLIDWORKS Simulation 选项　设置全局【单位系统】为【公制（I）(MKS)】，【长度/位移（L）】单位为【毫米】，【压力/应力（P）】单位为【N/mm^2 (MPa)】。

步骤 4　定义一个静态研究　创建一个名为“bone wrench assembly”的静态研究。勾选【导入实例特征】复选框，如图 3-45 所示，单击【确定】✔。【输入算例特征】对话框打开。

步骤 5　导入研究特征　选择“BoneWrench-1”作为从中导入模型特征的组件。骨形扳手分析中的约束条件将被替换为接触条件。因此，约束不需要导入。取消选择【约束】，单击【输入】，如图 3-46 所示。骨形扳手分析的材料和外部载荷被导入到当前的研究中。

步骤 6　将材料应用到螺栓上　将【AISI 1020】应用到“LongBolt”部件上。

步骤 7　创建一个无穿透的接触　将全局部件设置为【无穿透】接触类型，如图 3-47 所示。

步骤 8　施加约束　创建一个应用于螺栓底部的固定几何体约束，如图 3-48 所示。

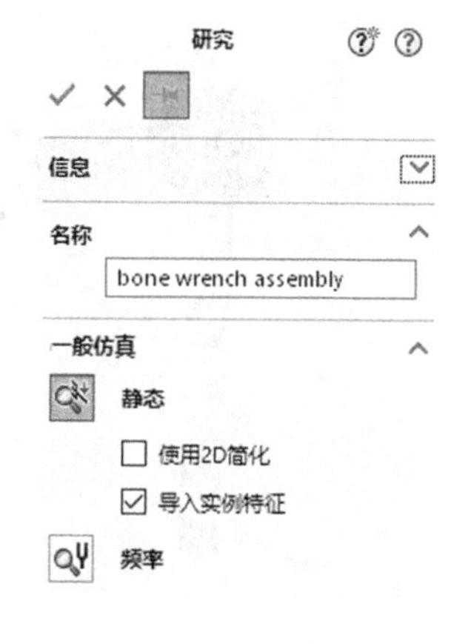

图 3-45　创建静态研究

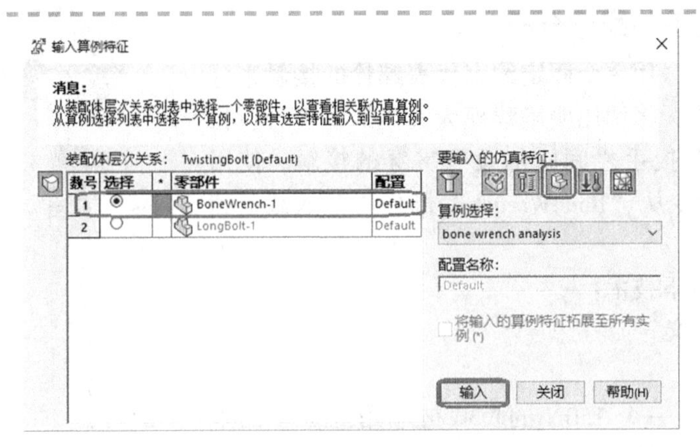

图 3-46　导入属性参数

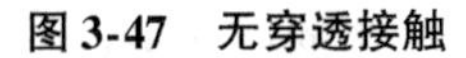

图 3-47　无穿透接触

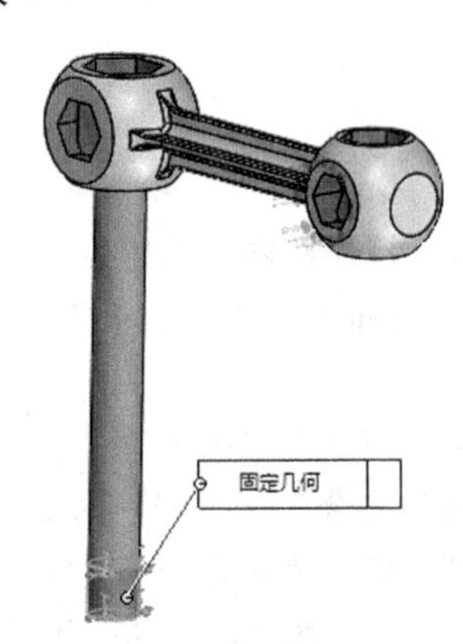

图 3-48　施加约束

步骤 9　划分网格　在【网格参数】下选择【基于曲率的网格】。使用高品质单元对模型进行网格划分。使用默认设置。

步骤 10　运行分析

步骤 11　观察结果　查看图 3-49 所示的结果云图，并将其与之前章节中的分析结果进行比较。结果是相同的还是不同的？为什么？

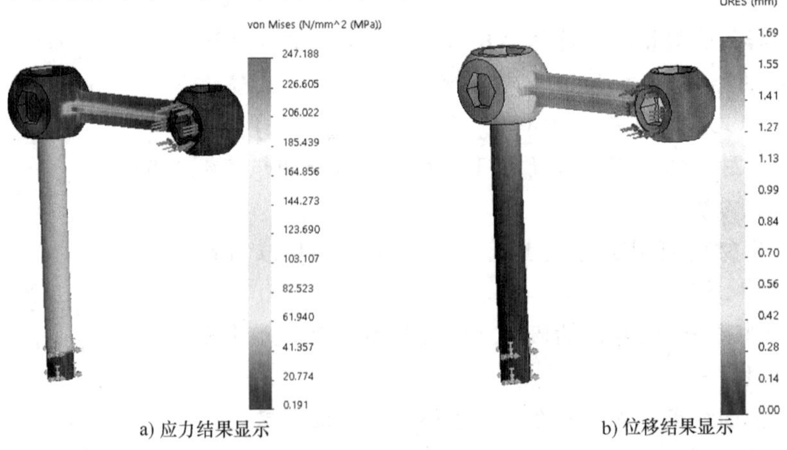

a) 应力结果显示　　　　b) 位移结果显示

图 3-49　结果云图

步骤 12　保存并关闭文件

第 4 章　对称和自平衡装配体

学习目标
- 理解对称的含义
- 使用圆柱坐标系显示应力结果
- 在【什么错】的帮助下查找问题
- 使用软弹簧和惯性卸除选项消除刚体模式
- 使用 eDrawings 格式给出分析结果

4.1　冷缩配合零件

当零件采用冷缩配合的方式进行装配时，在没有外力的情况下也会产生内部应力。

4.2　实例分析：冷缩配合

这里将分析一个机轮装置，该装置中零件“rim”（轮缘）以冷缩配合的方式套到零件“hub”（轮毂）上，计算由于冷缩配合所产生的应力大小。

在没有外力施加到模型的情况下，冷缩配合也将在零件中产生应力。这些零件在起初都存在过盈配合。

应力、应变、变形的方向并不在笛卡儿坐标系下显示出来，而是采用圆柱坐标系。这样就能够计算径向、轴向、圆周向（Hoop）的应力及变形。

4.2.1　项目描述

有一内半径为 121mm 的“rim”承受一外半径为 121.45mm 的“hub”的压力作用。

本例的目的是求出其中的如下应力：

- von Mises 应力。
- Hoop 应力。
- 接触应力。

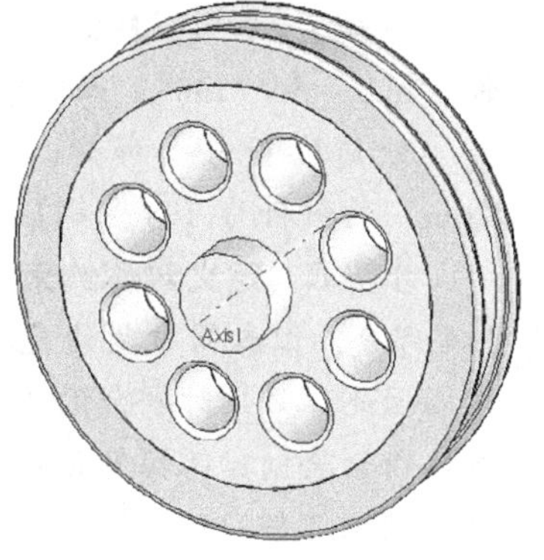

图 4-1　机轮模型

4.2.2　对称

如图 4-1 所示，利用模型的对称性，可以选择它的 1/2、1/4，甚至 1/8 部分来进行分析。这里分析该模型的 1/4 部分。

注意到 Axis1 已经在装配体中定义。这里以它为参考来计算 Hoop 应力以及接触应力。

4.2.3　关键步骤

扫码看视频

分析中的几个关键步骤如下：

1）对称分析。判断模型是否对称，可以使用模型的一部分来进行分析。

2）压缩特征。压缩那些对分析没有影响的特征。

3）使模型稳定。消除刚体运动。

4）定义接触。因为零件之间存在过盈配合，因此必须定义冷缩配合作为接触方式。

5）图解显示结果。采用冷缩配合进行分析，放弃笛卡儿坐标系而在圆柱坐标系下显示结果。

操作步骤

步骤1　打开装配体文件　打开文件夹“Lesson04\Case Studies”下的文件“wheel assembly”。

步骤2　激活配置　激活名为“FEA”的配置。这时，需要对该模型的切除特征“cut 1/4”作解除压缩处理。为了简化原模型特征，必须压缩上述两零件中的圆角（“rim”的“rounds”，“hub”的“round1”和“round2”），如图4-2所示。

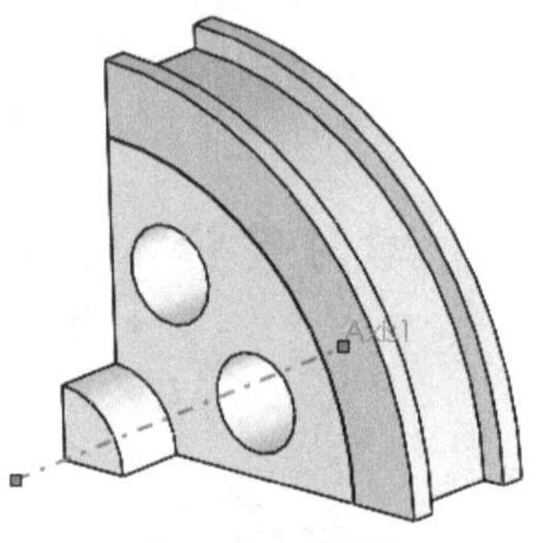

图4-2　1/4模型

4.2.4　特征消隐

通过对CAD装配体的修改，已经把装配体从原始的CAD几何模型中分离出来，而现在要分析的就是由此专门构造出来的几何模型。

对圆角的压缩也产生了一些锐边。由于并不需要知道这些边角或其邻近区域中的应力分布情况，因而以上的忽略是可取的。

步骤3　设定SOLIDWORKS Simulation选项　设定全局【单位系统】为【公制（I）(MKS)】，设定【长度/位移（L）】和【压力/应力（P）】单位分别为【毫米】和【N/m²】。

步骤4　创建算例　创建一个名为“shrink fit”的静应力分析算例。

步骤5　查看材料属性　注意到【零件】文件夹里有两个图标，分别为装配体的零部件“hub”和“rim”，而它们的材料属性已经从SOLIDWORKS中自动导入进来。

分别检查每个部分，确保“hub”的材料为【普通碳钢】，屈服应力为220MPa；“rim”的材料为【合金钢】，屈服应力为620MPa。

步骤6　定义对称约束　尽管仅选取机轮装置的1/4部分，但本例希望的是求解结果对整个机轮均正确。因此，必须对剩余的3/4部分进行等效模拟。对那些由切除创建的辐射面应用对称边界条件，确保1/4部分的工况如同整个机轮，如图4-3所示。

选择【对称】，对两个径向切除面施加对称边界条件，如图4-4所示。

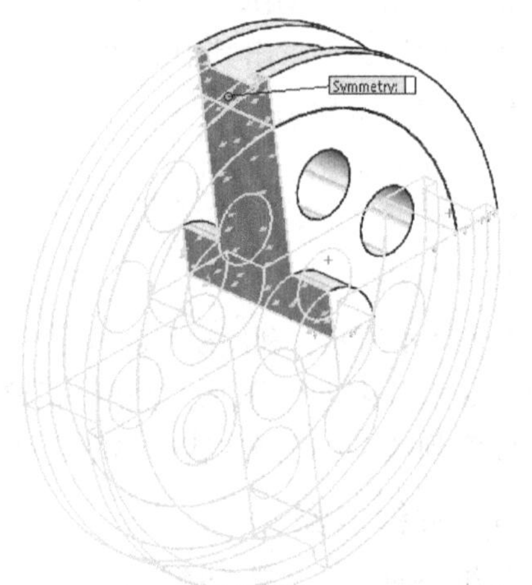

图4-3　等效模拟

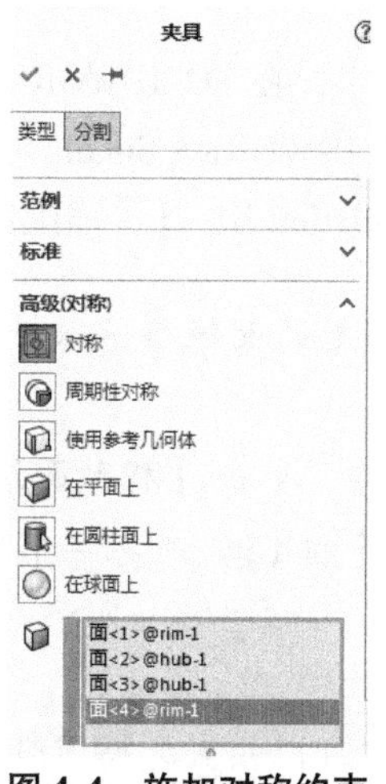

图 4-4　施加对称约束

4.2.5　刚体模式

施加对称约束后，模型仍可以沿轴向运动。因此，它还具有轴向的刚体运动。

为了限制其刚体运动，只需沿轴向在两个装配体上的各顶点（总共两个顶点）施加一个轴向约束就可以了。注意每一部分都必须单独限制，因为所有的部件可以沿轴向滑动，整个冷缩配合是无摩擦的。

事实上，这仅仅是为了去除刚体运动而人为施加的附加约束，在结构 FEA 中这种情况是不允许的，因为它会导致求解器计算。或者，也可以使用算例属性中的定义软弹簧特性来解决该问题。该选项将在本章的 4.3 节做演示。

步骤 7　消除模型的刚体模式　通过对装配体中每个零部件上的一个顶点施加约束，限制模型运动。选择【使用参考几何体】。利用 FeatureManager 设计树，选择“Axis1”作为参考方向。在【平移】选项中，指定沿轴向的位移为“0”，如图 4-5 所示，单击【确定】。

现在，该装置已被完全限制，它的刚体运动已经消除。任何其他的移动都必须与变形相联系。

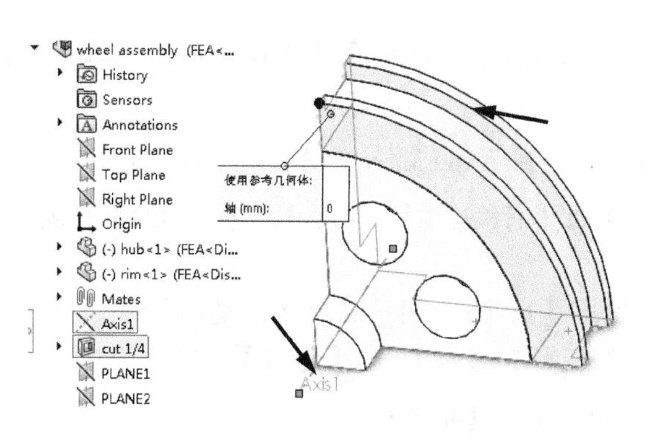

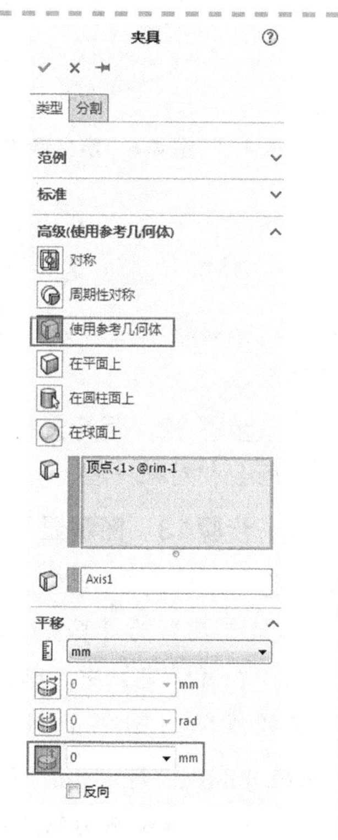

图 4-5　定义轴向约束

4.2.6 冷缩配合接触条件

由于“rim”直径比“hub”的直径小，在 SOLIDWORKS 中装配时会出现干涉。如果定义两个交接面的接触条件为【冷缩配合】，SOLIDWORKS Simulation 就会通过拉伸“rim”和挤压“hub”来消除这种干涉。在 SOLIDWORKS Simulation 中，【冷缩配合】是一种局部【接触/缝隙】条件。

步骤 8 爆炸装配体 接触在一起的面很难选取。如果先爆炸显示该装配体，就很容易选取这些面了。

步骤 9 定义冷缩配合接触条件 单击【相触面组】，从接触条件的可选类型中选择【冷缩配合】。定义一个面为【组 1】，而另一个面为【组 2】，如图 4-6 所示。单击【确定】✔。

提示 在【摩擦】选项中可以指定摩擦因数。本例假定没有摩擦。

步骤 10 关闭爆炸显示 现在已定义接触，所以没必要展开装配体视图。

步骤 11 划分网格 单击【生成网格】，使用【基于曲率的网格】和高品质单元，并以默认设置建立网格，如图 4-7 所示。

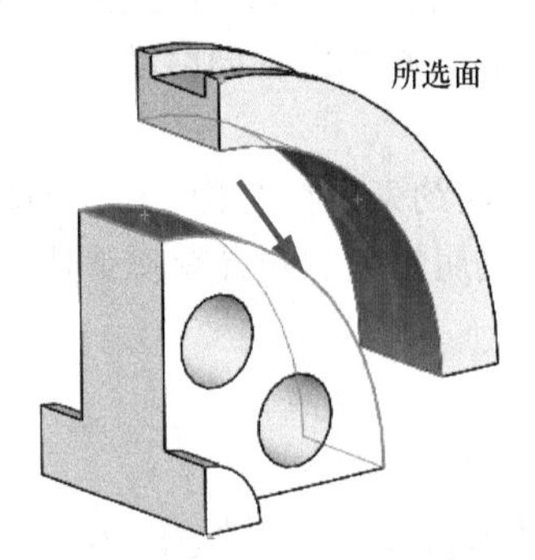

图 4-6 定义冷缩配合接触条件

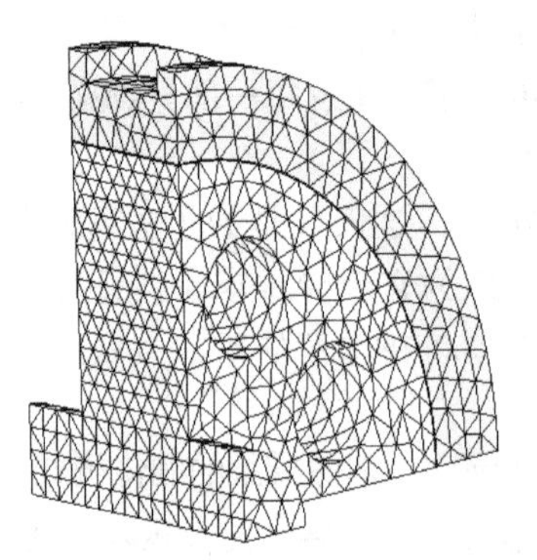

图 4-7 划分网格

注意 在沿着两个表面相交的轴线方向上划分了八个单元，对于本例的分析要求，这样做已经足够。

如果接触应力分布具有较大的梯度，那么沿着接触面上就需要更多的网格来模拟求解接触应力。

步骤 12 运行分析 单击【运行】。如果模型采用【接合】的接触条件，求解的时间会相对短一些。

步骤 13 图解显示 von Mises 应力 显示 von Mises 应力图解。右键单击“应力 1”，选择【编辑定义】。展开【定义】下的【高级选项】，勾选【显示对称结果】复选框。确定【变形形状】为【真实比例】。

在【设定】中，选择【离散】作为【边缘选项】。在【图表选项】中（当然也可以双击数值范围图例直接进入），设置【显示选项】为【定义】，指定最大应力界限为 620.40MPa，即“rim”的材料屈服应力。单击【确定】✔。

von Mises 应力结果显示出部分“rim”承受的应力大于材料屈服应力，如图 4-8 所示。

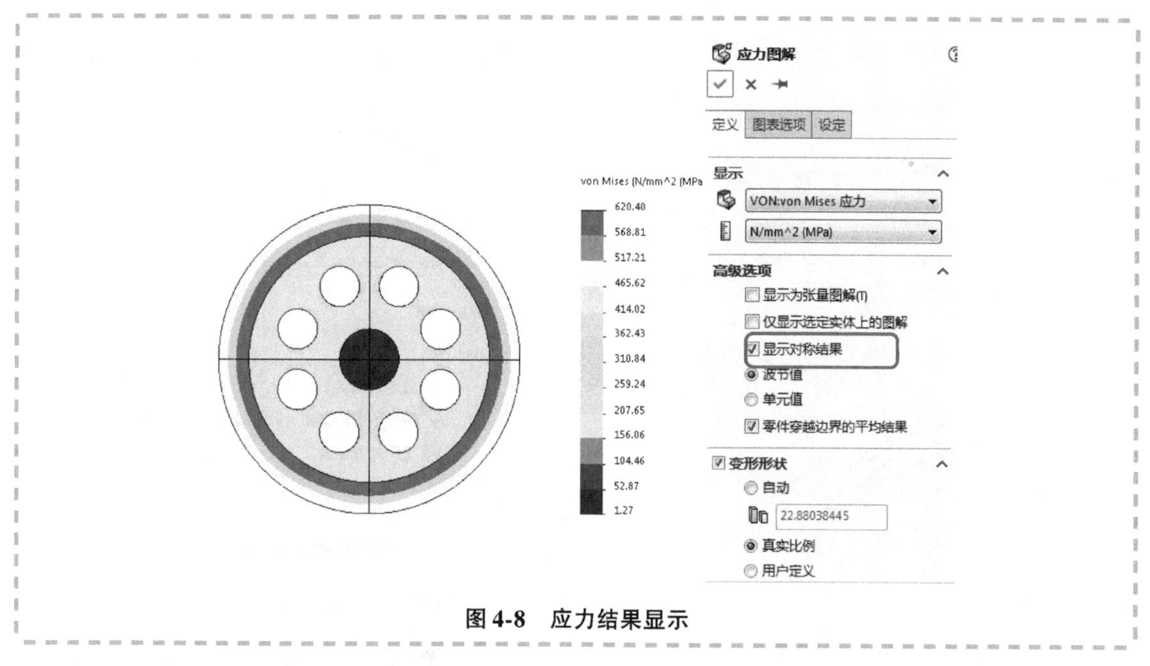

图 4-8　应力结果显示

4.2.7　在局部坐标系中图解显示结果

现在来绘制 Hoop（圆周向的）应力图。为此，必须在圆柱坐标系中呈现应力结果，要保证 Z 轴与机轮装配体轴重合。

4.2.8　定义圆柱坐标系

任意一根轴均可定义一个圆柱坐标系，它的第一、第二和第三方向分别为径向、周向和轴向。

因此，“Axis1”确定了径向、周向以及轴向，三者均与轴的位置有关。

以一根轴为参考，重新定义 SX、SY 和 SZ 三个应力分量，三者完全对应于全局坐标系的三个方向。如果以一根轴作为参考，那么 SX、SY 和 SZ 将会相应地作如下改变（见图 4-9）：

- SX 成为沿径向的应力分量。
- SY 成为沿周向的应力分量。
- SZ 成为沿轴向的应力分量。

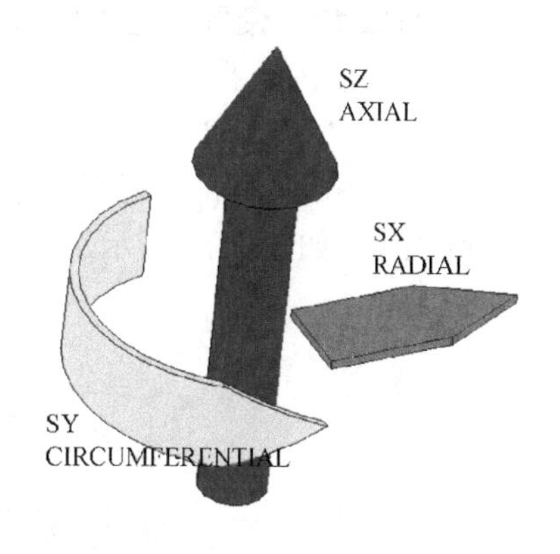

图 4-9　圆柱坐标系

步骤 14　选择应力图解的参考轴　单击【定义应力图解】。选择应力分量为【SY：Y 法向应力】。SY 应力分量表明了沿周向的应力分量，显然它是 Hoop 应力。设置单位为【N/mm^2（MPa)】。在【高级选项】下，选择“Axis1”为【基准面、轴或坐标系】的参考实体，如图 4-10 所示。这样，“Axis1”就定义了一个局部柱面系统，用来图解显示所需的应力（图解的定义见下一步骤）。

- 平均应力【零件穿越边界的平均结果】选项可以平均两个接触面之间的应力。在这种情况下，每个面都属于由不同材料制成的零件，因此，应力不一定相同。

步骤 15　图解显示 Hoop 应力　确认取消勾选【零件穿越边界的平均结果】复选框。设置【变形形状】比例为【真实比例】，如图 4-11 所示。

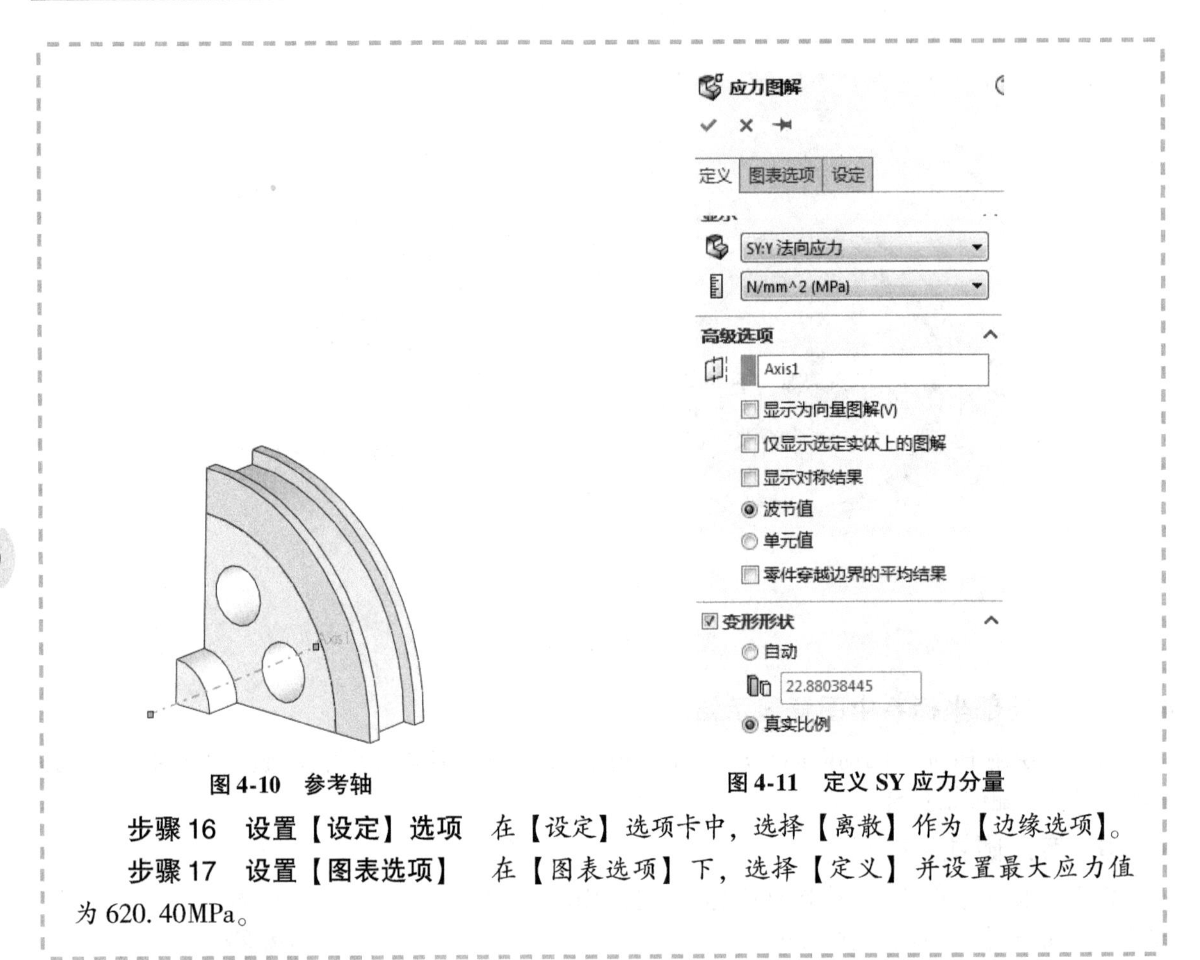

图 4-10　参考轴

图 4-11　定义 SY 应力分量

步骤 16　设置【设定】选项　在【设定】选项卡中，选择【离散】作为【边缘选项】。

步骤 17　设置【图表选项】　在【图表选项】下，选择【定义】并设置最大应力值为 620.40MPa。

当应力图解在局部坐标系中显示应力分量时，原来熟悉的三重轴图标被一个圆柱坐标系中的符号所取代，如图 4-12 所示。

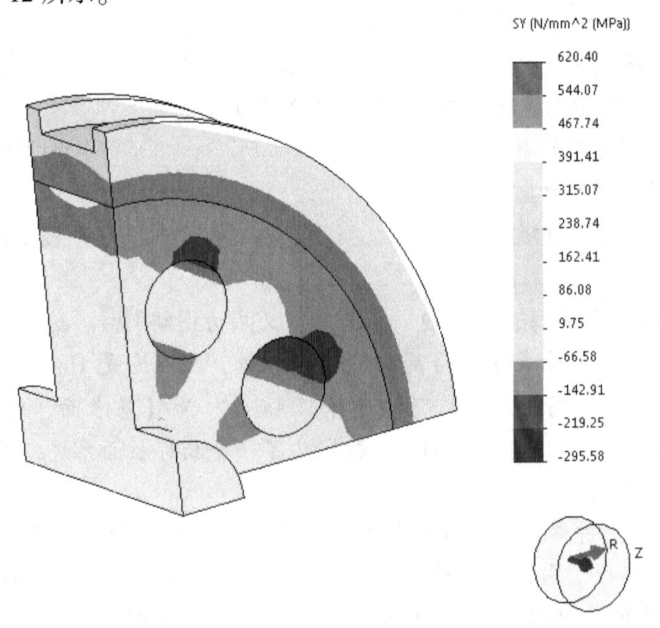

图 4-12　Hoop 应力结果显示

步骤18 图解显示Hoop应力为向量图 右键单击Hoop应力，选择【编辑定义】。展开【定义】中的【高级选项】。勾选【显示为向量图解】复选框，不勾选【变形形状】复选框。单击【确定】✓。

如图4-13所示，Hoop应力显示为向量时，外围零件的向量方向为逆时针朝向，这意味着Hoop应力是正值（或者说在周向呈拉伸状态）。与此相反，内部零件的向量方向为顺时针朝向，这意味着Hoop应力为负值（或者说在周向呈压缩状态）。

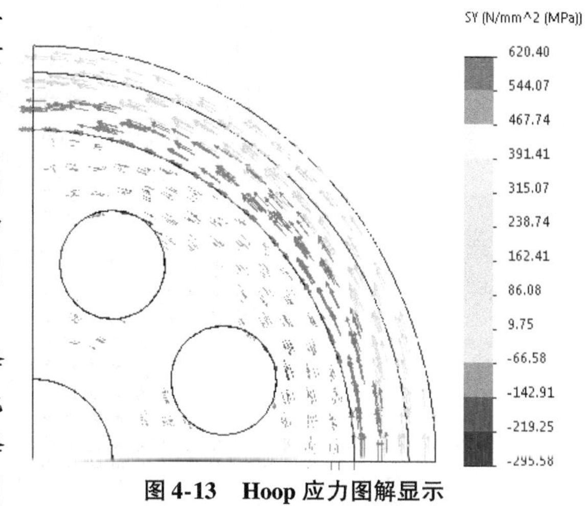

图4-13 Hoop应力图解显示

步骤19 图解显示接触应力 使用爆炸视图，以更清楚地显示图解中接触面上的接触应力。单击【定义应力图解】。

选择【SX：X法向应力】，然后选择“Axis1”作为参考，设置【变形形状】比例为【真实比例】。在【设定】下选择【离散】作为【边缘选项】。单击【确定】✓。

由于对应于两接触面的法向SX应力分量是沿着径向的，因此，SX应力分量即为接触应力，如图4-14所示。

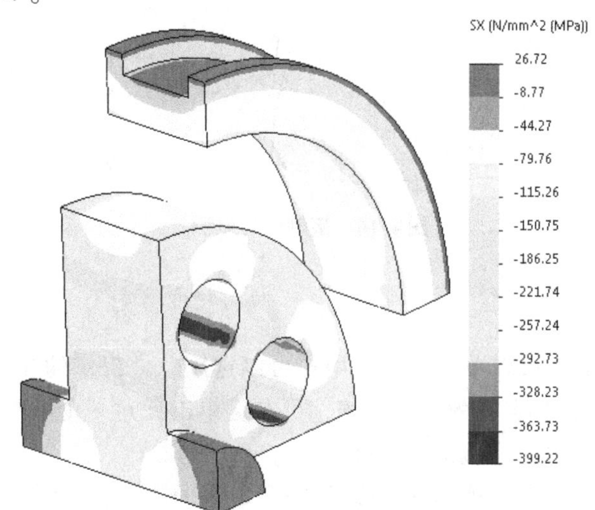

图4-14 接触应力结果显示

步骤20 探测应力结果 单击【探测】。如果想对详细的应力结果进行探测，那么就需要一幅没有变形的图解。毫无疑问，两个表面上的应力大小是相等的，其中的负号表明应力是指向表面的，如图4-15所示。

步骤21 图解显示接触压力 单击【定义应力图解】。在【零部件】中选择【CP：接触压力】。单击【确定】✓，如图4-16所示。

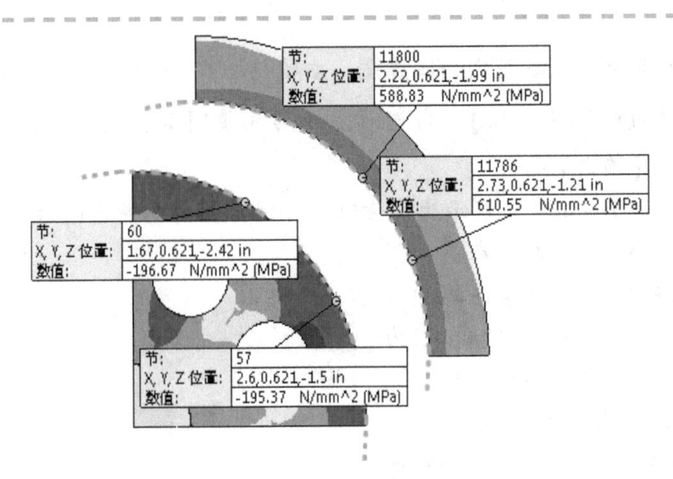

图 4-15　应力结果探测

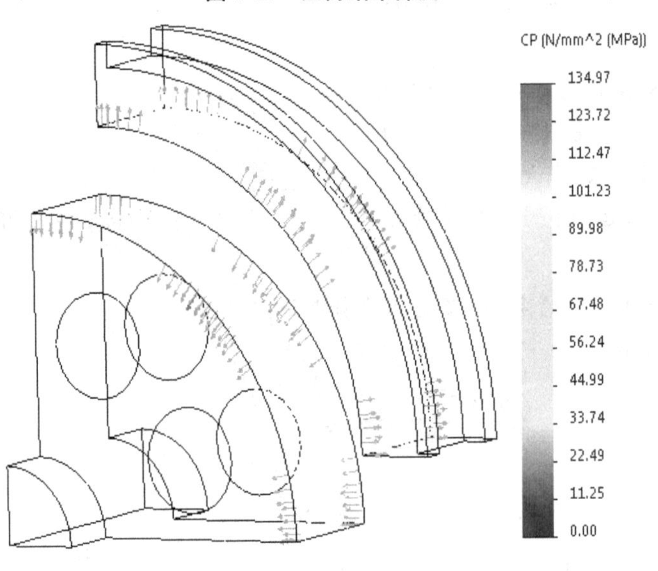

图 4-16　接触压力显示

4.2.9　保存所有图解

算例中的每一幅图解都可以单独保存，用户可以选用软件提供的几种有效格式中的任何一种。想预览有效格式列表，可右键单击任意一个图解，选择【另存为】，在【保存类型】菜单中查看选项。

用户可能会发现，最常用于传达 SOLIDWORKS Simulation 分析结果的还是 eDrawings 格式。

比单独保存结果图解更为方便的方法是，用户可以一步保存所有图解为 JPEG 或 eDrawings 格式。右键单击【算例】或【结果】文件夹，在弹出的快捷菜单中选择【保存所有图解为 JPEG 文件】或【保存所有图解为 eDrawings】，如图4-17 所示。

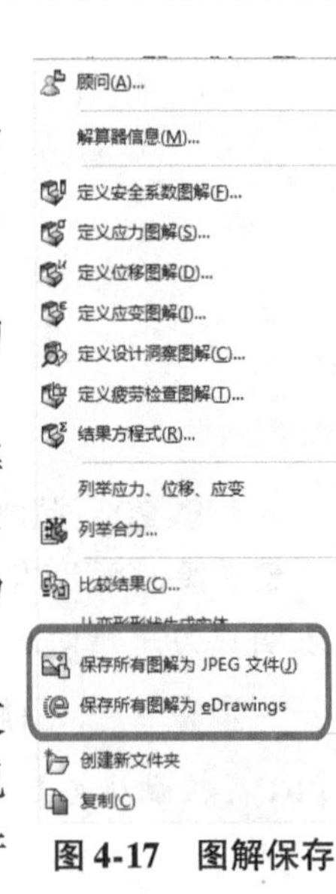

图 4-17　图解保存

使用 JPEG 格式，可以为算例中定义的每一幅图解都创建一个对应的文件。使用 eDrawings 格式，所有的图解都保存在一个文件中。在这两种情况下，文件都被存在 SOLIDWORKS Simulation 的【报告】文件夹中（该文件夹可以通过【Simulation】/【选项】/【默认选项】/【结果】进行设置）。

4.2.10 【什么错】命令

有时，在定义 SOLIDWORKS Simulation 模型或者分析结果时，用户可能会注意到警告符号 显示在 Simulation Study 树中。

要找出错误，可右键单击显示警告符号的算例项目（在 Simulation Study 树中），并选择【什么错】打开窗口。这个窗口列表可显示当前算例项目的所有问题信息。

同样可以对有问题的算例要求以摘要显示警告信息。

4.3 带软弹簧的分析

本章前面部分介绍了阻止装配体沿轴向刚体运动的方案，即“rim”和“hub”上的至少一顶点必须施加轴向约束。如果没有这些约束，装配体沿轴向将只有零刚度。

现在将介绍另外两个方案，来阻止没有两个顶点约束的模型的刚体运动，分别是使用软弹簧和惯性释放。

4.3.1 软弹簧

这里不希望模型由于某些外部载荷的作用而沿轴向摆动。本例中冷缩配合接触条件的所有载荷都是平衡的。然而有限元方法并不认可这个事实，一个小的精度问题、数值错误或网格的不对称都会使模型在轴向产生不可控的刚体运动。所有这样的情况都可以通过软弹簧选项来稳定。

当该选项激活时，模型被带刚度的弹簧包围，弹簧的刚度相对于模型的刚度可以忽略不计（见图 4-18）。有限元模型被稳定下来，所有的刚体运动被约束。

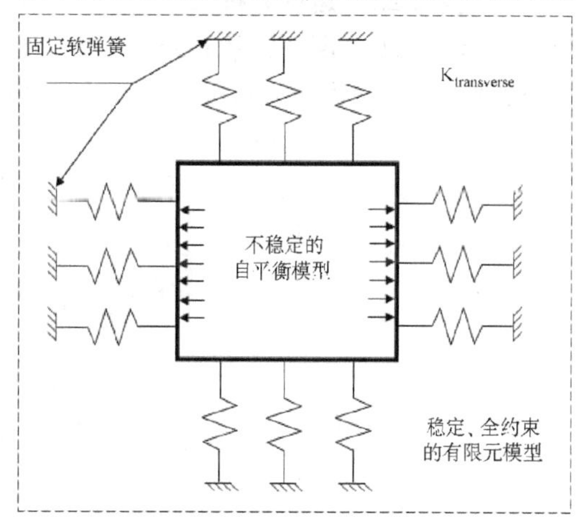

图 4-18　软弹簧约束

> 注意　只要模型是自平衡的，或外部载荷的净值很小以至于软弹簧能够抵消时，上面的过程就是有效的。

4.3.2 惯性释放

另一种避免刚体运动的方法是惯性释放。该选项不像软弹簧那样通过添加人造刚度来抵消不平衡载荷，而是添加人造平衡载荷来消除沿着无约束方向的载荷。

在重力、离心力或某些热力载荷已定义时，该选项不应当用作稳定分析的目的。在本章例子中，【使用软弹簧使模型稳定】和【使用惯性释放】选项都可以使用。

步骤 22　创建新算例　复制已有的算例“shrink fit”到新算例“soft springs”中。

步骤 23　压缩轴向约束　在算例“soft springs”中，右键单击“夹具-2”并选择【压缩】来取消轴向约束。

步骤 24　选择软弹簧选项来稳定模型　右键单击算例“soft springs”并选择【属性】，如图 4-19 所示。如图 4-20 所示，在【选项】选项卡中勾选【使用软弹簧使模型稳定】复选框，并选择【Direct sparse 解算器】，然后单击【确定】。

扫码看视频

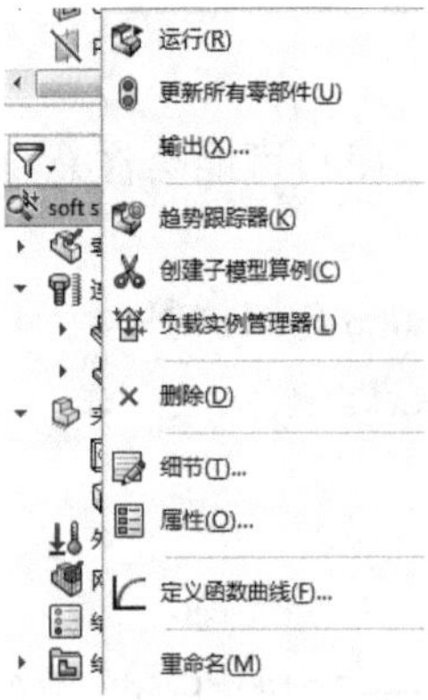

图 4-19　定义软弹簧

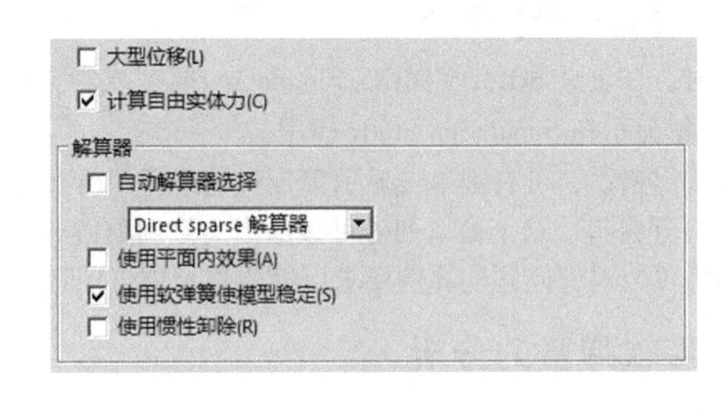

图 4-20　选择解算器

注：软件中的“使用惯性卸除”应为“使用惯性释放”。

步骤 25　运行分析

步骤 26　图解显示 Hoop 应力　图解显示 Hoop 应力的分布，如图 4-21 所示。将上面的图解和前面算例的结果进行比较，可以发现实际上它们是一样的。

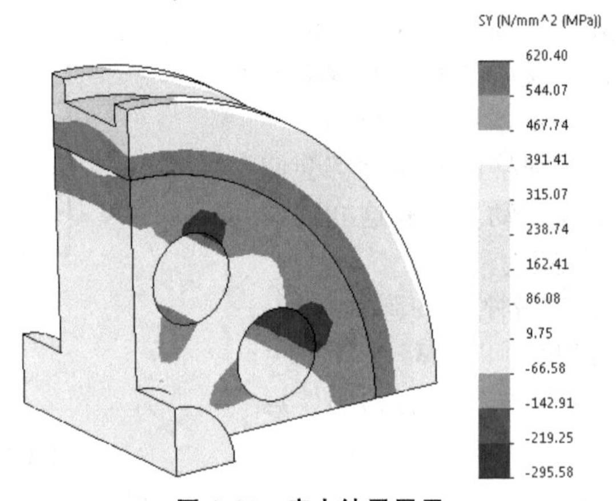

图 4-21　应力结果显示

步骤 27　关闭所有打开的零件

4.4　总结

在分析中，仅仅当接触条件为【冷缩配合】时，装配零部件间才允许存在干涉。

想要更好地查看【冷缩配合】条件下的分析结果，最好将变形比例设为 1∶1。可使用爆炸视图观察在接触面上的结果，如图 4-22所示。对于轴对称部分的结果，最好采用圆柱坐标系显示。

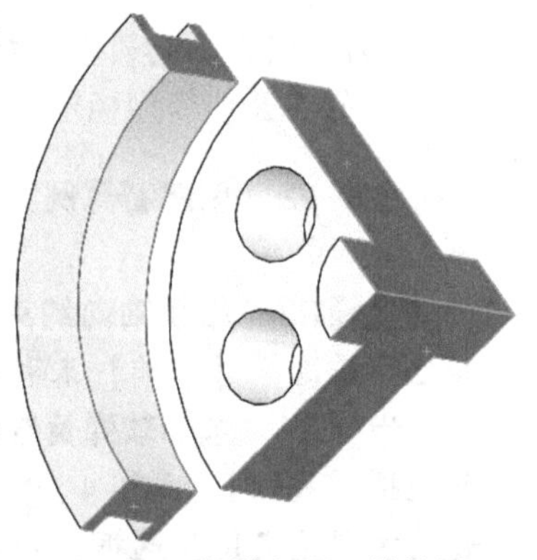

图 4-22　爆炸视图下的结果

除了 von Mises 应力，上述这些观察到的结论可专门应用于应力分量。作为一个标量值，von Mises 应力不受所选择的参考坐标系的影响。

为避免刚体运动，模型必须在轴向保持稳定。最直接的方法是在每一个模型的顶点施加轴向约束。还可以通过【使用软弹簧使模型稳定】选项（即使用一层软弹簧围绕该模型）来提供一个无约束方向上的最小刚度。

第 5 章 带接头的装配体分析及网格细化

学习目标

- 分析包含多种接触条件和接头的复杂实体网格装配体
- 在定义局部无穿透接触条件中使用初始间隙
- 自动生成局部接触定义
- 使用螺栓、销钉、弹簧和点焊接头
- 分析并评价实体有限元网格的质量
- 使用远程载荷特征以简化分析
- 使用和定义安全系数图解
- 在局部坐标系中施加制约

5.1 连接零部件

SOLIDWORKS 装配体中的配合不会转移到 SOLIDWORKS Simulation 的接触定义中。因此从 SOLIDWORKS Simulation 的角度来看，装配体的零部件一开始都是分离的，直到定义了合适的接触条件或接头来描述装配体零部件之间的相互作用。

采用数学上的接头来替代创建一个真实的接头模型，会极大地加快分析的进程。因为这样会减少网格和接触的数量，因此求解速度也将提高很多。本章的主要目的是学习 SOLIDWORKS Simulation 中提供的各种接头类型。

5.2 接头

当分析一个带接头的装配体时，通常并不需要分析接头本身，而是分析接头周围的部分。因此，用 SOLIDWORKS Simulation 中的接头替代真实的接头模型，可以加速分析过程，因为接头并不需要划分网格和求解。

SOLIDWORKS Simulation 提供了如下几种接头类型：

- 刚性。
- 螺栓。
- 弹簧。
- 连接。
- 销钉。
- 点焊。
- 边焊缝。
- 弹性支撑。
- 轴承。

表 5-1 列出了可用的接头选项。

表 5-1 可用的接头选项

接头类型	定义
刚性	在选定面间定义固定连接。连接面没有形变
弹簧	连接一个组件（或实体）表面和另外一个组件（或实体）表面，在表面之间指定正常（编者注：法向）和正切刚度的分布弹簧。弹簧数值可以是分布或总和的 两个表面必须是平坦的，并且两个表面相互平行 可以为弹簧接头指定预载荷，可选类型有【压缩与延伸】、【仅压缩】、【仅延伸】
销钉	连接两个零部件的圆柱面。有以下两种销钉接头： 1）【使用固定环（无平移）】。指定的销可以避免在两个圆柱面间沿轴向相对平移 2）【使用键（无旋转）】。指定的销可以避免在两个圆柱面间相对旋转 相对于轴向和旋转方向的刚度数值也可以一并指定。销钉材料和强度数据可以通过运行一次合格（不合格）销钉检查来指定
弹性支撑	在部分或整个装配体的某个表面和地面之间定义一个弹性的支撑。这些面不一定是平坦的 在表面上某一点的刚度分布表现为在这个点周围无限小的一块区域的刚度密度 假设切向和法向刚度分量为常量，且在该面任意点的切线和法线方向都是定向的 弹性支撑可以定义在任意带曲率的表面 可以在夹具菜单中找到这个接头
螺栓	在两个零部件之间或者在一个零部件和地面之间定义螺钉接头 支持带螺母和不带螺母的螺钉接头 材料属性可从材料库中获得，并提供各种预载荷选项
点焊	在两个实体表面或两个壳体表面定义接头来模拟点焊连接
边焊缝	在两个壳特征之间，或一个壳与一个实体特征之间，定义一个接头来模拟边线焊接 其中包含单边和双边的圆角和坡口焊接 边焊缝仅在 SOLIDWORKS Simulation Professional 及更高版本中可用
连接	通过在两端均被铰链连接的刚性螺栓来绑定任意模型上的两个指定区域。在变形中，这两个指定区域间的距离保持不变 连接不限制在两端的旋转
轴承	通过轴承模拟轴和支撑之间的交互作用

连接

- 快捷菜单：右键单击【连结】，然后选择连接类型。
- CommandManager：【Simulation】/【连接顾问】，选择连接类型。

5.3 实例分析：万向节

第 2 章学习了如何在对零件进行分析时应用网格控制。本章将在对装配体进行分析时应用网格控制。完成分析后，将创建一个安全系数图解以显示模型的安全系数。

在这个实例分析中，分析对象是一个万向节装配体。本例将在装配体中指定多种接触类型，并对不同的接触条件应用不同的网格控制。

本例将使用远程载荷取代已有的部分零部件，给装配体加载外力。由于不需要对替代的零部件划分网格及求解，将加快装配体的分析。

首先，将采用草稿品质（一阶）的网格获得初始解，然后再以高品质（二阶）的网格进行求解并比较其结果。

为了验证设计的合理性，本例将创建一个“安全系数图解”以显示这个装配体的安全系数。

5.4　项目描述

如图 5-1 所示，该万向节装配体是用来传递扭矩的，即从垂直方向传递到轴的倾斜方向。该装配体由支架背面的四个 M6 ANSI B18. 6. 7M 沉头螺栓连接到底座（base plate）上，而底座则由两个 M8 的沉头螺栓连接到另一个结构件中。通过对手柄施加 2. 5N 的水平力来产生扭矩。从俯视图看，力的方向垂直于手柄臂。

轴（shaft）刚性地连接在万向节头（Yoke_femal）的底面并穿过支架（bracket）的圆孔。假设由于不正确的加工及轴与支架接触部分的摩擦引起的温度上升，接触部分会临时性接触，从而导致杆件把所有扭矩都传递到支架上。进一步增加的扭矩会使连接部分松脱，从而导致装配体开始旋转。

此外，轴的几何体会确保“Yoke_femal”与“RevBracket”之间的距离不会小于初始间隙 3. 469mm，如图 5-2 所示。

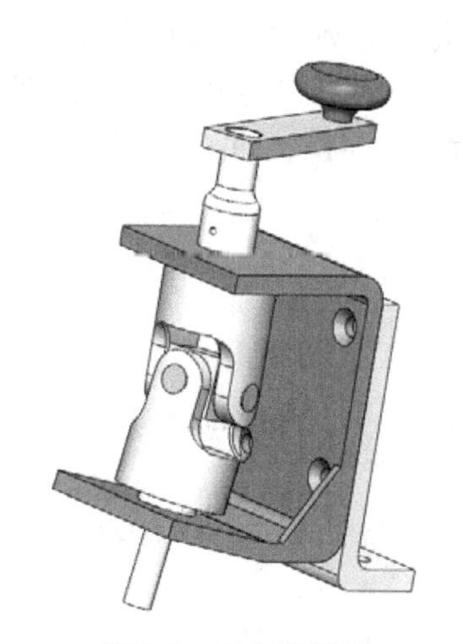

图 5-1　万向节模型

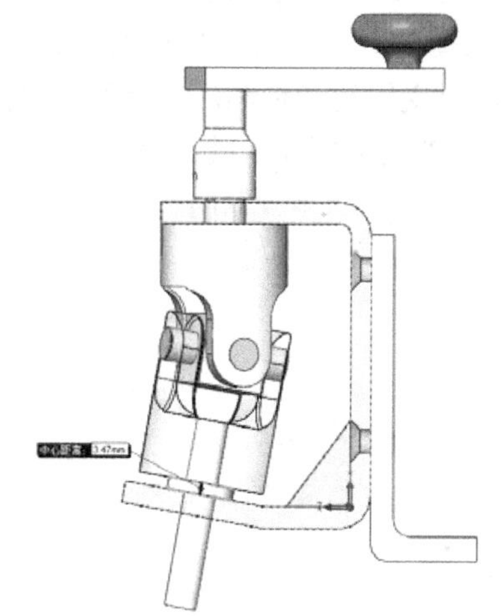

图 5-2　扭矩传递

分析的目标是获取“Cardan joint”装配体零部件上的应力、应变分布和后续设计需要的螺栓内力；在这里并不关心“shaft”“RevBracket”和“full- crank- assy”零件的变形和应力。

5.5　第一部分：使用草稿品质的粗糙网格进行分析

在本章的第一部分，将使用 SOLIDWORKS Simulation 中的【查找相触面组】工具定义适当的接触条件。

操作步骤

扫码看视频

步骤 1　打开装配体　从“Lesson05 \ Case Studies \ Cardon Joint”文件夹中打开文件“Cardan joint”。

步骤 2　设定 SOLIDWORKS Simulation 选项　设定全局【单位系统】为【公制(I)(MKS)】,【长度/位移(L)】单位为【毫米】,【压力/应力(P)】单位为【N/mm²(MPa)】。将结果储存在 SOLIDWORKS 文档文件夹下的【结果】子文件夹中。

步骤 3　激活配置“Without_crank”　该步骤将压缩曲轴(crank-shaft)、曲柄臂(crank-arm)、曲柄把手(crank-knob)以及轴(shaft)。

步骤 4　创建静应力分析算例　单击【静应力分析】，创建一个名为“stress analysis”的算例。

步骤 5　指定材料属性　单击【应用材料】，从 SOLIDWORKS materials 库中指定装配体中所有零件的材料为【合金钢】。

步骤 6　修改“RevBracket”和“base plate”材料属性　在【零件】文件夹下，右键单击“RevBracket”并选择【应用/编辑材料】，指定该零件的材料为【1060 合金】。重复这一步骤，指定零件“base plate”的材料为【1060 合金】。

5.5.1　远程载荷/质量

【远程载荷/质量】命令通常用于表示通过中间零件施加的载荷。由于网格数量的减小，【远程载荷/质量】命令通常会简化分析。

1. 远程载荷示例　如图 5-3 所示，以一个三梁支撑的罐体为例，载荷施加在每一个支梁的顶端。

如果我们对支梁的变形和应力不感兴趣，而希望仅关注罐体的分析，则可以使用【远程载荷/质量】命令来表示罐体上的载荷，而无须对支梁进行明确建模，如图 5-4 所示。

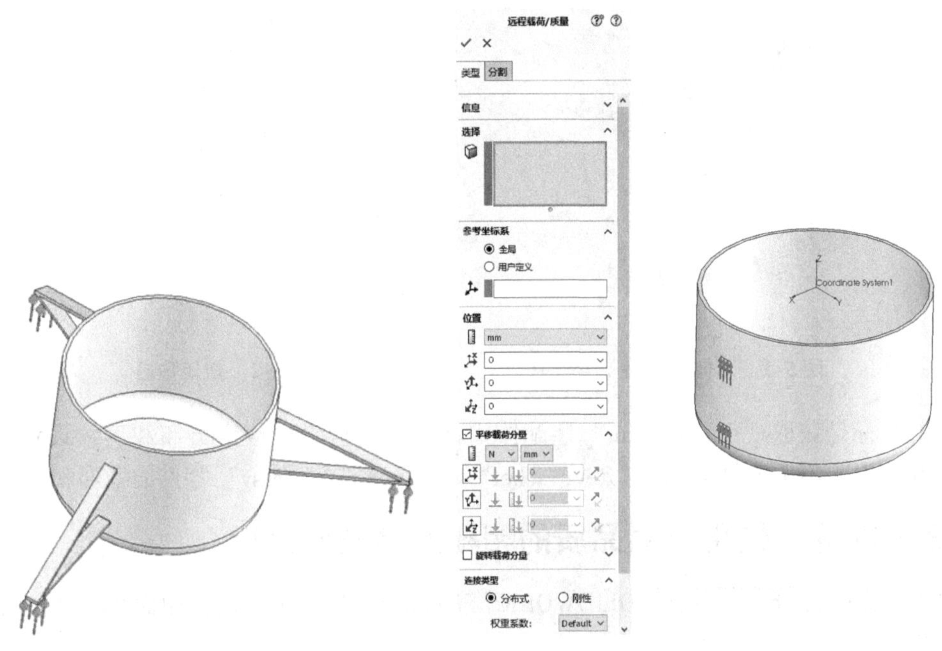

图 5-3　罐体模型　　　图 5-4　远程载荷/质量定义

1）载荷位置。定义【远程载荷/质量】时，必须指定两个位置。第一个位置是载荷作用在模型上的位置，其在命令的【选择】字段中定义。对于上面的示例，该位置将是支梁连接的罐体表面。在分析中，此面上的节点也称为耦合节点。

在【远程载荷/质量】定义中必须指定的第二个位置是【位置】字段。这是载荷作用的地方。以罐体为例，该位置是力作用在支梁上的位置。在分析中，此位置称为“参考”节点。

2）参考坐标系：在【远程载荷/质量】命令中指定的所有 X、Y、Z 参数均参考【参考坐标系】。【参考坐标系】的默认选择是全局坐标系，但是也可以指定用户定义的坐标系。

3）载荷类型：可以在【远程载荷/质量】命令中应用平移载荷、旋转载荷（扭矩和力矩）和质量载荷三种类型的载荷。

4）连接类型：荷载和作用面之间有刚性和分布式两种连接方式。刚性连接指定的载荷不会使所施加的面相对于其自身变形（换句话说，耦合节点可以移动但不能变形）。使用分布式连接时，则允许参考节点连接到“选定”面的单元变形，通过用户指定的分布来控制变形的刚度。

知识卡片	远程载荷/质量	• 菜单：【Simulation】/【载荷/夹具】/【远程载荷/质量】。 • 快捷菜单：右键单击【外部载荷】，然后选择【远程载荷/质量】。 • CommandManager：【Simulation】/【外部载荷顾问】/【远程载荷/质量】。

步骤7　定义远程载荷　因为并不关注曲柄臂、轴以及把手零件上的应力及变形，将采用远程载荷特征来简化分析。右键单击【外部载荷】文件夹并选择【远程载荷/质量】。

步骤8　设定远程载荷　扭矩将传递到“Yoke_male”把手圆柱面上。如图5-5所示，在【参考坐标系】中选择【全局】，从SOLIDWORKS展开菜单中选择“Coordinate System1”。力的远程位置将根据这个坐标系确定。

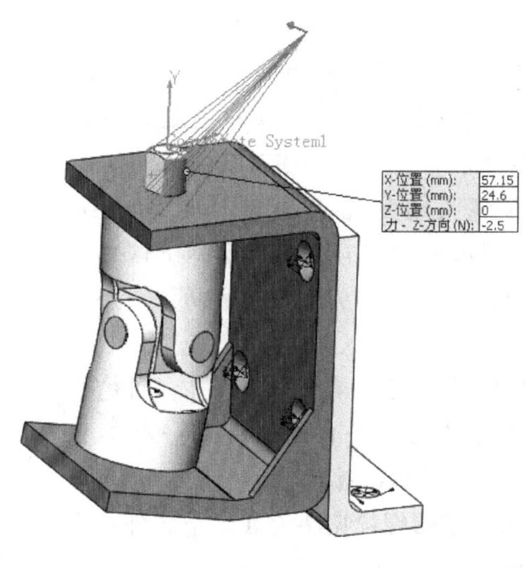

图5-5　设定远程载荷

在【位置】中输入坐标值。X-位置：57.15mm；Y-位置：24.6mm；Z-位置：0mm。

在【平移载荷分量】中，【Z-方向】指定为 -2.5N。注意，力的分量也是建立在坐标系“Coordinate System 1”上的。在【连接类型】下选择【分布式】，并将【权重系数】保留为默认值。单击【确定】✔。

提示　选择【载荷（直接转移）】时，假定曲柄子装配体和零件“Yoke_male”之间的连接可能会有松动，原因是曲轴、曲柄臂及曲柄把手的制造材料比合金钢要软。

2. 自动转换 Toolbox 紧固件到螺栓　这个工具会将模型中的 Toolbox 紧固件自动转换为 Simulation 的螺栓接头。在转换过程中，与位置、几何特征以及 Toolbox 紧固件材料相关的信息都会内在地映射到对应螺栓接头的规格中。自动转换支持以下几种类型的螺栓接头：

- 带螺母的标准或柱形沉头孔。
- 带螺母的锥形沉头孔。
- 标准或柱形沉头孔螺钉。
- 锥形沉头孔螺钉。
- 地脚螺栓。

提示　此功能只在 SOLIDWORKS Simulation Professional 及更高版本中可用。

知识卡片	Toolbox 紧固件到螺栓	● 快捷菜单：右键单击【连结】文件夹并选择【Toolbox 紧固件到螺栓】。 ● 菜单：【Simulation】/【接触/缝隙】/【Toolbox 紧固件到螺栓】。 ● 当定义一个新的【静应力分析】算例时，在【选项】下方选择【将 Toolbox 紧固件转换为螺栓接头(可能需要较长时间)】。

步骤 9　自动添加螺栓接头　单击【Toolbox 紧固件到螺栓】。由于模型中定义螺栓接头的【智能扣件】来自 SOLIDWORKS Toolbox 库，M6 螺栓的规格会自动传至 SOLIDWORKS Simulation 中，而且会显示如下信息：

4 Simulation 螺栓接头已创建成功。

已用时间：2s

在上面的对话框中单击【确定】。创建于 Toolbox 紧固件的接头将自动组成到一个单独的文件夹中，如图 5-6 所示。

图 5-6　添加螺栓接头

步骤 10　编辑螺栓接头　在这个文件夹中编辑一个接头，将自动修改其他接头的定义。这使得在任何时候分解或恢复接头系列变为可能。

展开【接头】文件夹下的“B18.6.7M”，右键单击一个螺栓并选择【编辑定义】。注意到【名义轴柄直径】和【螺母直径】自动获得的参数分别为 6mm 和 11.1125mm，如图 5-7 所示。也可以修改为所需的实际设计直径参数，但是这将打破与 Toolbox 紧固件的关联。

提示　在实体几何上的紧固件在分析时已被排除，因为它们被算成【连结】。

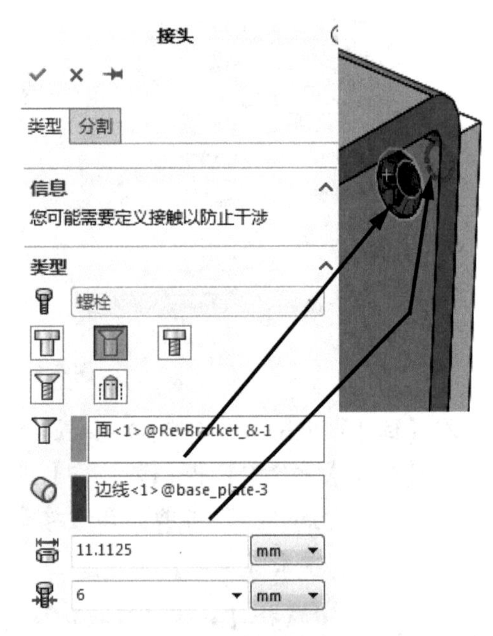

图 5-7　定义螺栓接头

5.5.2　螺栓的强度数据

螺栓强度数据用来判定一个螺栓接头是否能够安全地承受住所加载的载荷。在后处理期间，需要用到下面的数据来判定螺栓接头是否处于安全状态：

1）张力应力区域（A_t）。可以手动输入【已知张力应力区域】，或者在设置为【已计算的张力应力区域】时由软件计算得出，具体计算公式如下

ISO 螺纹线：　$A_t = 0.7854\ [d - (0.9382/n)]^2$

式中　d——直径，来自 Toolbox 紧固件数据（mm）；

n——螺纹数量（螺纹线/mm）。

ANSI 螺纹线：　$A_t = 0.7854\ [d - (0.9743/n)]^2$

式中　d——直径，来自 Toolbox 紧固件数据（in）；

n——螺纹数量（螺纹线/in）。

2）螺栓强度。默认情况下，它等于螺栓材料的弹性模量，但也可以根据需要进行修改。

3）安全系数。根据螺栓接头抵抗载荷的组合载比，用户定义的数值将与软件计算的螺栓强度安全系数进行对比。当计算所得的螺栓强度安全系数大于用户定义的数值时，认为螺栓接头是安全的。

5.5.3　分布式耦合

螺栓可以具有分布式耦合（类似于上文中讨论的“远程载荷”）。当【连接类型】设置为【分布式】时，分布式耦合公式将参考节点（螺栓杆的梁单元节点）连接到螺栓头和螺母的压印区域内的一组耦合节点。

分布式耦合将耦合节点的运动限制为参考节点的平移和旋转。位于头部和螺母内部的压印节点可能相对变形。

刚性螺栓连接与之类似，只是头部和螺母内部的压印节点不能相对变形，如图5-8所示。

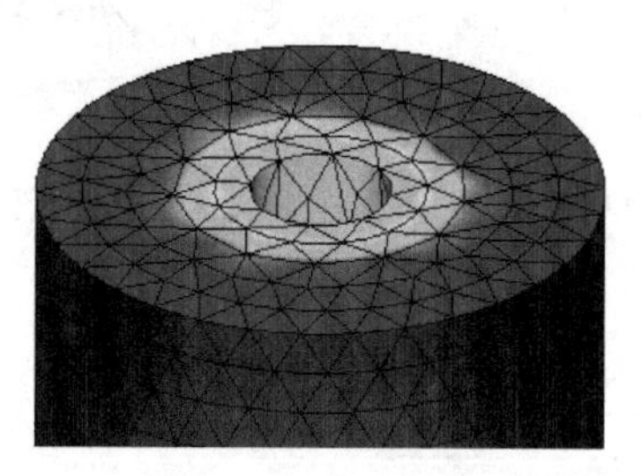

a) 刚性连接（Von-Mises应力）

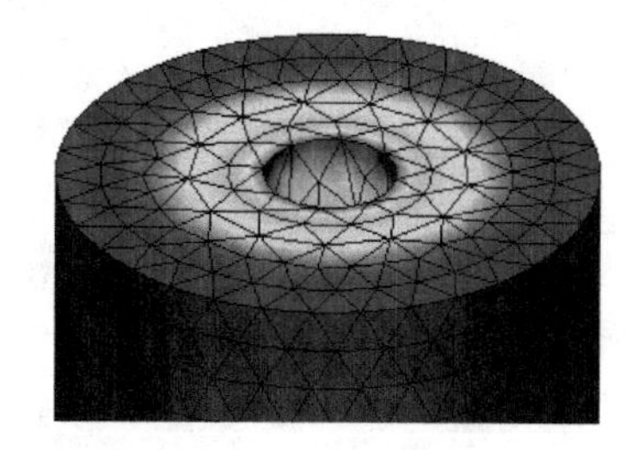

b) 分布式连接（Von-Mises应力）

图5-8　分布式耦合

5.5.4　螺栓预载

螺栓预载可以直接通过输入轴向力来定义，也可以通过扭矩间接定义。当输入扭矩（T）时，SOLIDWORKS Simulation 会将其转换为轴向力，即螺栓预载荷。公式如下

$$F = \frac{T}{KD}$$

式中　D——螺栓直径；

K——摩擦系数（即扭矩系数）。

摩擦系数 K 的计算公式很复杂，可以参考 J. E. Shigley（1986）编著的 *Mechanical Engineering Design*。$K = 0.2$ 在多数实际例子中非常适用。

下面的公式将自动计算出转换 Toolbox 紧固件的螺栓预载

$$F = 0.75 \times A_t \times 0.2 \text{ 屈服强度}$$

式中　A_t——张力应力区域。

可以根据需要更改预载的数值。

步骤 11　检查材料、强度数据和预载　如图 5-9 所示，确保材料选择合金钢（Alloy Steel）。由于接头来自 Toolbox 紧固件，【强度数据】中的【已知张力应力区域】显示了【螺栓强度】和【安全系数】。

因为这是一个标准 Toolbox 紧固件，所以【预载】也是计算出来的。单击【确定】✓，完成螺栓接头的定义。

步骤 12　定义底座与地面之间的螺栓接头　单击【螺栓】，在【类型】中选择【地脚螺栓】。在【螺栓螺母孔的圆形边线】中选择底座螺栓孔的边线。在【目标基准面】中选择“PLANE2”，如图 5-10 所示。

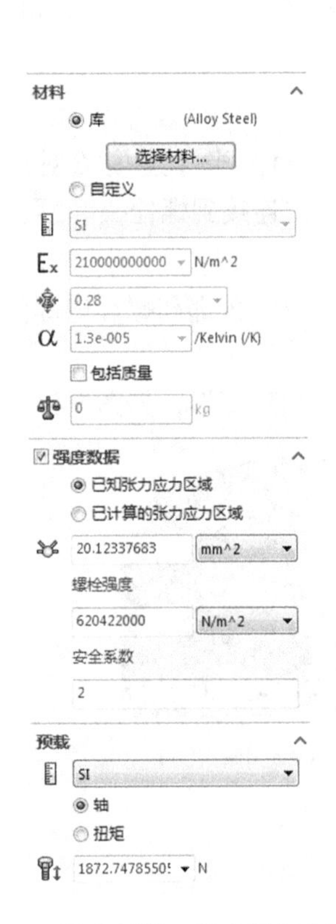

图 5-9　检查材料、强度数据和预载

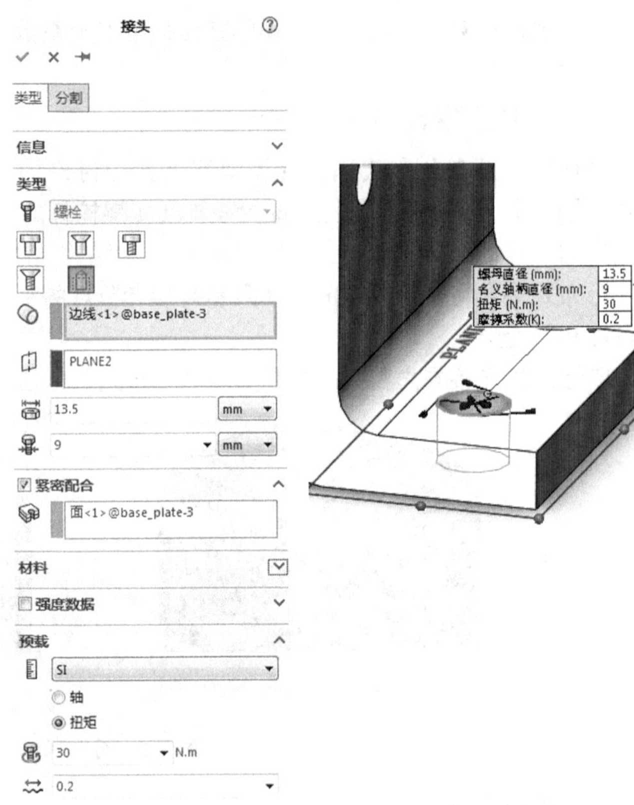

图 5-10　定义螺栓接头

同样，【螺母直径】和【名义轴柄直径】是根据 SOLIDWORKS 孔特征预定义的，可以根据需要修改。这里分别设为 13.5mm 和 9mm。

勾选【紧密配合】复选框，并在【柄接触面】中选择螺孔的圆柱面。将螺栓【材料】设为【合金钢】，设置【扭矩】预载为 30N · m，【摩擦系数（K）】为 0.2。

步骤13　孔系列　因为螺栓接头使用SOLIDWORKS的【孔系列】特征进行定义，SOLIDWORKS Simulation将显示如下信息："您想将螺栓接头添加到孔系列中的所有孔吗?"若单击【是】，则将螺栓添加到所有孔。若单击【否】，则只对所选孔添加一个螺栓。

在上面的对话框中单击【是】，自动生成其余的地脚螺栓。

技巧　【紧密配合】选项不会复制到其余的孔上，用户必须手工添加。

【接触直观图解】用来识别现有的基于几何的接触，以及由用户定义的网格相关的求解器生成的接触。基于几何的接触包含所有几何实体，例如边线、表面或实体。它们始终相互接触，并由自动或手动的方式定义全局、零部件级别或局部接触面组。

定义接触的模型区域将对每种接触类型渲染独一无二的颜色，支持的接触类型见表5-2。

表5-2　接触类型及其颜色

接触类型	颜　色	接触类型	颜　色
接合	(红)	虚拟壁	(黄)
无穿透	(紫)	接触热阻	(紫)
允许贯通	(绿)	绝缘	(绿)
冷缩配合	(橙)		

知识卡片　**接触直观图解**

- 右键单击【连结】文件夹并选择【接触直观图解】。

步骤14　在装配体中定义所有接触　右键单击【连结】文件夹并选择【接触直观图解】。确保在【选择零部件】下方高亮显示的文件是"Cardan joint. SLDASM"，单击【计算】。浏览并分析被识别出的接触界面，如图5-11所示。

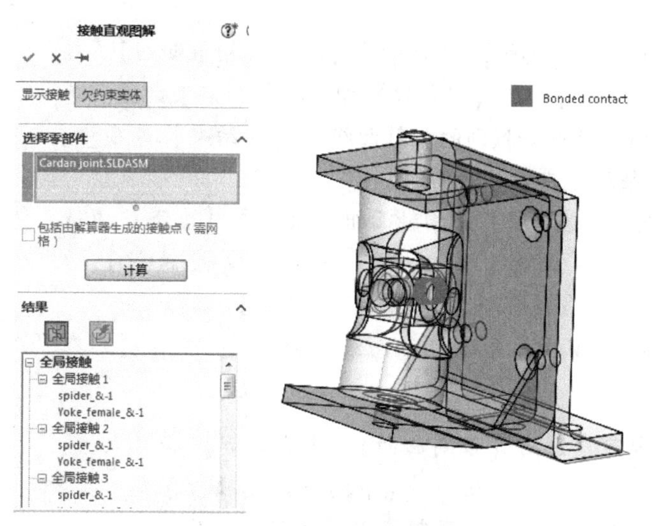

图5-11　接触直观图解

单击【确定】✓。由于接触的数量太多，将自动生成接触面组。

步骤 15　切换到爆炸视图　爆炸该视图以方便定义接触条件。

步骤 16　删除全局接触　为保证任意两个零件都不是接合的，可以删除全局接触的条件。当分析复杂的装配体时，这是一个好习惯。任何错误的或忽略定义的接触条件可能导致求解时出现问题或显示错误的位移结果。

如图 5-12 所示，删除顶层装配体零部件接触（全局接触）。

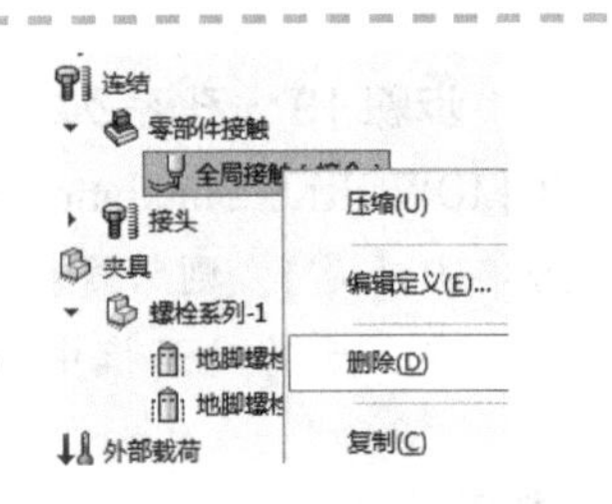

图 5-12　删除全局接触条件

5.5.5　局部相触面组

已经删除了全局接触条件，以确保不会存在两个相互接触的面。对大多数装配体而言，仅靠一种接触条件（本例中采用的允许贯通）并不能满足所有接触，因此必须对每个不符合全局接触条件的相触面组调整接触类型。

知识卡片		
	自动查找相触面组	【自动查找相触面组】功能可以自动地在一个装配体中定义接触。
	操作方法	● CommandManager：【Simulation】/【连接顾问】/【相触面组】。 ● 快捷菜单：右键单击【连结】并选择【相触面组】。 ● 菜单：【Simulation】/【接触/缝隙】/【定义相触面组】。

> 提示　在【接触】中选择【自动查找相触面组】。

步骤 17　定义无穿透接触的高级选项　编辑 Simulation 的【默认选项】。在【网格】中勾选【为接触面组定义显示高级选项】复选框。

步骤 18　定义局部相触面组　可以利用 SOLIDWORKS Simulation 的【自动查找相触面组】功能。右键单击【连结】文件夹，选择【相触面组】。

如图 5-13 所示，在【接触】中选择【自动查找相触面组】。在【选项】中选择【相触面】。在【零部件】中，选择顶层装配体。单击【查找相触面组】，所有查找到的相触面组列在【结果】选项中。可以单击每一个结果浏览查看相触面组。

在【结果】选项中选择所有的相触面组。然后在【类型】中选择【无穿透】。勾选【摩擦】复选框，指定【摩擦因数】为“0.05”。勾选【高级】复选框并选择【曲面到曲面】。

最后单击【确定】两次，所有相触面组将会自动生成，并列在【连结】文件夹下。

> 提示　也可以使用【节到曲面】、【节到节】和【无穿透】的接触选项。然而，【节到节】选项（全局、零部件或局部接触）会强制使用兼容网格，而【节到曲面】选项（仅限于局部接触）可能会得到不精确的接触应力。

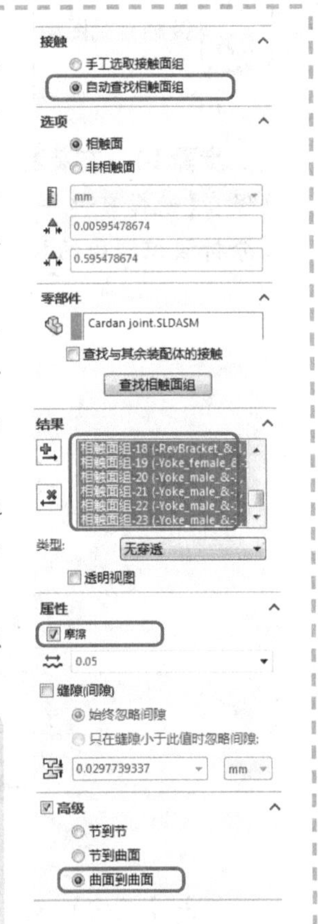

图 5-13　定义相触面组

1. 无穿透的局部接触选项　本模型表明，轴的存在确保了万向节及外支架零件之间的距离不会小于初始间隙3.469mm。因此可以在【无穿透】接触条件中设置【缝隙(间隙)】选项来模拟这个约束。

2.【缝隙（间隙)】选项　该选项强制接触缝隙只等于参与实体之间的初始几何距离。这个选项允许用户以一个特定相触面组，选择初始几何间隙是否应当被加载到相触面组中所有的实体上，或是只加载到初始间隙小于用户定义的相触面组上，如图5-14所示。

3. 缝隙示例　下面的例子将说明该特征，如图5-15所示。

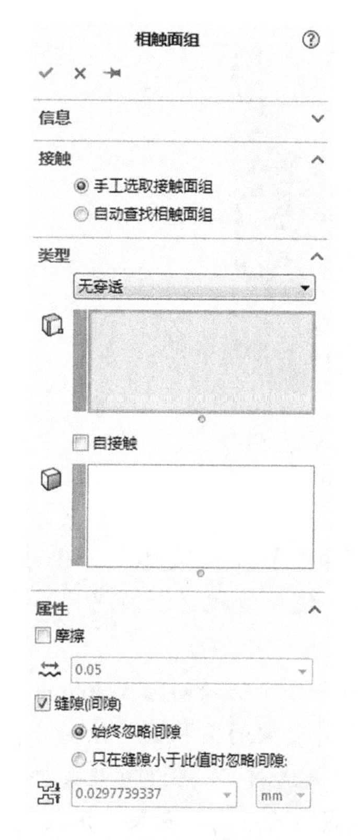

图5-14　【缝隙（间隙)】选项

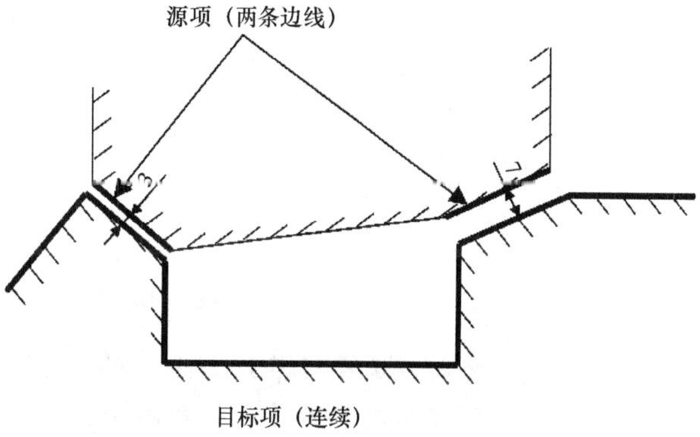

源项（两条边线）
3
7
目标项（连续）

图5-15　缝隙示例

- 如果在【缝隙（间隙)】选项中选择【始终忽略间隙】，则沿着指定源项边线允许接近，它们的初始几何间隙值可以小于3mm或7mm。而且，沿着指定源项边线的所有点都允许沿反方向进一步分离。
- 如果忽略间隙条件为小于4mm，则3mm的接触部分会和上面描述的结果一样，而7mm的接触部分允许完全相触（如果指定了适当的载荷)。

步骤19　定义万向节及外支架间的接触　定义一个【无穿透】、【节到曲面】的相触面组，类型中【组1】指定轴和万向节接触面的边线，【组2】选择外支架的一个表面。

勾选【缝隙（间隙)】复选框并选择【始终忽略间隙】，在【高级】中选择【节到曲面】。单击【确定】✔，如图5-16所示。

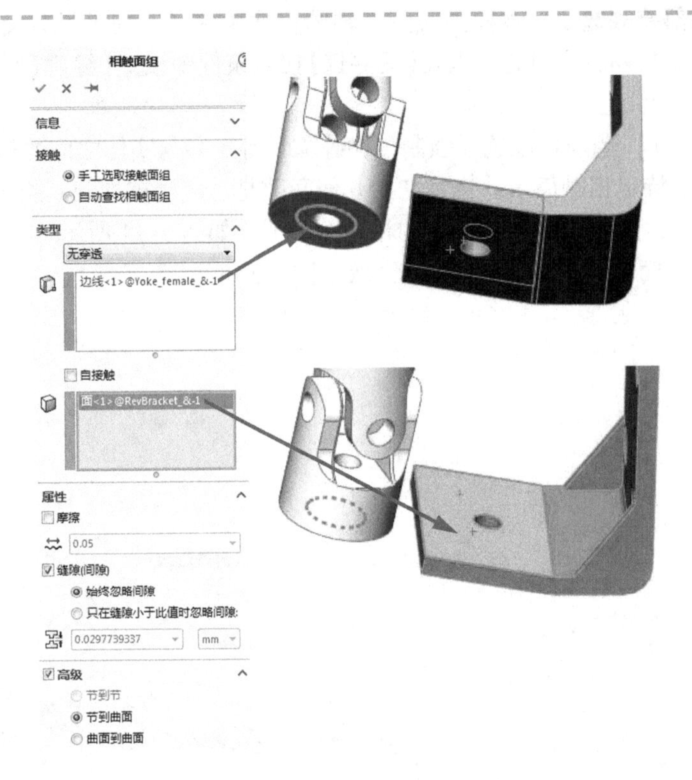

图 5-16　定义接触

提示

之所以选择【节到曲面】的接触，是因为【组 1】中的实体是一条边线，所以不能采用【曲面到曲面】的选项。同时，使用边线可以简化计算。当然，也可以选择轴和万向节之间的接触表面。

上面的接触条件会确保两个实体之间的距离不会小于初始间隙 3.469mm，但是允许相互分离。最终的约束必须确保万向节和外支架的圆柱面同轴对齐，这两个圆柱面一直连接在一起以传递扭矩（它们由轴连接）。若没有此条件，万向节就会自由转动，得到的结果有可能是错误的或不准确的。如果不用轴这个模型，也可以使用销钉接头。为了能够和孔对齐，销钉接头必须具有旋转和轴向刚度。

4. 销钉连接　最后的约束必须保证圆柱开口在“ke_female”和“RevBracket”之间保持对齐并能传递扭矩（它们在物理上是用滑块连接的）。没有这个条件时，滑块会自由转动以至求解失败或者不准确。因此，我们用销钉连接去代替模型上的滑块。

销钉连接能够保证在变形过程中两个连接的圆柱面保持同轴。这两个面是不允许变形并且能够保持是圆柱的。

销钉连接提供以下选项：

- 使用固定环（无平移）：假如选中该选项，两个圆柱面将不允许存在轴向平移。
- 使用键（无旋转）：假如选中该选项，两个圆柱面将不允许存在轴向旋转。
- 包括质量：销钉的质量可以包含在频率分析或者有加速度载荷的静应力分析中。
- 轴向和旋转刚度：假如两个相关的位移无约束（轴向平移或者转动），可以在两个方向上定义线性刚度。

销钉的几何和材料参数可以用以下参数定义：

- 张应力区域：销钉的横截面。
- 销钉强度：销钉材料的设计强度（例如屈服强度）。销钉强度可以从材料属性框中定义的材料中自动获取。
- 安全因子：销钉设计安全因子。

5.5.6　旋转和轴向刚度

若圆柱形状的截面维持恒定，旋转刚度可以由下式计算

$$K_{ROT}=\frac{JG}{L}$$

式中　J——半径为 r 时的极惯性矩，$J=\frac{\pi r^4}{2}$；

G——材料的剪切模量；

L——连接两点之间杆件的长度（杆件的有效长度）。

把相应的数值带入上式中，得到 $K_{ROT}=18403\text{N}\cdot\text{m/rad}$。

若圆柱杆件的截面维持恒定，其轴向刚度可由下式计算

$$K_{AXIA}=\frac{EA}{L}$$

式中　E——杨氏模量；

A——圆周半径为 r 时的横截面积，$A=\pi r^2$。

把相应的数值代入上式得到 $K_{AXIA}=4.3135\text{N/m}$。

步骤 20　定义万向节和外支架之间的接头　在万向节和外支架的开口圆柱面之间定义【销钉】接头，如图 5-17 所示。在【连接类型】中，不勾选【使用固定环（无平移）】和【使用键（无旋转）】复选框。在【高级选项】中，在【轴向刚度】中输入"4.3135×10^9"，在【旋转刚度】中输入"18403"，单击【确定】✔。

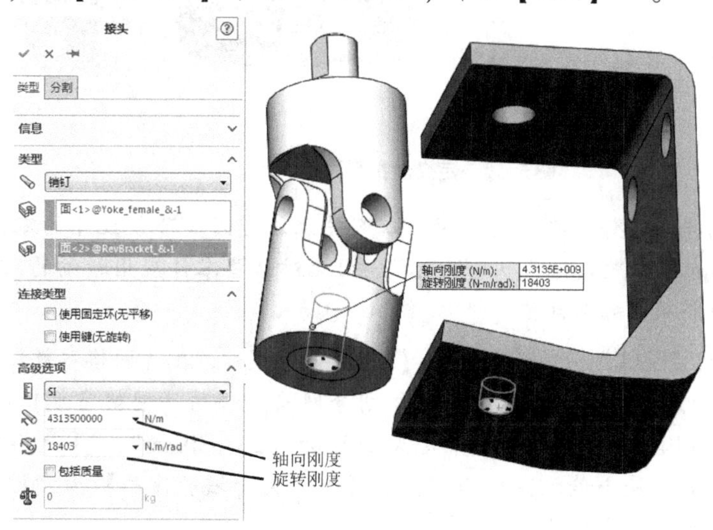

图 5-17　定义销钉接头

底座使用地脚螺栓与地面连接，地脚螺栓在某些位置可自由移动，如沿着螺栓的轴向和螺母边线方向等。为了正确模拟地脚螺栓的连接同时又不增加底座模型，可以使用【虚拟壁】和局部的【无穿透】特征来实现。

虚拟壁有【刚性】和【柔性】两种可用的类型，如图 5-18 所示。【刚性】为假设刚度无穷大，可用于模拟非常坚硬的底座。如果虚拟壁类型选择了【柔性】，则必须定义【轴向】和【切向】的有效基本刚度值。这种方法便于用户模拟复合底座（墙壁），并且不需要把它们列入模型中。

两种类型均支持【摩擦系数】和【缝隙（间隙）】接触特征。

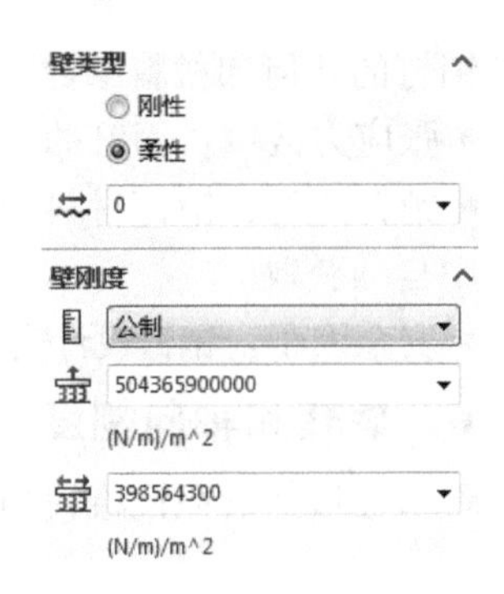

图 5-18　虚拟壁特性

步骤 21　设置虚拟壁　单击【相触面组】，选择【虚拟壁】，选择“base_plate”的底面作为【组 1】，选择“PLANE2”作为【组 2】。

在【壁类型】中选择【刚性】。在【摩擦因数】中输入“0”，如图 5-19 所示。由于地脚螺栓的定义，摩擦力对分析的结果几乎没有影响。单击【确定】✓。

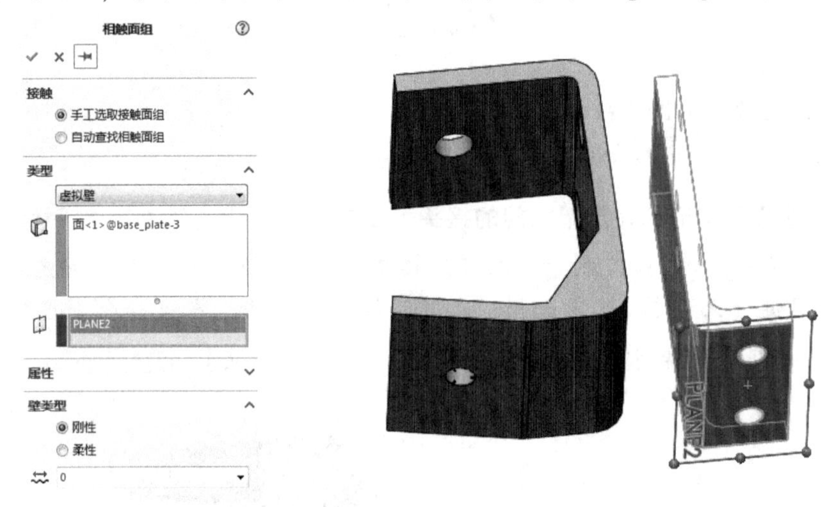

图 5-19　定义虚拟壁

所有必需的接触条件已经定义完毕。本例关注的是万向节装配体的零件，即“Yoke-male”“Yoke-female”“Spider”和“Pins”。因此对这些零件应用精细的网格。为了提高计算速度，本章将采用粗糙网格。

步骤 22　对装配体划分网格　单击【生成网格】。在【网格参数】中选择【基于曲率的网格】。使用草稿品质单元对装配体划分网格。移动【网格密度】的滑块至左侧，得到一个粗糙的网格，其中【最大单元大小】为“23.630mm”，【最小单元大小】为“4.726mm”，【圆中最小单元数】为“8”，【单元大小增长比率】为“1.6”。单击【确定】，最终网格如图 5-20 所示。

步骤 23　检查相触面组　对模型划分网格后，可以查看用户定义的相触面组，在运行算例之前验证由求解器获取的接触定义。右键单击【连结】文件夹，选择【接触直观图解】。如图 5-21 所示，确保在【选择零部件】下方选中的文件是“Cardan joint. SLDASM”，并勾选【包括由解算器生成的接触点（需网格）】复选框。

单击【计算】，弹出一个警告消息如下：

"接触实体无法正确处理。

接触集 Set-14

接触集 Set-10

……"

显示此警告是因为自动创建接触组时，会考虑整个模型，其中也包括已排除的工具箱组件。单击【确定】以忽略这些接触集消息。

切换到【隐藏基于解算器的接触】，只查看基于解算器的接触。单击【确定】。

步骤24　设置算例属性　指定算例的解算器为 Direct sparse。

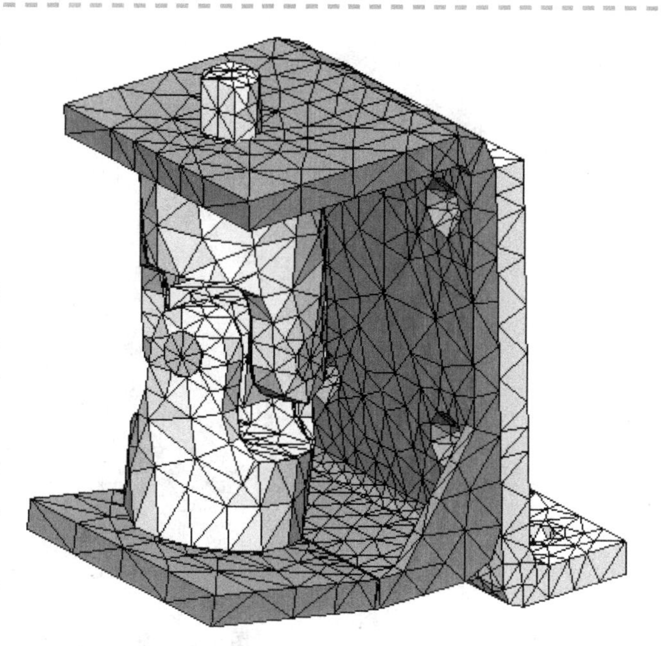

图5-20　网格划分

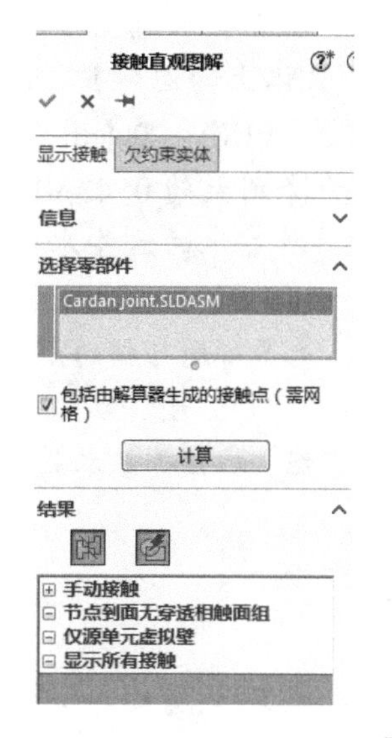

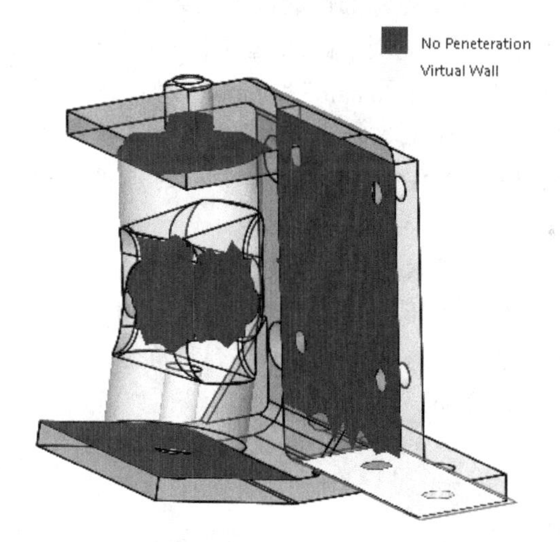

图5-21　检查相触面组

> **提示**　选择解算器 Direct sparse 是因为虽然有大量的相触及接头，但是模型的规模还是很小的，该解算器比 FFEPlus 迭代解算器效率更高。随着求解问题的增多，FFEPlus 迭代解算器会变得更具效率并可作为首选。关于解算器的更多信息，请参考附录A。

步骤25　运行分析　单击【运行】。算例将运行几分钟。

步骤26　显示应力结果并制作动画显示　以动画显示 von Mises 应力在模型中的分布情况，如图5-22所示。

可以观察到总体应力非常小，应力极值出现在刚性螺栓连接的位置。

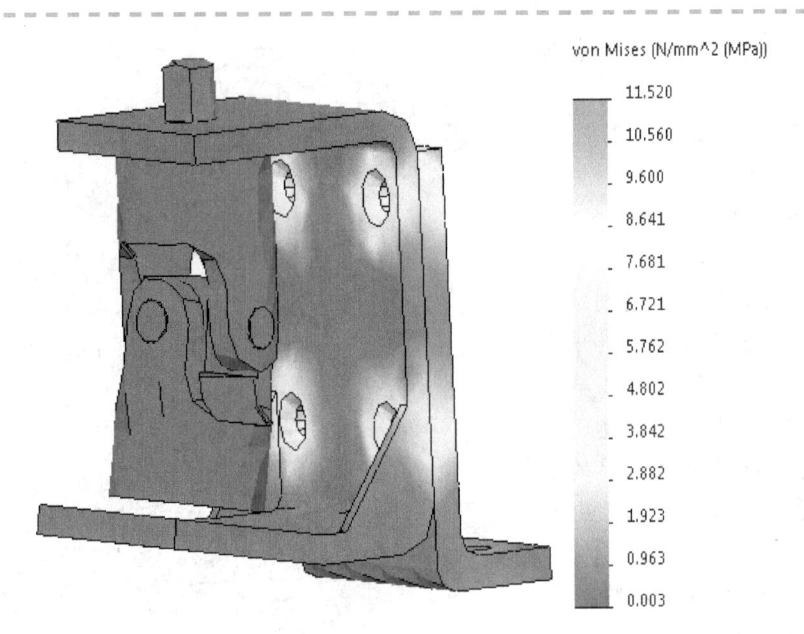

图 5-22　应力结果显示

步骤 27　查看重点零部件的应力结果图解　如图 5-23 所示，回到爆炸视图。生成一个新的应力图解，勾选【高级选项】中的【仅显示选定实体上的图解】复选框，并选择“Yoke_male”“Yoke_female”“spider”以及三个销钉零件“PIN”。在【图表选项】中，勾选【只在所示零件上显示最小/最大范围】复选框。应力降到大约 0.43MPa，相对材料的屈服强度(620MPa) 而言是非常小的。很显然，用户所关注的这些零部件的应力非常小。

但是，网格非常粗糙，而且使用的是草稿品质的单元。为了得到可信的应力结果，必须细化网格并使用高品质的单元。

销钉和螺栓很容易设计并可以得到抗剪力、轴心力、弯矩、扭矩等基本载荷。图 5-24 显示了这些力的方向。

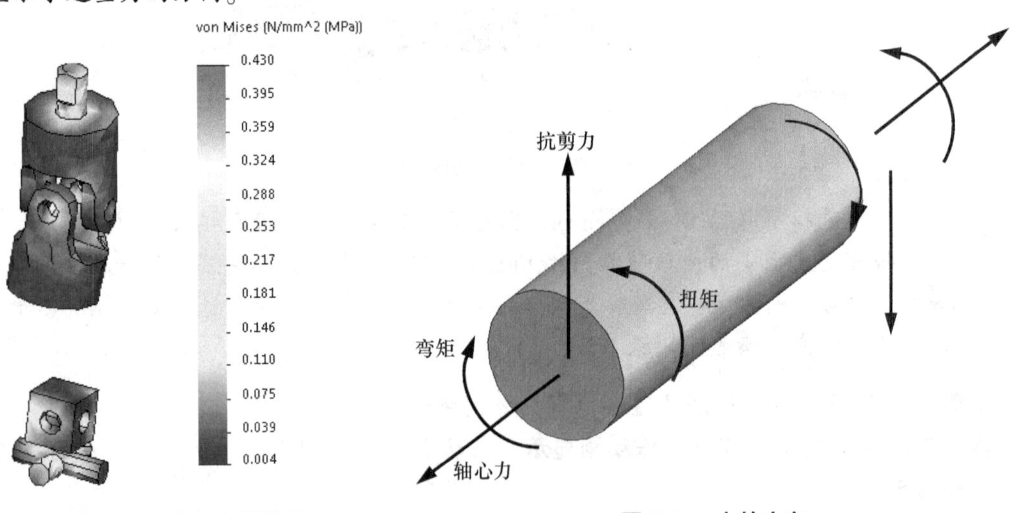

图 5-23　应力结果图解　　　图 5-24　力的方向

X、Y、Z 分量是基于全局坐标系的。轴向力的正负表示拉伸或者压缩。

知识卡片

列出接头力	销钉、螺栓和轴承力被计算并显示在表格里。对话框能够保存数据为 *.csv 或 *.txt文件，它们能够用 Excel 或 Notepad 打开和编辑。导出的数据对销钉和螺栓设计师是非常有用的。软件能够自动计算每个销钉的强度并且输入到数据库中。
操作方法	● 快捷菜单：右键单击【结果】文件夹，然后选择【列出接头力】。 ● 菜单：【Simulation】/【结果工具】/【接头力】。 ● CommandManager：【Simulation】/【结果顾问】/【列出销钉/螺栓/轴承力】。

步骤 28　列出接头力　如图 5-25 所示，右键单击【结果】文件夹，选择【列出接头力】。从列表中选择【所有螺栓】后检查结果。单击【确定】✔。

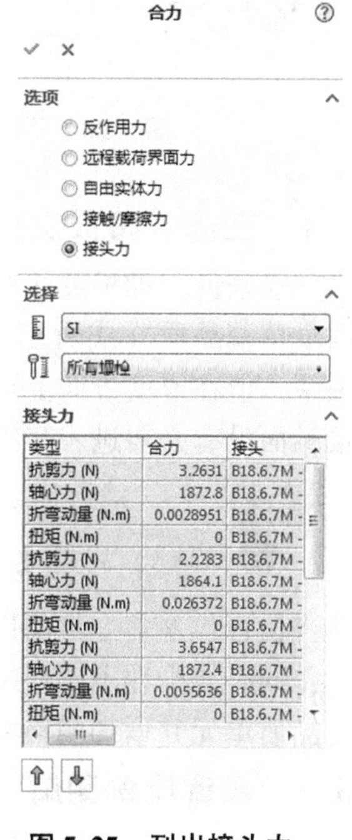

图 5-25　列出接头力

5.6　第二部分：使用高品质网格进行分析

本小节将分析草稿网格的品质，生成一个新的高品质网格，自动生成接触条件，并对细化后的算例结果进行后处理。

步骤 29　分析当前草稿品质网格的细节　右键单击【网格】文件夹并选择【细节】。【网格细节】对话框列出了当前网格的基本信息。下拉滚动条，有三行信息是关于"高宽比例"的，如图 5-26 所示。

【最大高宽比例】的数值为 21.011，【带高宽比例的单元百分比 <3】的值为 86.9，这些都是可以接受的。

对网格的整体评价可以通过视觉进行审查。每个万向节"Yoke"零件的厚度方向有两个草稿品质的单元，销钉的厚度方向也一样，这对想要获得合理的应力及应变结果的用户来说是远远不够的，如图 5-27 所示。

网格 细节

算例名称	stress analysis (-Without_crank-)
网格类型	实体网格
所用网格器	基于曲率的网格
雅可比点	4点
最大单元大小	23.6304 mm
最小单元大小	4.72608 mm
网格品质	草稿
节总数	2954
单元总数	9376
最大高宽比例	21.011
带高宽比例的单元百分比 < 3	86.9
带高宽比例的单元百分比 > 10	0.939
重新网格使带不兼容网格的零件失败	关闭
完成网格的时间（时：分：秒）	00:00:02
计算机名	Ye-Wei

图 5-26　网格细节信息

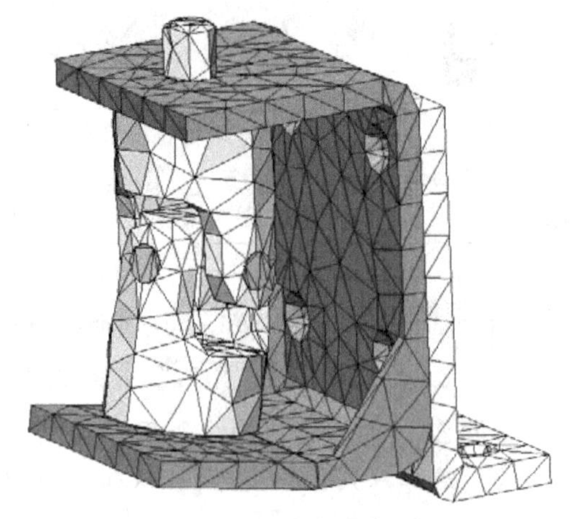

图 5-27　网格过于粗糙

5.6.1　在薄壁特征上需要的实体单元数量

一般来说，如果关注在严重弯曲或高曲率几何体当中的应力或应变结果，在厚度方向至少需要四个草稿品质（或两三个高品质）的单元。在外支架和底座上使用相对粗糙的网格并没有多大关系，但在厚度方向上至少需要一个高品质或两个草稿品质单元。除非接触应力非常重要，否则接触面没有必要进一步细化，尤其是在使用高品质网格时。

提示　如果几何体中不存在严重弯曲、高曲率或扭曲（在非线性分析时的压缩），则通过厚度方向的最少实体单元层数可以不严格要求。

当执行包含多个零部件的分析时，至关重要的是将计算资源集中在感兴趣的区域上，同时减少在不感兴趣的区域上的工作量。对于必须获得准确结果的至关重要的区域，应使用高品质单元并增加网格密度，这样可以提高准确性，并节省计算机的运行时间。

5.6.2　高宽比例图解

网格上的高宽比例分布情况同样可以用图解的方式显示。该图解允许探测显示长条单元位置的高宽比例值。在应力至关重要的区域，高宽比例应当低于 50。任何其他区域的高宽比例不得大于 500。通过对严重变形单元区域应用局部网格控制的方法，可修正高宽比例偏高的问题。

步骤 30　图解显示高宽比例　右键单击【网格】文件夹，选择【生成网格品质图解】。选择【高宽比例】选项，并单击【确定】。编辑【图表选项】，勾选【显示最大注解】复选框。

如图 5-28 所示，图解中显示的最大高宽比例值为 21.347。注解显示的最大高宽比例在“bracket”零件底部转角位置，其上单元很细长。如果该区域的应力和应变值很重要，可用局部网格控制细化。

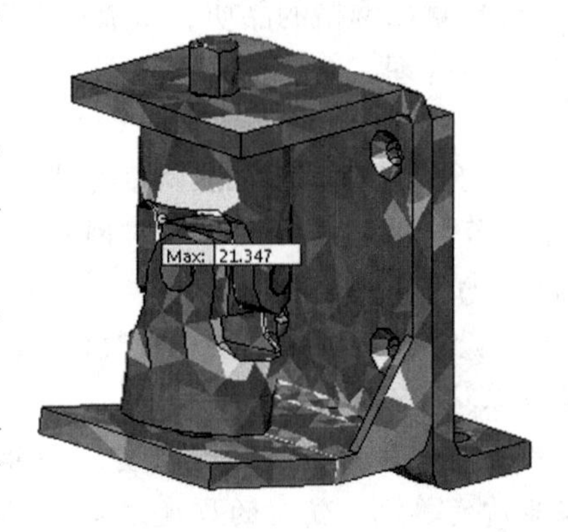

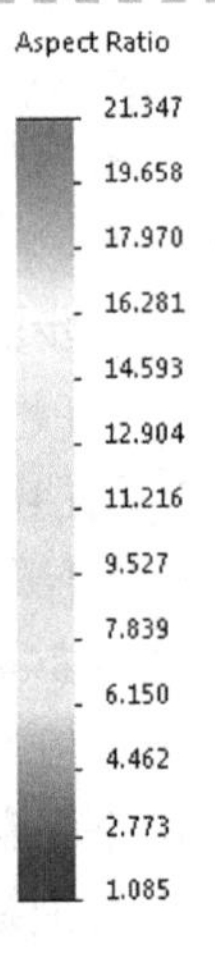

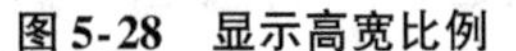

图 5-28　显示高宽比例

步骤31　网格剖切　为了查看网格内部质量，可以使用网格剖切工具。右键单击“网格品质1”，选择【网格剖切】，如图5-29所示。

使用拖动杆显示内部结构的网格质量，如图5-30所示。

单击【确定】✔。

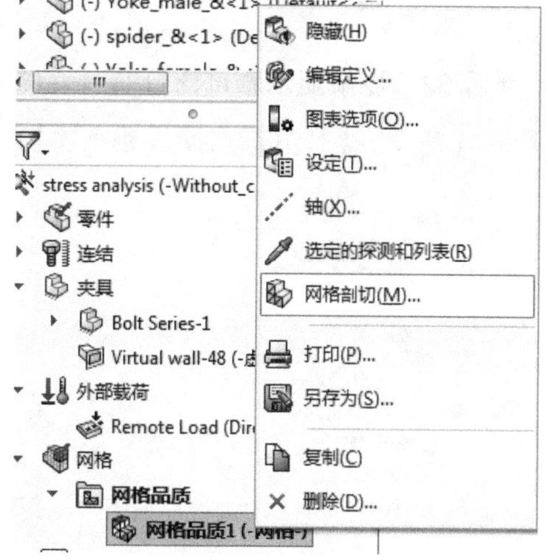

图5-29　网格剖切

扫码看视频

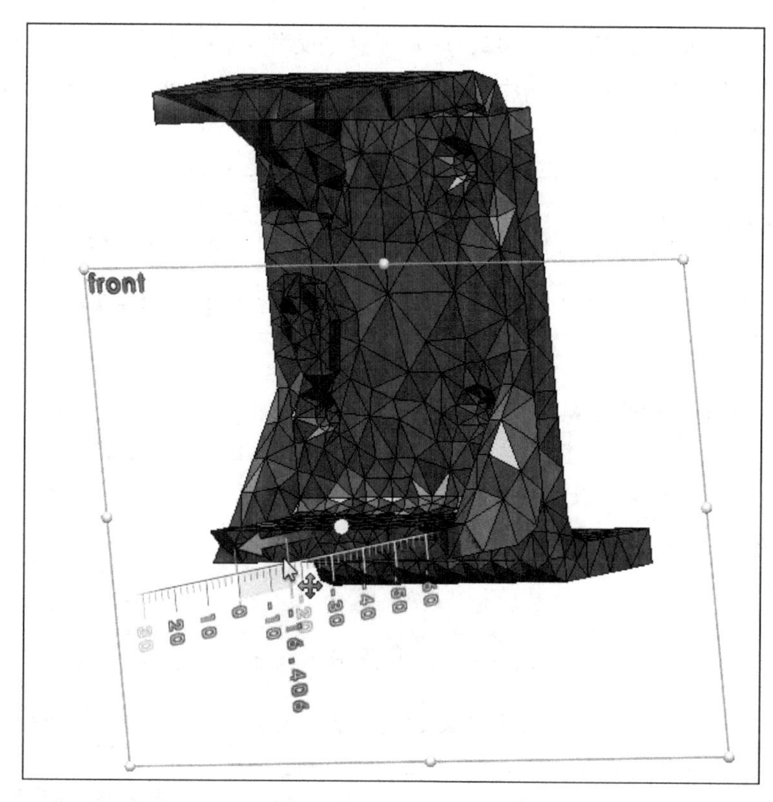

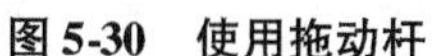

图5-30　使用拖动杆

5.6.3　雅可比

上文已经讨论了网格品质评估标准——高宽比例，并给出了高宽比例的图解。

另一种网格品质评估标准为雅可比，其可用于判断高曲率和扭曲单元。SOLIDWORKS Simulation在网格划分阶段会自动检查单元的雅可比值，并不需要人工干预。雅可比值越接近1越好，不能接近于0或为负值，否则将导致严重的局部网格划分失败。雅可比检查只能用于高品质单元。

步骤 32 图解显示雅可比分布 右键单击【网格】文件夹，选择【生成网格图解】。如图 5-31 所示，【显示】选择【雅可比】，单击【确定】✓。雅可比分布如图 5-32 所示。

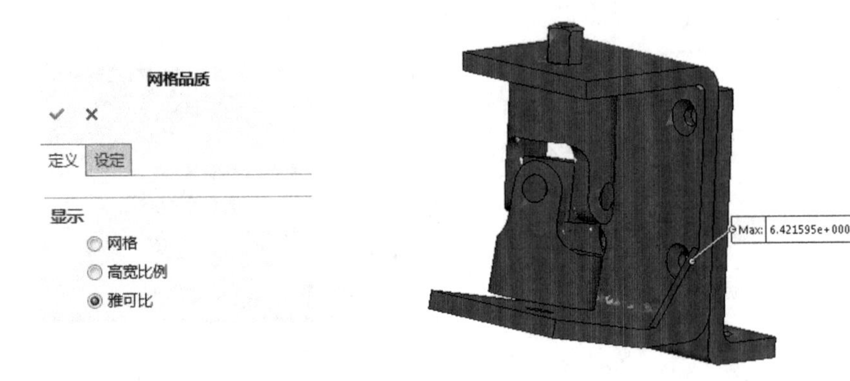

图 5-31 用雅可比检查网格品质　　　　图 5-32 雅可比分布

模型的网格中最大的雅可比为 6.42，这是可以接受的网格。

由于时间的关系，该算例已经事先计算完毕，并保存在“Lesson 05 \ Case Studies \ Cardan Joint \ completed”文件夹中。

知识卡片

安全系数图解	【安全系数图解】可以清楚地显示装配体中安全系数的分布。定义安全系数图解的过程实际上是一个向导式的操作，通过几个步骤来定义图解参数。
操作方法	● 快捷菜单：右键单击【结果】文件夹并选择【定义安全系数图解】。

步骤 33 图解显示安全系数的分布 右键单击【结果】文件夹并选择【定义安全系数图解】。除了 ASME 锅炉和压力容器设计标准之外，都要求使用 von Mises 应力计算安全系数。【步骤 1】选择【最大 von Mises 应力】，如图 5-33 所示。单击【下一步】➡。

提示 选项卡中的不等式 $\frac{\sigma_{vonMises}}{\sigma_{Limit}}<1$ 并不是安全系数的定义，用户不要被该表达式迷惑。它只是软件用来定义 von Mises 应力屈服的准则，以标记材料屈服的位置点（即安全系数 <1 的地方）。本次用户可以忽略该表达式。随着用户对软件及理论的熟悉，将会对此越来越了解。

图 5-33 选择最大 von Mises 应力

步骤 34 指定材料常量 在【步骤 2】中指定材料常量，作为 von Mises 应力的对比。

因为大多数标准都指定材料的屈服应力，所以【设定应力极限到】选择【屈服强度】，【所用材料】选择【1060 Alloy】，如图 5-34 所示。

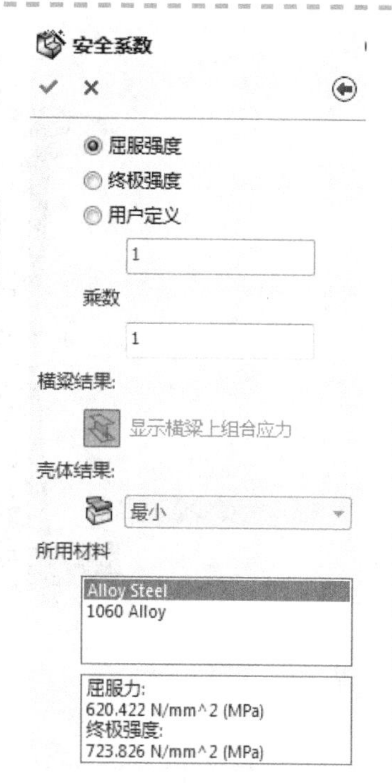

图 5-34　指定材料屈服应力

> **提示**　本例的计算在线弹性范围内是有效的，受限于材料“应力-应变”曲线上的屈服应力点。

同时注意到，在选项卡的底部列出了装配体使用的材料及其对应的屈服强度信息。单位可以在选项卡的顶部设置。单击【下一步】。

步骤 35　指定安全系数　【步骤 3】允许用户指定图解中的数量，选择【安全系数分布】，单击【确定】✔生成该图解，如图 5-35 所示。

步骤 36　分析图解　将图例的最大值改为 100.00，可以看到安全系数的最小值为 0.70，如图 5-36 所示。由于应力集中的原因，这个值是非常小的。将最小值设定为安全系数的设计数值（如 3.5）是一个好习惯。

步骤 37　编辑图解　更改标尺的最小值为 3.50，如图 5-37所示。

可以看到整个图解并没有发生显著变化。红色区域表明模型的这些部分并不符合安全标准的设计系数。

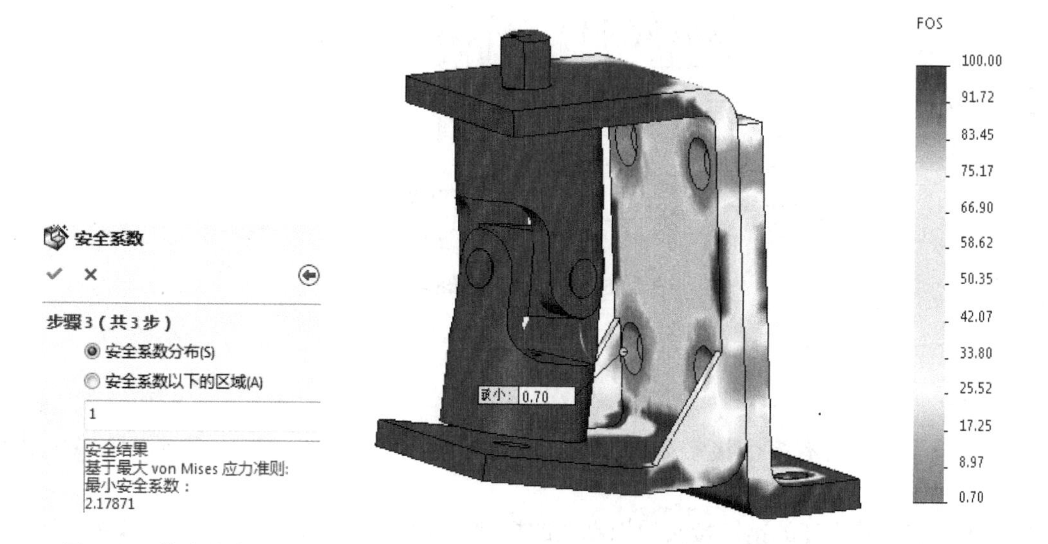

图 5-35　指定安全系数

图 5-36　安全系数图解（1）

步骤 38　Iso 剪裁　单击【Iso 剪裁】。定义这个图解的 Iso 剪裁，显示安全系数低于 3.5 的区域，如图 5-38 所示。

该图解表明应当重点关注这些区域的失效情况，完成操作后关闭 Iso 剪裁。

步骤 39　保存并关闭零件

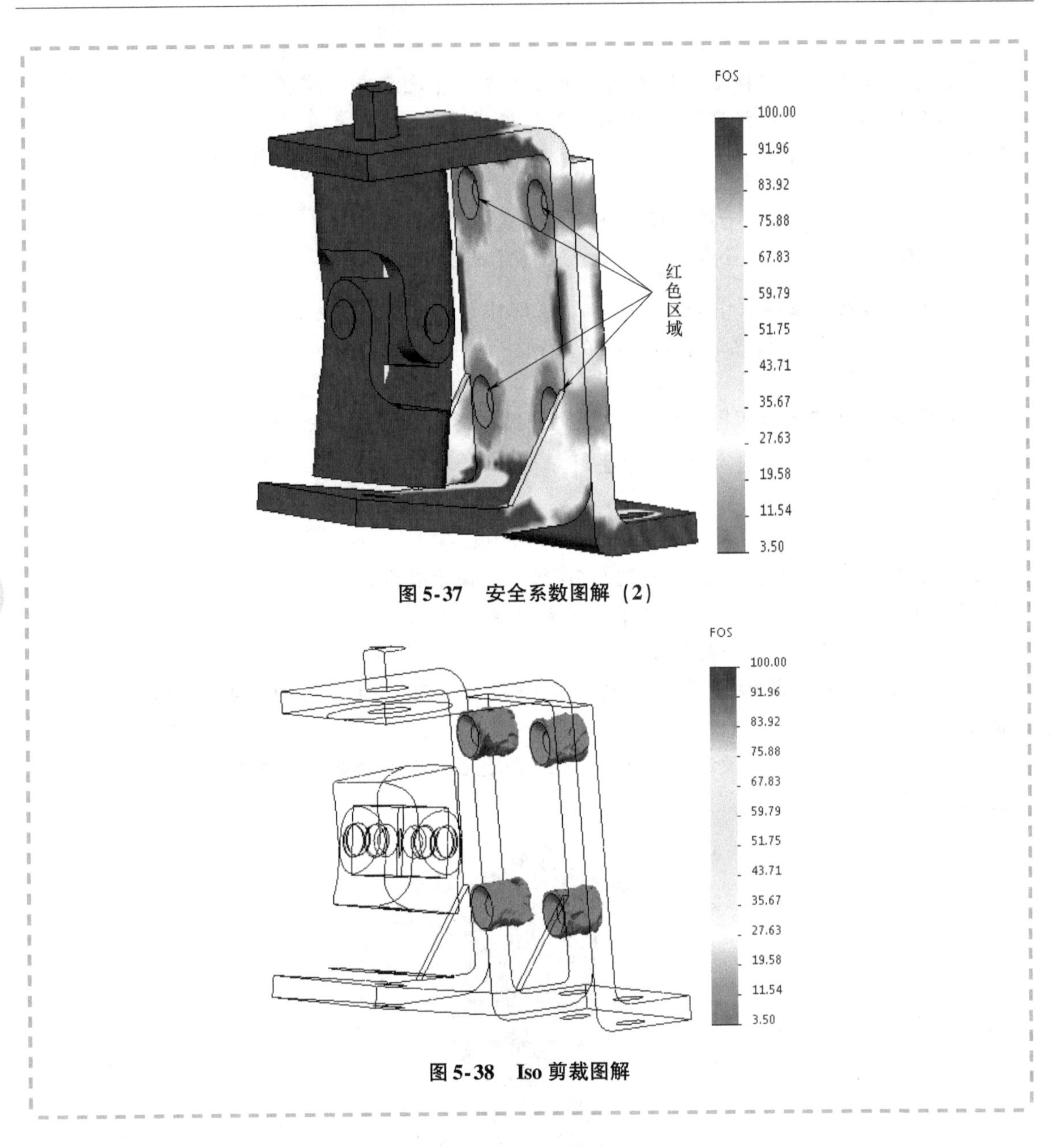

图 5-37　安全系数图解（2）

图 5-38　Iso 剪裁图解

5.7　总结

本章分析了一个含有多个接触条件及接头的实体网格装配体，学习了创建局部相触面组的方法。

首先用指定旋转刚度的销钉接头模拟真实的杆件。使用远程载荷特征远距离加载载荷，而无须对连接件进行建模。

然后参考模型的特征尺寸，分析了有限元网格的质量并讨论了单元的优化尺寸。

最后介绍了一个新的后处理特征——安全系数图解。本章使用该特征显示了安全系数的分布，并讨论了该图解类型中提供的各种选项。可以看到“Yoke”和“spider”零件都是安全的，不会失效，然而托架显示有安全系数低于 3.5 的地方。在下结论之前，应该对托架划分更精细的网格，研究应力结果是否集中。之后便可以做出判断，是否需要更改材料或设计来满足 3.5 的安全系数。

练习 5-1 链扣（第一部分）

如图 5-39 所示，本练习将分析链条中的一颗链扣在载荷作用下的应力。在链条中，载荷与拉伸量之间的关系是非常重要的。

本例将分几次对该链条进行分析。一开始将尝试对整颗链扣进行分析，看看会产生什么样的问题。在此基础上，将探讨如何采用不同的结算方式得到更加精确的结果，且不增加求解时间。

本练习将应用以下技术：

- 对称。
- 刚体模式。
- 软弹簧。

图 5-39 链条模型

本例的目标是求解链条中力与拉伸量之间的关系。这里对零部件中的真实应力并不感兴趣，因为这并不是设计目标。

链条中的所有零件都由材料 AISI 304 制成。

操作步骤

扫码看视频

步骤 1 打开文件 打开文件夹“Lesson05\Exercises\Chain Link”下的文件“Roller Chain”。

“Default”配置中包含“sprocket”（扣链齿）、“pivot”（枢轴）和几颗“link”（链扣）。

步骤 2 切换配置 激活配置“Link-ful”。该配置可显示整个链扣，实际上它由一个内部链扣和两个半边外部链扣组成，如图 5-40 所示。

步骤 3 创建一个算例 创建一个名为“Link-full-soft springs”的静应力分析算例。

步骤 4 应用材料 对装配体中的所有零件应用材料 AISI 304。

步骤 5 定义接触 链扣中包含【无穿透】和【接合】这两种接触。在每个相同的链扣组件之间的接触为【接合】方式。而在内部链扣和外部链扣之间的接触方式为【无穿透】。链扣结构如图 5-41 所示。

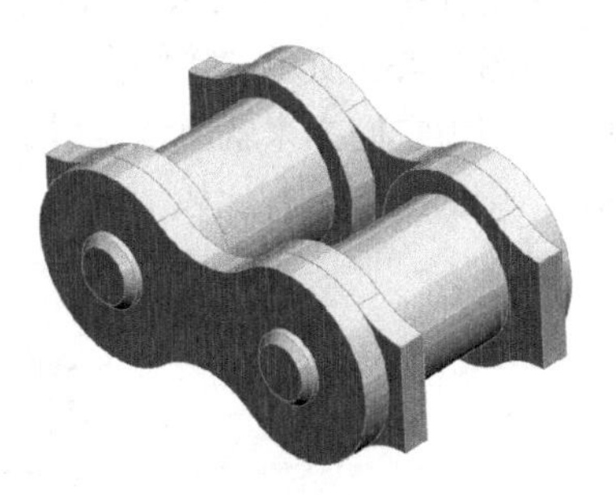
图 5-40 链扣

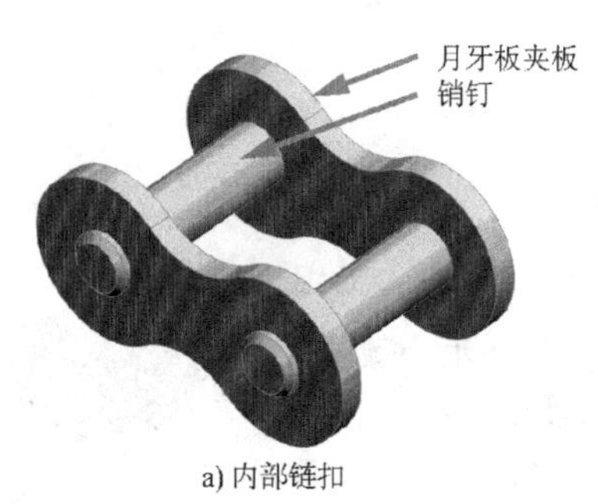

a) 内部链扣

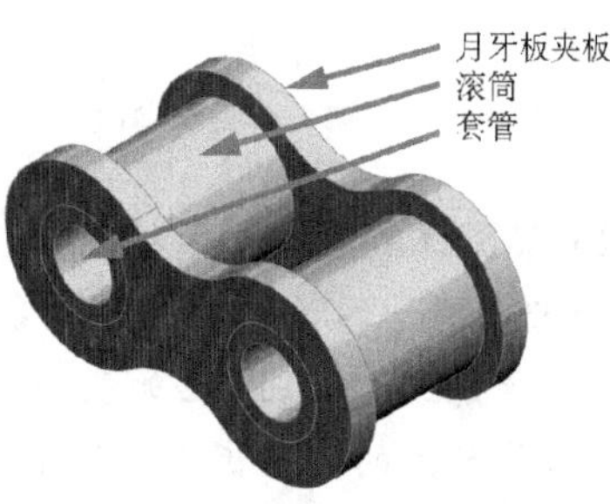

b) 外部链扣

图 5-41 链扣结构

因为存在多个接触，所以先采用整体【接合】的接触，然后再添加【无穿透】的接触。

步骤 6　爆炸显示装配体　对该装配体采用爆炸视图，以便于观察到相触面组。

步骤 7　添加接触　在 Simulation Study 树中右键单击【连结】，并选择【相触面组】。在【相触面组】PropertyManager 中选择【自动查找相触面组】。在【选项】中选择【相触面】。在【零部件】中选择该装配体，并单击【查找相触面组】按钮。一共会找到二十四个相触面组，如图 5-42 所示。

在【结果】中选中所有相触面组。选择【无穿透】并单击【生成相触面组】。确认二十四个相触面组被选中并添加完成，单击【确定】✔。

步骤 8　删除接触　对于应该是接合类型的接触，必须去除【无穿透】的相触面组。

按顺序选择每个相触面组，判断它应该是【接合】（相同链扣组件之间的接触）还是【无穿透】（不同链扣组件之间或任意链扣与套管之间的接触）。对于应该是接合类型的接触，删除【无穿透】的接触。

图 5-42　全局接触定义

设置完成之后，应该显示十六个相触面组为【无穿透】。删除的八个相触面组会转换为【全局接触】条件下的【接合】类型。

- 示例　如图 5-43a 所示，接触发生在销钉和同一内部链扣组件的月牙板夹板之间。由于它们之间是【接合】的关系，因此需要删除【无穿透】的接触。

如图 5-43b 所示，接触发生在内部链扣中的销钉与外部链扣中的套管之间。这个接触就不用删除，因为它们本来就应该是【无穿透】的接触类型。将产生的接触面组和算例“contacts defined”中的结果进行比较。

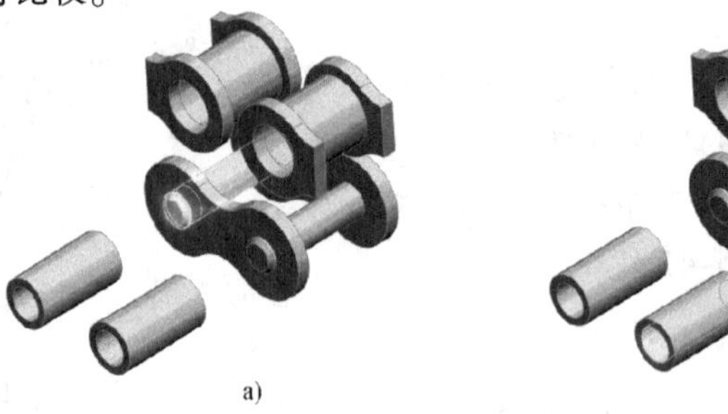

图 5-43　接触修改

步骤 9　取消装配体的爆炸显示状态

步骤 10　施加载荷　因为关注导致链条拉长的力，而且本例进行的是一个线性分析，因此加载力的大小并不重要。这里可以对系统加载最大的力，但没有这个必要。

如图 5-44 所示，在四个平面上施加 400N 的轴向力（即对四个面每个施加 100N 的力）。

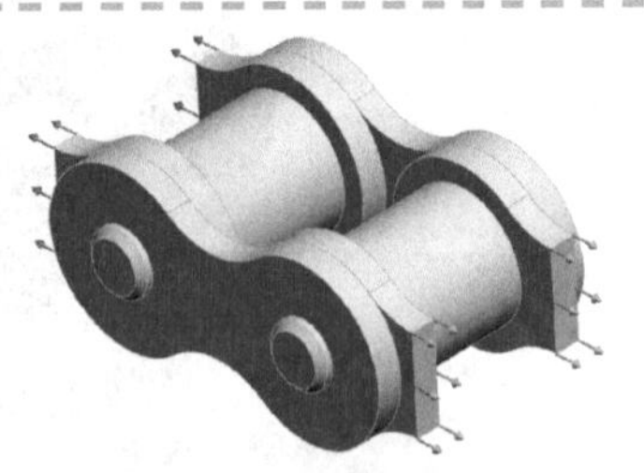

图 5-44　施加载荷

步骤 11　设置边界条件　这是一个自平衡问题，理论上是不需要约束的。但是必须通过添加软弹簧的方式防止刚体运动，也就是让模型稳定。

右键单击算例并选择【属性】。选择【使用惯性释放】和【Direct sparse 解算器】。

> **提示**　在本例中使用【使用惯性释放】选项是因为链条两侧的面是平衡的（大小相等，方向相反）。只有在所添加的载荷平衡时才能使用这个选项。一般而言，在没有足够约束时，更推荐采用【使用软弹簧使模型稳定】选项来稳定模型。

> **提示**　因为算例中定义了多个接触，而且接触面需要通过几次接触迭代才能找到，所以推荐使用【Direct sparse 解算器】。

步骤 12　划分网格　在【网格参数】下选择【基于曲率的网格】。使用高品质单元和默认的单元大小划分模型网格，如图 5-45 所示。

步骤 13　查看网格大小　查看网格细节。如图 5-46 所示，网格的节总数为 19 040，对应着超过 57 120 个自由度。

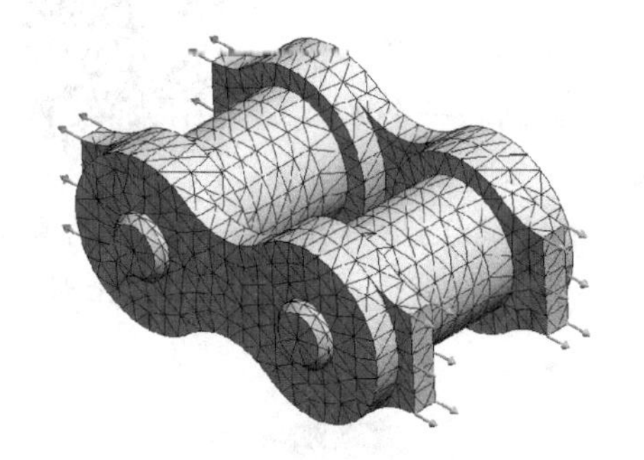

图 5-45　划分网格

网格 细节

算例名称	Link-full-inertial-relief (-Link - full-)
网格类型	实体网格
所用网格器	基于曲率的网格
雅可比点	4 点
最大单元大小	1.92581 mm
最小单元大小	1.92581 mm
网格品质	高
节总数	19040
单元总数	10106

图 5-46　查看网格细节

步骤 14　运行分析

步骤 15　图解显示位移　检查【变形形状】选项，确认选择了【自动】，位移结果如图 5-47所示。

步骤 16　动画显示位移　变形并不完全对称，如图 5-48 所示。

旋转来自以下几个因素：

- 网格并不完全对称。
- 模型在空间上没有固定。

只要网格不是很稀疏，这些因素对应力结果几乎没有影响，只会影响到位移结果。

步骤 17　图解显示应力结果　应力图解的结果应该是对称的，如图 5-49 所示。如果不对称，那么原因在于网格太粗糙。由于网络尺寸和应力集中的原因，应力结果可能有所不同。

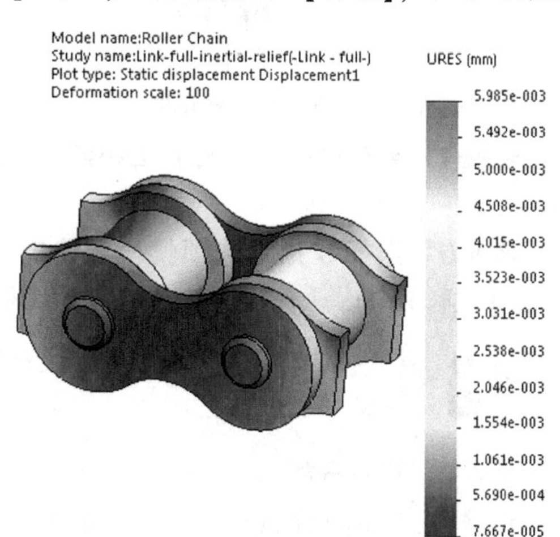

图 5-47　位移结果显示

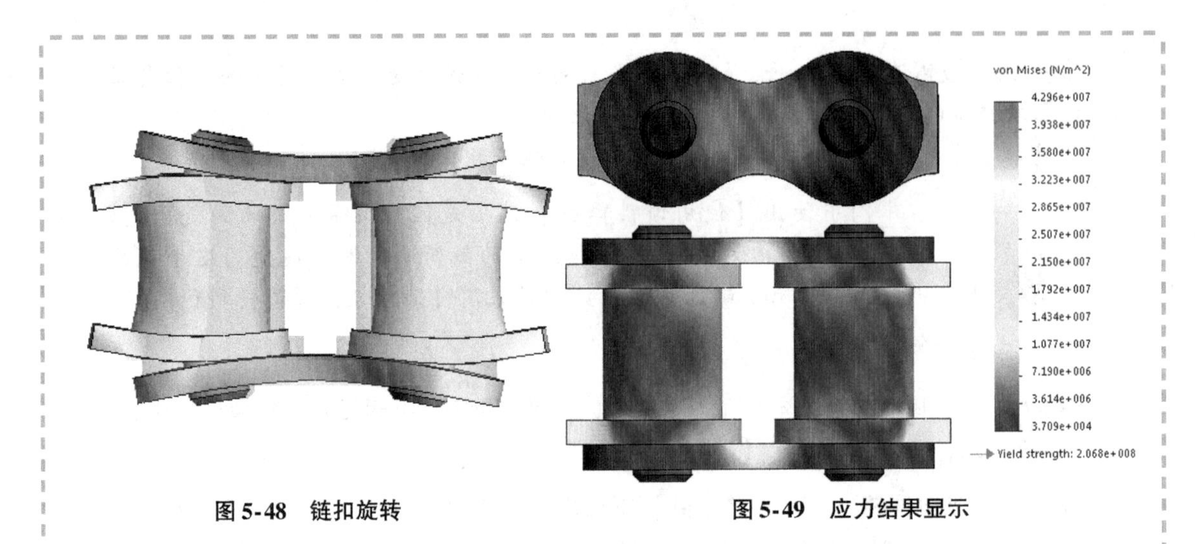

图 5-48　链扣旋转　　　　图 5-49　应力结果显示

- 下面将采用轴向对称的约束来再次求解该问题。

操作步骤

扫码看视频

步骤 1　复制算例　将新复制的算例命名为“Link-full-restraint”。

步骤 2　编辑力　编辑外部载荷，使该作用力只加载到在一个方向上拉动链扣的平面上（链扣在一个方向承受 400N 的拉力），如图 5-50 所示。

步骤 3　应用夹具　对移除力的两张平面加载一个【滚柱/滑杆】的夹具。该约束会约束模型在 X 方向的移动，但模型仍然能够在对称平面（即 Y 方向和 Z 方向）上移动，如图 5-51 所示。

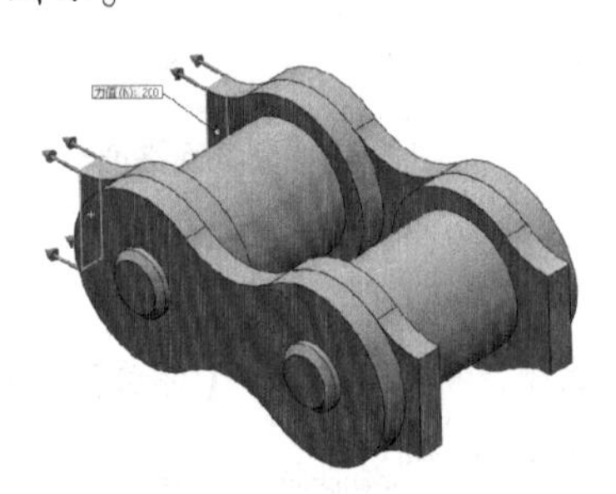

图 5-50　编辑力

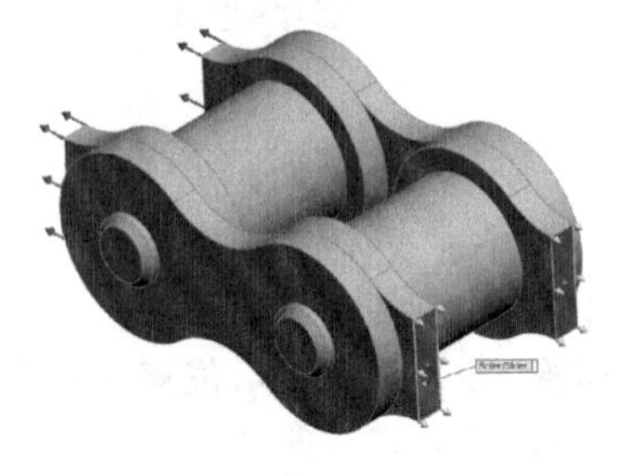

图 5-51　应用夹具

步骤 4　划分网格　使用和上一问题相同的网格，即采用高品质单元和默认的单元大小。

步骤 5　选择软弹簧选项使模型稳定　右键单击算例“Linkl-full-restraint”并选择【属性】。取消勾选【使用惯性释放】复选框，勾选【使用软弹簧使模型稳定】复选框。

> **提示**　在本例中勾选【使用软弹簧使模型稳定】复选框是因为在链条两旁添加的力不平衡。

步骤 6　运行分析

步骤 7　图解显示位移　图解显示 Y 方向的位移，如图 5-52 所示。

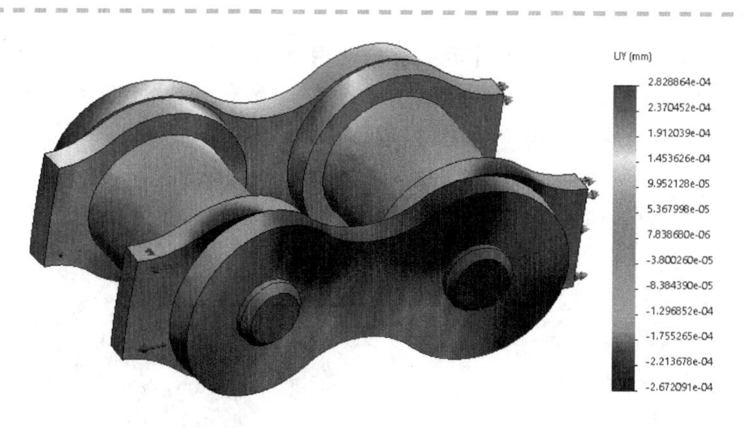

图 5-52 *Y* 方向位移图解

模型在延伸时会略微扭曲。由于我们对力-位移图感兴趣，因此需要通过绘制轴向位移来验证链条的真实延伸。

> **注意** 在借助软弹簧使模型稳定时，在垂直方向上可能会发生刚体平动。对位移进行动画处理，以查看是否发生了这种现象

步骤8 图解显示应力结果 创建图解，显示 von Mises 应力结果，如图 5-53 所示。上述两种方法计算的位移会受到刚体位移的影响，而应力结果则不会受到这种现象的影响（用户也可以确认两种方法得到的应力结果是相同的）。但是，基于网格质量的应力精度却可以大幅提高。

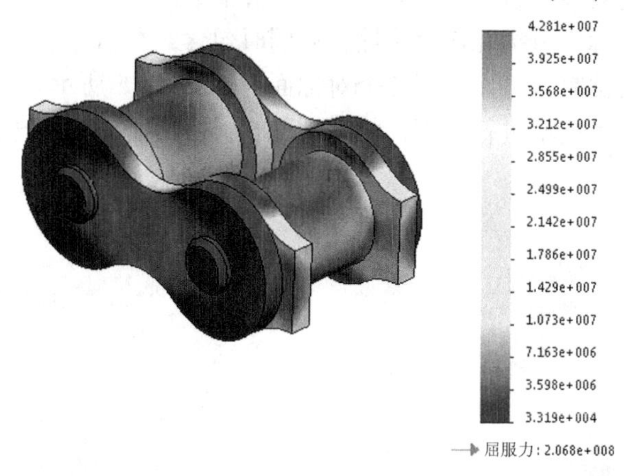

图 5-53 应力结果图解

- 应力精度 虽然提到了位移结果的精度，但这样粗糙的网格对于想要获得精确的应力结果来说还是不够的。因此为了提高应力结果的质量，需要创建一个更加粗细的网格。

操作步骤

步骤1 复制算例 将新复制的算例命名为“Link-full-fine”。

步骤2 细化网格 采用高品质单元和【基于曲率的网格】，并将滑块拖至【良好】一侧。

扫码看视频

步骤 3　查看网格　如图 5-54 所示，新建的网格已经足够好，并能够保证得到相当精确的应力结果，但是节总数和自由度数目都非常高。整套网格中的波节超过 119 000 个，而且必须求解超过359 000个自由度的问题。这将导致更长的求解时间。

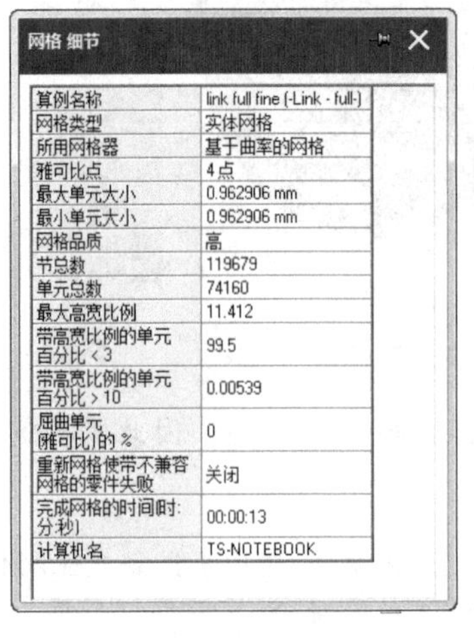

网格 细节

算例名称	link full fine (-Link - full-)
网格类型	实体网格
所用网格器	基于曲率的网格
雅可比点	4 点
最大单元大小	0.962906 mm
最小单元大小	0.962906 mm
网格品质	高
节总数	119679
单元总数	74160
最大高宽比例	11.412
带高宽比例的单元百分比 < 3	99.5
带高宽比例的单元百分比 > 10	0.00539
屈曲单元(雅可比)的 %	0
重新网格使带不兼容网格的零件失败	关闭
完成网格的时间(时:分:秒)	00:00:13
计算机名	TS-NOTEBOOK

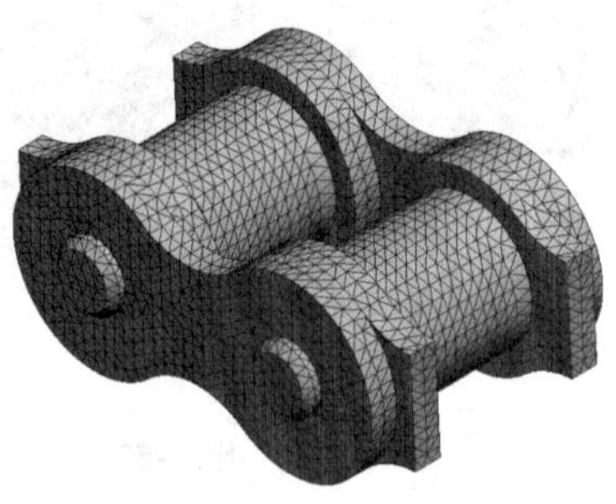

图 5-54　查看网格

步骤 4　暂时不要运行分析　尽管能够运行这个分析，但会花费相当长的求解时间。这里将换一个方法，采用较小的网格并同时保证精度。

- 使用对称　使用模型对称的优点是不再需要分析整个模型，而只需分析模型中最小的对称单元。必须牢记一点，对称不单指几何对称性，还同时包含载荷对称性。

当在本模型中寻找对称时，可以发现三个对称面，如图 5-55 所示。

如果用这三个对称面对模型进行切割，将得到图 5-56 所示结果，模型只有原始模型的 1/8。

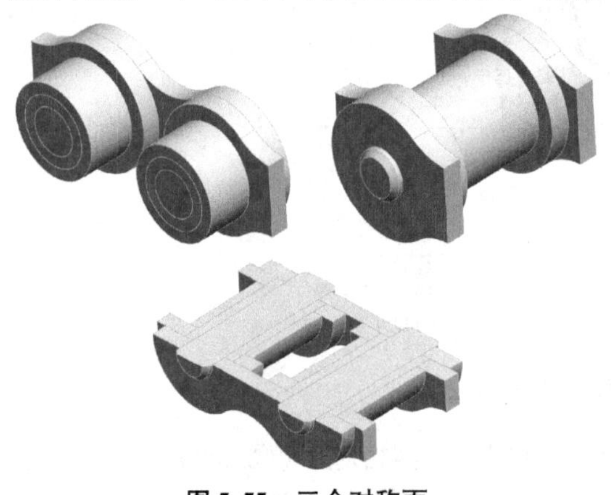

图 5-55　三个对称面

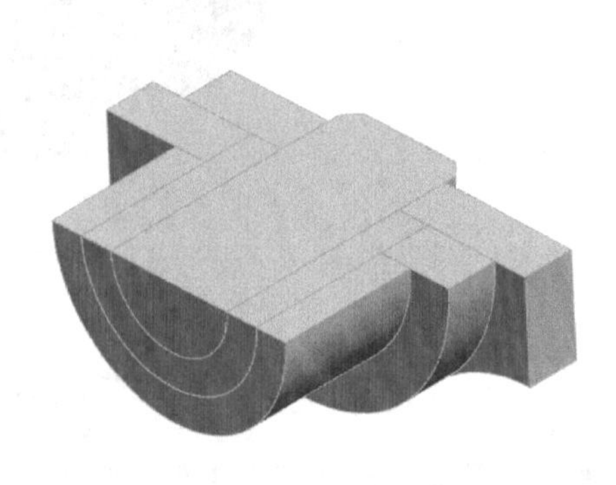

图 5-56　1/8 模型

操作步骤

步骤 1　切换配置　激活配置“Link-symmetry”。这个配置中包含三个装配体切除特征，将使模型大小降至原始模型的 1/8。

步骤 2　创建一个新算例　命名该算例为“Link-symmetry”。

步骤 3　应用材料　从前面的算例中复制材料属性。

扫码看视频

步骤 4　定义接触　使用练习 5-1 第一种方法中的步骤 7 和步骤 8 创建相触面组。应该得到五个相触面组。

步骤 5　添加对称的约束　在 Simulation Study 树中右键单击【夹具】，选择【对称】，然后选择所有对称平面（见图 5-57，选择十三个面）。

由于对称的约束约束了三个正交平面，模型在空间上已经完全约束好了，因此不再需要采用软弹簧稳定模型。

提示　在轴向（*X* 方向），对称的约束只加载到了 *X* 的反方向平面。另一侧的平面是用来加载力的，详见步骤 6。

步骤 6　施加力　对图 5-58 所示的平面施加 100N 的力。

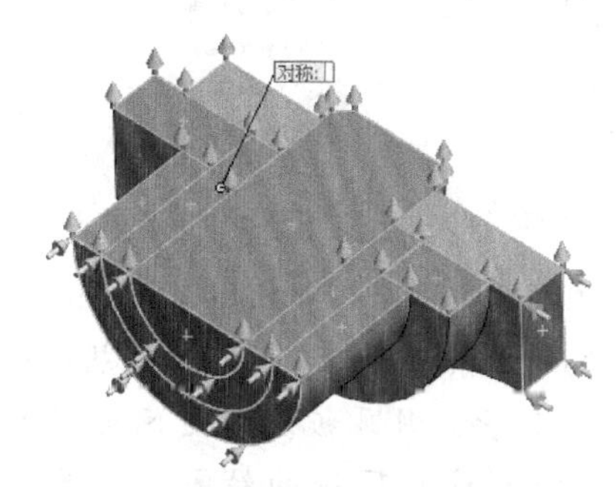

图 5-57　选择对称面

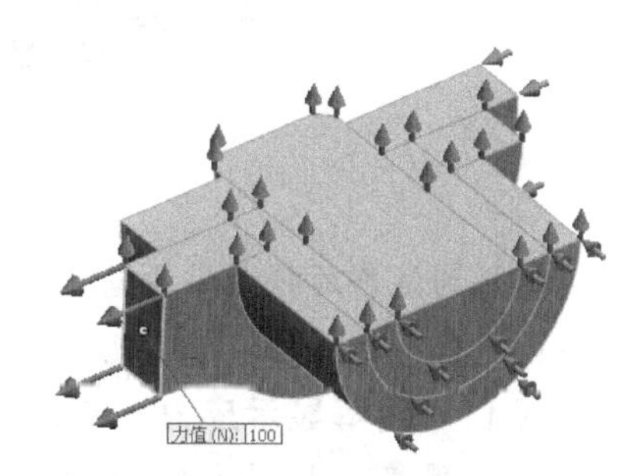

图 5-58　施加力

思考：为什么加载 100N 的力？这里采用的是 1/8 的模型，为何不是 400N/8 = 50N？

步骤 7　划分网格　在【网格参数】下选择【基于曲率的网格】。采用高品质单元，并以默认设置划分模型网格。

步骤 8　检查网格　现在使用的单元大小比前面采用的细化网格更小，但是现在的节总数仅为 16 890，对应的自由度数量也只有 50 670，如图 5-59 所示。这比前面计算得到的 359 000 个自由度少得多。

网格 细节

算例名称	link symmetry (-Link -symmetry-)
网格类型	实体网格
所用网格器	基于曲率的网格
雅可比点	4 点
最大单元大小	0.962973 mm
最小单元大小	0.962973 mm
网格品质	高
节总数	16890
单元总数	10067
最大高宽比例	9.6687
带高宽比例的单元百分比 < 3	99.4
带高宽比例的单元百分比 > 10	0
扭曲单元(雅可比)的 %	0
重新网格使带不兼容网格的零件失败	关闭
完成网格的时间(时:分:秒)	00:00:02
计算机名	TS-NOTEBOOK

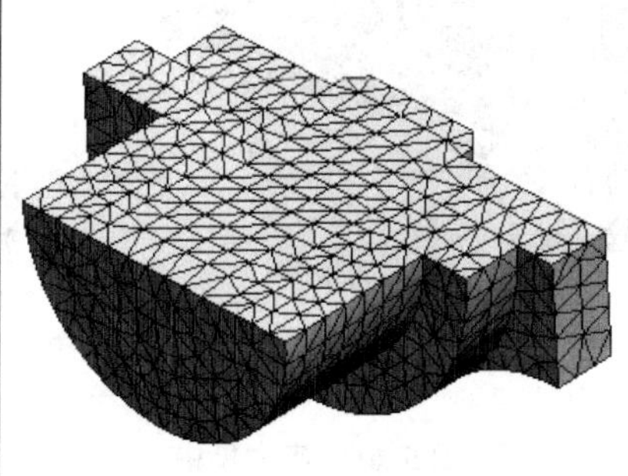

图 5-59　检查网格

步骤 9　运行分析

步骤 10　图解显示位移　现在的最大位移为 0.001 80mm，如图 5-60 所示。

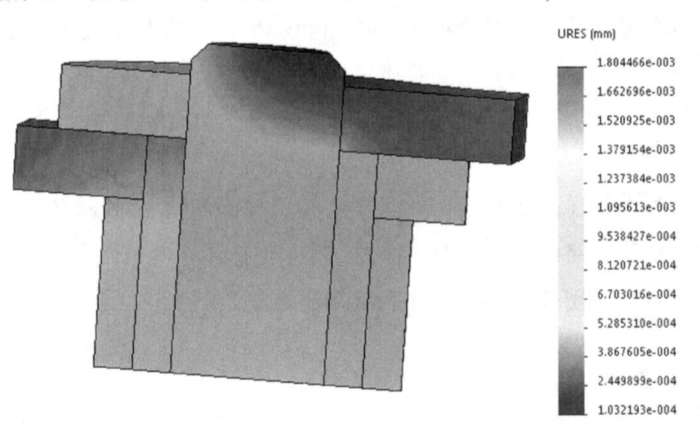

图 5-60　位移结果显示

要想得到链条的轴向拉伸量，位移的大小必须乘以系数 2（即 $0.001\,80\text{mm}\times 2=3.6\times 10^{-3}\text{mm}$）。这个结果在特定情况下可能会接近真实的链条拉伸值，然而这仍然是错误的。

步骤 11　图解显示应力　可以发现在销钉、套管、月牙板夹板之间连接的地方存在应力集中现象，如图 5-61 所示。为了更好地观察这个区域的结果，需要爆炸显示该装配体。

步骤 12　爆炸显示装配体　如果同时显示网格，可以看到在应力最高的应力奇异区域网格非常粗糙，如图 5-62 所示。

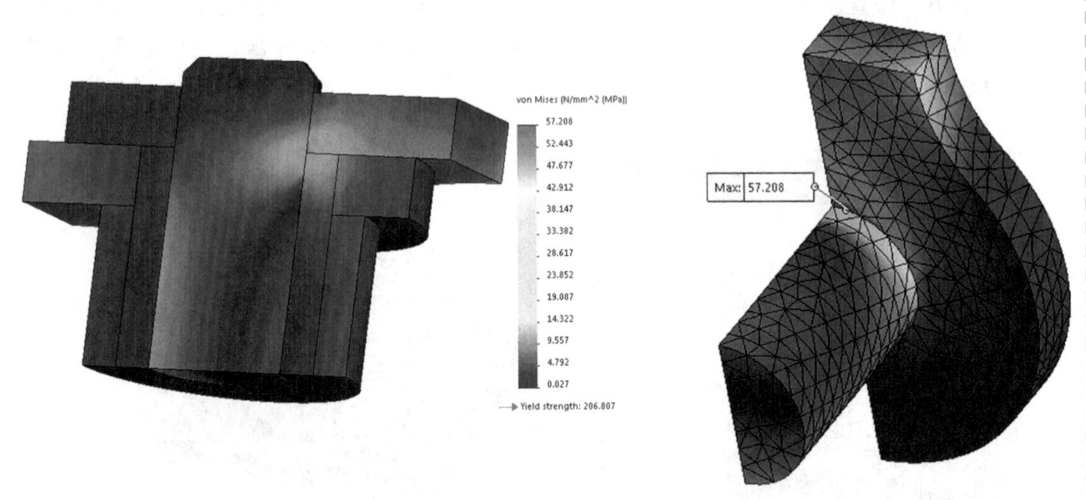

图 5-61　应力集中　　　　图 5-62　应力集中处的粗糙网格

网格细化能够提高应力分布的结果，但无法消除应力奇异现象。现实情况下的零件在此区域会有一个圆角，而且部分屈服会通过重新分配应力到邻近区域的弹性材料中。位移结果仅会得到轻微的提高。

步骤 13　后处理　查看位移图解。通过分析这个使用对称条件的装配体，得到图 5-63所示的结果，查看俯视图的位移图解。确保【变形形状】设定为【自动】，这样便

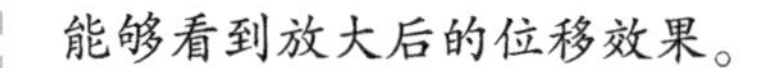
能够看到放大后的位移效果。

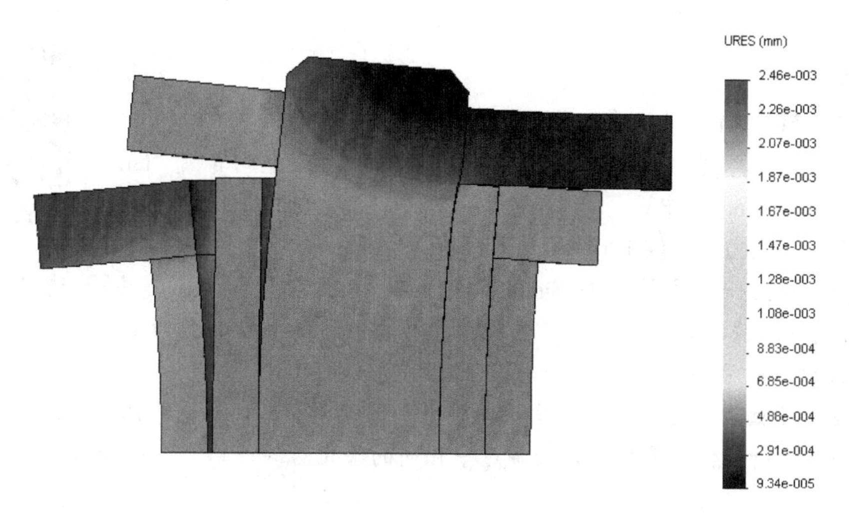

图 5-63　位移结果显示

注意

这个分析中有什么错误吗？这个分析的某些地方从根本上就是错误的。读者可以与指导老师进行讨论。

步骤 14　保存并关闭文件

练习 5-2　链扣（第二部分）

练习 5-1 运行了一个分析而且似乎得到了正确的结果，但由于违背了对称的条件，因此实际上是有问题的。

仔细观察位移图解（见图 5-64），面 1 和面 2 是互相垂直的，这是由对称夹具所决定的。面 3是加载力的平面，它要求与面 1 平行，但实际上并没有。

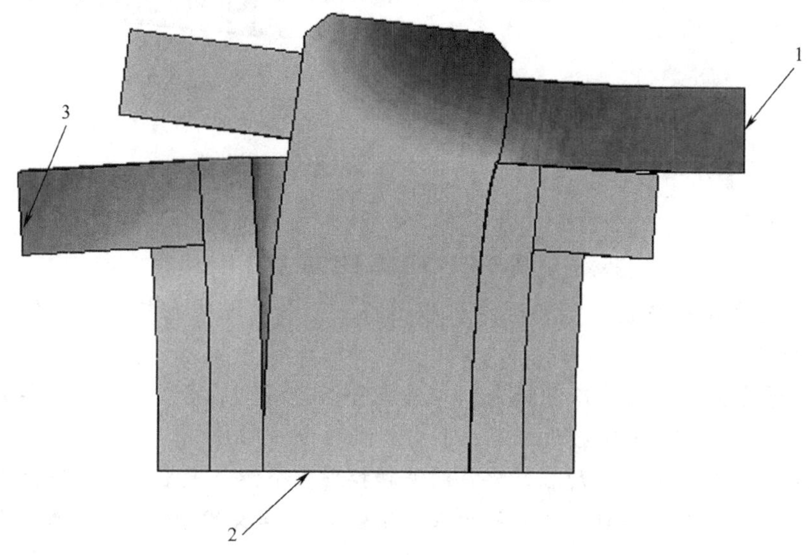

图 5-64　不对称的力

在本练习中，将采用不同的技术求解这个同样的问题，以得到正确的结果。这次不再加载力，因为这样会导致平面倾斜。本例将对平面加载位移约束，然后从求解结果中确定力的大小。

扫码看视频

操作步骤

步骤 1 打开文件 打开装配体文件“Roller chain”。

步骤 2 复制算例 将算例“Link-symmetry”的内容复制到算例“Link-symmetry displacement”中。

步骤 3 压缩力 压缩 100N 的外部载荷。

步骤 4 添加一个平移 在 Simulation Study 树中右键单击【夹具】，选择【在平面上】，选择前面加载力的同一平面，选择对称约束中的一个平面作为参考方向，在【垂直于面】的方向中设置距离为 0.001 64mm 的位移，如图 5-65 所示。

现在这个平面会与它的初始方向保持平行，因此模型的对称也可以得到满足。

步骤 5 运行分析 采用与前面练习中相同的细化后的网格密度运行这个算例。

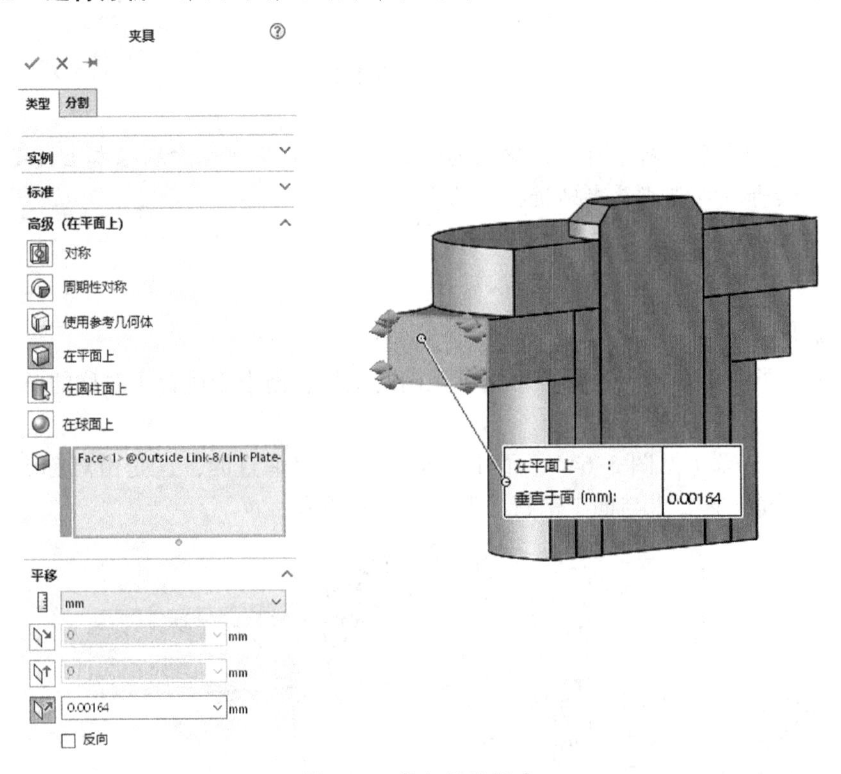

图 5-65 施加位移约束

步骤 6 显示位移图解 仔细观察位移图解，可以发现所有相应的平面都达到正交了，如图 5-66 所示。

步骤 7 获取力 右键单击【结果】文件夹并选择【列出合力】。如图 5-67 所示，X 方向的力为 99.9N，已经非常接近练习 5-1 中加载的力（100N）。

由于采用了对称的方法，现在需要将结果转换到整个链条模型上。要想获得对应整个链扣的轴向力，需要将前面计算得到的力乘以系数 4，即 $4 \times 99.9\text{N} = 399.6\text{N}$。要想获得整个链扣的轴向拉伸量，需要将前面得到的位移乘以系数 2，即 $2 \times 1.64 \times 10^{-3}\text{mm} = 3.28 \times 10^{-3}\text{mm}$。

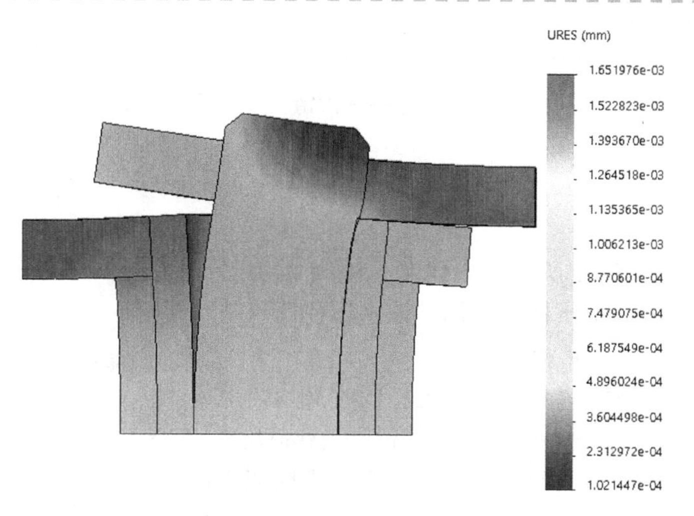

图5-66　位移结果显示

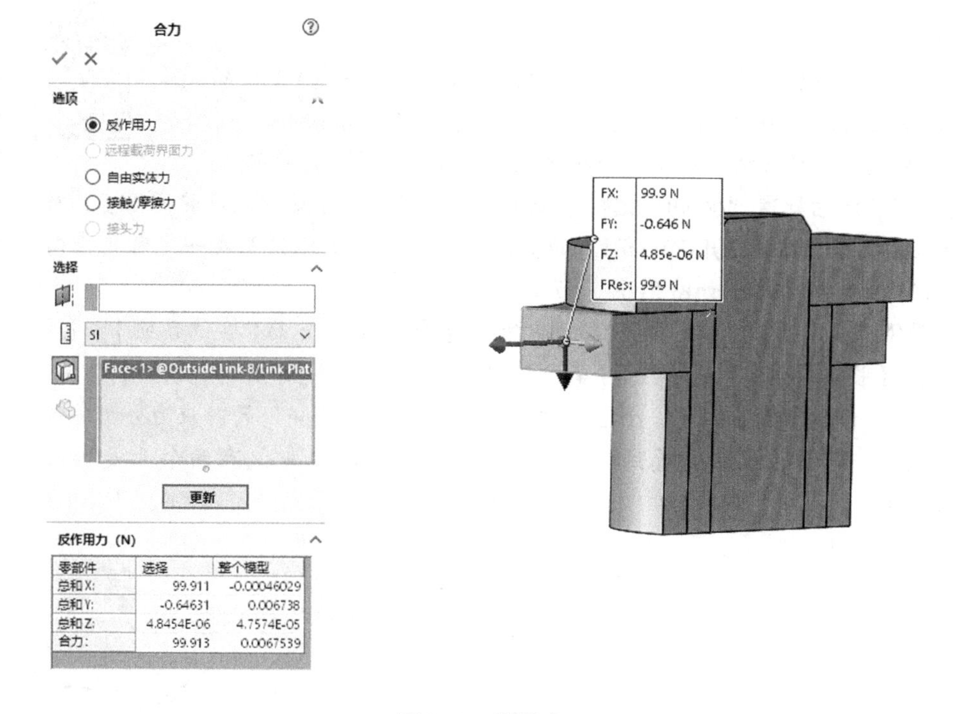

图5-67　获取力

现在我们得到了两个点的坐标，即（3.28×10^{-3}mm，399.6N）和（0mm，0N），通过这两个坐标可以建立力与拉伸量之间的关系曲线。

提示　力与拉伸量的关系曲线是这个链条模型非常普通的特性。该曲线通常开始于点（0mm，0N），并沿着一个固定的斜率保持一段距离，直到材料达到屈服强度，且力与位移的变化关系不再保持常量。链条的强度定义为使它产生断裂的力。

步骤8　保存并关闭文件

练习 5-3　升降架装配体

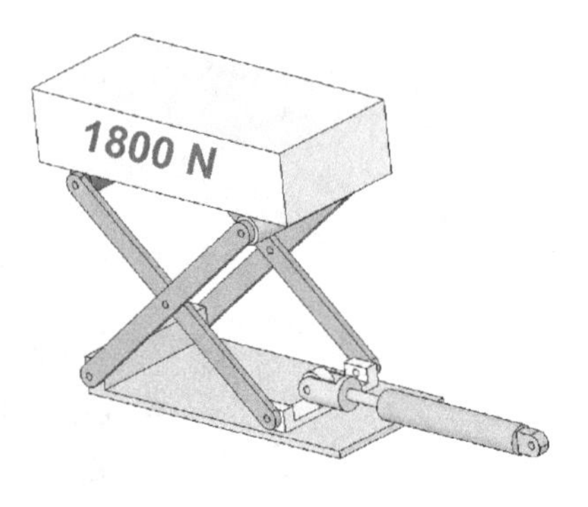

图 5-68　剪刀升降架模型

本练习将分析一个升降架装配体，它的自重靠四条臂（arm）支撑。练习中还将介绍另外一个夹具——铰链。

本练习将应用以下技术：

- 接头。
- 销钉接头。

1. 项目描述　如图 5-68 所示，一载重 1 800N 的剪刀升降架（lift）承受一外部水压柱筒作用，该水压柱筒与基座（base）上的滑块（slider）相连。

假设载荷均匀地分布于两个滚筒之上，同时又均匀地传递到剪刀架的各臂上。在这种情况下，每臂所受载荷均为 450N。

本练习的目的是找出剪刀臂在“collapsed”位置时架子各部分的位移和应力，而并不关心销钉处的接触应力。

操作步骤

扫码看视频

步骤 1　打开装配体　打开文件夹“Lesson05 \ Exercises \ Lift Assembly”下的装配体模型“lift”，并熟悉该装配体的“collapsed”与“extended”配置。本练习的目的就是分析“collapsed”配置下的装配体。

步骤 2　激活配置“collapsed”　载重、水压柱筒、连接销以及其他很多细节都没有建立相应的模型，因而 SOLIDWORKS 的剪刀架“lift”装配体只是在一定程度上对剪刀架的理想化描述。简化模型如图 5-69 所示。

步骤 3　设定 SOLIDWORKS Simulation 选项　设定全局【单位系统】为【公制（I）（MKS）】，【长度/位移（L）】单位为【毫米】，【压力/应力（P）】单位为【N/m^2】。

步骤 4　创建算例　创建一个名为“collapsed-without base”的静应力分析算例。

步骤 5　查看装配体的所有配合　可以观察到装配体中仅有两个面是接触的，如图 5-70所示。

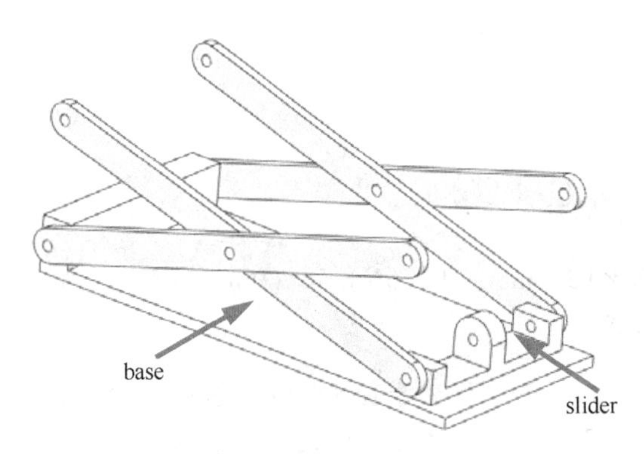

图 5-69　简化模型

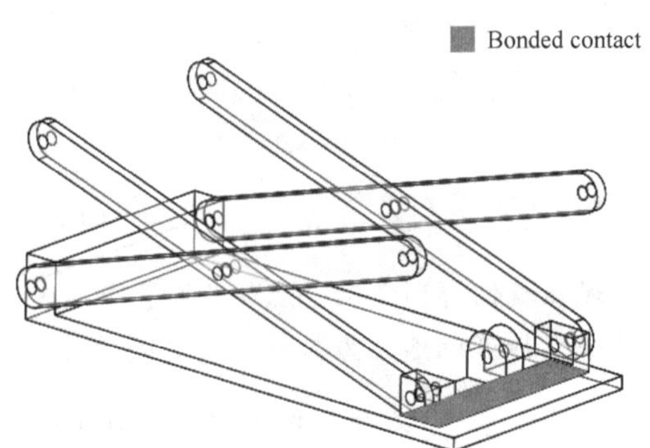

图 5-70　干涉检查结果

> 提示　因为我们对“base”零件的变形和应力不感兴趣，所以压缩该零件以简化网格。但是，必须正确地表示接触条件及对应的摩擦力。这可以通过【虚拟壁】接触条件来实现。

步骤 6　压缩零件“base”

步骤 7　定义虚拟壁　如图 5-71 所示，选择“slider”底面作为【组 1】，选择基准面“base plane”作为【组 2】。

设置【摩擦因数】为 0.1。在【壁类型】中选择【柔性】。设置【轴向刚度】为 1.6537×10^{13} $(N/m)/m^2$，【正切刚度】为 6.2216×10^{12} $(N/m)/m^2$。

单击【确定】✔以保存设置。

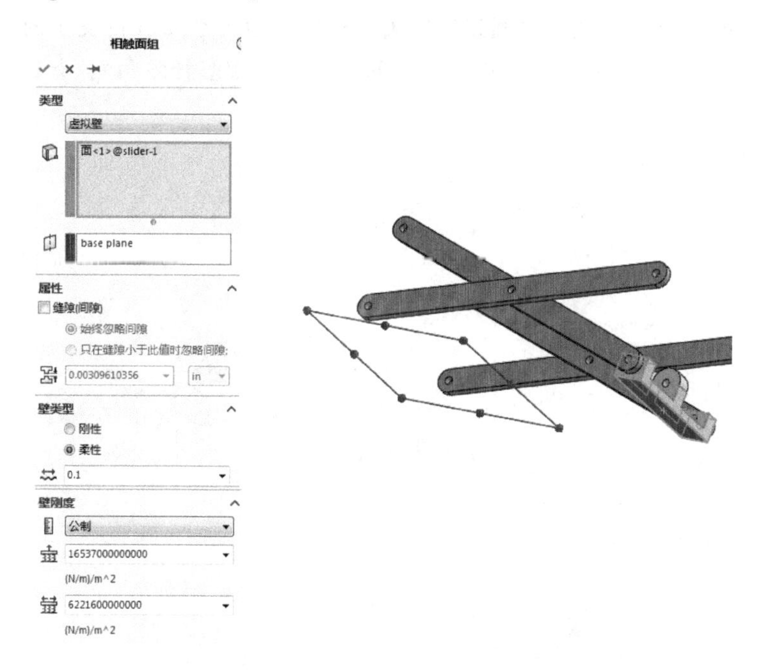

图 5-71　定义虚拟壁

2. 铰链约束　支撑架和基座之间的连接只能定义为【铰链】。【铰链】约束会限制径向和轴向的位移，这可以在圆柱坐标系下对柱面进行定义。可以定义【在圆柱面上】类型的约束来取代该约束，将约束径向和轴向的位移分量。

步骤 8　定义铰链约束　右键单击【夹具】文件夹并选择【固定铰链】。选择最初连接“base”的两个圆柱面，然后单击【确定】，结果如图 5-72 所示。

> 提示　使用【铰链】约束，假定基座的刚度非常大且无变形。如果必须要考虑基座的弹性，则在分析中也需要包含进来。

步骤 9　定义销钉接头　在四个“arm”之间定义两个刚性的【销钉】接头，在“arm”和“slider”之间定义两个刚性的【销钉】接头。在所有销钉中，允许连接零部件之间相对旋转，但不允许相对平移，如图 5-73 所示。

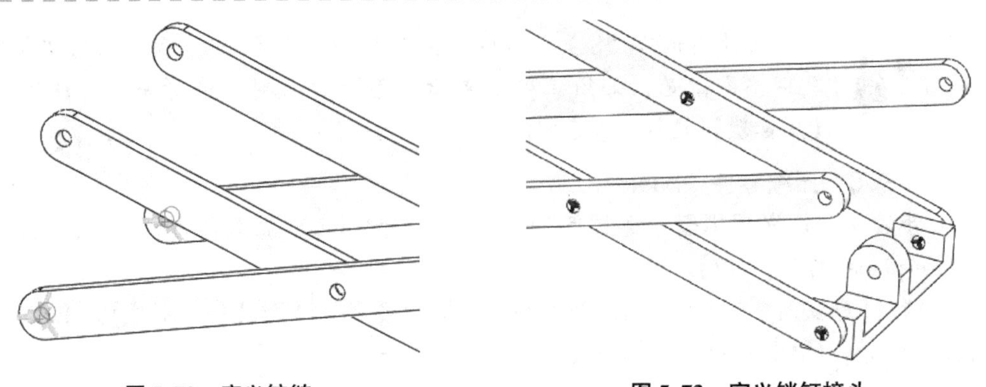

图 5-72　定义铰链　　　　图 5-73　定义销钉接头

步骤 10　对“slider”的圆柱面定义约束　为了模拟由水压柱筒提供的支撑，选择连接“slider”的圆柱面并约束全局坐标 *X* 方向的平移（朝活塞杆方向），如图 5-74 所示。

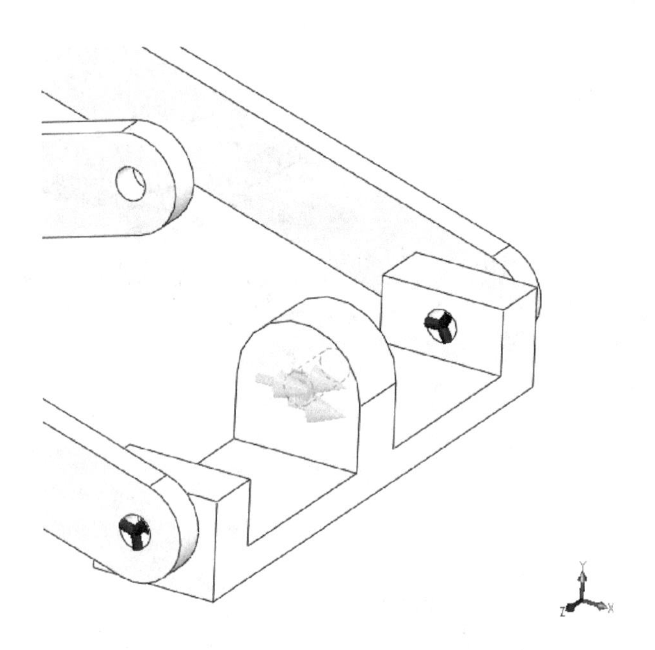

图 5-74　对“slider”的圆柱面定义约束

> 提示：用【使用参考几何体】约束类型定义边界条件。

> 提示：不管怎样，在对整个圆柱面施加约束时，可忽略处于柱面销与连接片之间的真实应力分布。由于并不想知道连接片中的接触应力，这种简化模型是可取的。

整个模型已经完全被限制了，尽管装配体的其他部件都没有相互接触。

步骤 11　对连接件“link”施加 450N 的力　在四个“link”零部件自由端的圆柱上各施加 450N 的力。这样，均布在四个位置上的总重为1 800N，如图 5-75 所示。

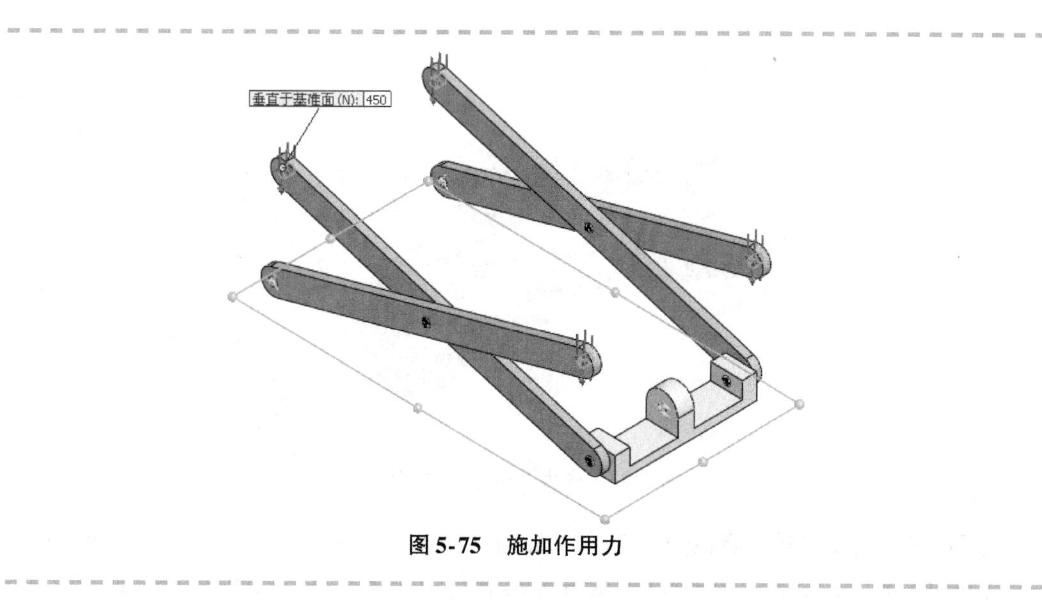

图 5-75　施加作用力

3. 轴承载荷　在整个圆柱孔面上施加载荷是一种可取的简化模拟，这是因为本例并不打算分析支架臂与滚筒销之间产生的接触应力。对于不要求接触应力的分析，还有另外一种更为精确的方法可以对圆柱孔面进行加载，称为轴承载荷。轴承载荷施加于部分圆柱面（要求分割表面）上时，它的变化会以余弦函数来模拟接触应力的分布。

步骤 12　划分网格　使用默认设置以高品质的单元划分模型网格，如图 5-76 所示。

步骤 13　运行分析

步骤 14　图解显示 von Mises 应力和合位移　可以发现模型还没有屈服，且合位移相当小（图解显示的变形形状是经比例放大之后的结果），如图 5-77 所示。

步骤 15　列举“slider”拖孔的反作用力　“slider”约束圆柱面 X 方向（水压圆筒的方向）的反作用力约为 6 340N，如图 5-78 所示。

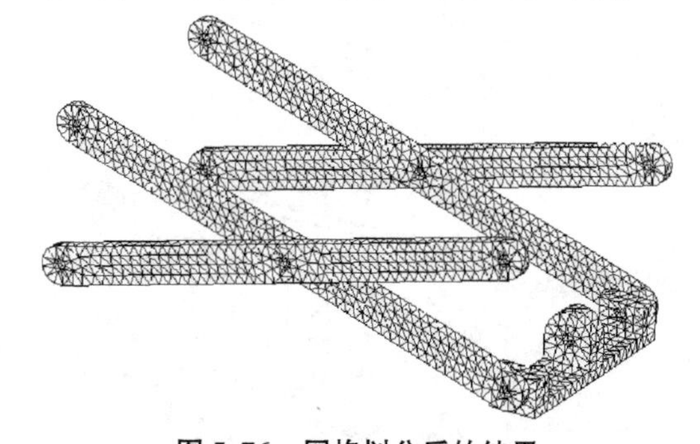

图 5-76　网格划分后的结果

图 5-77　应力及位移分布

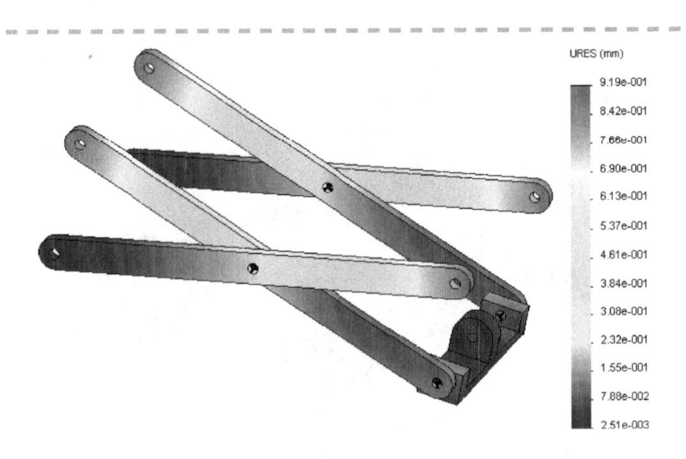

图 5-77　应力及位移分布（续）

步骤 16　列举接触和摩擦力　列举“slider”底面的接触和摩擦力，如图 5-79 所示。【法向力】（Y 分量）为 900N，刚好为总载荷的一半（另一半由两个铰链约束来承担）。【摩擦力】（X 分量）为 55N。

提示　摩擦力是否正确？用户是否能够验证为何摩擦力的大小为 55N？

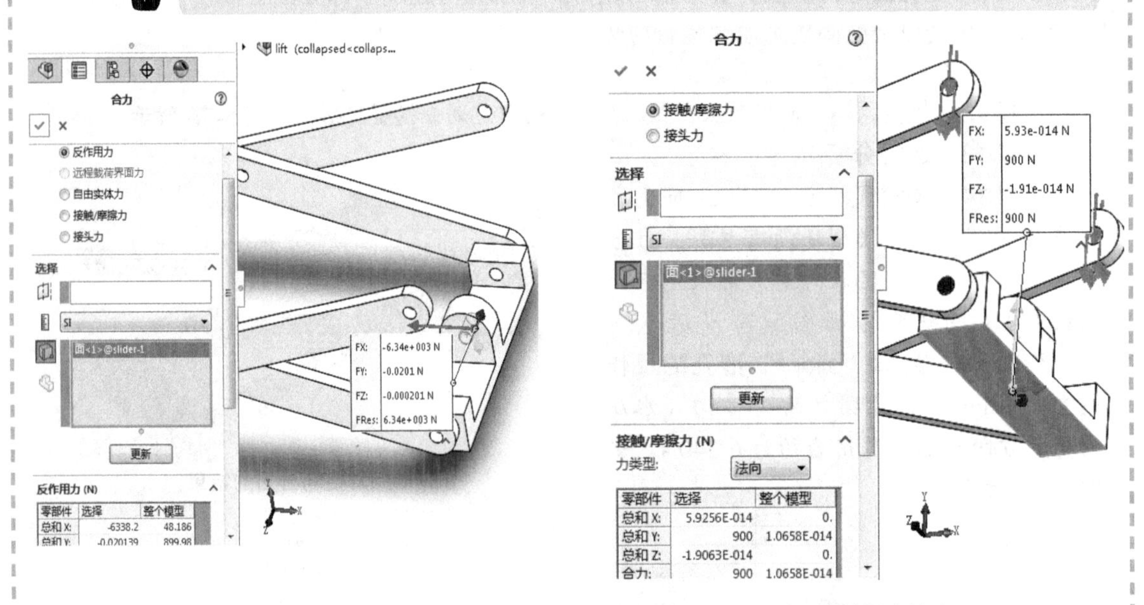

零部件	选择	整个模型
总和 X:	5.9256E-014	0.
总和 Y:	900	1.0658E-014
总和 Z:	-1.9063E-014	0.
合力:	900	1.0658E-014

图 5-78　合力结果　　　　图 5-79　接触及摩擦力

步骤 17　列举销接头力　销钉连接的抗剪力、轴心力、扭矩能够通过下拉菜单显示出来，如图 5-80 所示。在销连接的面上会显示一个罗盘状的局部坐标系。

步骤 18　分析“slider”的变形　以高倍放大比例图解显示“slider”的变形形状。可以隐藏 SOLIDWORKS 中所有其余的零部件，以更清楚地观察变形形状。

在【变形形状】对话框中不要选择【显示颜色】选项。

可以看到“slider”的中间部分和“base”发生了分离，在两端只有面积非常小的接触，如图5-81所示。

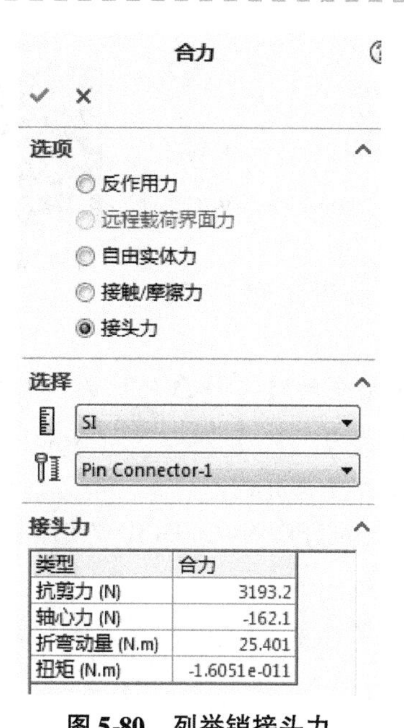

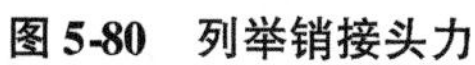

图 5-80　列举销接头力

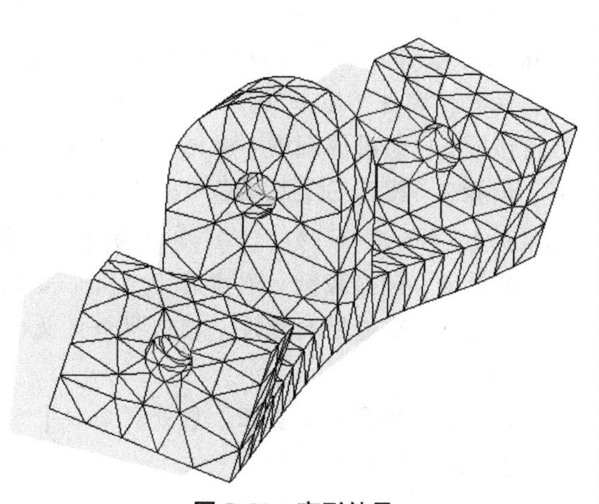

图 5-81　变形结果

同时需要注意的是，精确的接触应力需要高精度的网格。

步骤 19　保存并关闭文件

练习 5-4　带有基座的分析（选做）

在有限元模型中计算带有“base”零件的相同算例，验证前面算例的结果。再次运行带有“base”零件的算例并比较验证使用虚拟壁接触条件模拟的真实情况。

本练习将应用以下技术：

- 接头。
- 销钉接头。

练习 5-5　点焊——实体网格

如图 5-82 所示，一圆管由两片镀锌钢通过点焊连接两边而成。

使用 FEA 来计算装配体的抗扭刚度，通过扭曲该圆管来寻找必要的扭矩。

扭曲角度 1°是随意设定的。我们并非试图重复任何实际的测试条件，只是想通过这些数字结果来比较不同的点焊结构。这两片镀锌钢的设计是测试的第一种配置。

本练习将应用以下技术：

- 点焊。
- 圆柱坐标系。
- 软弹簧。

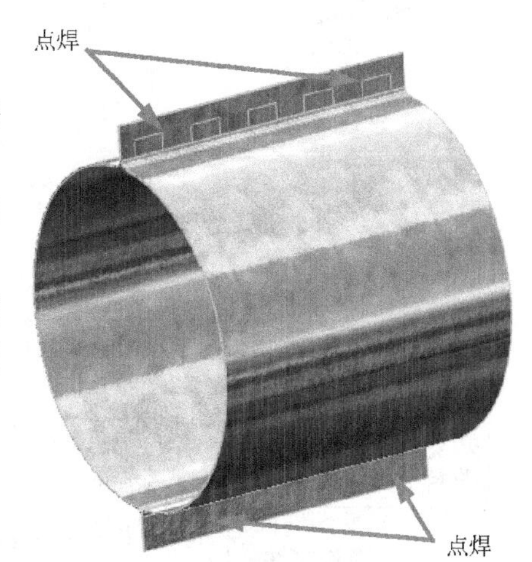

图 5-82　圆管模型

1. 项目描述　一圆管由两片厚 1mm（0.04in）的镀锌钢制成，其是通过每边十处点焊连接的。焊点之间的间隙为 25.4mm，每个焊点的直径为 3.175mm。

通过扭曲该圆管1°来寻找必要的扭矩。

操作步骤

扫码看视频

步骤1　打开装配体　打开文件夹“Lesson05 \ Exercises \ Spot Welds-Solid Mesh”下的装配体模型“tube solid”，并检查配置“complete tube”和“half tube”。装配体包含两个相同的零件“tube 30”。

注意，零件“tube 30”的分割线定位在焊点位置，如图5-83所示。

步骤2　装配体配置　激活配置“complete tube”。

步骤3　设定SOLIDWORKS Simulation选项　设定全局【单位系统】为【公制（I）(MKS)】，【长度/位移（L）】单位为【毫米】，【压力/应力（P）】单位为【N/m²】。

步骤4　创建算例　创建名为“tube solid”的静应力分析算例。

步骤5　查看材料属性　确认材料定义(Galvanized Steel)已经从SOLIDWORKS转移到SOLIDWORKS Simulation中。

步骤6　视圆管为实体　展开【零件】文件夹。右键单击“tube 30-1”并选择【视为实体】，如图5-84所示。

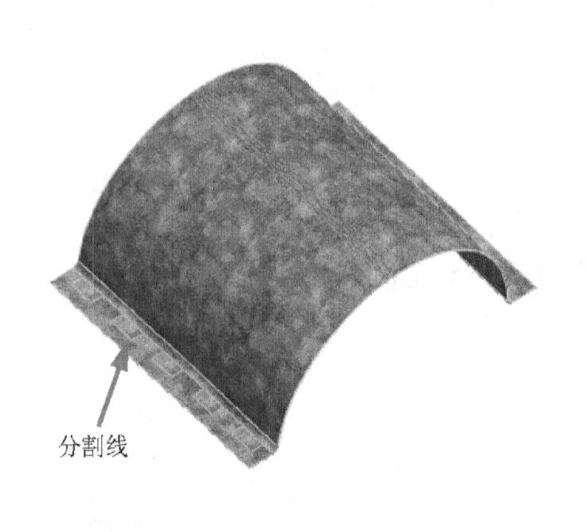

图5-83　分割线示意图

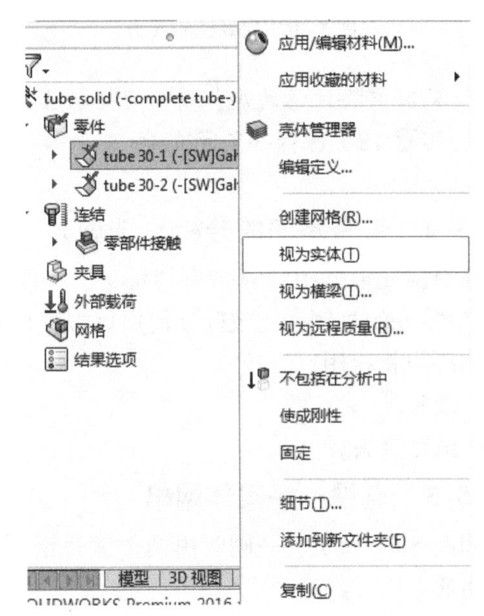

图5-84　视圆管为实体

知识卡片

点焊	点焊可以通过焊接相连的两个面来定义。此外，在这两个面的任意一个面上还需要指定焊接的位置。 为详细指定点焊位置，可以使用装配体参考点（该点必须是装配体的参考点，不能是零件的参考点）或者顶点。
操作方法	● 快捷菜单：右键单击【连结】文件夹，并选择【点焊】。 ● CommandManager：【Simulation】/【连接顾问】/【点焊】。

步骤7 定义点焊接头 右键单击【连结】文件夹并选择【点焊】。选择【点焊第一个面】，然后在另一个零件上选择连接面作为【点焊第二个面】，之后在【点焊位置】中选择图5-85所示的十个顶点。

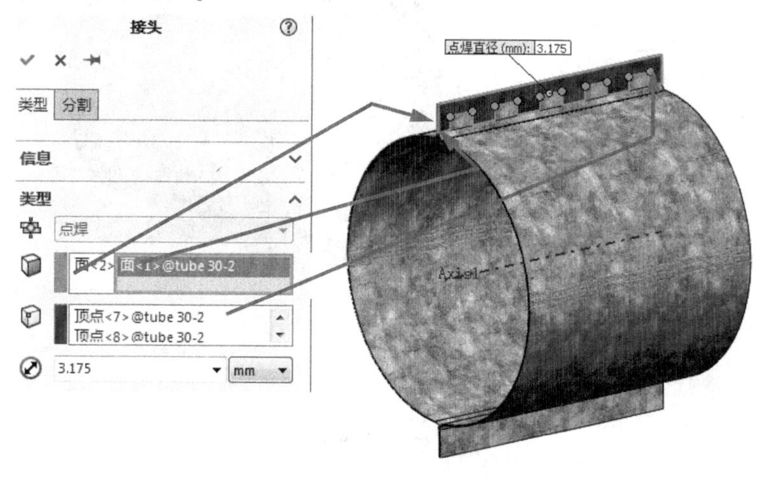

图5-85 定义点焊接头

设置【点焊直径】为3.175mm。通过这种方式，在一个侧面上的所有点焊位置都被定义在同一个约束中。最后单击【确定】✔。

步骤8 在圆管另外一边重复相同操作 类似地，在圆管另一侧的十个位置应用点焊，如图5-86所示。

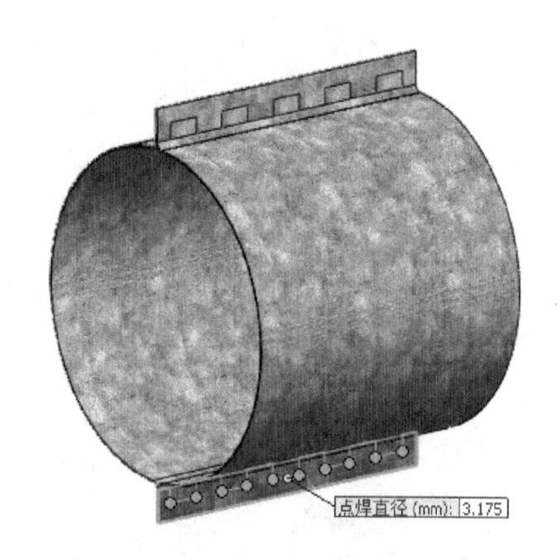

图5-86 重复定义另一侧的点焊接头

2. 应用扭矩 使用两个夹具对该装配体应用扭矩。模型一端的几何体被限制了不能在轴向和圆周方向移动。在另一端，将应用1°的扭转。

步骤9 应用约束 选择【使用参考几何体】的高级约束，并选择装配轴作为参考几何体。在这种方法中，约束方向与沿装配轴定义的圆柱坐标系对齐。分量一是径向位移，分量二是圆周旋转（由度数来表达），分量三是轴向位移。

在圆管的一侧选择两个面并约束【圆周】位移分量（设置为0rad），如图5-87所示。单击【确定】✔。

步骤10 在另一端指定旋转 和前一条件类似，添加1°（设置为0.0174rad）的【圆周】位移到圆管另一端的两个面上，如图5-88所示。

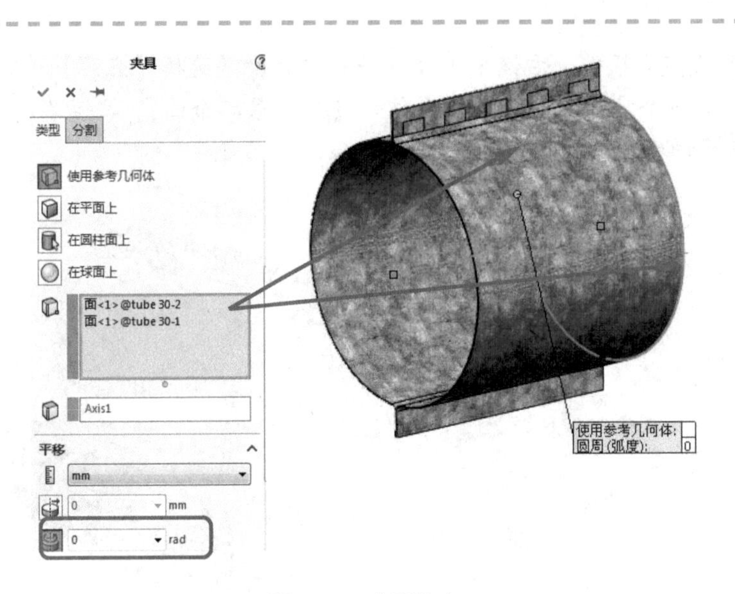

图 5-87　应用约束

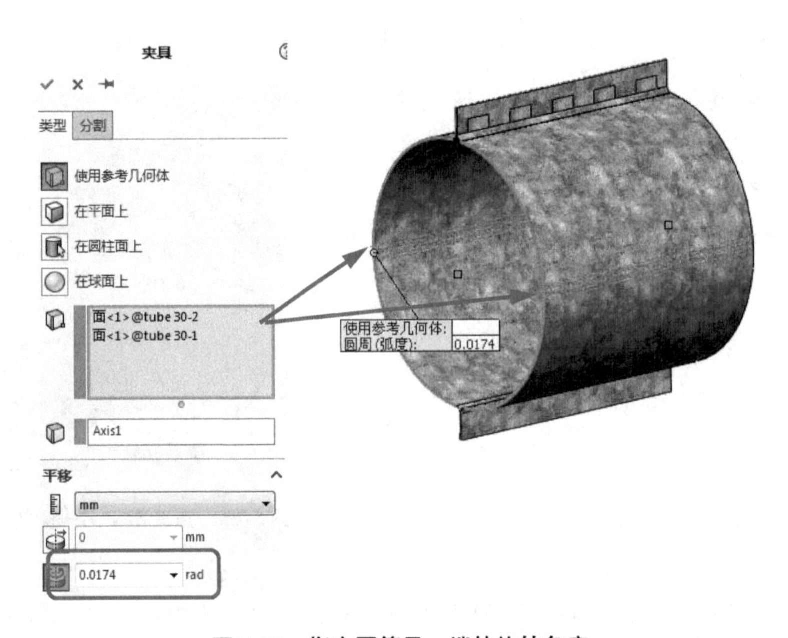

图 5-88　指定圆管另一端的旋转角度

步骤 11　使用软弹簧使模型稳定　注意，在圆管两端定义的位移并没有约束装配体在轴向的位移。模型可以没有形变地在轴向移动。为了稳定该模型，勾选【使用软弹簧使模型稳定】复选框。

3. 两个零件之间的接触　在对模型进行网格划分前，必须做出重要的建模决定，即两个零件是如何接触的。假设圆管的两半只是通过点焊连接，而不是通过整个相触平面连接。

假定除了指定的点焊外没有其他的交互作用，由于不需要求解接触条件，所以可以方便地简化模型。然而，在点焊中细小的焊点会经常“脱落”，这是合理的假定考虑。

基于这个假定，定义两个部分接触面的接触条件为【允许贯通】。

步骤12　定义接触　定义一个新的零部件接触类型为【允许贯通】。

提示　顶层装配体零部件接触（全局接触）不能设置为【允许贯通】类型。

步骤13　应用网格控制　为避免过多的单元拐角，对所有的四个圆角和凸缘应用网格控制，保持【单元大小】为3mm，【单元大小增长比率】为1.5，如图5-89所示。

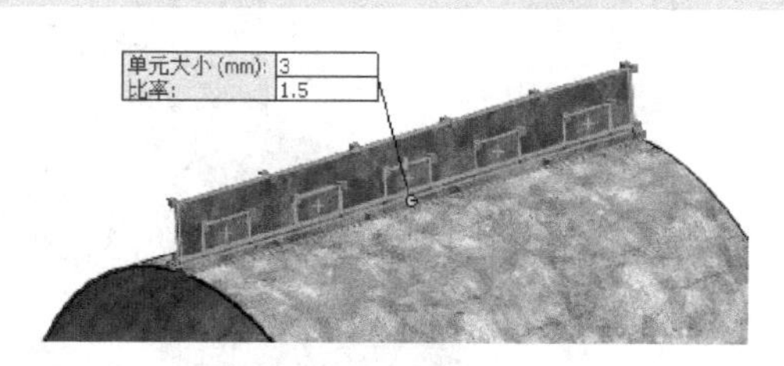

图5-89　应用网格控制

4. 单元拐角　45°拐角意味着一个单元面“缠绕”包覆45°弧。一般情况下，一个单元拐角为45°或者更小是首选的。

图5-90显示了有无局部网格控制的网格划分结果。

5. 点焊——应力集中　注意网格只有一个单元越过壁厚。通常，推荐使用两层二阶单元。在分析变形时可以采用一层单元，但是有可能在细节的应力结果分析中产生较高的应力错误。

采用一层单元是因为要分析的是变形而不是应力。除此以外，模拟【点焊】接头模型是不适于详细的应力分析的。【点焊】接头模拟波节对波节的连接，其计算结果在无限应力上接近点焊。

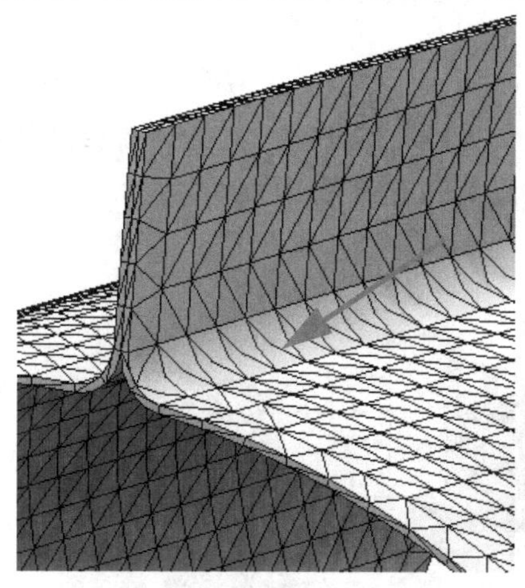
a) 无网格控制，单元拐角为90°

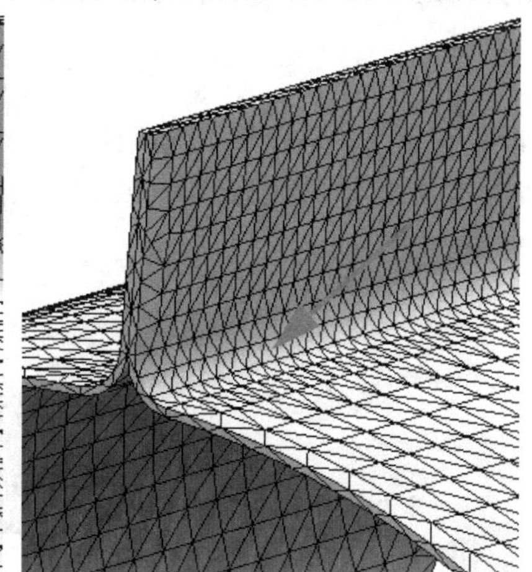
b) 应用网格控制，单元拐角为30°

图5-90　有无局部网格控制的网格划分结果

【点焊】模型适于变形和全局应力分析，正满足该模型中我们的意图。

同时，利用壳单元比实体单元可以更好地对该几何模型进行网格划分。在本例中，将使用实体单元来试验由实体几何体建立的【点焊】模型。在后面的章节中，将使用壳单元来求解同样的模型。

步骤14　划分网格　在【网格参数】下选择【基于曲率的网格】。使用高品质单元划分网格，并将【网格密度】的滑块移至【良好】一侧。

步骤15　运行分析　将求解器更改为Direct sparse。可能会出现提示大位移的警告消息。如果出现请单击【否】，以使用小位移运行仿真。

步骤 16　图解显示 von Mises 应力　von Mises 应力结果表明高应力都发生在点焊附近，如图 5-91 所示。正如以前所说的，任何点焊附近的应力结果都是不可靠的。

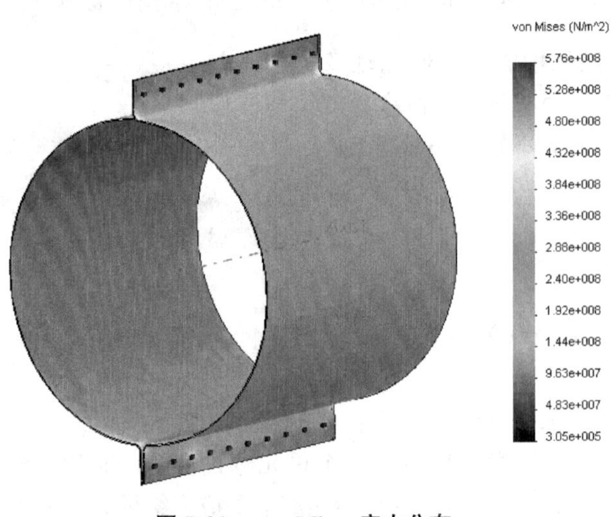

图 5-91　von Mises 应力分布

6. 获取合力扭矩　要计算合力扭矩，需列出圆柱坐标系下反作用力的 Y 方向分量，并乘以半径值。

步骤 17　列举圆柱坐标系下的反作用力　列举由"Axis1"定义的圆柱坐标系下的反作用力的 Y 方向分量（见图 5-92）。反作用力的圆周分量为 10 026N。

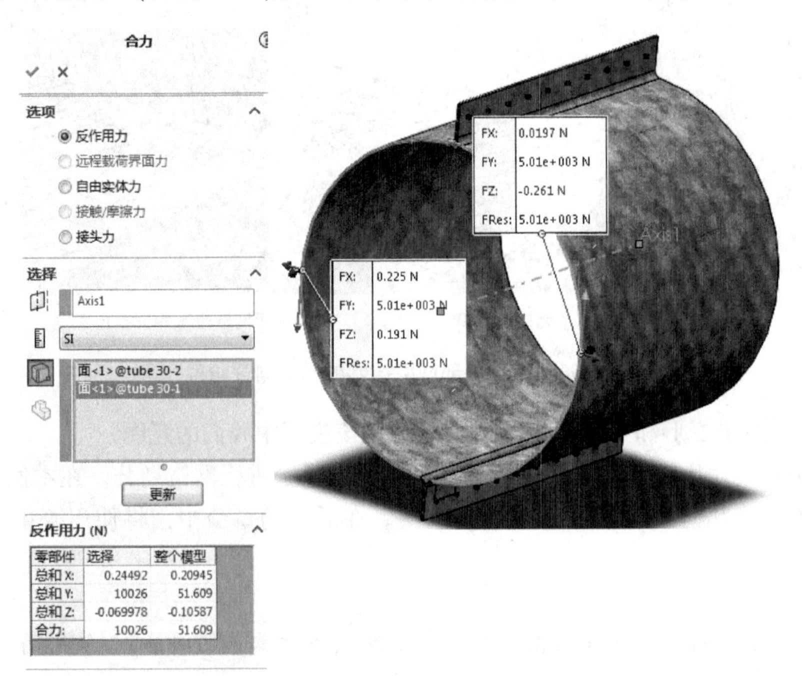

图 5-92　列举圆柱坐标系下的反作用力

平均半径为0.126 5m，因此合力扭矩 T 为

$$T=10\ 026\text{N}\times0.126\ 5\text{m}=1\ 268.289\text{N}\cdot\text{m}$$

步骤18　保存关闭文件

练习5-6　螺栓接头

在本练习中，将使用螺栓接头取代实物螺栓和零件吊环螺栓（Eye bolt）。由于去掉了“Eye bolt”，需要补充一个远程载荷作为外部载荷。

本练习将应用以下技术：

- 接头。
- 列出接头力。

项目描述：一个杆件（Bar）连接着一块基体平板（Base Plate），该平板包含两个松配合螺栓（Bolts），螺栓直径为12mm，孔直径为12.2mm，如图5-93所示。

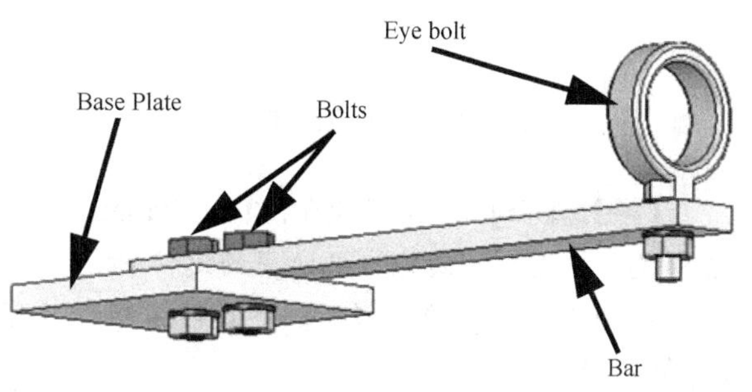

图5-93　杆件模型

“Base Plate”由两边支撑。吊环螺栓在垂直方向和水平方向各受力1 100N，如图5-94所示。假定吊环的刚度非常高，在连接部位提供一个近乎刚性的连接。

杆件和基体平板都由材料AISI 1020制造。

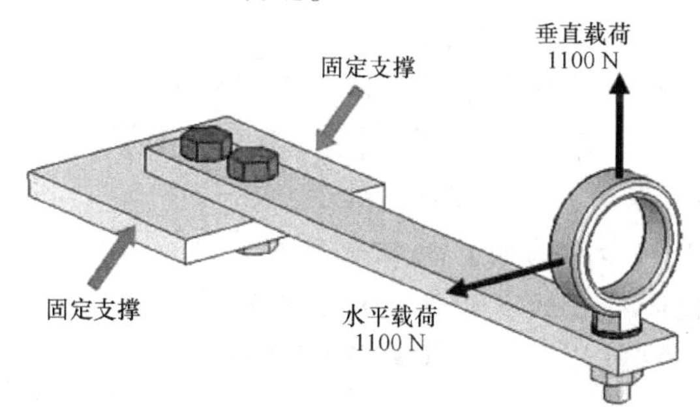

图5-94　支撑与载荷

计算零部件的最大应力及变形，同时计算螺栓所受的力。

操作步骤

扫码看视频

步骤1　打开装配体　打开文件夹“Lesson05\Exercises\Bolt Connectors”下的文件“bolt joints”，如图5-95所示。

“bolt”“nut”及“washer”都被压缩了，是因为在本练习中将使用螺栓接头来代替螺栓零件。为了说明那个不可见的吊环螺栓，将用作用在悬臂梁上的远程载荷来描述水平载荷。

步骤2　设定SOLIDWORKS Simulation选项　设定全局【单位系统】为【公制（I）(MKS)】，【长度/位移（L）】单位为【毫米】，【压力/应力（P）】单位为【N/m^2】。

步骤3　创建算例　创建一个名为“two bolts-torque preload”的静应力分析算例。

步骤4　指定材料　对两个零件都指定材料AISI 1020。

步骤 5　定义螺栓接头　创建两个带螺母的【标准】螺栓接头，如图 5-96 所示。

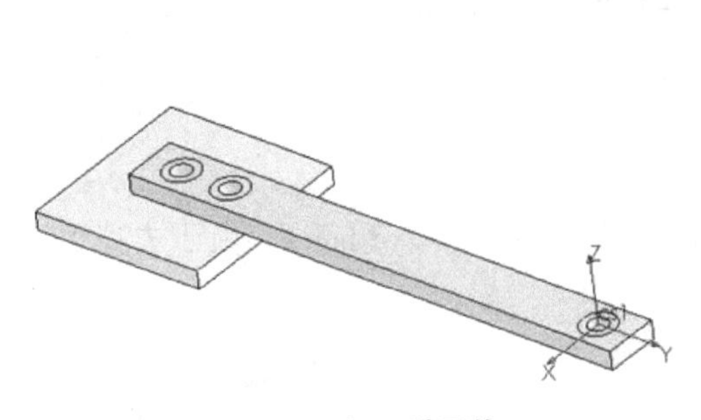

图 5-95　打开装配体

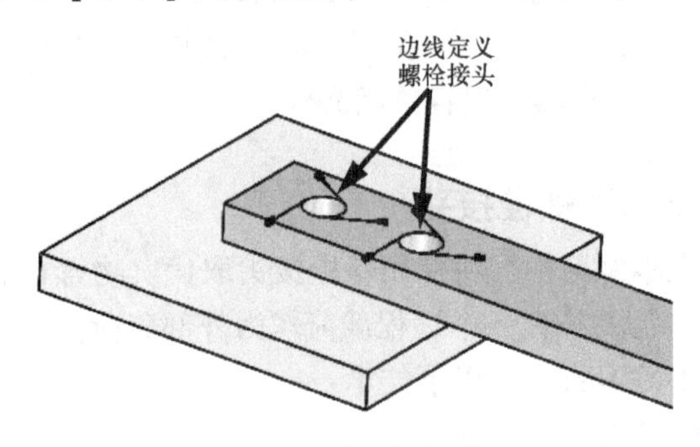

图 5-96　定义螺栓接头

【螺钉直径】和【螺母直径】为 24mm，【螺栓柄直径】为 12mm。确认【紧密配合】选项没有被选中，因为这里使用的是松配合。

螺栓【材料】使用【Alloy Steel】。螺栓【预载】选项中，设置【扭矩】为 160N · m，【摩擦因数】为 0.2。

提示　可以用手工计算来验证螺栓的轴向预载力为 66 666N。螺栓的拉伸应力为 590MPa，是 Alloy Steel 材料屈服强度的 95%。

步骤 6　显示爆炸视图

步骤 7　定义接触条件　为正确建立螺栓连接的模型，需要在两个装配体零部件间定义接触条件。因为期望沿着接触面水平滑动，所以需要定义局部【无穿透】、【节到曲面】或【曲面到曲面】的接触条件。如图 5-97 所示，在两个面之间定义一个【无穿透】、【节到曲面】的相触面组。

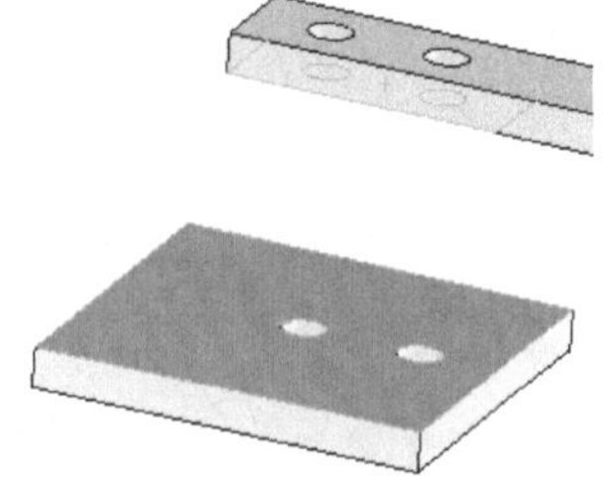

图 5-97　定义相触面组

步骤 8　施加远程载荷　正如在开始分析前提到的，假定吊环螺栓的刚度非常高。因此，使用【载荷/质量性连接】选项。

选择两个底部和顶部接触面为【远程载荷/质量的面，边线或顶点】，如图 5-98 所示。这反映出现实中大多数载荷都是通过螺栓头/螺母及螺栓杆之间的摩擦来传递的。

如图 5-99 所示，在水平和竖直方向都施加 1 100N 的力。使用局部坐标系 Coordinate System1 指定力的位置（0，0，51）及大小（1 100，0，1 100）。

步骤 9　添加约束　在“Base Plate”的两个侧面加载【固定几何体】的约束，如图 5-100所示。

步骤 10　对装配体划分网格　在【网格参数】下选择【基于曲率的网格】。保持默认设置，使用高品质单元生成网格。

步骤 11　运行分析　更改求解器为 Direct sparse。

步骤 12　查看分析结果　查看最高应力分布区域，可以看到“热点”尺寸要小于单元的尺寸，如图 5-101 所示。说明在该区域的应力分析有很大误差。所以，细化网格对获得精确的最大应力结果是必要的。

步骤 13　图解显示变形结果　在放大比例后分析变形结果的细节。可以看到“Bar”和“Base Plate”之间彼此发生了分离，如图 5-102 所示。

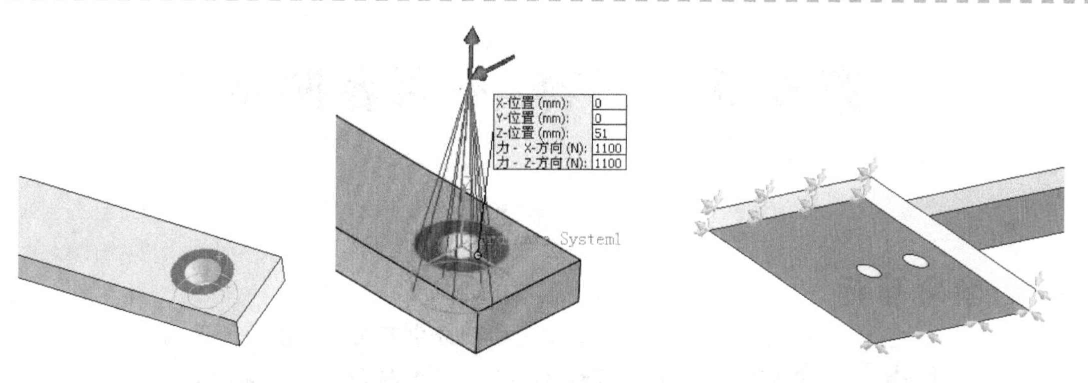

图 5-98　选择接触面　　图 5-99　施加远程载荷　　图 5-100　添加约束

步骤 14　查看螺栓力　"螺栓接头-1"和"螺栓接头-2"对应的轴向螺栓力分别为 66 742N 和 66 804N，如图 5-103 所示。

与螺栓预载值 66 666N 相比，外部载荷的影响非常小。如果想防止螺栓松动，改变螺栓轴向载荷是微不足道的。

步骤 15　保存并关闭文件

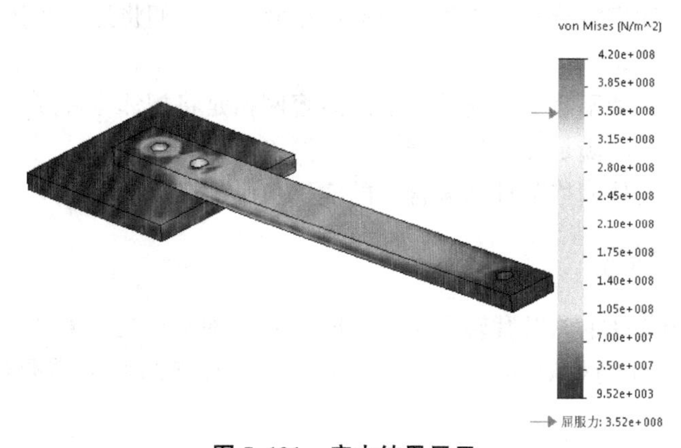

图 5-101　应力结果显示

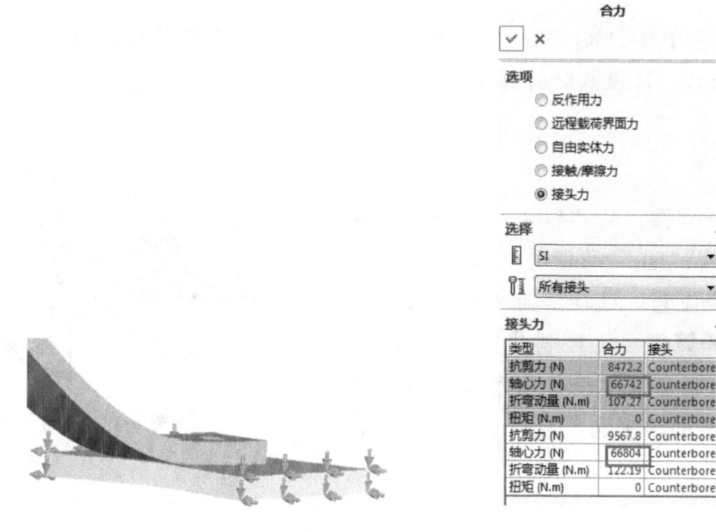

类型	合力	接头
抗剪力 (N)	8472.2	Counterbore
轴心力 (N)	66742	Counterbore
折弯动量 (N.m)	107.27	Counterbore
扭矩 (N.m)	0	Counterbore
抗剪力 (N)	9567.8	Counterbore
轴心力 (N)	66804	Counterbore
折弯动量 (N.m)	122.19	Counterbore
扭矩 (N.m)	0	Counterbore

图 5-102　变形结果显示　　图 5-103　查看螺栓力

第 6 章　兼容/不兼容网格

学习目标

- 理解网格兼容在实体网格划分中不同接触条件的区别
- 理解高级不兼容网格接合（灰浆接合）的运算法则
- 理解周期性对称

6.1　兼容/不兼容网格划分：接合接触

在下面的实例中，我们将分析承受离心力的风扇叶片。我们将进一步优化仿真，并使用周期对称性分析单个风扇叶片。

另外，还将学习兼容和不兼容网格的区别。兼容网格是将相邻零件或实体的网格节点合并以确保接合的网格。如果无法满足此条件，则将导致网格不兼容。

为此，我们将使用实体网格部件和未合并的实体。

6.2　实例分析：转子

本实例将分析一个简化的八叶片转子零件。叶片和转轴是相互分离且没有合并的实体。转轴是一个厚的零件，而叶片则相对薄一些，在这两个零件相交的区域需要创建网格。

扫码看视频

6.2.1　项目描述

转子的旋转速度为100rad/s，这会在叶片中产生应力。转子和叶片的材料都是合金钢（Alloy Steel）。计算八叶片转子的最大应力和位移。

操作步骤

步骤 1　打开文件　从“Lesson06 \ Case Studies”文件夹中打开名为“fan”的模型，如图 6-1所示。

步骤 2　选择配置　选择名为“full”的配置。

步骤 3　打开算例　已经创建了一个名为“Full Model”的算例。合金钢材料已应用于所有八个叶片和中心体。高品质的单元也已应用于每个几何体。

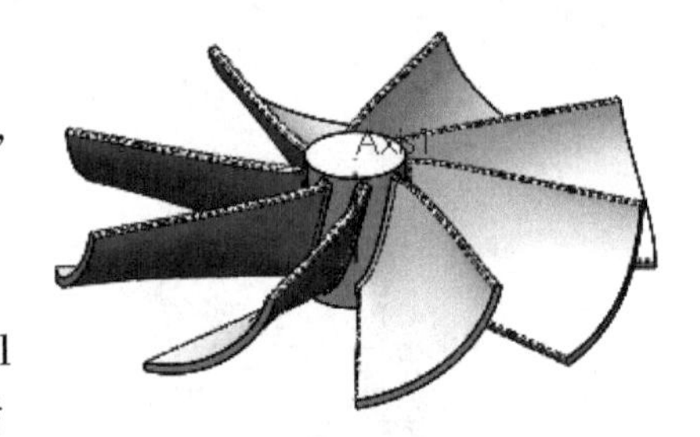

图 6-1　“fan”模型

6.2.2　离心力

在 SOLIDWORKS Simulation 中，离心力用于模拟旋转物体的加速效果。

离心系统本质上是动态的（这意味着它们是移动系统）。但是，我们可以在静态仿真中使用离心力来即时查看模型中的加速度。

知识卡片	离心力	• CommandManager：【Simulation】/【外部载荷顾问】/【离心力】。 • 菜单：【Simulation】/【载荷/约束】/【离心力】。 • 快捷菜单：右键单击【外部载荷】，选择【离心力】。

步骤4　施加离心力　单击【离心力】，施加100rad/s的离心力载荷，使用“Axis1”作为参考。单击【确定】，如图6-2所示。

步骤5　添加约束　单击【固定几何体】。在转子的内表面施加【固定几何体】约束，如图6-3所示。单击【确定】。

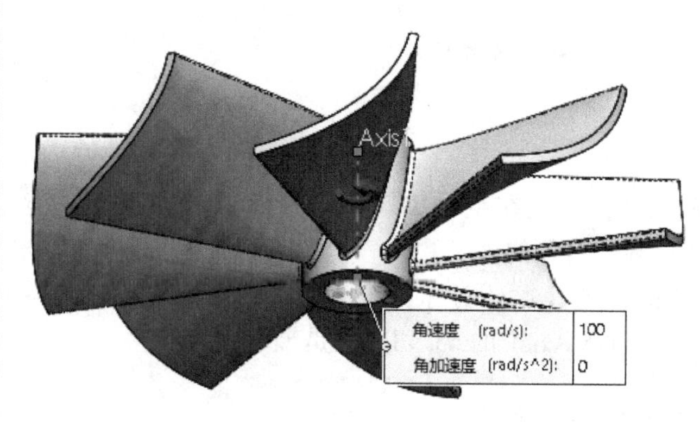

图6-2　施加离心力

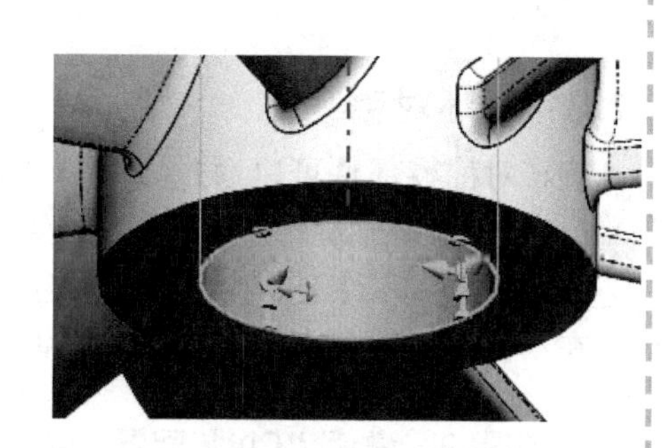

图6-3　添加约束

步骤6　运行分析　单击【运行】。

步骤7　查看位移结果　可以观察到零件的变形是对称分布的，其最大合位移为0.073mm，如图6-4所示。

图6-4　查看位移结果

步骤8　查看von Mises应力结果　请注意查看每个叶片上的应力分布。如图6-5所示，每个叶片的应力分布是一致的。

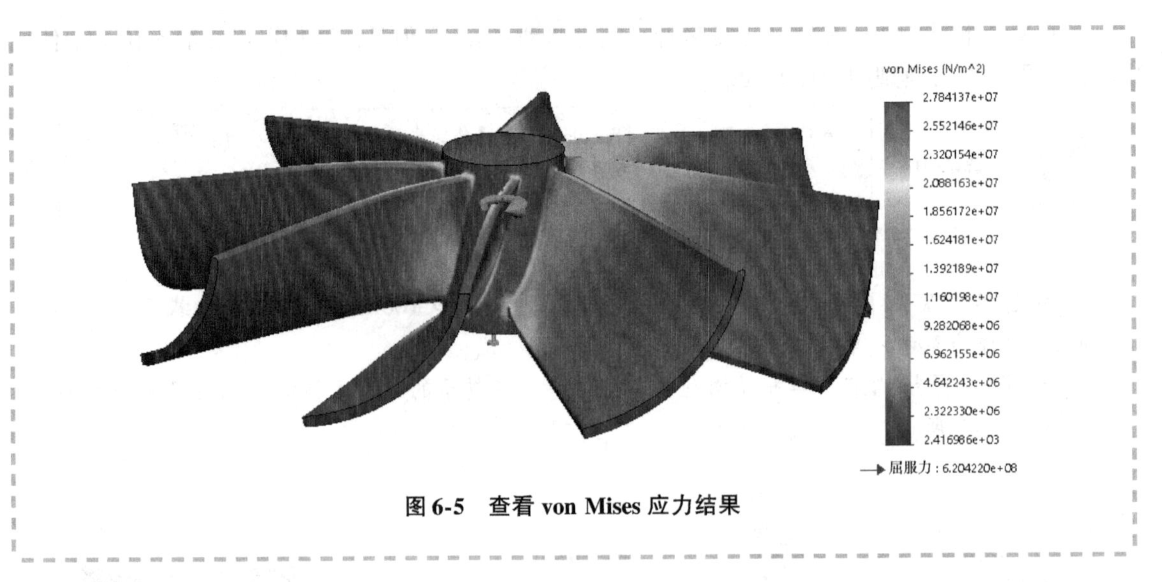

图 6-5 查看 von Mises 应力结果

6.2.3 循环对称

旋转对称零部件可以通过以下方法来识别：它们在绕轴旋转一定量后看起来相同（能重合）。可以通过绕轴旋转生成的任何模型都是旋转对称的。

如果作用在零件上的载荷也是旋转对称的，则【循环对称】约束就可以用来模拟这些零部件。在本例中，风扇叶片的几何形状和负载在围绕 Axis1 的 45°切口中是轴对称的。

步骤 9 激活 "Cut" 配置 双击激活 "Cut" 配置。

注意：使用【循环对称】时，对称面不必是平坦的。在本例中，它们会弯曲以跟随风扇叶片的曲线，如图 6-6 所示。

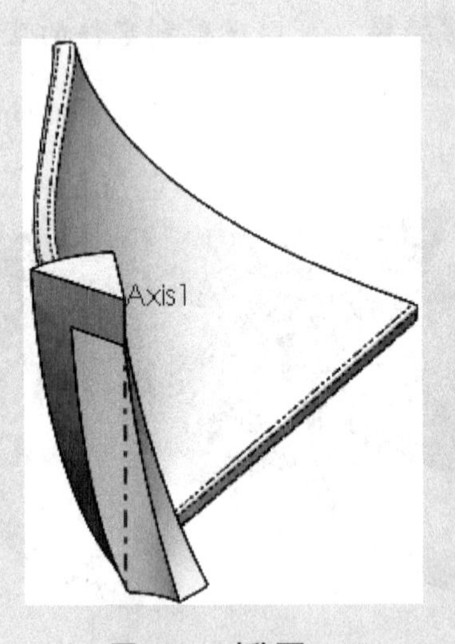

图 6-6 对称面

步骤 10 创建新算例 将新算例命名为 "Compatible"。

步骤 11 指定材料 将合金钢材料应用于两个几何体。

步骤 12 施加离心力 单击【离心力】，施加 100rad/s 的离心力载荷，选择 "Axis1" 作为参考轴。单击【确定】，如图 6-7 所示。

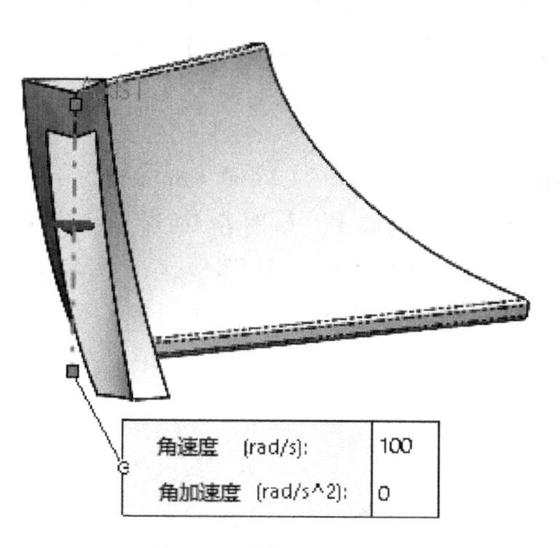

图 6-7　施加离心力

步骤 13　添加固定约束　单击【固定几何体】。在转子的内表面施加【固定几何体】约束，单击【确定】。

步骤 14　添加循环对称约束　单击【循环对称】，将约束施加到切口所暴露的一对表面上，如图 6-8 所示。使用 “Axis1” 作为参考轴。

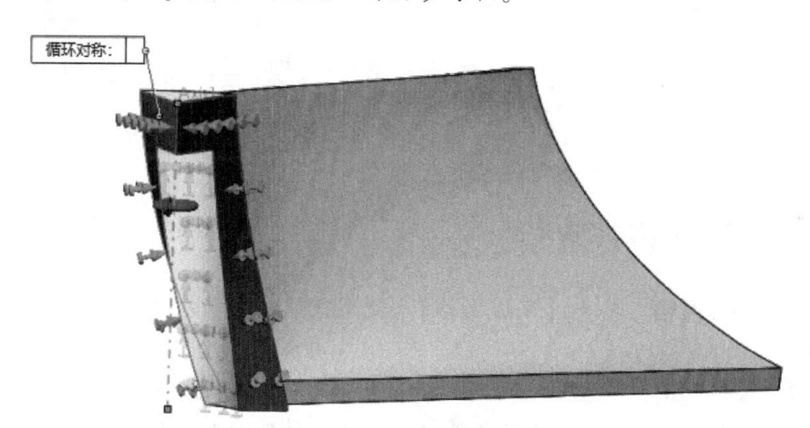

图 6-8　添加循环对称约束

注意　必须选择两个面，可以通过第一个面围绕参考轴的旋转来创建一个面（例如，本例中的旋转轴为 “Axis1”）。

6.2.4　兼容网格

可以将接合接触定义为兼容或不兼容网格。

兼容网格可确保接触面上的节点匹配，从而在单元之间创建平滑的网格过渡，然后在匹配节点上指定绑定关系，如图 6-9 所示。

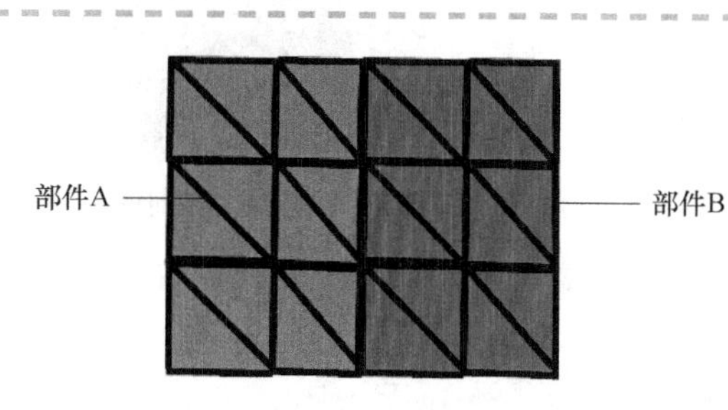

图 6-9　兼容网格

在零部件接触关系的定义时，可以将接合接触设置为兼容或不兼容。默认情况下，全局接合的零部件接触是指定为不兼容接合类型的。如果希望每个新仿真都使用兼容的接合类型，请在 Simulation 选项的【默认选项】中，在【接触】下单击【为全局接合零部件接触创建兼容的网格】。

步骤 15　创建兼容网格　右键单击“Global Contact（-Bonded）”，然后选择【编辑定义】。选择【选项】下的【兼容网格】，如图 6-10 所示，单击【确定】✔。

步骤 16　网格控制　单击【网格控制】。在【选择实体】下选择显示的面，如图 6-11所示。将网格密度滑块移至最右侧，单击【确定】✔。

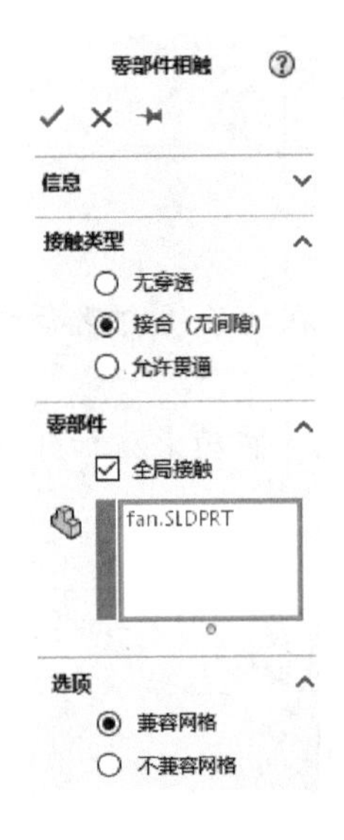

图 6-10　创建兼容网格

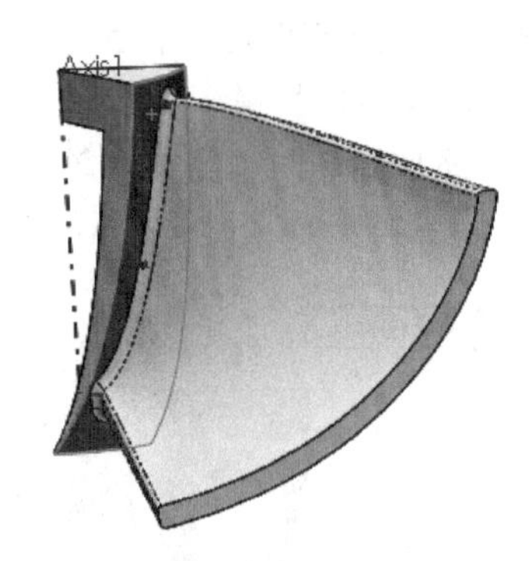

图 6-11　选择面

步骤 17　划分网格　单击【生成网格】。使用默认设置和基于曲率的网格。单击【确定】✔。

步骤 18　检查网格　观察有叶片显示的网格和隐藏叶片之后的网格，如图 6-12 所示。请仔细观察叶片的形状由于接合接触的兼容定义是如何压印到基座上的。

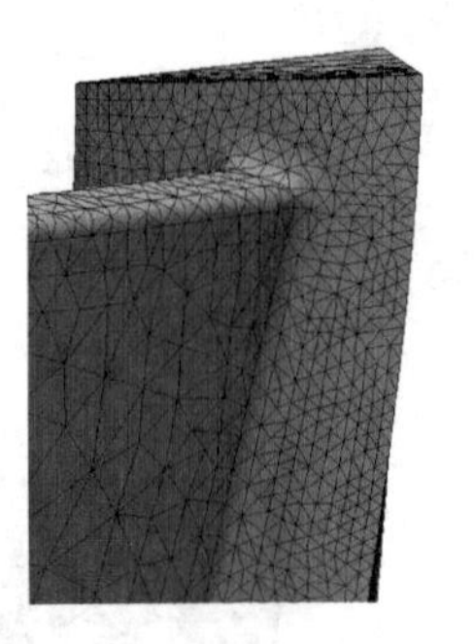

a) 有叶片的网格

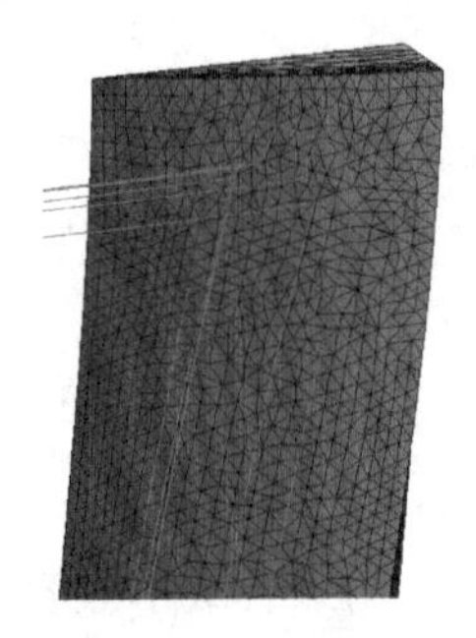

b) 隐藏叶片之后的网格

图 6-12　检查网格

步骤19　运行分析　查看 von Mises 应力云图，如图6-13所示。

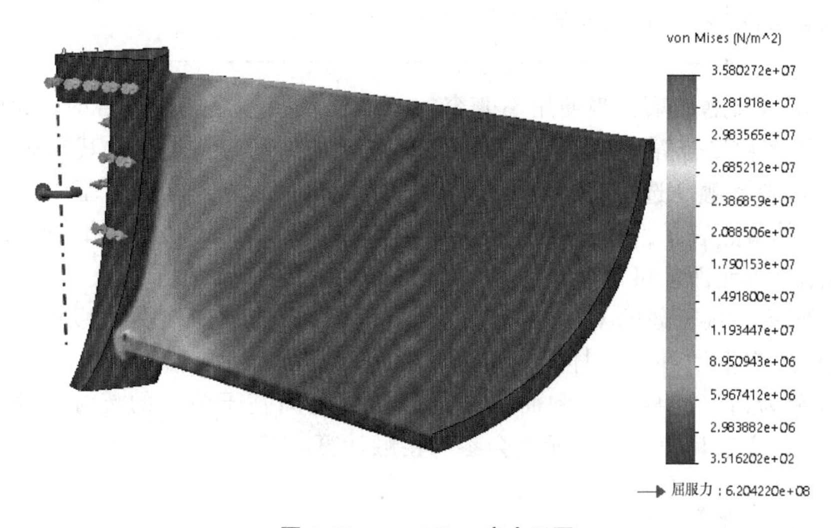

图6-13　von Mises 应力云图

步骤20　查看应力结果　请仔细观察显示叶片和不显示叶片的应力结果，如图6-14所示。

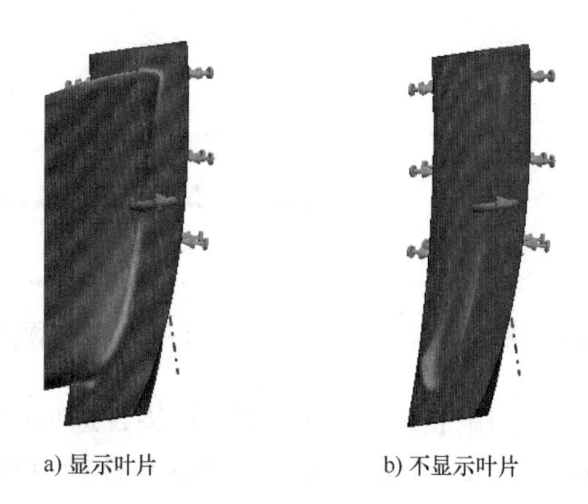

a) 显示叶片　　b) 不显示叶片

图6-14　查看应力结果

6.2.5　不兼容网格

在不兼容的网格中，零件之间的接触面上的节点未对齐。这些零部件之间的接触是从一个面上的节点投影到另一个面上，如图6-15所示。

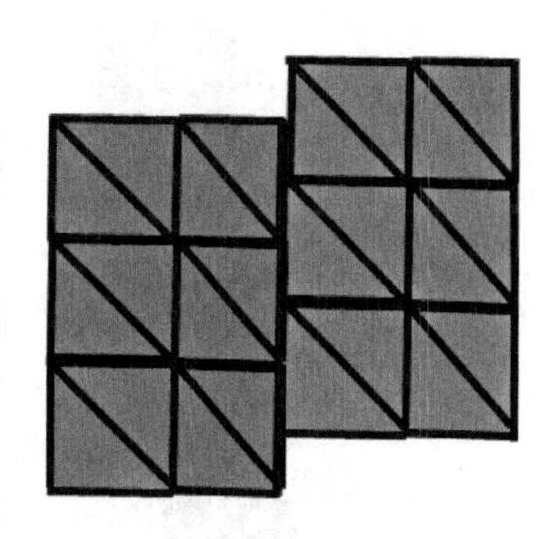

图6-15　不兼容网格

创建不兼容的网格比兼容的网格更容易，但是定义接合接触会变得更加困难。下面我们将讨论两个接合接触选项。

1. 自动转换为不兼容网格　划分兼容的网格时，如果由于接触的复杂性导致网格划分失败，则可以使用不兼容的网格重新划分模型。我们将在“练习　手钳”中探索此选项。

知识卡片	自动转换为不兼容网格	● 快捷菜单：右键单击【网格】，选择【生成网格】，然后在【高级】选项下选择【使用不兼容的网格重新划分】。

2. 不兼容接合接触选项 当使用不兼容的网格处理实体之间的接合时，SOLIDWORKS Simulation 提供了多种接合算法。用户可以在算例属性中访问这些选项，其优缺点如下：

1）简化的接合接触。选择【简化】接合选项时，将使用传统的（基于节点的）接合算法。接触体用其节点表示，而被接触体则通过单元面表示（目标必须始终是面）。但是并非所有被接触体的单元面都可以参与，其取决于接触体网格的密度。

如图 6-16 所示，从轮毂的 von Mises 应力图（从我们的当前模型中移除）的右侧可以看到，这可能导致产生“补丁”样式的接触（此示例已夸大效果）。

图 6-17 所示为边（接触体）和面（被接触体）之间基于节点的传统不兼容接触。可见，只有节点唯一位于其面上的单元才会参与接触计算。

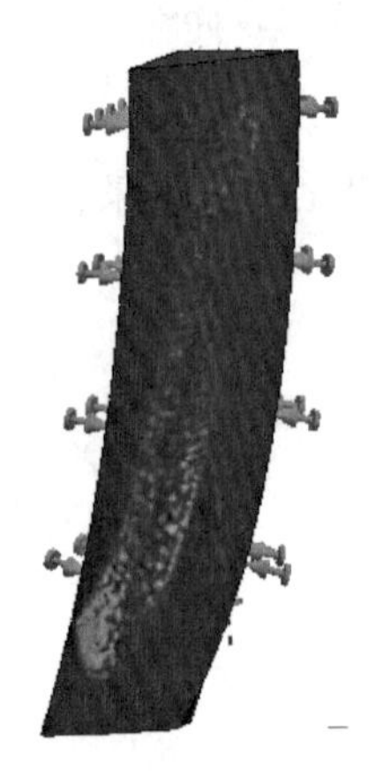

图 6-16 “补丁”样式的接触

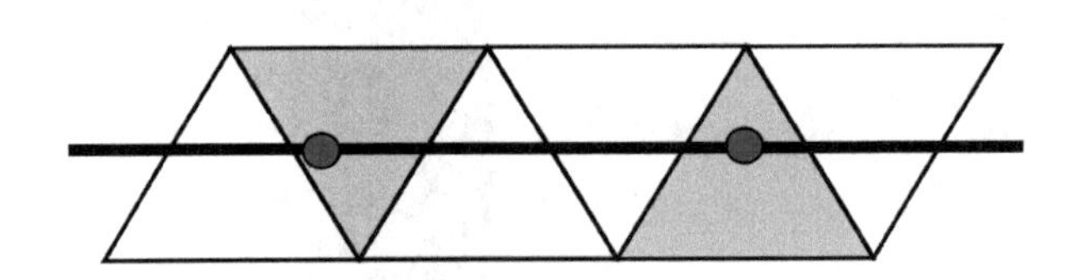

图 6-17 边与面的不兼容简化接合

2）更精确的接合接触。使用【更精确（较慢）】接合选项时，接触实体将使用整个几何体，包括节点之间的边和面。这样就可以对接触体和被接触体进行完整而准确的描述，如图 6-18 所示。

在图 6-19 中，接触体的整个边以及被接触体单元的面形成接触集。

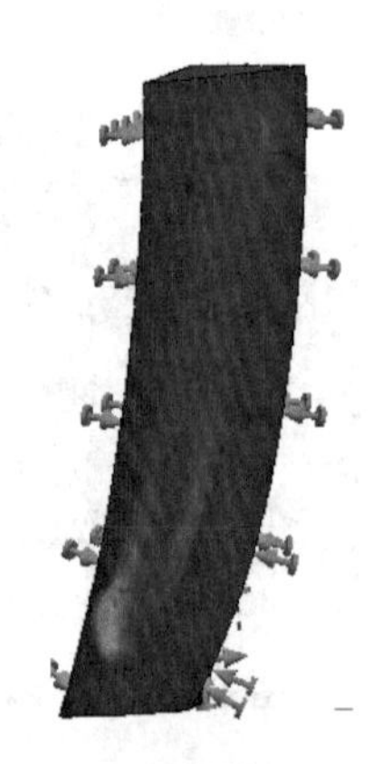

图 6-18 更精确的接合接触

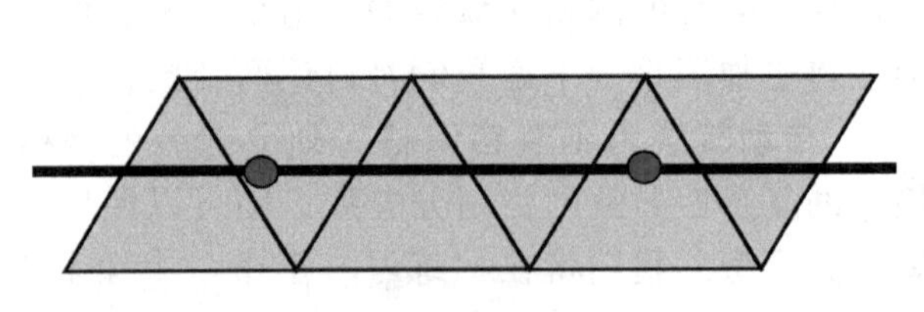

图 6-19 精确接合

此选项更准确，但需要更长的计算时间。

3）自动的接合接触。选择【自动】选项时，软件将根据模型和求解时间决定哪种接合类型最合适。建议将此选项保留为默认设置。

步骤 21　创建新算例　使用【复制算例】命令从“Compatible”创建一个名为“Incompatible”的新算例。

步骤 22　设置全局不兼容接合接触　右键单击“Global Contact”，然后选择【编辑定义】。选择【选项】下的【不兼容网格】，如图 6-20 所示，单击【确定】✔。

步骤 23　应用更精确的接合接触　在算例中激活【更精确（较慢）】选项。单击【确定】✔。

步骤 24　划分网格　单击【生成网格】，使用默认设置和基于曲率的网格。单击【确定】✔。

步骤 25　检查网格　仔细观察图 6-21 所示有叶片显示和没有叶片显示的网格。注意观察叶片的形状是如何不压印在基座上的。

图 6-20　定义不兼容网格　　　图 6-21　检查网格

步骤 26　运行分析　查看 von Mises 应力图解，如图 6-22 所示。

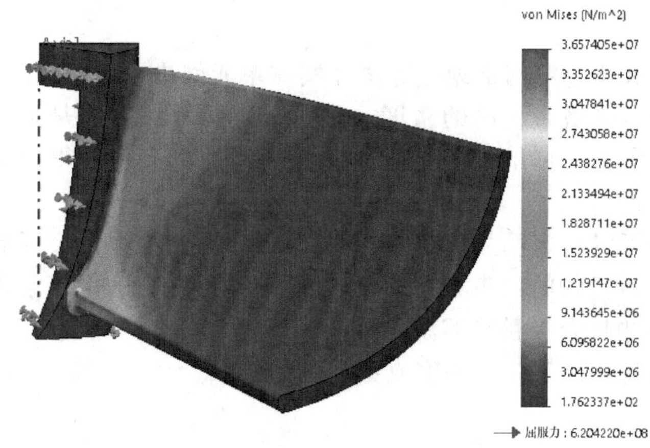

图 6-22　von Mises 应力图解

注意：请注意查看兼容和不兼容网格在结果上的微小差异。

步骤 27　查看没有叶片显示时的应力　仔细观察没有叶片显示出来时的应力，如图 6-23 所示。

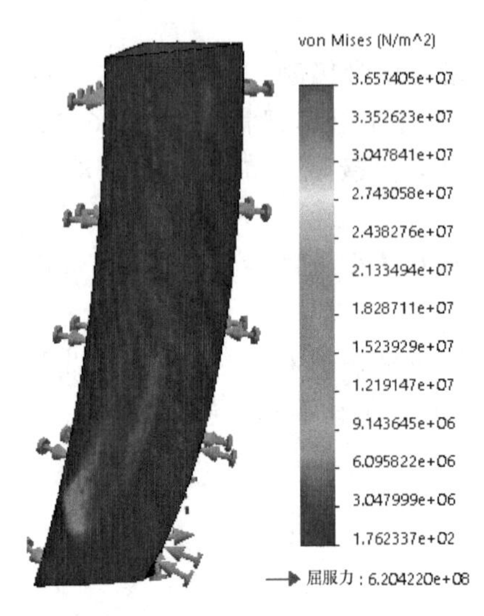

图 6-23　没有叶片显示时的应力

步骤 28　简化的分析（可选）　复制当前算例，并使用【简化】接合接触选项执行分析。

步骤 29　保存并关闭文件

6.2.6　讨论

兼容性接合算法的结果与【更精确（较慢）】接合算法的结果很接近。然而，使用【简化】接合算法却会得到截然不同的应力，这是因为在接合处进行了缩减。

利用几何和载荷的自然性对称特点，在分析过程中使用周期性对称夹具，这样可以使用更精细的网格来得到精确的结果。

6.3　总结

本章讨论了兼容和不兼容网格划分方法在实体单元网格中的区别。

沿着接触面的兼容网格有很高的精度，因为节点和节点之间是强制对齐在一起或者是将两个相连的节点合并在一起的。但是这样额外地添加约束会使得网格划分器在执行网格划分时占用更多的时间。

不兼容网格接合可以指定网格划分器单独地划分每一个零件，因此减少了完成网格划分需要的时间。它通过增加的约束方程式（接合的接触）来确保接触面网格的接合，如果有可能的话，不兼容的接合接触能够获得相应尺寸的单元。

周期性对称能够简化模型并能够生成更精确的结果。

练习　手钳

在本练习中，我们将使用几个接头和各种相触面组来分析手钳模型，并通过各种网格技术来修复网格失效。

本练习将应用以下技术：

- 局部接触。
- 接头。
- 不兼容网格。

1. 项目描述 手钳正在夹紧一块钢板，如图6-24所示。手钳这样的设置表明钳臂并不处于锁定位置。在钳臂上加载225N的力。所有零部件都由普通碳钢制成。当任意部分超出屈服强度时，测定装配体的最大应力。

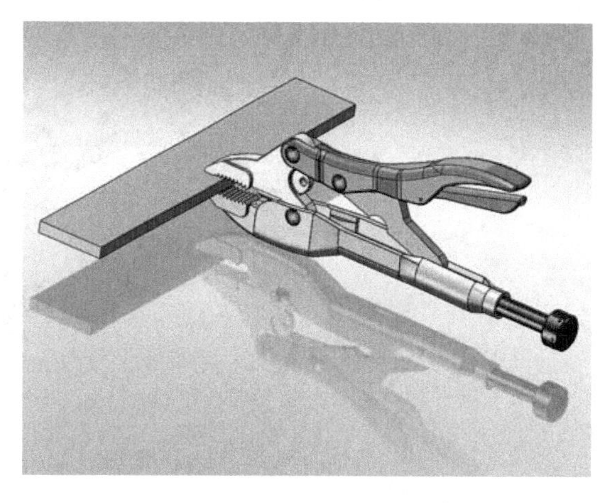

图6-24 手钳夹紧钢板的状态

操作步骤

扫码看视频

步骤1 打开装配体文件 在“Lesson06 \ Exercises \ Vise grip pliers”文件夹下打开装配体文件“wrench. SLDASM”。

步骤2 切换配置 激活配置“For analysis”。在这个配置中，压缩了解锁手柄（release）和销钉帽（pincap）零件。螺钉也采用了简化后的配置，移除了小的倒角和孔洞，因为它们并不影响分析。

步骤3 设定Simulation选项 选择【Simulation】菜单下的【选项】。切换到【默认选项】选项卡。在【单位】中，选择【公制（I）（MKS）】作为【单位系统】，选择【长度/位移（L）】为【毫米】，选择【压力/应力（P）】为【N/mm^2】。

单击【颜色图表】。在【数字格式】中选择【科学（S）】，设置【小数位数】为“2”。

步骤4 创建一个算例 创建一个名为“vise grip analysis”的静应力分析算例。

步骤5 应用材料 从SOLIDWORKS materials库中选择【普通碳钢】，应用到所有零件中。

步骤6 模拟钢板 我们并不关心钢板的应力，因此钢板已经被压缩了。为了模拟这块钢板，在钳口的两个平面之间加载一个【固定几何体】的约束，如图6-25所示。

步骤7 检查干涉 为了判断两个不同的零部件之间是否相互接触，可以借助SOLIDWORKS的干涉检查功能。在菜单中选择【工具】/【干涉检查】。选择该装配体，勾选【视重合为干涉】复选框。计算得到了三个干涉。

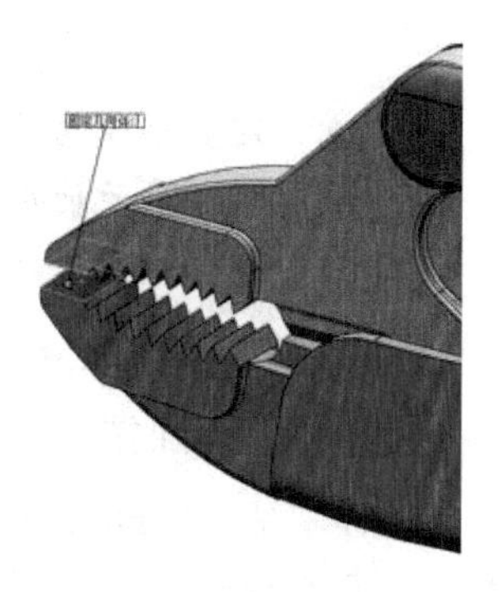

图6-25 模拟钢板

步骤8 设置干涉 查看该模型，评估每个接触的作用，如图6-26所示。

- 干涉1。干涉1是螺钉和“Center Link”之间的线接触。我们将在它们之间加载一个接合的接触，因为只要加载力，这两个零部件就会保持接触。
- 干涉2。发生在螺钉和“Arm1”的套筒之间。可以借助顶层装配体的零部件接触（全局接触）完成定义。

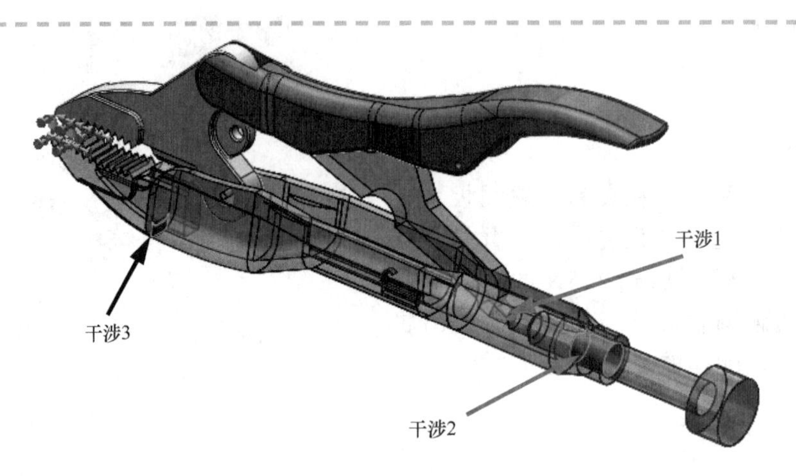

图 6-26 设置干涉

- 干涉 3。发生在“Arm1”的两个不同零部件之间，即其中一个部件没有相对于另外一个部件产生移动。这也可以处理为顶层装配体的零部件接触（全局接触）。

关闭【干涉检查】窗口。

步骤 9 爆炸显示装配体 爆炸显示装配体，以方便选择面和边作为相触面组。

步骤 10 添加接触 单击【接合】。在“Center Link”和螺钉端面之间添加一个【接合】的接触，如图 6-27 所示。

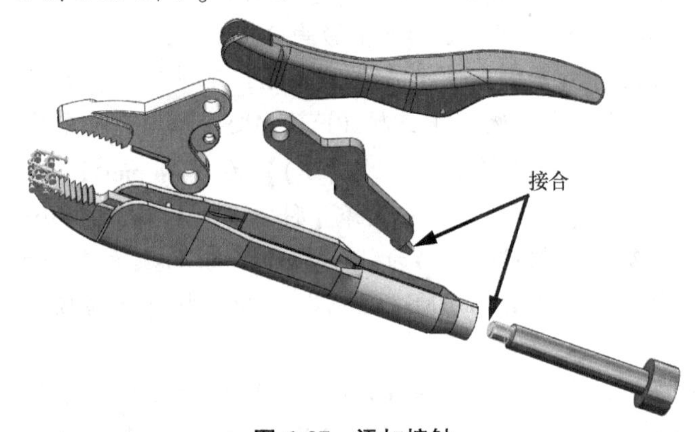

图 6-27 添加接触

> **提示** 尽管全局接触被设为【接合】，当一个点或边线与一个面接触时，局部定义接合的接触可能也是必要的。
>
> 基于使用的接头类型，必须在不同的相连零部件之间定义一定的接触条件（例如两根螺栓之间的【无穿透】接触）。

需要三根销钉来连接零部件，如图 6-28 所示。

步骤 11 添加销钉 在 Simulation Study 树中，右键单击【连结】并选择【销钉】。选择零件“CenterLink”的孔内侧面以及零件“secondGrip”的转轴表面。勾选【使用固定环（无平移）】复选框，清除【使用键（无旋转）】复选框。

在【强度数据】中，设置【张力应力区域】为 3.24mm^2，【销钉强度】为 351.571N/mm^2，【安全系数】为 2。单击【选择材料】并选择【AISI 1020】。单击【确定】✔，如图 6-29 所示。

销钉2
销钉1
销钉3

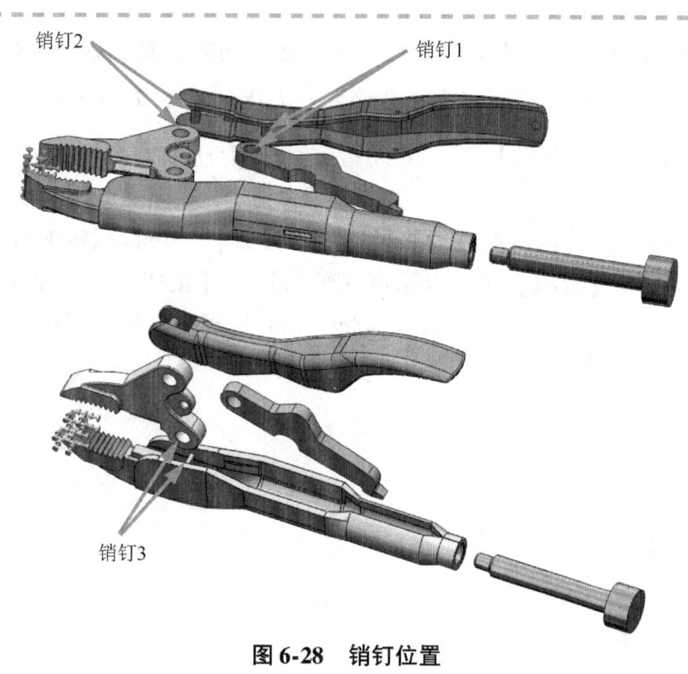

图 6-28　销钉位置

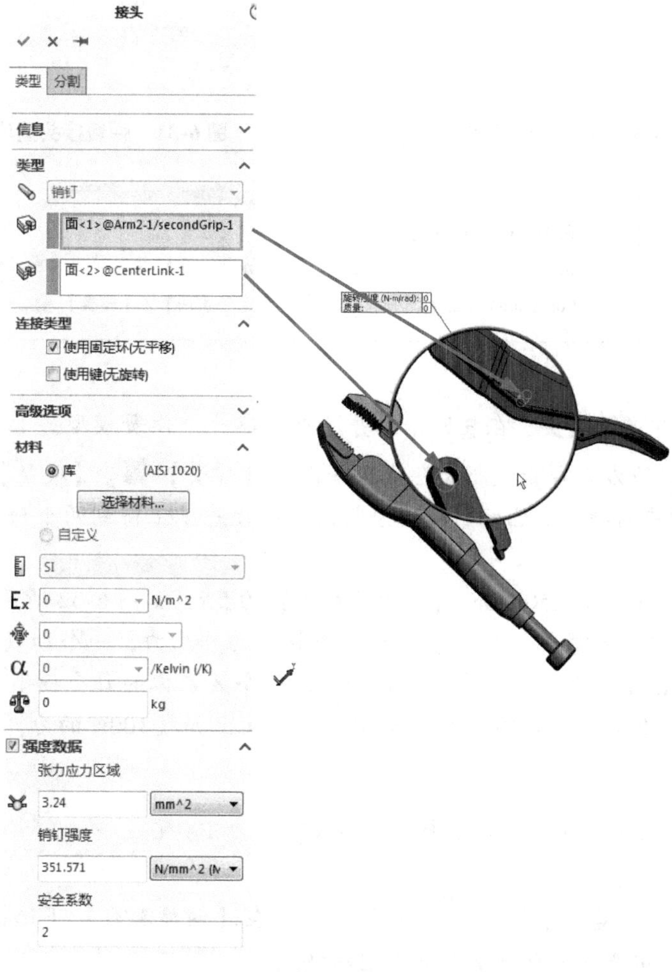

接头
类型
分割
信息
类型
销钉
面<1>@Arm2-1/secondGrip-1
面<2>@CenterLink-1
连接类型
使用固定环(无平移)
使用键(无旋转)
高级选项
材料
库
(AISI 1020)
选择材料...
自定义
SI
0
N/m^2
0
0
/Kelvin (/K)
0
kg
强度数据
张力应力区域
3.24
mm^2
销钉强度
351.571
N/mm^2 (N
安全系数
2

图 6-29　定义销钉接头

步骤 12　添加其他销钉　重复上面的步骤，使用相同的属性添加另外两个销钉连接。【张力应力区域】中，销钉 2 和销钉 3 分别设置为 7.06mm² 和 1.26mm²。

2. 弹簧接头类型　在【类型】下，可以指定弹簧为压缩与延伸、仅压缩或仅延伸，如图 6-30所示。

在选项【平坦平行面】、【同心圆柱面】及【两个位置】中可以指定弹簧端面实体的特征。

3. 弹簧接头选项　在【选项】中可以指定【轴向】和【正切】弹簧刚度值。两个数值都能以【总和】[（N/m）/m²] 或【分布】[（N/m）/m²] 表达。也可以输入【压缩预载力】及【张力预载力】，如图 6-31所示。

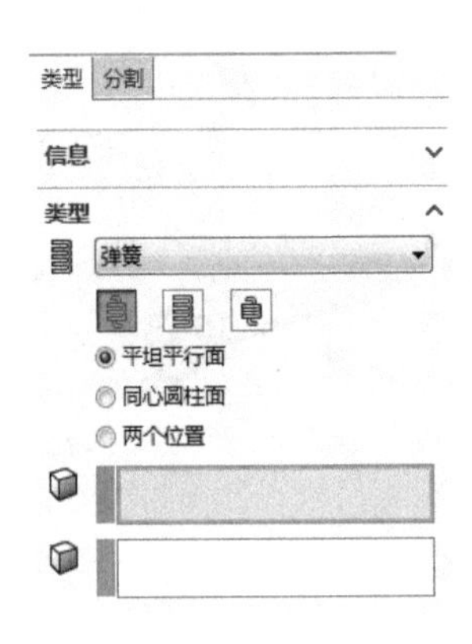

图 6-30　弹簧接头类型

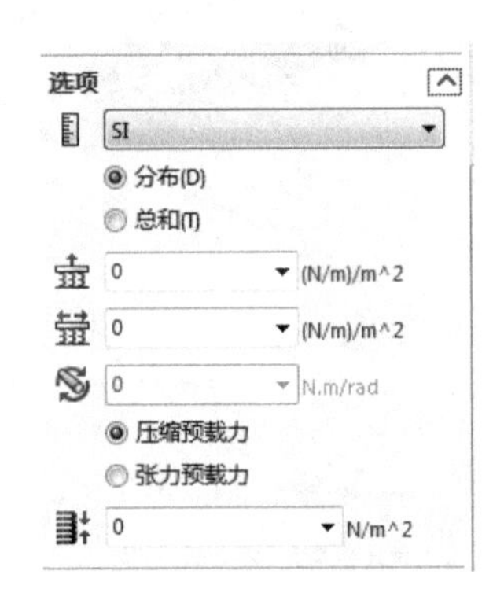

图 6-31　弹簧接头选项

知识卡片	弹簧接头	• 菜单：【Simulation】/【载荷/夹具】/【接头】。 • 快捷菜单：右键单击【连结】，然后从弹出的快捷菜单中选择【弹簧】。 • CommandManager：【Simulation】/【连接顾问】/【弹簧】。

步骤 13　添加弹簧接头　在装配体中并没有创建一个弹簧模型，下面将添加一个弹簧接头来加载适当的力。右键单击【连结】并选择【弹簧】。【类型】选择【两个位置】。每个零件相应的特征上已经创建了分割面，在此基础上得到两个顶点，而弹簧就连接在这两个顶点上。

设置【轴向刚度】为 250N/m，【张力预载力】为 5N，如图 6-32 所示。

步骤 14　添加外部载荷　我们将添加两个相反的作用力，一个加载到“Arm1”上，另一个加载到“Arm2”上。出于建模的目的，这两个装配体的每个模型上都创建了恰当的表面，以方便加载载荷。在图 6-33 所示的每个曲面上加载 100N 的力，力的方向垂直于“Top plane”。

提示　确认加载到上面把手的【总数】力为 100N。

步骤 15　划分网格　单击【生成网格】，在【网格参数】下选择【标准网格】。使用高品质单元，并采用默认设置划分模型网格。

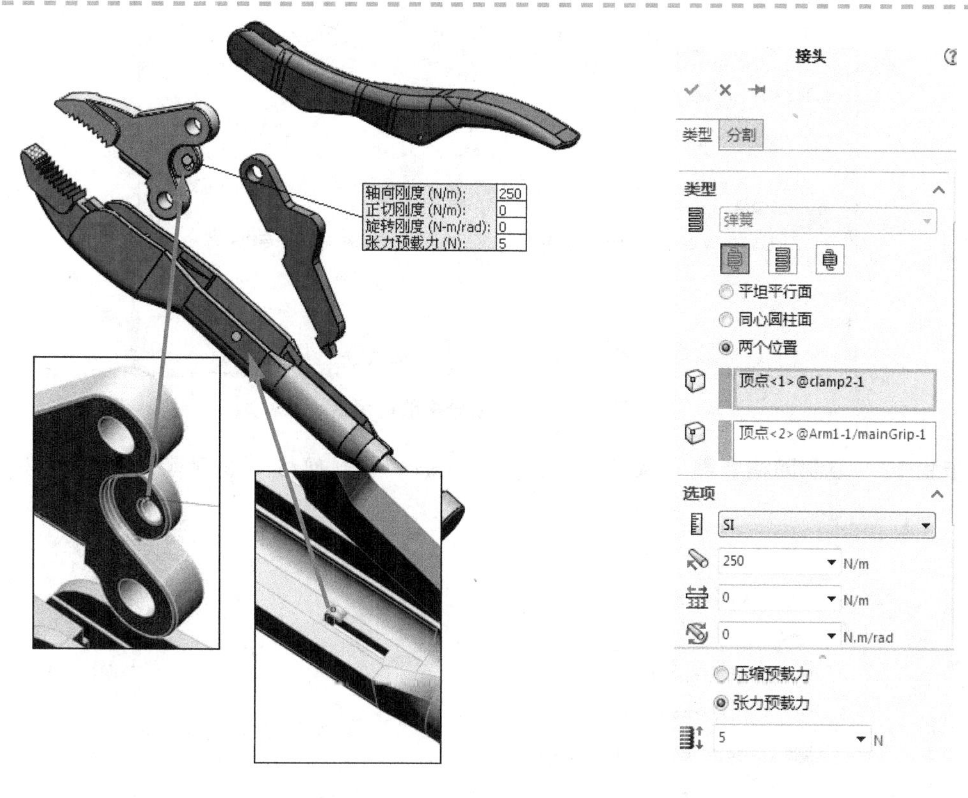

图 6-32 添加弹簧接头

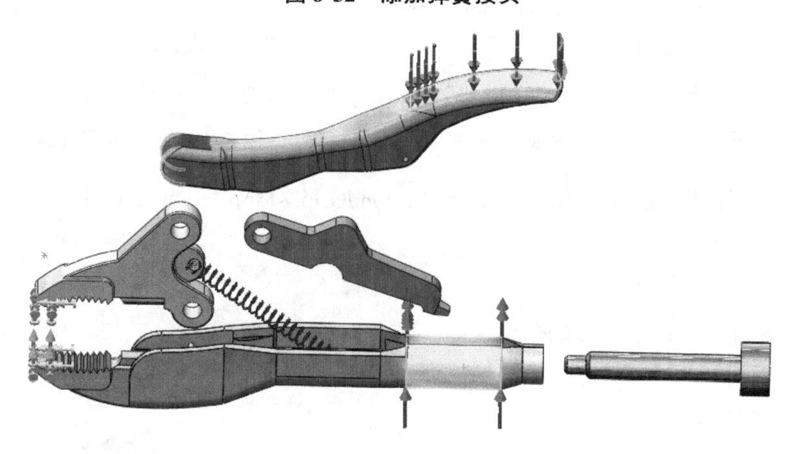

图 6-33 添加外部载荷

划分网格会提示失败，如图 6-34 所示。单击【确定】。

提示 出现这个错误提示是因为在一个装配体下有两个部件划分网格。我们将用两种方法去划分这些实体。

步骤 16 分析装配体中哪个实体划分网格失败 展开【零件】文件夹查看划分网格失败的实体，如图 6-35 所示。从列表中可以看到“Arm2-1/secondGrip-1”和“Screw-1”划分网格失败。为了更进一步分析这些实体，将分别打开它们并使用装配体的网格参数为它们划分网格。

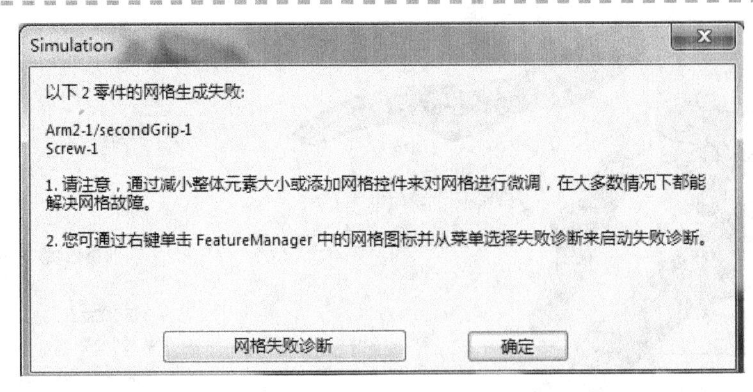

图 6-34　网格划分失败提示

步骤 17　复制网格参数　从“vise grip analysis”复制网格参数到剪切板，如图 6-36 所示。

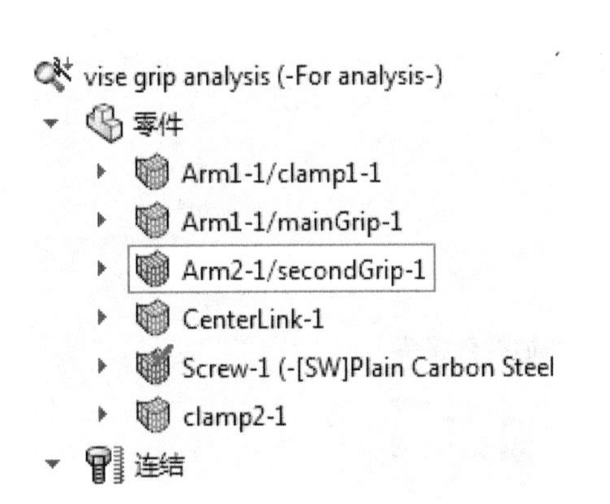

图 6-35　网格划分失败的实体

图 6-36　复制网格参数

步骤 18　打开“secondGrip”　打开“secondGrip. sldprt”，如图 6-37 所示。

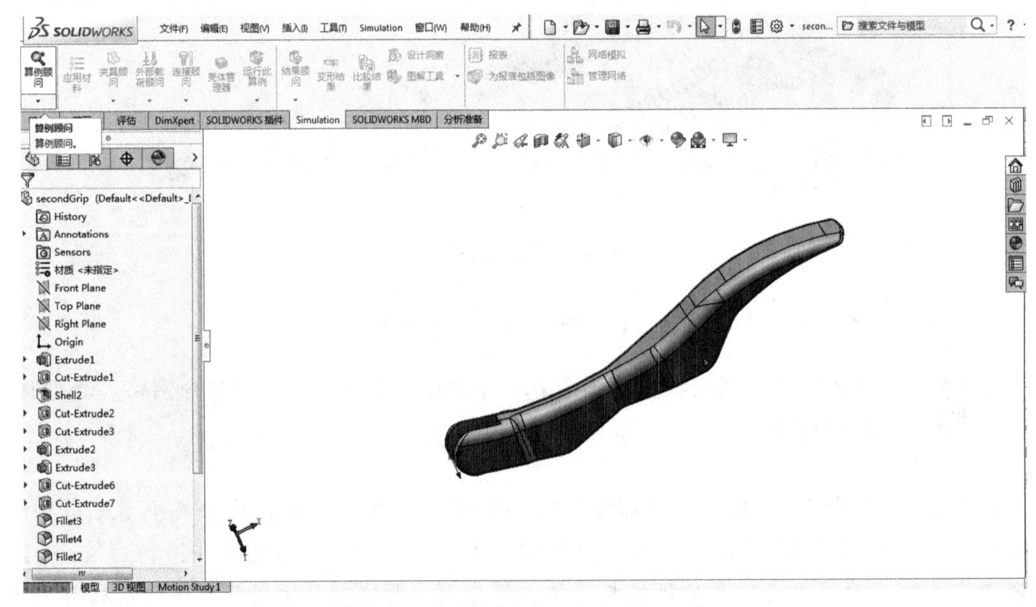

图 6-37　打开“secondGrip. sldprt”

步骤19 划分网格 创建名为“mesh part”的仿真分析，单击【创建网格】。定义并粘贴与全局网格尺寸“vise grip analysis”一样的网格设置，如图6-38所示。单击【确定】✔。网格划分再次失败。单击【确定】并退出。

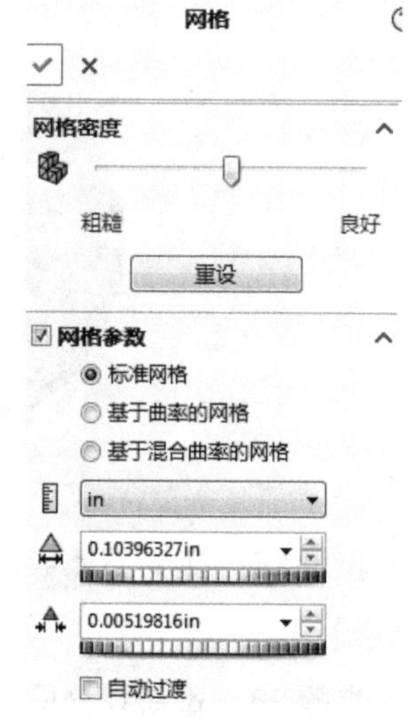

图6-38 划分网格

> **提示** 实体划分网格失败是因为最小允许的网格尺寸大于几何尺寸。为了能成功划分网格，需要更小的网格尺寸。

步骤20 重新为实体划分网格 单击【生成网格】，定义【标准网格】的【整体尺寸】为0.06in，【公差】为0.003in。单击【确定】✔。这次部件成功划分网格。我们将应用这些网格设置去划分在“vise grip analysis”下的该实体。

步骤21 打开装配体 打开“vise grip analysis”装配体，如图6-39所示。

步骤22 应用网格控制 单击【应用网格控制】，选择“secondGrip”实体应用网格参数。定义【网格尺寸】为0.06in，如图6-40所示。单击【确定】✔。

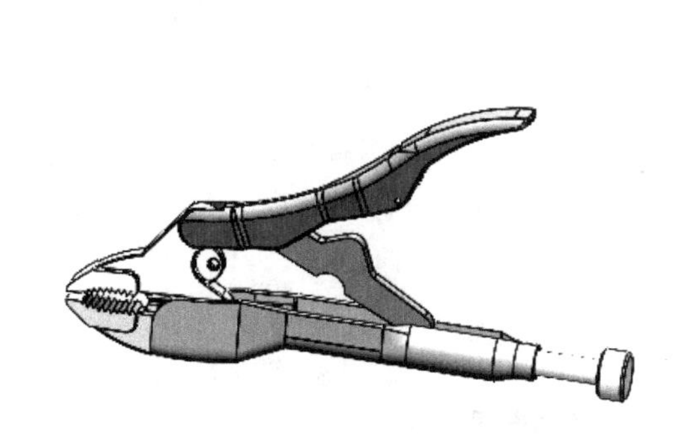

图6-39 打开装配体

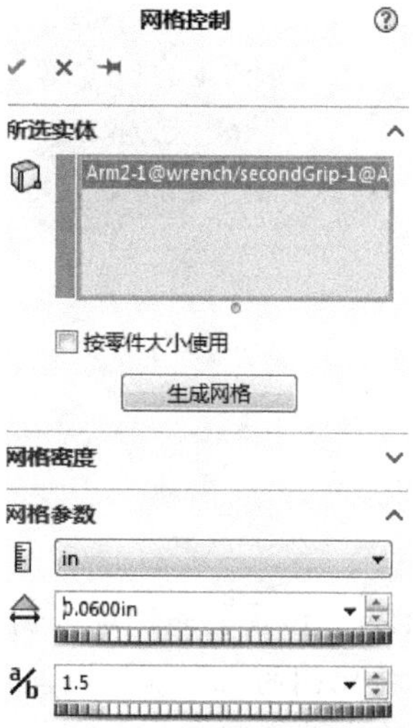

图6-40 应用网格控制

步骤23 重新划分网格 单击【生成网格】，保持其他默认参数，单击【确定】✔。

> **提示** “Screw. sldprt”划分网格仍然失败，继续处理这个部件。

步骤24 处理“Screw”部件 重复步骤17～19，处理部件“Screw. sldprt”。部件“Screw. sldprt”划分网格成功。

进一步分析，装配体中的部件划分网格失败是因为印痕处有一条很小的缝隙。这个印痕导致缝隙太小而不能用默认尺寸划分网格，如图6-41所示。

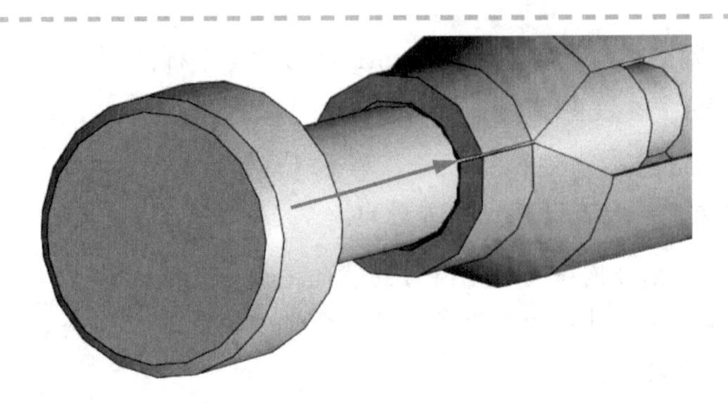

图 6-41　印痕缝隙

步骤 25　定义不兼容的接合　编辑【零部件相触】，定义【不兼容网格】，单击【确定】。

步骤 26　重新划分网格　单击【生成网格】，单击【确定】。

步骤 27　运行分析　运行这个算例。

步骤 28　图解显示应力　可以看到应力结果超出了屈服强度。为了定位高应力区域，需要进行更加深入的后处理，如图 6-42 所示。

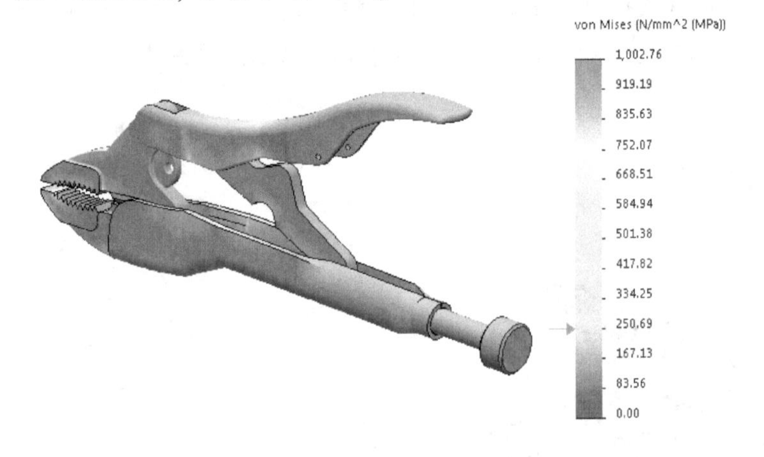

图 6-42　von Mises 应力图解

步骤 29　设置图表选项　因为想要知道是否所有零部件都会屈服，所以可以改变图表选项，将比例的上限调整到与材料普通碳钢的屈服强度相等的数值。所有超过屈服极限的地方都会以红色显示。

右键单击图解“Stress1”并选择【图表选项】。选择【定义】并填写普通碳钢的屈服应力（248.168MPa）为图表的最高上限，如图 6-43 所示。

步骤 30　检查图解　这次看到唯一发生屈服的地方位于零件“Center Link”的线接触部位，其他的零部件都在屈服极限以下。

步骤 31　显示一个零件上的应力　新建一个应力图解，显示“Center Link”的应力，将最大值设为材料的屈服强度，如图 6-44 所示。

发现问题所在的区域就是螺钉与“Center Link”之间线接触的地方。第 2 章中已经讨论了这个应力集中（应力奇异）问题（例如不真实的应力分布）。无法在当前的几何体上消除应力奇异，但可以通过重新划分网格的方式，减小对余下应力分布的影响。

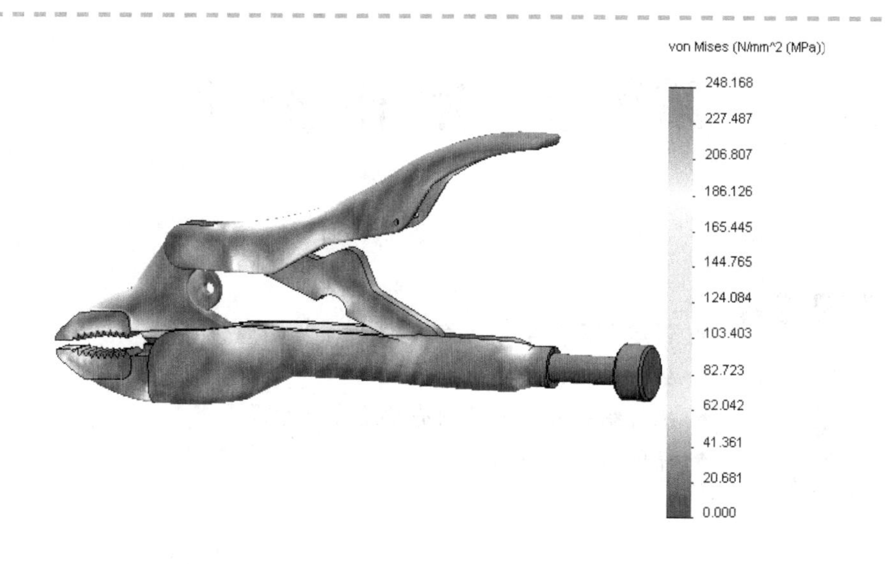

图 6-43 更改图表选项后的应力分布图

步骤 32 提取销钉力 因为通过压缩销钉来简化分析，所以必须提取销钉力。右键单击【结果】文件夹并选择【列出接头力】。【接头力】列表会列出所有作用在销钉接头上的重要载荷。可以检查每个销钉的力或最大值，以及显示哪个接头处于选中状态。红色背景表明了两根销钉在安全系数为2的情况下会发生失效，而绿色背景表明了一根销钉在安全系数为2的情况下工作正常，如图6-45所示。

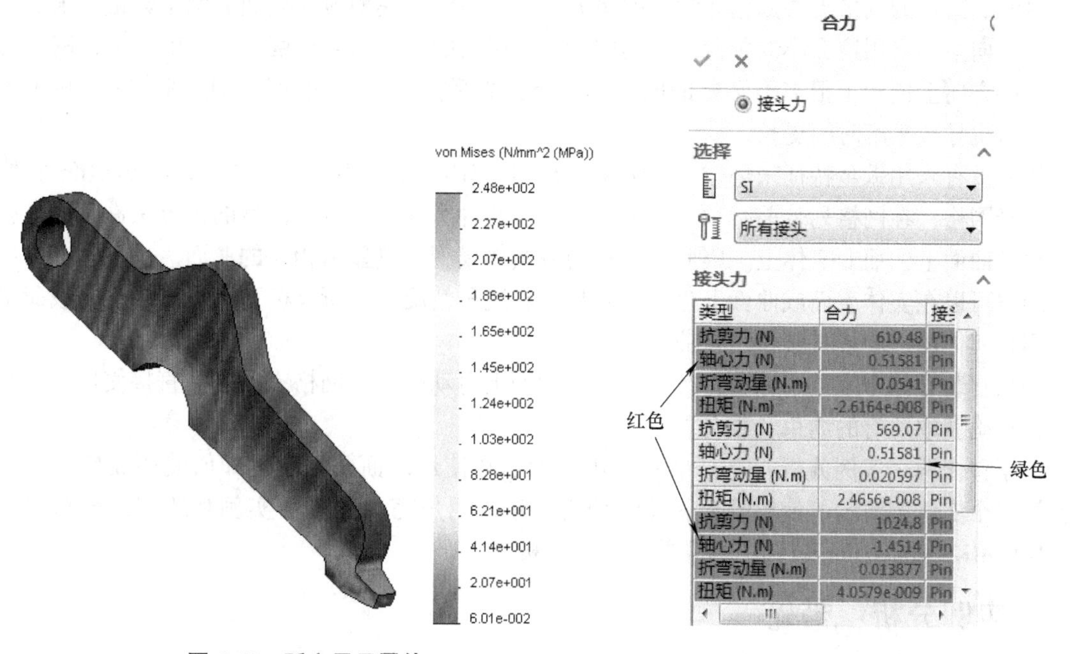

图 6-44 孤立显示零件

图 6-45 显示结果

步骤 33 保存并关闭文件

第7章　薄件分析

学习目标

- 创建中面壳单元网格
- 从所选曲面创建壳网格
- 执行结构分析并使用壳单元分析结果
- 评价网格对应力集中的适应性

7.1　薄件

前文已经使用过四面体的实体单元来为模型划分网格。当模型的截面不是薄壁结构时，这样的网格划分是合理的，然而当模型中一个方向的尺寸远小于其他两个方向的尺寸（例如钣金模型）时，实体网格会占用很长的求解时间。

如果要采用实体单元正确地划分一个模型的网格，则在沿厚度方向上必须划分至少两层的四面体单元。这样的网格需要采用非常小的单元尺寸，以满足模型薄壁截面的网格数量要求。但是在其他方向上，采用这么小的单元尺寸是完全没有必要的。在求解精度足够的前提下，网格划分器在这些方向上创建了很多不必要的网格。结果，数量巨大的单元导致网格划分的时间大大增加，同时也导致求解时间更长。

如果没有采用钣金特征来创建 SOLIDWORKS 装配体，通常不能直接从 SOLIDWORKS 实体模型生成壳网格，在网格划分前必须先生成曲面。在这种情况下，所有模型的边界条件及载荷就必须加载到曲面上，而非实体上。因此，建议隐藏实体模型，只显示相应的曲面。

用户可以在实体表面或曲面上生成壳网格。在这种情况下，所有模型的边界条件和载荷都必须作用在实体的边界或直接作用在曲面上。

如果在装配体中使用了钣金特征，则将在中面上自动生成壳网格。此外，直接使用实体几何体将会正确获取所有的约束和载荷。

本章包含两个实例分析。第一个实例用来展示在使用曲面模型时，如何使用壳单元进行建模；第二个实例则演示了使用钣金零件的分析。建议用户完成这两个实例和练习的分析，体会 SOLIDWORKS Simulation 软件中的壳单元模拟分析。

7.2　实例分析：带轮

带轮在一个方向（厚度）上的尺寸明显小于另一个方向，因此采用实体网格划分该几何体会产生非常精细的网格。首先采用实体单元来查看产生问题的原因，然后使用壳单元比较其结果。

如图 7-1 所示，一个带轮承受着传动带施加的 500N 的垂直合力。可以从力的守恒方程式中得到，相应的传动带力为 353.55N。

本实例的目标就是确定带轮变形及应力的变化。

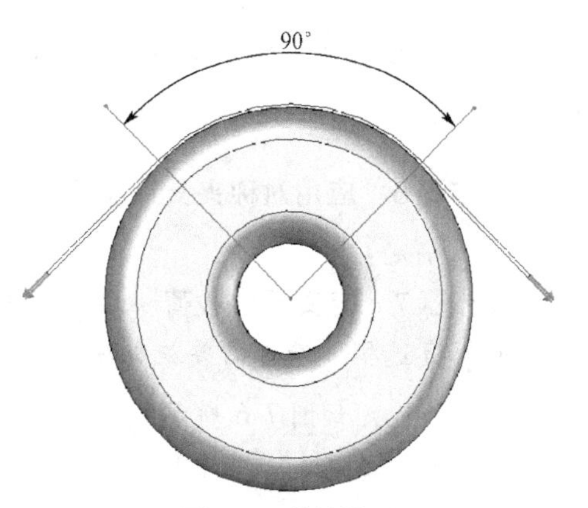

图 7-1 带轮模型

7.3 第一部分：采用实体单元划分网格

首先将采用实体单元分析该带轮，方法和前面的章节一样。可以从几何体及载荷、约束的对称性看出，只需分析一半带轮而将另一半用对称边界条件来模拟即可。在这个例子中，即使不使用对称性，带轮也是非常简单的。最理想化的情况是采用壳单元代替实体单元，用一半的模型代替整个模型。在此，作为学习的范例，二者将被结合使用。

操作步骤

扫码看视频

步骤1 打开零件 打开文件夹“Lesson07 \ Case Studies \ Pulley”下的文件“pulley”。

分割线定义了一个90°的带轮剖面，对带轮上的该区域施加一个作为外部压力的传动带载荷，如图 7-2 所示。

步骤2 创建对称切除 激活名为“FEA”的配置，对称模型如图 7-3 所示。

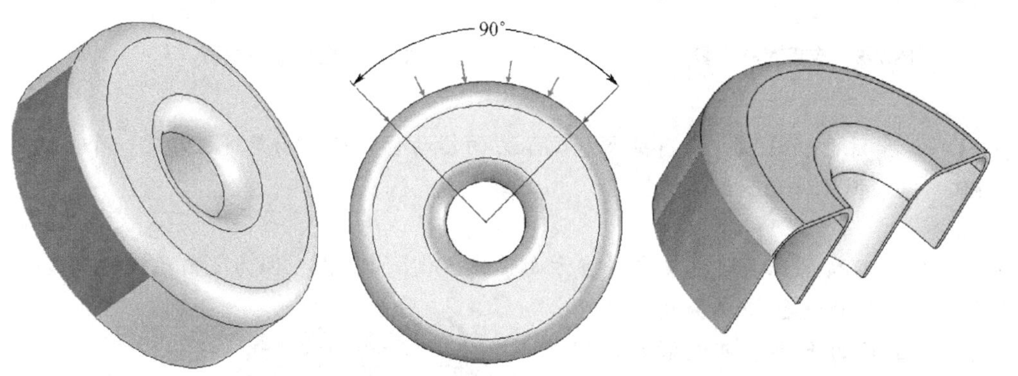

图 7-2 带轮剖面　　　　图 7-3 对称模型

步骤3 设定 SOLIDWORKS Simulation 选项 将全局【单位系统】设置为【公制 (I) (MKS)】，将【长度/位移 (L)】和【压力/应力 (P)】的单位分别设置为【毫米】和【N/mm² (MPa)】。

步骤4 创建一个新算例 创建名为“pulley solids”的静应力分析算例。

步骤5 施加固定约束 单击【固定几何体】。如图 7-4 所示，选择半圆柱面的外侧面并施加一个【固定几何体】的约束。单击【确定】✓。

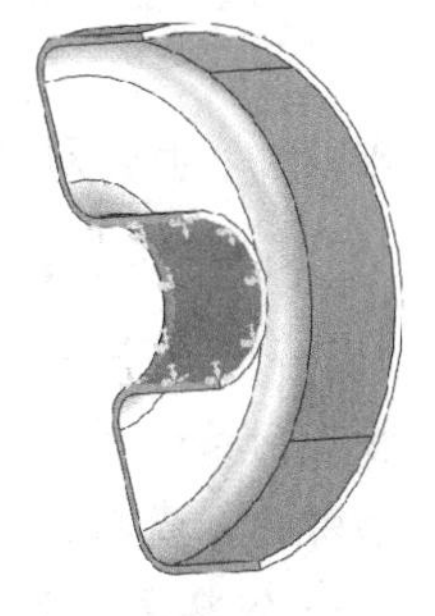

图 7-4 施加固定约束

- 对称夹具 【对称】夹具可以模拟模型中缺失的另一半。这个夹具能够保证对称面的法向没有任何位移，但允许在对称面上的位移。

如果不采用【对称】夹具，也可以手动地在这个面的任何一条边线上应用同样的条件。该约束也会传递到采用壳单元划分网格的曲面的边线。本章第二部分会讨论更多关于对称夹具的信息。

步骤 6　应用对称夹具　单击【对称】，选择图 7-5 所示的两个平面作为对称面，单击【确定】✔。

步骤 7　定义压力载荷　右键单击【外部载荷】，选择【压力】，勾选【垂直于所选面】复选框。选择需要施加压力载荷的外表面，定义压力载荷的大小为 0.2MPa。单击【确定】✔，如图 7-6 所示。

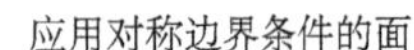
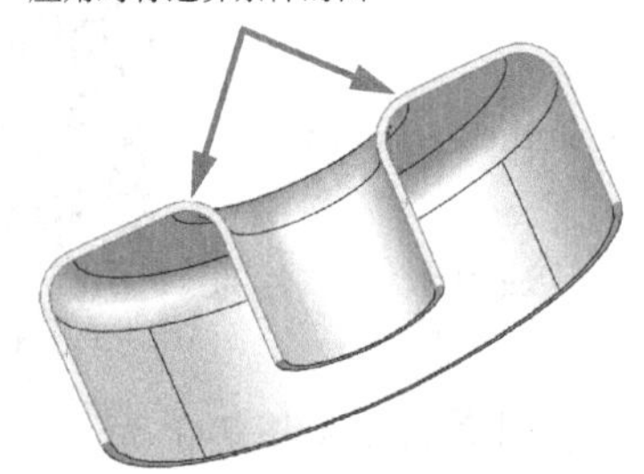

图 7-5　应用对称夹具

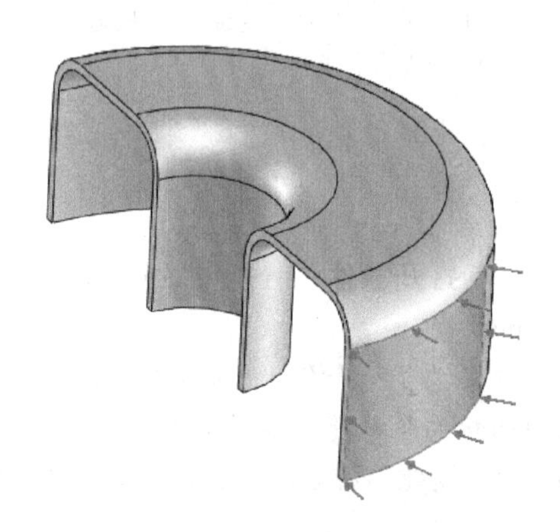

图 7-6　定义压力载荷

提示　注意，这里并没有读取加载了力的传动带模型，而是通过指定一个压力值来模拟传动带的存在。

当然，200 000Pa 的压力可能会在竖直方向带来 500N 的反力。因为之前已经运算过一个任意应力大小下的线性静态分析。基于这个算例得到的反力大小，可以依据比例推导出200 000Pa的压力可以获得 500N 的反力（本书已经在第 3 章中用过类似的比例推导）。

步骤 8　生成网格　单击【生成网格】，在【网格参数】下选择【基于曲率的网格】。保持默认的设置并使用高品质单元划分模型网格，单击【确定】✔。

步骤 9　查看网格　在模型的厚度方向只有一个单元，如图 7-7 所示。从网格细节中可以看到，最终的网格包含 9 582 个单元，19 378 个节点。

步骤 10　运行分析　单击【运行】，分析算例。

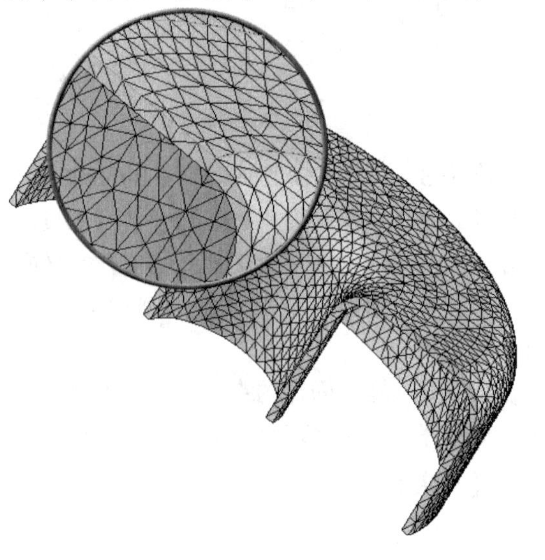

图 7-7　网格细节

提示 用户也可以合并步骤8和步骤10。在【网格】窗口中选择【运行（求解）分析】选项，则可以完成划分网格及求解两个步骤。

步骤11 图解显示von Mises应力 实体带轮模型外表面和内表面的最大应力分别约为65.7MPa和81.3MPa，如图7-8所示。

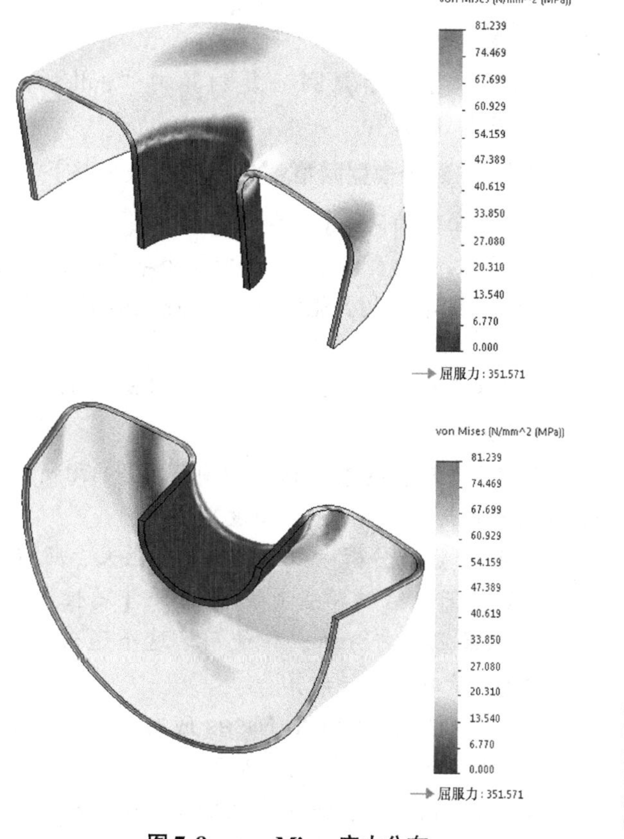

图7-8 von Mises应力分布

注意 在模型的厚度方向只有一个单元，而高品质的单元至少需要保证两层单元，如图7-9所示。

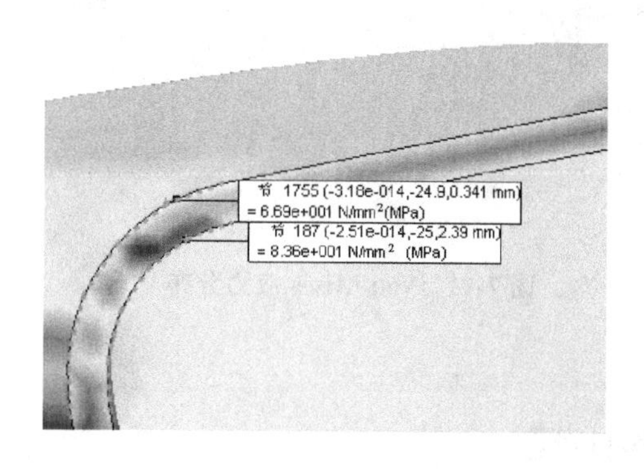

图7-9 厚度方向的节点应力

由于网格的不同，您看到的应力可能会略有不同。不同版本的SOLIDWORKS得到的结果也会不同。为了进行精确的仿真，请注意检查结果的收敛性。

7.4 第二部分：细化实体网格

现在细化网格，以确保在材料的厚度方向有两层单元，然后将其与前面算例的结果进行对比。

操作步骤

扫码看视频

步骤 1　创建新算例　复制算例“pulley solids”，命名新算例为“pulley solids dense”。

步骤 2　划分模型网格　单击【生成网格】。在【网格参数】下选择【基于曲率的网格】。单击【确定】✓，采用“1.1mm”的【最大单元大小】划分模型网格。【圆中最小单元数】设定为“8”，【单元大小增长比率】设定为“1.5”。该单元大小能够确保在 2mm 壁厚的方向容下两层单元。

该网格将花费更长的时间，大概为之前的 15 倍左右。网格细节如图 7-10 所示。

步骤 3　查看网格　这次得到了 208 370 个单元，336 174 个节点(987 978 个自由度)。

步骤 4　运行分析　由于网格数量巨大，所以将改变迭代解算器。右键单击算例并选择【属性】。选择 FFEPlus 解算器运行分析。即使用了这个迭代解算器，仍然需要大量时间进行计算。

步骤 5　图解显示 von Mises 应力　创建一个 von Mises 应力图，结果如图 7-11 所示。

图 7-10　网格细节

模型外表面和内表面的最大应力分别约为 62.7MPa 和 87.5MPa。在应力奇异的地方，加密后的网格也显示了更为“规则”的形状。

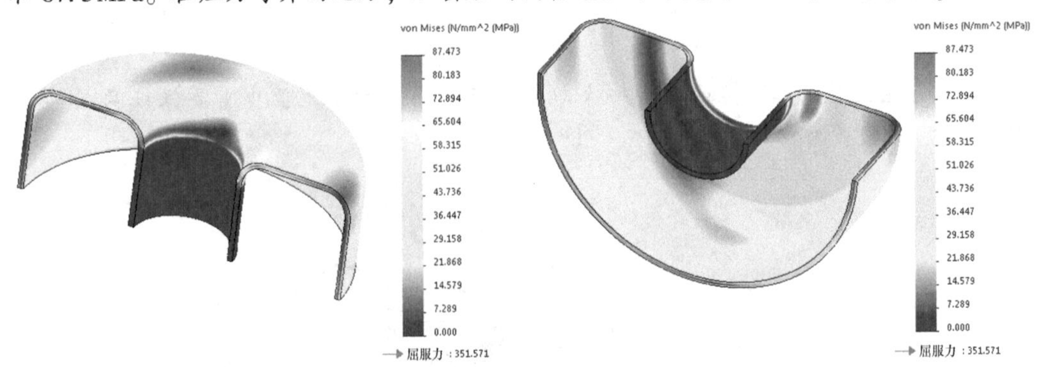

图 7-11　von Mises 应力分布

7.5　实体与壳单元的比较

采用实体单元会需要更长的时间来划分网格和求解运算，对于这个相对简单的模型来说还可以接受。然而若模型的壁厚更小的话，求解时间可能会长达数小时，对这样一个简单模型来说是不可接受的。

本节已经采用实体网格完成了分析，下面将采用以下两种不同的壳网格建模技术来完成分析：

- 使用中面的壳网格。
- 使用外/内侧曲面的壳网格。

当零部件是钣金零件或曲面时，可以生成壳单元。在下面的算例中，将创建中面或模型表面的重合曲面作为壳体。

7.6　第三部分：壳单元——中面曲面

带轮并没有创建中面这个曲面特征。因此，我们首先需要创建用于壳体的曲面。

操作步骤

步骤1　创建中面曲面　从菜单中选择【插入】/【曲面】/【中面】。

步骤2　选择曲面　单击【更新双对面】，勾选【缝合曲面】复选框以确保所有曲面能够生成单独的一个面。单击【确定】，如图7-12所示。

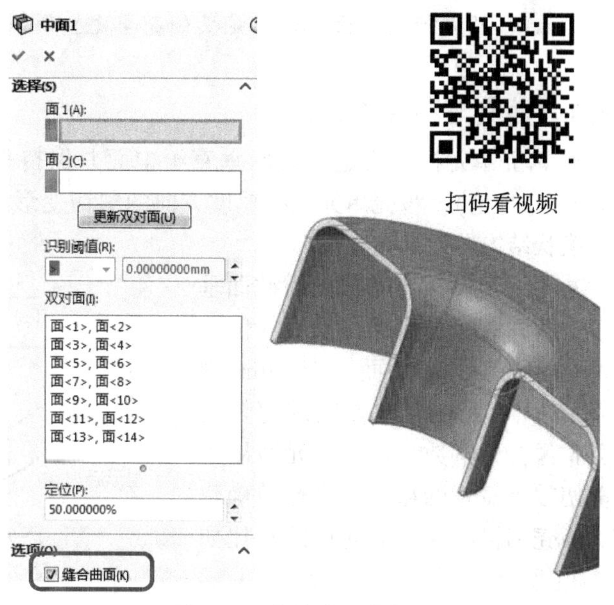

图7-12　创建中面曲面

> **提示**　中面的位置是壳网格中最重要的。然而在某些情况下，提取中面是非常困难或很不方便的。在这种情况下，壳网格可以作用在实体几何体的外表面或内表面上。由于对于薄壁结构件来说，壳单元是最为合适的，因此壳体处于不同位置所带来的结果差异就显得非常小。读者可以完成“练习7-2　使用外侧/内侧表面的壳网格”，以验证上面提到的带轮模型在不同情况下的结果差异是否真的很小。

步骤3　创建算例“pulley shells-midplane”　单击【新算例】，命名新算例为“pulley shells-midplane”，单击【确定】。

现在，我们跳过载荷和夹具的定义，直接进入网格生成环节。

知识卡片

不包括在分析中	在装配体中，也许存在一些分析中并不在意的零部件，或者说想缩小分析的范围，只关注指定的零部件。【不包括在分析中】命令可以在分析中压缩指定的零部件。
操作方法	• 菜单：在Simulation Study树中右键单击一个零件、实体或曲面，然后选择【不包括在分析中】。

步骤 4　设定为不包括实体　模型中包含一个实体和两个曲面，但是这里只想分析这两个曲面，所以必须在分析中排除该实体。在 Simulation Study 树中，展开“pulley”文件夹并右键单击实体，然后选择【不包括在分析中】。

提示　请注意，当我们选择不包括实体时，该实体同时也会在图形窗口中隐藏。因为是使用曲面几何体定义的壳单元，所以只想选择曲面几何体来添加载荷和约束。

7.6.1　薄壳与粗厚壳的比较

- 薄壳单元技术假定横截面垂直于中面并保持平直，同时保证变形之后仍然垂直于中面（Kirchhoff 理论）。该壳单元忽略厚度方向的剪切变形及应力。这种单元适用于对长宽比大于 20 的薄膜状结构进行精确建模。
- 粗厚壳单元技术假定横截面垂直于中面并在变形后保持平直，但不再垂直于变形的中面（Mindlin 理论）。该壳单元在厚度方向的剪切变形分布保持为常数。这种单元适用于对剪切效果显著的粗厚壳进行精确建模。薄壳和粗厚壳变形前后的对比如图 7-13 所示。

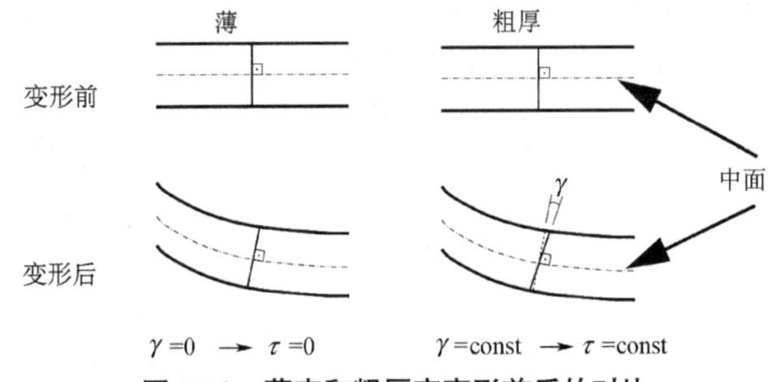

图 7-13　薄壳和粗厚壳变形前后的对比

在两种情况下，法向弯曲应力的分布可认为是线性的，如图 7-14 所示。

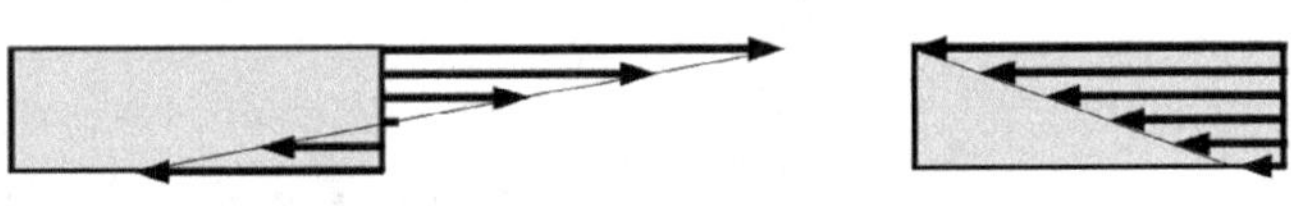
图 7-14　薄壳和粗厚壳在平面中应力的线性分布

步骤 5　壳体定义　选择两个中面曲面，右键单击任何一个选中的对象并选择【编辑定义】。选择【薄】并指定抽壳厚度为 2mm，在预览视图中可以看到壳的顶面和底面，然后单击【确定】✔，如图 7-15 所示。

步骤 6　网格控制　单击【网格控制】。对图 7-16 所示的圆角面应用网格控制。设定【单元大小】为“1.5”mm，保持默认的【单元大小增长比率】为“1.5”。单击【确定】✔。

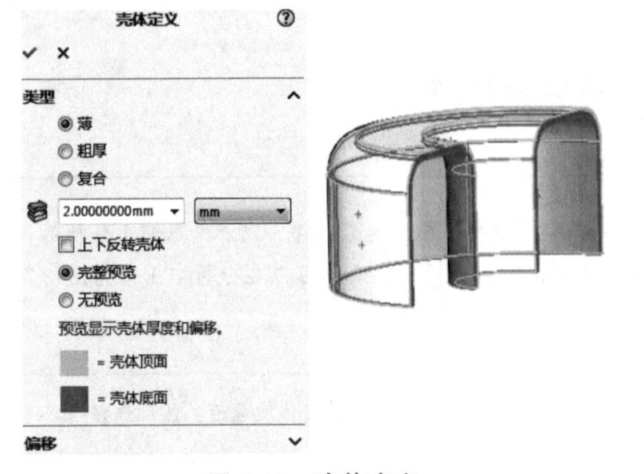

图 7-15　壳体定义

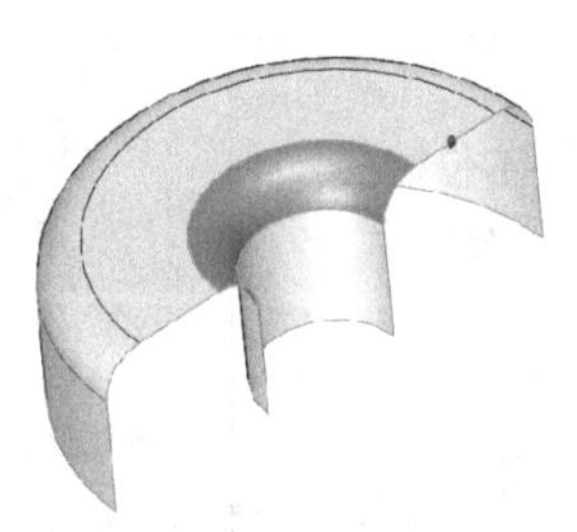
图 7-16　应用网格控制的区域

步骤7　生成网格　单击【生成网格】，在【网格参数】下选择【基于曲率的网格】。保持默认设置，并创建高品质的网格。网格划分后的结果如图7-17所示。

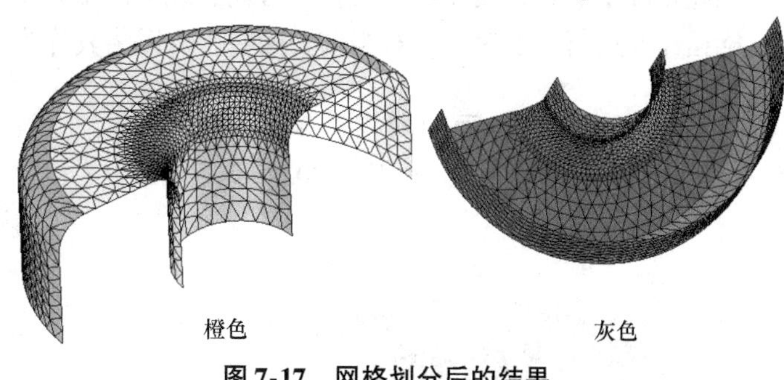

图7-17　网格划分后的结果

步骤8　查看网格　【网格颜色】选项中指定了壳体底面颜色为橙色，壳体顶面颜色为灰色。这在后处理中是非常重要的。

此外，可以看到里外的颜色都是均匀的（即灰色和橙色不会交叉显示在另外一侧）。这样对齐的网格是进行正确后处理的前提条件。

7.6.2　壳网格颜色

壳单元拥有顶面和底面两个侧面。为了显示其中一个侧面，在顶面和底面会采用不同的网格颜色。为了得到正确的结果，所有网格单元必须在顶面和底面进行正确的对齐操作。

知识卡片	网格颜色	• 菜单：【Simulation】/【选项】/【系统选项】/【普通】，如图7-18所示。

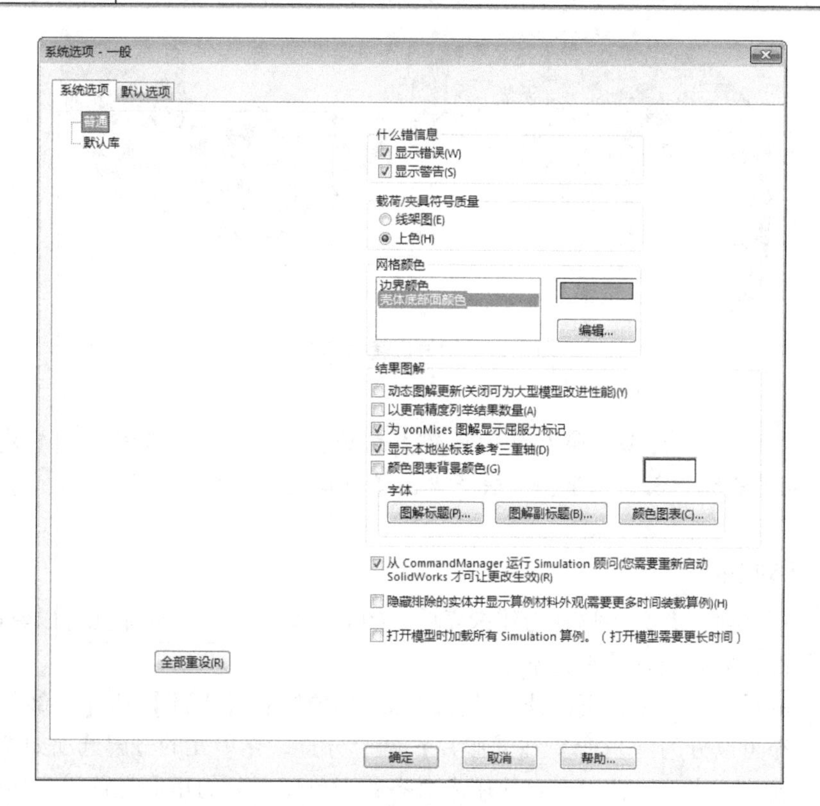

图7-18　设定系统选项

7.6.3 更改网格方向

在某些情况下，也许需要更改网格的方向，或壳网格并不需要在划分网格阶段对齐。在这种情况下，网格需要进行手工对齐。对当前的网格，可以将其作为练习对象来改变顶部和底部的方向。

步骤 9 反转一个面的网格 如图 7-19 所示，左键单击所选面。右键单击【网格】并选择【反转壳体单元】，如图 7-20所示。

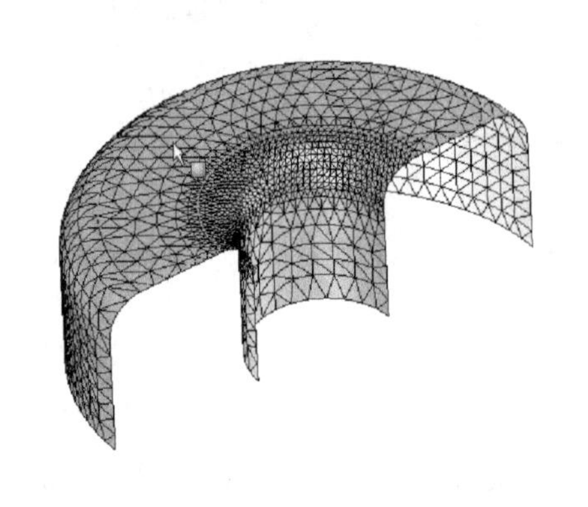

图 7-19 选择面

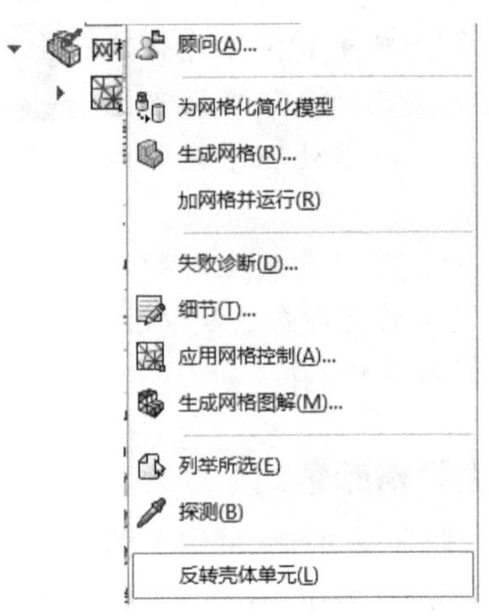

图 7-20 反转壳体单元

该操作的结果如图 7-21 所示。可以观察到颜色不一致，壳网格呈现出交错状态。虽然这样的未对齐网格对有限元计算没有影响，但在后处理中，未对齐边线上的结果是毫无意义的。

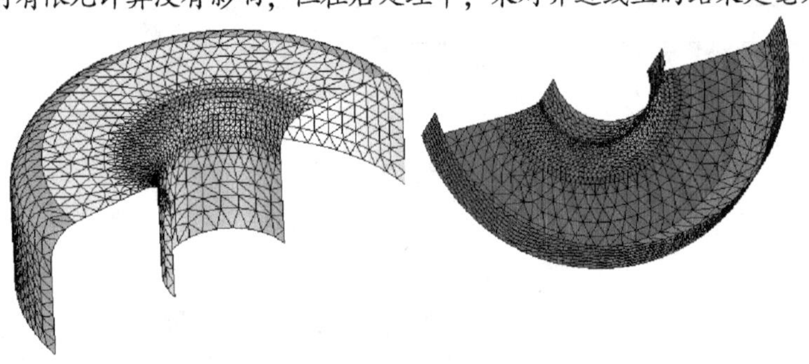

图 7-21 网格反转后的结果

提示 通过以下操作能够反转壳体的上表面和下表面，并且能够在创建网格之前预览壳体中面的位置，方法是单击【壳体定义】/【上下反转壳体】。

7.6.4 壳单元对齐

在进一步处理之前，有必要解释为什么壳单元的对齐如此重要。壳单元可以弯曲，因此在壳单元的上部与下部，应力结果常常大不相同。

使用壳单元的后处理选项，可以选择的显示结果的位置有【上部】和【下部】。此外，沿厚度方向的应力分布可以分为【折弯】和【膜片】两个分量。壳单元的分解选项如图 7-22 所示。

暂时离开带轮这一实例，转而考察使用未对齐的壳单元划分的矩形悬臂梁，如图 7-23 所示。假设希望显示梁上部的 P1 应力（最大主应力）。因为模型中的壳单元不一致，应力结果出现了错误，如图7-24所示。

现在，用von Mises应力取代P1应力，如图7-25所示，沿着未对齐的边线显示的图解明显是错误的。错误的原因在于在计算von Mises应力之前，应力被平均了。壳单元上下表面的应力平均值在沿未对齐的边线上的结果是零。在解释了壳单元对齐的重要性之后，回到带轮实例中。

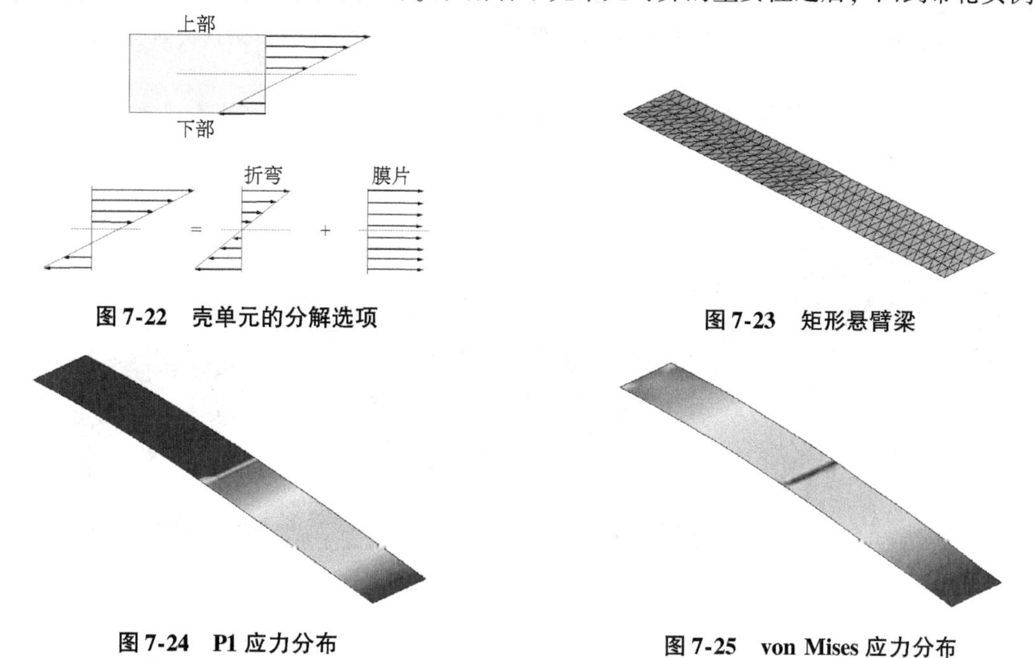

图7-22　壳单元的分解选项

图7-23　矩形悬臂梁

图7-24　P1应力分布

图7-25　von Mises应力分布

7.6.5　自动重新对齐壳曲面

打开【非复合壳体自动重新对齐】选项可以自动对齐生成的壳网格曲面。

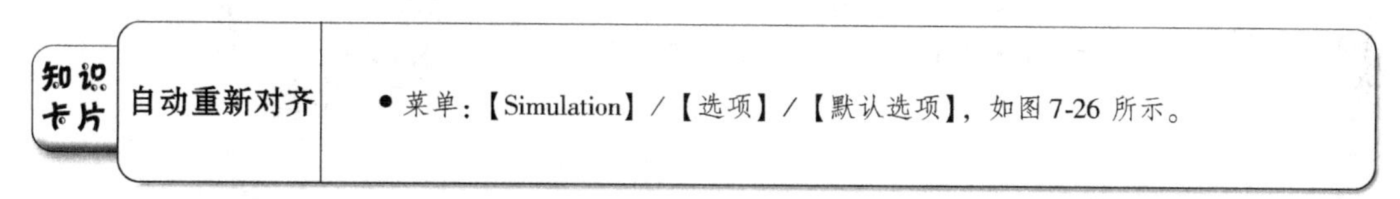

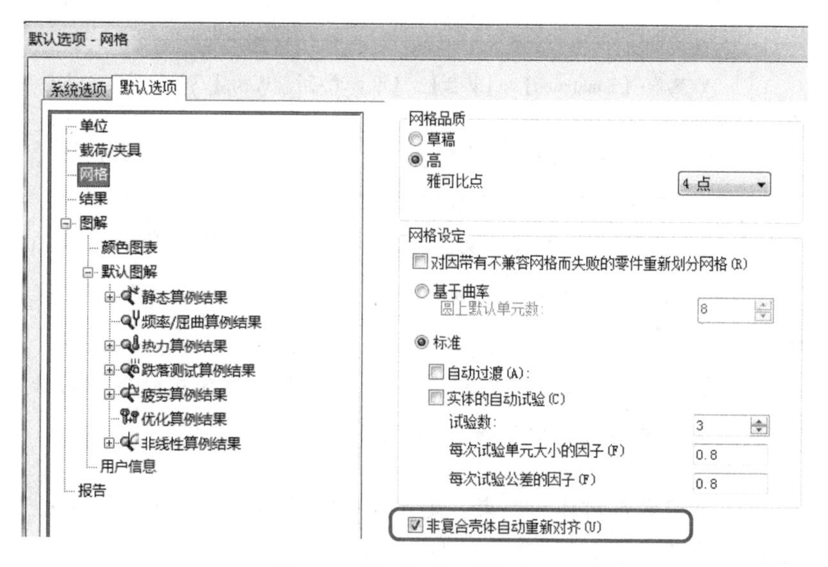

图7-26　自动重新对齐选项

步骤 10　对齐网格　反转网格，使得壳网格的下部位于带轮模型的内部。确定网格保持对齐，也就是说里外的颜色保证一致，最终网格显示如图 7-27 所示。

提示　因为网格已经对齐，这里没有必要反转网格。在本例中反转整个模型，使得壳网格的下部与带轮内部保持一致，这样后处理会变得更加直观。

步骤 11　显示壳体厚度　右键单击【网格】并选择【3D 渲染抽壳厚度（更慢)】，如图 7-28 所示。

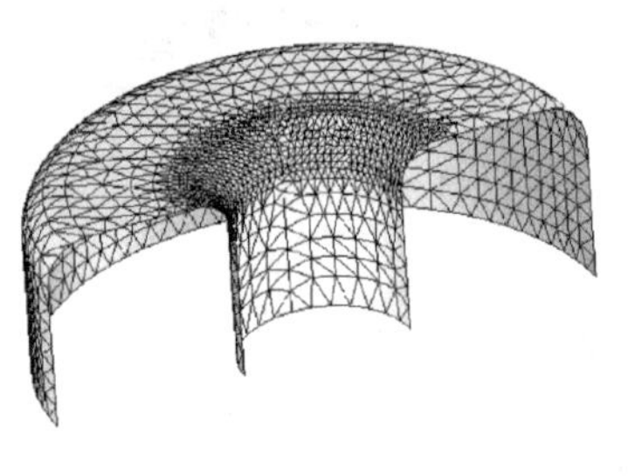

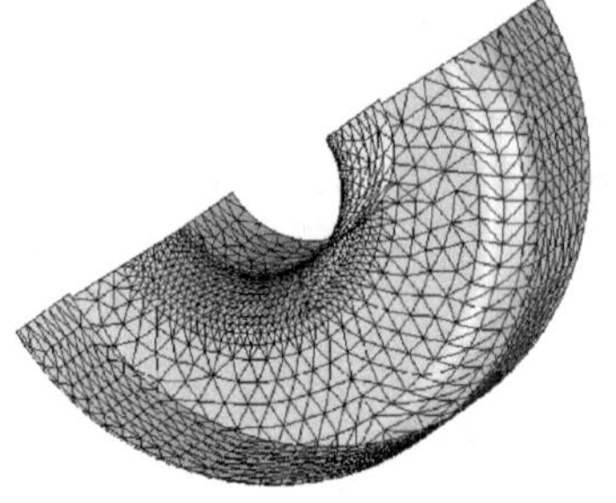

图 7-27　网格对齐后的结果

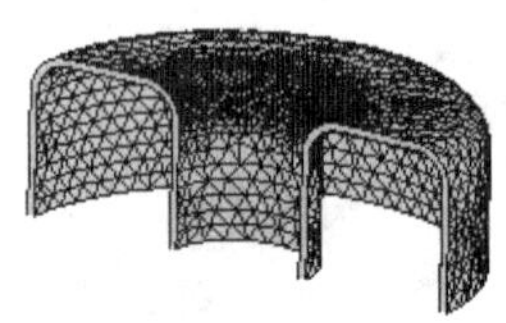

图 7-28　显示壳体厚度

知识卡片

3D 渲染抽壳厚度	当显示壳体的网格和结果时，可以显示为曲面实体，也可以显示为壳体的 3D 效果（见图 7-29）。当模型的壳单元数量很多时，显示网格或结果的 3D 效果可能会耗费更多时间。 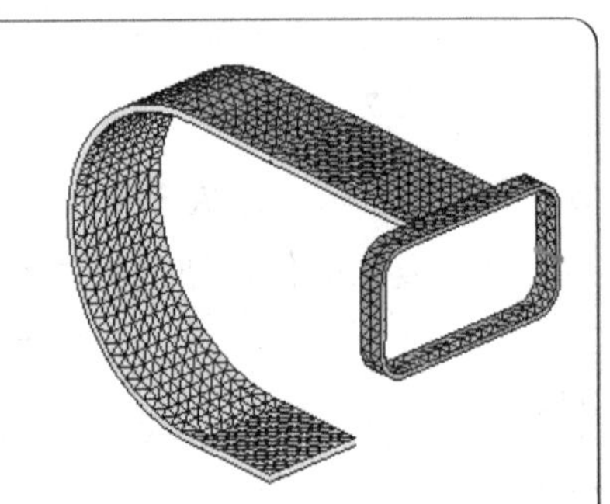 图 7-29　3D 渲染抽壳厚度
操作方法	• 菜单：【Simulation】/【选项】/【默认选项】。选择【网格】并勾选【渲染横梁轮廓和抽壳厚度（更慢)】复选框。 • 快捷菜单：右键单击【网格】并选择【3D 渲染抽壳厚度（更慢)】。

步骤 12　施加压力载荷　单击【压力】，选择带轮和传动带相互接触的表面，指定一个大小为 0.2MPa 的压力，单击【确定】✔。如图 7-30 所示，确保箭头指向正确的方向（如果需要，单击【反向】)。

步骤 13　添加约束　单击【固定几何体】，在带轮与轴发生接触的表面添加一个【固定几何体】的约束，单击【确定】✔，如图 7-31 所示。

提示　选择固定几何体的约束，是因为壳单元具有平移和旋转自由度，所以只能约束平移。

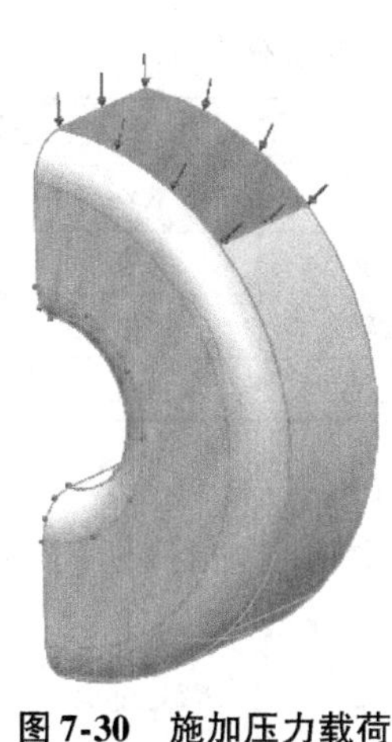

图 7-30　施加压力载荷

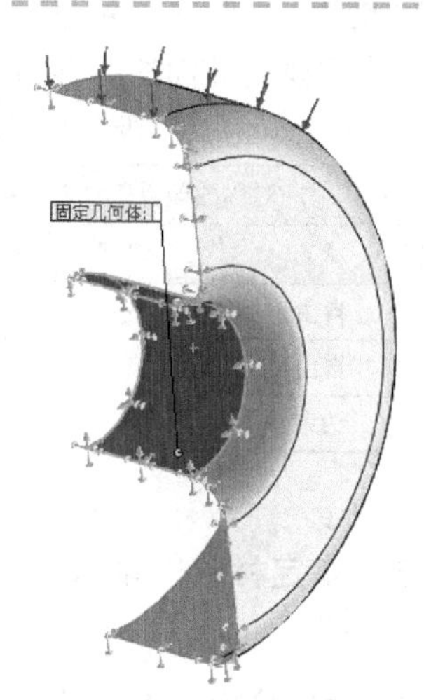

图 7-31　添加约束

步骤 14　应用对称约束　单击【对称】，选择对称面上的所有边线，如图 7-32 所示。

技巧　右键单击选取特定的一条边线，并选择【选择相切】，单击【确定】✔。

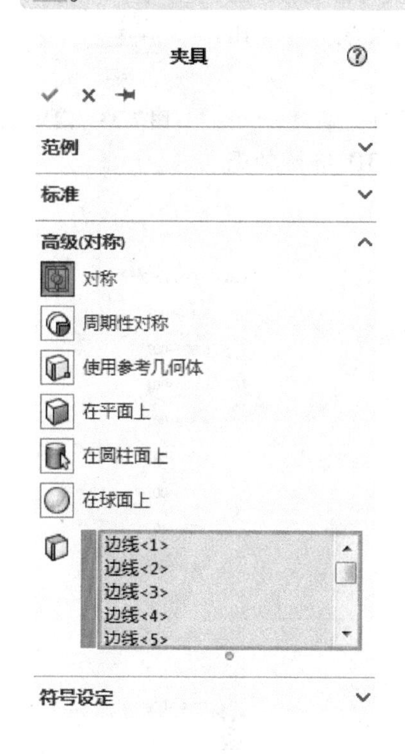

图 7-32　定义夹具

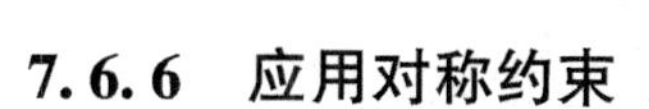

7.6.6　应用对称约束

为说明应用对称边界条件的准则，考察对称基准面上的一个点。该点移出该基准面的所有位移都将被约束。此外，相对于对称基准面的所有旋转也将一并被约束。

表 7-1 为三个主要基准面的对称边界条件。

表 7-1　三个主要基准面的对称边界条件

项　目	对称的边界条件对称平面			项　目	对称的边界条件对称平面		
	XY	*YZ*	*XZ*		*XY*	*YZ*	*XZ*
X 平移	自由	约束	自由	*X* 旋转	约束	自由	约束
Y 平移	自由	自由	约束	*Y* 旋转	约束	约束	自由
Z 平移	约束	自由	自由	*Z* 旋转	自由	约束	约束

步骤 15　指定材料　单击【应用材料】，对中面指定材料【AISI 1020】。单击【确定】✓。

步骤 16　运行分析　单击【运行】，分析算例。

步骤 17　图解显示 von Mises 应力　显示 von Mises 应力的分布。编辑图解的定义，确保结果对应壳网格的【上部】表面，如图 7-33 所示。

同样，对壳网格的【靠下】（下部）表面定义一个新的图解，以显示 von Mises 应力分布，如图 7-34 所示。

我们观测到【上部】和【靠下】面的最大 von Mises 应力分别为 64.5MPa 和 80.6MPa。在下一部分的末尾，将对比所有这些结果。

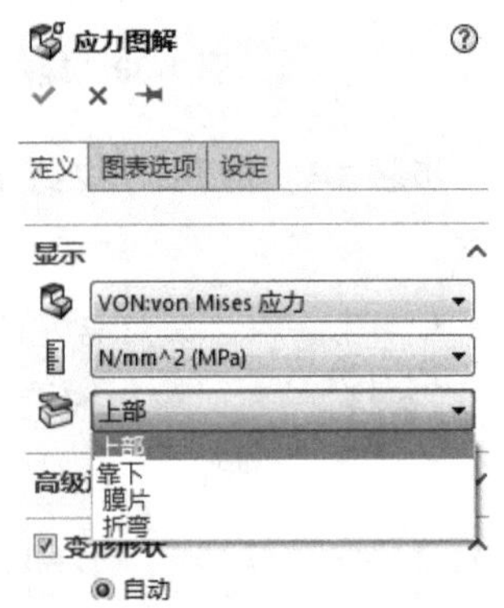

图 7-33　定义应力图解

步骤 18　在壳体厚度显示 von Mises 应力　新建一个 von Mises 应力图解。在【高级选项】中勾选【3D 渲染抽壳厚度（更慢）】复选框，如图 7-35 所示。

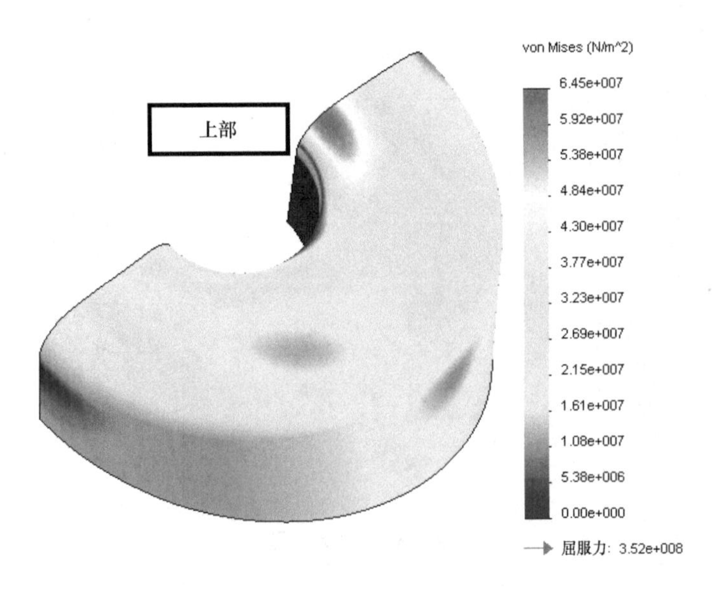

图 7-34　上下部的 von Mises 应力分布

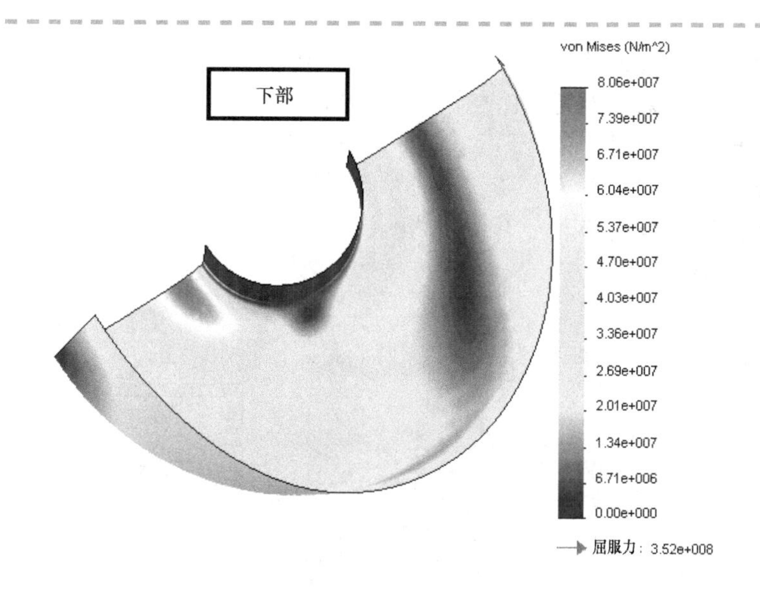

图7-34 上下部的von Mises应力分布（续）

在这个图解中，壳体上部和下部的应力以3D表现在壳体中。使用【探测】工具，可以获取壳体上部和下部任意位置的应力值。这些数值和之前步骤中单独生成的上部和下部表面应力图解所得应力相对应，如图7-36所示。

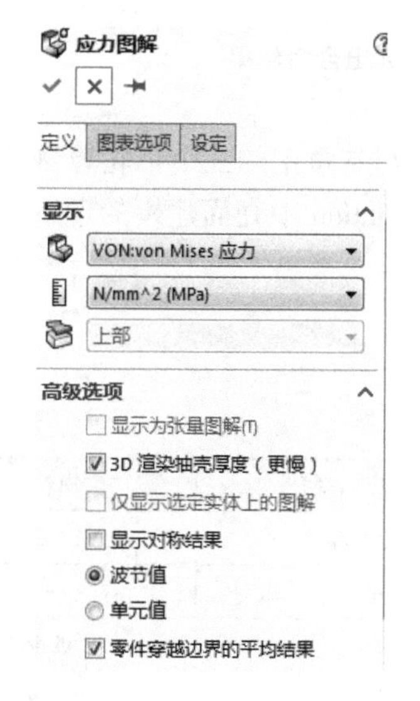

图7-35 定义应力图解

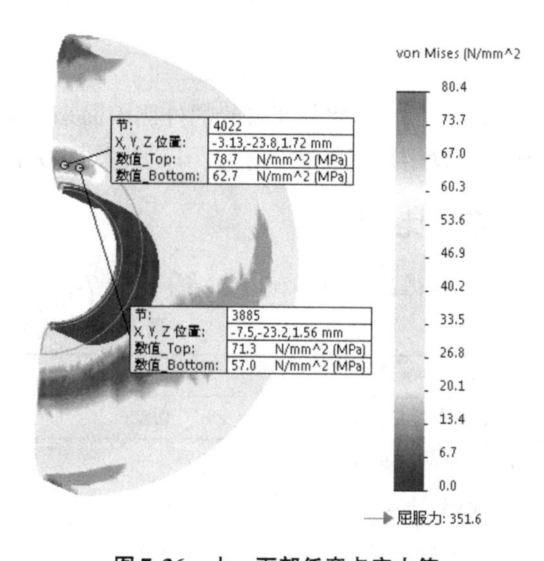

图7-36 上、下部任意点应力值

步骤19 列出合力 右键单击【结果】文件夹并选择【列出合力】。选择支撑面。【单位】设置为【SI】，然后单击【更新】按钮。

在【反作用力（N）】和【反力矩（N·m）】中，分别显示了全局笛卡儿坐标系下所选面的反作用力结果，如图7-37所示。

步骤20 查看结果 可以观察到全局 Y 和 X 分量分别约为250N和117N。

注意，250N的垂直方向合力为整个模型500N垂直作用力的一半。

反力矩的结果反映出带轮或载荷相对 *XY* 及 *XZ* 基准面是非对称的。和预期的一样，沿全局 *Z* 轴的合力反力矩几乎为零。也就是说，带轮和载荷相对 *YZ* 基准面是对称的。

步骤 21　保存并关闭文件

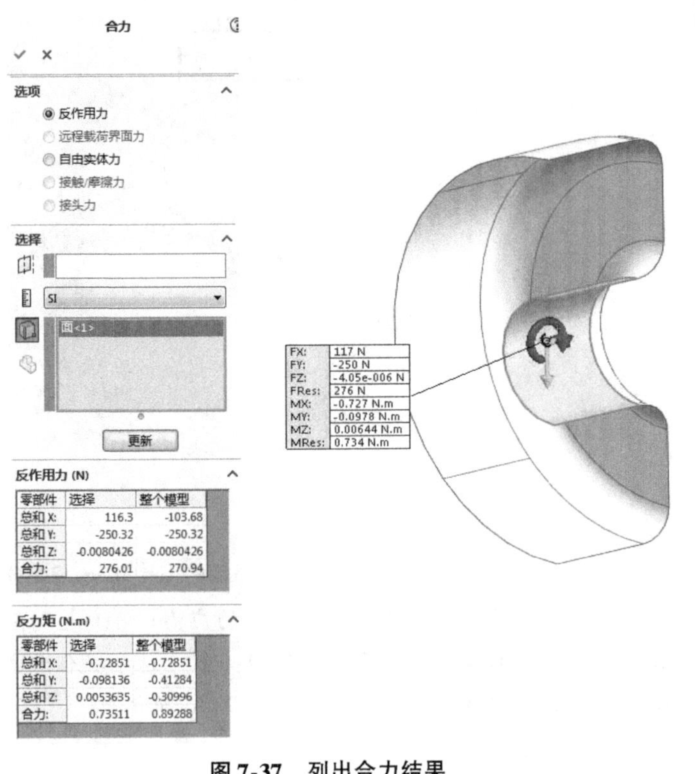

图 7-37　列出合力结果

在练习 7-2 中，将使用带轮的外侧表面来求解壳问题，并与本章中的三个带轮算例的结果进行对比。建议用户完成这个练习，以加深对 SOLIDWORKS Simulation 中壳面建模的理解。

7.7　结果比较

四个算例得出的位移和应力结果见表 7-2。

表 7-2　比较位移和应力结果

算　例	位移/mm	vonMises 应力/MPa	自由度数量
pulley shells-midplane	0.306	80.6（下部）	31 236
pulley shells-outside face	—	—	—
pulley solids	0.316	81.3	55 449
pulley solids dense	0.318	87	987 978

提示　算例“pulley shells-outside face”的结果需要在练习 7-2 中获得。完成该练习后，便能够补充表中余下的数值。

- 计算效率比较　表 7-2 中给出了每个模型的自由度数量。打开模型时，在 SOLIDWORKS Simulation 数据库中后缀为 OUT 的文件中，可以找到如上信息。自由度数量可作为求解时衡量计算效率的标准。较低的计算效率直接关系到运行算例时所花费的时间和成本。

注意每个模型几乎给出了相同的位移结果。比较“pulley solids”和“pulley solids dense”的自由度数量，会发现网格加密的模型的自由度数量是前者的 18 倍，而两者的应力之差在 8% 以内，这说明两层单元的网格是不必要的。

而壳模型与实体模型的应力结果相差5%，其原因在于壳单元不允许弯曲中出现面朝带轮内部曲率方向的移动。

因此可以得出结论，在分析具有高曲率的壁面弯曲问题时，实体单元的计算结果更加准确。

7.8 实例分析：搁栅吊件

对钣金特征而言，采用壳单元能够极大地简化工作。在这个实例中，将分析一个支撑楼房地板搁栅的钣金零件，如图7-38所示。每个地板搁栅在末端都由一个搁栅吊件连接，因此可以只分析横梁的一半，采用对称的方法分析其中一个吊件。

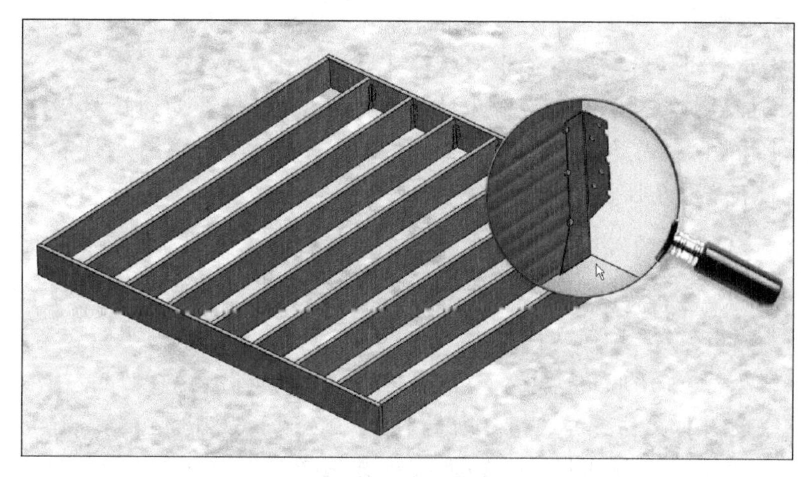

图7-38 搁栅吊件

搁栅吊件的背面钉入一块木方中。每个搁栅的末端都由一个搁栅吊件支撑，并钉入相应的位置，如图7-39所示。计算搁栅吊件和搁栅的最大应力及位移。

图7-39 吊件所处位置

操作步骤

扫码看视频

步骤 1　打开装配体文件　打开文件夹“Lesson 07 \ Case Studies \ Hanger Joist”下的文件“Floor Joist for Analysis”，这个装配体包含一个搁栅吊件以及半根横梁。

步骤 2　设定 SOLIDWORKS Simulation 选项　将全局【单位系统】设置为【公制（I）（MKS)】，将【长度/位移（L)】和【压力/应力（P)】的单位分别设置为【毫米】和【N/mm^2（MPa)】。将结果文件存储在 SOLIDWORKS 文档文件夹的结果文件夹中。

步骤 3　创建算例　创建一个名为“floor joist”的静应力分析算例。

步骤 4　指定材料　对搁栅吊件指定材料【电镀钢】。

步骤 5　增加材料　对木质横梁增加材料。木材不是正交各向同性材料（在每个正交方向的材料属性相同)，而是正交各向异性（在每个正交方向的材料属性不同）的，因此需要自定义材料和一些属性。

提示　现实中的木材是一种非常复杂的材料，正交各向异性的描述也并非贴切。将木材视为正交各向异性材料只是工程上的一个通常的简化方法，而得到的结果往往也是可接受的。

右键单击实体“2 × 10 beam - 1”（在【零件】下方）并选择【应用/ 编辑材料】，右键单击【自定义材料】文件夹并选择【新类别】，输入“Floor Joist for Analysis”作为新类别的名称。右键单击“Floor Joist for Analysis”并选择【新材料】，命名为“wood lesson 7”。

在【模型类型】中选择【线性弹性正交各向异性】。现在就可以定义相对所选参考几何体的三个正交方向的材料常量了。

选择“Front”基准面作为参考几何体。本例中，这个选择使得全局坐标系中的 X、Y、Z 轴与【材料】对话框中的 X、Y、Z 相符合。全局坐标系中的 X 对应横梁的宽度，Y 对应高度，Z 对应长度，见表 7-3。

表 7-3　“Front”基准面参考几何体

材料属性	数值	单位	材料属性	数值	单位
X 弹性模量	639.6	N/mm^2	XY 抗剪模量	41	N/mm^2
Y 弹性模量	311.6	N/mm^2	YZ 抗剪模量	393.6	N/mm^2
Z 弹性模量	8200	N/mm^2	XZ 抗剪模量	426.4	N/mm^2
XY 中泊松比	0.41		质量密度	340	kg/m^3
YZ 中泊松比	0.0131		Y 屈服强度	50	N/mm^2
XZ 中泊松比	0.0257				

如图 7-40 所示，输入弹性模量、泊松比、抗剪模量、质量密度的数值。设置【屈服强度】为 50N/mm^2。单击【应用】。

提示　确保以正确的单位 N/mm^2（MPa）输入所有材料数据。

步骤 6　设置全局接触　编辑顶层装配体零部件接触（全局接触），并改为【无穿透】类型。

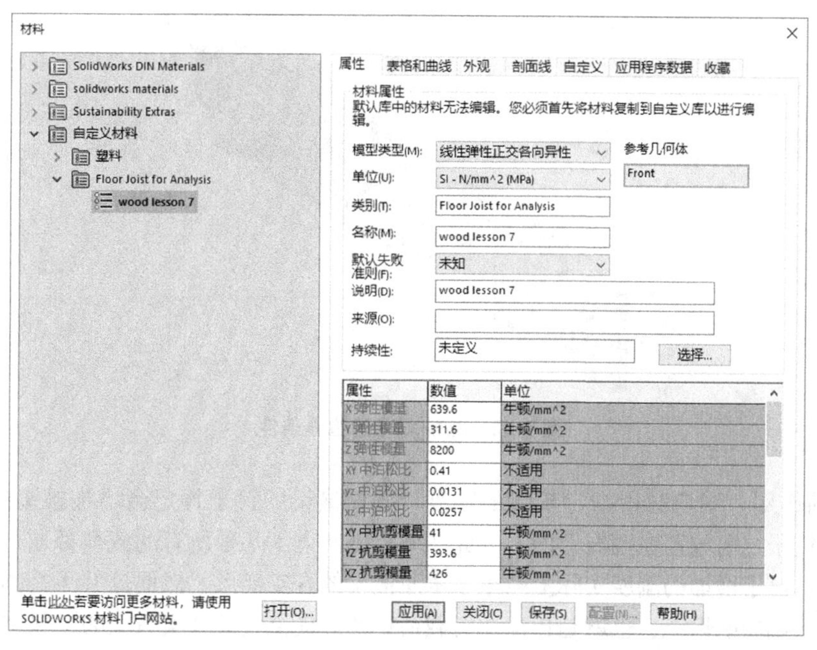

图 7-40 定义材料

提示 零部件接触适用于这种情形，因为实体零部件的表面互相接触。一般来说，带有间隙的网格接触必须借助于局部接触条件。

步骤 7 添加约束 吊件是钉入头横梁的，因此在吊件背面的八个柱形孔中添加【固定几何体】的约束，如图 7-41 所示。因为模型是钣金，请确定选择的是面的边线而不是孔的边线。这个约束会自动匹配到钣金边线。

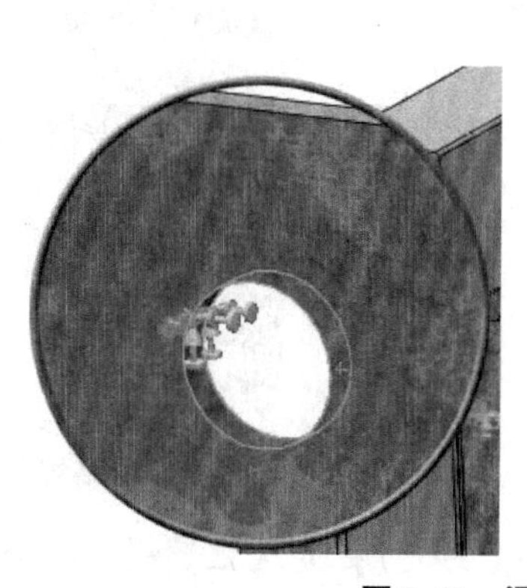

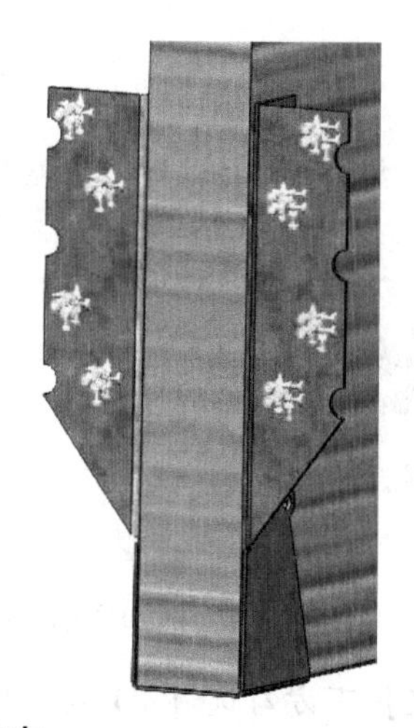

图 7-41 添加固定约束

步骤 8 添加对称的边界条件 在横梁末端添加一个【对称】的约束，如图 7-42 所示。

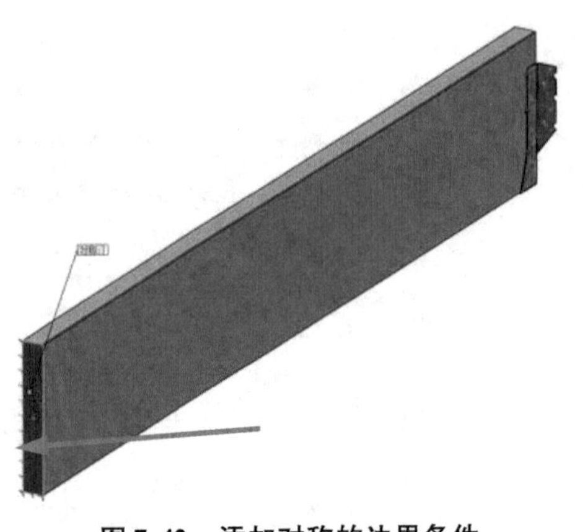

图 7-42　添加对称的边界条件

- 钉子的作用　用户必须指定接头的刚度。搁栅横梁的钉子肯定会增加接头的刚度。然而，横梁是在钉入钉子之前放置在搁栅上的，因此在垂直方向上，几乎所有的载荷都通过底部承载面传递到搁栅上了。钉子增加的刚度实际上减小了木质横梁的真实变形，然而这并不是本章的主题，我们的目标是评估搁栅的性能，也就是传递所有载荷，然后提供更具现实意义的、保守的解。

步骤 9　添加外部载荷　对横梁顶面添加 500N 的力，如图 7-43 所示。由于分析的对象只有半个梁，因此对应的整个梁上的载荷应该是 1 000N。

步骤 10　划分网格　在【网格参数】下选择【基于曲率的网格】，将单元大小的滑块移到最右端，使用草稿品质的单元划分网格，结果如图 7-44 所示。

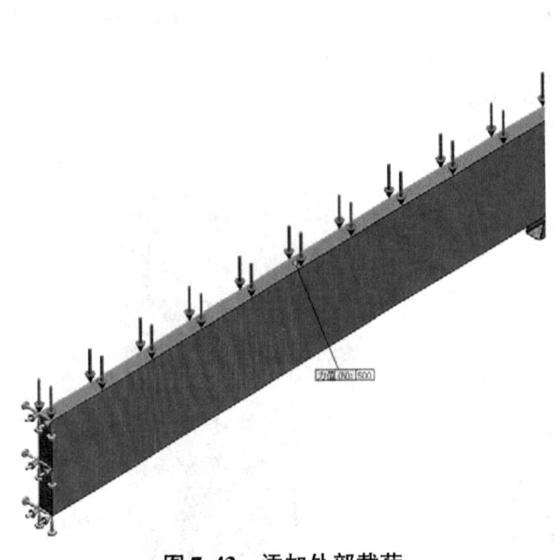

图 7-43　添加外部载荷

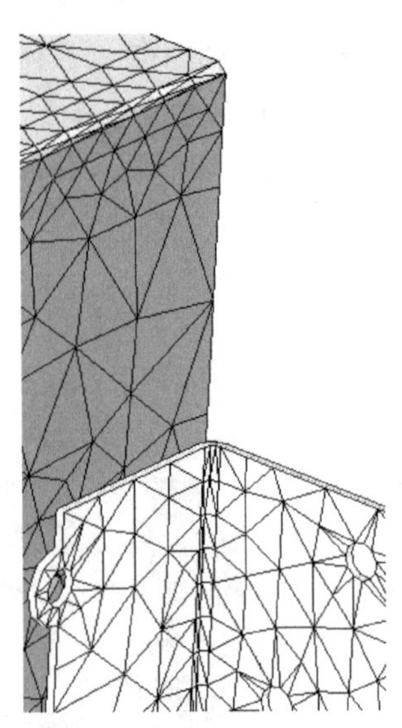

图 7-44　网格划分后的结果

在【高级】下方勾选【3D 渲染抽壳厚度（更慢）】复选框。横梁将会采用实体单元生成网格，而吊件会划分为壳单元，因为吊件是钣金零件。

提示　注意，这里没有必要在 SOLIDWORKS 中生成曲面模型，钣金零件会被自动划分为壳单元。

步骤11　运行分析　运行这个算例，指定解算器为Direct sparse。

> 提示　因为在这个算例中定义了零部件接触，且接触区域是通过几次接触迭代找到的，所以推荐使用Direct sparse解算器。

步骤12　图解显示结果　可以观察到的最大应力为167.3MPa，如图7-45所示，低于搁栅材料的屈服强度（204MPa）。但是要想正确理解应力分布，必须单独分析“joist”零件。

步骤13　显示支撑件上的应力　编辑应力图解，在【高级选项】下方勾选【仅显示选定实体上的图解】复选框。设置过滤器为【选择图解的实体】并选择支撑件，如图7-46所示。

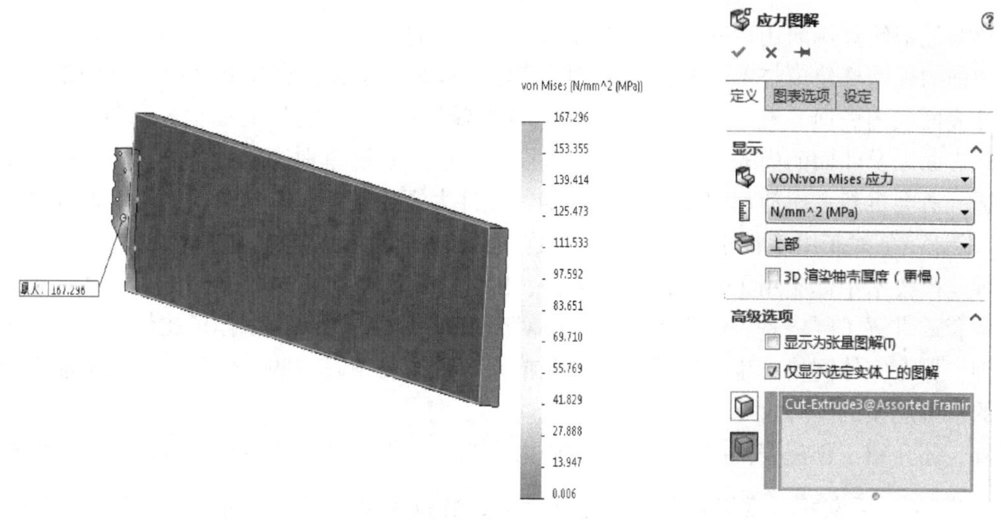

图7-45　von Mises应力分布　　**图7-46　编辑应力图解**

更改图表上限后的von Mises应力分布如图7-47所示。可以看到四个支撑开口都显示为应力峰值。在第2章中讲到，这些数值有点不切实际，在划分更细的网格后屈服也可以被忽略。

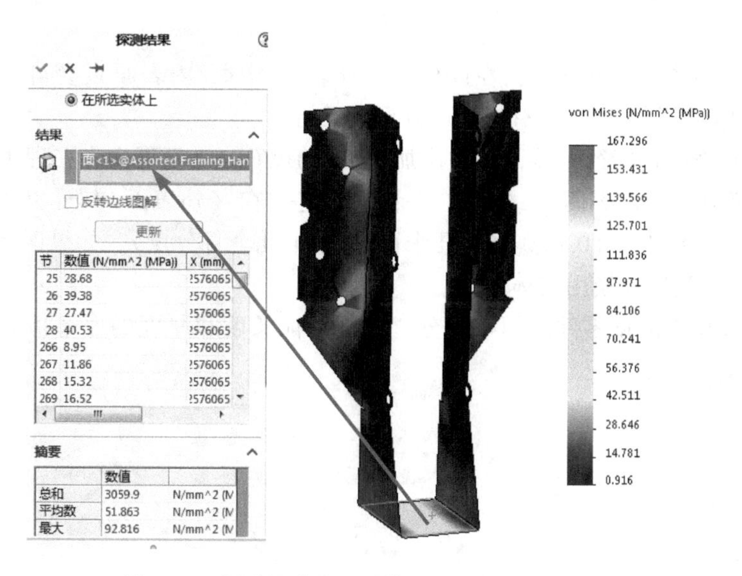

图7-47　更改图表上限后的von Mises应力分布

用户比较关注载荷承载平面的高应力，从图 7-47 可知其值为 92.816MPa，是低于屈服强度的。同时，应用钉子（这个分析中并没有采用）会有助于使载荷分布更加均匀，因此也会降低一点应力。

提示 因为选择的是一个钣金，所以外壳的两面都可以选择。

步骤 14 保存并关闭文件

7.9 总结

本章通过带轮算例向用户介绍了壳单元以及壳单元的属性，例如壳单元厚度和方向。还介绍了使用中面的壳网格建模技术，并用其来创建有限元模型。在模拟薄壁物体时，壳网格可以置于模型的外表面或内表面。在 SOLIDWORKS 中会要求创建一个零偏移的曲面。薄壁物体的中面、曲面的外表面以及曲面的内表面三者之间的差别非常小。如果差别比较显著的话，壳单元则会显得不合适，而会重新考虑使用实体单元（例如，零件太短粗就不适合壳单元）。读者可以完成练习 7-2，验证一下对于厚度很小的结构而言，这两种方法产生的结果是差不多的。

两种建模技术中都应用了对称的边界条件，因此介绍和练习了以手工的方式加载这个约束。

本章着重讲解了网格是否够用的概念，并对壳单元和实体单元模型作了比较。如果实体网格足够精细，那么实体网格产生的结果精度比壳单元产生的要稍高一些。但是，这也可能会导致难以处理的求解规模的提升。

另外，还介绍了创建壳网格需要先生成曲面，当然，钣金特征也可以自动划分为壳网格。

技巧 要想将钣金零件视作实体（例如，将钣金零件划分为实体单元），只需要从 FeatureManager 设计树中右键单击曲面特征，然后选择【视作实体】。然而，通常这是不可取的。

7.10 提问

- 当一般模型包含钣金特征时，在钣金的（外表面/中面/内表面）会自动生成对应的壳网格。壳的厚度有时必须手工指定，有时也可以不手工指定。
- 要手工创建壳网格特征，曲面必须添加到 SOLIDWORKS 模型中。在理想情况下，曲面往往定义在（外表面/中面/内表面），但是如果将它们定位在（外表面/中面/内表面），分别会得到下列可以接受的结果误差（0.000 1%/几个百分点/十几个百分点）。如果误差过大，则该结构不适合采用壳单元，我们将换用实体单元。
- 壳单元可以用于薄壁零件的网格划分。根据特征长度和厚度的比率指标来选择使用实体单元、粗厚壳或薄壳。

实体单元：$\frac{L}{t} <$

粗厚壳：$\leqslant \frac{L}{t} \leqslant$

薄壳：$\leqslant \frac{L}{t}$

- 图7-48所示为5mm厚度的平板，平板的长、宽尺寸分别是200mm和75mm。粗直线和虚线分别表示简支边（铰链）和自由边。适合这个结构的最好的单元类型是（实体单元/粗厚壳/薄壳）。

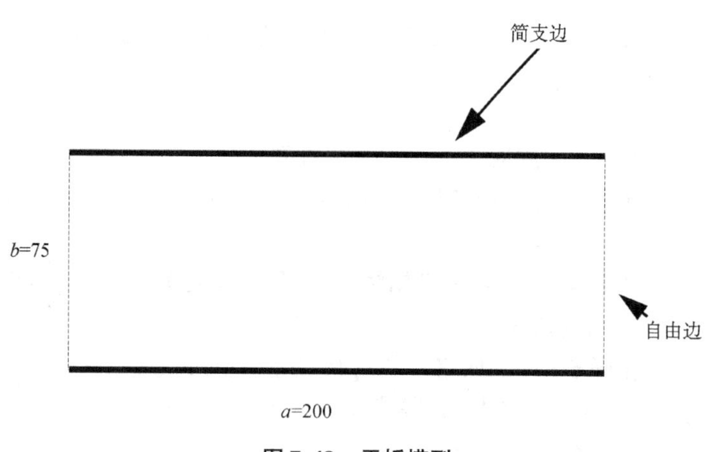

图7-48 平板模型

- 使用实体单元来精确模拟应力和应变梯度时，在厚度方向最少需要有________层草稿品质或________层高品质的实体单元。
- 如果生成足够多的单元，（实体/粗厚壳/薄壳）单元将提供最精确的求解。使用壳单元来划分薄壁特征网格而牺牲少量的精确度，是为了________。

练习7-1 支架

本练习将采用壳单元对一个钣金支架进行分析。

本练习将应用以下技术：

- 创建壳单元。
- 对齐壳单元。

1. 项目描述 一钣金支架设计要求承受450N的边缘载荷，载荷在全局坐标系下作用在 *X* 方向。我们考虑如下两种设计配置：

1）没有任何焊接。

2）斜接法兰采用焊接。

比较这两种配置下的最大位移和最大von Mises应力。

操作步骤

步骤1 打开零件 从“Lesson07 \ Exercises \ Bracket”中打开“horseshoe”文件，并检查下面两种配置（见图7-49）：

扫码看视频

- “no welds”。
- “with welds”。

在“with welds”配置下，总共有八个拉伸添加到斜接法兰上。

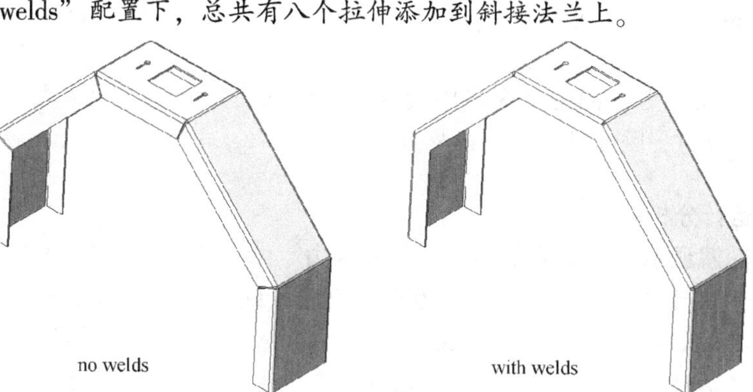

图7-49 两种配置对应的模型

2. 第一部分："no welds" 配置下的分析 在第一个分析中将不带焊接，焊接实际上会引起零件的刚度增加。

步骤 2 激活"no welds"配置

步骤 3 创建算例 创建一个名为"no welds analysis"的静应力分析算例。

步骤 4 定义材料属性 给零件指定材料【镀锌钢】（Calvanized Steel）。

步骤 5 创建网格 在【网格参数】下选择【基于曲率的网格】。选择高品质单元并使用默认设置，如图 7-50 所示。

提示 壳单元应该排列一致，以确保在沿着分离面的边界上有正确的应力平均。

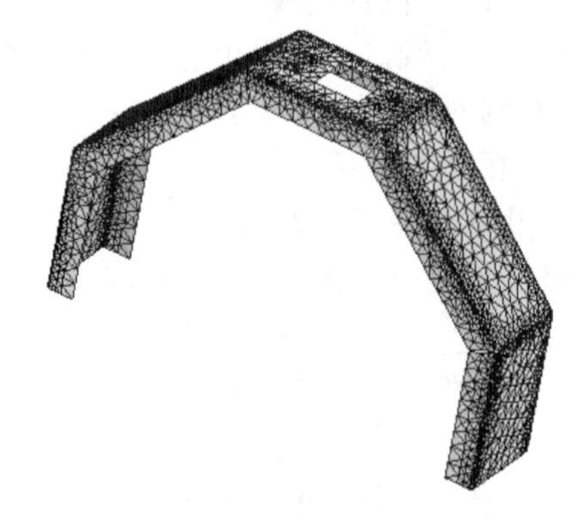

图 7-50 网格划分后的结果

步骤 6 固定边 选取支架两端面的外侧边缘，施加【固定几何体】的约束，如图 7-51 所示。

步骤 7 添加 450N 的力 在模型的顶部表面上施加 450N 的外部载荷（Base-Flange 3），如图 7-52 所示。

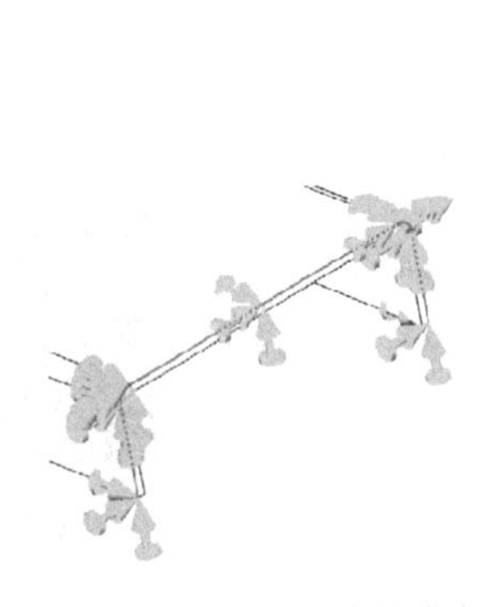

图 7-51 添加固定约束

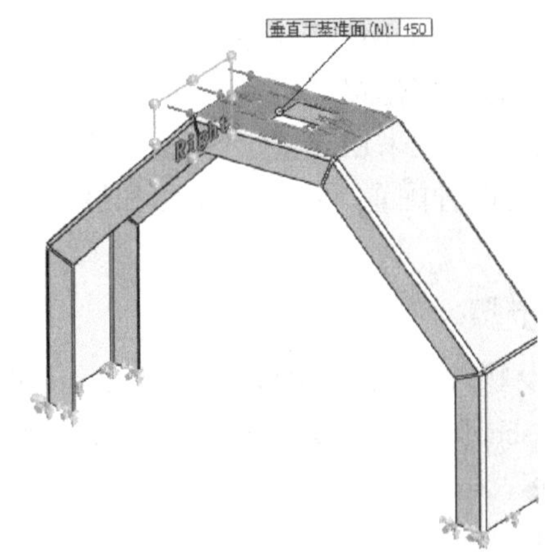

图 7-52 添加外部载荷

- 力矩载荷 在【力】的定义窗口中同样允许施加力矩载荷。因为壳单元有六个自由度（三个平动、三个转动），因此可以加载力及力矩。

步骤 8 运行分析

步骤 9 图解显示两个表面的 von Mises 应力 应力分布如图 7-53 所示。在外侧面中，位于钣金支架的尖锐凹角边缘的应力已超出屈服强度。回顾第 2 章的情况（L 形支架），这些应力结果的数值解是没有意义的，因为这些位置存在应力奇异。

这意味着应力结果在一定程度上源于应力的奇异性。可以参阅第 2 章对这个问题的详细讨论。应力奇异的位置如图 7-54 所示。

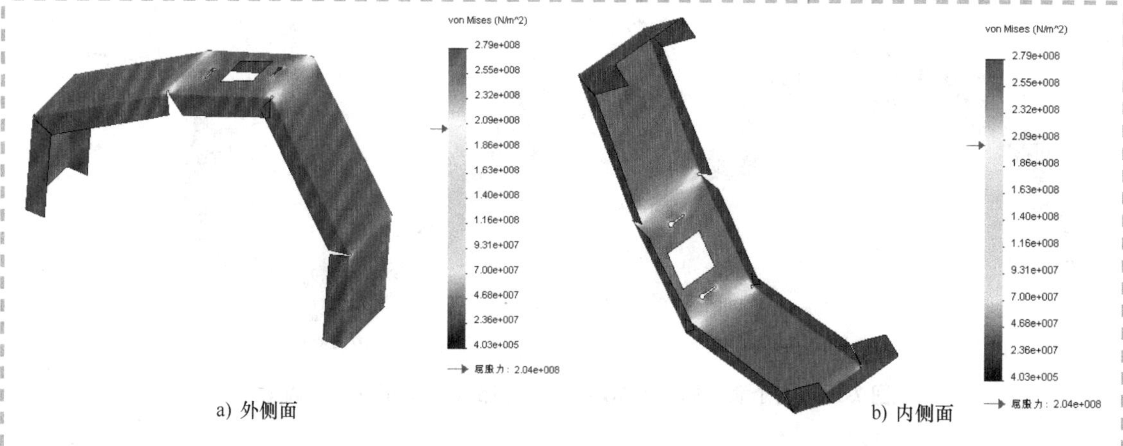

a) 外侧面　　b) 内侧面

图 7-53　两个表面的 von Mises 应力分布（“no welds”配置）

步骤 10　图解显示合位移　最大的位移量大约为 1mm，如图 7-55 所示。

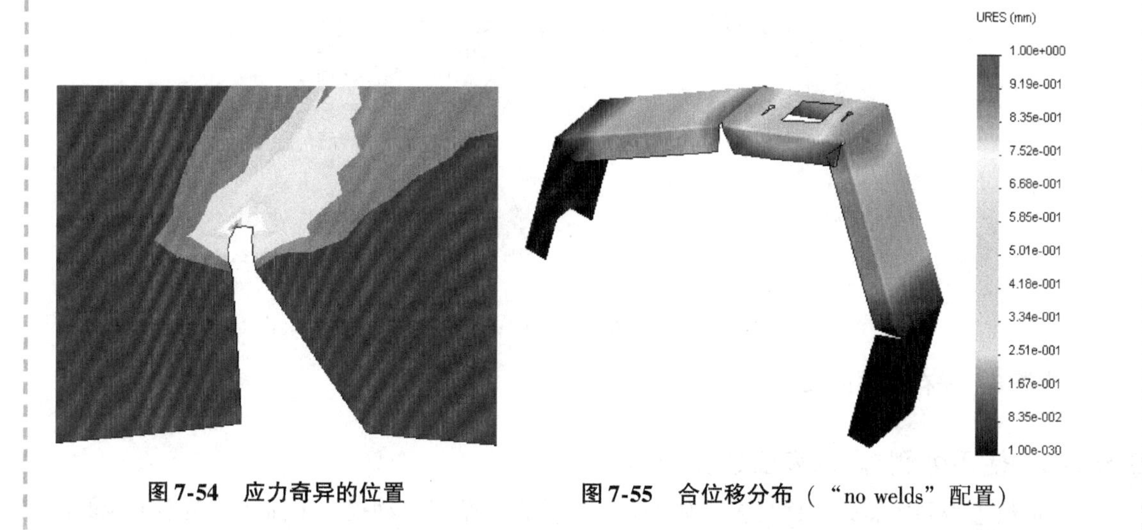

图 7-54　应力奇异的位置　　**图 7-55　合位移分布（“no welds”配置）**

3. 第二部分：“with welds”配置下的分析　当边缘通过焊接的方式连接到一起时，可以再次运行这个分析，以观察零件刚度有多大的提高。

操作步骤

扫码看视频

步骤 1　激活“with welds”配置

步骤 2　复制算例　使用复制命令来复制“no welds analysis”算例，并命名新的算例为“with welds analysis”。关于要使用的配置设置选项，请指定“with welds”配置。

步骤 3　运行分析

步骤 4　图解显示 von Mises 应力　应力分布如图 7-56 所示。最大 von Mises 应力结果不太容易比较，因为在无焊接模型中出现了应力奇异性。

步骤 5　图解显示合位移　比较无焊接模型和焊接模型的合位移结果，发现最大位移从 1mm 降低到了 0.04mm，如图 7-57 所示。

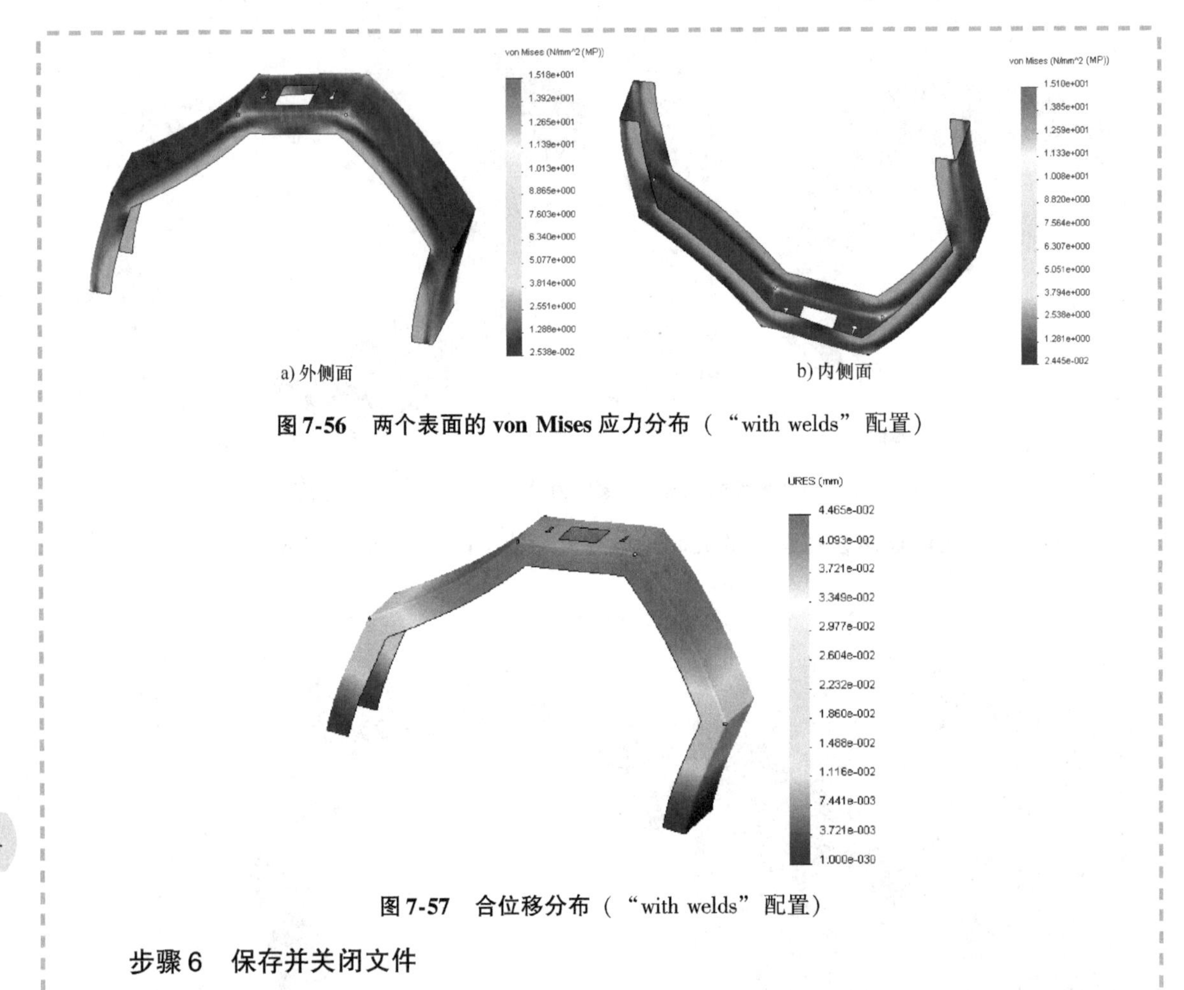

图 7-56　两个表面的 von Mises 应力分布（“with welds” 配置）

图 7-57　合位移分布（“with welds” 配置）

步骤 6　保存并关闭文件

练习 7-2　使用外侧/内侧表面的壳网格

壳网格最想得到的就是中面位置。如果几何体非常复杂，自动提取中面几乎是不可能的。在这种情况下，壳网格可以指定为实体模型的外侧或内侧表面。如果壳单元适合这些结构的话，则由于壳体位置不同而带来的结果差异会非常小。

本练习将应用以下技术：

- 创建壳单元。

我们将使用模型实体的外侧表面创建壳网格来建立一个新的算例，并与前面一章中得到的结果进行比较。因为这次使用了不同的曲面，我们必须再次加载外部载荷、夹具以及材料。下面只列出了创建算例的要点，因为其步骤和前面的例子是一样的。

操作步骤

扫码看视频

步骤 1　打开零件　打开文件夹 “Lesson07 \ Case Studies \ Pulley” 中的零件 “pulley”。

步骤 2　创建新的算例　定义名为 “pulley shells-outside face” 的静应力分析算例。

步骤3　将中面隐藏并不包括在分析中　将第7章用到的曲面特征【隐藏】，并选择【不包括在分析中】，确保实体可以显示。

步骤4　定义壳体　右键单击“pulley”文件夹中的“SolidBody”，选择【按所选面定义壳体】。选择所有带轮外侧表面。指定【抽壳厚度】为2mm的【薄】壳类型，如图7-58所示。展开【偏移】并根据厚度方向定义偏移。

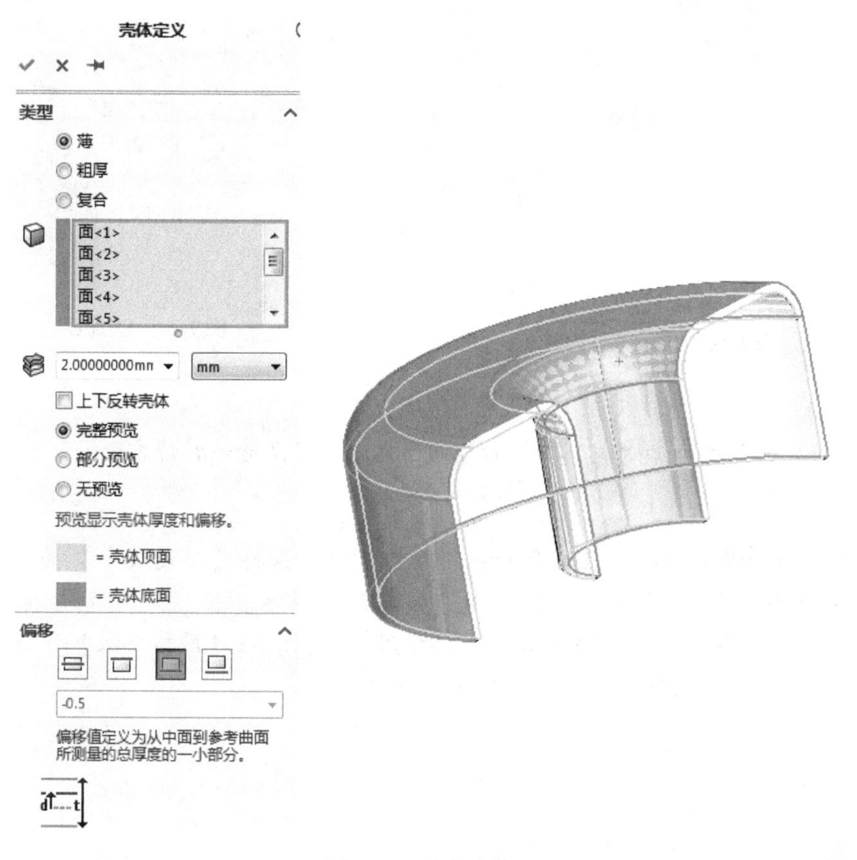

图7-58　定义壳体

步骤5　应用材料　对等距曲面指定材料【AISI 1020】。

步骤6　加载固定约束　如图7-59所示，对半圆柱面施加【固定几何体】的约束。

> **注意**　所有夹具和载荷务必加载到壳网格划分的面上，在本例中是外表面。

步骤7　应用对称约束　在滑轮外侧边界手动创建一个对称的约束，如图7-60所示。

> **提示**　回顾一下在第7章中，是如何在曲面特征上定义对称约束的。

步骤8　施加压力　施加大小为0.2MPa的压力，如图7-61所示。

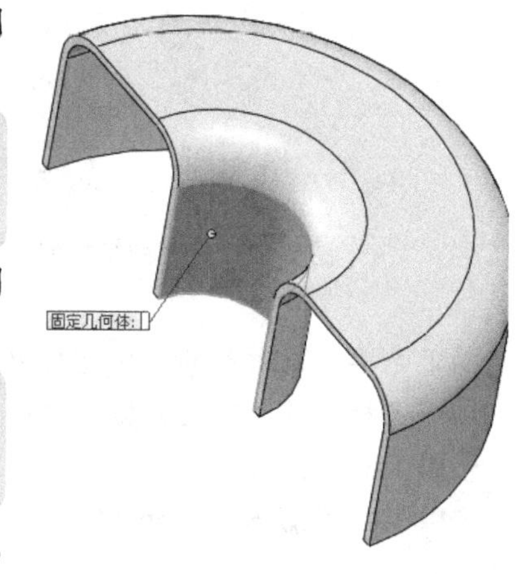

图7-59　加载固定约束

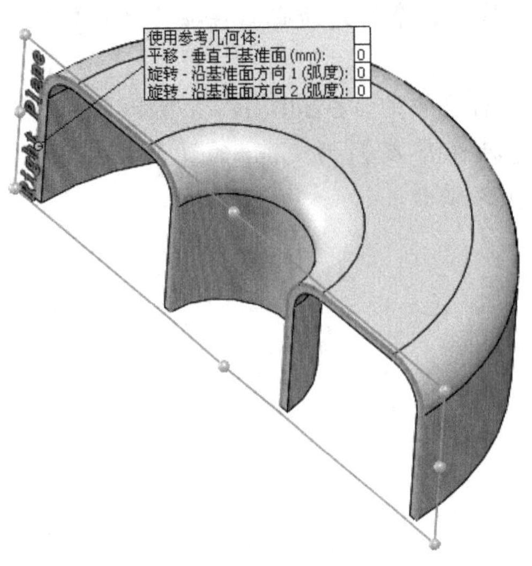

图 7-60　应用对称约束

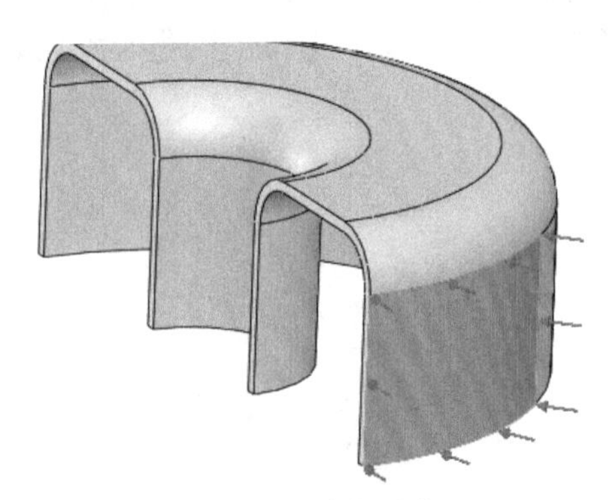

图 7-61　施加压力

> **注意**　压力务必加载到滑轮的外侧，也就是定义壳体的地方。

步骤 9　应用网格控制　在圆角面应用网格控制，保持【单元大小】为“1.5mm”，保持【单元大小增长比率】为“1.5”，结果如图 7-62 所示。

步骤 10　划分网格　确保将高品质单元应用于模型。在【网格参数】下选择【基于曲率的网格】，然后使用默认值。结果如图 7-63 所示。

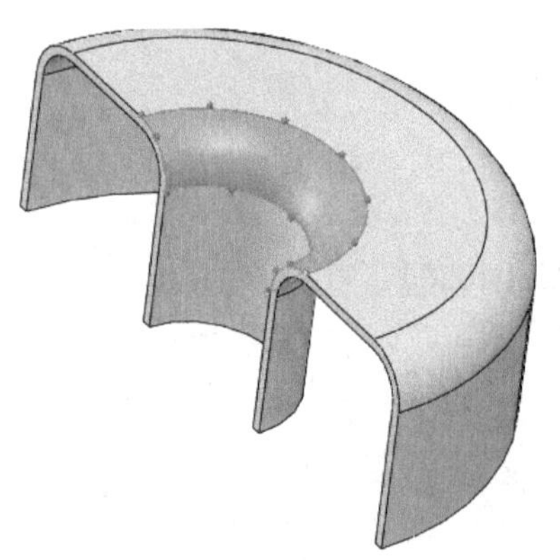

图 7-62　应用网格控制

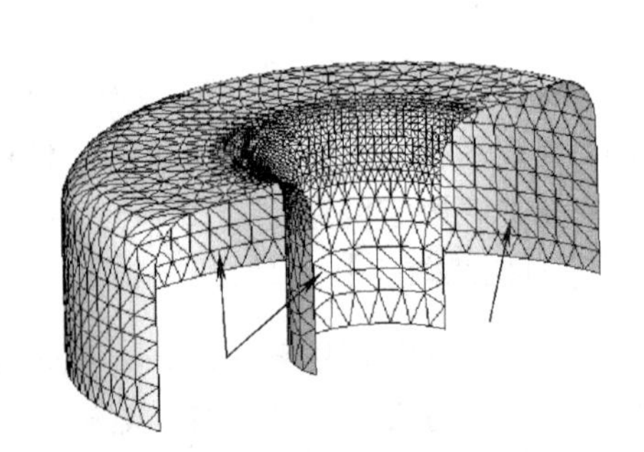

图 7-63　网格划分后的结果

确定壳单元是对齐的。注意橙色（图中箭头所指）表示网格的下部。为了和本章的第一部分保持一致，确定网格的方向，使得壳网格下部与实体带轮的内部相符。

步骤 11　运行分析

步骤 12　图解显示 von Mises 应力　在壳网格的下部和上部图解显示 von Mises 应力，如图 7-64 所示。

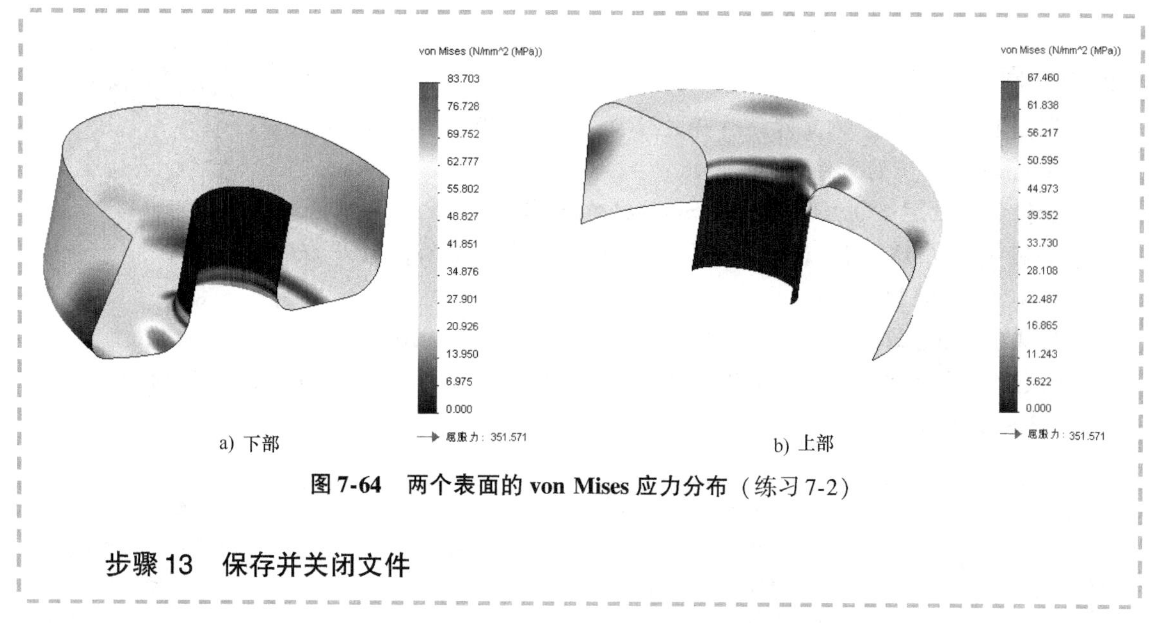

a) 下部　　b) 上部

图 7-64　两个表面的 von Mises 应力分布（练习 7-2）

步骤 13　保存并关闭文件

练习 7-3　边焊缝接头

一段管道系统包含几处焊缝接头，本例中将用其来测试极端载荷，如图 7-65 所示。

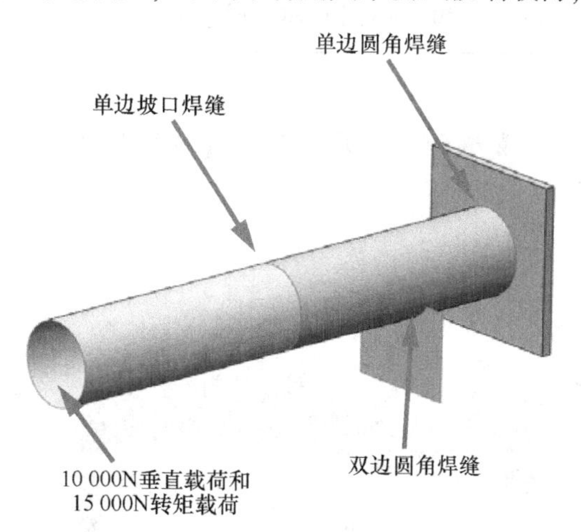

图 7-65　边焊缝接头

本练习将采用有限元和边焊缝接头来模拟这个问题，同时还将设计边焊缝焊珠的大小。

本练习将应用以下技术：

- 边焊缝。
- 圆柱坐标系。

一段管道系统由厚度为 5mm 的 AISI 1020 钢板制作而成，并被固定在坚固的实体钢壁上。管道的另一端为自由端，并在自由边线上作用了 10 000N 的垂直载荷和 15 000N 的转矩载荷。这些载荷被认为是最极端的条件，即系统能够在此位置暴露于空气中。采用圆角和坡口的焊缝来连接各个零部件，如图 7-65 所示。

在所有三个位置中，确定最优的焊珠尺寸。

扫码看视频

操作步骤

步骤 1　打开装配体文件　打开文件夹“Lesson07 \ Exercises \ Edge Weld Connector”下的文件“Pipes”。

步骤 2　设定 SOLIDWORKS Simulation 选项　设置【单位系统】为【公制（I）（MKS）】，【长度/位移（L）】单位为【毫米】，【压力/应力（P）】单位为【N/m²】。

步骤 3　新建算例　创建一个名为“extreme loading”的算例。

步骤 4　查看材料属性　确认材料【AISI 1020】已经由 SOLIDWORKS 传送到 SOLIDWORKS Simulation 的材料定义中。

知识卡片

边焊缝	点焊可以定义在两个壳体之间，或一个壳体和一个实体之间。终止的零件必须是壳体。点焊的焊珠由两个面确定，两个面相互连接在一起，而且终止零件上的边线决定了焊珠的位置。电极类的焊接强度和预估的焊接尺寸必须通过手工指定，或查知识库来获得。
操作方法	• 快捷菜单：在 Simulation Study 树中，右键单击【连结】文件夹并选择【边焊缝】。 • CommandManager：【Simulation】/【连接顾问】/【边焊缝】。

步骤 5　定义壳体　将管道和支撑片定义为【薄】的壳体，指定【抽壳厚度】为 5mm，如图 7-66 所示。

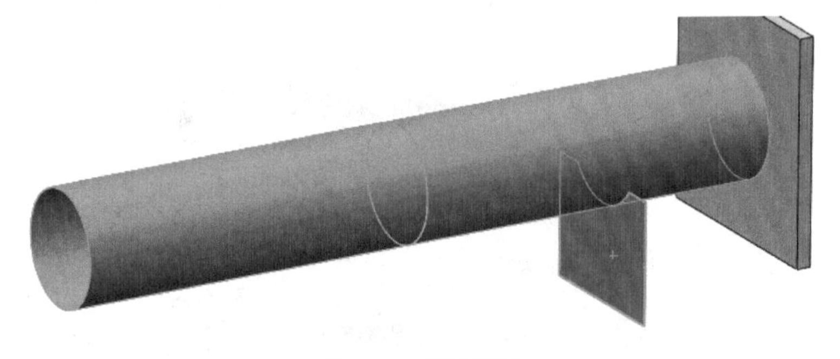

图 7-66　定义壳体

步骤 6　定义边焊缝　首先，需要定义第一段管道和实体零部件所代表的坚固钢壁之间的边焊缝焊珠。右键单击【连结】文件夹并选择【边焊缝】。在【焊接类型】下，选择【圆角，单边】。

在【面组 1】中，选择终止零部件的表面，如图 7-67 所示。在【面组 2】中，选择第二个零部件的面（本例中是指实体零部件的面）。在【交叉边线】中，在第一个终止零部件上选择焊珠位置。在【焊接方向】中指定焊接位于边侧 1，这将在壳的顶面生成焊接。

提示　如果指定焊接位于边侧 2，将在壳的底面生成焊接。请注意查看网格，以确保顶面和底面定义正确。

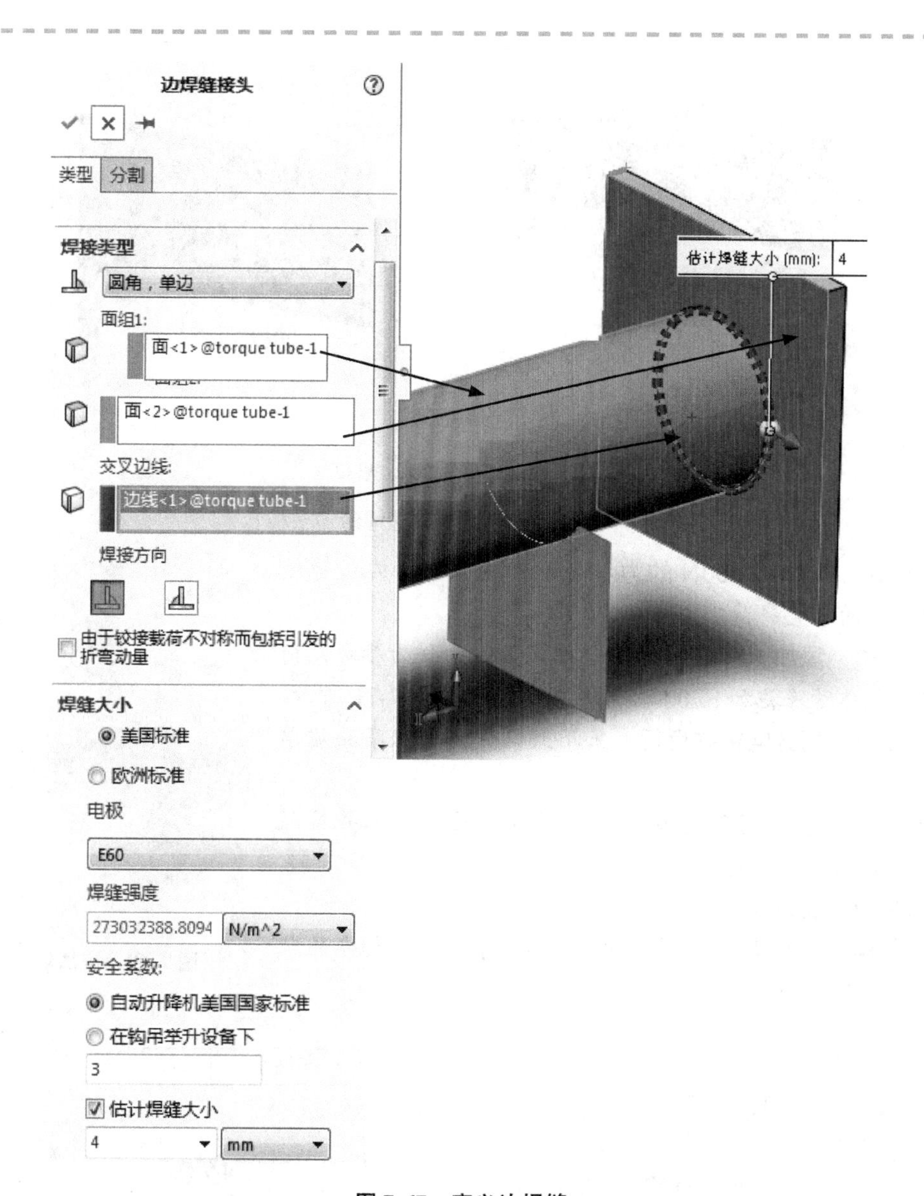

图 7-67 定义边焊缝

在【焊缝大小】中选择【美国标准】。【电极】选择【E60】，【估计焊缝大小】设置为4mm。在【安全系数】中输入“3”。根据所选的电极，【焊缝强度】的值将会自动计算出来，最后单击【确定】✔。

提示 在自定义电极属性中，可以在【电极】下选择【自定义钢】或【自定义铝】。

步骤7 对余下两个边焊缝重复相同步骤 创建一个【圆角，双边】和一个【坡口，单边】边焊缝，如图7-68所示。使用和上一步中相同的属性。在边侧1处指定坡口焊缝。

步骤8 施加约束 对坚固钢壁的四个面和支撑片的底部边线施加【固定几何体】的约束，如图7-69所示。

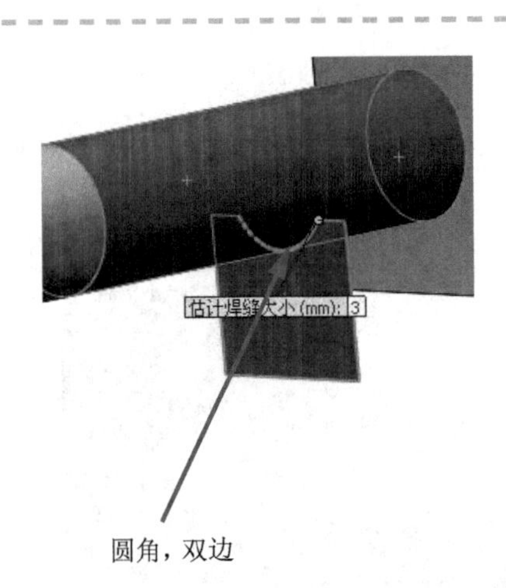

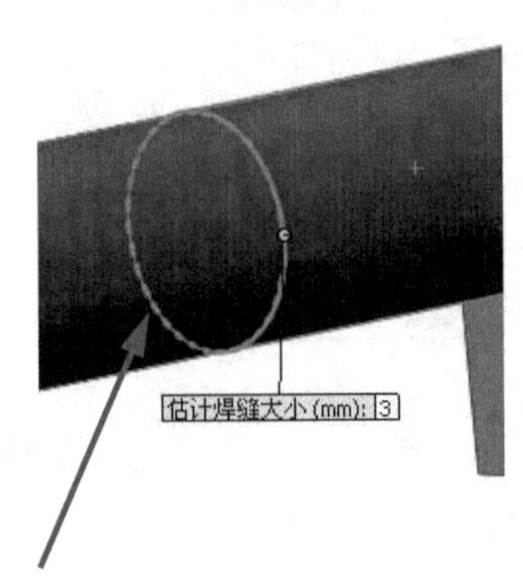

图 7-68 重复定义边焊缝

步骤 9 添加 10 000N 的力 如图 7-70 所示，在边缘施加 10 000N 的垂直载荷。

步骤 10 添加 15 000N 的力 使用圆柱面作为参考几何体，在圆柱体边缘施加 15 000N 的转矩载荷，如图 7-71 所示。

步骤 11 划分网格并运行 采用默认设置并以高品质单元划分网格。

步骤 12 查看壳体方向 如有必要，反转壳体并按照图 7-72所示的结果进行对齐。

步骤 13 运行算例

步骤 14 显示最终位移 创建一个图解显示最终的位移，如图 7-73 所示。

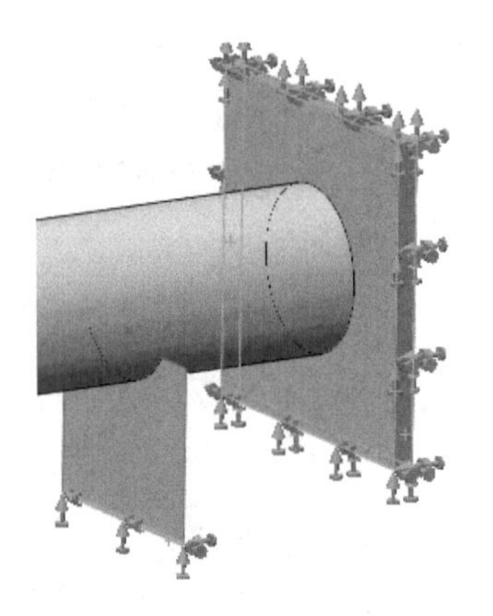

图 7-69 施加约束

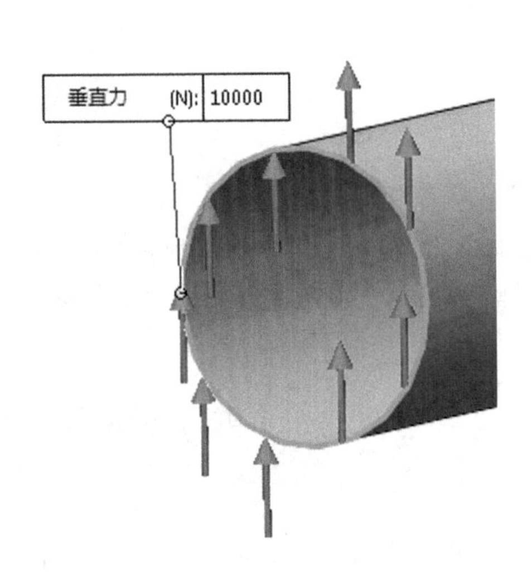

图 7-70 添加垂直载荷

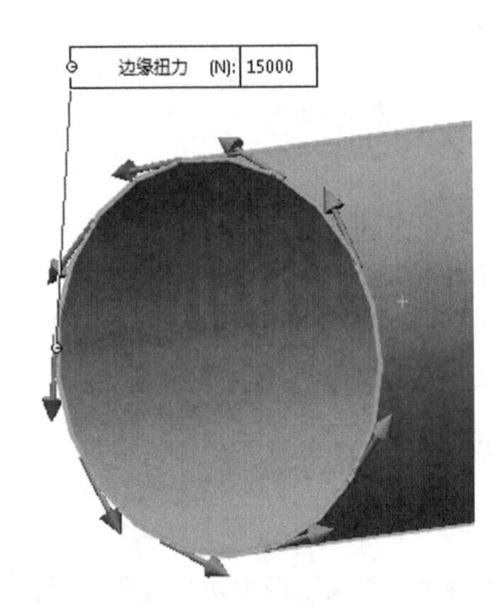

图 7-71 添加转矩载荷

提示

边焊缝后处理选项只存在于 Simulation Professional 中。

图 7-72　查看壳体方向　　　　图 7-73　最终位移图解

步骤 15　后处理边焊缝　右键单击【结果】并选择【列出焊接结果】。在【选择】栏下，设定【单位】为【SI】，设定【类型】为【所有边线焊接】。

图 7-74 所示显示了所有焊接力的结果，这些力沿所估计的最小焊缝作用在模型上。

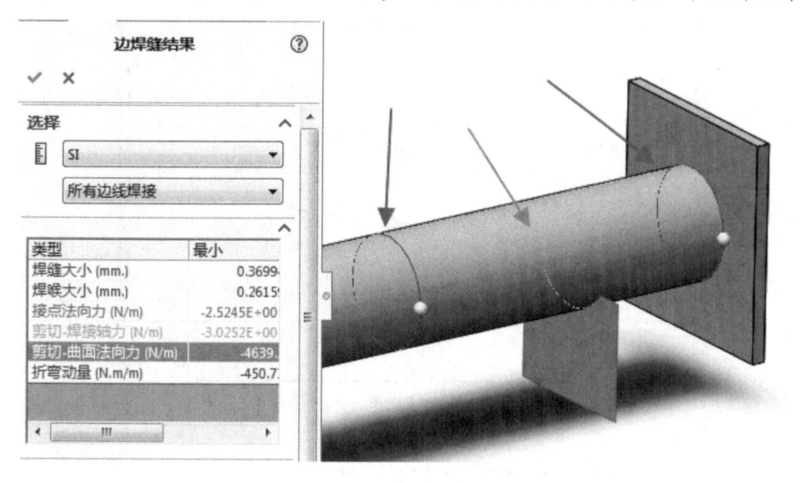

图 7-74　边焊缝结果

管道与支撑片之间的边焊缝显示为绿色，而其他两个显示为红色。这个结果表明在步骤 6 中估计的焊缝大小（4mm）满足中间焊缝的要求，而其他两个焊缝则需要引起关注。

步骤 16　查看焊缝连接 1　在【类型】中选择【Edge Weld Connector-1】。可以看到最大焊缝大小显示的数值约为 4.72mm，这大大高于估计的焊缝大小（4mm），因此焊缝在图解上标记为红色。带有红色箭头的黄色小球指明了焊珠的起点和方向，如图 7-75 所示。

单击【图解】，可以得到所需的“焊缝大小”与“沿焊缝距离放置”之间的函数关系，如图 7-76 所示。单击【确定】✔退出【边焊缝结果】对话框。

步骤 17　定义焊接检查图解　右键单击【结果】并选择【定义焊接检查图解】，单击【确定】，如图 7-77 所示。

从对话框中可以很方便地查看焊缝的情况，透明的图解也明确显示了装配体中所有焊缝的位置。注意，图 7-76 中红色标记的焊缝需要引起更多关注，因为它们的估计大小并不达标。

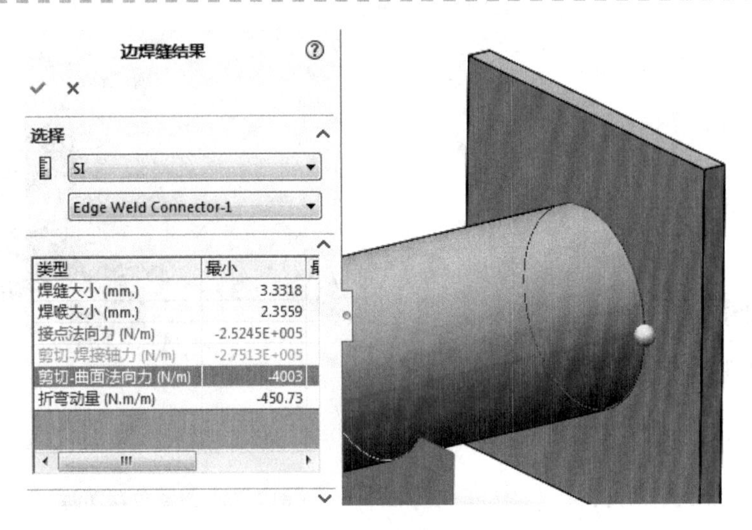

图 7-75　焊缝连接 1

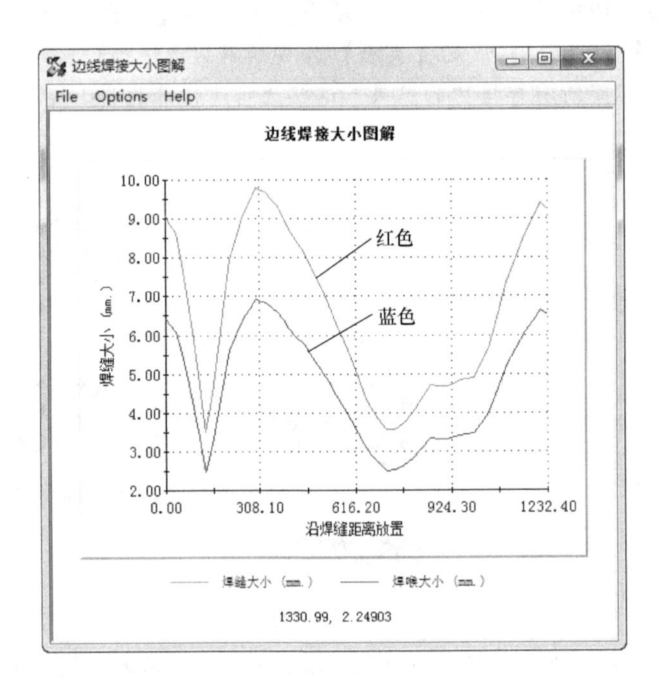

图 7-76　边线焊接大小图解

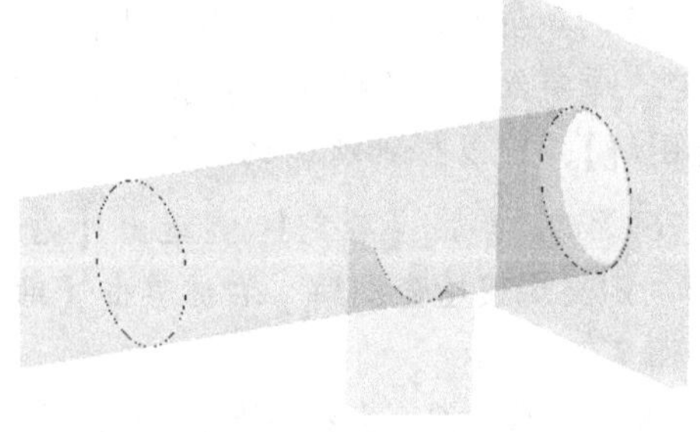

图 7-77　焊接检查图解

技巧 用户还可以使用评估焊接的欧洲标准。建议用户研究使用这个标准时得到的结果。

步骤18 保存并关闭文件

练习7-4 容器把手焊缝

在练习1-3中，评估了一个垃圾容器把手的设计。在本练习中，我们将确定连接容器把手和两个方形基板之间的圆角及双边焊缝的大小，如图7-78所示。

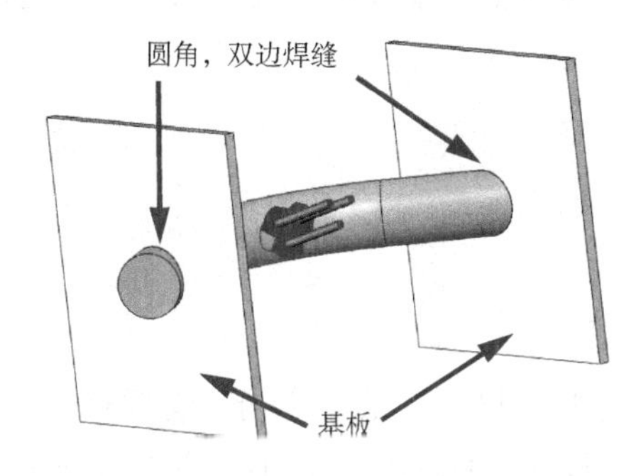

图7-78 容器把手焊缝

本练习中所有必要的信息都可以从练习1-3中获得。焊接到容器结构中的基板可以假定为刚性固定。

本练习将应用以下技术：

- 创建中面曲面。
- 不包括在分析中。
- 薄壳与粗厚壳的比较。
- 定义壳体。
- 边焊缝。

本练习中的装配体位于Exercises文件夹下。注意选择壳特征中最恰当的位置。

第 8 章　混合网格——壳体和实体

学习目标

- 用适当的网格控制参数生成高品质的网格
- 在混合网格装配体中设置不同的壳与壳以及壳与实体接触网格

8.1　混合网格

在很多情况下，一个模型会同时包含厚和薄的部分。这样就需要混合使用实体单元和壳单元。

在同一个算例中同时存在实体单元和壳单元，本章将采用 SOLIDWORKS Simulation 混合网格划分功能来创建网格模型。然而必须明白这将付出额外的努力来保证混合网格的兼容性。

本书的“绪论　有限元简介”中讲到，实体单元具有三个自由度，意味着节点位移由三个线性位移分量描述。壳单元节点有六个自由度。壳单元节点位移可以由三个线性位移分量和三个旋转位移分量表示。实体单元及壳单元的自由度如图 8-1 所示。

通常将这些位移分量（或自由度）在全局坐标系中表示。但是，自由度可以在任何坐标系中表示出来。与壳单元相比，实体单元节点不具有旋转自由度，在尝试连接壳单元与实体单元时，会无意间产生一个沿着共同边界的合页。

壳单元节点的旋转自由度在与实体单元的交界面处不再存在。所以，这些旋转不受约束，从而形成沿着连接边缘的合页，如图 8-2 所示。

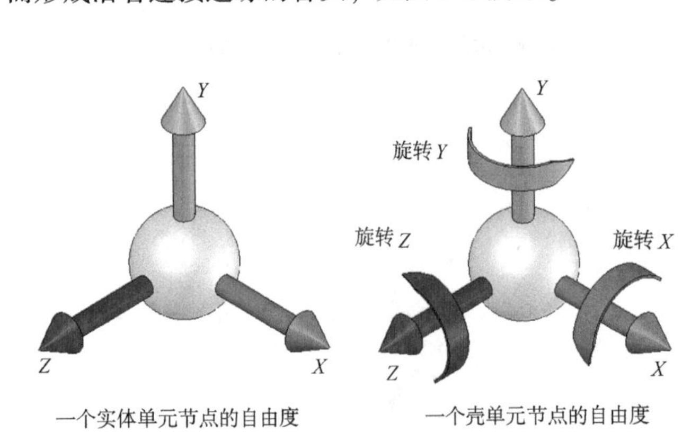

图 8-1　实体单元及壳单元的自由度

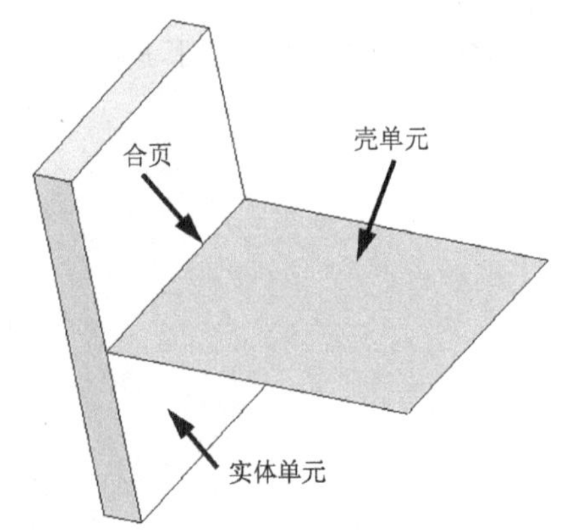

图 8-2　合页的位置

随着合页的出现，不间断的位移场（不间断的旋转）和模型中可能存在的刚体模式也会出现。

由于壳单元与实体单元的不兼容而无意间产生的合页不是 SOLIDWORKS Simulation 所特有的。在任何有限元软件中，当每一次试图将具有不同自由度的不同类型的节点进行连接时，都会出现这一现象。

8.1.1　接合壳体和实体网格

混合网格是不兼容的，这一点很关键，会使壳单元和实体单元部分完全分离（全局接合在壳和实体接触面上不起作用）。为了连接它们，必须恰当地定义沿着接触边界上的局部接触条件。

8.1.2　混合网格支持的分析类型

混合网格划分支持静态、频率、扭曲、热力、非线性算例和线性动力学算例。

8.2　实例分析：压力容器

在本实例中，将对一个压力容器进行分析。它包含一些薄壁部件，例如压力容器的外壳，同时也含有厚壁部件，例如法兰。

本章重点是分析图 8-3 所示的压力容器（包含网格、载荷、连接以及支撑），并作一个简单的静态分析。本章并不计算设计安全等问题，这些都是《SOLIDWORKS® Simulation 高级教程（2020 版）》中第 14 章的主题，在该教程中将讨论采用 “ASME Boiler and Pressure Vessel Code” 来进行压力容器设计。

8.2.1　项目描述

压力容器的制造材料是等级为 60 的低碳合金钢 SA515。容器垂直向下并用四个定向接头支撑着，容器允许在直径方向自由膨胀（在这个模型中搭子部件不需要分析）。容器在温度为 700 ℉㊀时的最大工作压力为 165psi㊁，在本章中除压力外不考虑其他载荷。

8.2.2　分析装配体

在进入正题之前，需要分析每一个部件并且指定合适的网格类型，如图 8-3 和图 8-4 所示。

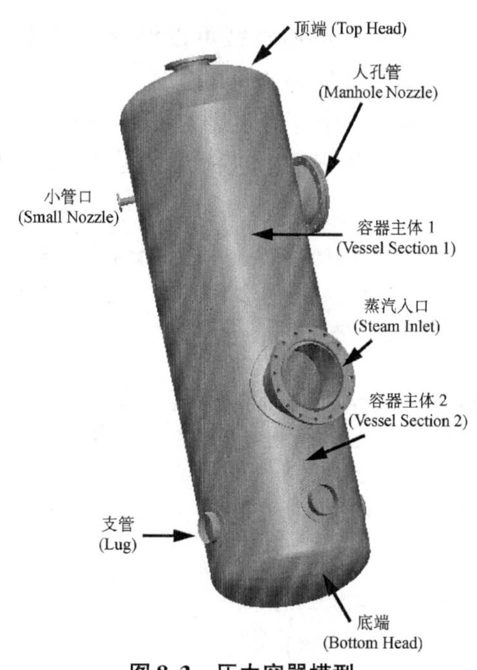

图 8-3　压力容器模型

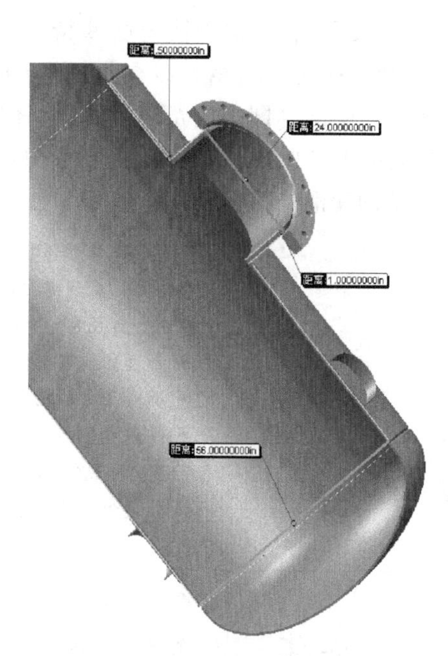

图 8-4　模型尺寸

㊀ ℉为华氏温度，换算关系为 $\frac{t}{℉} = \frac{9}{5}\frac{t}{℃} + 32 = \frac{9}{5}\frac{T}{K} - 459.67$。——编者注

㊁ psi 为压力计量单位“磅力每平方英寸”，符号为 lbf/in^2，换算关系为 $1lbf/in^2 = 6894.757Pa$。——编者注

• 压力容器主体（Section）及上下两端部（Head）：主体由0.5in[⊖]厚的钢制造而成，由于与外直径56in相比非常薄，所以用壳单元建模最适合。

• 管口（Nozzles）：蒸汽入口管（Steam Inlet Nozzle）是用外径为24in、厚度为1in的合金钢管制成的；人孔管（Manhole Nozzle）也是用相同等级的外径为20in、厚度为0.187 5in的钢管制成的；人孔管加强件（Manhole Nozzle Reinforcement）由0.25in厚度的钢管制成，厚度与支管（Lug）钢管的直径相比非常小，因此全部接管及加强件用壳单元来建模最适合。

• 管口法兰（Nozzle Flanges）和人孔盖（Manhole Cover）：管口法兰不是很薄，同时可能承受很大的弯曲力矩（特别是人孔管法兰）。人孔盖的厚度同样相对较厚，并且用螺栓连接在法兰上，因此必须用实体网格来研究这些位置的精确应力结果。

操作步骤

扫码看视频

由于创建算例需要一定时间，我们已经在“stress analysis”算例中定义完成了所需要的内容，而且会在设置算例时直接应用它们。

步骤1　打开装配体文件　打开文件夹“Lesson08 \ Case Studies \ Pressure Vessel”下的装配体文件“pressure vessel. sldasm”。模型中已经包含部分完成的算例，继续在该算例上进行操作。

步骤2　验证默认单位　将默认的【单位系统】设定为【英制（IPS）】，【长度/位移（L）】设定为【英寸】，【压力/应力（P）】设定为【psi】。

步骤3　爆炸显示装配体　显示装配体的爆炸视图，以方便观察每个零部件。

8.2.3　模型准备

在进行分析之前，需要决定哪些特征可以划分为壳单元，哪些特征可以划分为实体单元。SOLIDWORKS Simulation既可以在曲面上生成壳网格，又可以在实体表面上生成壳网格。为了将壳单元生成在中面（即生成壳网格的预期位置）上，必须在每个零件上创建曲面特征，这个过程是非常耗时的。此外，还可以将壳网格创建到实体的外/内侧表面。这种方法更受欢迎，因为这样避免了创建额外的中面。

知识卡片

壳体管理器	可以在壳体管理器中定义壳体。壳体管理器能够有效地定义、编辑和管理多个壳体。可以在创建网格之前预览壳体方向，翻转壳体的上下面以及预览壳体中面的位置。如图8-5所示，通过壳体管理器，能够： • 从面体或者实体中创建壳体。 • 赋予壳体属性：类型（厚或薄）、方向（上表面或下表面）、厚度、材料。 • 按照壳体的类型、厚度、材料归类，根据同一种壳体厚度或者材料定义颜色，以便可视化。 • 对类似壳属性分组（类型、厚度、单位及材料），并能够一起改变一个组的属性。
操作方法	• CommandManager：【Simulation】/【壳体管理器】。 • 菜单：【Simulation】/【壳体】/【壳体管理器】。 • 快捷菜单：在Simulation Study树中，右键单击实体并选择【壳体管理器】。

⊖ in为长度计量单位，换算关系为1in=25.4mm。——编者注

如果在实体上不容易生成中面来定义壳，用户可以选择在实体表面上生成壳，然后偏移这个壳，使软件可以识别为一个中面。

在【壳体定义】的 PropertyManager 中，用户可通过选择曲面为参考几何体来指定壳的位置，如图 8-6 所示，然后再确定是否选择中曲面、上曲面或下曲面。如果选定了上曲面，壳将位于与所选曲面相距 1/2 厚度的下方。同样，如果壳定义为下曲面，壳将位于与所选曲面相距 1/2 厚度的上方。此外，如果用户定义的壳需要相距所选曲面一定的距离，则可以选择【指定比率】。

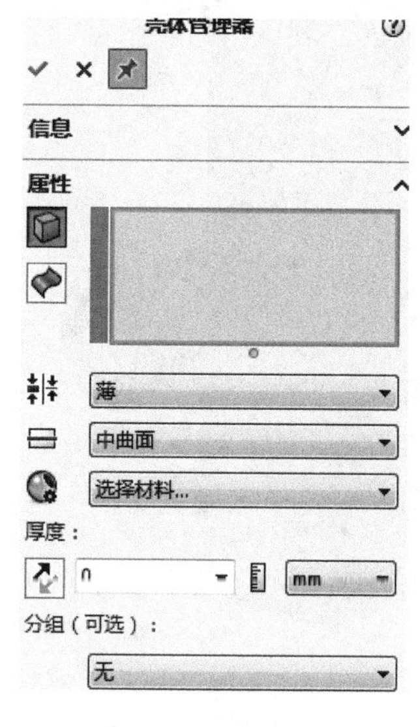

图 8-5　壳体管理器

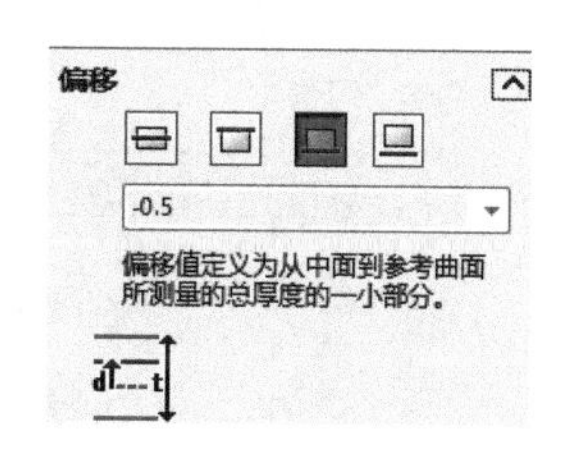

图 8-6　壳体偏移

注意　用户在指定上曲面、下曲面及偏移时需要特别小心，因为网格将最终定义壳的位置，这取决于哪个是壳的上部或下部。

步骤 4　定义容器壁面壳体　从 Simulation Study 树中右键单击对应的实体，选择【按所选面定义壳体】。选择容器的外表面，并指定【抽壳厚度】为 0.5in 的【薄】壳。

在【偏移】中选择【下曲面】。当划分模型网格时，必须确保这个曲面是下曲面。余下的壳体特征已经提前定义完毕，如图 8-7 所示。

在【分组】中选择【pt 5T】，这个组已经为壳体定义好 0.5in 的厚度。可以为具有相同材料特性的壳体定义相似的组。

至此，已经定义好了壳体特性。单击【确定】✔，关闭【壳体管理器】。

提示　两个端部的壳体是由 2∶1 椭圆和 2in 的圆柱筒组成的，同样是“ASME Boiler and Pressure Vessel Code”推荐的。在定义容器端部壳体时，确保两个外表面同时被选中，如图 8-8 所示。

检修口附近的零部件“Manhole cover”和“Manhole nozzle flange”将采用实体单元划分网格，正如在本节开始决定的一样。

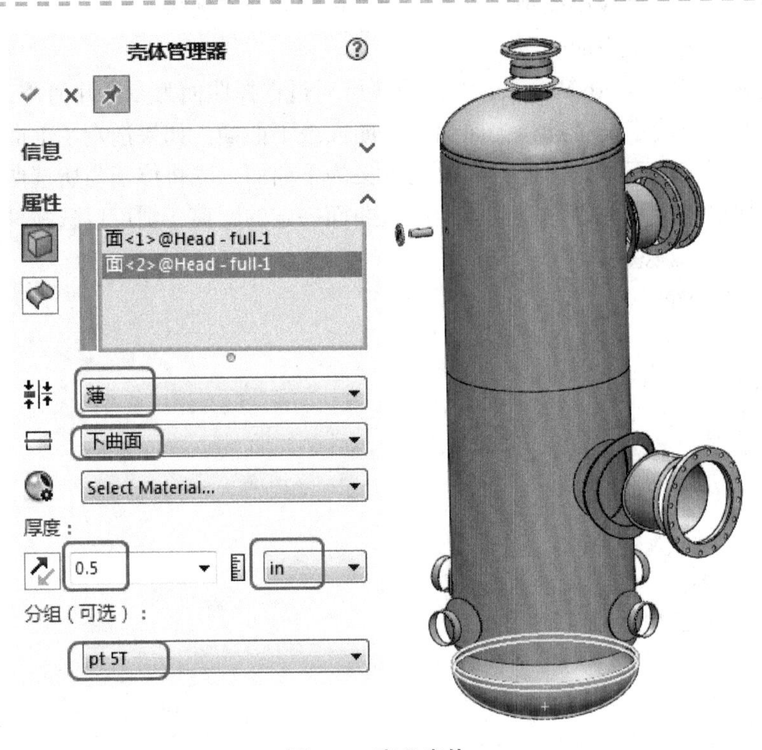

图 8-7　定义壳体

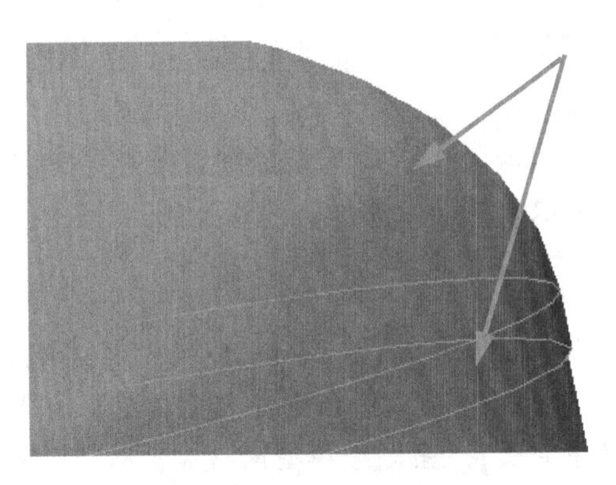

图 8-8　定义容器端部壳体

8.2.4　材料

60 等级合金钢 SA515 材料的性能参数见表 8-1，这些参数来自“ASME Boiler and Pressure Vessel Code，Section Ⅱ，Part D-Properties”。

表 8-1　60 等级合金钢 SA515 材料的性能

极限抗拉强度（室温）	60 000psi	弹性模量（700℉）	25.3×10^{6}psi
拉伸屈服强度（室温）	32 000psi	泊松比	0.33
平均热膨胀系数（70～700℉）	7.6×10^{-6}℉$^{-1}$	比热容	0.09Btu/(lb·℉)[⊖]
热导率（700℉）	5.56×10^{-4}Btu/(in·s·℉)		

⊖ Btu/(lb·℉) 为英制热单位，表示每磅华氏度，换算关系为 1Btu/(lb·℉) =4186.8J/(kg·K)。——编者注

材料的数据同样可以在以下资料中查询：

1. 钢识别系统　相同类型的钢在不同的钢牌号体系（或标准）中有不同的表示方法。我们用的 60 级标准的 SA515 可在“ASME Boiler and Pressure Vessel Code，Section Ⅱ，Part D-Properties”中查询与温度相关的材料性能参数及合金材料成分。60 等级的 SA515 钢在 UNS 中可选择的识别编号是 K02401。

2. UNS 索引　统一编号系统（UNS）是由美国自动化工业协会（SAE）和美国试验和材料协会（ASTM）共同编制的，其目的是为金属和合金材料提供一个独有的识别系统。

3. 其他索引　钢标准有很多的索引。例如，美国试验和材料协会（ASTM）与美国钢铁协会（AISI）编制的标准、德国工业标准（DIN）以及其他标准，也可以向导师请教所研究领域里的一些普通标准。

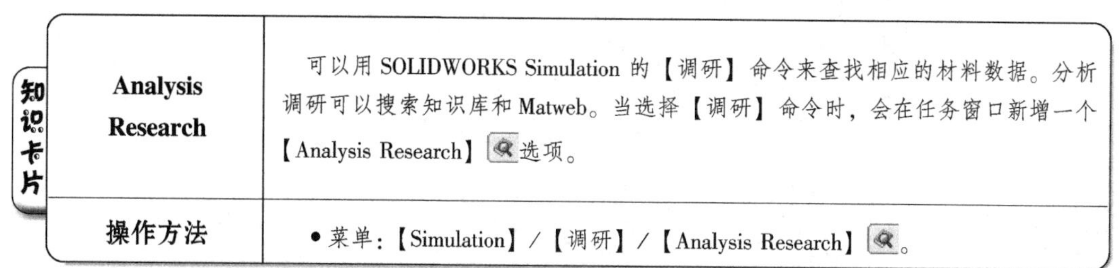

知识卡片

Analysis Research	可以用 SOLIDWORKS Simulation 的【调研】命令来查找相应的材料数据。分析调研可以搜索知识库和 Matweb。当选择【调研】命令时，会在任务窗口新增一个【Analysis Research】选项。
操作方法	• 菜单：【Simulation】/【调研】/【Analysis Research】。

• 扩展的材料数据库　用户可以通过在线的 SOLIDWORKS 材料门户网站获得更多的材料，这个材料库来自 Matereality LLC，如图 8-9 所示。

从门户网站下载的材料会自动加入 Simulation 材料窗口的可用列表中。这个功能只对服务期内的 SOLIDWORKS Simulation Professional 和 Premium 产品提供。右键单击【零件】文件夹并选择【应用材料到所有】，单击材料窗口底部的超链接。

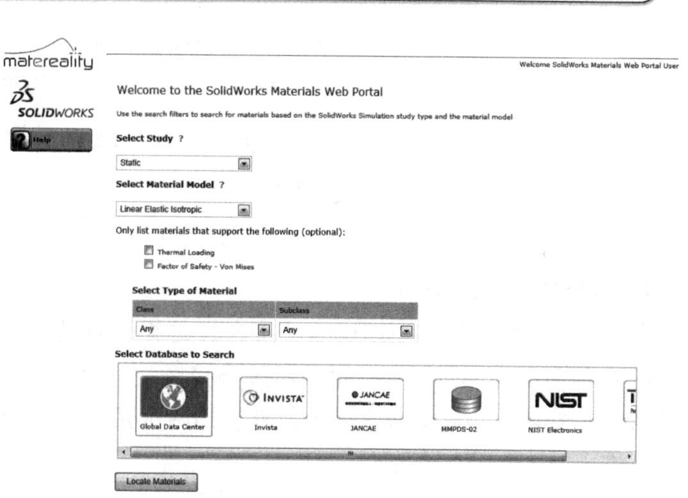

图 8-9　Matereality LLC 门户网站

8.2.5　体积模量和切变模量

弹性模量 E（杨氏模量）和泊松比 ν 在线弹性材料中必须表现为常量。体积模量 K 和切变模量 G 也是材料的常量参数，E 和 ν 的关系为

$$E = \frac{9KG}{3K + G},\ \nu = \frac{3K - 2G}{6K + 2G}$$

提示　这个关系只在三维空间分析时存在。如果专门用于其他尺度的分析，使用时就要修改关系式。

在所有的四个线弹性材料常数（E、ν、G 和 K）的组合中取两个唯一的常数，就可以用上面的关系式计算出材料的另外两个常数。

步骤 5　创建自定义材料　右键单击【零件】文件夹并选择【应用材料到所有】。在【材料】窗口中，创建一个新库“Lesson 8 ”，并添加一个新的材料“SA515，grade 60”。按照“ASME Boiler and Pressure Vessel Code”输入材料的属性，如图 8-10 所示。

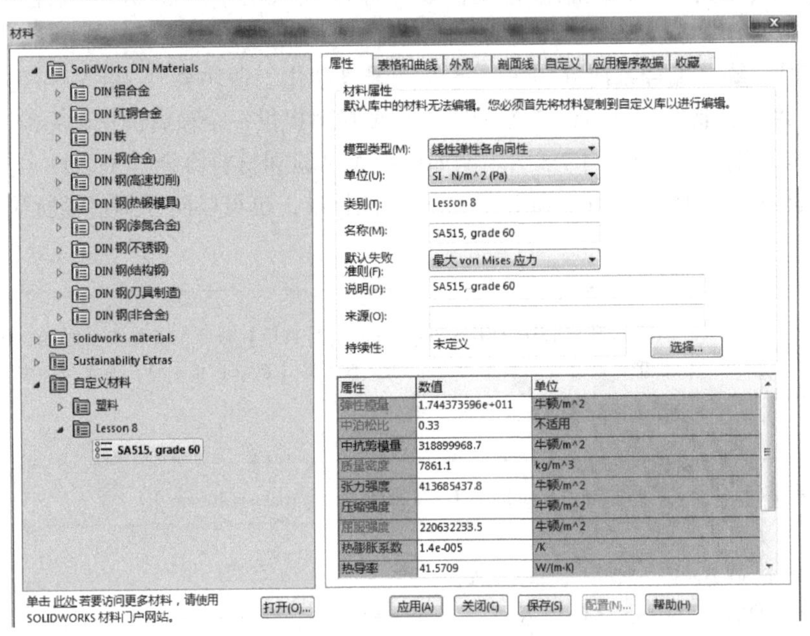

图 8-10　创建自定义材料

单击【应用】并【关闭】该对话框。

8.2.6　连接有间隙实体

有间隙的实体之间必须用局部【接合】的相触面组来确保连接。

1. 壳体面和壳体面接合　面和面接合接触的两个壳单元始终是不兼容的，所以必须定义局部【接合】接触。当然这也有一个例外，即两个壳体共享分割线分割开的区域。在这种情况下，兼容网格全局接合是有效的。

步骤 6　人孔管加强件（Manhole nozzle reinforcement）与容器主体 1（Vessel Section 1）的接触设置　在人孔管加强件（Manhole nozzle reinforcement）的外侧顶端边线与容器主体 1（Vessel Section1）壳体之间，创建局部【接合】的接触，如图 8-11所示。

> **提示**　使用容器上较大的面为【组 2】。同样，因为在壳体特征之间存在间隙，所以在这些接触面上默认的是不兼容网格。

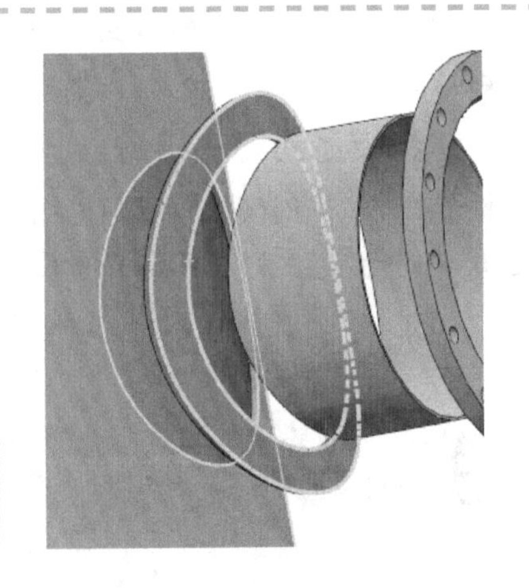

图 8-11　指定接触条件（1）

2. 壳体边和壳体面接合 只要源壳体边与目标壳体面上的分割线一致，全局兼容接合约束就始终确保接触面上的节点合并在一起。当这个位置是不规范的，也就是在目标面上没有分割线存在或在源边和目标面之间存在间隙时，必须用局部【接合】接触进行定义。

步骤7 容器主体1（Vessel Section 1）和人孔管（Manhole nozzle）的接触设置 在容器主体1（Vessel Section 1）的外侧边和人孔管（Manhole nozzle）壳体之间，创建局部【接合】接触，如图8-12所示。

步骤8 人孔管加强件（Manhole nozzle reinforcement）与人孔管（Manhole nozzle）的接触设置 在人孔管加强件（Manhole nozzle reinforcement）和人孔管（Manhole nozzle）边线之间，创建局部【接合】接触，如图8-13所示。

图8-12 指定接触条件（2）

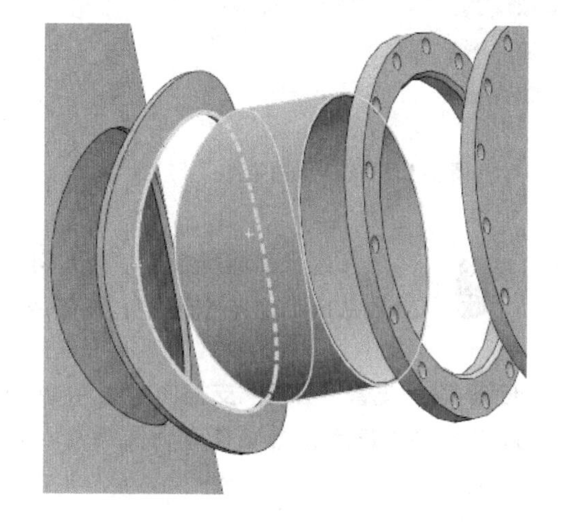

图8-13 指定接触条件（3）

3. 壳体和实体接合接触 模型中存在的主要接触发生在壳体和实体之间。按照惯例，此时需要设置局部【接合】的接触。同时，【组1】必须是壳体的面或边，【组2】必须是实体零部件上的面。

步骤9 人孔管法兰（Manhole nozzle flange）与人孔管（Manhole nozzle）的接触设置 创建局部【接合】接触，人孔管（Manhole nozzle）壳体表面为【组1】，人孔管法兰（Manhole nozzle flange）的实体表面为【组2】，如图8-14所示。

提示 本算例中其余的接合接触已经事先定义完毕。

步骤10 人孔盖（Manhole cover）和人孔管法兰（Manhole nozzle flange）之间的连接 因为在之前的章节已经练习过如何定义螺栓接头，因此本算例中已经包含了事先定义好的螺栓接头。

步骤11 人孔盖（Manhole cover）和人孔管法兰（Manhole nozzle flange）的接触设置 如图8-15所示，在人孔盖（Manhole cover）和人孔管法兰（Manhole nozzle flange）顶面上定义【无穿透】、【曲面到曲面】接触条件。在【缝隙/间隙】选项中，确保选中【始终忽略间隙】。

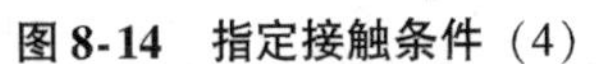

图 8-14 指定接触条件（4）

图 8-15 指定接触条件（5）

提示 在这里必须使用【缝隙/间隙】这一接触选项，因为在人孔盖和人孔管法兰之间因省略垫圈模型而产生了空隙，如图 8-16 所示。

步骤 12 支管（Lug）支撑 支管（Lug）和压力容器通过槽型螺栓（无模型）连接在一起，允许在压力容器直径方向上存在位移，如图 8-17 所示。所以这个约束在容器上不会产生多余的应力。

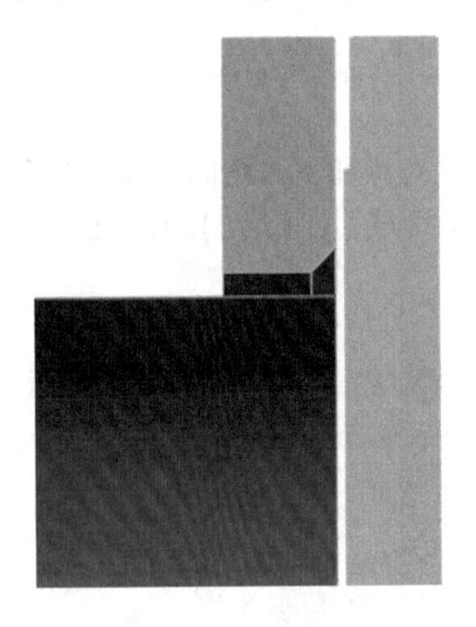

图 8-16 空隙

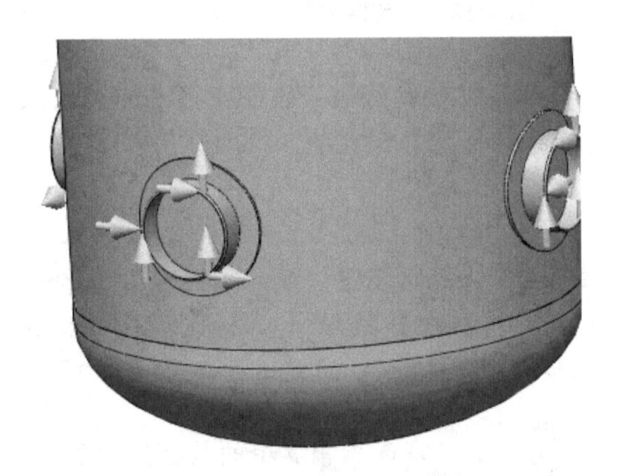

图 8-17 支管（Lug）上的支撑约束

使用装配体的 Right 基准面作为参考几何体，并约束与 Right 基准面平行的两个支管（Lug <1> 和 Lug <3>）沿基准面移动的两个平移分量，如图 8-18 所示。

步骤 13 约束其余的支管 采用同样的方法约束其他两个支管，选择 Front 基准面作为参考。

步骤 14 生成网格 初次对模型进行网格划分时，可以用草稿品质。使用【标准网格】，指定【整体大小】为 2.711in。

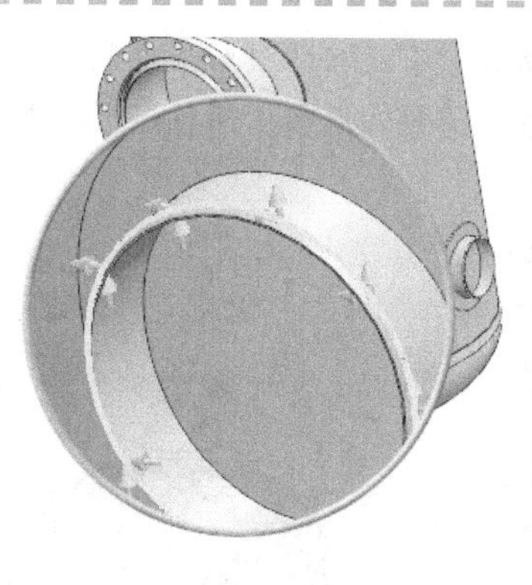

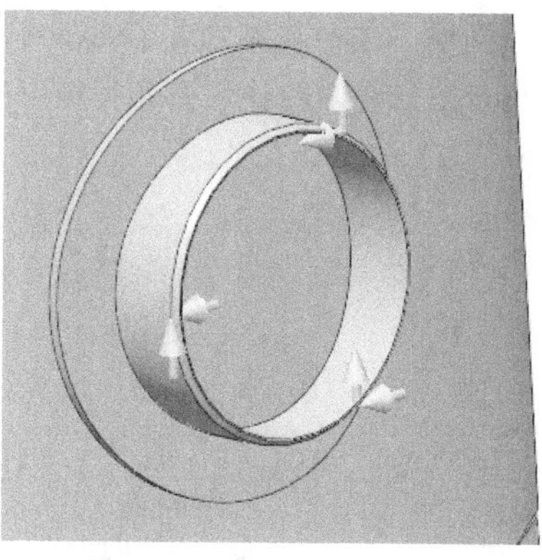

图8-18　约束效果

网格划分失败并弹出消息："以下1个零件网格创建失败：Vessel section 1 -4/Manhole -1/Manhole cover -2/Manhole cover -1。"请注意，在许多情况下，通过减小总体单元尺寸或添加网格控制来完善网格可以解决此类问题。可以通过右键单击FeatureManager中的【网格】并选择【失败诊断】来启动失败诊断功能。

8.2.7　失败诊断

当网格划分失败时，有时非常难以判定问题所在。失败诊断工具有助于找到问题的根源。

知识卡片	诊断工具	● 快捷菜单：右键单击【网格】文件夹并选择【失败诊断】。

8.2.8　小特征网格划分

在很多案例中之所以发生网格划分困难问题，是由于装配体（或零件）存在小特征（或附近存在小特征）。为了在这些地方成功地划分网格，必须应用适当的局部网格控制。

步骤15　分析划分失败的网格　失败诊断表明在零件"Manhole cover"的一个面划分网格时出现了问题。选择网格划分失败的区域，如图8-19所示。

图8-19　失败区域

可以看到，在包含螺栓孔的面上将出现网格划分失败，无法在螺栓孔与"Manhole cover"的边缘之间添加单元。

失败诊断在如何处理失败方面给了用户一些选择，如图8-20所示。下面将尝试在这个面上应用网格控制。

步骤16　应用网格控制　在失败诊断中选择"Face-1"，并选择【网格控制】。如图8-21所示，在【网格控制】的PropertyManager中设置【单元大小】的值为1.5in。

步骤17　对余下的零部件应用网格控制　网格控制必须应用到用户感兴趣的其他零部件（管口、法兰和容器接头的管口）上。所有余下的零部件的网格控制已经事先定义完成。

步骤 18　查看网格　这一步骤完成了混合网格和所有适当的接触条件的定义。网格划分后的结果如图 8-22 所示。注意，即使在全局接触中设置为兼容网格，网格结果也是不兼容的。

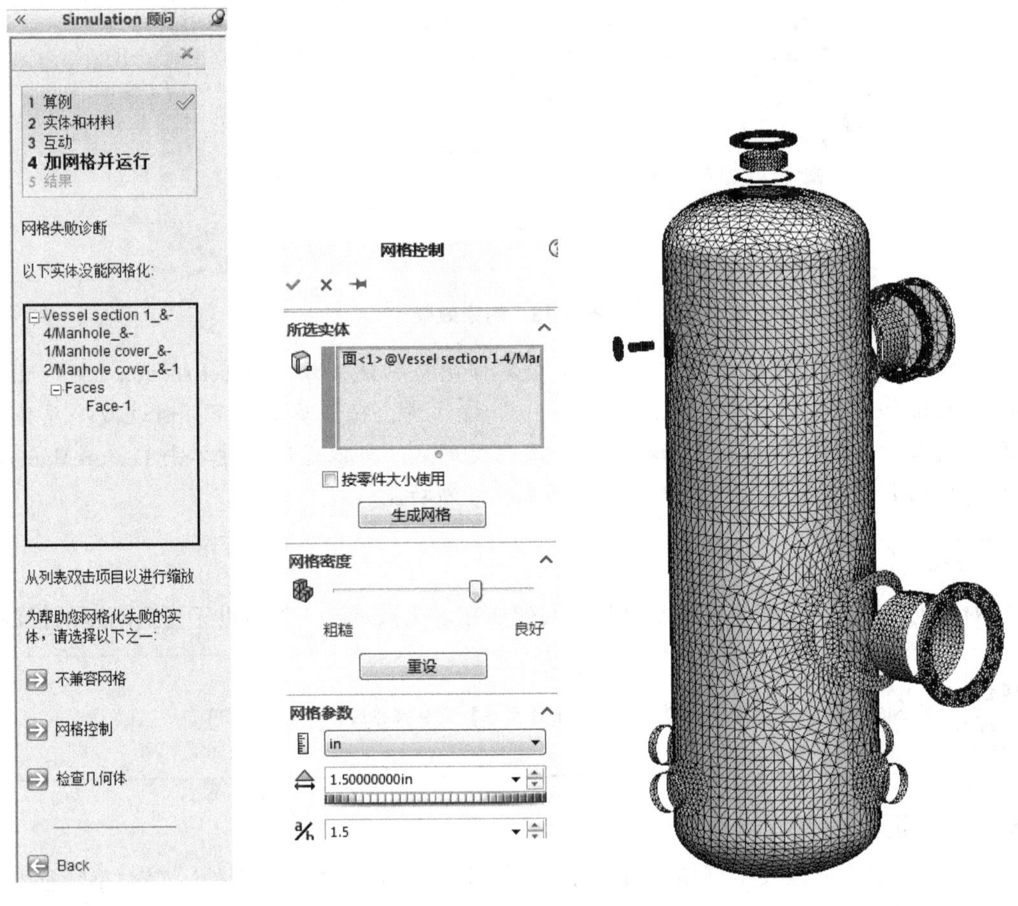

图 8-20　失败诊断　　图 8-21　网格控制　　图 8-22　网格划分后的结果

因为没有两个面或边是接触在一起的，所以网格兼容是不可能的（第 6 章解释了兼容设置只能应用于初始重合面）。此外，实体和壳接触面上的网格始终是不兼容的。

步骤 19　检查壳体对齐　当定义壳体时，它位于面的底部。如果观察网格，可以发现壳的底部显示为橙色。如果定义壳在面的顶部，就不得不反转壳单元，使顶部显示在容器的外侧。

步骤 20　显示爆炸视图　显示装配体的爆炸视图，以方便选取零部件和曲面。

步骤 21　隐藏网格

步骤 22　在容器主体和管口（Nozzle）上应用内部压力　在 Simulation Study 树下展开“Pressure vessel”下面的“Selection Sets”，在容器主体和管口（Nozzle）壳上应用 165psi 的内部【压力】载荷，如图 8-23 所示。

提示　确保模拟内部压力的箭头方向指向外侧。

步骤 23　在人孔盖（Manhole cover）上应用内部压力　在人孔盖（Manhole cover）上应用 165psi 的内部【压力】，如图 8-24 所示。

步骤 24　求解算例　选择 Direct sparse 解算器求解算例。

> **提示** 因为在算例中定义了多个接触，而且通过几次接触迭代发现了接触区域，所以推荐使用 Direct sparse 求解器。

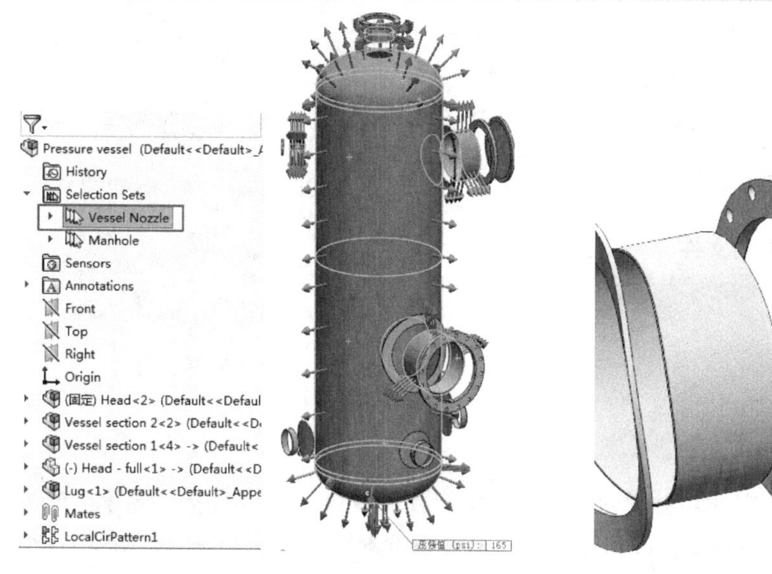

图 8-23　加载内部压力载荷（1）

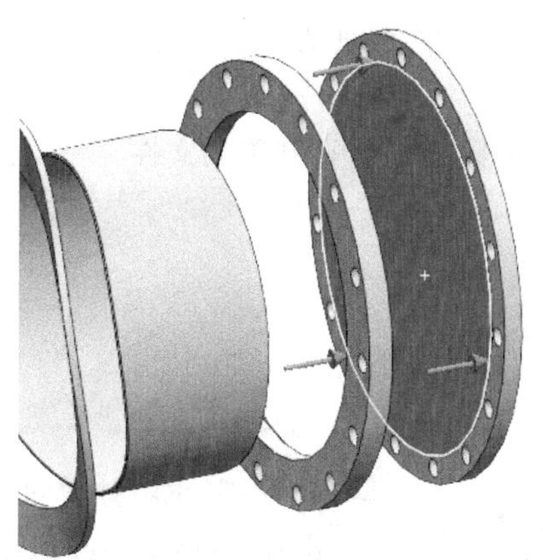

图 8-24　加载内部压力载荷（2）

步骤 25　运行算例

步骤 26　图解显示位移结果　从图 8-25 中可以观察到最大位移结果约为 0.2in（5.1mm），与容器直径 56in 相比是相当小的数值。

步骤 27　图解显示 von Mises 应力结果　最大的应力约为 64.8ksi[⊖]（447MPa），出现在支撑支管上，如图 8-26 所示。放大支管（Lug）并分析这个区域的最大应力，如图 8-27 所示。

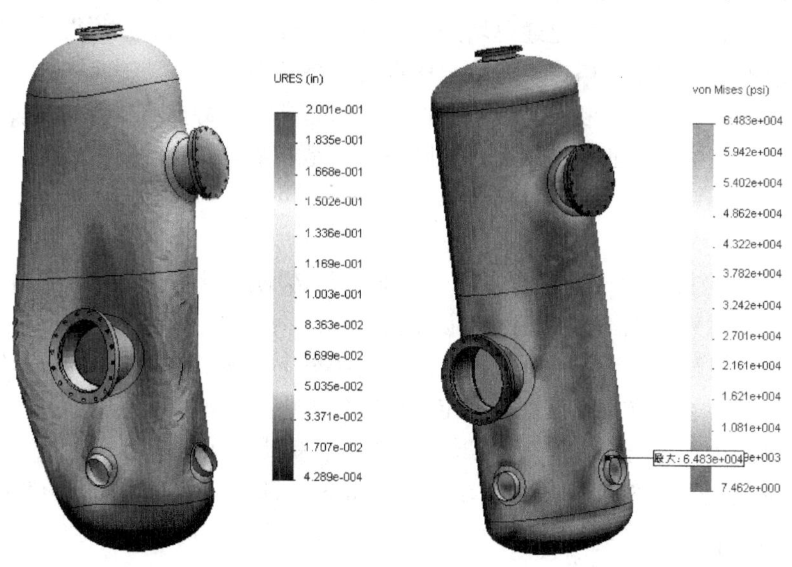

图 8-25　图解显示位移结果　　图 8-26　von Mises 应力分布

⊖ ksi 为压力计量单位"千磅力每平方英寸"，换算关系为 1ksi = 10^3 psi = 6.895MPa。——编者注最大应力出现在接合接触面的局部位置，由于接合接触面网格不兼容，并且使用粗糙的草稿品质网格，所以沿着接合边上的应力达到不真实的大数值。在“ASME Boiler and Pressure Vessel Code”中会采用特殊手段处理局部应力集中，这属于SOLIDWORKS Simulation 高级教程中讨论的主题。

在这个算例中，应关注的是用来做焊接设计的接触力而不是应力值，在这个区域是很有局限性的。

步骤 28　保存并关闭文件

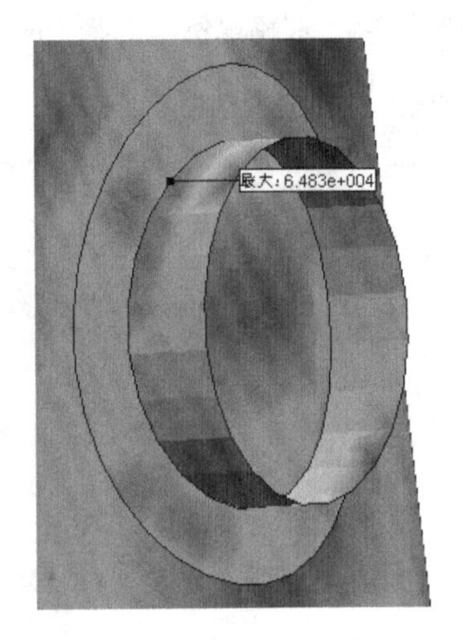

图 8-27　最大应力

> 提示　正如在本章开始时提到的，我们无法对容器设计作出指导。根据“ASME Boiler and Pressure Vessel Code”而进行容器分析的实例，将在《SOLIDWORKS® Simulation 高级教程（2020 版）》的第 14 章中详细讨论。

8.3　总结

本章用实体和壳体单元的接合，进行了混合有限单元网格的设计。

压力容器装配体特征是多种壳与壳和壳与实体接合，并且在接触面必须要接合。这个特性，使不同零件之间产生了壳体模型间隙（缝隙）。因为生成的不兼容网格的节点沿着接合接触面不会合并在一起，所以更正确的约束是通过增加约束方程来确保接合的。这说明为完全地连接在接触面及有间隙接触面上的混合网格，局部接合接触设置是必需的。

本实例的网格设计和失败诊断已经说明，模型上的非常小的特征或相当小的复杂特征都可能导致网格划分问题。在这些特征上应用适当的网格控制是非常有必要的。

8.4　提问

- 在指定所有接合接触和成功划分了一个复杂装配体的网格后，尝试求解分析。求解时显示了“模型不稳定，约束可能不适当”的错误信息。

通常，一些接合接触会被错误或不全面地定义（很容易无意识地忽略定义一些接触）。缺少适当的约束或接合接触条件将导致模型不稳定，而得到上面显示的错误信息。

对于如何定位“丢失的/错误的”约束或接触条件，提出一个解决方案。

- 在壳和实体零件之间的接合接触，在不同情况下（需要或不需要）有局部接合接触条件。

练习　混合网格分析

在本练习中，我们将使用混合网格分析篮球筐结构，并使用检修工具【查找欠约束实体】。

本练习将应用以下技术：

- 混合实体和壳体。

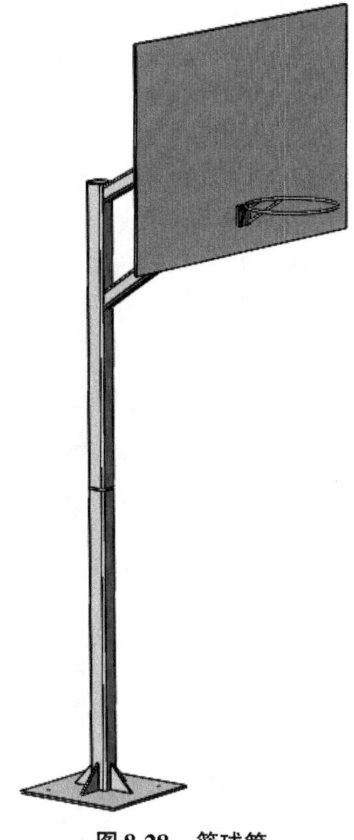

- 实体和壳体的连接。
- 壳体管理。
- 定义壳体。
- 壳体到实体的连接。

项目描述：一个篮球框架结构的圆环处必须承担 300lbf 的力的作用。

在设计过程中会使用到短结构，目的是方便运输，这些结构会焊接起来。为了方便焊接，在 CAD 模型中会留有缝隙，但在有限元分析中，需要把它连接起来以保证有限元模型的连续性。

本练习将分析篮球筐（见图 8-28）在载荷作用下的响应。

图 8-28　篮球筐

操作步骤

扫码看视频

步骤 1　打开文件　在“Lesson08 \ Exercises \ Basketball Stand”文件夹下打开“Basketball_hoop_stand”文件。

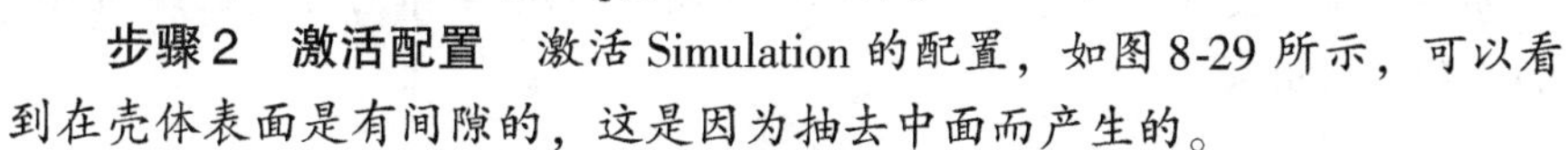

步骤 2　激活配置　激活 Simulation 的配置，如图 8-29 所示，可以看到在壳体表面是有间隙的，这是因为抽去中面而产生的。

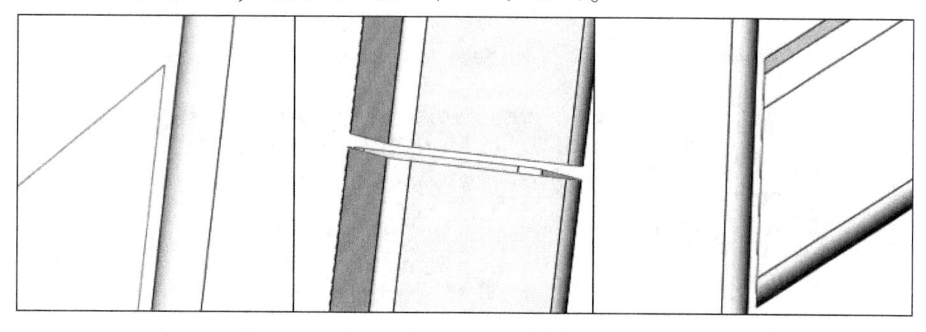

图 8-29　表面间隙

步骤 3　创建新算例　创建一个名为“standFEA”的新算例。

步骤 4　利用壳体管理器定义壳体组　单击【壳体管理器】，在【组】下单击【管理组】。我们将创建两个壳体组：一个组是结构底部三角板结构“half”，另一个组是管状结构“quarter”。创建图 8-30 所示的两个组。

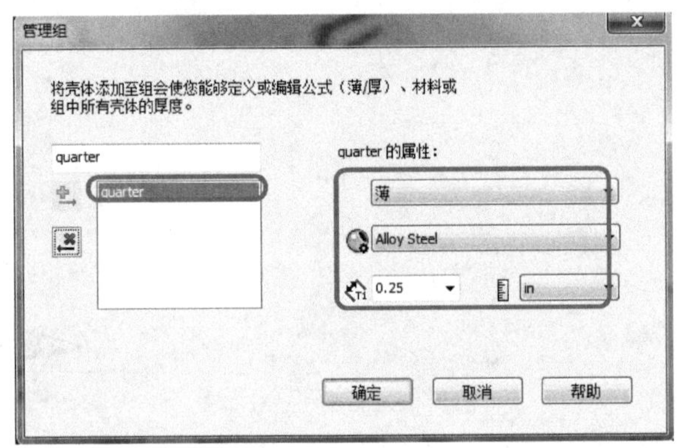

图 8-30　管理组

步骤 5　应用壳体组到壳体　在【壳体管理器】底部的【颜色依据】下勾选【厚度】复选框，【预览偏移】中勾选【选定】复选框。

提示　为每个壳体定义相应的组，如图 8-31 所示。每个壳体的厚度已经通过壳体的名称定义出来。

颜色依据：☑厚度　☐材料　☐显示图例　|　预览偏移：☑选定　☐全部（较慢）

壳体管理器 - 使用壳体管理器审阅并编辑当前算例 <standFEA> 中的所有壳体

组	选择	类型	厚度	单位	材料	反转	偏移	壳体名称
quarter	曲面实体	薄	0.25	英寸	Alloy Steel		中	SurfaceBody 1(.25i
无	曲面实体	粗	0.5	英寸	Alloy Steel		中	SurfaceBody 2(.5in
管理组	曲面实体	粗	0.5	英寸	Alloy Steel		中	SurfaceBody 3(.5in
half	曲面实体	薄	0.25	英寸	Alloy Steel		中	SurfaceBody 4(.25i
quarter	曲面实体	薄	0.25	英寸	Alloy Steel		中	SurfaceBody 5(.25i
quarter	曲面实体	薄	0.25	英寸	Alloy Steel		中	SurfaceBody 6(.25i
half	曲面实体	粗	0.5	英寸	Alloy Steel		中	SurfaceBody 7(.5in
half	曲面实体	粗	0.5	英寸	Alloy Steel		中	SurfaceBody 8(.5in

组	选择	类型	厚度	单位	材料	反转	偏移	壳体名称
quarter	曲面实体	薄	0.25	英寸	Alloy Steel		中	SurfaceBody 1(.25i
half	曲面实体	粗	0.5	英寸	Alloy Steel		中	SurfaceBody 2(.5in
half	曲面实体	粗	0.5	英寸	Alloy Steel		中	SurfaceBody 3(.5in
quarter	曲面实体	薄	0.25	英寸	Alloy Steel		中	SurfaceBody 4(.25i
quarter	曲面实体	薄	0.25	英寸	Alloy Steel		中	SurfaceBody 5(.25i
quarter	曲面实体	薄	0.25	英寸	Alloy Steel		中	SurfaceBody 6(.25i
half	曲面实体	粗	0.5	英寸	Alloy Steel		中	SurfaceBody 7(.5in
half	曲面实体	粗	0.5	英寸	Alloy Steel		中	SurfaceBody 8(.5in

图 8-31　应用壳体

【壳体管理器】仅在 Simulation Premium 模块下可以使用。

步骤6　预览壳体　预览壳体定义，确保赋予了正确的厚度，如图 8-32 所示。

步骤7　应用材料到底部基板　应用【合金钢】到底部基板。

步骤8　施加约束　单击【固定几何体】，如图 8-33 所示，选择基板圆孔面，单击【确定】✔。

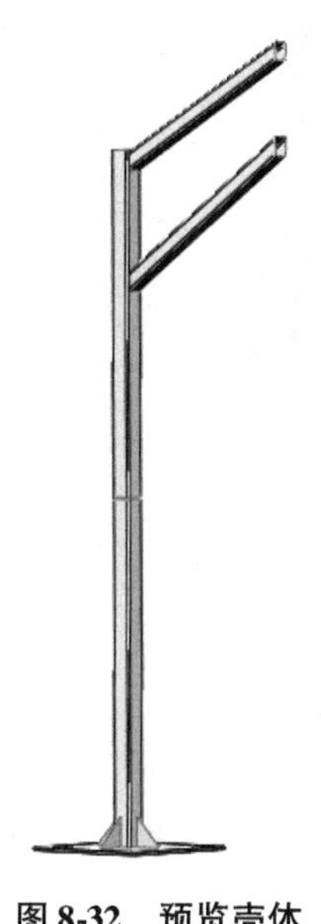

图 8-32　预览壳体

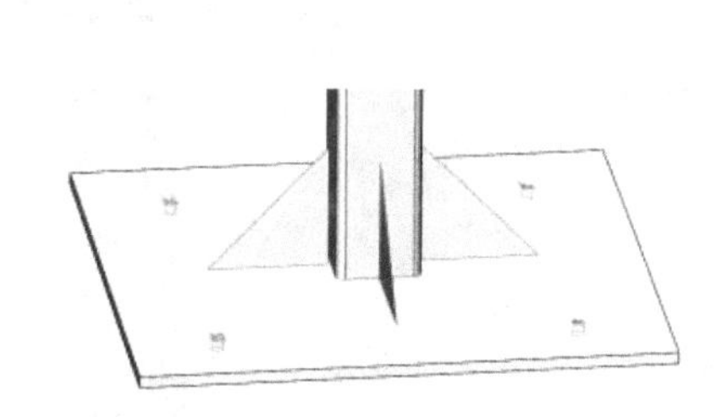

图 8-33　施加固定约束

知识卡片

查找欠约束实体	在多个实体的分析中，如果组件没有约束，经常会导致分析不稳定。为了查找模型中未约束的组件，可使用【查找欠约束实体】命令。
操作方法	• 菜单：【Simulation】/【接触/缝隙】/【欠约束实体】。 • 快捷菜单：右键单击【连结】，选择【查找欠约束实体】。

步骤9　查找欠约束实体（可选）　选择【查找欠约束实体】，然后单击【计算】，选择【平移 1】并查看动画，如图 8-34 所示。

该图解显示全局接触并没有捕获所有的接合条件，因此必须增加零部件接触或相触面组来保证模型完全约束。

步骤10　创建零部件接触　在四个三角板和底部基板之间定义【接合】的【接触类型】，如图 8-35 所示。

步骤11　验证零部件接触　重新执行查找欠约束实体操作。从图 8-36 可以看到，模型已经被完全约束，单击【确定】。

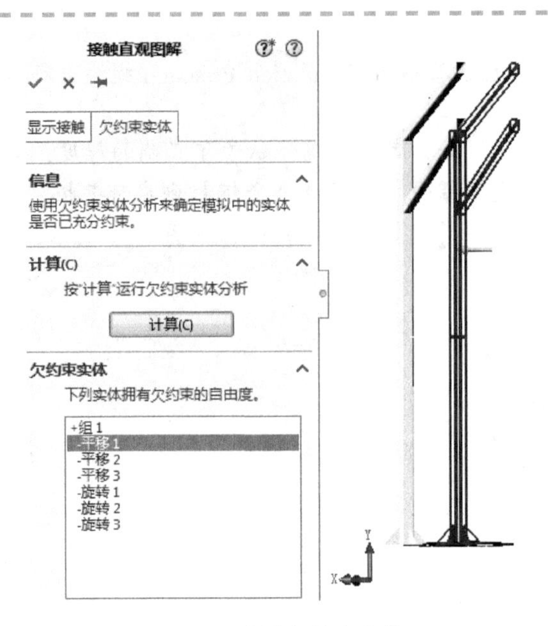

图 8-34　查找欠约束实体

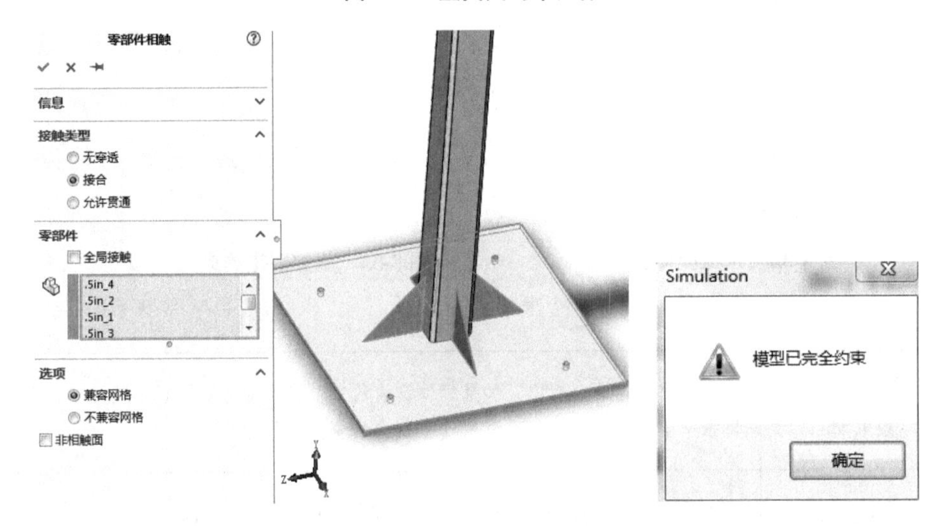

图 8-35　零部件接触　　　　图 8-36　完全约束

步骤 12　施加远程载荷　单击【远程载荷/质量】，选择【载荷/质量（刚性连接）】，选择支撑篮球板钢架的所有边。选择【用户定义】作为【参考坐标系】，然后选择【Coordinate System1】。

定义力并勾选【反向】复选框，确保载荷方向正确。

单击【确定】✔，如图 8-37 所示。

知识卡片

仿真评估器	仿真评估器将检查仿真算例是否正确设置。它将检查【结果】文件夹、结果驱动器的存储容量、算例中使用的材料以及网格体积。如果设置不正确，将显示纠正措施。
操作方法	• CommandManager：【Simulation】/【仿真评估器】。 • 菜单：【Simulation】/【仿真评估器】。 • 快捷菜单：右键单击 Simulation Study 树顶部的算例名称，选择【仿真评估器】。

步骤 13　运行仿真评估器　单击【仿真评估器】，浏览显示的信息。单击【取消】关闭窗口，不创建摘要文本文档。

步骤 14　划分网格并运行　使用【基于曲率的网格】作为默认网格参数设置，并运行模型。

步骤 15　查看结果　查看应力图解，如图 8-38 所示。

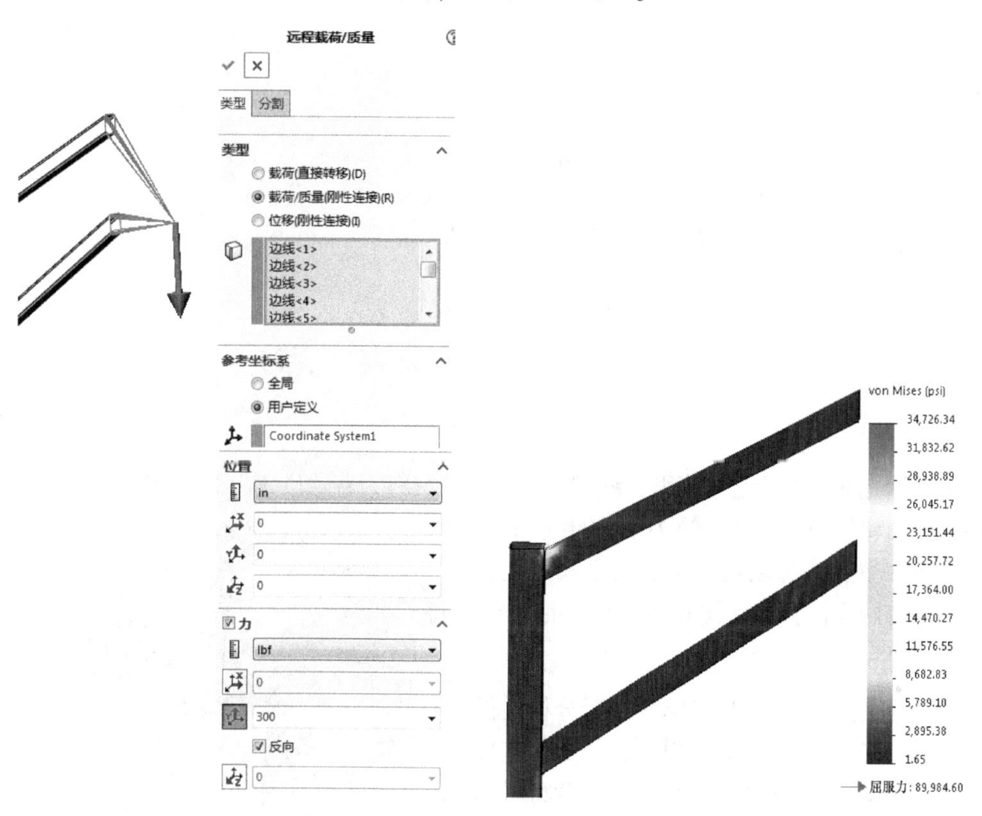

图 8-37　定义载荷　　　图 8-38　应力图解

步骤 16　保存并关闭模型

步骤 17　添加焊接或者螺栓连接　当模型改变时，可以利用焊接或者螺栓连接保证壳体之间的接触。

第9章　梁单元——传送架分析

学习目标

- 使用梁单元分析焊接模型
- 定义合适的梁单元连接以反映真实场景
- 后处理梁单元的分析结果

9.1　项目描述

图9-1所示是简化的传送架模型，模型及焊接点的材料为普通碳钢（Plain Carbon Steel）。本例将在极端运行工况（包含独立的力和力矩）下分析。支架所有六个支脚都以地脚螺栓的方式固定在地面上，但只有两个倾斜的支脚能够传递力矩。

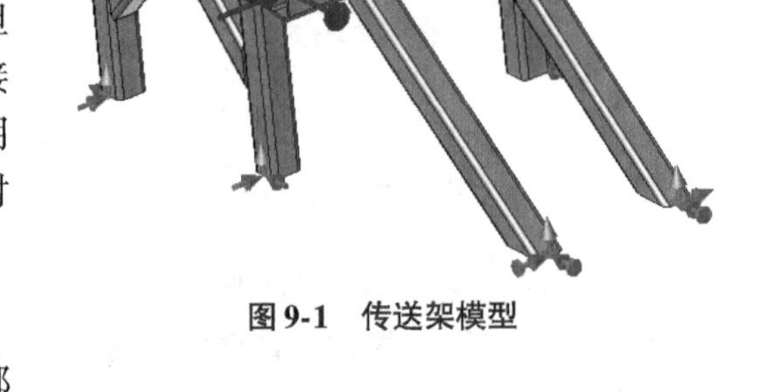

图9-1　传送架模型

9.1.1　单元选择

支架可以采用实体单元和壳单元进行分析，但两者都会产生过多的单元数量。同时，伴随相应接触条件的网格构建也会花费大量时间。本章将采用梁单元划分焊件结构，这会大大简化模型，同时对精度的影响也非常小。

9.1.2　梁单元

梁是另一种结构化单元，它所有的截面特征都在推导单元的刚度矩阵时得到。这样带来的好处是截面特征无须反映在有限元网格中，因此极大地简化了模型准备及分析求解。

一般来说，梁单元包含两个节点，每个节点拥有六个自由度。更多详细内容，请参照本书的绪论部分。

分析中的几个关键步骤如下：

1）创建梁单元。当分析焊件结构时，系统会自动创建梁单元。

2）计算接点。将计算生成单元之间的已有接点。

3）合并太靠近的接点。检查所有接点，以判断接点之间的距离是否太近。过近的接点可以被合并，以获得更好的网格。

4）指定接点类型。指定每个接点的自由度数量。

5）加载夹具及载荷。加载外部约束及力。

6）划分模型网格。创建一个横梁单元网格。

7）运行分析。算例运行的方式与其他网格一样。

8）图解显示并分析结果。查看分析结果，以决定下一步的工作。

操作步骤

扫码看视频

步骤1　打开零件　打开文件夹“Lesson09 \ Case Study”下的文件“Conveyor Frame”。

步骤2　设定 SOLIDWORKS Simulation 选项　设定全局【单位系统】为【公制（I）(MKS)】，【长度/位移（L）】单位为【毫米】，【压力/应力（P）】单位为【N/m²】。

步骤3　创建新算例　新建一个名为“frame”的静应力分析算例。

步骤4　查看横梁单元　展开文件夹“ConveyorFrame”，可看到所有焊件实体前都有一个横梁图标。右键单击切割清单文件夹并选择【删除】。现在所有的横梁都位于文件夹“Conveyor Frame”下。由于这个零件是一个焊件，因此会自动生成16个横梁单元。同时还会新增一个名为【结点⊖组】的文件夹，如图9-2所示。

图9-2　横梁及接点

> 提示　梁单元在 SOLIDWORKS Simulation Study 树下根据模型的文件夹或者子文件夹排列组织。任何梁单元都能通过在其上单击右键选择【视为实体】转化为实体。

1. 长细比　梁单元通常用于表现细长的零部件。为了让横梁获得可接受的结果，横梁的长度应该是横截面最大尺寸的10倍。

软件会自动检查这个比值，当横梁的长粗比小于10时，软件将会警告提示，如图9-3所示。

2. 截面属性　除了由于扭转和抗剪力产生的抗剪应力之外，所有横梁的属性将通过实体几何体自动计算得到。扭转抗剪应力的常数将输入到【截面属性】对话框中，如图9-4所示。

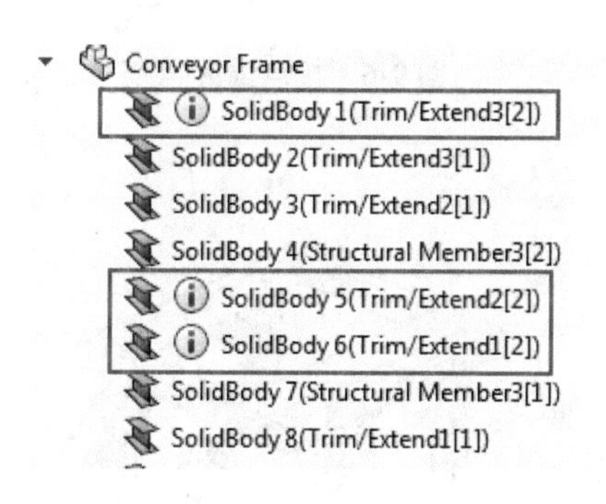

图9-3　警告提示

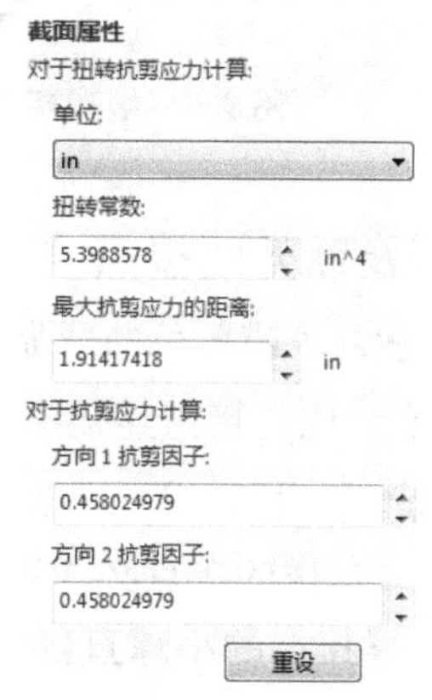

图9-4　截面属性

⊖ 结点即接点，为便于叙述，本书统一用“接点”。——编者注

- 扭转常数：扭转常数 K。该值可以通过计算或通过查找文献获得（例如，可以查看《Formulas for Stress and Strain》，作者为 Roark 和 Young）。
- 最大抗剪应力的距离：即截面中心到最大扭转抗剪部位之间的距离。
- 方向 1 抗剪因子：代表横梁坐标系方向 1 上非均匀抗剪应力的抗剪因子。
- 方向 2 抗剪因子：代表横梁坐标系方向 2 上非均匀抗剪应力的抗剪因子。

知识卡片	截面属性	• 快捷菜单：在 Simulation Study 树中右键单击梁单元，选择【编辑定义】。 • 为了看到一个梁的剪切中心线，右键单击【结点组】并选择【编辑】。在【结果】下方勾选【显示抗剪中心】复选框。

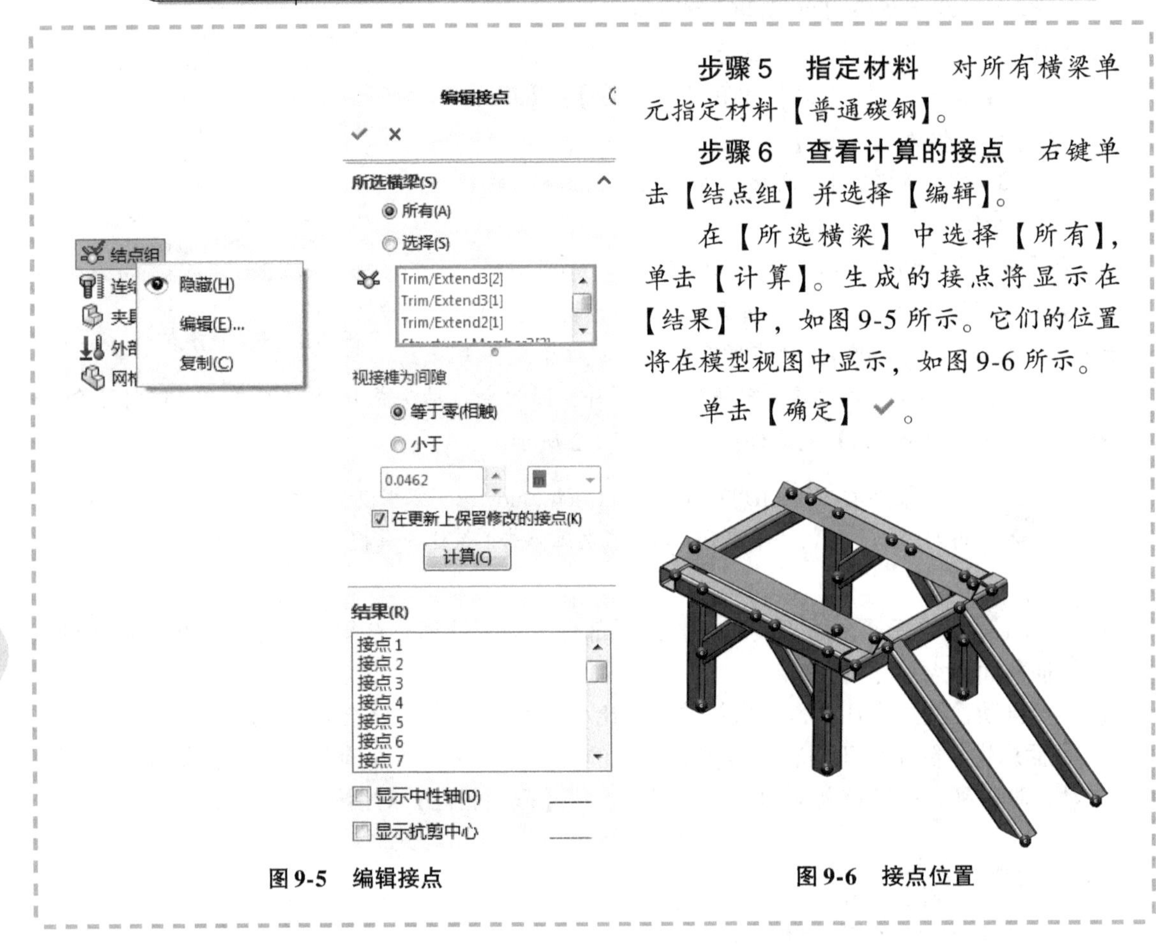

步骤 5　指定材料　对所有横梁单元指定材料【普通碳钢】。

步骤 6　查看计算的接点　右键单击【结点组】并选择【编辑】。

在【所选横梁】中选择【所有】，单击【计算】。生成的接点将显示在【结果】中，如图 9-5 所示。它们的位置将在模型视图中显示，如图 9-6 所示。

单击【确定】✔。

图 9-5　编辑接点

图 9-6　接点位置

9.1.3　连接及断开的接点

图 9-7 以紫红色或黄色的球显示接点。

- （紫红色）接点连接到两个或更多的横梁构件。
- （黄色）接点只连接到一个横梁构件，并与其他横梁断开连接。这样的接点必须手动连接到邻近的梁单元。

1. 定义横梁接点的小球直径　上面的步骤中显示了如何通过直接从计算得到的接点中【添加】/【移除构件】来编辑接点。此外，我们还可以修改假定小球的直径来定义接点。所有处于该小球之内的接点将组成一个新的接点。

图 9-7　显示接点

2. 将小于此项的间隙视为接榫

1）等于零：当梁的端点相互接触时生成一个接点。

2）小于：横梁端点之间的距离小于这个间隙时，将被定义为一个接点。需要勾选【在更新上保留修改的接点】复选框，以保留最新计算得到的接点。

知识卡片	视接榫为间隙	• 快捷菜单：在 Simulation Study 树中，右键单击【结点组】并选择【编辑】。在【所选横梁】栏下进行【视接榫为间隙】相关选项的选择。

9.1.4　横梁接点位置

在推导横梁单元的刚度矩阵时，所有横梁的横截面信息已经作为参数计算在内。因此，最终的网格源自基于接点的线框。本例中的横梁模型转化得到的线框如图 9-8 所示。

由接点确定的直线或曲线段将被划分为横梁单元。在 SOLIDWORKS Simulation 中，接点是自动获取得到的，所以有时候一些接点的相对位置比较靠近，可以将它们进行合并，例如将两个接点合并成一个。接点 1 和接点 2 相对比较接近，就有可能合二为一。

有时自动化生成的接点必须进行手动修改，这也将在本章中进行练习。

9.1.5　横梁接点类型

每个横梁的端点都有六个自由度，对这六个自由度进行约束及释放能够代表各式各样的结构连接情况。SOLIDWORKS Simulation 提供了图 9-9 所示选项以连接梁单元的端点到接点。

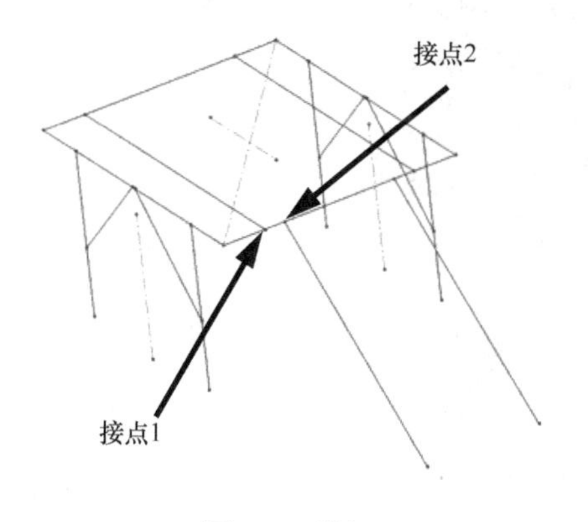

图 9-8　线框

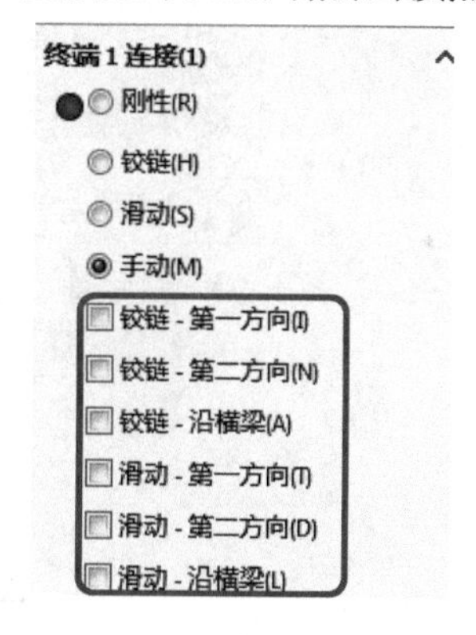

图 9-9　横梁接点类型

1. 刚性　所有六个自由度都约束在接点上。这种连接类型将从梁单元转移所有力及力矩到接点（反之亦然）。

2. 铰链　只有三个自由度约束在接点上。这种连接类型不能从梁单元转移力矩到接点（反之亦然）。

3. 滑动　横梁端点能够自由平移，但不能转移力到接点。

4. 手动　自定义的连接，可以选择类型。

步骤 7　约束竖直支脚　对四个竖直支脚的底部接头施加【不可移动（无平移）】的约束，如图 9-10 所示。

步骤 8　约束倾斜支脚　对两个倾斜支脚的底部接头施加【固定几何体】的约束，如图 9-11所示。

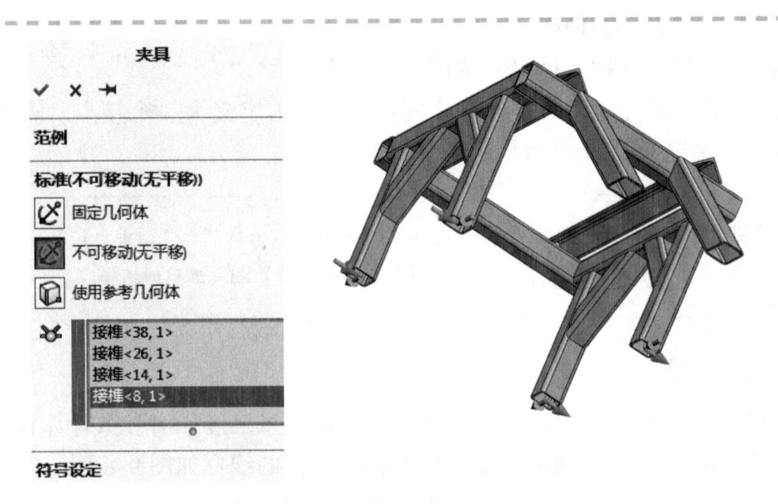

图 9-10　对竖直支脚施加约束

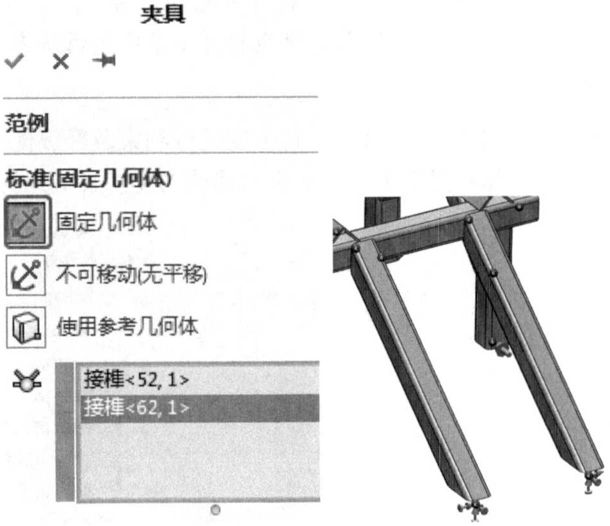

图 9-11　对倾斜支脚施加约束

我们可以直接选择【横梁】，应用载荷在结构上，也可以直接应用在【顶点】或者【铰接】上。

步骤 9　在顶梁上施加载荷　单击【外部载荷】，选择【力】。在【选择】中单击【钢梁】，然后按图 9-12 所示选择两根横梁。在【垂直于基准面】方向上施加67 000N 的力（以 Top 基准面为参考），单击【确定】。

步骤 10　在拐角接合处施加载荷　要想直接施加力和力矩到接点上，在图 9-13 所示的【力/扭矩】属性框的【选择】中，选择【铰接】项。在拐角接榫处添加 45 000N 的力和2 260N · m的力矩。力的方向采用【垂直于基准面】，力矩的方向采用【沿基准面方向 1】进行定位，参考面为 Front 基准面。

步骤 11　划分模型网格　单击【生成网格】。

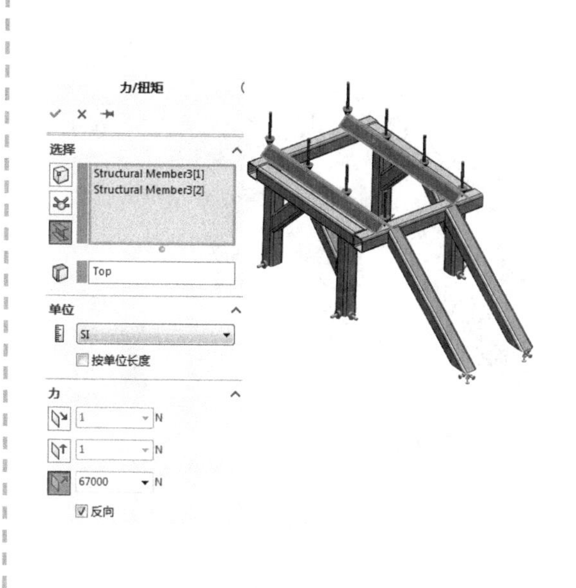

图 9-12　在顶梁上施加载荷

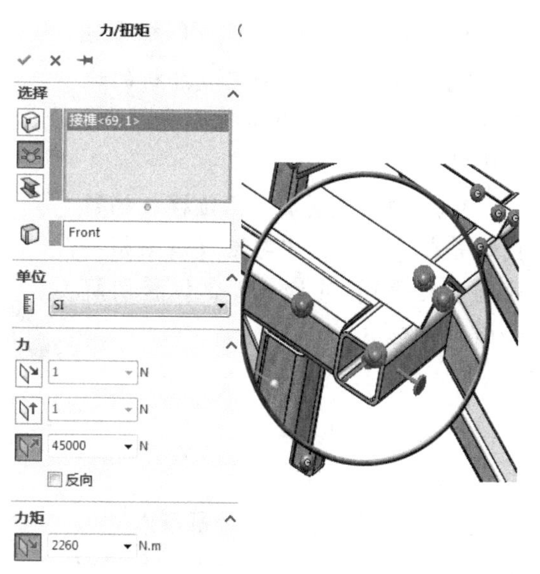

图 9-13　在拐角接合处施加载荷

9.1.6　渲染横梁轮廓

我们有时需要将横梁的网格和结果显示为圆柱（简化模式）或真实的横梁轮廓，如图 9-14 所示。对于含有大量横梁的模型，显示网格或横梁截面的结果可能需要耗费更长时间。

当在应力图解中选择该选项时，应力将通过计算显示在梁的截面上。这会更准确地表现出应力轮廓。如果不选择该选项，则只会显示每个横梁筋骨上的最高应力值。

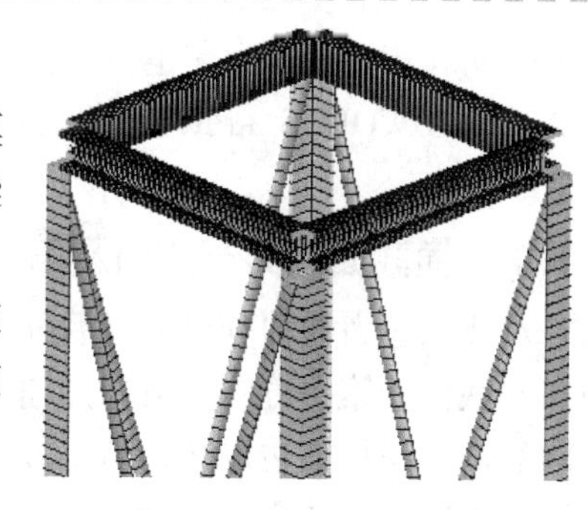

图 9-14　网格渲染结果

知识卡片	渲染横梁轮廓	• 快捷菜单：右键单击【网格】并选择【渲染横梁轮廓】。 • 菜单：【Simulation】/【选项】/【默认选项】，选择【网格】并勾选【渲染横梁轮廓】复选框。

步骤 12　渲染横梁轮廓　单击【渲染横梁轮廓】，如图 9-15 所示。

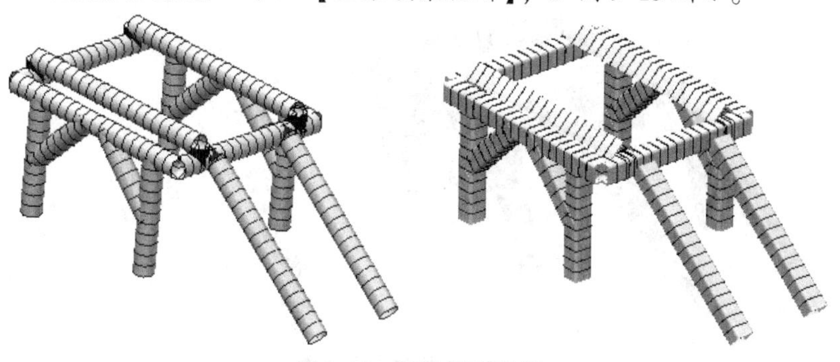

图 9-15　渲染横梁轮廓

步骤 13　运行分析　单击【运行】。注意体会算例完成分析的速度有多快，如果换用实体或壳单元，计算时间会增加很多。

步骤 14　图解显示合位移　编辑图解并在【显示】中勾选【渲染横梁轮廓（更慢）】复选框，合位移图解如图 9-16所示。

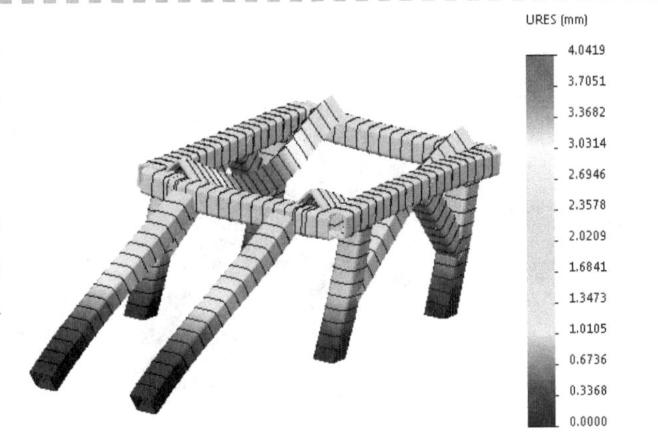

图 9-16　合位移图解

对于梁单元来说，应力分量可以分为轴向、弯曲、扭转以及剪切应力。弯曲和剪切应力可以分为两个相互垂直的应力分量（第一方向和第二方向）。最高应力分量为轴向和弯曲的合力，也可以图解。请查阅 SOLIDWORKS 帮助文档获取更多信息。

9.1.7　横截面的第一方向及第二方向

对法向应力弯曲分量进行后处理，必须指定截面的第一方向及第二方向。第一方向沿截面的最长边定义，第二方向垂直于第一方向，如图 9-17 所示。

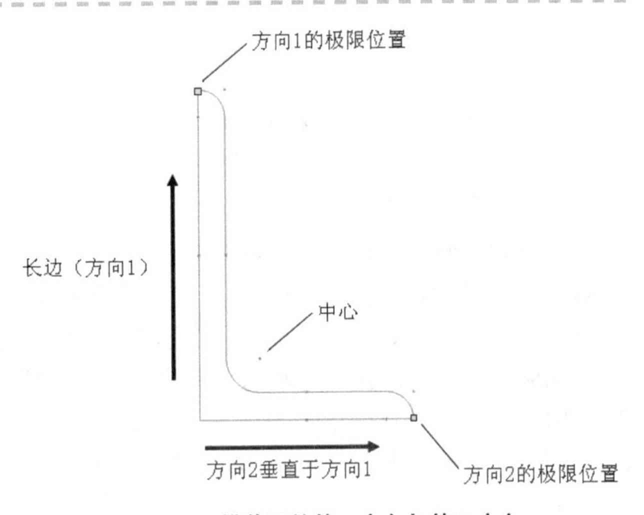

图 9-17　横截面的第一方向与第二方向

步骤 15　显示应力图解　默认情况下，应力图解会显示【上界轴向和弯曲】，如图 9-18 所示。该图是轴向应力和两个弯曲应力的组合，它是梁横截面承受的最大极限法向应力的图解。

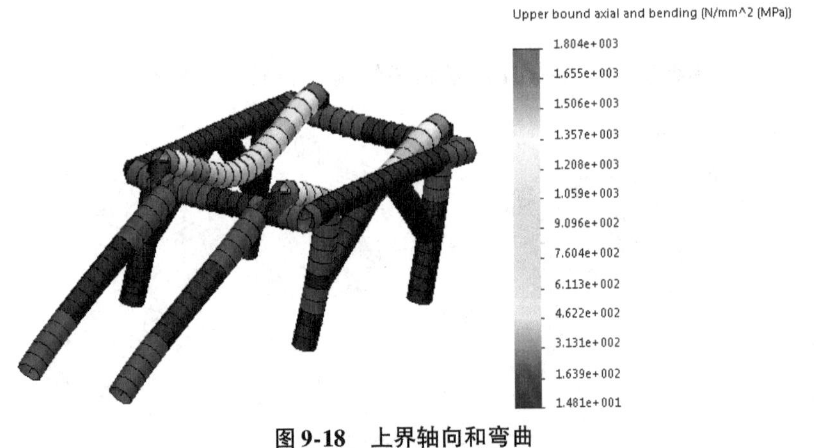

图 9-18　上界轴向和弯曲

步骤 16　重新显示应力图解　在【显示】中勾选【渲染横梁轮廓（更慢）】复选框，并选择【轴】。如图 9-19 所示，轴应力图解说明，由法向力产生的法向应力分量沿横梁单元截面均匀分布，最大值约为 14.12MPa。可以看到最大轴向拉伸应力为 14.12MPa，最大轴向压应力为 28.28MPa，在这种工况下，应力是比较低的。

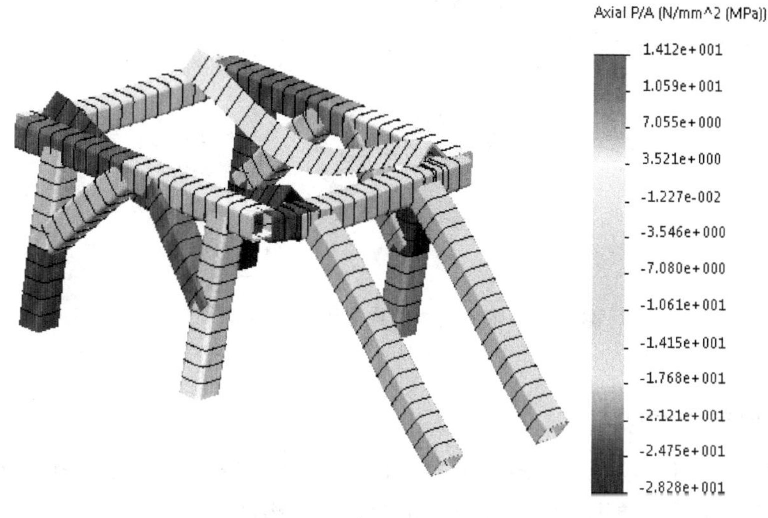

图 9-19　轴向应力结果显示

步骤 17　图解显示折弯的法向应力　分别以选项【方向 1 折弯】和【方向 2 折弯】定义应力图解，如图 9-20 和图 9-21 所示。

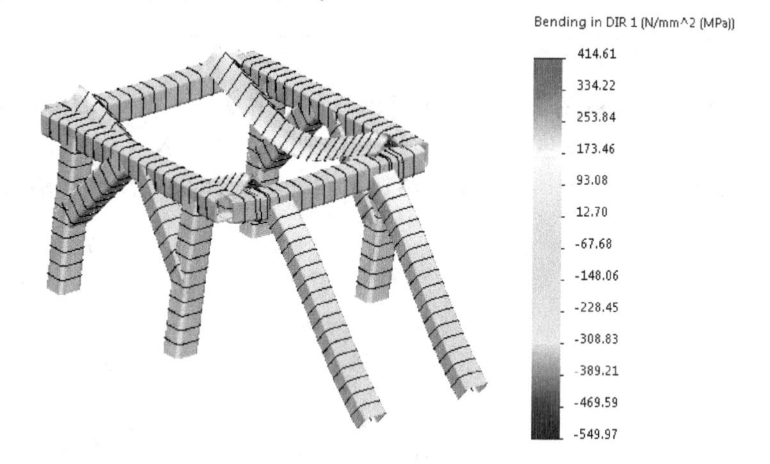

图 9-20　弯曲应力结果显示（方向 1）

注意　要创建这些图解，必须选择【渲染横梁轮廓】选项。

从这些图解可以得到由折弯力矩引起的法向应力分量的最大值和最小值（极点位置）。这里可以观测到一个相当大的数值（相比轴应力图解而言）。

截面受到的法向总应力等于轴向和折弯分量的总和，即最高轴向和折弯应力图解。

提示　【方向 2 折弯】显示的方向 2 的最大方向应力是弯矩导致的。在截面上的总法向应力等于轴向和弯曲应力分量的总和（这是最坏工况的应力图解）。

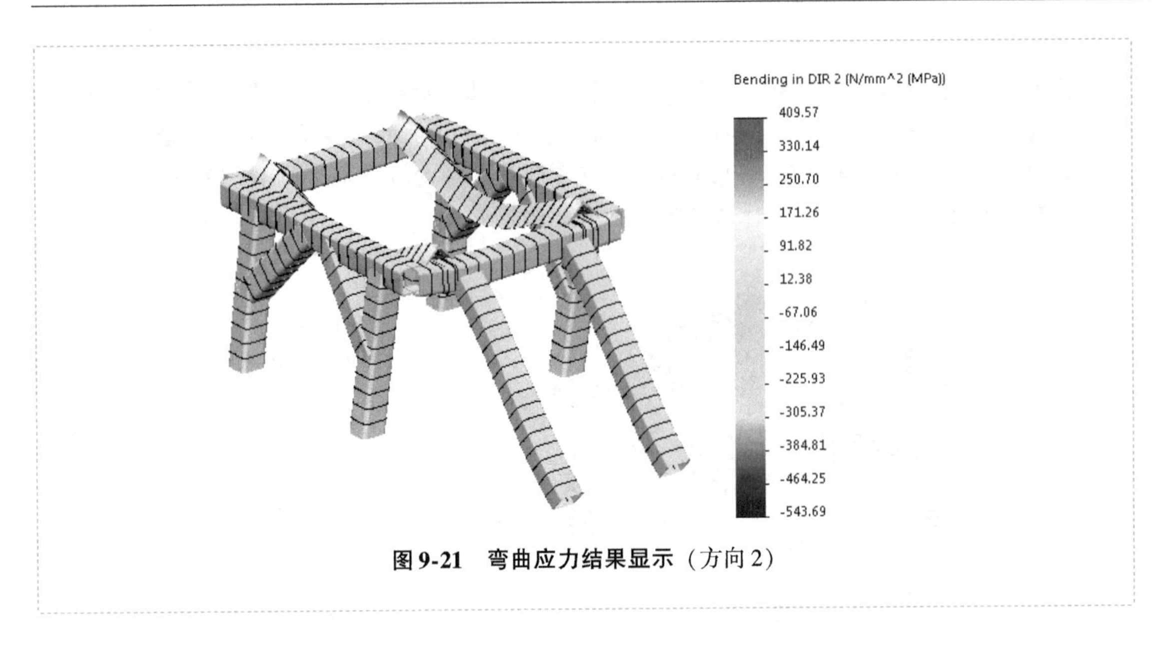

图 9-21　弯曲应力结果显示（方向 2）

9.1.8　弯矩和剪力图表

有经验的用户可以图解显示弯矩和剪力图表。通过该图表可以了解结构中的弯矩和剪力是如何沿着梁变化的，便于后续设计更复杂的混合梁构件。

知识卡片	定义横梁图表	• 快捷菜单：右键单击【结果】文件夹，选择【定义横梁图表】。

步骤 18　图解显示弯矩图　右键单击【结果】文件夹，选择【定义横梁图表】，如图 9-22所示。在【显示】列表框中，选择【方向 1 力矩】及【N · m】。

在【所选横梁】列表框中，选择【选择】选项，并选择带有焊接缺陷的倾斜梁，如图 9-23所示。

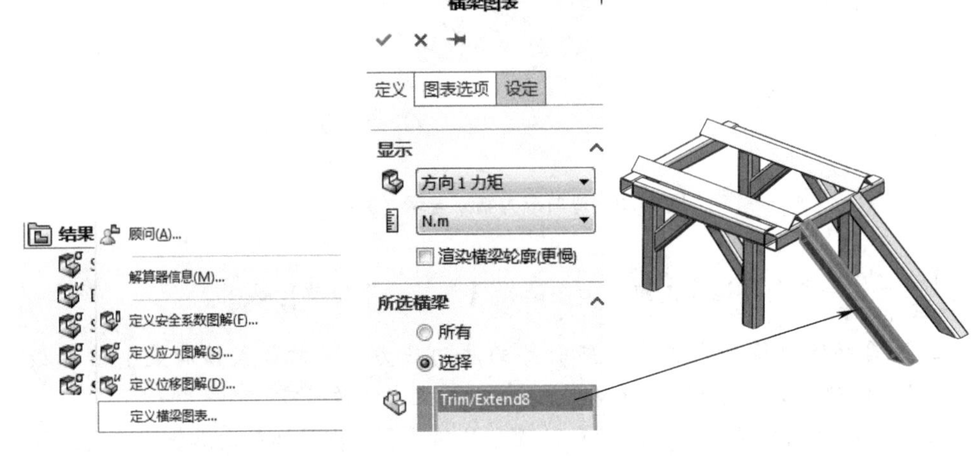

图 9-22　【定义横梁图表】选项

图 9-23　选择倾斜梁

单击【确定】✔完成图表定义，如图 9-24 所示。

图 9-24　倾斜梁的弯矩图

可以观察到在单元方向 1 上力矩是线性变化的。

步骤 19　列出横梁力　右键单击【结果】文件夹并选择【列出横梁力】。在【列表】框中选择【应力】，设置【单位】为【SI】并单击【确定】。结果如图 9-25 所示。

列举力

算例名称: frame　　只显示极值

单位(U): SI

<-　->　　只显示横梁端点

横梁名称	单元	终端	轴 (N)	抗剪1 (N)	抗剪2 (N)	力矩1 (N.m)	力矩2 (N.m)
eam-1(Trim/Extend3[1							
	1	1	23637	2139	2369	-231	701.68
		2	-23637	-2139	-2369	133.21	-613.4
	2	1	23637	2139	2369	-133.21	613.4
		2	-23637	-2139	-2369	35.425	-525.11
	3	1	23637	2139	2369	-35.428	525.11
		2	-23637	-2139	-2369	-62.353	-436.82
	4	1	23637	2139	2369	62.353	436.82
		2	-23637	-2139	-2369	-160.13	-348.54
	5	1	23637	2139	2369	160.13	348.54

关闭(C)　保存(S)　帮助(H)

图 9-25　列出横梁力

【列举力】对话框完全列出了所有横梁单元的最大（最小）法向应力和剪切应力。

步骤 20　列出合力　右键单击【结果】文件夹并选择【列出合力】。选择四条竖直支脚底部的接榫，单击【确定】✔，如图 9-26 所示。

思考　为什么竖直支脚底部的接榫处反作用力矩为零?

步骤 21　保存并关闭模型

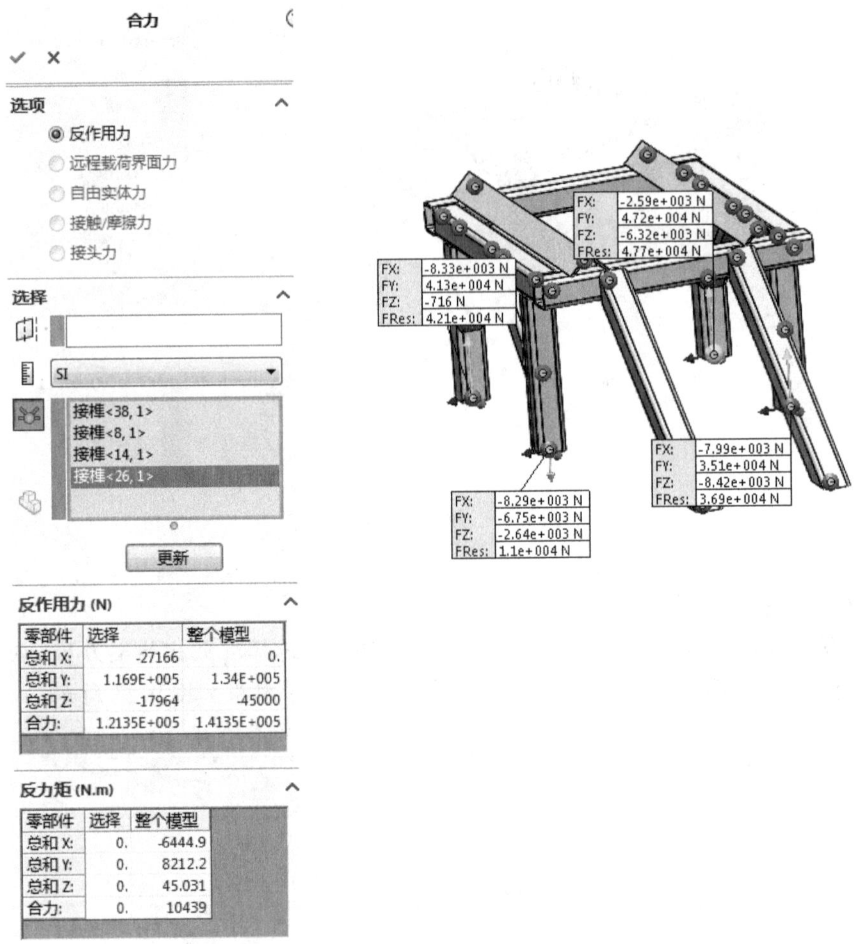

合力

选项

反作用力

远程载荷界面力

自由实体力

接触/摩擦力

接头力

选择

SI

接榫<38, 1>
接榫<8, 1>
接榫<14, 1>
接榫<26, 1>

更新

反作用力 (N)

零部件	选择	整个模型
总和 X:	-27166	0.
总和 Y:	1.169E+005	1.34E+005
总和 Z:	-17964	-45000
合力:	1.2135E+005	1.4135E+005

反力矩 (N.m)

零部件	选择	整个模型
总和 X:	0.	-6444.9
总和 Y:	0.	8212.2
总和 Z:	0.	45.031
合力:	0.	10439

FX: -2.59e+003 N
FY: 4.72e+004 N
FZ: -6.32e+003 N
FRes: 4.77e+004 N

FX: -8.33e+003 N
FY: 4.13e+004 N
FZ: -716 N
FRes: 4.21e+004 N

FX: -7.99e+003 N
FY: 3.51e+004 N
FZ: -8.42e+003 N
FRes: 3.69e+004 N

FX: -8.29e+003 N
FY: -6.75e+003 N
FZ: -2.64e+003 N
FRes: 1.1e+004 N

图 9-26　列出合力

9.2　总结

在本章中，我们只用 SOLIDWORKS 焊点特征来分析传送架模型。因为模型中所有结构都是薄和长的，因此我们使用梁单元。这样做能够极大地简化分析并能使求解速度更快。

模型准备包含横梁单元及接点定义步骤，这两步都是在 SOLIDWORKS Simulation 中自动完成的。这些自动生成的接点有时需要进行手工编辑，本章练习了这种手工编辑方法。如果任意生成的两个接点的距离相对其他接点太近，则可以合并它们。由于横梁单元在每个末端拥有六个自由度，所以存在多种接合或横梁单元的连接类型。

9.3　提问

1. 每个梁单元节点拥有多少自由度？梁单元和实体与壳单元的区别是什么？
2. 横梁单元和桁架单元的区别是什么？
3. 要想使用梁单元计算出一个可信的结果，则横梁的长度应当是横梁截面最大尺寸的多少倍？
4. 一个梁单元上显示的弯曲应力的 3D 轮廓（可以/不可以）显示穿过厚度的变化。

第 10 章　混合网格——实体、梁和壳单元

学习目标

- 使用梁、壳和实体单元创建网格
- 编辑梁的接点，并从接点处添加或移除横梁
- 在混合网格装配体中设置不同的壳与壳以及壳与实体接触网格
- 显示梁单元的分析结果

10.1　混合划分网格

到目前为止，已经使用过三种类型的网格单元。对大多数厚重的物体而言，通常采用实体单元。若一个结构在一个方向变得非常薄，就像钣金一样，则通常采用壳单元，以减少网格的数量。当一个零件的两个方向都很薄时，可以采用梁单元。

而在一些结构中，可能会遇到上述结构的组合体，这时应对焊件采用梁单元，对厚实的零部件采用实体单元，而对拥有薄壁的零部件采用壳单元。

10.2　实例分析：颗粒分离器

本例将对颗粒分离器的支架进行分析（见图 10-1）。该支架实际上是一个带有各种角撑板的焊接件。颗粒分离器使用了组合的几何体，需要采用梁单元划分焊接支架，采用壳单元划分各种角撑板。

10.2.1　项目描述

支架除承受分离器的自重外，还承受在其正面产生的向下 150N 的力，来模拟附着在分离器上新增的零部件。在分离器的进口处还将加载 75N 和 45N 的力，用来模拟分离器在安装过程中可能受到的其他载荷。

10.2.2　关键步骤

1）评估模型。分析装配体，决定每个部件合适的单元。
2）创建梁单元。将焊点简化为焊点单元。
3）计算焊点。在每个连接位置创建焊点单元。
4）定义接触。在梁、壳和实体单元之间创建接触。
5）加载夹具及载荷。加载外部约束及力。
6）划分模型网格。创建一个横梁单元网格。
7）运行分析。算例运行的方式与其他网格一样。
8）图解显示并分析结果。查看分析结果，以决定下一步的工作。

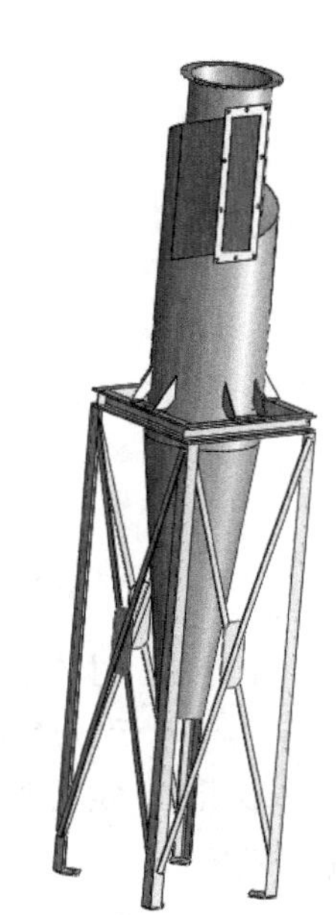

图 10-1　颗粒分离器模型

操作步骤

扫码看视频

步骤 1　打开装配体文件　打开文件夹“Lesson10 \ Case Studies \ Particle Separator”下的文件“particle separator 450”，仔细观察该装配体，熟悉其中的零部件。

步骤 2　命名约定　为清楚起见，将对部分零件进行重新命名，并在下面的步骤中采用，如图 10-2 所示。

步骤 3　应用静应力分析算例　在已有静应力分析算例“static stress”中继续操作。为节约时间，该算例中的部分特征已经提前完成了。

步骤 4　查看【零件】文件夹　在该文件夹下存在四种类型的零件/实体。三个对角位置的“Cross Gusset”主体采用实体建模。本节将把这些实体的外表面划分为壳网格。

四个脚部的零件“Feet”采用实体建模，它们将会被划分为实体网格。剩下的零件都是焊件，它们将被划分为梁单元。

所有颗粒分离器的零部件都采用了实体建模，都将被划分为壳单元。

四个支架“Mounting Bracket”也采用了实体建模，如图 10-3 所示。

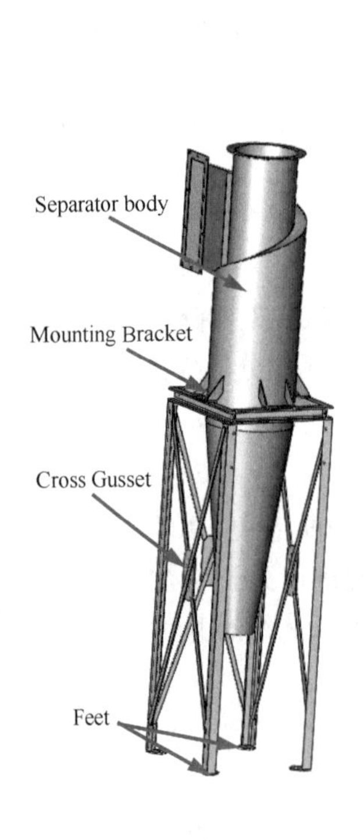

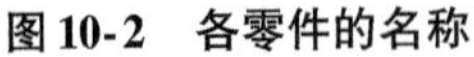
图 10-2　各零件的名称

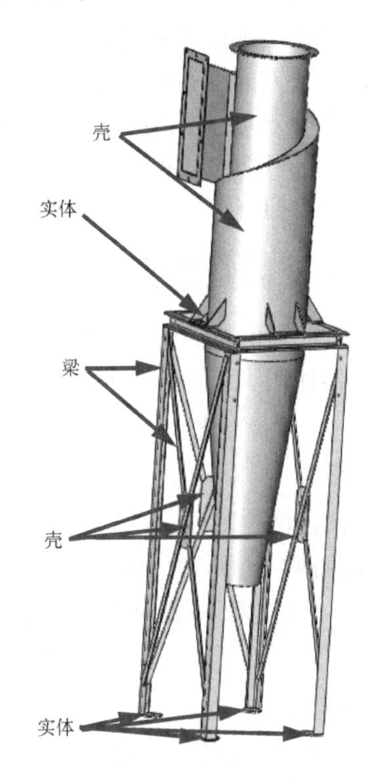

图 10-3　查看【零件】文件夹

步骤 5　对“Cross Gusset”平板定义壳体　对三个“Cross Gusset”平板定义壳体，如图 10-4 所示。选择实体的外侧面，并指定【抽壳厚度】为 5mm 的【薄】壳。

步骤 6　定义壳体和分离器主体的接合　所有壳体和分离器主体的接合条件已经事先完成定义。

步骤 7　确定实体零件　名为“Feet”的四个零件都是厚的实体，这里不需要进行任何设置，它们将被划分为实体网格。

四个支架“Mounting Bracket”为实体。它们与分离器主体之间的接合已事先完成定义。

步骤 8　应用材料　材料【AISI 1020】已经应用于所有的零部件。

步骤 9　应用【不包括在分析中】选项　在子装配体“Cylcone Particle Separator-1”中有三个曲面只用于设计颗粒分离器的主体。因此，它们将不包括在网格划分和求解阶段。对图 10-5 所示的曲面使用【不包括在分析中】命令。

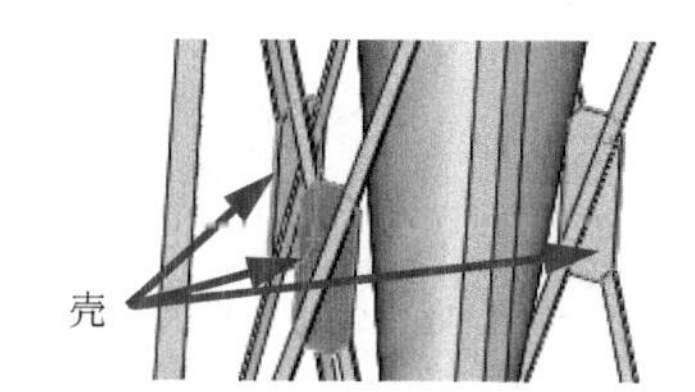

图 10-4　定义壳体

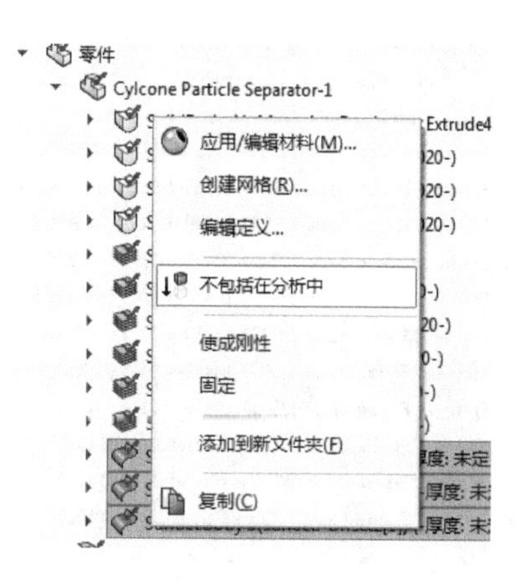

图 10-5　不包括在分析中的曲面

如果想将拉伸或旋转的实体特征划分为梁单元，可右键单击该特征并选择【视为横梁】，如图 10-6 所示。【零件】文件夹下的图标表明该特征将被划分为横梁网格。类似地，如果想将任何横梁特征（如焊件）划分为实体单元，可右键单击该特征并选择【视为实体】，如图 10-7 所示。

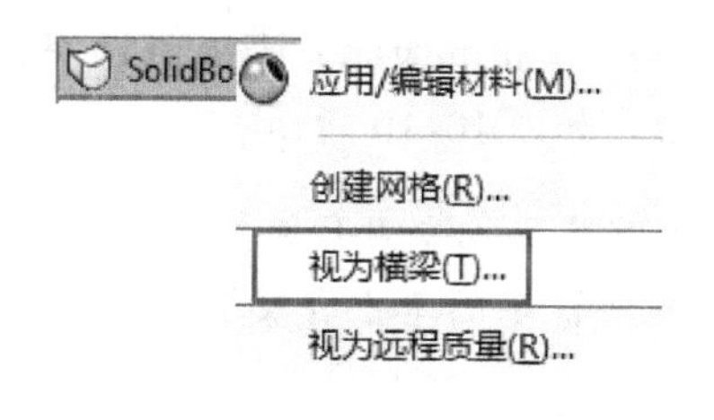

图 10-6　划分横梁单元

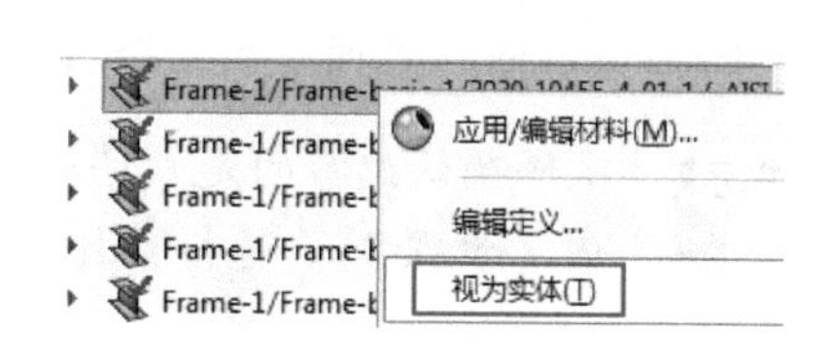

图 10-7　划分实体单元

步骤 10　焊接零件　剩下的零件都是焊件，它们将被划分为梁单元。选择所有剩余的零件，单击右键并选择【将所选实体视为横梁】。【零件】文件夹如图 10-8 所示。

步骤 11　编辑接点　一旦指定一个实体为横梁，则会在 Simulation Study 树中生成一个名为【结点组】的新文件夹。

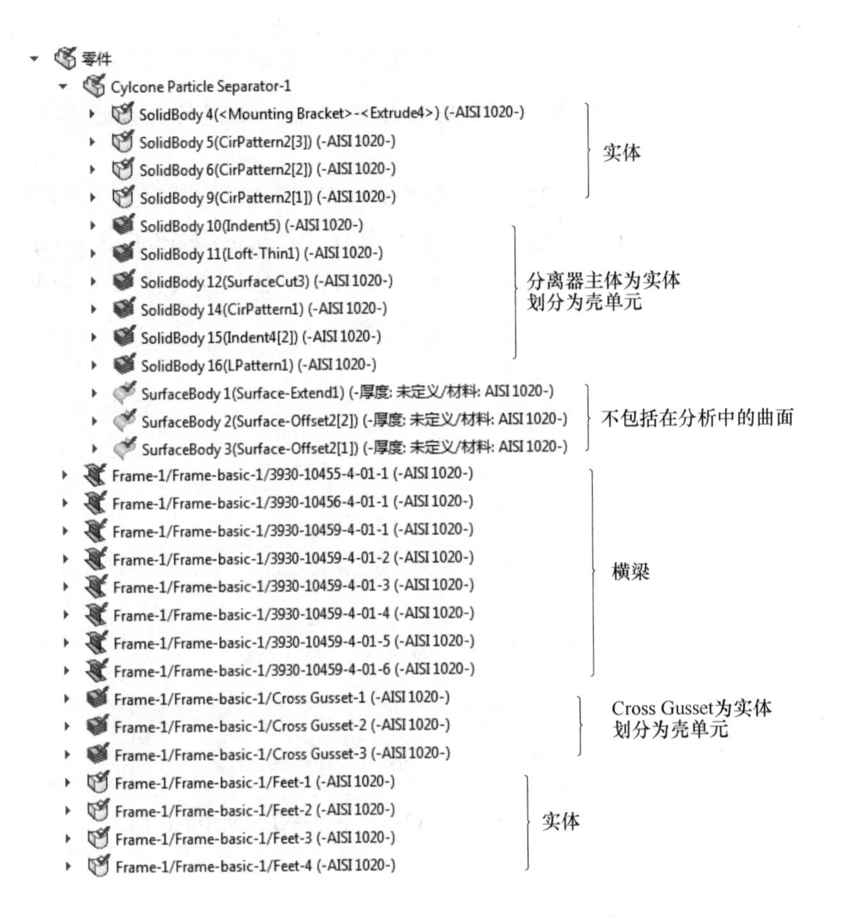

图 10-8 【零件】文件夹

右键单击【结点组】并选择【编辑】。在【所选横梁】栏中选择【所有】。单击【计算】，默认参数下计算得到的接点如图 10-9所示，单击【确定】✔。

步骤 12 连接交叉板到零件“Cross Gusset” 单击【相触面组】，在两个交叉板与“Cross Gusset”之间添加一个【接合】的相触面组，如图 10-10 所示。

提示 确认选择的是“Cross Gusset”实体的外侧面。该侧面曾被用于定义壳体（步骤 5）。选择梁作为【Set1】，在【类型】下面单击【梁】。

步骤 13 爆炸显示装配体视图 爆炸视图有助于在钣金“Corner Gusset”与框架单元之间创建相触面组。

步骤 14 连接“Mounting Bracket”到支架“Frame” 单击【相触面组】，连接每个“Mounting Bracket”的底部到框架的顶部横梁，建立【接合】接触，如图 10-11 所示。对其他四个支架重复以上操作。

步骤 15 解除装配体爆炸显示

步骤 16 添加约束 单击【固定几何体】，在四个支架的腿部添加【固定几何体】的约束，如图 10-12 所示。单击【确定】✔。

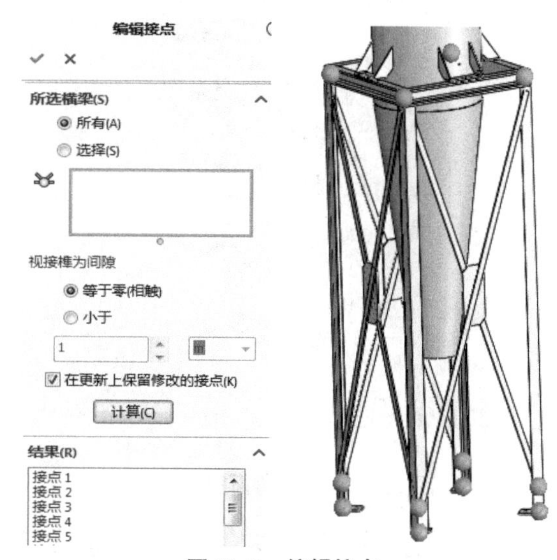

图 10-9 编辑接点

图 10-10 连接交叉板到零件“Cross Gusset”

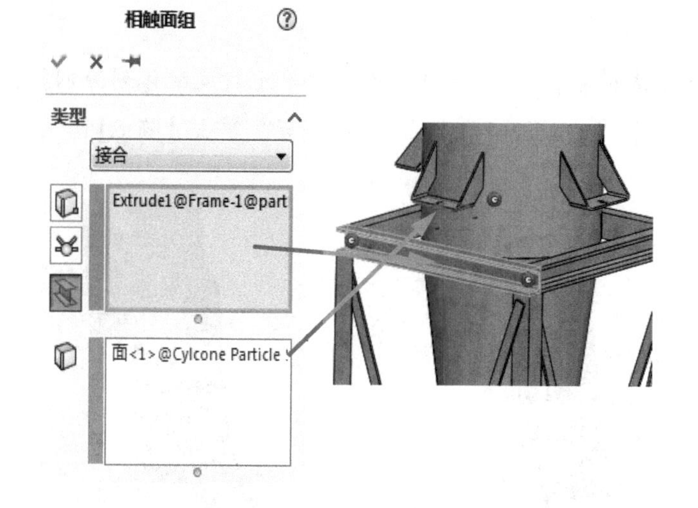

图 10-11 连接“Mounting Bracket”到支架“Frame”

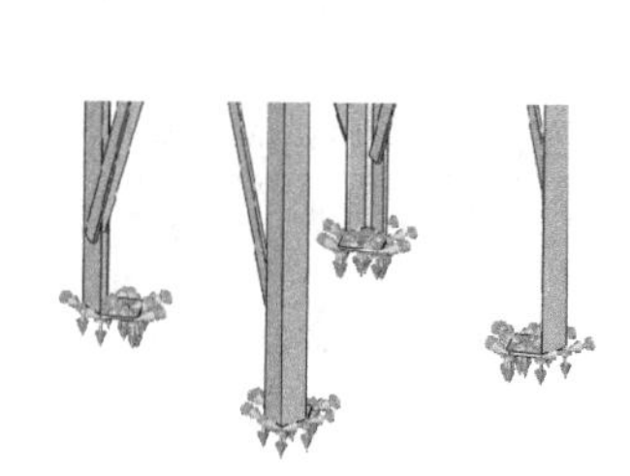

图 10-12 添加约束

步骤 17 施加外部载荷 对图 10-13 所示的横梁加载 150N 的垂直载荷，稍后将模拟该结构承受外部零部件重力的效果。

提示 分布载荷作用在没有对角支撑的横梁上。

在入口的背面加载 75N 和 45N 的力，如图 10-14 所示。这些载荷可能在装配的过程中产生。

提示 这些力必须作用在用来定义壳特征的面上。

步骤 18 指定重力载荷 单击【重力载荷】，在全局 +Z 方向指定重力载荷，单击【确定】✔。

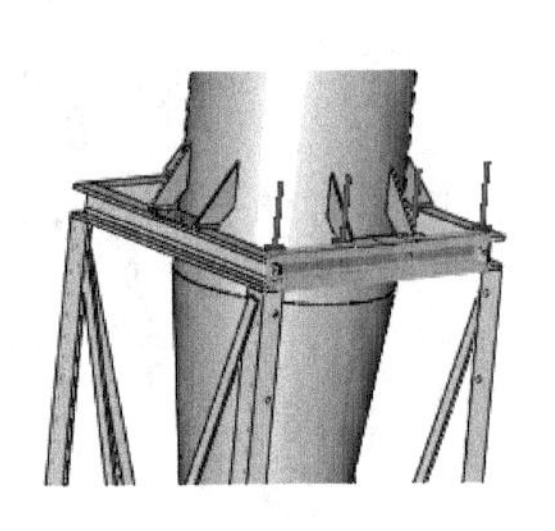
图 10-13　施加外部载荷

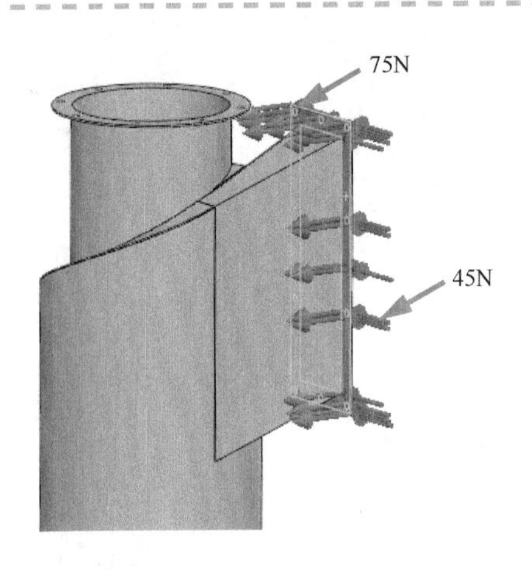

图 10-14　入口背面加载力

步骤 19　对梁应用网格控制　单击【应用网格控制】，在【所选实体】下方选择【横梁】，然后选择四个水平方向的横梁。选择【单元大小】并输入“5mm”，如图 10-15所示。单击【确定】✓。

步骤 20　划分网格　单击【生成网格】，使用高品质的单元对装配体划分网格，使用【标准网格】并指定【整体大小】为“25mm”，如图 10-16 所示，单击【确定】✓。

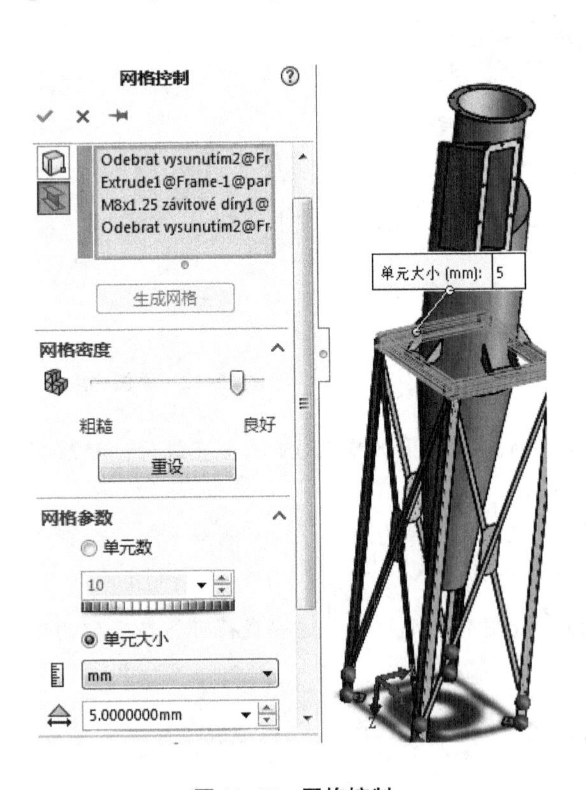

图 10-15　网格控制

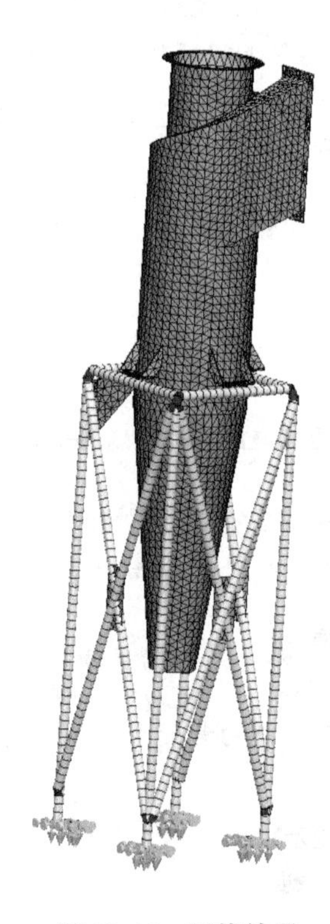
图 10-16　网格结果

步骤 21　检查网格　现在应当能够看到三种不同类型的网格单元。

步骤22　对齐网格　确保壳体顶部和底部是相互对齐并保持一致的，在这个环节进行正确的后处理是非常重要的。

提示　图10-17a所示是默认的壳网格对齐效果（用户可能会得到与之不一样的结果），对齐的网格如图10-17b所示。

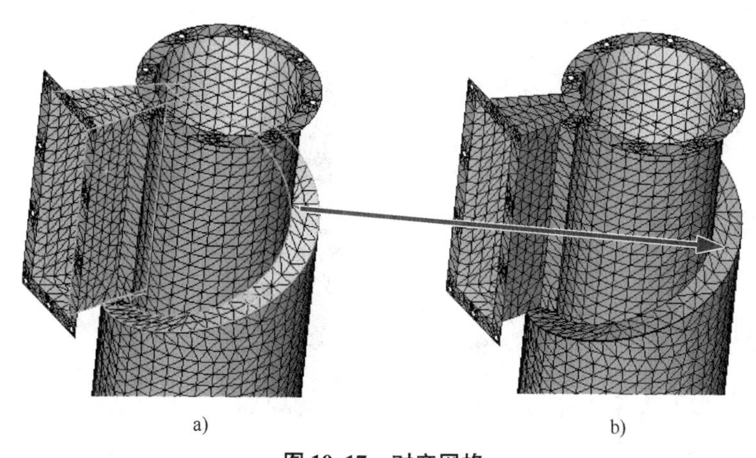

图10-17　对齐网格

• 横梁印记　当横梁接点连接到一个实体或壳体表面时，网格划分器会在接触面生成真实横梁与之相交的印记。这更加真实地表现了接点，从而在横梁与实体/壳体相交的界面得到更好的结果。在印记区域会生成更多单元，而且横梁接点会在印记区域连接所有的单元。如果横梁的截面不完全位于接触面内，则印记将基于部分接触的截面而生成，如图10-18所示。

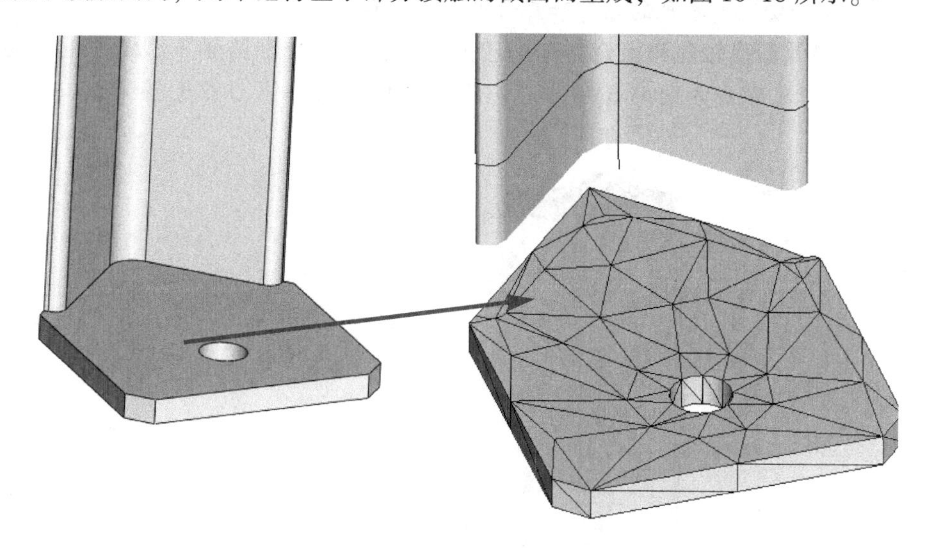

图10-18　横梁印记

步骤23　运行分析　单击【运行】，分析该算例。

步骤24　查看位移图解　编辑图解并选择【高级选项】中的【3D渲染抽壳厚度（更慢）】，查看位移图解。入口位置的最大位移0.1306mm是相当小的，如图10-19所示。

步骤 25　定义应力图解　单击【定义应力图解】，创建壳和实体的 von Mises 应力图解。定义【变形】系数为【真实】。进入【设定】，设置【边界选项】为【无】，选择【将模型叠加于变形形状上】，单击【确定】✔。最大应力大约为 16.455MPa，位于一个“Mounting Bracket”处，如图 10-20 所示。

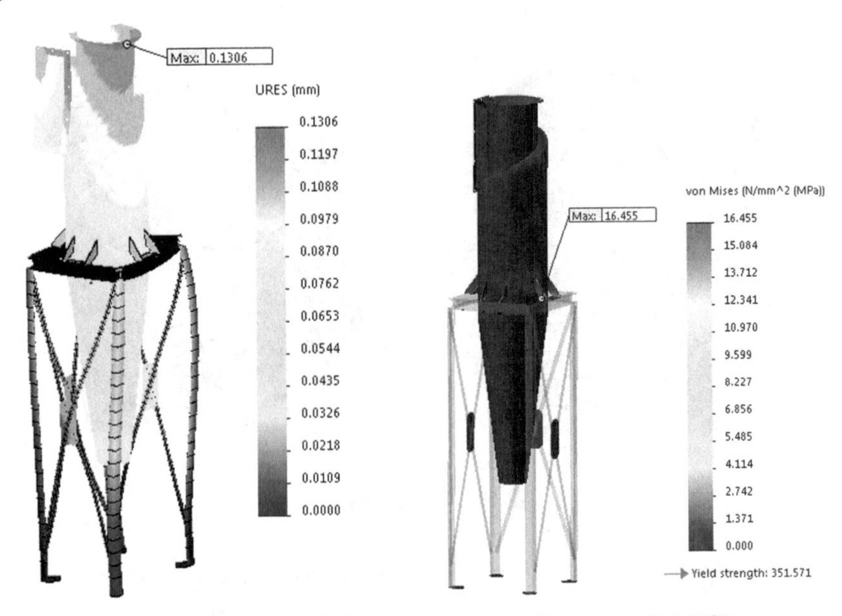

图 10-19　位移图解　　　　**图 10-20　应力图解**

由于应力最大值位于支架和壳体的接合处，所以可能需要对此连接进行更加详细的分析。此外，也有必要从壳单元的顶部和底部两个方向观察应力。

步骤 26　查看最高轴向和折弯方向的应力　编辑任何一个图解并选择【上界轴向和折弯】，显示轴向及弯曲方向的合应力。任意横梁单元的合应力最大值为 5.46MPa，如图 10-21所示。

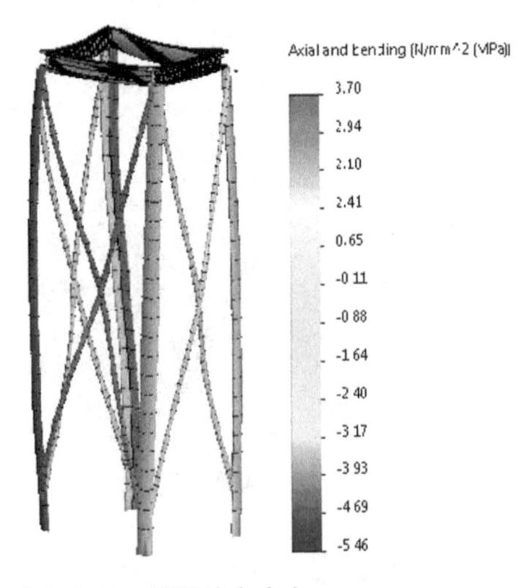

图 10-21　横梁的合应力

步骤 27　保存并关闭文件

练习 10-1　柜子

本练习将分析柜子在一定载荷下的受力情况，柜子模型如图 10-22 所示。

本练习将应用以下技术：

- 横梁单元。
- 横梁接点位置。
- 连接及断开的接点。
- 施加载荷。

项目描述：如图 10-23 所示，材料为铝合金 5052 - H32 的一个柜子承受着 4 450N 的力，并且两个转角处的两个横梁上也作用着两个 4 450N 的载荷。为了简化模型，分析中没有计入其他载荷和质量（例如搁板载荷等）。柜子底部沿着基座通过螺栓固定到地面上。计算该模型的安全系数。

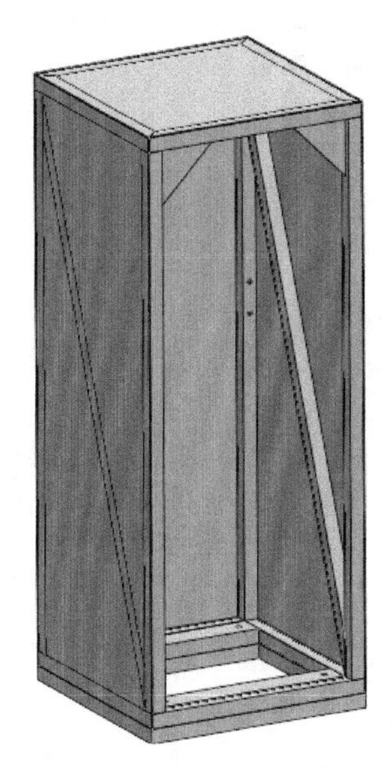

图 10-22　柜子模型

图 10-23　柜子载荷与约束

操作步骤

扫码看视频

步骤 1　打开装配体　打开文件夹“Lesson10 \ Exercises \ Cabinet”下的装配体文件“Cabinet Assy. SLDASM”。

步骤 2　创建算例　创建一个名为“stress analysis”的静应力分析算例。

步骤 3　定义抽壳厚度　对柜子的表面定义壳体特征，指定为【薄】壳类型，并指定【抽壳厚度】为 2.54mm。

步骤 4　定义横梁接点　单击【结点组】。在八个角部的每个角上都会出现一个或两个接点，以连接所有相连于这些角部的横梁，如图 10-24 所示。单击【确定】。

> **提示**　黄色球标识的接点只连接了一个构件，因此需要进行修改。紫红色球的接点表明至少连接了两个横梁构件。

技巧 在某些情况下，可能需要在两个或更多横梁汇合处添加更多接榫。可采用下面列出的方法，按需要来合并接榫。

通过【视接榫为间隙】选项，用户可以输入一个自定义的数值来合并接点。选择【小于】并输入“0.1m”。单击【计算】按钮，更新接点定义，如图 10-25 所示。单击【确定】✔完成接点定义。

这会在八个角部产生八个接点。

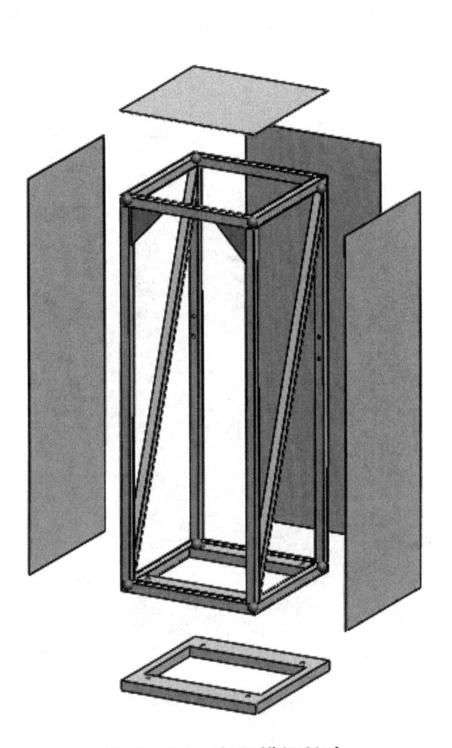

图 10-24　定义横梁接点

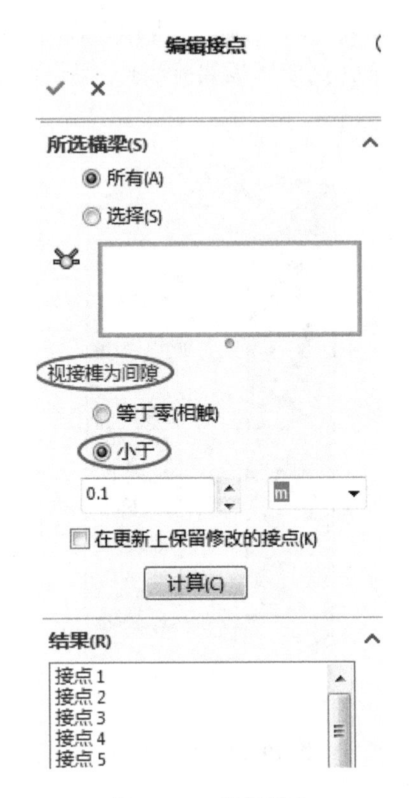

图 10-25　编辑接点

技巧 用户还可以通过添加或移除一个横梁构件来随意地合并接点。在使用【编辑接点】命令时，右键单击每个接点，查看构成该接点的零部件。

在【查找接榫构件】窗口中，单击图形窗口中的零部件，便可要以从接点中添加或移除零部件，如图 10-26 所示。

要保存新的接点定义，只需直接关闭【查找接榫构件】窗口。确保勾选了【在更新上保留修改的接点】复选框并单击【计算】。

对所有需要合并的接点重复这一步骤。

步骤 5　指定材料　对所有实体、壳体和横梁指定材料【铝合金】/【5052-H32】。

步骤 6　连接柜子表面到框架中　单击【相触面组】，在柜子的框架横梁和左侧壳体之间定义【接合】的接触条件，如图 10-27 所示，单击【确定】✔。

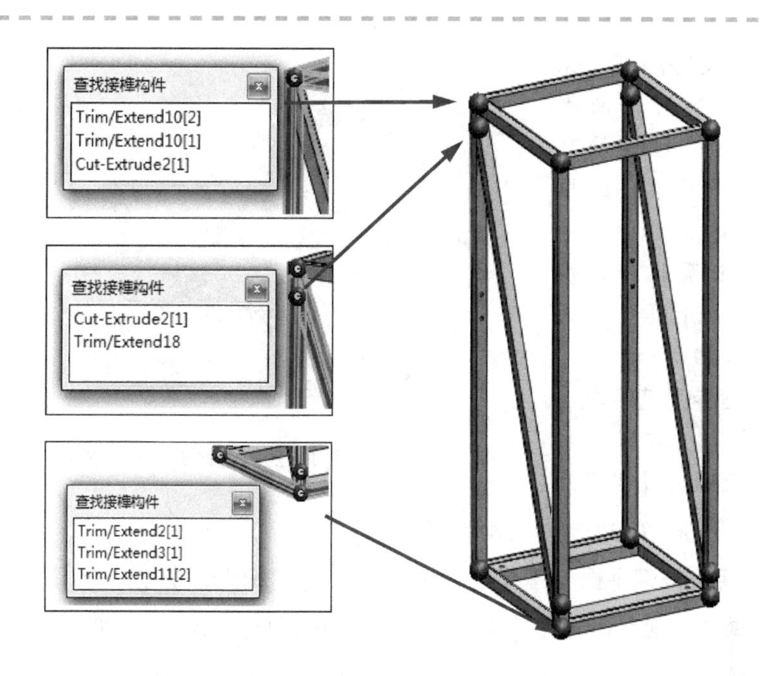

图 10-26　查找接榫构件

提示　对柜子的右侧面、背面、顶面与横梁之间，重复该操作以定义【接合】的接触条件。

步骤 7　将角撑板和机柜架接合起来　在横梁与左右侧的角撑板之间定义【接合】的接触。

步骤 8　在框架底部的横梁和平板之间定义连接　两个实体框架底部平板必须连接到两个框架横梁，如图 10-28 所示。

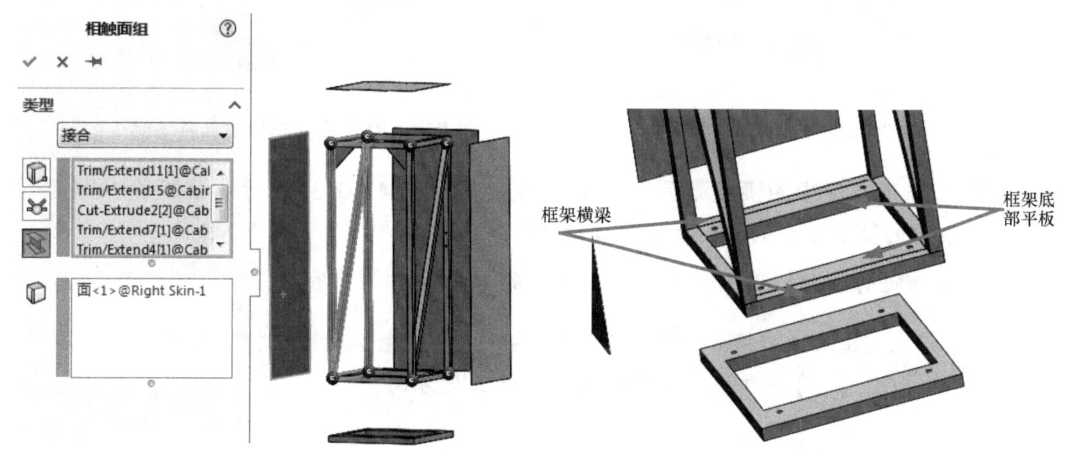

图 10-27　横梁与壳体连接　　图 10-28　横梁与平板连接

这些接触在算例“Completed contacts”中已经事先定义完成。从算例“Completed contacts”中复制所有的接触到当前算例“stress analysis”中。

步骤 9　定义基座与框架之间的接触　框架的侧面平板与基座是通过螺栓连接到地面的。这里将用接合的接触简化这个接触模型。在框架侧面的螺栓孔圆柱面与基座顶面之间定义【接合】的接触，如图 10-29所示。

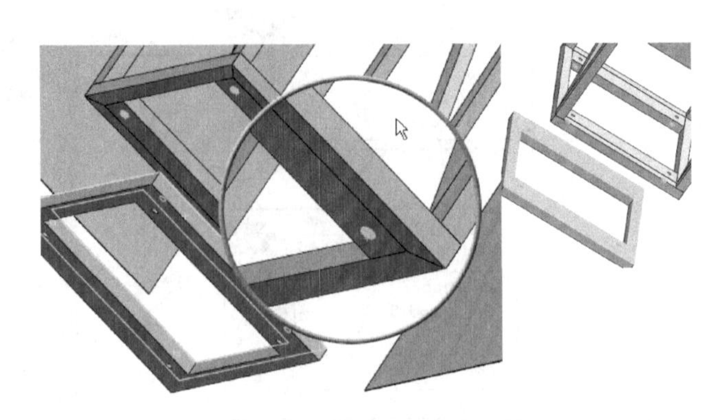

图 10-29　螺栓孔与基座连接

步骤 10　固定基座　单击【固定几何体】，在基座四个孔的圆柱面上指定【固定几何体】的约束，如图 10-30 所示，单击【确定】✔。

步骤 11　定义框架平板与基座的接触　单击【相触面组】，如图 10-31 所示，在框架平板的底面与基座之间指定【无穿透】、【节到曲面】的接触，单击【确定】✔。

提示　在这里使用【节到曲面】选项，是因为零件最初是接触在一起的，且不希望在两个实体之间产生滑移。

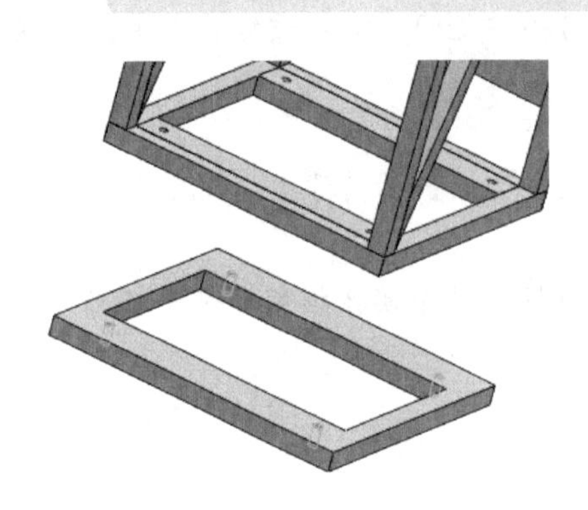

图 10-30　固定基座

图 10-31　框架平板与基座接触

步骤 12　施加集中的接点载荷　单击【力】，如图 10-32 所示，在顶角的横梁接点上施加集中的竖直方向的力，大小为 4 450N。

使用【选定的方向】选项来定义接点上力的方向，单击【确定】✔。

提示　在混合网格分析中，可以对实体组件或壳体及横梁接点的面、边、顶点指定【力】，力的方向可沿横梁组件长度方向指定。

步骤 13　设置横梁上的分布载荷　如图 10-33 所示，在两个横梁上指定大小为 4 450N的分布竖直载荷。

步骤 14　对角撑板应用网格控制　单击【应用网格控制】，对角撑板的内侧面应用网格控制。局部【单元大小】设定为“38.1mm”，【单元大小增长比率】设定为“1.5”，单击【确定】✔。

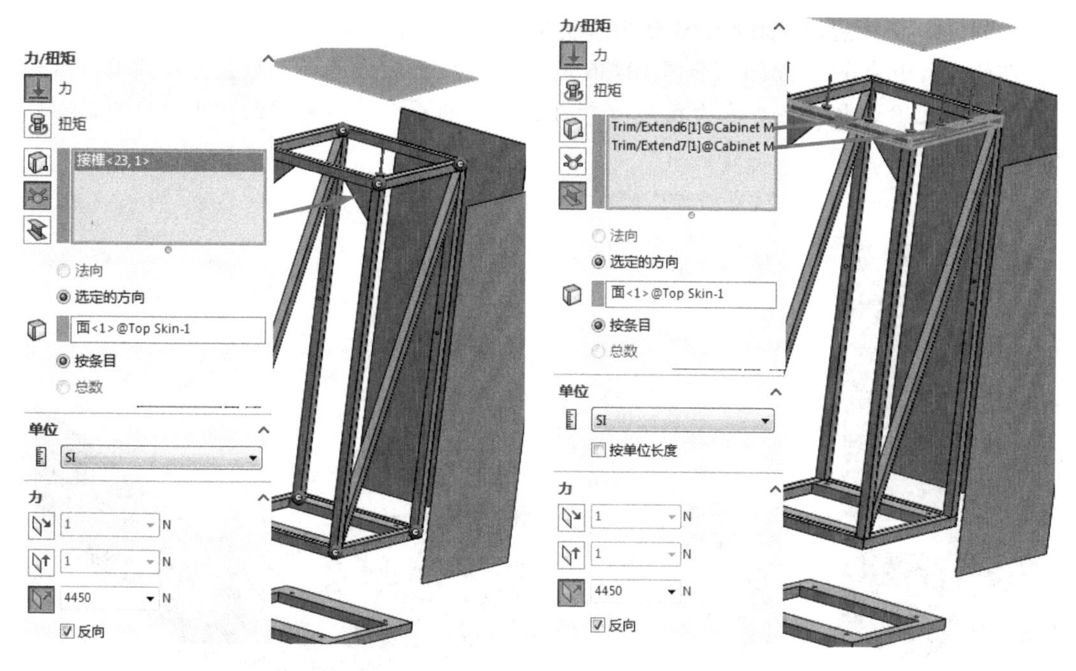

图 10-32　施加集中力　　　　图 10-33　施加分布力

步骤 15　创建网格　单击【生成网格】，使用【基于曲率的网格】创建高品质单元，设置【最大单元大小】为“111.366mm”，【最小单元大小】为“5mm”，【圆周最小网格数量】为“16”，【单元大小增长比率】为“1.6”，单击【确定】✓。

确保壳体的顶面和底面保持一致，如图 10-34 示。

步骤 16　显示网格细节　横梁、壳体和实体单元组成的混合网格单元节点总数为 39 035，如图 10-35 所示。

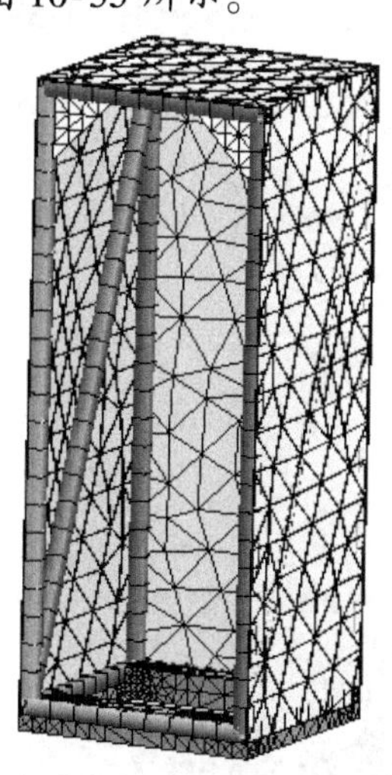

图 10-34　划分网格结果

网格 细节

算例名称	stress analysis (-Default-)
网格类型	混合网格
所用网格器	基于曲率的网格
雅可比点	4 点
壳体的雅可比检查	打开
最大单元大小	111.366 mm
最小单元大小	5 mm
网格品质	高
节总数	39035
单元总数	24414
重新网格使带不兼容网格的零件失败	关闭
完成网格的时间(时:分:秒)	00:00:08
计算机名	TS-NOTEBOOK

图 10-35　网格细节

步骤 17　运行算例“stress analysis”　单击【运行】。

步骤 18　图解显示 von Mises 应力　发生在实体和壳特征的最大 von Mises 应力位于锐角部位，大小为 69.46MPa，如图 10-36 所示。这属于应力奇异区域，可以忽略。在连接底板的圆孔附近也存在高应力区域（顶部和底部的最大值是相同的，用户可以验证一下），如图 10-37 所示。

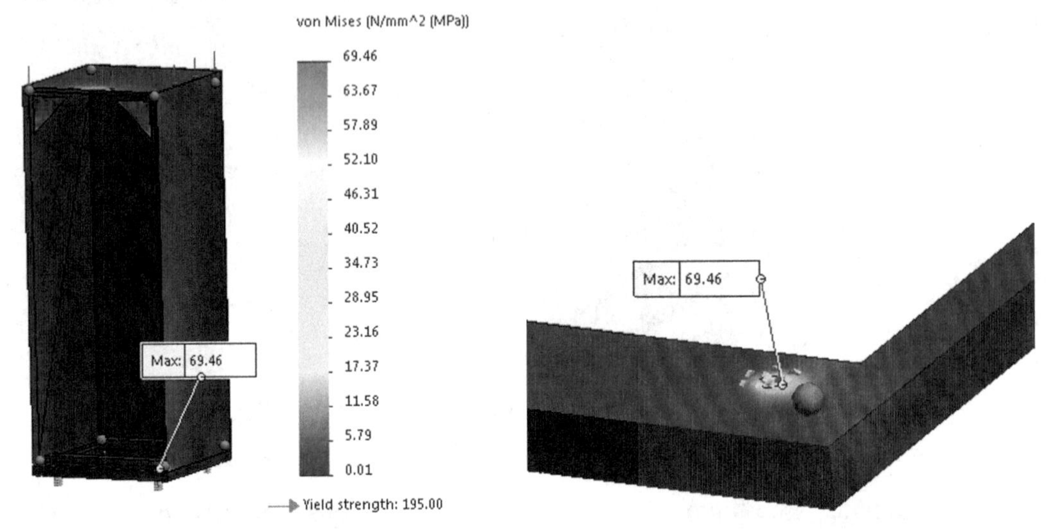

图 10-36　应力图解　　　　图 10-37　高应力区域

步骤 19　图解显示横梁应力　编辑应力图解的定义并选择【横梁】。在【横梁应力】下选择【轴向和折弯】，并勾选【渲染横梁轮廓】复选框，结果如图 10-38 所示。

从横梁单元最糟情况下的应力图解可以看出，最大应力为 38.2MPa。

因此，可以得到强度方面的安全系数大约为 195MPa/38.2MPa = 5.10（195MPa 是材料铝合金 5052-H32 的屈服极限）。结果表明柜子的框架设计具有足够的安全系数。

步骤 20　图解显示合位移　柜子的最大位移约为 0.999 4mm，如图 10-39 所示。

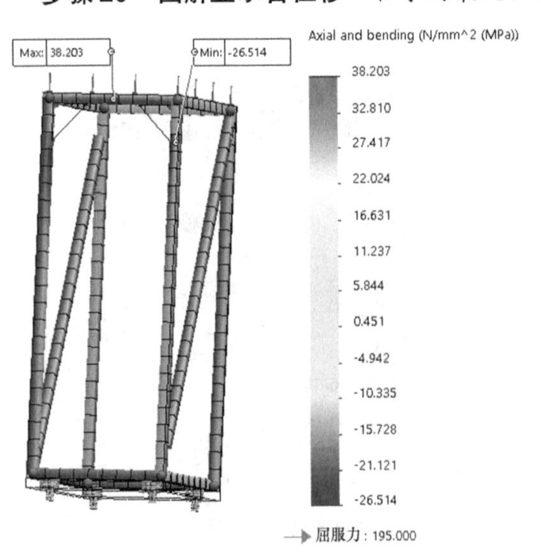

图 10-38　横梁单元合成应力结果显示

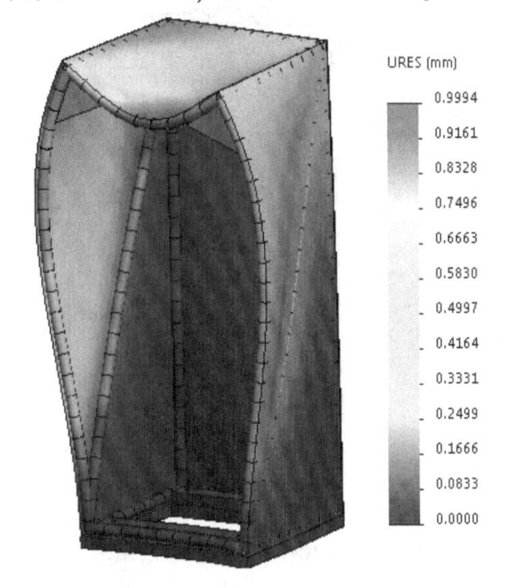

图 10-39　位移结果显示

步骤 21　保存并关闭文件

练习 10-2　框架结构刚度

在本练习中，将计算车辆框架结构的扭转刚度（即扭矩负载除以偏转角度），车辆框架结构如图 10-40 所示。

本练习将应用以下技术：

- 圆柱坐标系。
- 梁单元。
- 横梁接点位置。

框架结构扭转刚度的测量方法有很多种。其中一种方法是将前后轮安装在横梁上，假定悬挂组件是固定的，则所有加载的载荷将传递到结构框架本身。当使用前轮来模拟扭矩的载荷添加到横梁时，车辆尾部保持静止（固定），如图 10-41 所示。

图 10-40　车辆框架结构

注：图片来自 Stephen Maxfield，University of Wisconsin

注意，所有框架结构之外的零部件都假定为刚性的。这意味着全部载荷必须传递给框架结构本身。由于假定框架结构的响应是线性的，所以所有载荷大小对计算扭转刚度都是足够的。

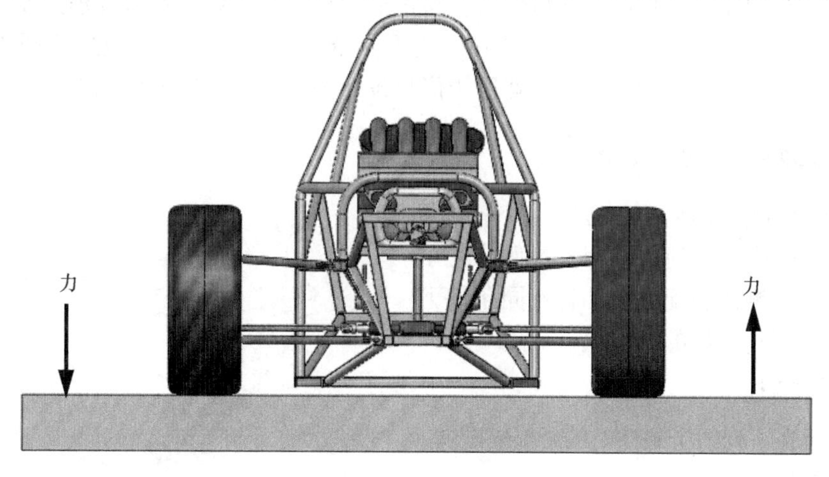

图 10-41　固定方式

在正确加载完夹具及载荷条件后，扭转刚度为

$$扭转刚度 = \frac{扭矩负载}{偏转角度}$$

偏角结果是偏转角度（弧度值）乘以距离轴线的径向位移。

该练习的文件位于文件夹“Lesson10 \ Exercises”下。

操作步骤：省略。

第 11 章　设 计 情 形

学习目标

- 理解并使用设计算例特征来分析当指定参数改变时的趋势
- 寻找某些设计参数的优化值

11.1　设计算例

在分析一个装配体时，载荷、几何体及材料常数都被当作设计变量来处理，设计情形可以很方便地应用到这种分析中，结果（例如位移或应力）能以设计变量的函数进行图表显示。设计情形可以运行多个算例，目的是获得能够用于优化设计的趋势，或充分优化设计。

11.2　实例分析：悬架设计

如图 11-1 所示，在运行工况下，汽车悬架装配体会经受多个变化载荷的作用。本例将使用设计情形的方法，测试装配体在几种不同条件下的运行情况，以优化零件的尺寸。

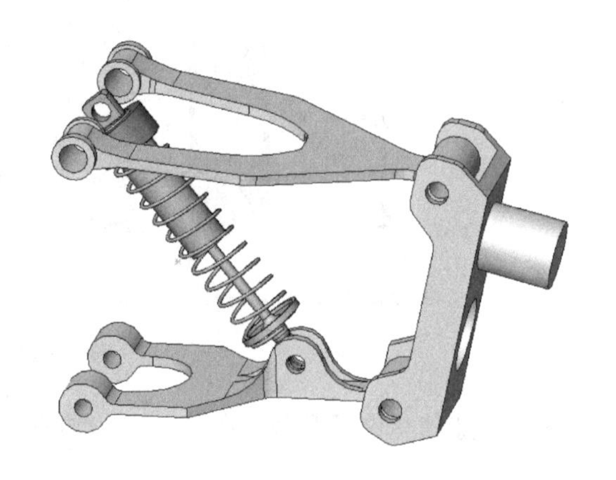

图 11-1　悬架模型

11.2.1　项目描述

本例将分析在下列四个条件下的悬架装配体：

1）汽车静止。

2）汽车在平滑路面上以恒定加速度行驶。

3）汽车在颠簸路面上行驶。

4）汽车在平滑路面上匀速行驶，然后爬上斜坡。

所有悬架零部件都由材料合金钢制造。

分析的目标是调节下摆臂的厚度并寻求一个最优值，保证安全系数大于或等于 1.3。

11.2.2　关键步骤

设计情形的基本步骤如下：

1）指定参数。指定每个情形中需要更改的参数。

2）创建一个表格。为每个情形的变量指定数值。

3）分析结果。查看有效的输出结果，以决定必要的更改。

11.3 第一部分：多载荷情形

对于第一个设计情形，本例将在悬架的轴上加载四组载荷，即纵向载荷与横向载荷同时存在。

操作步骤

扫码看视频

步骤1 打开装配体文件 打开文件夹“Lesson11\Case Studies\Suspension Design”下的文件“suspension.SLDASM”。

步骤2 设定SOLIDWORKS Simulation选项 设定全局【单位系统】为【公制（I）（MKS）】，【长度/位移（L）】单位为【毫米】，【压力/应力（P）】单位为【N/mm^2（MPa）】。

步骤3 创建算例 新建一个名为“Multiple loads”的静应力分析算例。

提示：装配体中没有弹簧，可以使用接头来模拟弹簧。

步骤4 指定材料属性 指定材料【合金钢】到所有零部件。该材料的屈服强度为620MPa。

步骤5 定义固定铰链约束 如图11-2所示，定义五个【固定铰链】约束。

步骤6 定义弹簧接头 弹簧接头已经事先定义完毕，将算例“Partially Completed”中的弹簧接头复制到算例“Multiple loads”中，如图11-3所示。

步骤7 复制销钉接头 本例已经事先将所有的销定义完毕。复制算例“Partially Completed”中的销到当前算例“Multiple loads”中。

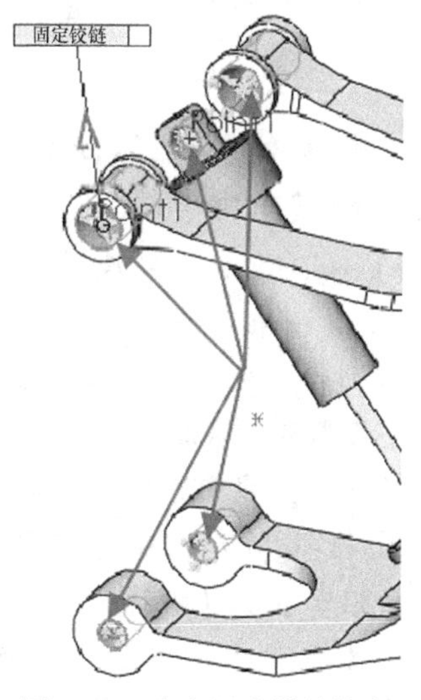

图11-2 定义固定铰链约束

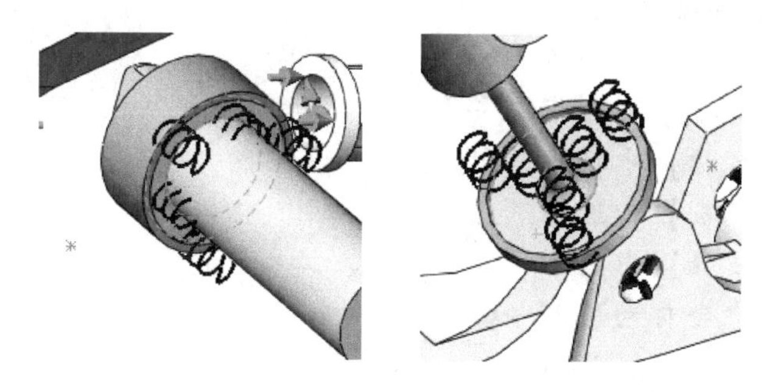

图11-3 定义弹簧接头

11.3.1 多个设计算例

定义设计算例时要注意：

1）必须指定一组参数（设计变量）。

2）设计变量组在其指定数值点的组合列表构成了设计算例。

知识卡片	设计算例	• CommandManager：【评估】/【设计算例】。 • 菜单：【插入】/【设计算例】/【添加】。

参数（设计变量）是指设计算例中可以改变的量，用以研究装配体的功能。它们也可以在优化模块中针对指定的系列约束进行优化设计。优化模块是 SOLIDWORKS Simulation Professional 中的一个分析模块。大多数的参数类型都可以在软件中找到，如载荷、几何特征、材料常量等。

知识卡片	参数	• CommandManager：【评估】/【设计算例】/【参数】。 • 菜单：【插入】/【设计算例】/【参数】。

提示：在某些情况下，例如当载荷或材料常数作为参数时，载荷或材料常数的定义必须和对应的参数链接。本章会练习使用此中间步骤。

步骤 8　施加纵向力（Vertical）和横向力（Lateral）　单击【力】，添加力到圆柱面上。使用 Front 基准面作为参考面，如图 11-4 所示，确保指向正确的方向。

步骤 9　添加参数　在【垂直于基准面】域中选择【链接数值】，如图 11-4 所示。在【选取参数】对话框中单击【编辑/定义】，创建这个力方向上的参数，如图 11-5 所示。

步骤 10　指定载荷参数　设计算例包含多个载荷条件，以对应各种汽车行进情形。【参数】对话框将自动打开。在【名称】中输入“Vertical”，并在【类别】中选择【Simulation】；在【数值】中输入“225”，【单位】中会自动填入【N】，因为【力/力矩】是在 SI 的单位系统中定义的。定义第二个参数，命名为“Lateral”，并在【数值】中输入“0”。单击【确定】，关闭【参数】对话框，如图 11-6 所示。

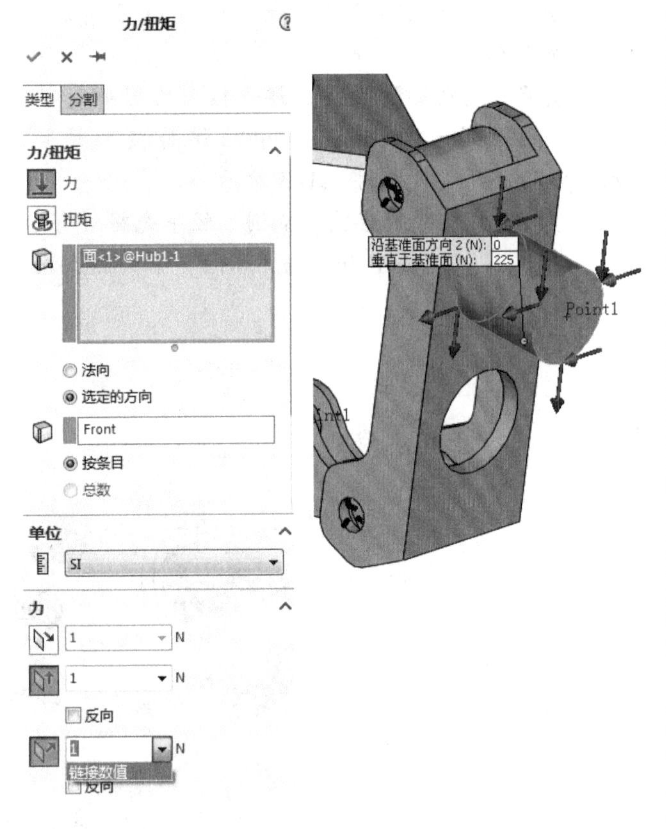

图 11-4　施加纵向力和横向力到悬架上

> **提示** 步骤 10 中定义了两个【力】的参数：Vertical 和 Lateral。

选取参数
名称
当前值
单位
表达式
确定
取消
编辑/定义...

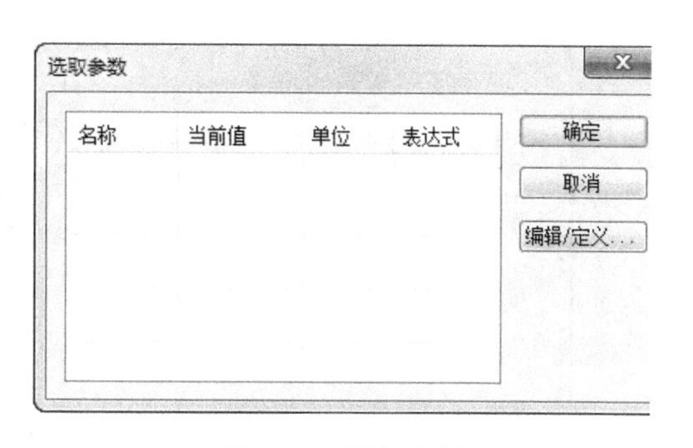

图 11-5　添加参数

步骤 11　链接数值　在【选取参数】对话框中选择【Vertical】，并链接该参数到对应力的分量中。单击【确定】，关闭【选取参数】对话框。注意，用户定义的数值 225N 会显示在对应的域中，并以明显的底色加以区别，如图 11-7 所示。

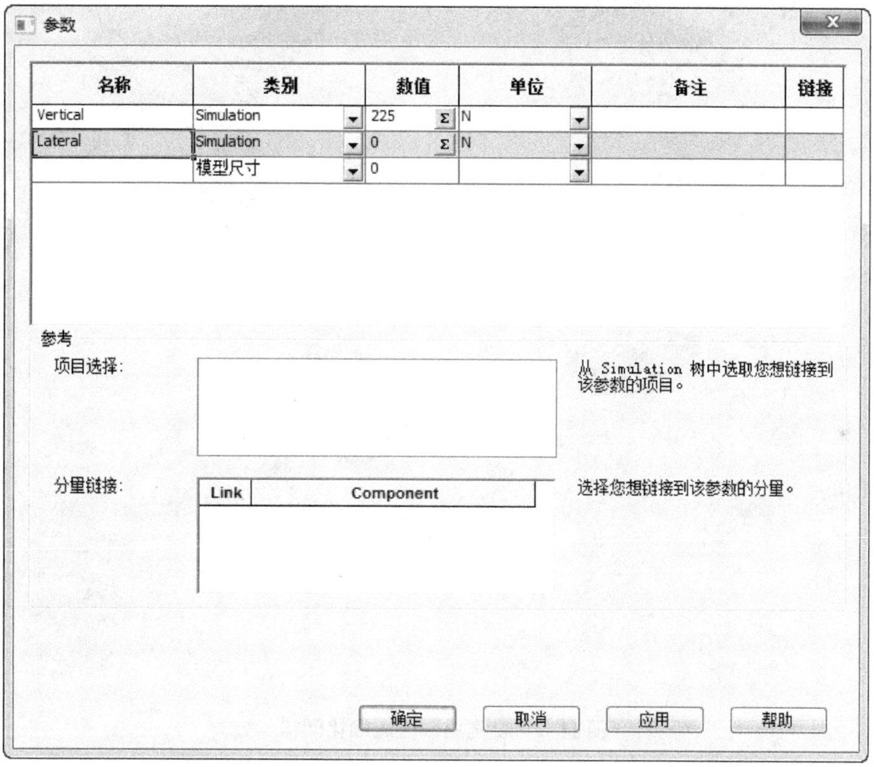

参数
名称
类别
数值
单位
备注
链接
Vertical
Simulation
225
N
Lateral
Simulation
0
N
模型尺寸
0
参考
项目选择:
从 Simulation 树中选取您想链接到该参数的项目。
分量链接:
Link
Component
选择您想链接到该参数的分量。
确定
取消
应用
帮助

图 11-6　指定载荷参数

步骤 12　链接其他载荷　将【沿基准面方向 2】的力分量链接到参数【Lateral】，如图 11-8 所示。现在，两个载荷分量都已链接到参数中，以方便控制它们的大小。单击【确定】，离开【力/力矩】的定义。

步骤 13　在高曲率区域细化网格　所有网格控制已经事先定义完毕，从算例 “Partially Completed” 中复制所有网格控制到算例 “Multiple loads” 中，如图 11-9 所示。

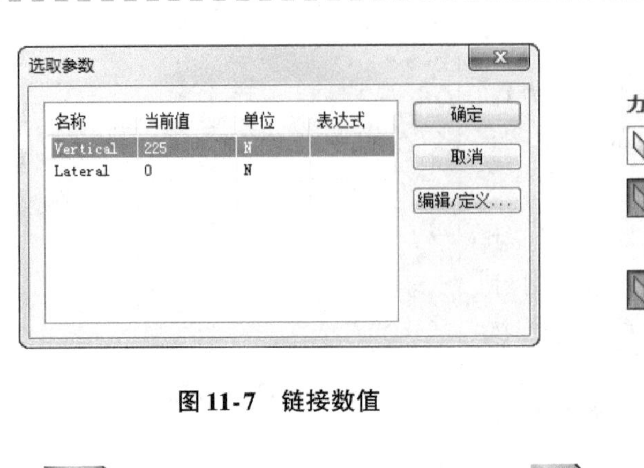

图 11-7　链接数值

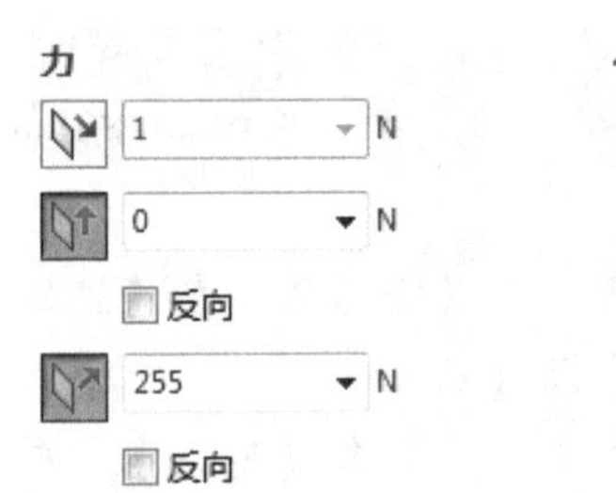

图 11-8　链接纵向力

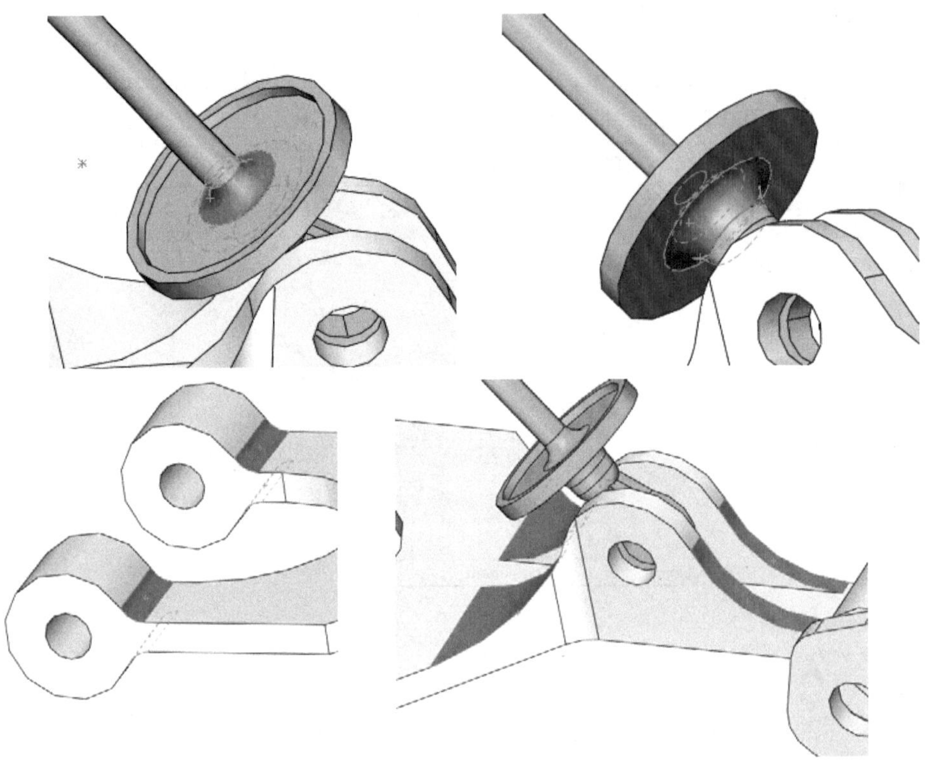

图 11-9　在高曲率区域细化网格

步骤 14　对装配体划分网格　单击【生成网格】，采用默认设置生成高品质的网格，使用【基于曲率的网格】。单击【确定】✔。

步骤 15　运行静应力分析算例“Multiple loads”　单击【运行】，运行该算例。注意到求解器会弹出一个警告提示位移过大。单击【否】，将完成这次分析。现阶段并不需要运行静应力分析算例，但还是推荐运行一遍，以验证算例的设定。

步骤 16　创建一个设计算例　在 CommandManager 的【评估】选项卡下单击【设计算例】，也可以从【插入】菜单中选择【设计算例】。重命名“设计算例 1”为“Multiple Loads-Design Study”。屏幕底部会出现设计算例的界面，该界面提供了以下两种视图风格：

- 变量视图：除了表格形式外，在这里还可以输入参数。
- 表格视图：显示每个变量的一系列离散数值。

步骤17 选取变量并输入数值 在【变量视图】选项卡的【变量】列表中，选择参数“Lateral”。从下拉列表中选择【离散值】，输入“0牛顿，60牛顿，72牛顿，115牛顿”，中间以逗号隔开，如图11-10所示。

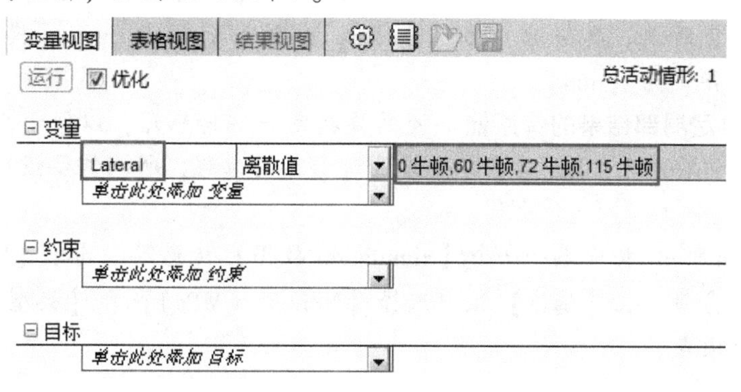

图11-10 在变量视图中添加变量

切换到【表格视图】选项卡，选择第二个参数“Vertical”，在表格中分别输入“-225牛顿”“185牛顿”“385牛顿”和“900牛顿”，如图11-11所示。

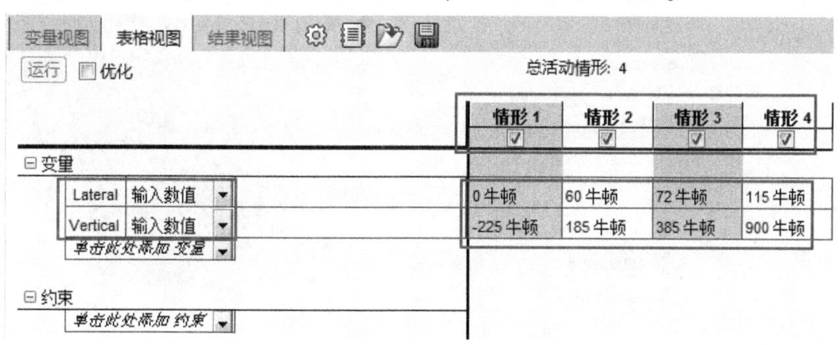

图11-11 在表格视图中添加变量

确保所有四种情形都被选中。如果放弃选中某一种情形，将会从设计算例中排除这项设计参数的组合。不要勾选【优化】复选框。

提示 【优化】选项仅在加载SOLIDWORKS Simulation Professional时可用。

每一种情形的值都代表一种载荷情况，对应汽车的一种运行模式：

- 情形1对应汽车静止（-225N Vertical，0N Lateral）。
- 情形2对应汽车在平滑路面上以恒定加速度行驶（185N Vertical，60N Lateral）。
- 情形3对应汽车在颠簸路面上行驶（385N Vertical，72N Lateral）。
- 情形4对应汽车在平滑路面上匀速行驶，然后爬上斜坡（900N Vertical，115N Lateral）。

11.3.2 设计情形结果

设计算例特征针对每个情形（参数组合），自动生成并运行多个算例。所有情形的全部计算结果都将被保存。因为数据量很容易变得很大，必须留意模型的大小和情形的数量。在指定传感器下可以获得所有的结果。

步骤 18　设定全局结果的传感器　可以通过传感器来定义结果的数值。对于全局结果而言，如果想要监测整个模型的极值，则需要定义【模型最大值】传感器。

在 Simulation Study 树中添加一个【Simulation 数据】传感器，选择【VON：von Mises 应力】为数据量分量。在【属性】栏中选择【N/mm^2（MPa）】和【模型最大值】，如图 11-12 所示。类似地，为【URES：合位移】添加一个【模型最大值】传感器，【单位】指定为【mm】。

步骤 19　设定局部结果的传感器　还需要指定一些传感器，以便于生成这些部位的报告和图解。本例将对比“hub”在各个设计情形下的位移，所以需要设定局部结果的传感器。

在 Simulation Study 树中添加一个【Simulation 数据】传感器，选择【VON：von Mises 应力】为数据量分量。在【属性】栏中选择【N/mm^2（MPa）】和【模型最大值】，选择图 11-13 所示的顶点。

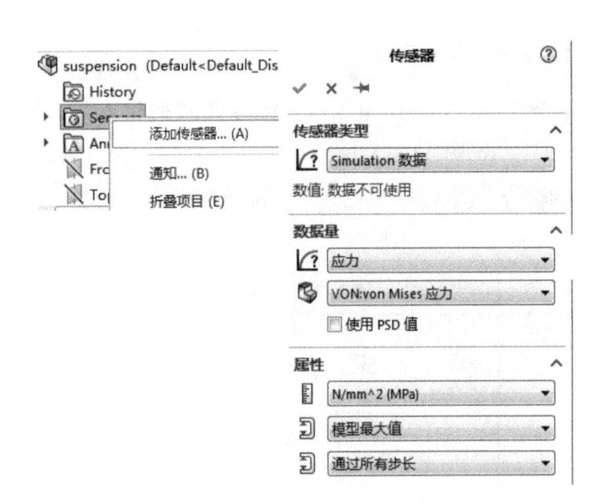

图 11-12　设定传感器

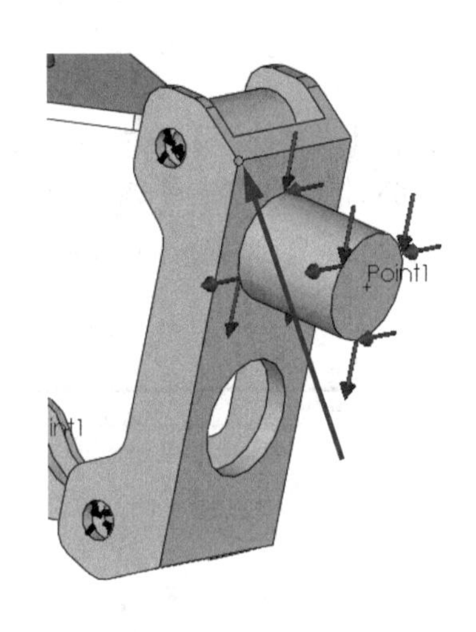

图 11-13　选择顶点

类似地，为【URES：合位移】添加一个【最大过选实体】传感器，【单位】指定为【mm】。

步骤 20　设定结果数据量　设定全局结果和局部结果时所选的传感器必须包含在设计算例中。

在【约束】中选择所有指定的传感器。对所有项目都选择【仅监视】，并指定算例为【Multiple loads】，如图 11-14 所示。

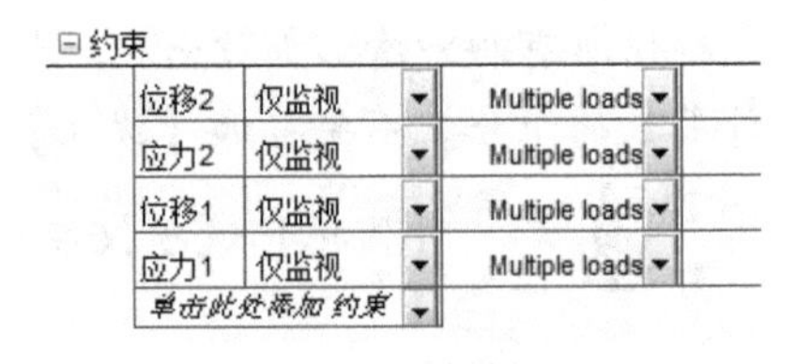

图 11-14　结果视图

提示　从上面的下拉菜单中选择的算例，将设计算例“Multiple Loads-Design Study”与静态算例“Multiple loads”关联到了一起。

设计算例可以以两种方式运算，即【快速结果】和【高质量（较慢）】。

- 快速结果：只计算按规则选择激活的情形。其余未计算激活情形的结果将采用插值的方法得到。也可以根据需要对插值的情形进行补充计算，以获取足够的精度。这个选项通常用于情形数较多的时候，否则需要占用大量的时间。

- 高质量：如果选择了该选项，则将计算所有激活的情形。如果情形数很多，将需要大量的计算时间。

知识卡片	设计算例选项	• 在【设计算例】中单击【设计算例选项】⚙。

步骤21 定义设计算例属性 单击【设计算例质量】⚙，确保选择了【高质量（较慢）】选项，如图11-15所示。单击【确定】✔。

步骤22 运行设计算例 单击【运行】，如图11-16所示，不勾选【优化】复选框。

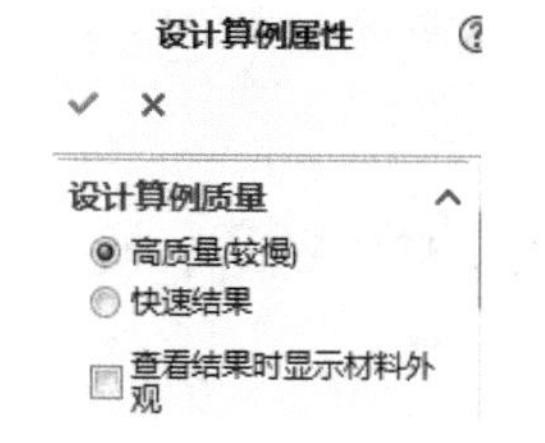

图11-15 定义设计算例属性

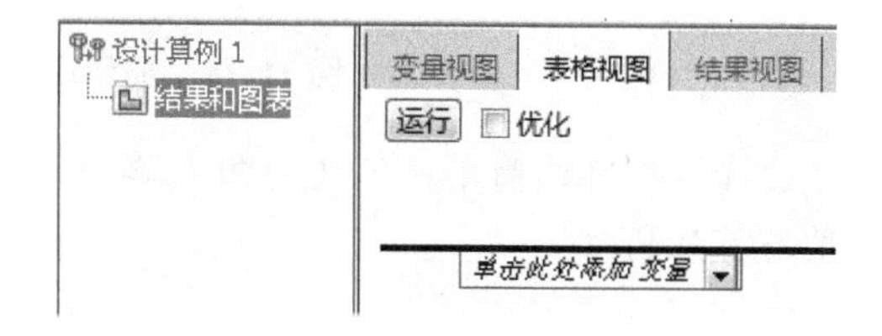

图11-16 运行设计算例

步骤23 分析全局极值结果 算例完成计算后，全局结果将显示在设计算例对话框中，如图11-17所示。

结果滑条

		当前	初始	情形1	情形2	情形3	情形4
Lateral		0牛顿	0牛顿	0牛顿	60牛顿	72牛顿	115牛顿
Vertical		225牛顿	225牛顿	-225牛顿	185牛顿	385牛顿	900牛顿
位移2	仅监视	5.56473mm	5.56473mm	5.56473mm	4.57476mm	9.52104mm	22.2576mm
应力2	仅监视	2.2984牛顿/mm^2	2.2984牛顿/mm^2	2.2984牛顿/mm^2	0.47137牛顿/mm^2	2.0461牛顿/mm^2	6.1404牛顿/mm^2
位移1	仅监视	6.46042mm	6.46042mm	6.46042mm	5.31246mm	11.05494mm	25.84201mm
应力1	仅监视	160.24牛顿/mm^2	160.24牛顿/mm^2	160.24牛顿/mm^2	140.73牛顿/mm^2	284.96牛顿/mm^2	658.17牛顿/mm^2

图11-17 分析全局极值结果

可以看到最后一个算例（情形4）的von Mises应力值最大，其大小为658.17MPa，因此可以断定，情形4对应的位移也达到最大值，约为25.84mm。由此可以得出结论，最后一个算例（对应汽车在平滑路面上匀速行驶然后爬上斜坡）代表了最糟糕的情况，我们将设计“shock”装置来承受这个载荷。

步骤24 图解显示应力结果 所有情形计算完成的结果都储存在本地硬盘上，而且可以通过结果滑条或直接从所需栏目中选择，如图11-17所示。

展开“Multiple Loads-Design Study”算例的【结果和图表】文件夹，显示von Mises应力图解，如图11-18所示。可以看到，情形4所对应的von Mises应力超过了材料合金钢的屈服强度（620MPa）。

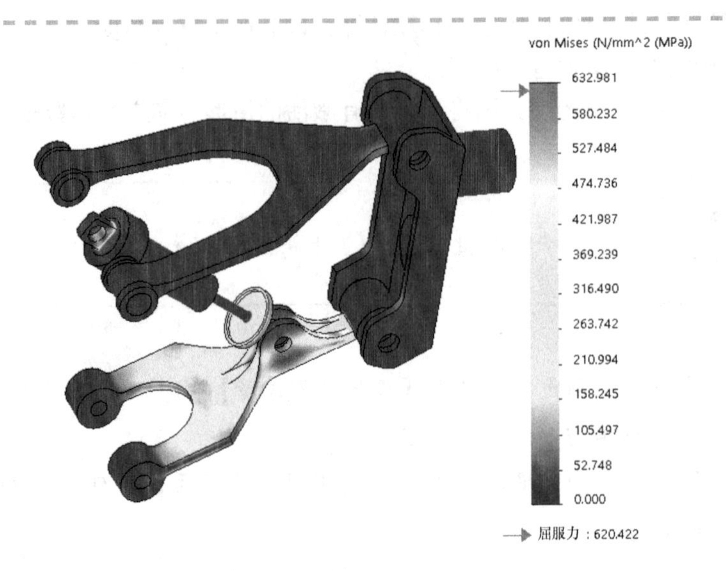

图 11-18　显示应力结果图解

四种设计情形可以简单地定义为四个单独的算例。随着情形数量的增加，设计算例的优势是显而易见的。

11.4　第二部分：几何修改

因为情形 4 被认为是模型屈服时最恶劣的载荷组合，本例将在设计情形的帮助下修改装配体的几何特征。要求 von Mises 应力的安全系数达到 2，“hub” 零部件的最大合位移达到 26mm。

步骤 25　切换到静应力分析算例　切换到静应力分析算例 “Multiple loads”，如图 11-19所示。

> 提示　在静应力分析算例的 Simulation Study 树中出现了一个新的文件夹——【参数】。在初始参数完成定义后（步骤 9 ~ 12），该文件夹便出现了。

步骤 26　定义几何参数　显示零部件的注释。单击【视图】/【隐藏/显示】，选择【零部件注释】以及【顶层注释】。右键单击【参数】文件夹并选择【编辑/定义】。在【参数】对话框中的【名称】栏输入 “Arm_thickness”，如图 11-20 所示。

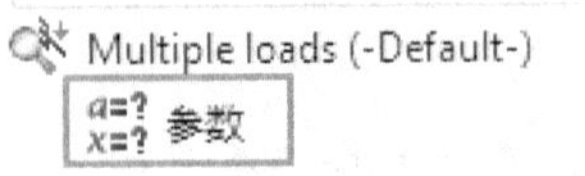

Multiple loads (-Default-)
参数

图 11-19　切换到静应力分析算例

单击3mm 的尺寸（包含在特征 Extrude2 中）作为下摆臂零件的厚度。尺寸的表达式【D2@ Extrude2@ arm. Part】将显示在【模型尺寸】域中。单击【确定】，关闭【参数】对话框。

步骤 27　修改载荷　编辑力的定义并取消力分量的参数链接。设置【沿基准面方向 2】为 115N，【垂直于基准面】为 900N，如图 11-21 所示。这对应于最恶劣的情况，即汽车在平滑、弯曲、带有斜坡的路面上匀速行驶的情形（见前面的设计情形 4）。单击【确定】✔。

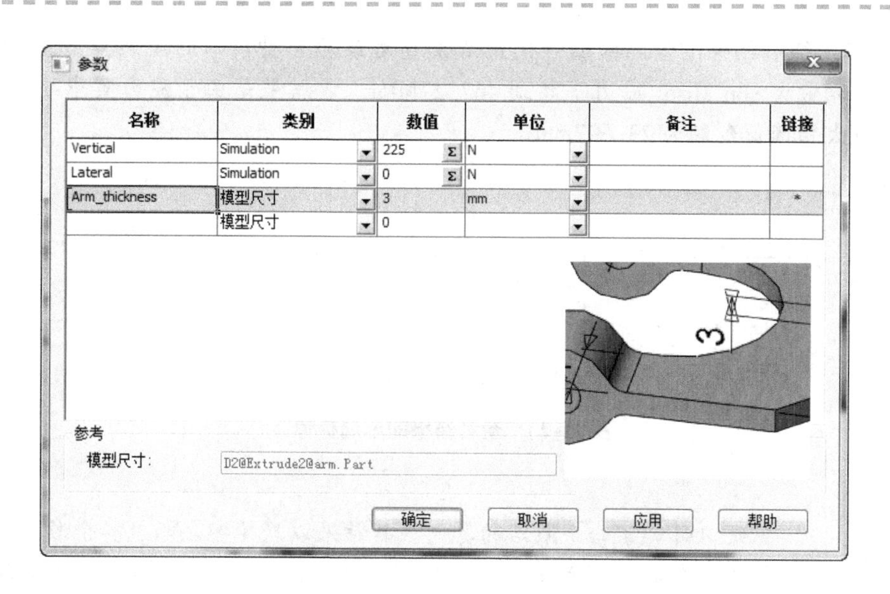

图 11-20　定义几何参数

步骤 28　定义一个新的设计算例　参考步骤 16～20，定义一个新的设计算例。在该算例中使用下列值：【带步长范围】设定【最小】为“1.5mm”，【最大】为“8mm”，【步长】为“0.5mm”。只与参数“Arm_thickness”相对应，如图 11-22所示。

对全局和局部的结果采用相同的传感器。

图 11-21　解除链接数值

步骤 29　定义算例选项　设置设计算例的质量为【快速结果】。

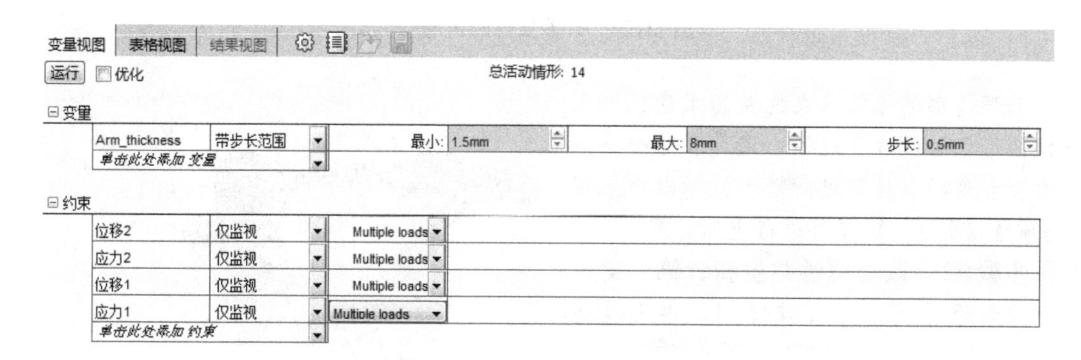

图 11-22　定义一个新的设计算例

提示　【快速结果】选项只计算按规则选择激活的情形。在这个实例中，只有四种情形会得到计算。

步骤 30　运行设计情形

步骤 31　查看结果的全局极值　使用滑条查看最后一种情形的结果，如图 11-23 所示，可以看到最大 von Mises 应力下降到 467.27MPa。该结果是由于应力集中导致的。位移结果的最大值降低到约为 23.697mm。

变量视图　表格视图　结果视图

4 情形之 4 已成功运行 设计算例质量: 快

		当前	初始	情形 8	情形 9	情形 10	情形 11	情形 12	情形 13	情形 14
Arm_thickness		3mm	3mm	5mm	5.5mm	6mm	6.5mm	7mm	7.5mm	8mm
位移2	仅监视	22.2576mm	22.2576mm	21.24999mm	20.99493mm	20.77167mm	20.5802mm	20.42053mm	20.29266mm	20.19646mm
应力2	仅监视	6.1404 牛顿/mm^2	6.1404 牛顿/mm^2	6.4814 牛顿/mm^2	6.5546 牛顿/mm^2	6.6168 牛顿/mm^2	6.6679 牛顿/mm^2	6.7081 牛顿/mm^2	6.7373 牛顿/mm^2	6.7559 牛顿/mm^2
位移1	仅监视	25.84201mm	25.84201mm	24.71681mm	24.42864mm	24.18775mm	23.99415mm	23.84783mm	23.74881mm	23.69692mm
应力1	仅监视	658.17 牛顿/mm^2	658.17 牛顿/mm^2	433.55 牛顿/mm^2	362.39 牛顿/mm^2	321.94 牛顿/mm^2	312.21 牛顿/mm^2	333.19 牛顿/mm^2	384.87 牛顿/mm^2	467.27 牛顿/mm^2

图 11-23　查看结果的全局极值

> **提示**　系统只计算了四个激活的算例，其结果以黑体字显示。其余激活的算例的数值以灰色显示，通过插值的方式得到。如果需要得到插值情形的精确结果，则需要对之进行计算。

步骤 32　计算插值的情形　在【结果视图】选项卡中，右键单击【情形 2】列，并选择【运行】，则该情形会得到计算，如图 11-24 所示。

初始	情形 1	情形 2	情形 3
3mm	1.5mm	2mm 运行	
22.2576mm	23.92617mm	23.44808mm	23.00224mm
6.1404 牛顿/mm^2	5.6542 牛顿/mm^2	5.8116 牛顿/mm^2	5.9507 牛顿/mm^2
25.84201mm	28.05913mm	27.43888mm	26.86698mm
658.17 牛顿/mm^2	1781.1 牛顿/mm^2	1505.4 牛顿/mm^2	1250 牛顿/mm^2

图 11-24　计算插值的情形

如果情形的结果从灰色变为黑色，则表明该情形已经被计算过了。因为在这个算例中希望看到所有计算过的情形，所以将采用【高质量（较慢）】设置进行重新计算。

步骤 33　改变属性并重新计算　更改算例质量为【高质量（较慢）】。单击【运行】按钮，计算所有 14 个激活的情形。

步骤 34　图解显示 von Mises 应力　当下摆臂零件的厚度值为 8mm 时，显示最后一种情形（情形 14）对应的 von Mises 应力图解，如图 11-25 所示。

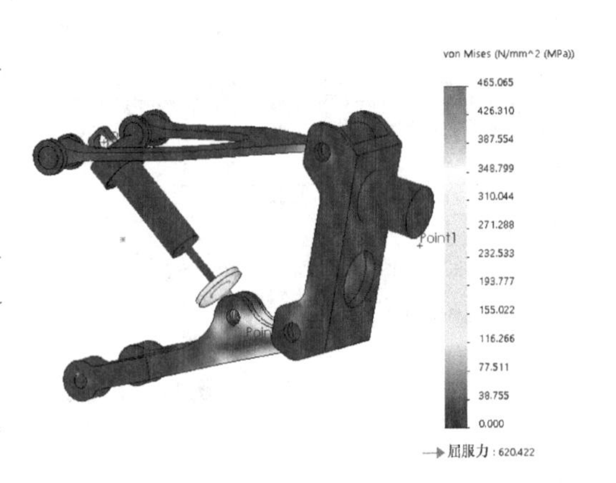

图 11-25　图解显示 von Mises 应力

可以看到最大 von Mises 应力为 465MPa。需要注意的是，最大应力的位置转移到了“Plunger”的圆角处。模型尺寸的变化导致应力重新分布，零部件的刚度相对而言也在变化。

设计情形的结果可以通过图表的形式进行展示，这样能够更加方便地表现变化的趋势。在创建设计情形时，通过选择不同的位置，可以在同一个图表中显示多个结果。

知识卡片	图表	• 快捷菜单：右键单击【结果和图表】文件夹，选择【定义设计历史图表】。 • 菜单：【Simulation】/【定义图表】。

步骤35 图表显示 von Mises 应力的全局极值 右键单击【结果和图表】文件夹，选择【定义设计历史图表】。如图11-26所示，在【Y-轴】栏中选择【约束】，传感器将监测模型的最大应力。本例中的传感器名为“应力1”。保持【额外位置】为【无】，这样将创建全局结果的图表。单击【确定】✔以显示图表。

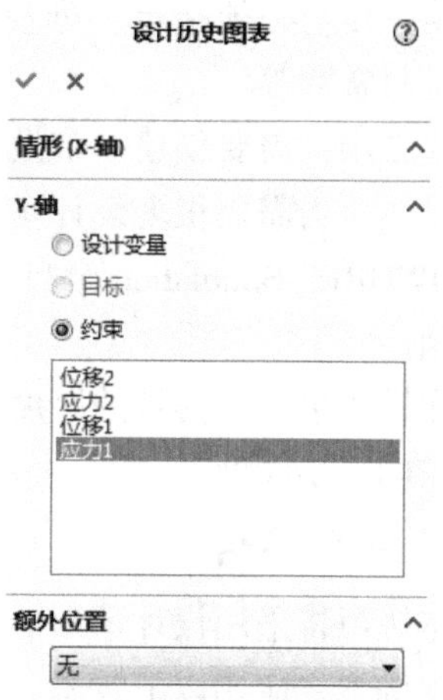

设计历史图表
情形(X-轴)
Y-轴
设计变量
目标
约束
位移2
应力2
位移1
应力1
额外位置
无

图11-26 定义设计历史图表

图11-27显示了 von Mises 应力与下摆臂厚度不同的全局极值间的关系。

可以观察到，当下摆臂的厚度超过4mm时，随着厚度的减小，整体 von Mises 应力并没有实质性地减小，最大值的位置从底部“arm”转到“Plunger”。因此可以断定，厚度4mm是一个最佳值。

当“Arm_thickness”为4mm时，整体 von Mises 应力值大约为492MPa，即材料合金钢屈服强度（620MPa）的79%。更进一步地提高摆臂的厚度并不会显著降低最高应力，如果想要得到更大的安全系数，必须研究其他设计修改方案。

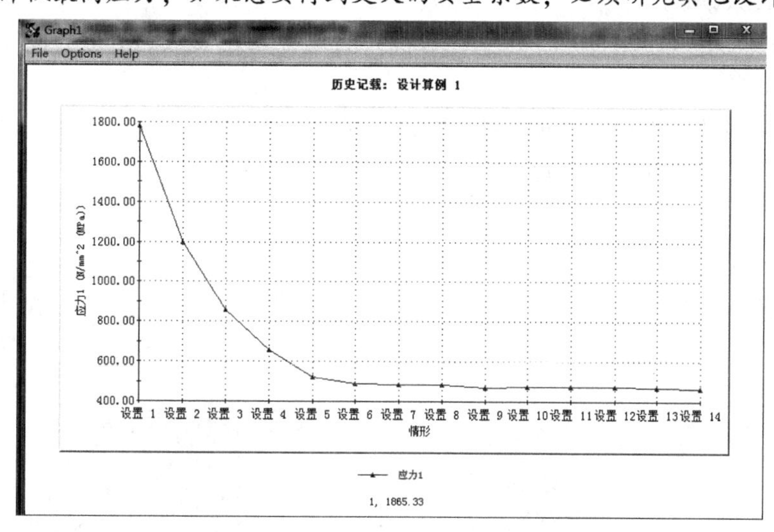

图11-27 设计参数与应力结果图表

步骤36 保存并关闭文件

提示：在这个装配体中，还可以分析不同零件的材料组合。使用本章中相同的步骤，首先定义材料属性的参数（例如弹性模量或屈服强度），然后定义一个设计情形，指定的材料属性的数值组合将包含其中。

11.5　总结

本章介绍了设计算例，该特征允许用户定义好特定参数后，分析所设计的各种趋势。该特征有许多适用的场合，本章只介绍了其中的一部分，即用它来分析各种载荷情形，模拟小汽车的各种行驶工况，并找出悬架零部件厚度的最优值。

设计情形算例由下面两步组成：

第一步：必须指定一列参数（设计变量）。有多种参数类型可供选择，包括载荷、几何特征、材料常数等。

第二步：需要创建一个设计算例，指定多组参数（设计变量）的数值组合以构建设计情形。

显然，当需要很多设计参数的优化组合时，过程是冗长繁杂的。在这种情况下，必须用到 SOLIDWORKS Simulation 全自动的优化模块。该模块可以在 SOLIDWORKS Simulation Professional 中找到。

在模型中，当摆臂的厚度为 4mm 时，应力低于材料的屈服强度。这是保证材料不受永久损坏所需的最小厚度。

练习　矩形平台

本练习将采用设计情形的方法，计算出两个支撑点之间的距离，使得平板挠度最小。

本练习将应用以下技术：

- 设计情形。
- 多个设计算例。
- 设计情形结果。
- 设计算例图表。

1. 项目描述　如图 11-28 所示，由塑性材料（尼龙 6/10）做成的矩形平台（platform）由两根钢杆（Rod）支撑着。

注意到钢杆通过两块连杆（Link）悬挂着，而连杆本身为销（Pin）支撑，如图 11-29 所示。当矩形平台弯曲时，连接在矩形平台上的销钉之间的距离也会发生变化。

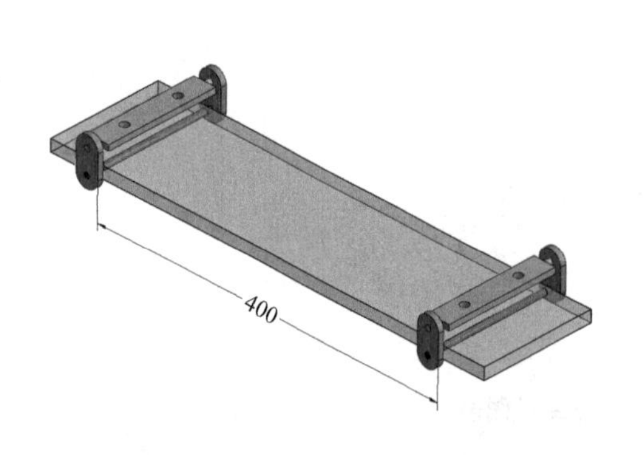

图 11-28　矩形平台模型

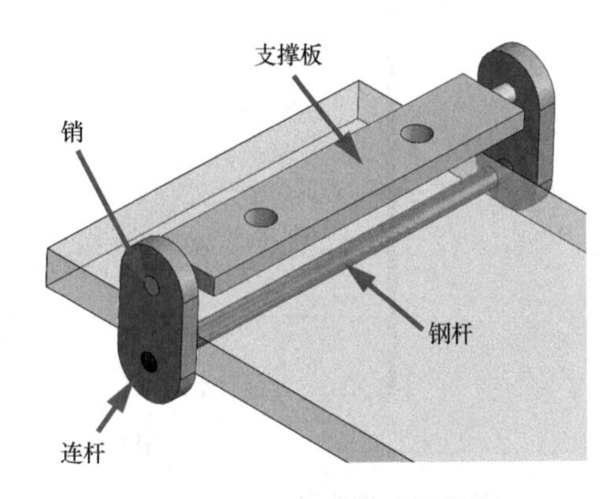

图 11-29　矩形平台构件

这种支撑类型使得矩形平台的挠度和应力算例可以采用线性模型分析。该矩形平台装配体承受 100g 加速度的激励。假设钢杆是刚性的，而且用户并不关注销钉和平板之间的接触。基于这些假设，可以将钢杆排除在分析之外。

因为钢杆可以通过适当的约束来取代，因此在分析中只需要使用 SOLIDWORKS 的零件文件

“platform”，而不是装配体文件“platform assembly”。

本练习的目的是找出两个销之间的距离，以使矩形平台的挠度最小化。

2. 平板分析

操作步骤

扫码看视频

步骤1 打开文件 打开文件夹“Lesson11 \ Exercises \ Platform-Design Scenarios”下的文件“platform. SLDPRT”。

步骤2 显示特征尺寸 在 Simulation Study 树中，右键单击【注释】并选择【显示特征尺寸】。

提示：本练习利用矩形平台的双向对称性来分析模型的1/4部分。

步骤3 创建对称切除 激活名为“double symmetry”的配置。

步骤4 创建算例 创建一个名为“100G”的静应力分析算例。

步骤5 定义参数 在【插入】中选择【设计算例】/【参数】，或者在【评估】选项卡中单击【参数】。在【参数】对话框中定义一个名为“distance”的参数，选择两点之间的距离尺寸400mm，如图11-30所示。

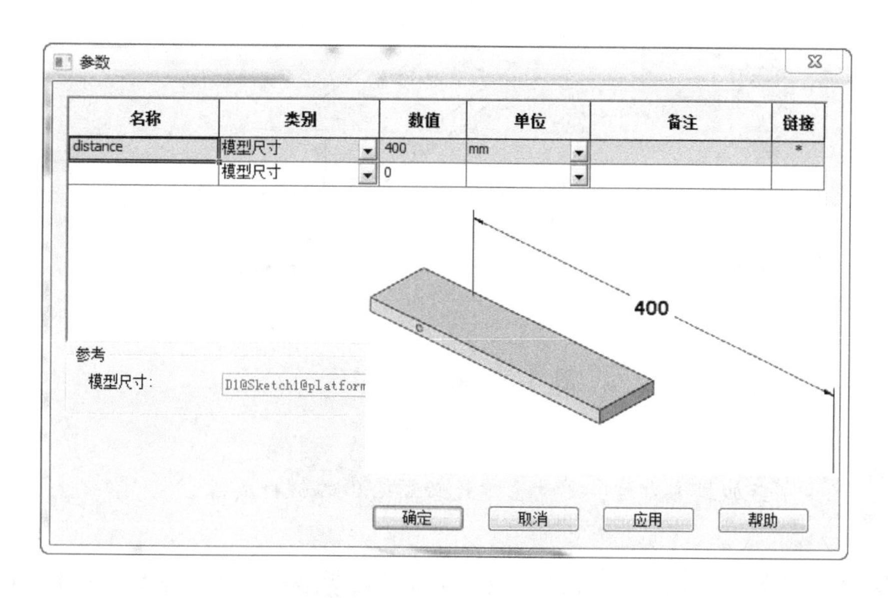

图11-30 定义设计参数

步骤6 定义材料 在 SOLIDWORKS materials 库中的【塑料】目录下，选择材料【尼龙6/10】。

步骤7 定义对称约束 在切除特征的两个表面上定义【对称】约束，如图11-31所示。

步骤8 施加约束模拟钢杆支撑 在圆柱孔面上应用【固定铰链】约束条件，如图11-32所示。

步骤9 施加重力载荷 右键单击【外部载荷】，并选择【引力】。选择 Front 基准面作为参考，以定义重力加速度的方向。在【单位】选项中选择【SI (m/s^2)】。

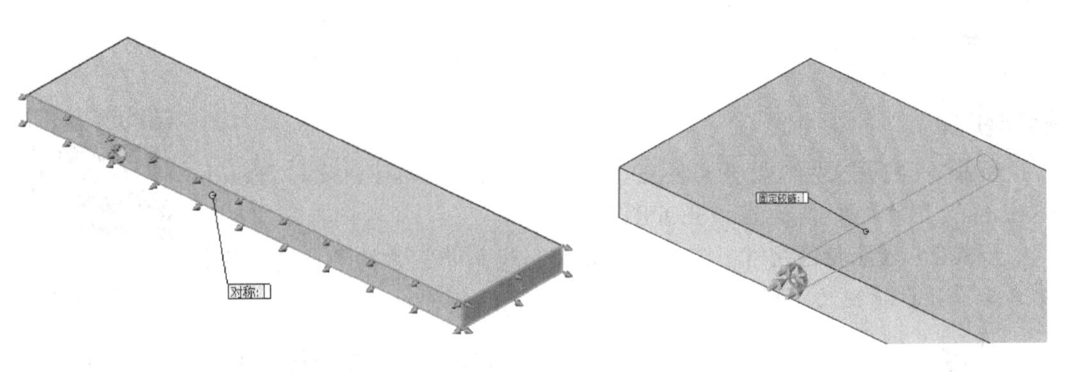

图 11-31　定义对称约束　　　　图 11-32　施加铰链约束

设置 Front 基准面的法线方向为 981m/s^2（该值为 100 倍的重力加速度），载荷沿 Z 轴负方向，如图 11-33 所示，单击【确定】✔。

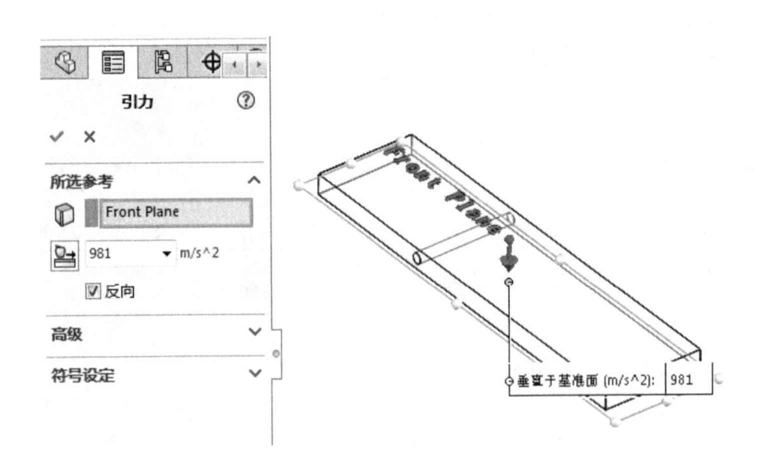

图 11-33　定义重力载荷

提示　当加载重力时，质量密度是必须给出的材料属性。

步骤 10　划分模型网格　使用默认设置生成高品质单元，使用【基于曲率的网格】。

步骤 11　定义设计算例　定义十组设计情形，并依次输入【distance】参数为 475、425、375、325、275、225、175、125、75、25，单位为 mm。

步骤 12　结果指定　注意查看模型应力和合位移的全局最大值，以及图 11-34 所示两个顶点处相同变量的局部结果。

步骤 13　运行设计算例　使用高品质网格。

步骤 14　查看结果　查看 von Mises 应力和合位移的全局最大值，并查看顶点 1 位置和顶点 2 位置的局部应力和位移，如图 11-35 所示。

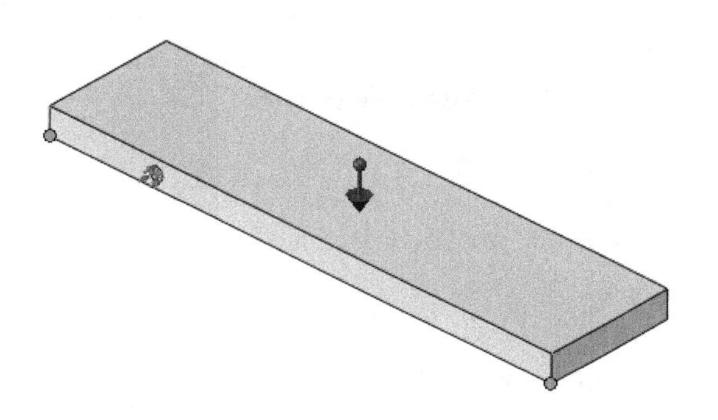

图 11-34　结果指定

11 情形之 11 已成功运行 设计算例质量: 高

		当前	初始	情形 1	情形 2	情形 3	情形 4
distance		400mm	400mm	475mm	425mm	375mm	325mm
Stress1	仅监视	12.116 牛顿/mm^2	12.116 牛顿/mm^2	18.3 牛顿/mm^2	14.18 牛顿/mm^2	10.054 牛顿/mm^2	5.9216 牛顿/mm^2
Displacement1	仅监视	3.80191mm	3.80191mm	8.20209mm	5.05798mm	2.73858mm	1.1357mm
Displacement2	仅监视	1.56125mm	1.56125mm	0.95454mm	1.53906mm	1.42165mm	0.73404mm
Displacement3	仅监视	3.68721mm	3.68721mm	8.02097mm	4.92125mm	2.64574mm	1.08559mm

图 11-35　设计算例结果

步骤 15　以图表显示顶点 1 和顶点 2 的结果　单击【定义设计历史图表】，显示 von Mises 应力和合位移的变化，如图 11-36 和图 11-37 所示。可以看到 von Mises 应力和合位移结果在支撑杆间距为 275mm（设置 5）时最小，分别对应 4.7MPa 和 0.36mm。

步骤 16　保存并关闭文件

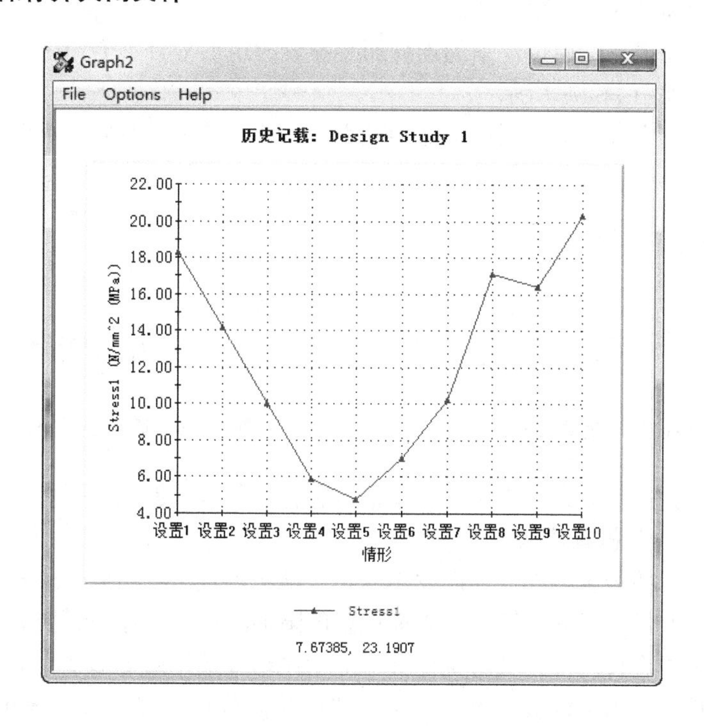

图 11-36　von Mises 应力结果

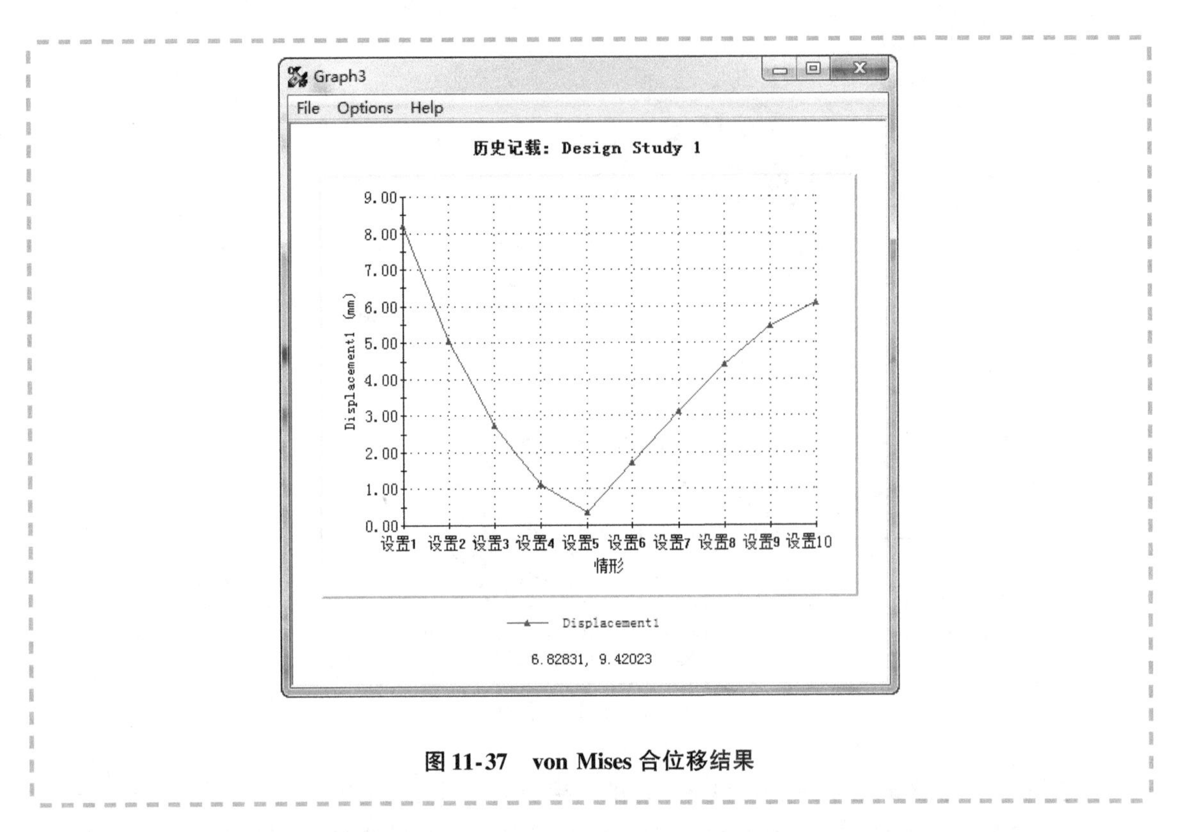

图 11-37　von Mises 合位移结果

3. 线性分析的局限性　本练习开始就说明了该模型是通过浮动的连杆悬挂着的。这些连杆本身是由销支撑的，同时还能绕这些支撑销旋转。鉴于这个原因，当矩形平台在规定载荷下承受变形时，钢杆间的距离可能会发生改变。

因此在小变形的前提下，通过浮动的连杆而悬挂着的矩形平台不会产生拉应力，它仅仅靠弯曲应力来抵抗载荷，如图 11-38 所示。

如果连杆受到固定支撑，钢杆间也不能相互靠近，那么除了有弯曲应力以外，拉应力也会同时产生，如图 11-39 所示。

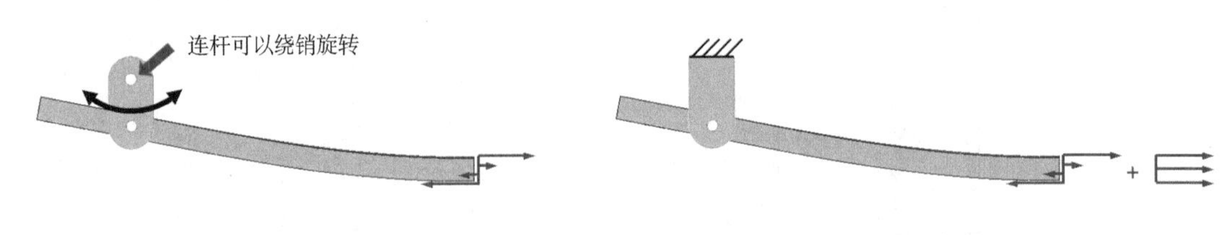

图 11-38　旋转连杆产生弯曲应力　　**图 11-39　固定连杆产生拉应力**

这些拉应力又称为薄膜应力，是变形的结果，它将显著地增加矩形平台的刚度。

4. 思考　这与线性分析有什么关系呢？

线性分析假设结构的刚度不随变形而发生变化，求解是基于在任何变形发生前计算的原始刚度。因此，线性分析并没有考虑由薄膜应力而产生的附加刚度。这些薄膜应力是在变形过程中发生的。即使想要模拟固定铰链叶，其解也仍会对应于浮动铰链，而矩形平台的刚度亦是偏低的。

为了区分浮动铰链与固定铰链，需要使用非线性几何分析，这些可在 SOLIDWORKS Simulation Premium 中进行求解。

第 12 章　热应力分析

学习目标

- 运行温度载荷下的静应力分析
- 了解与温度相关的材料属性定义
- 使用传感器获取所需位置的结果
- 在热应力分析中使用软弹簧选项
- 保存模型的变形形状
- 在局部坐标系中检查结果

12.1　热应力分析简述

由于材料的热膨胀系数各不相同，双层金属带在加热和冷却时会产生内应力。本章将计算双层金属带在加热和冷却过程中零件的应力及变形结果。

12.2　实例分析：双层金属带

由于铝的热膨胀系数（200 W/m · K）和镍的热膨胀系数（43W/m · K）不同，双层金属带会在温度改变时发生形变。在这个实例中，假定在室温下应力为零。

12.2.1　项目描述

双层金属带模型如图 12-1 所示。在室温 25℃下，由铝带和镍带黏合在一起的双层金属带在没有任何约束的情况下加热到 280℃。

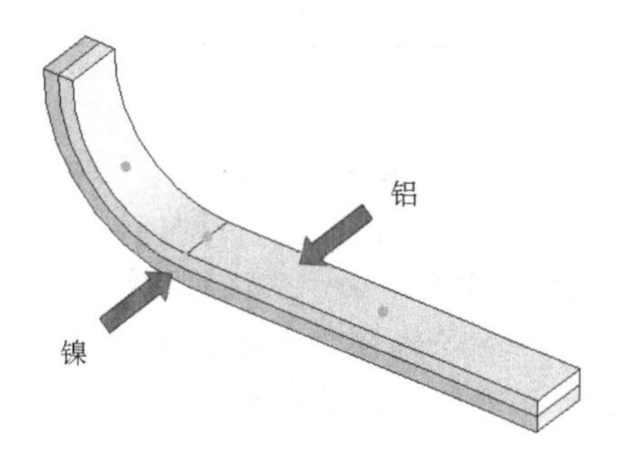

图 12-1　双层金属带模型

本例的目的是要了解由于铝和镍的热扩张不同而引起的变形，并找出黏合层所需的最小应力强度。

数值仿真后还需要进行物理实验。沿长度方向布置六个张力计，附着在测试模型的表面（每个部分的表面都放置三个），以测量表面的变形。要保证实验数据和数值解的相关性，在有限元模型中，传感器必须布置在相同的位置上，然后保存这个变形装配体为 SOLIDWORKS 的一个模型，以作为进一步设计的参考。

扫码看视频

操作步骤

步骤 1 打开装配体 打开文件夹“Lesson12 \ Case Studies \ Bimetalic Strip”下的装配体文件“bimetal”。

步骤 2 创建算例 创建一个名为“bonded”的静应力分析算例。

镍和铝的材料属性由 SOLIDWORKS 装配体自动传递过来。

12.2.2 材料属性

因为模型处于升温的环境，所以材料常数也要作相应调整。表 12-1 和表 12-2 显示了材料常数与温度的关系。

表 12-1 材料屈服强度与温度的关系

项目	屈服强度随温度的变化/Pa				
	室温	100℃	204℃	260℃	316℃
Inconel 702 Nickel Alloy	406.9×10^6	—	356×10^6	—	326×10^6
2014-T6 Aluminum Alloy	378.6×10^6	330.5×10^6	210×10^6	119.8×10^6	44.4×10^6

表 12-2 材料弹性模量与温度的关系

项目	弹性模量随温度的变化/Pa				
	室温	100℃	204℃	260℃	316℃
Inconel 702 Nickel Alloy	229.9×10^9	—	223.4×10^9	—	205×10^9
2014-T6 Aluminum Alloy	71.9×10^9	70.6×10^9	64.1×10^9	50.8×10^9	50.5×10^9

步骤 3 为镍带指定材料属性 右键单击“ni-2”（位于【零件】文件夹下），并选择【应用/编辑材料】。【材料】对话框显示的是默认室温下的镍材料常数。由于默认的材料库无法编辑，我们将复制镍材料到一个新的自定义库，并取名为“Lesson 12 materials”。右键单击【材料】对话框左侧的任何位置，并选择【新库】，如图 12-2 所示。

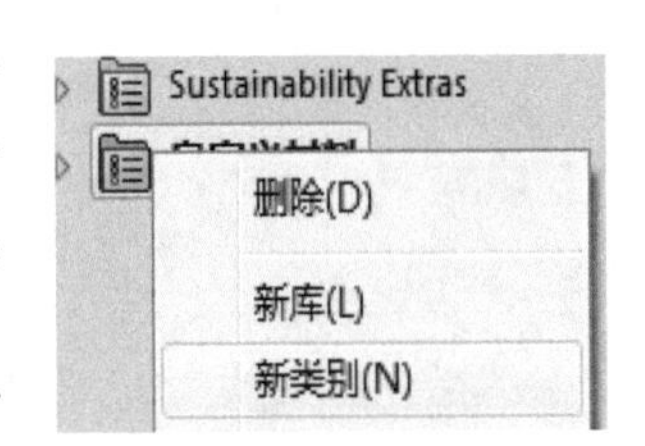

图 12-2 新建库

命名新库为“Lesson 12 materials. sldmat”。复制【SOLIDWORKS materials】/【其他金属】/【镍】，粘贴到新建的库中，如图 12-3 所示。编辑【镍】，选择【表格和曲线】选项卡，并在【类型】下选择【X 弹性模量 vs 温度】。在【表格数据】栏中选择单位为【℃】和【N/m²】。

步骤 4 输入数据 按照表 12-2 输入指定点的数据。该表格定义了材料 Inconel 702 Nickel Alloy 与温度相关的弹性模量，如图 12-4 所示。

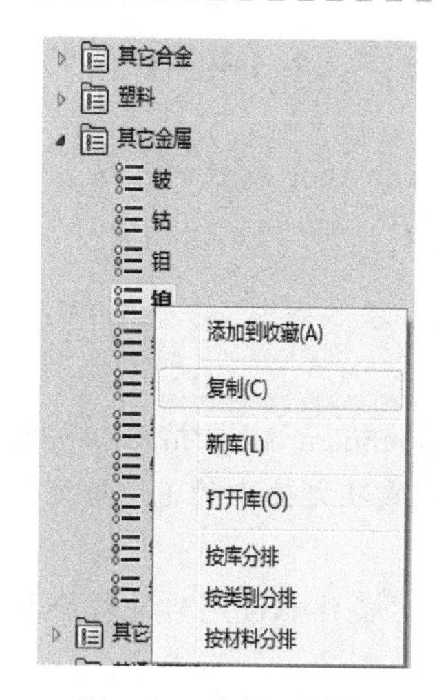

图 12-3　复制和粘贴

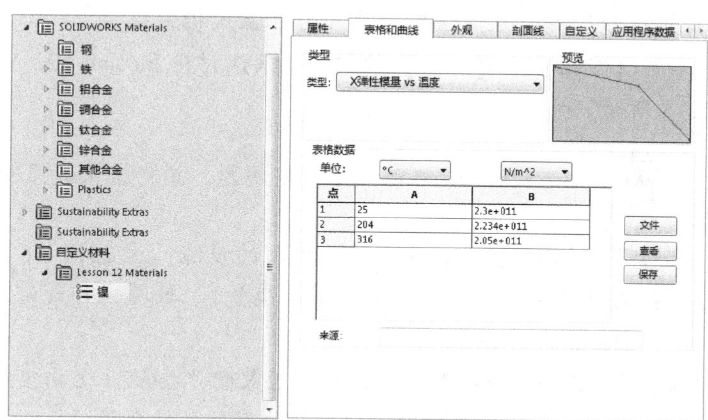

图 12-4　定义镍带的弹性模量

若要新加一行表格数据，双击最后一行即可。

步骤 5　从 Excel 输入数据　在某些情况下，点的数量是非常多的。SOLIDWORKS Simulation 可以很方便地从其他软件中复制数据，例如 Excel。继续编辑材料【镍】，在【类型】下选择【屈服力与温度】，设置【单位】为【℃】和【牛顿/m^2】，如图 12-5 所示。

打开练习文件中的 Excel 文件 “materialdata. xls”，框选 Inconel 702 Nickel Alloy 表格中的数据。右键单击对应的数据并选择【复制】，如图 12-6 所示。

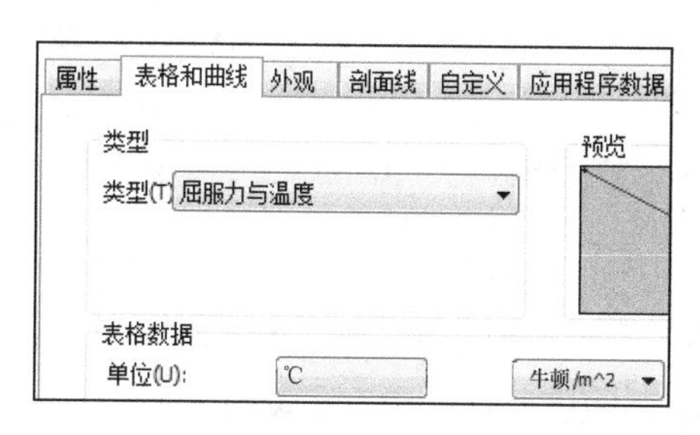

图 12-5　定义镍带的屈服力和温度

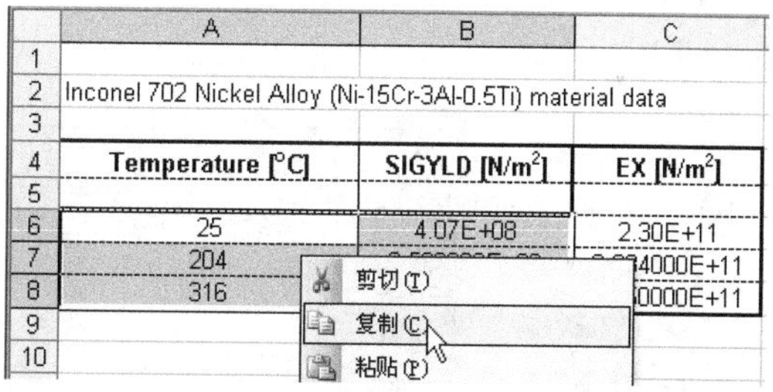

	A	B	C
1			
2	Inconel 702 Nickel Alloy (Ni-15Cr-3Al-0.5Ti) material data		
3			
4	Temperature [°C]	SIGYLD [N/m²]	EX [N/m²]
5			
6	25	4.07E+08	2.30E+11
7	204	[illegible]	[illegible]4000E+11
8	316		[illegible]0000E+11
9			
10			

剪切(T)
复制(C)
粘贴(P)

图 12-6　从 Excel 文件中复制数据

粘贴该数据到【材料】对话框的【表格数据】区域，如图 12-7 所示。

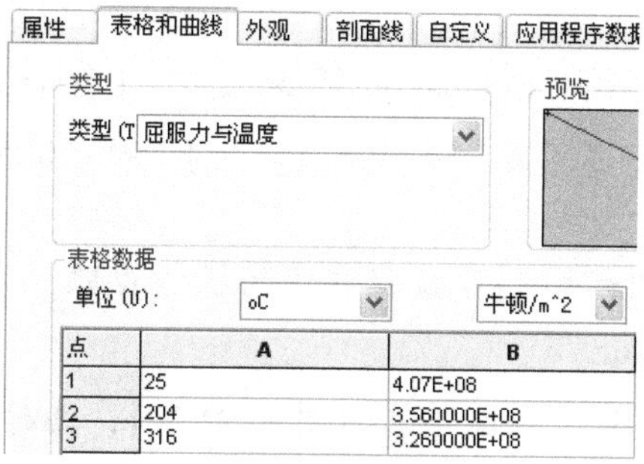

属性　表格和曲线　外观　剖面线　自定义　应用程序数据

类型　类型(T) 屈服力与温度　预览

表格数据　单位(U): oC　牛顿/m^2

点	A	B
1	25	4.07E+08
2	204	3.560000E+08
3	316	3.260000E+08

图 12-7　将数据粘贴到【材料】对话框

步骤 6　改变材料属性为【温度相关】　切换到【属性】选项卡，在【数值】列中将【X 弹性模量】和【屈服强度】更改为【温度相关】。

单击【应用】和【保存】按钮，以确认材料 Inconel 702 Nickel Alloy 属性的定义，如图 12-8 所示。

提示　本例假定在给定温度范围内，热膨胀系数保持常数。

步骤 7　给铝带指定材料　接着上面的步骤，为 2014-T6 Aluminum Alloy 指定相同的温度相关的材料常数（屈服强度及弹性模量）。数据同样能够从练习文件中的 Excel 文件“materialdata. xls”中获取。

步骤 8　设置全局接触　默认的顶层装配体接触（全局接触）条件都设定为【接合】。当分析黏合在一起的零部件时，接合的接触条件是合适的。

步骤 9　在铝带上定义传感器　在 Simulation Study 树中，右键单击【Sensors】文件夹并选择【添加传感器】，如图 12-9所示。

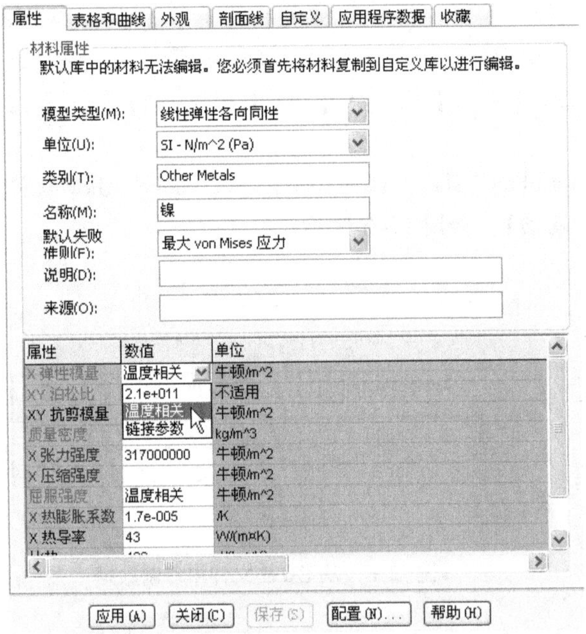

图 12-8　改变材料属性为【温度相关】

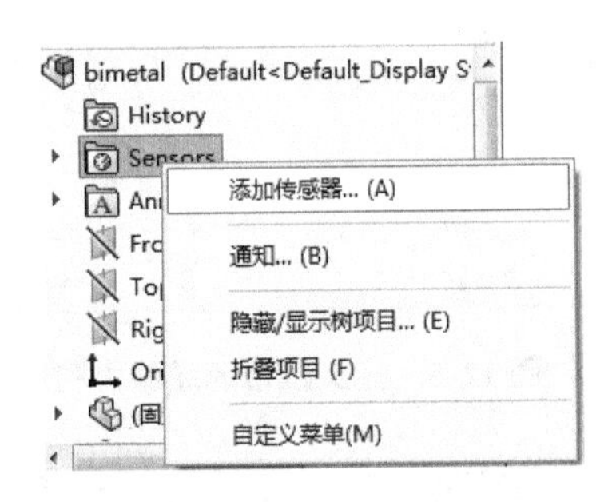

图 12-9　添加传感器

在【传感器类型】中选择【Simulation 数据】，在【数据量】中选择【工作流程灵敏】。在金属带表面选择三个草图点，并单击【确定】✓，如图 12-10 所示。重命名这组传感器为“Al Sensors”。

步骤 10　在镍带上定义传感器　按照相同的操作步骤，定义镍带上的三个传感器。命名这组传感器为“Ni Sensors”。

步骤 11　施加温度载荷　右键单击【外部载荷】，选择【温度】🌡。利用 SOLIDWORKS FeatureManager 设计树选择装配体的两个零部件。

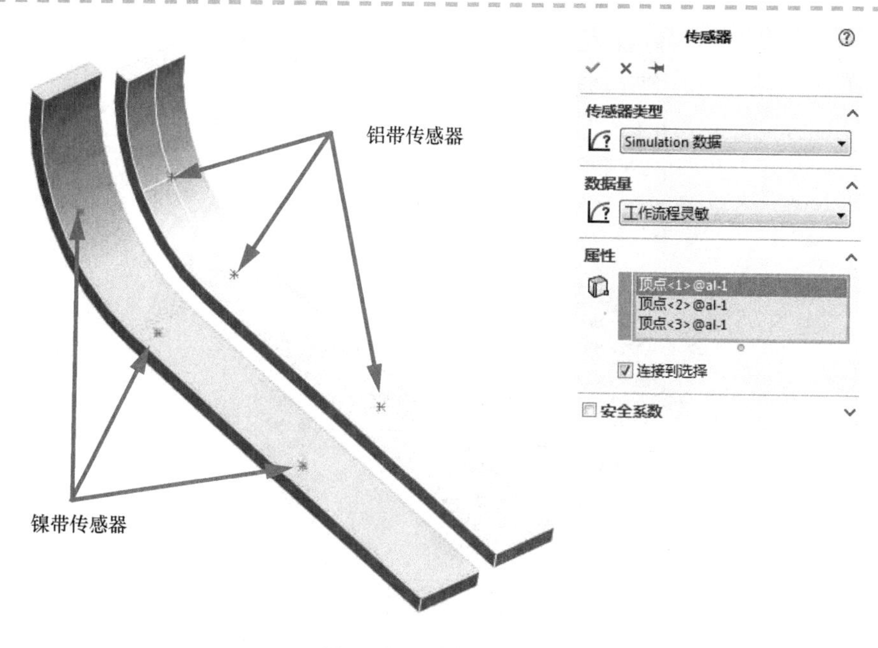

图 12-10 定义传感器

设置温度为 280℃，如图 12-11 所示。这样的定义说明，对于装配体的两个零部件，温度是从零应变的参考温度均匀升高/降低到 280℃的。单击【确定】✔。

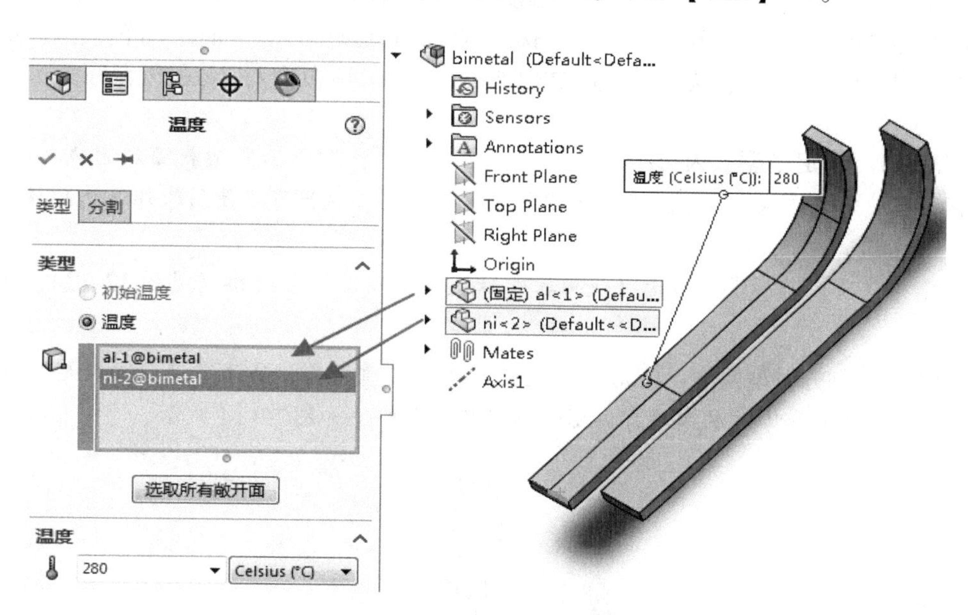

图 12-11 施加温度载荷

步骤 12 定义零应变温度 右键单击算例“bonded”并选择【属性】。选择【流动/热力效应】选项卡，在【热力选项】中选择【输入温度】（默认选项），即为前面定义的 280℃，如图 12-12 所示。

设置【应变为零时的参考温度】为 25℃。这个温度对应的是室温。本例假定在这个温度下，不会由于结构载荷与边界条件的关系而在模型中产生应变。

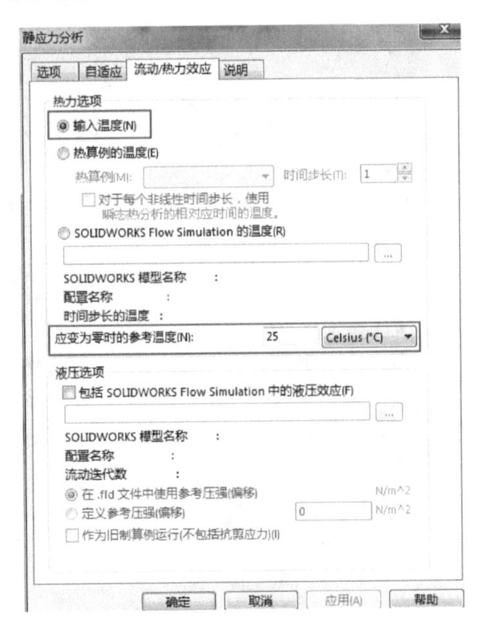

图 12-12　定义零应变温度

12.2.3　输入温度

从图 12-12 所示的对话框中可以看到，温度载荷可以通过 SOLIDWORKS Simulation 热力分析输入，也可以直接从 CFD（计算流体力学）软件 SOLIDWORKS Flow Simulation 的模拟结果输入。

对应力分析来说，其也能从 SOLIDWORKS Flow Simulation 中输入流体的压力分布。

步骤 13　稳定模型　因为金属带的变形不受约束，所以不能加载额外的边界条件。因为模型满足热力学状态方程，而且不受任何外力作用，这里可以使用软弹簧选项使模型稳定。

选择【选项】选项卡，勾选【使用软弹簧使模型稳定】复选框（见图 12-13），单击【确定】✔。

步骤 14　划分模型网格　使用默认设置创建高品质网格，使用【基于曲率的网格】。该单元大小沿着每个零件的厚度方向刚好创建两层网格，如图 12-14 所示。

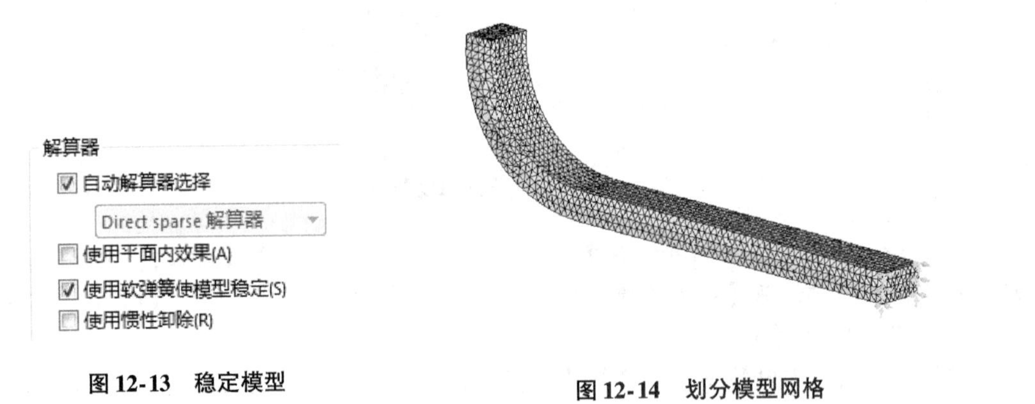

图 12-13　稳定模型

图 12-14　划分模型网格

步骤 15　运行分析

步骤 16　图解显示位移　图解显示合位移（使用 1:1 的变形比例）。从图 12-15 中可以观测到，双层金属带的最大合位移约为 0.601mm。

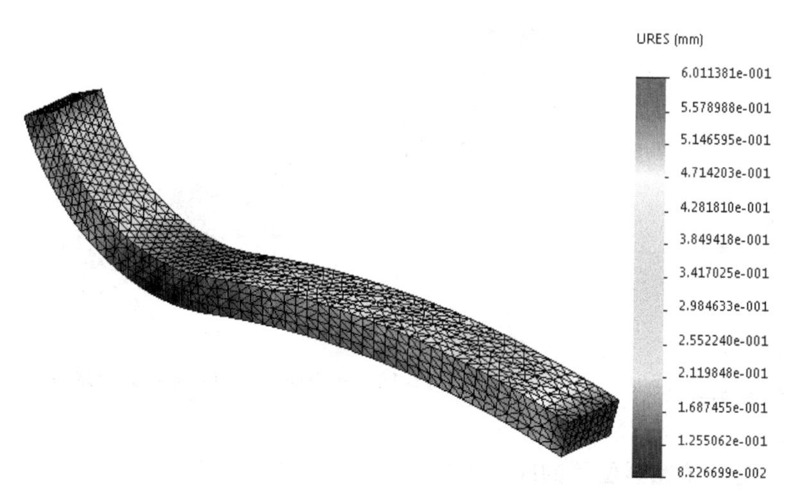

图 12-15　位移结果显示

步骤 17　图解显示 von Mises 应力结果　检查结果，发现在两个材料接触的地方应力值非常高，如图 12-16 所示。

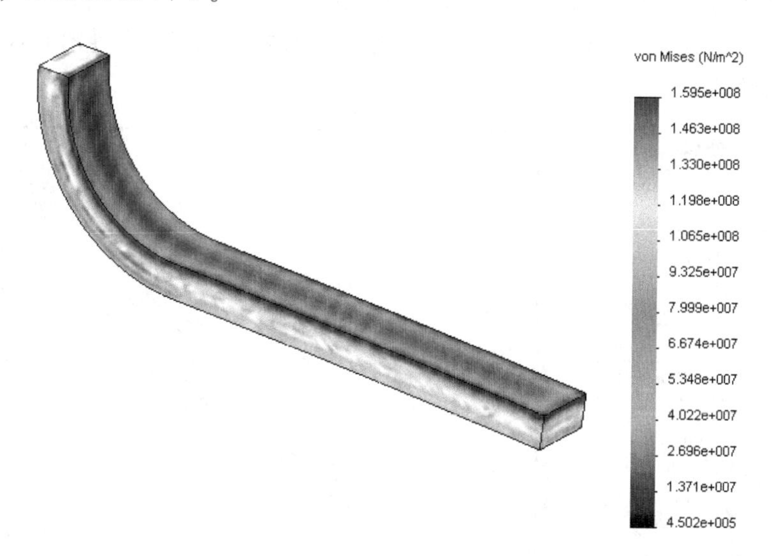

图 12-16　图解显示 von Mises 应力结果

步骤 18　编辑图解　右键单击应力图解并选择【编辑定义】。

在【高级选项】中取消勾选【零件穿越边界的平均结果】复选框，如图 12-17 所示。图 12-18 显示了正确的 von Mises 应力分布。可以看到，随着禁用【零件穿越边界的平均结果】选项，某些边界区域的最大值突升到大约 263.9MPa。

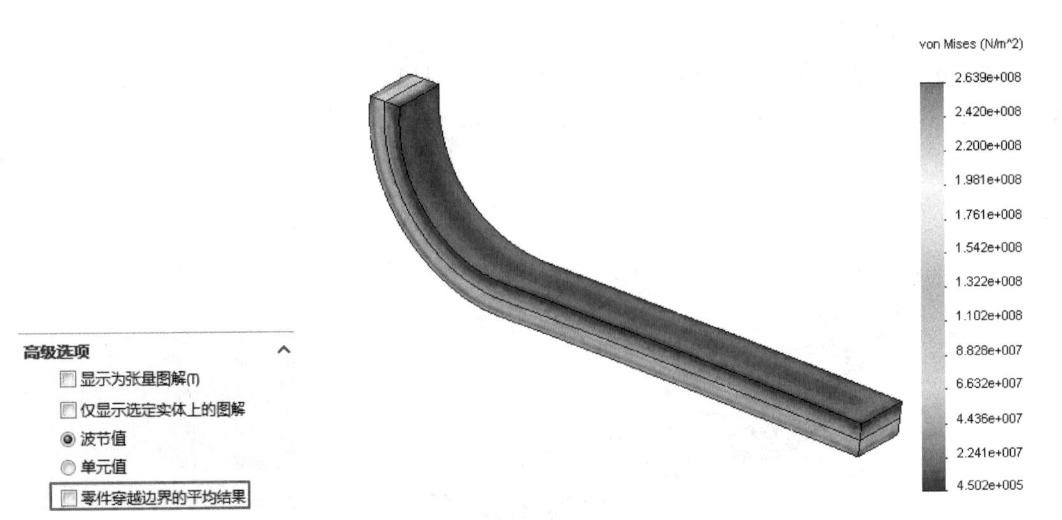

图 12-17　禁用应力平均

图 12-18　禁用应力平均后的应力结果显示

步骤 19　显示传感器位置的应变　单击【定义应变图解】，定义一个新的应变分量【ESPX：X 法向应变】，单击【确定】✔。

单击【探测】，选择【从传感器】选项，在【结果】下选择【Al-sensors】。这些探点都是针对铝带的。法向应变的值将列于表格中，同时显示在模型上。

请注意【报告选项】下面的图标（见图 12-19），可以图表的方式显示传感器位置的结果，或保存它们为 cvs 文件以便用户进一步分析。当然，也可以在算例的报告中包含所有传感器位置的结果。

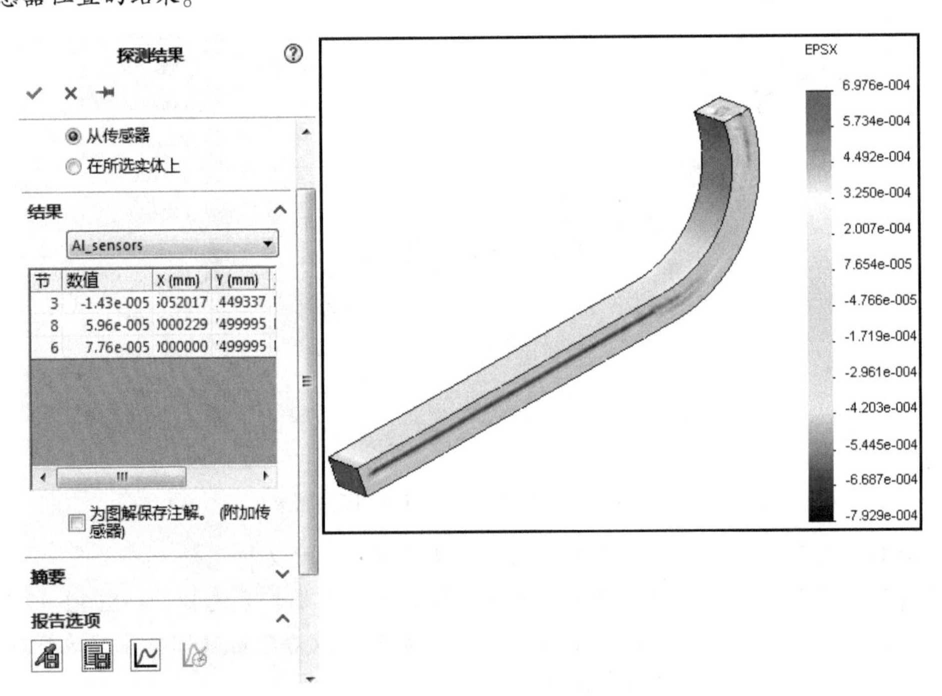

图 12-19　传感器上的应变值显示

步骤20 图解显示法向应力SX的分布 单击【定义应力图解】，定义一个新的【SX：X法向应力】分量的应力图解。在爆炸视图中，分析沿厚度方向SX法向应力的变化，如图12-20所示。

> 注意 同样，von Mises应力图解也要取消勾选【零件穿越边界的平均结果】复选框。

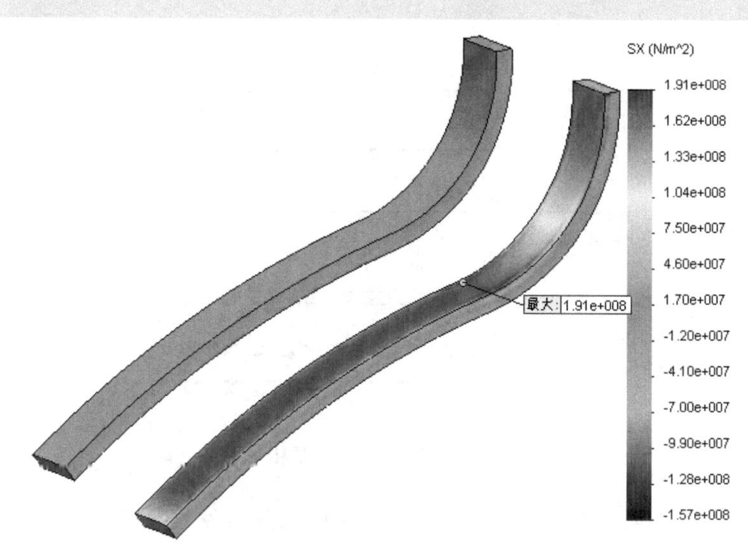

图12-20 SX法向应力结果显示

步骤21 图表显示沿厚度方向的应力 使用探测特征，画出SX应力沿厚度方向的变化轨迹，如图12-21所示。

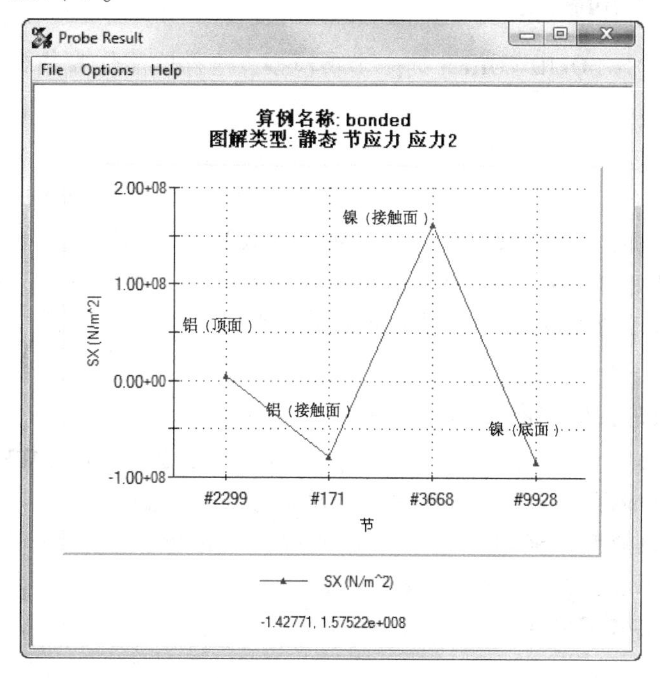

图12-21 SX方向应力图表

- 结果解释　上面的结果和图表说明了 SX 应力的如下变化。

从图 12-22 中可以观察到，在接触面上法向应力从铝带的 -99MPa（压力）突变到镍带的 153MPa（张力）。还可以发现法向应力为零的三个中性轴（基准面）中的两个轴（基准面）已清楚地显示在图 12-22 中，第三个轴与接触基准面是重合的，其法向应力从铝带的 -99MPa（压力）突变到镍带的 153MPa（张力）。所有三个位置都对应着局部切应力的极值，都可能使黏合带分开。

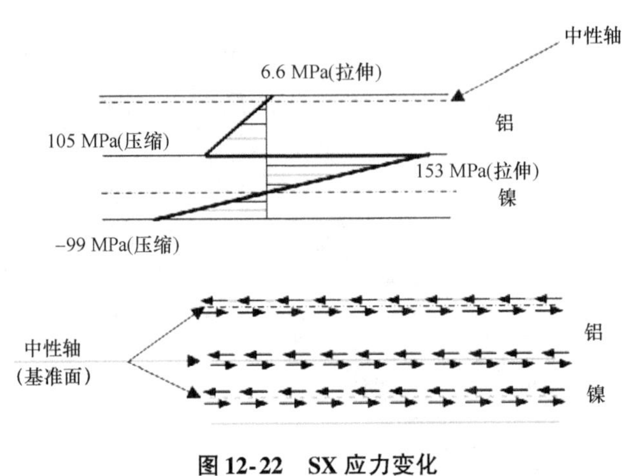

图 12-22　SX 应力变化

因为本例的主要目的是获取黏合材料的强度，所以关注对象是接触层。黏合材料必须能抵抗铝镍接触层的切应力。

回顾前面介绍有限元结果解释的部分，提到了必须图解显示应力的 τ_{XY} 分量。这对应于【TXY：YZ 基准面的 Y 方向抗剪】分量。

12.3　保存变形后的模型

保存变形后的形状为 SOLIDWORKS 的一个新模型，这样就能作为装配体的零部件来使用，以检查干涉等。

操作步骤

步骤 1　从变形形状生成实体　右键单击【结果】文件夹并选择【从变形形状生成实体】。单击【保存为新零件】图标，如图12-23所示，在【零件名称】中输入“Deformed bimetal”，单击【确定】✔。

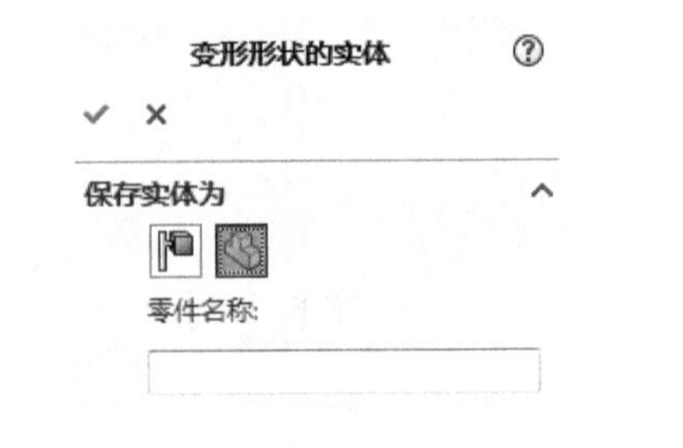

图 12-23　从变形形状生成实体

步骤 2　在 SOLIDWORKS 环境下打开新生成的实体　在 SOLIDWORKS【文件】下的【打开】窗口中，选择保存的“Deformed bimetal. sldprt”文件。单击【确定】。变形的几何体模型在 SOLIDWORKS Simulation Study 树中显示为一个输入特征。可以通过标准的 SOLIDWORKS 工具来检查变形形状。

步骤 3　保存并关闭文件

12.4　总结

本章在温度升高的情况下，分析了一个简单双层金属带装配体的变化。为消除外部支撑的影响，运用了【使用软弹簧使模型稳定】选项。

当温度升高时，某些材料属性值的变化可能性非常大。本章练习定义了与温度相关的屈服强度及杨氏模量。

本章的主要目标是获取接触面黏合材料的最小接合强度。为获得这个值，研究了法向应力 SX 的复杂分布，并介绍了中性轴（基准面）的定义。此外，图解显示了相应切应力的分量。

在弯曲部分，弯曲的几何体需要引入局部圆柱坐标系。接触面的切应力图解是建立在该局部坐标系下的。

为了用实验验证该数值结果，定义了传感器，用以获取指定位置的变形结果。

最后，显示并讨论了输出变形后的几何体为一个 VRML 文件。

第 13 章　自适应网格

学习目标

- 使用并理解 h-自适应求解方法
- 使用并理解 p-自适应求解方法
- 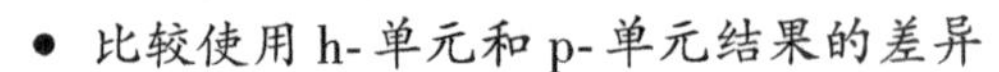
比较使用 h-单元和 p-单元结果的差异
- 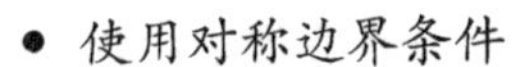
使用对称边界条件
- 使用图表工具

13.1　自适应网格概述

前面的章节学习了如何通过手动细化网格来提高结果的精度。在这个过程中，需要检查模型及分析结果，然后判断是否需要细化网格以获得正确的结果。本章将使用两个新的求解方法，即 h-自适应和 p-自适应来自动完成这个过程。

13.2　实例分析：悬臂支架

本实例将采用不同的网格划分技术来分析一个悬臂支架，模型如图 13-1 所示。分析中将使用对称的边界条件，这样只需要分析模型的一半，从而加快求解速度。首先，本例使用与前面章节中相同的方法创建一套网格，这对应着标准求解方法，而结果来自算例“standard”。因为本章中需要使用三种不同的求解方法，算例“standard”的结果将作为对比的基准。

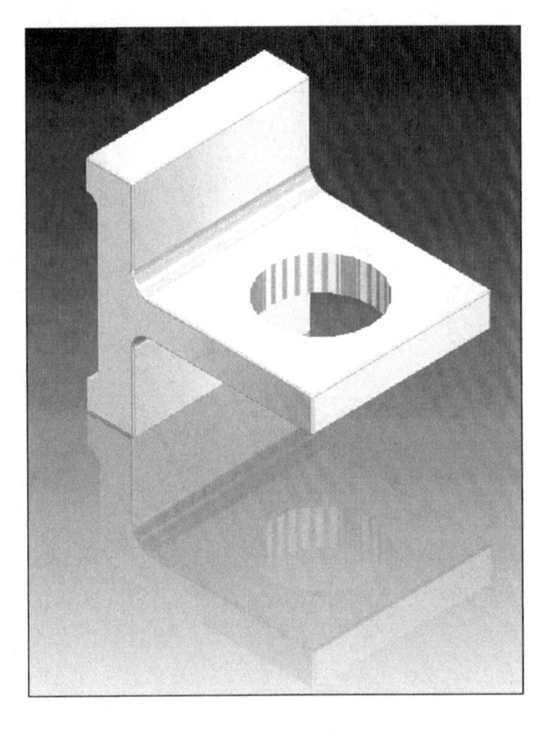

图 13-1　悬臂支架模型

三种求解方法如下：

1）标准求解方法。

2）h-自适应求解方法。

3）p-自适应求解方法。

13.2.1　项目描述

在一个中空的悬臂支架的背面施加固定支撑，大小为 22 000N 的均布载荷施加在围绕圆柱孔的分割面上，如图 13-2 所示。

本例需要了解最大 von Mises 应力的大小和位置。

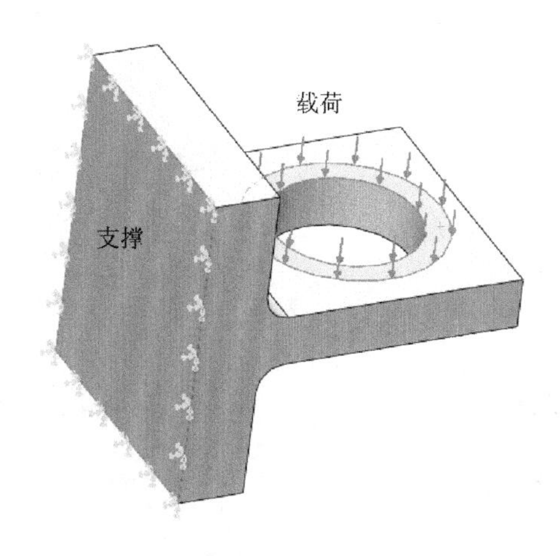

图 13-2　模型约束及载荷

操作步骤

步骤 1　打开零件　打开文件夹“Lesson13 \ Case Studies \ Support Bracket”下的零件“support bracket”。

步骤 2　激活“symmetry”配置　激活名为“symmetry”的配置。

扫码看视频

13.2.2　几何体准备

注意对支架的几何形状进行简化以便于网格划分，外部的装饰圈已经被压缩。尽管这些细节并不足以复杂到使划分网格或求解产生困难的程度，但这样做是为了强调对于复杂模型而言简化经常是必需的。

1. 对称　由于支架的几何形状、载荷和支撑的对称性，可以只取 1/2 的模型以简化有限元模型，如图 13-3 所示。

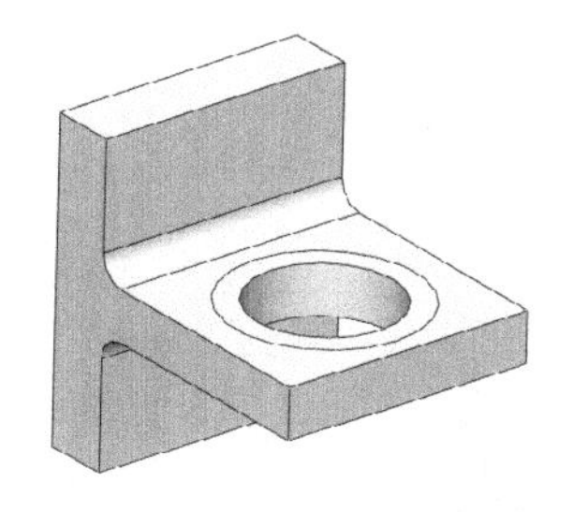
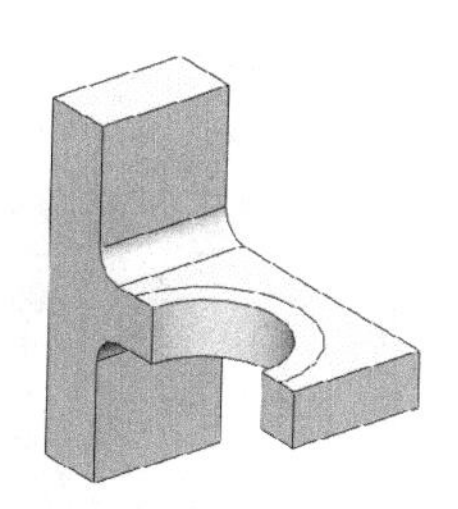

图 13-3　对称模型

步骤 3　创建算例　单击【静应力分析】，创建一个名为“standard”的静应力分析算例，单击【确定】。当比较不同的求解方法时，这个算例将提供一个参考结果。算例名称“standard”反映了使用“常规”的解决方法，即解算过程中网格不发生变化。这也是本书前面几章使用的方法。

材料属性【AISI 304】已经在 SOLIDWORKS 中预先定义并传递到 SOLIDWORKS Simulation 中。

步骤 4　施加载荷　单击【力】，在孔周围的分割面上施加 11 000N 的力，如图 13-4 所示。注意仅施加一半大小的力，因为模型只是原几何体的一半。单击【确定】。

步骤 5　在支架背面施加固定几何体的约束　单击【固定几何体】，选择背面，单击【确定】，如图 13-5 所示。

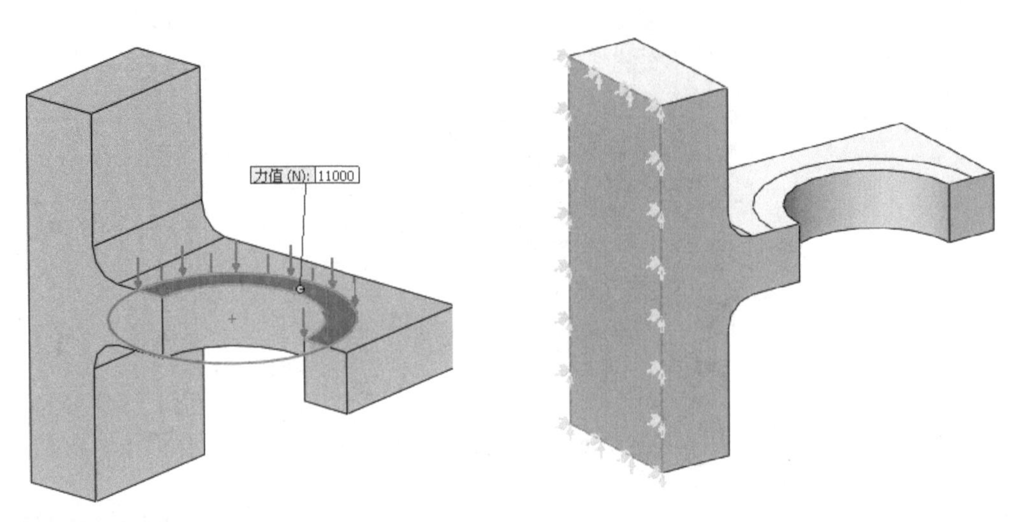

图 13-4　施加载荷　　　　图 13-5　施加约束

步骤 6　施加对称边界条件　单击【对称】，对剖面施加【对称】边界条件，单击【确定】，如图 13-6 所示。

步骤 7　划分算例“standard”中的网格　单击【生成网格】，使用默认单元大小生成高品质单元网格，使用【基于曲率的网格】，单击【确定】，如图 13-7 所示。

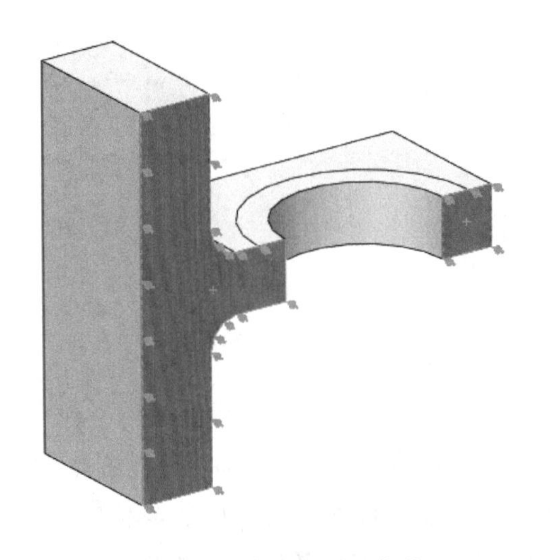

图 13-6　施加对称边界条件

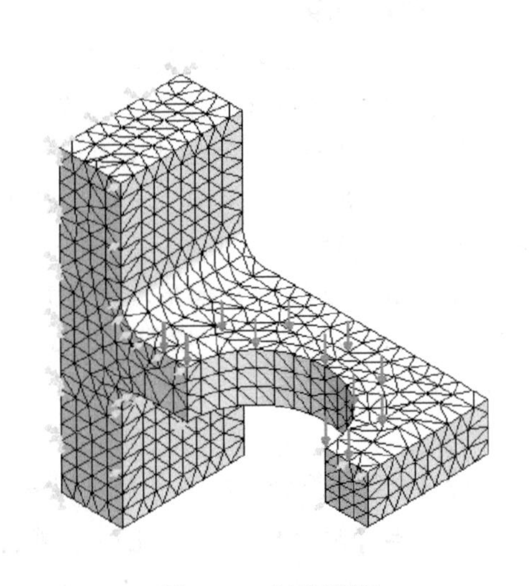

图 13-7　划分网格

注意这里采用均匀单一的单元大小，不需要定义局部网格控制。

步骤 8　运行分析　单击【运行】，对算例“standard”运行求解。为验证预期的对称边界条件，动画显示一个结果图解。当模型变形时，确认施加对称边界条件的面一直保持为平面，且在对称平面的法向上无移动。

2. h- 自适应求解方法　在解释 h- 自适应求解方法前，应了解有限元分析的结果是如何依赖于模型划分网格的。

从前面的观察可知，有限元分析所关心的焦点是离散方法的选择。因此，改变网格参数（全局或局部网格控制）将影响有限元分析结果。这是因为不同的网格（不同的离散选项）会导致不同的离散误差。

离散误差可以通过系统化地改变网格，并研究对感兴趣区域的影响来估计。这一过程称为“收敛过程”。

一种网格系统变换的方法是通过细化网格改变单元尺寸来实现的。因为 h 表示单元尺寸特征，所以通过网格细化的收敛过程称为“h 收敛过程”，如图 1-27 所示。在该过程中，单元尺寸逐渐减小。

用户可以回顾本书的第 1 章和第 2 章中介绍的 h 收敛过程。

在第 1 章中，均匀的细化模型意味着整个模型用相同尺寸的单元网格划分。在第 2 章中只在需要的地方用网格控制细化网格。

第 1 章与第 2 章中的收敛过程需要用不同的网格定义模型、运行分析和总结结果。这些练习可促进了解，但是单调乏味。现在使用 h- 自适应求解方法以自动进行 h 收敛过程。

13.3　h- 自适应算例

本例将采用 h- 自适应的求解方法，并在材料、约束、载荷不变的情况下，对同一支架模型再做一次分析。

扫码看视频

操作步骤

步骤 1　创建新算例进行 h- 自适应求解　复制算例“standard”到一个新的静应力分析算例，并命名为“h-adaptive”。

步骤 2　设置算例“h-adaptive”的参数　右键单击算例“h-adaptive”并选择【属性】。切换至【自适应】选项卡。在【自适应方法】中选择【h-自适应】。在【h-自适应选项】下，接受【目标精度】下的默认值，使【精度偏差】的滑块处在中间位置。设置【最大循环数】为 5，勾选【网格粗糙化】复选框，最后单击【确定】，如图 13-8 所示。

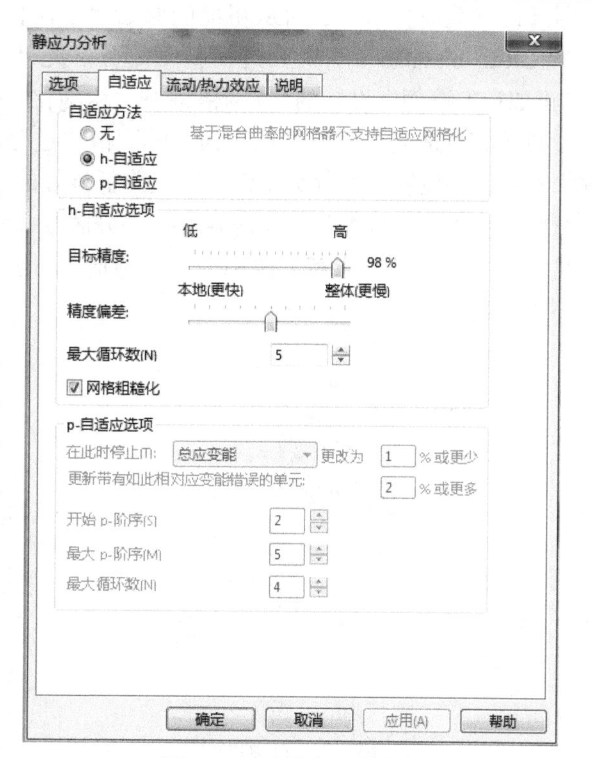

图 13-8　设置自适应选项

提示：【自适应】选项卡只适用于静应力分析算例和实体网格单元。

13.3.1 h-自适应选项

用上述设置求解该算例将会发生什么？SOLIDWORKS Simulation 将会数次求解相同的模型，每次将使用更精细的网格。细化网格将自动进行，无须用户介入。

网格将被细化几次？考虑到设置了【最大循环数】为 5，SOLIDWORKS Simulation 将求解原始网格然后完成数次网格细化。循环将在满足【目标精度】或【最大循环数】达到 5 后停止，这意味着求解将最多由 6 步构成：原始网格和 5 次细化。

【目标精度】是模型总体应变能标准（RMS 应变能）的精度。本例将其设置为 98% 意味着在两次连续循环总体应变能差值低于 2% 时停止。

1. 目标精度 【目标精度】基于模型的整体应变能，是离散化误差的整体度量。它对局部误差不敏感，即便局部误差很大。

2. 精度偏差 为说明局部误差，循环也需要用【精度偏差】控制。可以将【精度偏差】滑块置于左端（【本地（更快)】）来让程序获得峰值应力结果，这意味着本地（局部）区域具有高应变能误差，将被“优先处理”（在这些区域网格将被高度细化)。还可以把滑块移至右端（【整体（更慢)】）来让程序获得相对低的应变能误差，不必直接控制全部应变能的数量。

从第 2 章可知，应力奇异发生在集中载荷和尖锐凹角区域。当使用细小的网格单元时，这些区域的应力偏离到无限大。

故对于有这样奇异点的模型，推荐将【精度偏差】滑块移至右端（【整体（更慢)】)。这样可以忽略局部应变能误差，解算器无须调节网格细化模式来减少这些误差。本地精度偏差通常比整体精度偏差更快地得到结果。

用【h-自适应】求解，可从粗糙的原始尺寸网格开始。该网格作为起始点，在求解过程中 SOLIDWORKS Simulation 可对其进行精细划分。此外，在细化网格过程中如果选择【网格粗糙化】(正如在本算例中设置的)，网格将被“粗糙化”。

假如【h-自适应】解算器认为初始的网格“过分细化”，在一些位置网格可以变得粗糙些，这意味着在这些位置的过分细化仅会稍微降低该处的应力梯度。

网格无须统一进行细化，仅需要细化部分区域以降低应变能误差。可以说网格自动适应于应力状况，故将 h-自适应求解方法称为“自适应”。网格对比如图 13-9 所示。

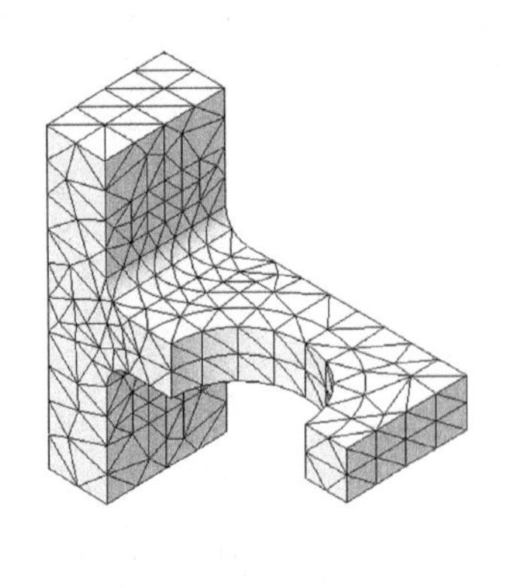

a) 原始网格

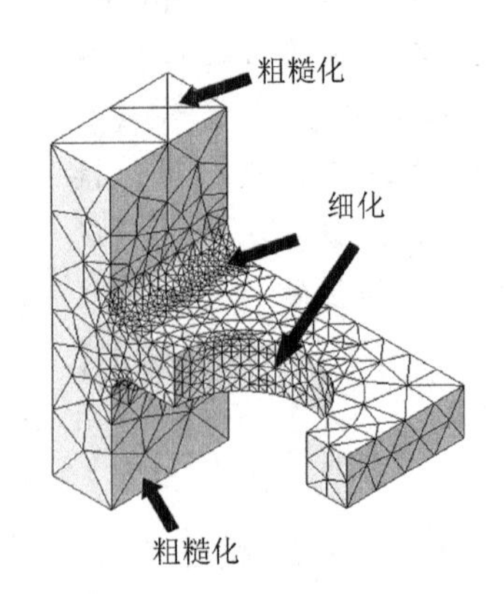

b) 采用h-自适应方法后的网格

图 13-9 网格对比

步骤3　对算例“h-adaptive”创建网格　单击【生成网格】，将网格密度滑块拖至粗糙单元对模型划分网格，如图13-10所示。因为没有足够多的单元来获取圆角附近复杂的应力梯度，故该网格不适用于标准求解技术。单击【确定】✓。

步骤4　运行“h-adaptive”算例　单击【运行】，运行“h-adaptive”算例。注意到每步的解算过程对应于网格细化次数。为帮助查看应力结果，材料屈服的地方将以不同颜色显示。

步骤5　对屈服区域设置不同颜色　单击【应力图解】，切换到【图表选项】，展开【颜色选项】。

勾选【为大于屈服极限的值指定颜色】复选框。注意默认的颜色为灰色，单击【确定】✓，如图13-11所示。

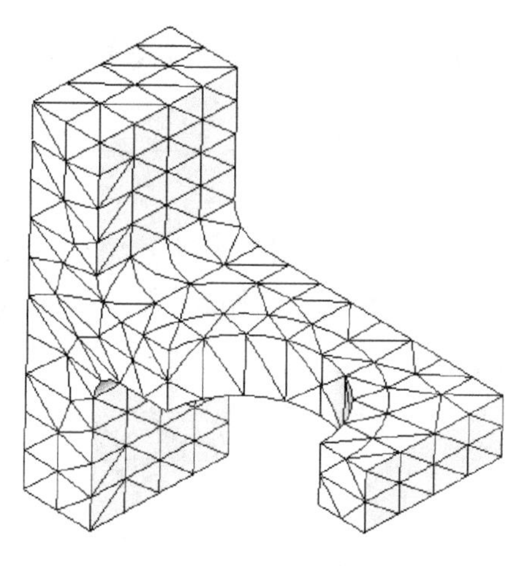

图13-10　粗糙网格

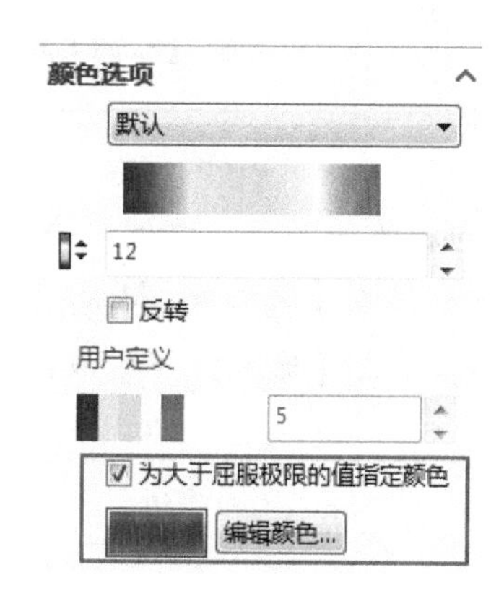

图13-11　设定屈服区域颜色

步骤6　图解显示von Mises应力　定义一个新的von Mises应力图解。在【设定】对话框中，将【边界选项】设定为【网格】，结果如图13-12所示。

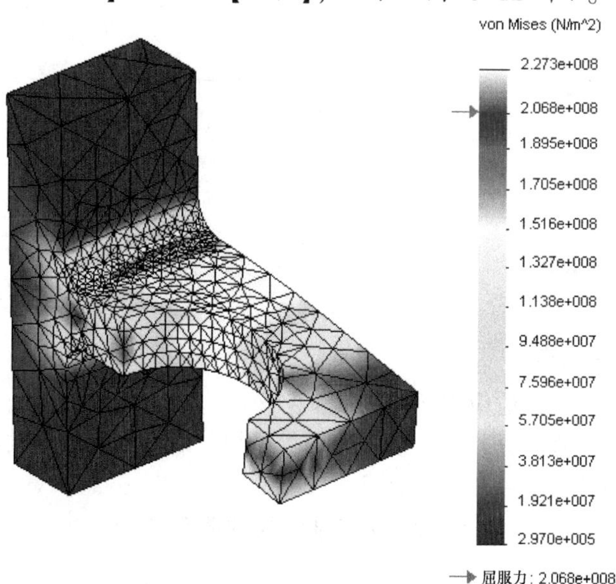

图13-12　应力结果显示

应力图解显示最大 von Mises 应力值为 227.3MPa，稍高于材料 AISI 304 钢的屈服强度。注意，屈服的区域以不同颜色显示出来。查看带网格显示的图解，确认在应力集中处确实进行了细化，并在模型“应力均布”的地方进行了网格粗糙化。

13.3.2 h-自适应图解

算例“h-adaptive”【结果】文件夹中的图解（应力、位移、应变等）显示了最终或最后一步的 h-自适应求解结果。除此之外，还能获得迭代求解的历史记录。

13.3.3 收敛图表

想要观察求解是如何收敛的，可以使用收敛图表工具。

知识卡片	收敛图表	• 快捷菜单：右键单击【结果】文件夹并选择【定义自适应收敛图表】。 • 菜单：【Simulation】/【结果工具】/【收敛图表】。

步骤 7　创建收敛图表　右键单击【结果】文件夹并选择【定义自适应收敛图表】。在【选项】栏中勾选【最大 von Mises 应力】复选框，如图 13-13 所示，取消勾选【目标精度】复选框，单击【确定】✓。收敛图表如图 13-14 所示。

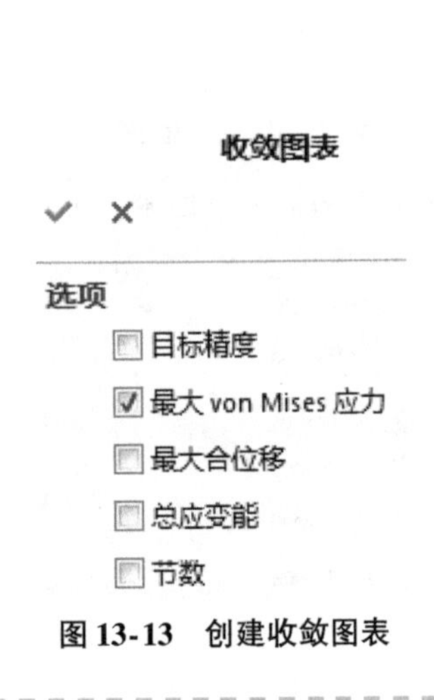

图 13-13　创建收敛图表

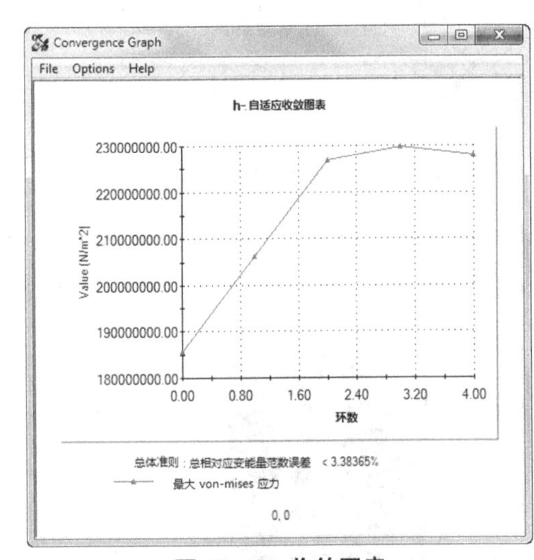

图 13-14　收敛图表

13.3.4 回顾 h-自适应求解

认真检查收敛图表，对 h-自适应求解总结如下：

- h-自适应求解通过五步得到：第一步使用原始网格，后四步使用自动细化网格。
- 网格在每次循环中都被进一步细化。
- 达到了最大循环数（5）。由于最后没有显示收敛确认消息，所以整体应变能误差低于 2% 的要求没有得到满足。
- 无论模型使用何种单位，图表中的应力单位都为 N/m^2。

现在希望用迭代过程继续减小应变能误差，使之达到要求的 2% 以下。

步骤 8　再次运行“h-adaptive”算例

提示：前一个迭代的最终结果和网格成为当前新创建的 h-自适应迭代的初始配置。在某一个点用户将得到以下消息：“分析已满足当前 h-自适应精度百分之 98.0196，用户可增加目标精度以重新运行。”收敛标准到此得到满足。

步骤 9　图解显示 von Mises 应力　最大应力从 227.3MPa 增加到 229.3MPa，如图 13-15所示。在这个实例中应力差异是非常小的。

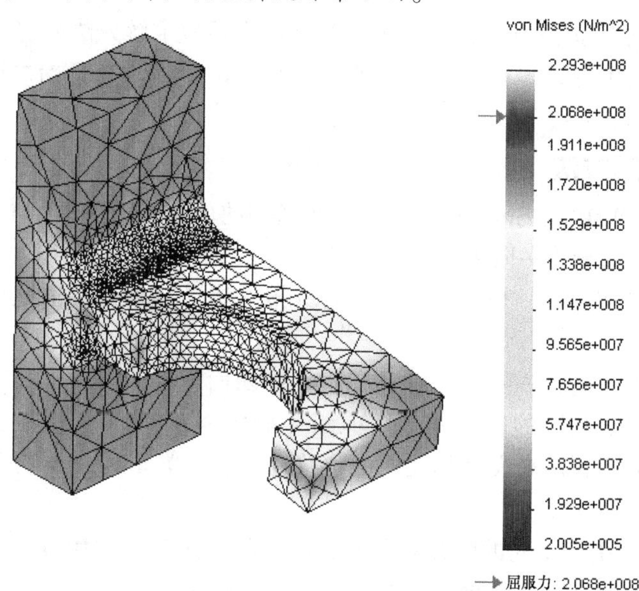

图 13-15　应力结果显示

步骤 10　创建最大 von Mises 应力的收敛图表　数一下数据点的个数，发现 h-自适应迭代需要通过 7 次循环，才能达到所要求的目标精度标准（2%），如图 13-16 所示。

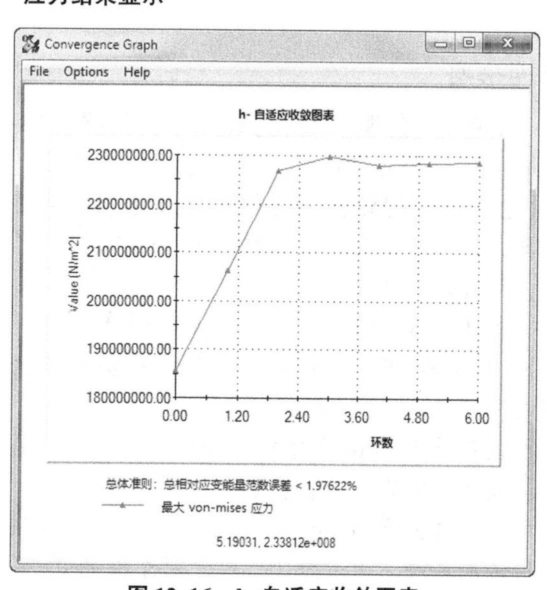

图 13-16　h-自适应收敛图表

13.3.5　应变能误差

在“h-adaptive”算例的属性中，设定的 2% 的应变能误差并不是应力误差。

如果对 von Mises 应力感兴趣，为什么不根据 von Mises 应力来设定误差？换句话说，为什么不用 von Mises 应力代替总体应变能作为收敛标准？总体（“总体”意味着整个模型）应变能作为收敛标准的原因是总体应变能始终单调收敛，不会因为局部“极值”而可能导致提前终止收敛进程。同样，回想一下在第 2 章中分析的局部应力的奇异现象。在这个实例中，应力的发散和收敛不能实现。

在下一部分开始前，先查看算例“h-adaptive”的位移结果。

13.4 p-自适应算例

在用 h-自适应求解方法获得结果后，现在可以用 p-自适应求解方法来解算相同的模型。

p-自适应求解需要使用不同的有限元单元类型，称为 p-单元。在开始之前，需要了解何为 p-单元以及它们如何工作。

13.4.1 p-自适应求解方法

第 1 章曾谈到 SOLIDWORKS Simulation 使用三种类型的单元：四面体实体单元、三角形壳单元及横梁单元，每种类型又分为一阶单元（草稿品质）、二阶单元（高品质）。

一阶单元模拟线性（或一阶）位移和线性应力分布，而二阶单元模拟抛物型（或二阶）位移和线性应力分布。

现在，有必要修正以上内容。除了一阶和二阶实体四面体单元外，SOLIDWORKS Simulation 也提供更高阶的四面体实体单元（最高至五阶），即用一个五阶的多项式沿着单元的面和边来表示单元内的位移场。这种单元适合 p-自适应求解方法。

扫码看视频

在 p-自适应求解方法中，单元的阶数不是预先给定的，而是在迭代过程中自动增加的，无须人工干预。这些随阶数增加的单元称为 p-单元。

操作步骤

步骤 1　创建 p-单元算例　复制算例“h-adaptive”来创建“p-adaptive”算例。

步骤 2　定义 p-单元的方法及选项　为了在算例中利用 p-单元，右键单击“p-adaptive”算例，并选择【属性】。

在【自适应】选项卡下，选择【p-自适应】，该选项只对静应力分析算例和实体单元有效。

设置【开始 p-阶序】为 2，它表示所有的单元最初被定义为二阶单元。

设置【最大 p-阶序】为 5。p-自适应方法使用迭代算法，称为循环，对于每个新的循环，单元的阶数也会增加。允许最高阶为五阶，但实际上所使用的阶数可以低于它。

设置【最大循环数】为 4，如图 13-17 所示。

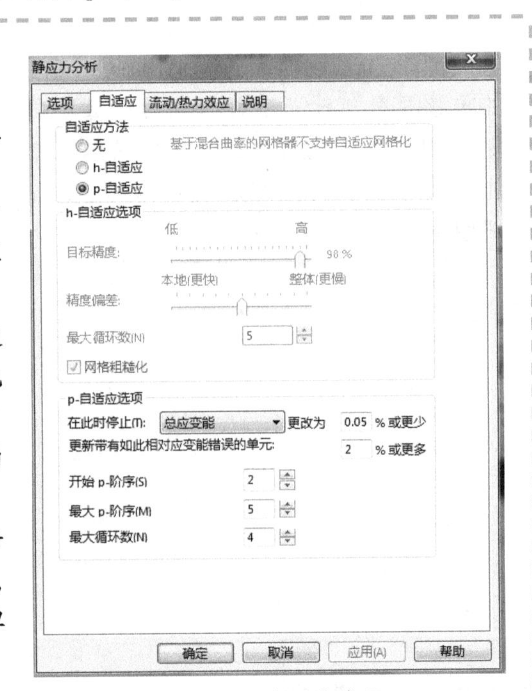

图 13-17　p-自适应选项

在【p-自适应选项】栏【更改为】后面的文本框中输入0.05，然后单击【确定】。

循环次数可由【p-自适应选项】中的选项指定，直到两次连续迭代间的【总应变能】误差不超过0.05%时循环停止。如果不能满足这个要求，则当单元阶数达到允许的最高阶时（本例中为五阶），循环停止。注意，需要四次迭代循环才能达到五阶单元。用户可研究其他【p-自适应选项】中的内容。

为何指定整体应变能误差的精度如此之高（0.05%）？事实上，本例并不期望结果符合这个要求。本例需要强制解算器完成所有四个步骤，这样就能够研究包含四个步骤的图表，而不是只有两三个步骤的图表。

p-自适应解算过程类似于已经完成的h-自适应网格单元细化的迭代过程。它们都给模型增加了自由度，一个因为网格细化，另一个因为单元阶数增加。

h-自适应与p-自适应求解方法的不同在于h-自适应网格改变而阶数保持不变，p-自适应网格保持不变而阶数发生变化。

13.4.2 h-单元与p-单元的概念

下面来介绍一些术语：

- **提问**：为什么把阶数增长的单元称为p-单元？

回答：p-自适应讨论的迭代过程不包括网格细化。当网格不变时，网格的阶数从原来的一阶变为二阶，直到五阶（或者阶数至少满足收敛判断依据）。

单元阶数由定义单元位移场的多项式决定。因为多项式（p）阶数要经过变化，该过程称为p-收敛过程，增加的单元称为p-单元。

- **提问**：为什么p-收敛过程称为p-自适应方法，自适应的确切含义是什么？

回答：自适应意味着并非所有的p-单元在求解过程中都必须增加阶数。

当然，正如在【p-自适应选项】栏所见的那样，【更新带有如此相对应变能错误的单元：____%或更多】表示只有那些未能满足上述要求的单元才需增加阶数。因此，那些增加阶数的单元是“自适应的”，或者是被连续的迭代结果驱动的。

这类似于h-自适应求解，网格在循环过程中细化。

现在可以开始应用p-自适应求解方法。

步骤3 生成网格 右键单击【网格】并选择【生成网格】。在【高级】栏中，选择【雅可比点】为【在波节处】。

步骤4 划分模型网格并运行分析 使用【基于曲率的网格】，创建高品质的p-单元网格，网格密度滑块设置为【粗糙】。考虑到使用的是p-自适应方法，可以采用粗糙网格进行网格划分。

勾选【运行（求解）分析】复选框，把划分网格和运行分析的步骤合在一起，结果如图13-18所示。

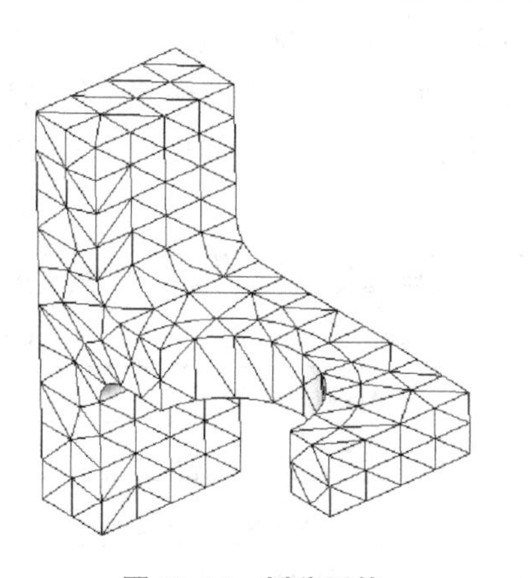

图13-18 划分网格

提示 此网格不适于常规分析，因为没有足够的单元来精确捕捉复杂的应力场，尤其在孔周围的区域。然而，使用高阶的 p-单元相当于使 h-单元的网格更加精细，所以，即使是粗糙的网格也能得到准确的结果。

步骤 5　运行分析　运行分析，注意到运算过程与单元阶数的增加相对应。

步骤 6　图解显示 von Mises 应力　本例已经用 p-单元求解了该算例，图 13-19 显示了 von Mises 应力图解。为了设定图解，右键单击应力图解并选择【设定】。在【边缘选项】中选择【离散】，然后选择【网格】作为【边界选项】。

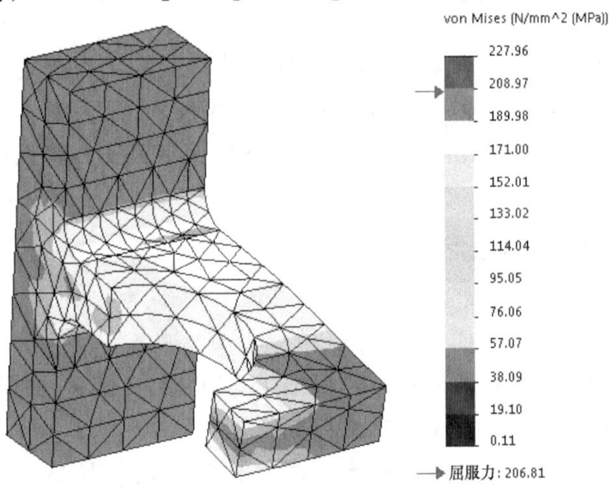

图 13-19　应力结果显示

应力图解显示最大 von Mises 应力为 227.96MPa，稍高于 AISI 304 钢的屈服强度。

算例“p-adaptive”【结果】文件夹中的所有图解（包括应力、位移和应变等）显示了最终的结果，或者说是 p-自适应求解方法最后一步的结果。除此之外，也可以了解迭代算法的中间历史过程。

步骤 7　保存并关闭文件

13.4.3　方法比较

现在总结本章三个算例的运行结果。回顾 SOLIDWORKS Simulation 数据库中对应算例的 OUT 文件中相应自由度数量信息，见表 13-1。

表 13-1　三个算例的运行总结

求解类型	最大合位移/mm	最大 von Mises 应力/MPa	#自由度数量
标准	0.427	207.5MPa	36 783
h-自适应	0.428	229.3MPa	105 402
p-自适应	0.428	227.96MPa	8 067

可以看出位移结果几乎一样，应力结果偏差在 10% 以内。考虑到高应力集中对任何求解方法都很困难，这个精度还是让人满意的。标准求解方法是最经济的一种解法，其具有最短的求解时间。

通过前面的练习可以注意到，h-自适应和 p-自适应求解方法在概念上非常相近。在 p-收敛过程中提高模型单元的阶数以增加自由度数，类似于在 h-收敛过程中增加网格细化以增加自由度数。

这也是本章为何在 h-自适应和 p-自适应初始都能使用较粗糙网格的原因。

在初始网格中，“缺少”的自由度数在后来的迭代过程中将被添加上，无论是通过网格细化还是提高单元阶数，都与常规方法中的细化网格类似。

13.5　h-单元与 p-单元总结

表 13-2 总结了 h-自适应和 p-自适应求解方法的区别。

表 13-2　h-自适应和 p-自适应求解方法的区别

项　目	求解类型	
	h-自适应	p-自适应
单元阶数	二阶，在解算过程中不变	在解算过程中从二阶变到最大五阶，以满足精度要求
自适应网格	网格被细化（单元尺寸和细化位置），以适合模型中的应力分布模式。高应力梯度用更精细的网格划分	网格不发生改变 单元阶数适应模型的应力分布模式。高应力梯度采用更高阶数单元
全局误差控制	总体应变能（称为目标精度）	总体应变能 RMS 合位移 RMS von Mises 应力
局部误差控制	局部应变能（称为偏差精度）	局部应变能
最大循环数	不限：可以重复运行算例，直到满足精度要求	四次：第一次使用二阶单元，最后一次使用五阶单元。网格可以细化后重新计算

那么，标准、h-自适应和 p-自适应这三种求解方法哪一种更好？

通常，标准求解方法使用二阶 h-单元，可在一个合理的时间长度内获得一个合理的求解精度。经验表明，标准求解过程使用二阶 h-单元可以达到最佳的精度和计算效率平衡。因此，对标准求解方法而言，SOLIDWORKS Simulation 的自动网格划分为常规方法的 h-单元。【h-自适应】和【p-自适应】方法均包含迭代计算，并当精度满足要求或达到最大允许的迭代次数时停止。本章采用很低的误差来确保解算可以完成最大迭代数。这种方法获得的误差很小，但并不明显。

再次运行算例“h-adaptive”和“p-adaptive”，不严格约束精度要求，以使得解算不需要用到所有的循环次数。

假如收敛如下所示：

- 少于六次迭代而完成了 h-自适应解算。
- 少于四次迭代而完成了 p-自适应解算。

这意味着求解过程将由于精度要求满足而停止，而非因达到了最大循环数而停止。

13.6　总结

p-自适应和 h-自适应求解方法明显会消耗更多的时间。因此，只有在特定的情况下才使用这些方法，如对结果的精度有极高要求时。

这些自适应解算方法也是一个很好的学习工具，可以使用户更好地了解单元阶数、收敛过程以及离散化误差等。因此，建议用户使用自适应方法来重复分析本书中一些章节的算例。

第 14 章　大位移分析

学习目标

- 理解几何非线性（大位移）与材料线性（小位移）的区别
- 几何非线性（大位移）分析
- 评估线性材料模型的局限性

14.1　小位移与大位移分析的比较

SOLIDWORKS Simulation 除了能求解小位移类型的问题（几何线性分析）外，也能够求解大位移非线性问题。

在小位移分析中，假定模型的形状在变形前后几乎保持一致。

现在有一个悬臂梁受到压力的例子，如图 14-1a 所示。首先，假定载荷相对于梁的刚度来说足够小，导致最终变形量几乎觉察不到（见图 14-1b），则变形梁的刚度 K_1（关于几何形状及材料的函数）和未变形梁的初始刚度 K 基本相等，即 $K \approx K_1$。而且只要以上的假定是可接受的，线弹性方程 $K\{u\} = \{F\}$ 就是有效的。

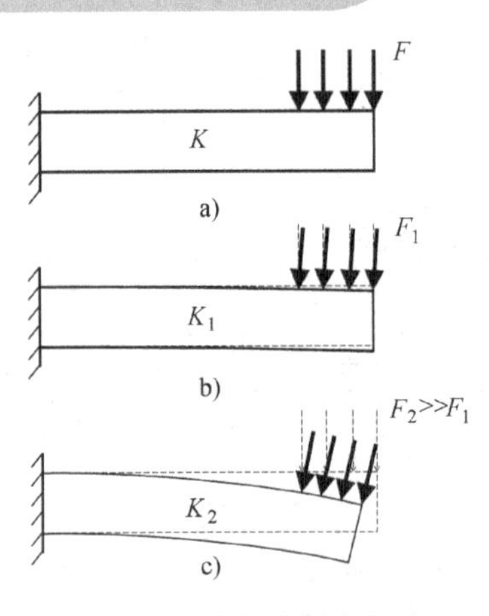

图 14-1　小位移与大位移

如果相同的梁受到非常大的压力，则变形量会增加，如图 14-1c所示。因为几何形状变化显著，梁的刚度 K_2 也明显有差异，线弹性的解就不再合理了。

一般来说，图 14-1b 和图 14-1c 所示的两种情形分别视为小位移及大位移问题。

大位移问题归于非线性一类。因为它们需要以小的增量逐步施加载荷，并制订迭代方案以达到收敛平衡，所以更为复杂。它们对各种分析参数都是非常敏感的，而且求解过程需要经验的累积。

14.2　实例分析：夹钳

本例将分析一个 U 形夹钳，夹钳的一个臂保持固定，而另一个臂加载了作用力。如果施加的作用力较小，则夹钳仍然会维持 U 形。如果增大作用力，则夹钳两臂的端部会相互靠近，或者碰到一起，这时需要运行大位移分析。

本例将分别采用小位移和大位移的方法分析这个夹钳，并比较它们的结果。

如图 14-2 所示，夹钳的一个臂承受 14 000N 的力而弯曲，另一个臂则置于刚性支撑（如钢架或混凝土的地基）上。该载荷会使夹钳明显弯曲，最终达到两臂端部接触的状态。

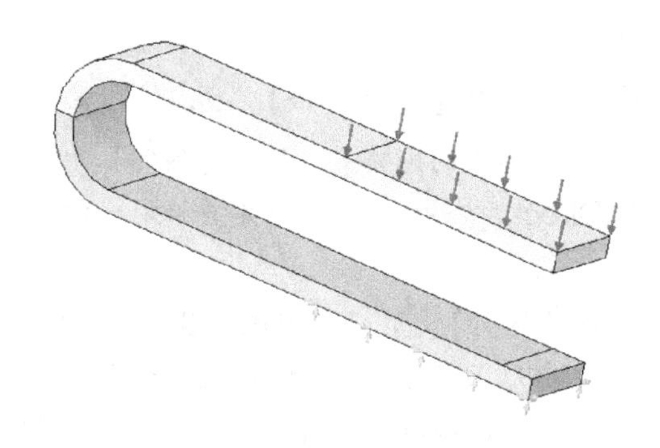

图 14-2 夹钳模型

本例的目的是确定载荷是否会使两臂端部接触，以及撤销载荷之后，夹钳是否会永久保持弯曲。

14.3 第一部分：小位移线性分析

首先，尝试用线性（假定为小位移）的方法来求解该问题。

操作步骤

扫码看视频

步骤 1 打开装配体 打开文件夹“Lesson14 \ Case Studies \ Clamp”下的文件“clamp”。

步骤 2 定义算例 单击【新算例】，新建一个名为“small displacements”的静应力分析算例。

步骤 3 查看材料属性 【合金钢】的材料属性已自动由 SOLIDWORKS 导入。

步骤 4 施加约束 单击【固定几何体】，在图 14-3 所示的夹钳臂外侧面上施加【固定几何体】的约束，单击【确定】✔。

步骤 5 施加载荷 单击【力】，在另一个面上施加一个 14 000N 的作用力，如图 14-4所示。单击【确定】✔。

步骤 6 定义相触面组 单击【相触面组】，在夹钳臂的内侧由分割线所建立的两个小表面上定义相触面组，指定【无穿透】和【节到曲面】的选项，如图 14-5 所示，单击【确定】✔。

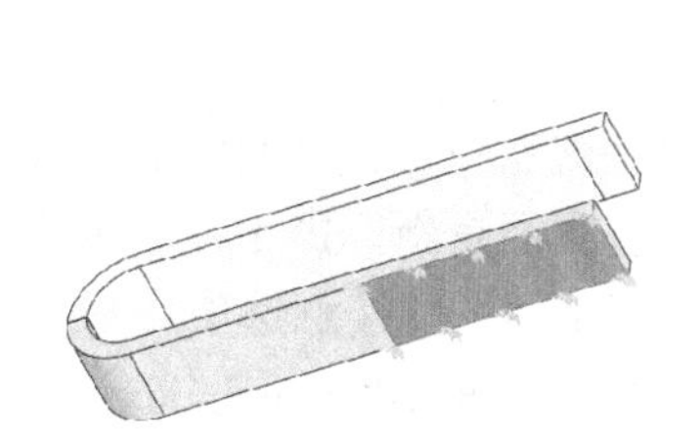

图 14-3 施加约束

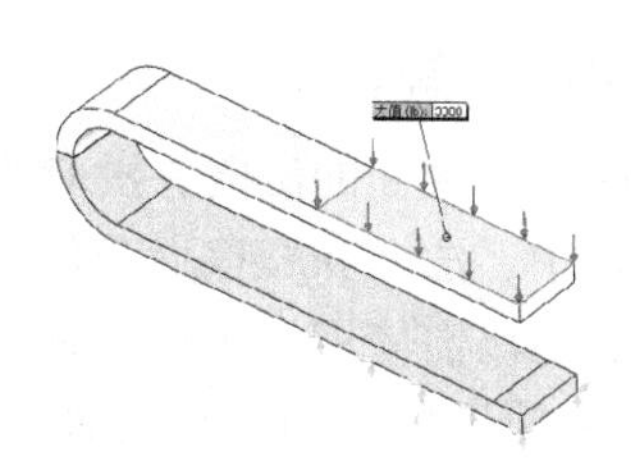

图 14-4 施加载荷

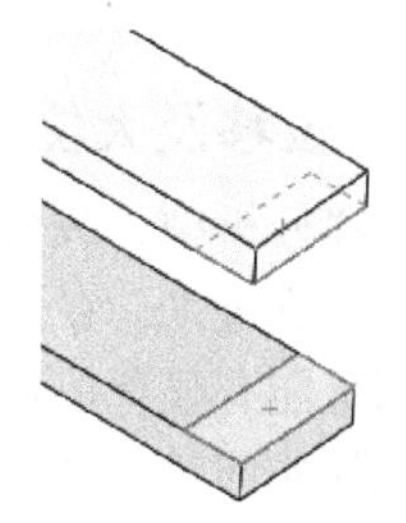

图 14-5 定义相触面组

步骤 7　划分装配体网格　单击【生成网格】，使用高品质单元划分装配体的网格，保持默认设置，使用【基于曲率的网格】，单击【确定】✔。

步骤 8　指定解算器为 Direct sparse　对这种类型和规模的问题，Direct sparse 解算器的求解速度是相当快的。

步骤 9　运行分析　单击【运行】，SOLIDWORKS Simulation 的解算器会识别出分析的问题为大位移问题，并发出以下警告："在该模型中计算了过度位移。如果您的系统已妥当约束，可考虑使用大型位移选项提高计算的精度。否则，继续使用当前设定并审阅这些位移的原因。"

单击【否】，以线性小位移的模式完成分析。

步骤 10　图解显示合位移　在【真实比例】下图解显示【URES：合位移】，结果如图 14-6 所示。

步骤 11　查看模型　快速查看一下位移结果，看到加载作用力的臂穿过了固定臂，如图 14-7 所示。很明显，该结果是错误的。

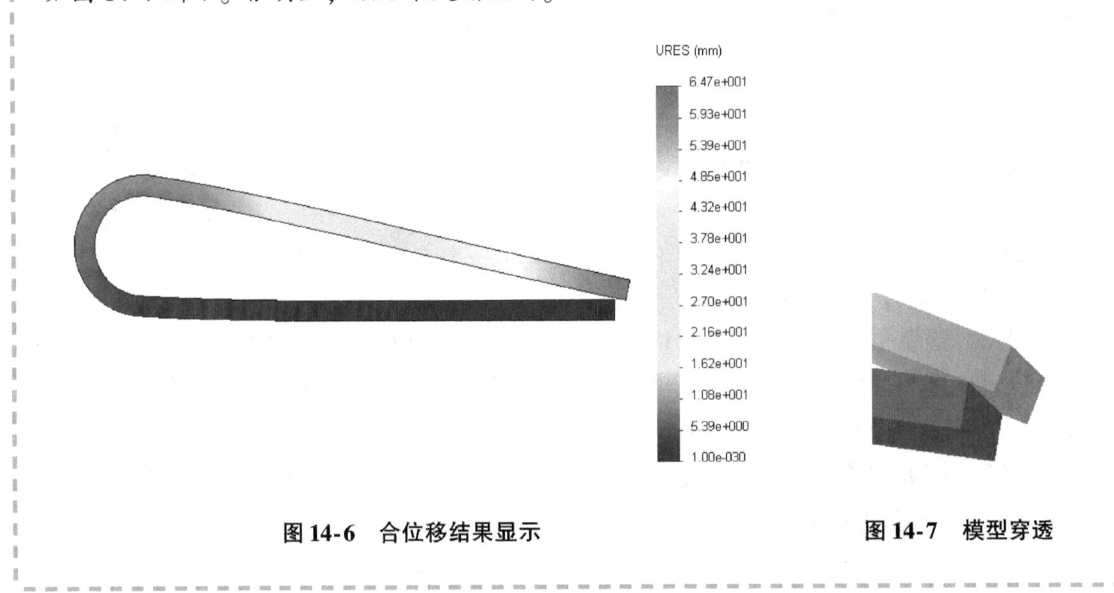

图 14-6　合位移结果显示

图 14-7　模型穿透

14.3.1　结果讨论

由于忽略了解算器提出的警告，产生了错误的位移结果，此分析是无效的，因此，不再需要分析应力结果。

14.3.2　小位移及大位移分析中的接触结果

在小位移分析中，载荷加载的时候接触面的法向并没有改变。这意味着接触面的法向及摩擦力保持恒定。反过来，在大位移分析中，法向和摩擦力会随变形过程而更新。由于在大位移分析中，接触面可能有显著位移及滑动，所以需使用【节到曲面（无穿透）】的接触选项。

关于几何非线性分析中更多接触问题的信息，请参阅《SOLIDWORKS® Simulation Premium 教程（2017 版）》第 10 章。

14.4　第二部分：大位移非线性分析

要得到正确的结果，必须用大位移的形式。

操作步骤

扫码看视频

步骤 1　创建新算例　复制算例“small displacements”到一个新的算例，命名为“large displacements”。

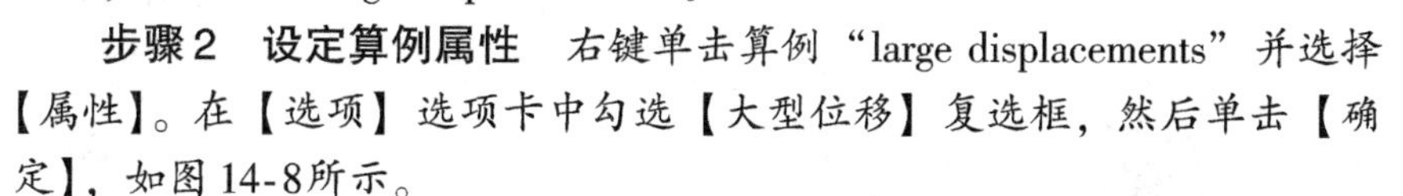

步骤 2　设定算例属性　右键单击算例“large displacements”并选择【属性】。在【选项】选项卡中勾选【大型位移】复选框，然后单击【确定】，如图 14-8 所示。

步骤 3　运行分析　与前面讨论的一样，求解的时间明显增长，因为载荷需逐步增加。

步骤 4　图解显示合位移　图解显示【URES：合位移】的分布，结果如图 14-9 所示。

步骤 5　查看模型　现在可以观察端部位移的细节。正如所预期的那样，接触面的端部边缘几乎接触到一起，如图 14-10 所示。

步骤 6　图解显示 von Mises 应力　应力结果与预期的相一致，类似于一个弯曲问题，如图 14-11 所示。

步骤 7　分析结果　接触区域没有高应力，这是因为网格的尺寸太大，不能捕捉到这些局部的接触应力。观察到接触面非常小（实际上，结果表明这是一个线接触），所以可以肯定，选择【无穿透】和【节到曲面】是正确的。

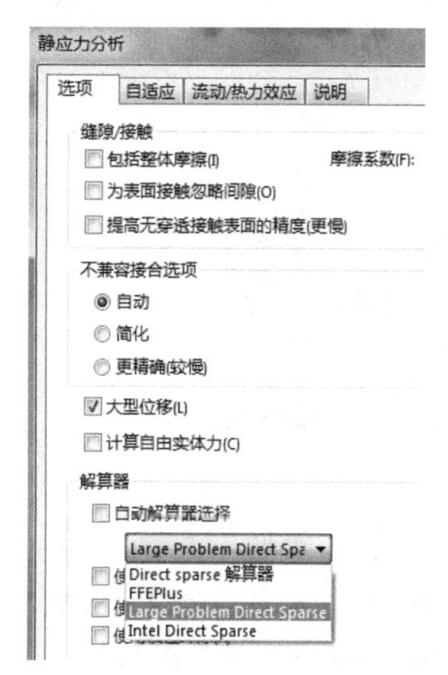

图 14-8　设定【大型位移】选项

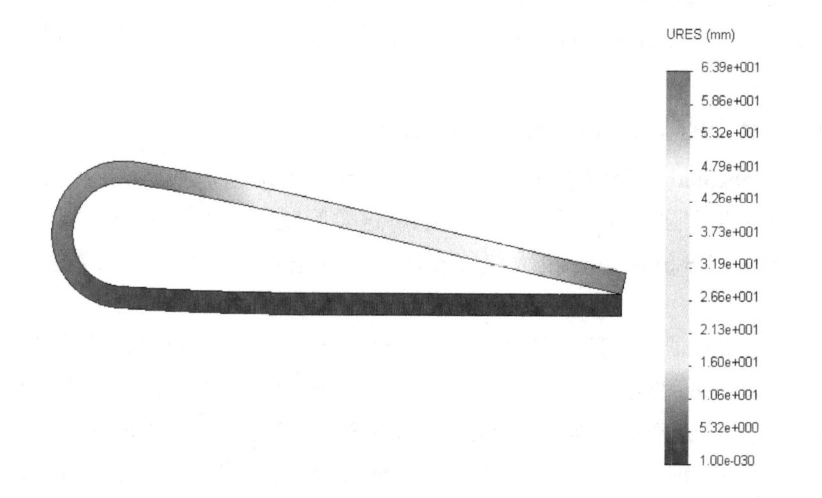

图 14-9　位移结果显示

虽然使用【大型位移】选项得到的应力结果一般都是正确的，但进一步的验证也会暴露一些问题。此外，应力刚好稍高于材料屈服强度，但本章只是出于演示的目的。

步骤 8　保存并关闭文件

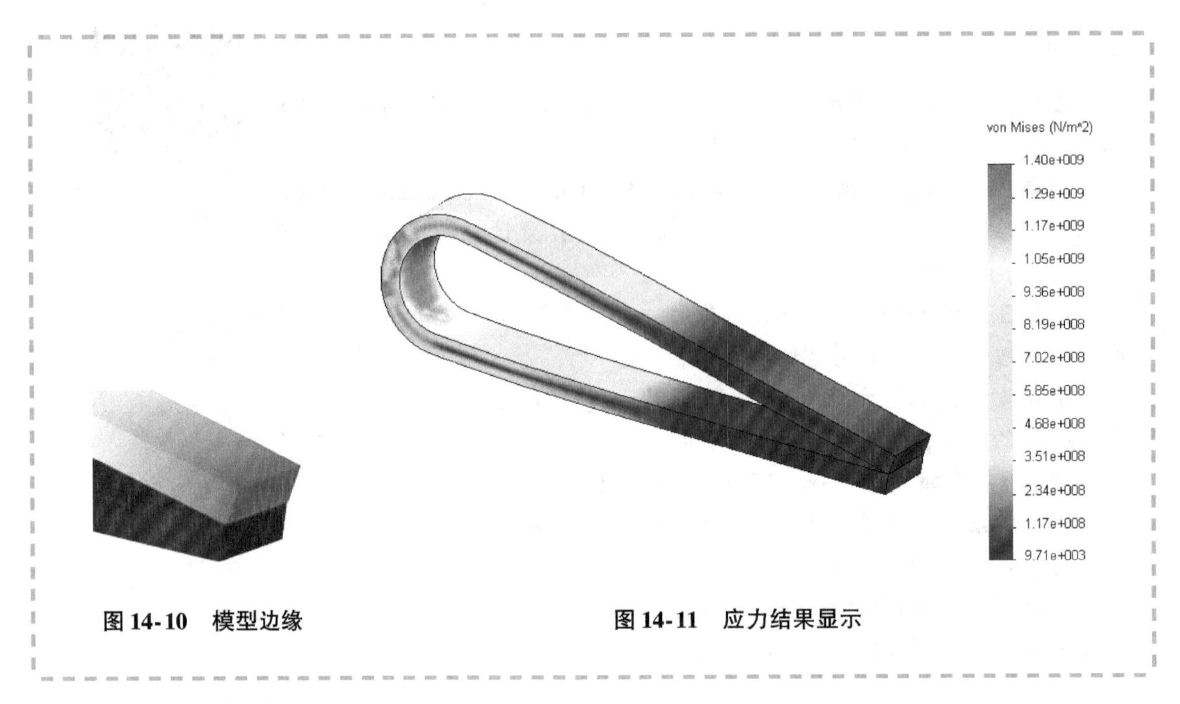

图 14-10　模型边缘　　**图 14-11　应力结果显示**

14.4.1　永久变形

很明显可以看出，夹钳大部分区域承受的应力都高于材料的屈服强度。因此，当撤销载荷时，夹钳无法恢复到原先的形状。

我们可以采用线性材料模型（虽然大位移分析是几何非线性的，但材料模型是线弹性的）来处理该问题。

要计算永久变形的夹钳在载荷撤销后的形状及残留应力，必须采用非线性材料模型进行分析。该选项存在于 SOLIDWORKS Simulation 非线性模块中，该模块可以在 SOLIDWORKS Simulation Premium 中找到。

14.4.2　SOLIDWORKS Simulation Premium

SOLIDWORKS Simulation 提供了几何非线性解算器（大位移选项），在求解超出几何线性静态问题时，这是一个非常强大的工具。然而，求解这类问题通常需要正确设置各种参数及解算器选项。由于SOLIDWORKS Simulation的大位移模块采用的是预先定义好的参数，其求解的成功率就受限制了。

所有高级非线性解算器的工具及选项都集成在 SOLIDWORKS Simulation 非线性模块中，该模块是SOLIDWORKS Simulation Premium的一部分。此外，多个高级材料模型也只在 SOLIDWORKS Simulation Premium 中提供。对于打算提高 SOLIDWORKS Simulation 专业技能的用户，强烈建议升级到 SOLIDWORKS Simulation Premium 软件，并学习《SOLIDWORKS® Simulation Premium 教程（2017 版）》第 10 章内容。

14.5　总结

本章涉及了 FEA 分析的进阶课程，讨论了几何非线性（大位移）分析的基本特征和几何线性（小位移）分析的局限性。

本章首先尝试使用小位移方式来求解问题，但错误的位移结果表明，需要视该分析为大位移问题。

在大位移问题中，载荷是逐步加载的，模型刚度也在变形过程中不断更新。这个过程的求解需要很长时间，但可以得到正确的结果。

应力结果表明夹钳在载荷撤销后会保持永久变形，但要对其进行定量分析，则必须采用非线性材料模型。

最后，建议对非线性 FEA 感兴趣的用户，可以升级到 SOLIDWORKS Simulation Premium。

14.6　提问

- SOLIDWORKS Simulation 计算是不是仅限于小位移分析？
- SOLIDWORKS Simulation 计算是不是限于模型的实际应力在材料的屈服强度之下？

附　　录

附录 A　网格划分与解算器

A.1　网格划分策略

网格划分，更精确地说应该称为离散化，就是将一数学模型转化为有限元模型以准备求解的过程。

作为一种有限元方法，网格划分完成两项任务。第一，它用一离散的模型替代连续模型。因此，网格划分将问题简化为一系列有限多个未知域，而这些未知域满足由近似数值技术求解的结果。第二，它用一组对单元各自定义的简单多项式函数来描述我们渴望得到的解（例如位移和温度）。对这一过程的描述可参见本书的绪论部分。

对于使用者来说，网格划分是求解问题中必不可少的一步。许多 FEA 初学者急切盼望网格划分为全自动过程而几乎不需要自己输入什么。但随着经验的增加，就会意识到这样一个现实：网格划分的要求常常是非常苛刻的。

商用 FEA 软件的发展历史见证了 FEA 用户对网格划分的诸多尝试，然而这并不是一条成功的途径。

而当网格划分过程既简单又能自动执行时，它也仍旧不是一个“非手工干涉”而仅靠后台运行的任务。作为 FEA 用户，我们想要有一种可以和网格划分过程交互的方法。

SOLIDWORKS Simulation 将用户从那些纯粹网格细节上的问题中解脱出来，从而找到了良好的平衡点，并使我们在需要时可以控制网格划分。

A.2　几何体准备

在理想情况下，可以将 SOLIDWORKS 的几何体导入 SOLIDWORKS Simulation 环境。在这里，可以定义分析和材料的类型，施加载荷与约束，然后为几何体划分网格并求解。

这种方法在简单模型下能起作用。对于更为复杂的几何体，则要求在网格划分前做些准备。在 FEA 的几何体准备过程中，从特定制造的 CAD 几何体出发，这些为分析而特地构造的几何体被称为 FEA 几何体。

CAD 几何体和 FEA 几何体的比较见表 A-1。

表 A-1　CAD 几何体和 FEA 几何体的比较

CAD 几何体	FEA 几何体
必须包含机械制造所需的所有信息	必须可划分网格
	必须允许创建能正确模拟所关心资料的网格
	必须允许创建能在合理时间内可求解的网格

通常，CAD 几何体不能满足 FEA 几何体的要求。CAD 几何体是有限元模型准备过程的起始点，都需要修改才能用于 FEA 中。

下面是一些常用于修改 CAD 几何体上的操作，以将其转化为特定的 FEA 几何体。

A.2.1　特征消隐

CAD 几何体包含了组成零件所必需的所有特征。其中有很多特征对分析无关紧要，应该在网格划分前去除，如图 A-1 所示。

如果保留这些特征，好一点的情况是导致产生不必要的复杂网格以及很长的求解时间，更坏的情况是它可能会阻碍网格完成任务。

当然，决定哪些特征该去除、哪些特征该保留，要求进行细致的工程判断。某个特征的尺寸相比于整个模型尺寸相当小并不总是意味着它是可以去除的。例如，如果我们的分析目的是找出圆角附近壳的应力分布，那么非常小的内部圆角应该被保留。

A.2.2　理想化

理想化对 CAD 几何体的修改比分离简化更充分。例如，理想化可能包括将三维的实体 CAD 几何体简化为适合以后用壳单元划分网格的曲面几何体，如图 A-2 所示。

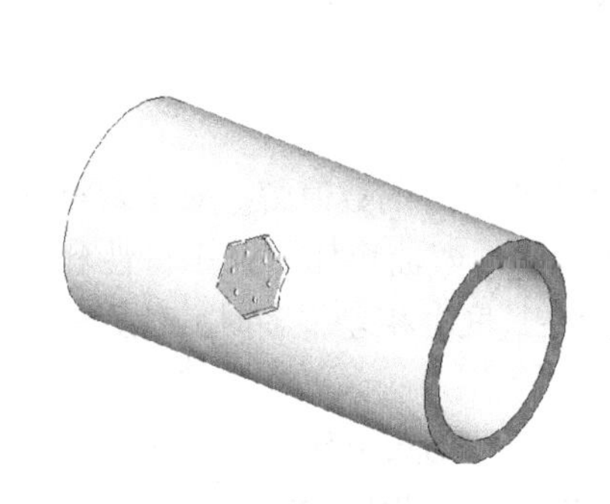

图 A-1　特征消隐

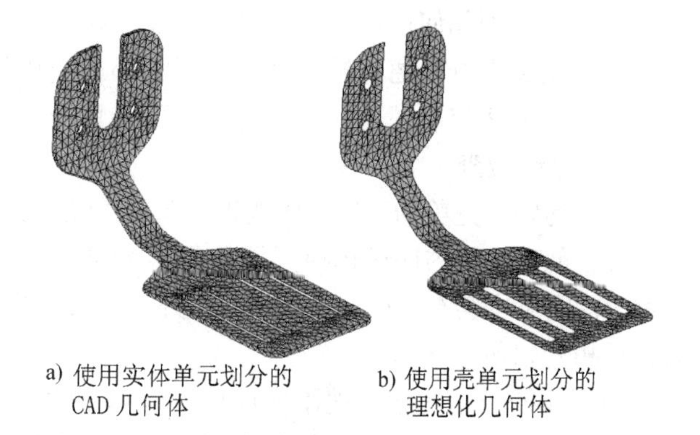

a) 使用实体单元划分的 CAD 几何体　　b) 使用壳单元划分的理想化几何体

图 A-2　理想化前后的网格

如果在 SOLIDWORKS 中采用了钣金进行建模，那么 SOLIDWORKS Simulation 会自动创建壳单元。当模型采用实体创建，而又必须创建曲面模型时，也可以采用壳单元。

理想化仅仅是为分析需要而创建的抽象几何图形（零厚度表面）。

A.2.3　清除

清除是指由于几何体质量问题而必须加以处理，以使网格划分正常化。

符合制造目的的几何体可能包含了一些特征，导致不能划分网格或迫使需要创建大量网格单元或扭曲单元，例如几何体含有非常短的边或者面。这些小的特征必须清除掉，否则自动网格划分程序就会试图划分它们，如图 A-3 所示。

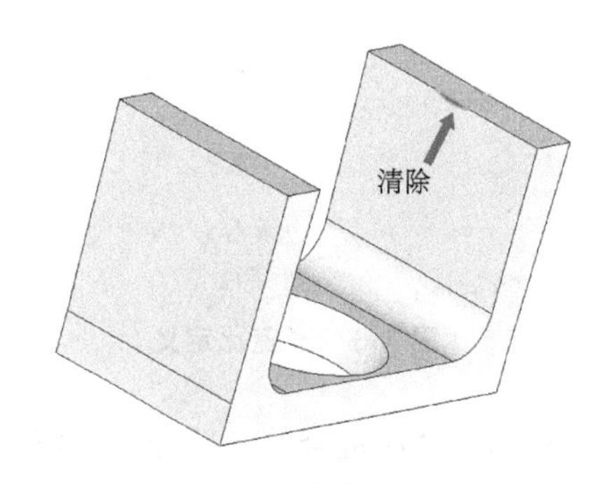

图 A-3　清除的部位

网格创建遇到质量问题也会失败，包括多实体、移动实体以及其他质量问题。

为了避免创建的单元有切边（见本附录“A.3　网格质量”），几何体表面必须作合并处理，如图 A-4 所示。

A.3 网格质量

创建实体网格类似于用四面体单元填充体积的过程，而创建壳单元则可比作用三角形来填充面积的过程。

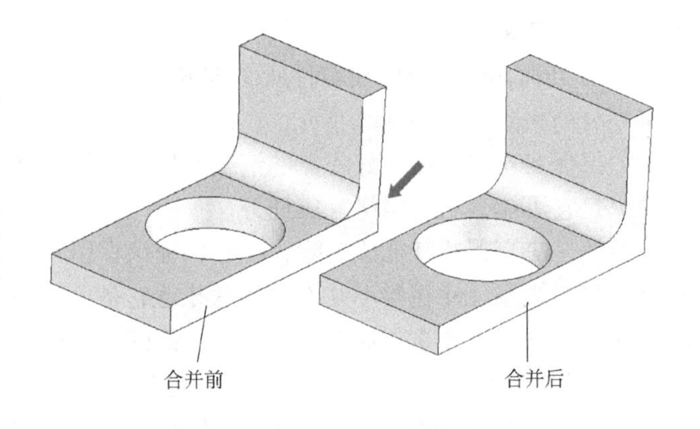

图 A-4 合并几何体表面后的模型

回顾本书的绪论部分，在多数问题中，二阶四面体单元和二阶三角形单元适用于曲线形的几何体，当划分网格和分析时，用它们进行处理将更为简单。

日常观察验证了在网格划分过程中单元会经历变形的事实，从而引出了网格质量的话题。

当单元在匹配几何体过程中总是处于变形扭曲状态时，过度的扭曲将会导致单元恶化。

网格恶化通常可以通过控制默认单元大小或应用局部网格控制来加以防止。我们已经在很多章节中实践过网格控制。现在，来讨论一下最重要的单元扭曲形式。

A.3.1 长宽比检查

当采用均匀、完美的正四面体或正三角形单元时，可以得到精度很好的数值解。对于常见的几何体来说，创建完美的四面体单元网格是不太可能的。对于小边界、弯曲形体、细小特性和尖角等，生成的网格中会有一些边远远长于另外一些边。当单元的边在长度上相差很多时，计算的精度将大打折扣，如图 A-5 所示。

正四面体的长宽比通常被用作计算其他单元的长宽比。一个单元的长宽比定义为最长边与顶点到其相对面法向距离的最小值的比值，然后和正四面体单元的长宽比相比较。由定义可知，正四面体单元的长宽比为 1.0。长宽比检查是程序自动进行的，以检查网格的质量，同时假设四个角点之间用直线相连。单元的好坏对比如图A-6所示。

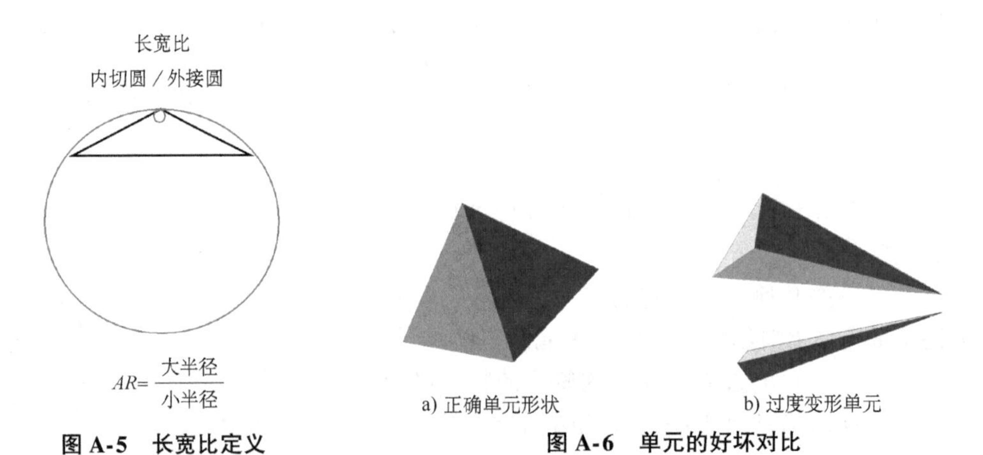

图 A-5 长宽比定义　　图 A-6 单元的好坏对比

作为长宽比检查的一部分，SOLIDWORKS Simulation 还执行边长检查、内切圆和外接圆半径的检查以及法向长度检查如图 A-7 所示。

A.3.2 雅可比检查

同样大小尺寸下，二次单元比线性单元更能精确地匹配弯曲几何体，单元边界上的中波节放置在模型的真实几何体上。在尖劈或弯曲边界，将中波节放置在真实几何体上则会导致产生边缘相互叠加的扭曲单元。

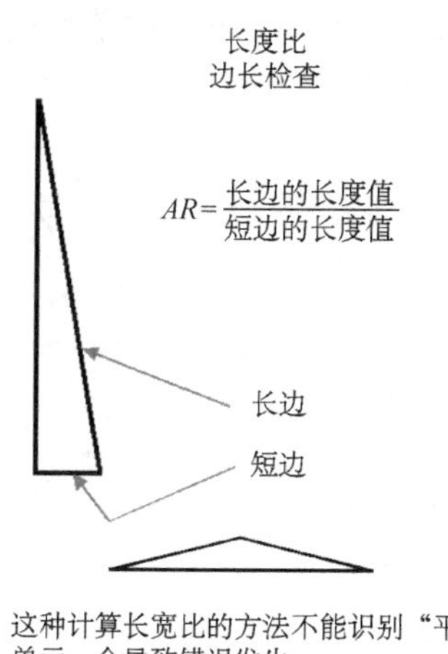

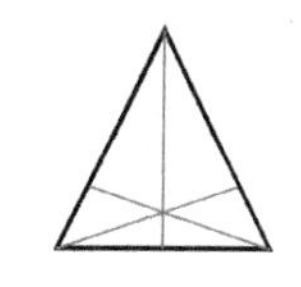

图 A-7 长宽比检查

一个极端扭曲单元的雅可比行列式是负的，而具有负雅可比行列式的单元会导致分析程序终止。

雅可比检查基于一系列点，而这些点位于每个单元中。SOLIDWORKS Simulation 提供了两类雅可比检查选择，可选择 4 个、16 个或 29 个高斯点或【在节上】。

所有中波节均精确位于直边中点的正四面体的雅可比率为 1.0。随着边缘曲率的增加，雅可比率也增大。单元内一点的雅可比率是单元在该点处的扭曲程度的度量。对于每个四面体单元，SOLIDWORKS Simulation 均计算在这些所选高斯点处的雅可比率。雅可比检查结果如图 A-8 所示。

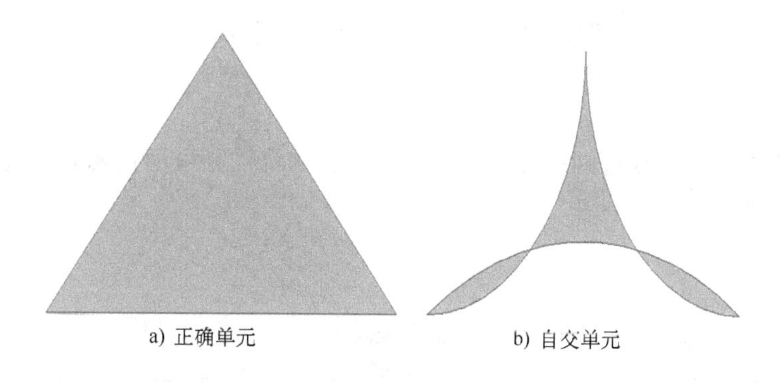

a) 正确单元 b) 自交单元

图 A-8 雅可比检查结果

在通常情况下，雅可比率小于或等于 40 是可以接受的。SOLIDWORKS Simulation 会自动调整扭曲单元中波节的位置，以确保所有的单元均能通过雅可比检查。

即使该网格质量检查没有发出警告信息，避免某些过分“凹”的单元也是良好的习惯。这可以通过使用网格控制或调整整体单元大小来完成。

提示 SOLIDWORKS Simulation 试图在 90°圆弧处设置两个单元时，结合太大的全局单元，将导致非常小的单元与大单元相邻的情况，如图 A-9 所示。

如果圆弧角大于 90°，在整个弧上设置一个单元则会导致“凹”面单元的产生，如图 A-10 所示。应用网格控制（这里为圆周面）才会建立正确的网格，如图 A-11 所示。

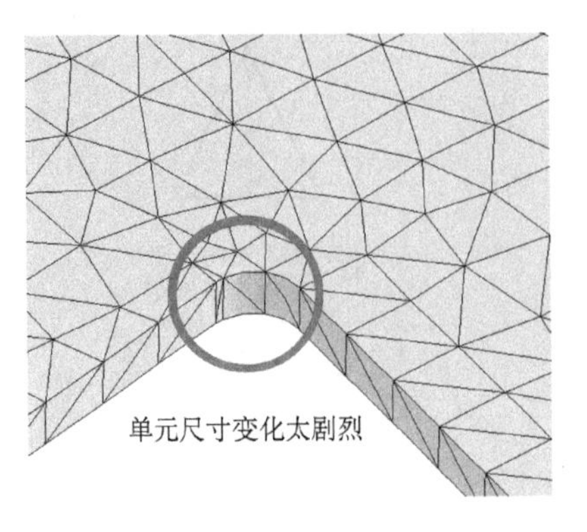

图 A-9　变化剧烈的单元

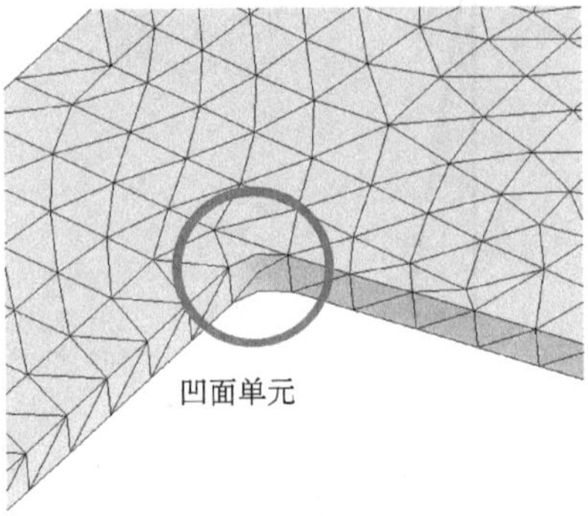

凹面单元

图 A-10　凹面单元

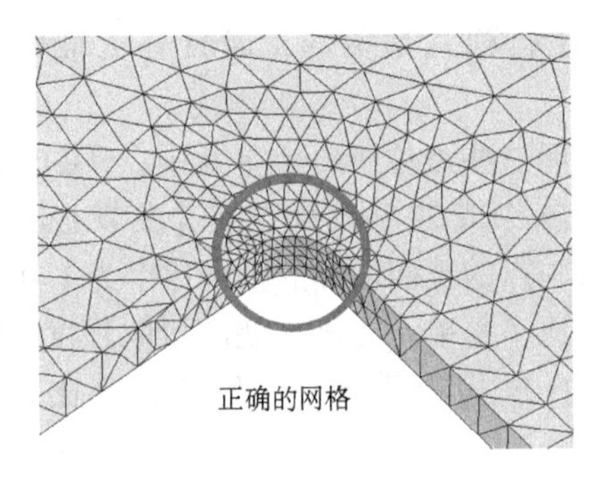

图 A-11　应用网格控制后生成的网格

A.4　网格控制

在前面的章节中已经实践过网格控制。总的说来，网格控制可用在表面、边界、顶点以及装配体组件上，如图 A-12 所示。

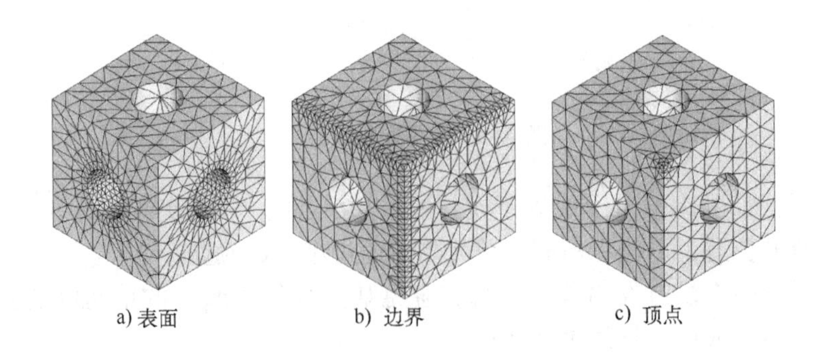

图 A-12　网格控制应用到不同部位的结果

应用于局部的网格控制定义由以下因素组成：

- 所选实体的单元尺寸。
- 层与层之间单元尺寸之比。

应用于组件的网格控制定义由指定的【零部件有效数】组成。对于不同位置的滑动条，它指示网格划分程序选用不同的单元尺寸，对每个选定的组件进行网格划分，如图 A-13 所示。

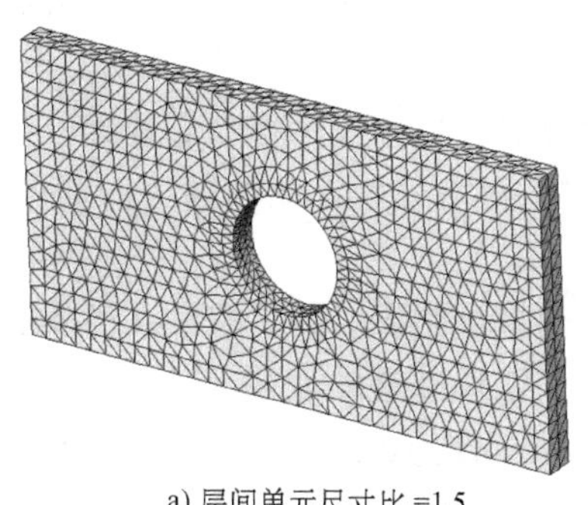

a) 层间单元尺寸比 =1.5

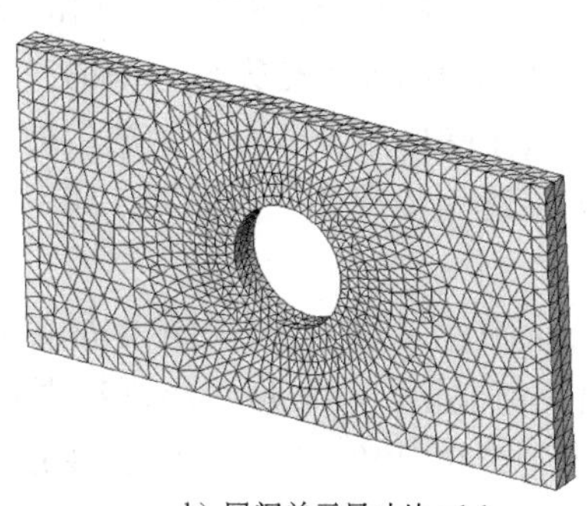

b) 层间单元尺寸比 =1.1

图 A-13　层间单元尺寸比不同所产生的网格划分差异

滑动条的左端用默认的装配体全局单元尺寸。如果组件独立地划分网格，那么滑动条右端则用默认的单元尺寸，如图 A-14 所示。

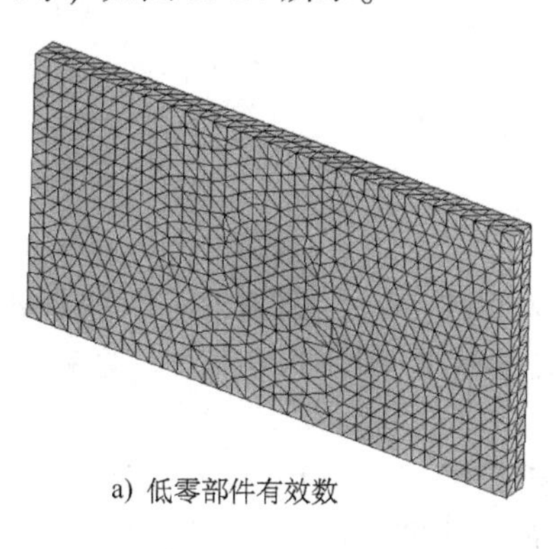

a) 低零部件有效数

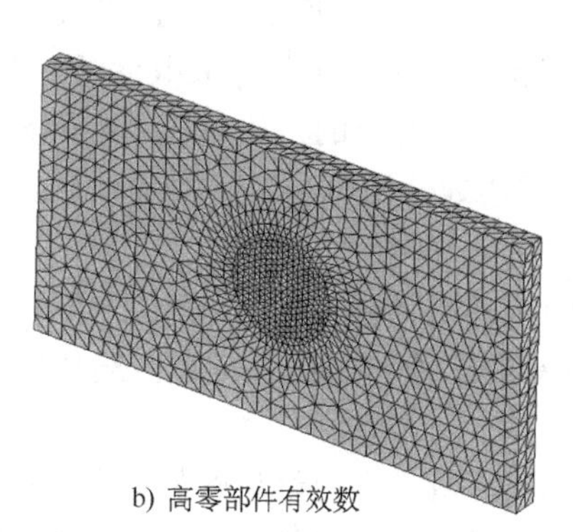

b) 高零部件有效数

图 A-14　零部件有效数不同所产生的网格划分差异

如果选项【使用相同单元尺寸】已选择，那么所有的组件均在【网格控制】窗口中指定相同的单元尺寸进行划分。

许多网格问题都可以通过使用小单元来解决。当然，使用小单元会导致求解时间变长。

为了找出仍在工作的最大单元，可以使用【实体的自动试验】功能，可在 SOLIDWORKS Simulation 的【高级】窗口中选择，如图 A-15 所示。

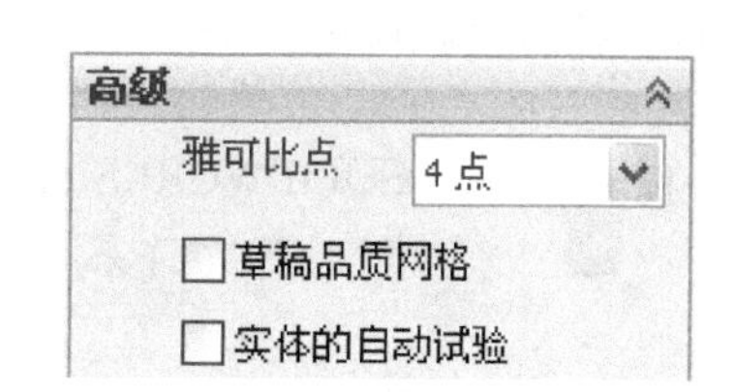

图 A-15　【实体的自动试验】选项

【实体的自动试验】功能要求网格划分程序，利用更小的全局单元尺寸网格对模型进行重新划分。可以控制循环试验的最大次数以及全局单元尺寸每次减小的幅度。

A.5　网格划分阶段

网格划分过程有以下三步：

1）评估几何模型。

2）处理边界。

3）创建网格。

网格划分问题在每一步中均有可能发生。

在第一步评估几何模型中，SOLIDWORKS Simulation 检查来自于 SOLIDWORKS 的几何模型。对用户来说，几何模型的导入是完全透明的。

实体组件的真正网格划分由两步组成。处理边界时，划分程序将节点置于边界上，这一步称为表面划分。如果这一步成功，那么第三步——创建网格开始，就如同用四面体单元填充体积一样。

如果评估几何模型失败，最有可能的原因是几何模型错误。为了验证几何模型是否错误，可以以 IGES 输出几何模型，观察是否出现错误信息“处理修整的表面实体失败”。如果该信息出现，发送该部分到 SOLIDWORKS 支持以诊断几何模型问题。

A.6 失败诊断

网格划分失败时，SOLIDWORKS Simulation 显示出错信息并停止运行，除非自动为实体循环工作还在继续。失败诊断工具可帮助查找并解决实体网格划分问题。

【失败诊断】PropertyManager 会列出出错的组件、表面和边缘，同时还会在图形窗口中突出显示失败的实体，如图 A-16 所示为了查看阻止顺利划分网格的实体，可右键单击网格，并选择【失败诊断】。出错的实体将列在【失败诊断】窗口中，并在图形窗口中突出显示。【失败诊断】工具对实体单元网格是有效的，而对壳单元网格不起作用。

A.6.1 零件的网格划分技巧

检查未被定义的草图。

使用 SOLIDWORKS 效用功能，找出长条面、刀口边等。对于划分失败的表面，创建一个壳算例，并只选择网格划分失败的表面，然后尝试各种不同尺寸的单元，直到该表面成功划分完毕。

如果失败诊断工具没有提供足够的信息以确定问题发生的确切位置，那么就切掉模型的某些部分以隔离失败区域；或者发回 SOLIDWORKS 中重新建模，直到模型划分网格完毕。

A.6.2 装配体的网格划分技巧

选择【工具】/【干涉检测】以确定哪些零件之间存在干涉，哪些表面有接触（碰在一起）。注意，只有当定义了热配合接触条件时，干涉才是允许的。

装配体组件之间不能模拟线接触（例如柱面相切于板）和点接触（例如圆锥体的顶点与板接触）。接触面积应该大于 0。

SOLIDWORKS Simulation 给装配体划分网格时，所有接触面上都会出现“印痕”，即允许来自不同组件的节点相连。

如果定义了接合接触条件，那么同一个节点由两个组件共享。如果定义了节点对节点或表面接触条件，那么就建立了两个相碰的节点，并由接触单元连接在一起。用户是看不到接触单元的。

图 A-17 中印痕的颜色已经在作图程序中修改过，以清楚显示。

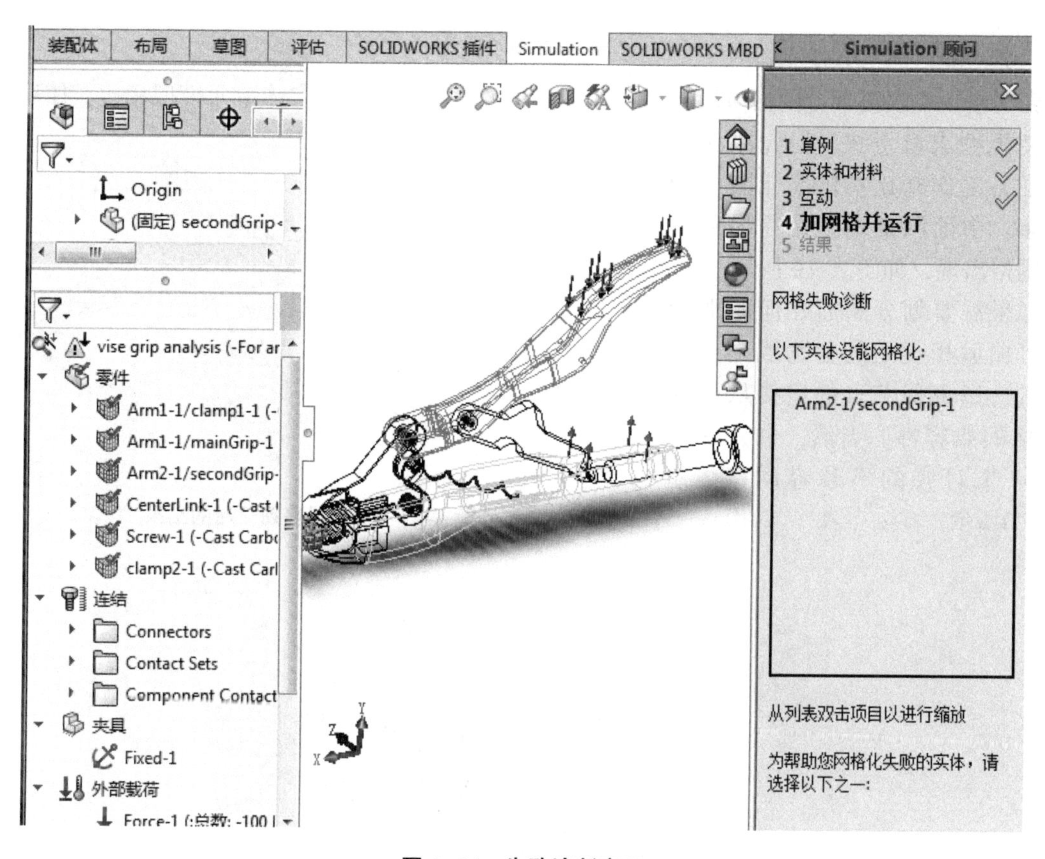

图 A-16　失败诊断窗口

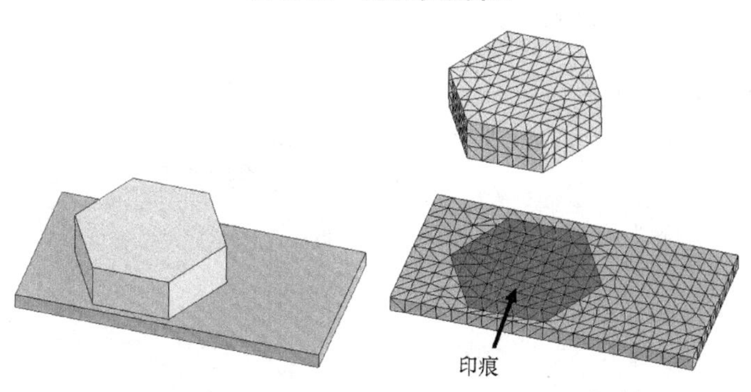

图 A-17　印痕位置

要注意能引起长条面、细面或由细片连接的多“突出”面的印痕，如图 A-18 所示。

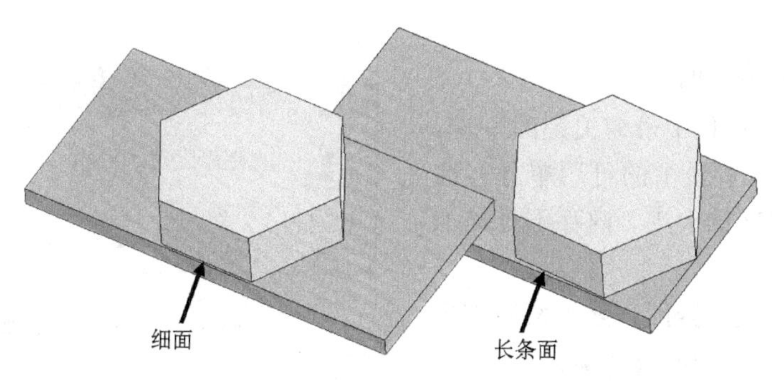

图 A-18　细面及长条面

A.7 使用壳单元的技巧

壳网格仅在表面划分网格阶段使用，无体积填充发生。尽管与实体单元模型相比，使用壳单元可使模型求解更快，但壳单元网格的准备工作却比实体单元网格费时得多。中面网格划分往往导致脱节的网格出现，如图 A-19 所示。

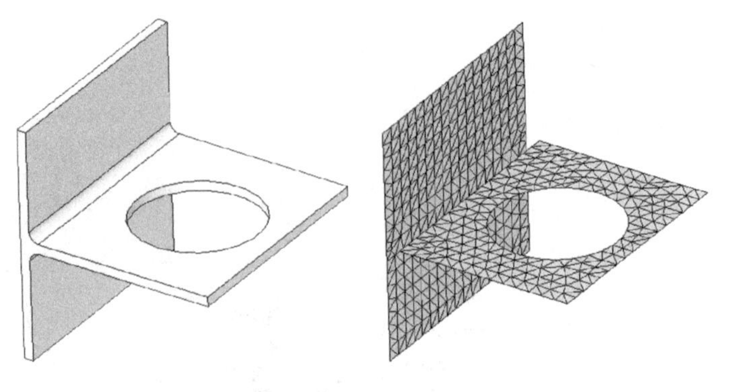

图 A-19 中面网格划分后的结果

如果需要划分曲面几何图形的网格，曲面相交处的分割线是必须使用的，以确保节点的连接从而保持网格的兼容性。当然，也允许存在节点未对齐的不兼容网格，如图 A-20所示。

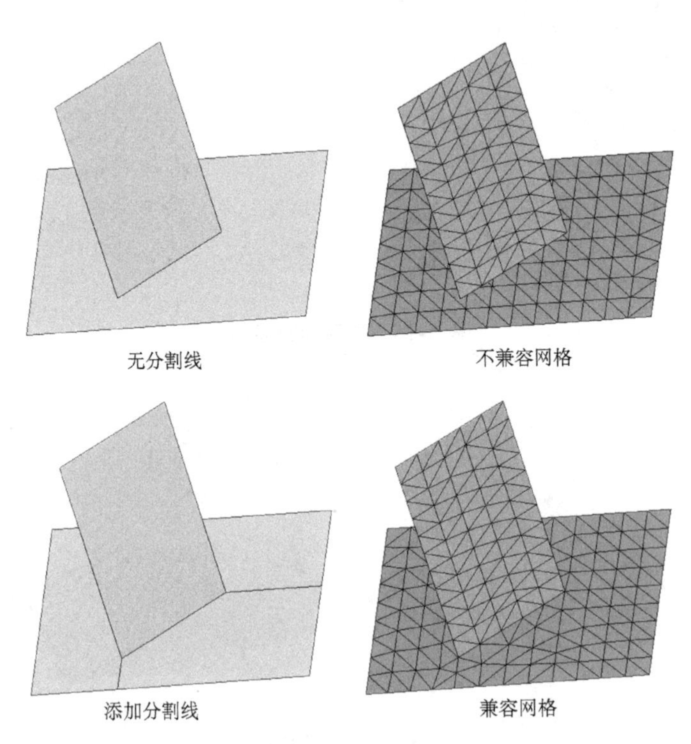

图 A-20 网格的兼容性

A.8 网格划分中的硬件要求

网格划分是求解过程中最为关键的一步。最大的网格尺寸意味着最少的可用单元，这些均依赖于内存 RAM 的大小。内存不足提示框如图 A-21 所示。

图 A-21 内存不足提示框

有句话叫作“越多越好”，建议使用 2GB 以上的内存来计算现实中的复杂模型。

A.9　SOLIDWORKS Simulation 中的解算器

成功划分网格之后，距离结果就只有一步之遥了。

一般而言，如果模型可划分网格，那么它就可以求解。求解相对于网格划分要容易得多。但是也会出现一些问题。解算器可能会发现模型定义中的问题，如没有定义材料或者载荷。当然，阻止求解的问题类型取决于分析的类型（静态、频率等）。

解算器也有可能检查出由于约束不足而引起的刚体运动。刚体运动可用解算器选项来处理，例如【使用软弹簧使模型稳定】或者【使用惯性卸除】。可用的解算器选项取决于分析的类型，见表 A-2。

表 A-2　不同分析类型对应的解算器选项

静应力分析	频率分析	扭曲分析
软弹簧	软弹簧	软弹簧
平面内作用	平面内作用	
惯性卸除		

网格划分后的模型以大量线性代数方程组的方式出现在解算器中。这些方程组可用直接法和迭代法来求解。

直接法利用精确数值方法求解方程组。迭代法利用近似技术求解方程组，在每一步迭代中假定一个解并计算相关误差，迭代一直继续下去直到误差可以被接受为止。

SOLIDWORKS Simulation 提供了四种解算器：

- Direct sparse 解算器。
- Large Problem Direct Sparse。
- Intel Direct Sparse。
- FFEPlus（迭代）。

A.10　选择解算器

通常，如果所需的解算器选项支持，所有解算器会给出可比较的结果。处理小问题时（25 000 个自由度或更少），所有的解算器都很有效；而当求解大问题时，它们的性能（速度和内存使用）会出现很大差异。

如果一个解算器需要的内存比计算机上的可用内存大，那么它会利用磁盘空间储存和读取临时数据。这种情况发生时，会出现一个信息提示求解已偏离中心，并且求解速度降低。如果写入磁盘的数据量相当大，求解过程将会变得非常缓慢。

以下因素可帮助选择合适的解算器：

1）问题的大小。一般而言，FFEPlus 在处理自由度（DOF）超过 100 000 的问题时，速度比较快。并且该解算器随着问题的变大会变得更有效率。

2）计算机资源。Direct sparse 解算器在计算机可用内存足够多时速度较快。

3）分析选项。

4）单元类型。

5）材料属性。当模型中使用的材料弹性模量差异很大时（例如钢和尼龙），迭代求解将比直接求解精度低。在这种情况下，推荐使用 Direct sparse 解算器。

在算例的属性窗口中可以选择解算器的类型，如图 A-22 所示。由于选择最合适的解算器需要一定的经验，在不确定哪个解算器是分析的最佳选择时，可使用【自动解算器选择】选项。

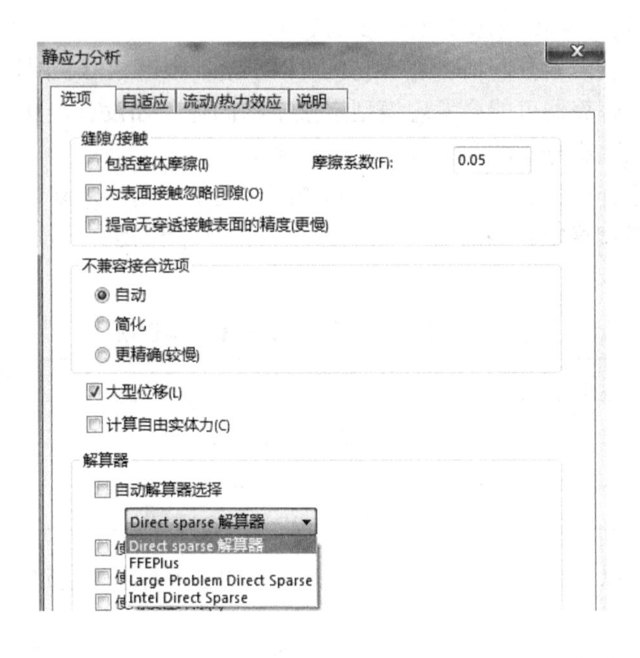

图 A-22　解算器类型

附录 B　用户帮助

B.1　SOLIDWORKS Simulation 帮助

SOLIDWORKS Simulation 拥有丰富的渠道以帮助用户得到所需的各种信息。几乎每个对话框都含有帮助按钮，可在最初需要帮助时使用。在这里可以找到所有相关主题或 SOLIDWORKS Simulation 功能一般问题的解答。

图 B-1 显示了如何在 SOLIDWORKS Simulation 的一般对话框中获得 SOLIDWORKS Simulation 的帮助文件。

B.2　在线资源

在每个 Simulation 安装版本中都会提供两种方式的参考手册。一个是位于菜单栏的【帮助】中，如图 B-2 所示。另一个是位于【SOLIDWORKS 资源】中，如图 B-3 所示。这些手册能够提供基本的分析理论以及有限元分析知识。

1. 搜索知识库　该知识库包含了大量有针对性、组织有序及久经考验的文字资料，其中涉及分析理论的各个主题、SOLIDWORKS Simulation 的使用方法和疑难解答、软件注册及其他应用领域。建议用户尽可能多地使用该功能。订阅的合法性及因特网的连通状态是进入该信息数据库的前提条件。

2. 搜索 Matweb　在这个区域中的搜索请求会带用户直接进入免费的在线材料数据库 matweb. com（可以免费申请用于奖励的会员资格）。网络的连通状态是使用该功能的前提条件。

3. 下载　最新的升级和服务包（SP）可以通过网站进行下载，也可以通过这个功能获得。

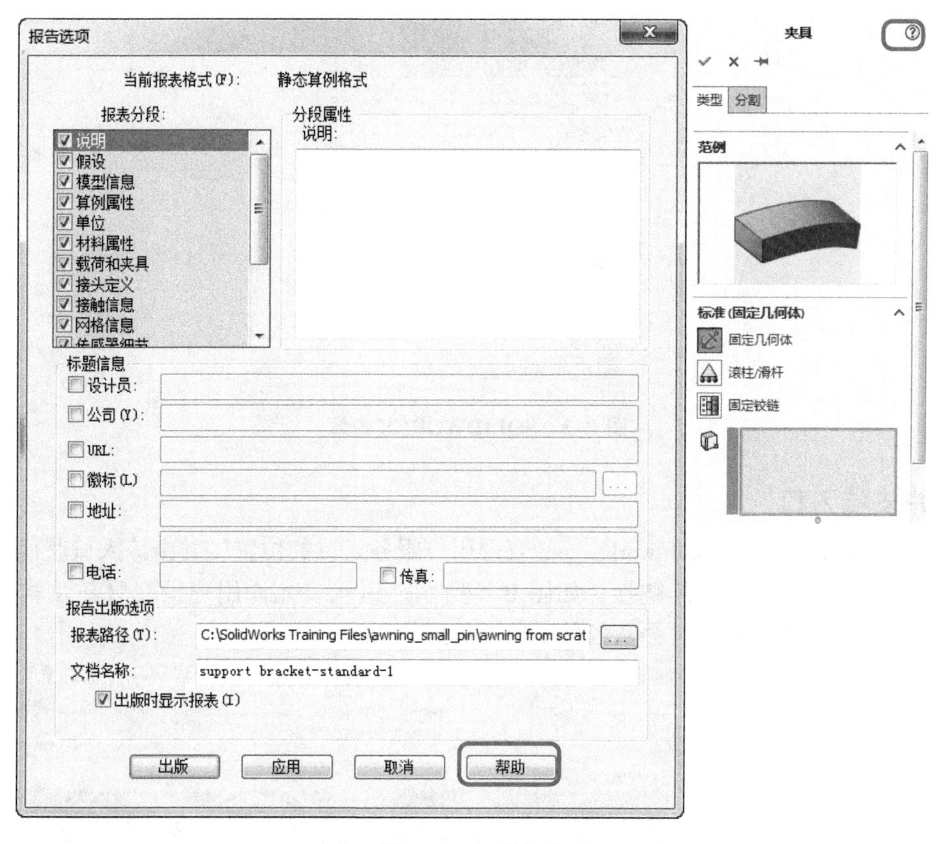

图 B-1　各类帮助

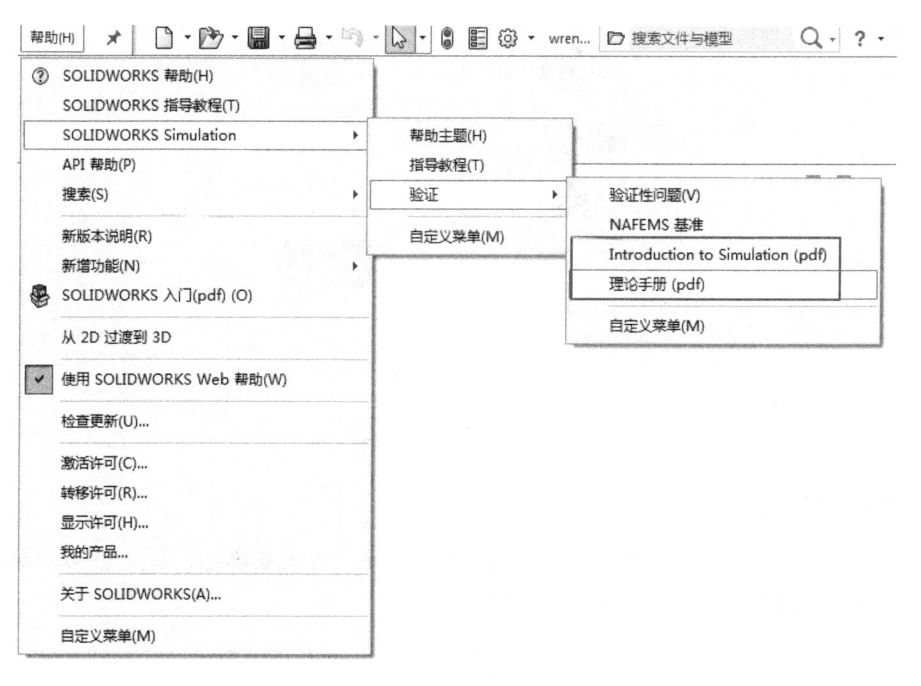

图 B-2　菜单栏帮助

图 B-3　SOLIDWORKS 资源

B.3　用户支持入口

用户可以通过网站 www. solidworks. com 获得用户服务入口的位置，并由该入口获得完整的用户账户信息、用户服务及维护的链接，如图 B-4 所示。该入口允许用户提交服务及软件改进要求、搜索知识库、浏览在线研讨会及各种讨论的信息等。

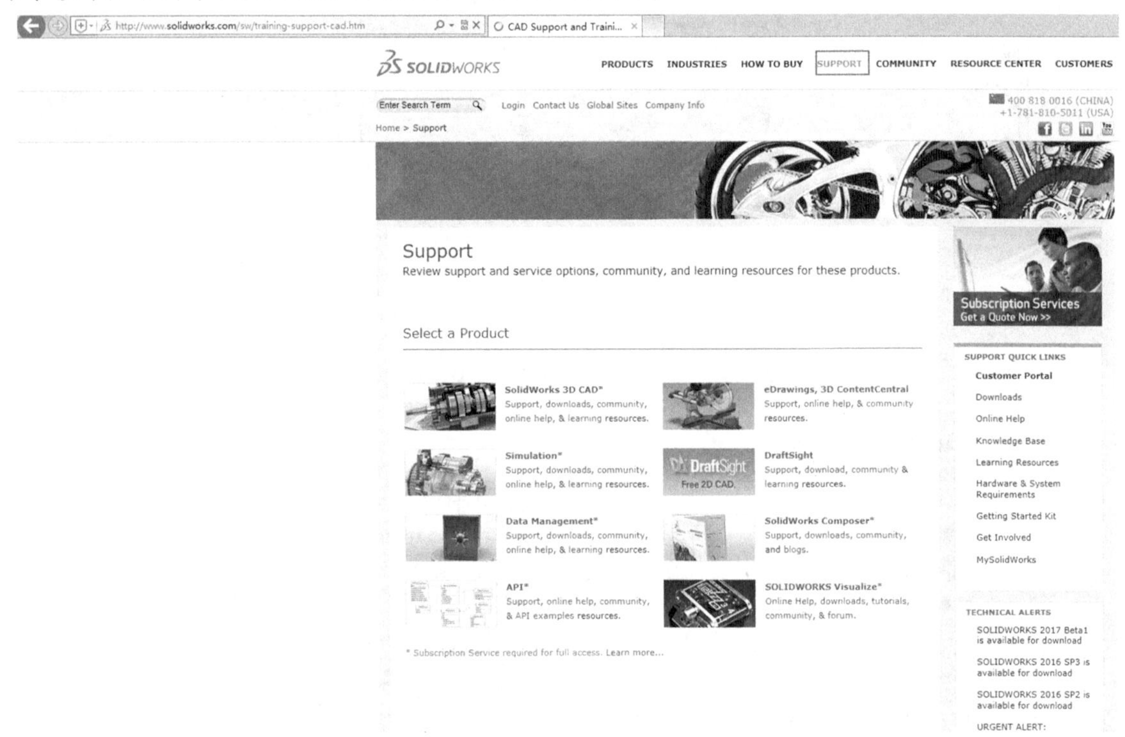

图 B-4　用户支持入口

B.4　用户电话支持

拥有服务的用户可以使用专线电话和 email 技术支持。请联系本地经销商获取本地技术支持的电话号码及 email 地址。请务必提供用户序列号。